차세대통신망의 IMS와 VoIP

민상원 저

IP Multimedia Subsystem &
Voice over Internet Protocol

홍릉과학출판사

머리말

통신망 분야는 인간사회처럼 지속적으로 변화하고 있다. 우리는 좋을 때도 있고 나쁠 때도 있으며 항상 다음을 기약하면서 지금 최선을 다하면서 살고 있다. 통신망도 마찬가지이다. 지난 몇 년 전까지 정보통신 분야는 자체 기술과 기업 수익 관점에서 최고였으며 현재는 자체기술 발전보다는 다른 사업과 융합하면서 새로운 시장을 개척하고 있다.

그 동안 통신망 분야는 서로 다른 목적과 목표를 가지고 발전하여 왔었지만 최근에는 각 통신망의 요소들간의 상호 통합 또는 융합이 이루어지고 있다. 그 중 인터넷 텔리포니 기술은 인터넷에서 멀티미디어를 실시간으로 보내기 위하여 만들어졌으며 이동통신망은 무선접속기술에 음성서비스 위주로 발전하여 왔다. 또한 인터넷과 방송망은 서로 다른 사업 영역으로 발전하여 오다가 최근에는 IPTV를 제공하는 NGcN이 유선전화통신사업자 중심으로 발전하고 있다. 또한 무선 LAN이 확장된 mobile WiMAX가 차세대 이동통신망의 액세스 망으로 채택되고 여기에 seamless한 음성서비스를 제공하게 되면 기존 이동통신망보다 더 큰 영향력을 발휘할 것으로 예상된다.

각 통신망은 자체적인 단점을 극복하고 다른 통신망의 장점을 받아들이며 새로운 서비스, 즉 멀티미디어 서비스를 제공하고 있다. 또한 다양한 무선접속기술이 소개되고 있고 유선통신망의 하부인프라는 고속화되면서 과거에는 생각지도 못했던 통신서비스를 우리는 현재 아무렇지도 않은 듯이 사용하고 있다. 여러 기술 중 가장 대표적으로 영향을 주고 있는 기술은 인터넷의 인터넷 텔리포니와 3세대 이동통신망의 IMS이다. 각 통신망의 all IP 환경을 위하여, 기존 인터넷의 단점을 보완하기 위하여, 또 실시간 멀티미디어 서비스를 지원하기 위하여 인터넷 텔리포니 기술이 탄생했다. 또한 이동통신망의 제어와 관리를 위하여서 필요한 기능을 all IP 환경에서 추가로 정의한 것이 바로 IMS이다.

머리말

인터넷 텔리포니는 음성통신과 인터넷이 결합된 것이며, IMS는 이동통신망과 인터넷이 융합된 것으로 볼 수 있다. 다른 첨단기술도 그러하듯이 이 기술들이 만들어지던 때에는 새로운 개념을 정립하고 표준을 만들면서 제품개발이 이루어졌다. 즉, 아무도 해보지 않은 것을 엔지니어들이 기본 사항에 충실하면서 끊임없는 노력으로 새로운 기술을 창의적으로 정의하였던 것이다. 요즘 공과대학에서 ABEEK 공학인증제도를 하면서 학습성과로 평생교육의 필요성 인식에 대한 교육을 요구하고 있으며, 졸업한 이후에도 전문인 활동을 위한 지속적 자기계발이 절대적으로 필요한 사회로 발전하고 있다. 특히 우리 전기전자, 컴퓨터공학 학문분야는 기술개발 속도가 빨라 자칫 머뭇거리다보면 시대흐름을 놓치게 된다. 과연 졸업생이 엔지니어 활동하면서 자기계발을 할 때 시간에 쫓겨 수박겉핥기 식으로 기술을 이해하다보면 사상누각의 결과를 초래하게 된다.

이 책은 대부분 통신과 관련된 최신 내용을 다루고 있지만 각 내용의 앞부분은 기본개념과 기초기술을 소개하였다. 최근 기술개발이 복잡해지고 융합과 관련된 많은 사안들이 복합적으로 제시되고 있어 엔지니어들은 복합적 문제를 풀거나 창의적인 결과의 창출을 요구받고 있다. 어떻게 하면 복합적 문제를 풀고 창의적인 결과를 도출할 수 있을까? 여러 가지 답이 제시될 수 있겠지만 저자는 기본에 충실함이 가장 중요하다고 판단하고 있다. 기본에 충실하여야 복잡한 문제를 각 모듈로 세분화할 수 있을 것이고, 모듈화해서 쪼개진 각 모듈을 풀어서 전체 복잡한 문제를 해결할 수 있을 것이다. 그리고 창의성은 새로운 것을 창조할 때 요구되지만, 기본적인 사항을 응용하고 조합하는 과정을 통해 새로운 것을 만들 수 있고 그 결과의 의미를 분명히 설명할 수 있을 것이다. 이러한 이유로 저자는 기본 개념과 기초 기술을 강조하였다.

이 책을 읽는 독자는 기본에 충실하여 주기 바란다.

저자는 2000년대 초반부터 삼성전자, 서울통신기술의 개발자들 대상으로 인터넷, 이동통신, 인터넷 텔리포니, IP QoS, security, IPv6 등의 강의해 왔고 강의한 내용들 중에 VoIP와 IMS 부분만 이 책에서 다루었다. 이 부분은 저자가 강의를

머리말

한 분야 중 가장 중요하다고 판단한 부분이며, 이미 우리가 이 기술과 관련된 서비스를 직간접적으로 이용하고 있다.

이 책의 독자는 인터넷과 이동통신망의 기초과정을 이수한 학부최고학년, 대학원생, 중급기술자, 통신망 운영자 및 기획자 등이 적합하며 전체 내용을 순서대로 보기보다는 필요한 부분을 발췌하여 학습할 것을 권고한다. 이 책은 대학의 강의교재보다는 대학원 세미나 자료 또는 엔지니어의 자기계발을 위하여 작성하였다. 만약 대학의 강의교재로 사용하려고 한다면 각 장의 관련 내용을 충분히 이해할 수 있는 사전 자료가 준비되어야 할 것이다. 대학원 세미나 자료로 사용할 때 학생 스스로 먼저 고민하여 발표하고 그룹토의를 통하면서 지도교수가 내용을 보완하는 형태가 바람직할 것이다. 그리고 엔지니어가 자기계발 목적으로 이 책을 활용한다면 본문의 내용들 하나하나 보다는 각 장에 포함되어 있는 그림을 먼저 고민하여 보고 이해가 가지 않을 때 필요한 내용을 읽어보는 방식을 권한다.

이 책이 완성되기 위하여 저자를 도와준 모든 분들께 감사한다. 이 책이 완성되기 위하여 저자와 같이 생활하는 통신프로토콜공학 연구실 모든 연구원 및 졸업생들에게 감사하고 특히 이 책의 교정과 부록 부분 작성을 도와준 이화섭 랩장과 최고야 랩장에게 고마움을 전한다. 또한 저자가 그 동안 강의하고 최신 기술동향을 쫓아가게 만들어준 서울통신기술 반광석 차장과 삼성전자 문상규 과장에게 감사한다. 그리고 엔지니어에게 필요한 사항과 대학교육현실을 직시할 수 있도록 도와준 ABEEK 위원과 스탭들에게 감사하며 우리대학에서 강의와 연구를 할 수 있게 해준 광운대학교 구성원들에게 감사한다. 마지막으로 저자가 이 세상을 살아갈 수 있게 해 주는 어머니와 가족들에게 고마함을 전한다.

2011년 5월

참빛관에서 남산을 바라보며...

책 구성

이 책은 대부분의 그림과 내용을 저자가 삼성전자와 서울통신기술 연구원 대상 강의하면서 사용했던 것으로 그림 위주의 많은 내용을 포함하고 있다. 해당 강의는 특정 주제를 3~5일 연속으로 진행되었으며 인터넷 텔리포니는 일부 실습을 포함하기도 하였다. 이 책 부록 부분이 이 실습 내용을 일부 포함하고 있다.

먼저 1장은 지난 20 여 년간 통신의 발전을 기술과 시장의 변화 관점에서 기술동향 분석한 것을 기술하고 있다. 음성서비스 관점에서, 데이터통신 관점에서, 영상서비스 관점에서, 그리고 이동통신서비스 관점에서 통신기술동향을 알아보았고 멀티미디어화와 광대역화로 발전하면서 이들 사이의 융합 기술을 전반적으로 소개하였다. 그리고 2장에서 8장까지는 인터넷 텔리포니와 연관된 내용으로 장이 구성되어 있으며 9장에서 12장은 3세대 이동통신망의 내용을 소개하고 있다. 마지막 장은 IMS에서 적용, 사용되는 VoIP 기술을 다루고 있어 이 책 내용을 전체적으로 종합한 장이라고 할 수 있다.

2장과 3장은 인터넷 텔리포니의 기본 개념과 각 프로토콜의 전반적 관계를 설명하고 있다. 2장은 VoIP를 공부하기 위한 단계를 먼저 소개하고 VoIP(voice over IP)가 IP-PBX(IP-private branch exchange), 소프트스위치(soft switch) 등에 어떻게 활용되고 있는지 알아보고 이를 기초로 발전할 수 있는 기업망과 국설망 그리고 NGcN(next-generation convergence network) 등을 알아보았다. 궁극적으로 많은 사람들이 인터넷 기반에서 유 무선으로 제공되는 음성전화 서비스를 사용하게 될 것이라는 예상을 할 수 있다. 3장은 기존 전화망의 신호 프로토콜 내용을 주로 다루고 있다. 1절에서 3절까지 가입자 부분이 아날로그와 디지털로 구성된 경우, 즉, PSTN(public switched telephone network)과 ISDN(integrated service digital network)의 경우 호 접속 과정을 소개하고 교환기와 교환기 사이의 SS 7(signaling system no. 7) 프로토콜 구성과 메시지 교환 절차를 소개하였다. 이 내용들은 VoIP 신호 프로토콜들을 이해하는데 필요한 기본개념들로 이와 관련된 기술 경험이 없다면 반드시 학습할 것을 권고한다. 3장의 4절 은 프로토콜을이해하는데 도움이 될 내용을 다루고 있으며 5절은 VoIP가 성공하기 위하여

책 구성

인터넷 인프라에서 필요로 하는 인터넷 요소기술들을 소개하고 있다.

VoIP는 신호 프로토콜과 미디어 프로토콜로 나뉘어 구성되는데 미디어에 관련된 사항을 4장에서 다루고 있다. 인터넷에서 실시간 서비스를 지원하기 위하여 요구되는 사항을 먼저 1절에서 알아보았고 2절은 실시간 서비스를 지원하기 위하여 정의된 RTP(real-time transport protocol)를, 3절은 호 설정 과정에서 요구사항을 기술하는 SDP(session description protocol)를 각각 다루고 있다. RTP는 모든 VoIP의 미디어 공통 프로토콜이고 SDP는 SIP(session initiation protocol)와 megaco/ H.248에서 호 설정 요청과정에서 사용되는 프로토콜이다. 이 장의 RTP를 학습한 이후 이어지는 5장에서 8장까지의 내용은 모두 VoIP 신호 프로토콜에 해당된다.

VoIP 신호 프로토콜로 H.323, SIP, MGCP, megaco/H.248 그리고 sigtran 등이 존재하는데 H.323과 SIP는 인터넷 단말 사이의 세션 설정에 사용되는 반면 MGCP megaco/H.248과 sigtran은 인터넷과 타 통신망 단말 사이의 호와 세션 설정에 이용되는 프로토콜이다. 5장에서 H.323을, 6장과 7장에서 SIP를, 그리고 8장에서 MGCP, megaco/H.248과 sigtran을 다루고 있다. 독자 관심에 따라 선별적으로 학습할 수도 있지만 IMS 부분을 이해하기 위하여 SIP와 megaco/H.248, sigtran 프로토콜에 대한 총체적 학습을 권고한다.

VoIP 신호 프로토콜의 기본개념을 PSTN/ISDN과 비교하면서 이해하기에는 5장의 H.323이 적절하다. 이 장에서는 H.323의 기능블록과 절차 외에도 인터넷에서 전화번호와 같은 형태를 인식하기 위하여 필요한 RAS(registration, admission and status)에 대한 절차와, 호-논리채널에 대한 개념을소개하고 있다. H.323은 전화망 관점에서 정의된 VoIP 신호 프로토콜이라고 한다면 SIP는 인터넷 관점에서 정의된 VoIP 신호 프로토콜이다. SIP는 인터넷 텔리포니가 사용되는 NGcN과 IMS(IP multimedia subsystem)의 기본 프로토콜이어서 자세히 학습할 필요가 있어 6장과 7장으로 나누어 설명하였다. 최소한 기본 사항인 6장은 학습하여야

책 구성

하고 7장은 고급 기능으로 개괄적인 이해가 목적인 독자라면 건너뛰어도 좋다.

6장의 먼저 SIP가 출현하던 당시의 배경, 구성요소, 프로토콜 스택 등을 소개하였다. SIP 서버들도 기능에 따라 정의하고 있으며 단말도 전화 거는 기능과 받는 기능에 따라 UAC(user agent client), UAS(user agent server)로 각각 구분하는 이유 등을 알아보았다. 3절에서 소개하는 SIP 메시지는 인터넷 다른 응용서비스와 같은 형태로 구성되어 있어 전화망 신호 프로토콜과는 다른 형태임을 알 수 있다. 4절에는 SIP 서버의 동작을 여러 시나리오 별로 알아보았고 5절에서는 세션 설정과 해제에 대한 절차를 각 메시지 내용을 고찰하면서 자세하게 알아보았다. 다른 장보다 6장에 대한 내용을 자세하게 설명한 이유는 그 만큼 중요하기 때문이고 기본 사항을 충분히 설명하기 위함이었다.

7장에서는 SIP의 기본 절차 외에 추가적으로 정의된 기능을 소개하였다. 대부분의 내용이 인터넷 텔리포니 망과 기존 전화망을 연동할 때 발생할 수 있는 문제를 해결하기 위한 방안들이 많으며 그 외에 인터넷 망의 자원할당을 위한 SIP 계층에서 필요한 메시지나 필드를 다루었다. 또한 IM(instant message) 서비스와 연관된 메시지도 소개하였으며 전화망과 연동할 때 SIP 계층에서의 호 변환 시나리오를 알아보았다. PSTN과 연동할 때 인터넷 주소 체계와 PSTN 주소체계가 달라 이들 사이에 매핑을 위한 ENUM(E.164 number mapping)을 소개하였다. ENUM은 인터넷의 DNS를 확장한 것으로 전화번호 주소체계를 인터넷주소로 매핑한 것으로 PSTN 단말이 VoIP 단말에게 호 발신을 할 수 있게 한다. VoIP 단말이 이동하여도 이동한 IP 주소를 등록하여 착신 전화를 받을 수 있기 때문에 이동성 서비스를 제공할 수 있다.

책 구성

8장에서는 MG(media gateway)를 제어하는 MGC(MG controller)를 소개하였다. MGC는 PSTN과 연동할 때 MG를 제어하기 위한 기능블록으로 MG에게 필요한 명령을 수행하게 된다. 소용량의 연동보다는 대용량 연동 또는 많은 MG를 하나의 MGC로 제어할 때 그 효과가 있다. 8장에서는 MG와 MGC 사이에 MGCP와 megaco/H.248가 같은 기능블록이더라도 다른 메시지를 사용하게 된 배경, 각 프로토콜의 절차를 설명하였다. 그리고 MG의 용량이 커지면 미디어 변환 부분과 호 변환 부분으로 나눌 수 있는데 호 변환 부분이 SS 7의 담당계층에 따라 다양하게 구성될 수 있는 sigtran을 소개하였다. 그리고 sigtran 프로토콜이 PSTN 망과 연동될 때 어떠한 메시지로 변환될 수 있는 예로 몇 가지를 고찰하였으며 이때 megaco/H.248 프로토콜 절차도 함께 고려하였다. 마지막 예로 제시한 몇 개의 그림 예는 최종적으로 PSTN과 다양한 VoIP 신호 프로토콜을 사용하여 호 또는 세션이 연결되는 과정을 보여준 것으로 독자가 이 시나리오 절차들을 반드시 이해하기 바란다.

9장부터 3세대이동통신망에 적용되는 IMS 내용을 소개하고 있다. 먼저 1절에서 일반전화망에서 3세대이동통신망까지 발전한 과정을 간단히 소개하였다. 이동통신망은 1세대와 2세대 그리고 2.5세대에 걸쳐 통화용량을 향상시키고 인터넷접속기술을 위하여 발전한 과정을 다루고 있다. 2절에서는 3세대이동통신망 중 유럽의 비동기 방식에서 발전한 UMTS(universal mobile telecommunications system)에서 release 별로 패킷교환기술을 소개하는 내용을 알아보았으며 release 3 이후의 기능블록의 자세한 내용은 다음 장에서 소개하였다. 3절에서는 Wibro/mobile WiMAX 망 구성과 기능블록을 소개하였으며 Wibro에 현재 데이터 서비스만 국한되어 있는데 향후 인터넷 텔리포니가 적용되면서 유선 VoIP 망 연동에 대한 내용과 이동통신망과의 연동 전략을 알아보았다. 4절에서는 최근 소개되는 다양한 통신망을 다루었다. NGcN, home networking, ITS(intelligent transportation system), USN(ubiquitous sensor network) 그리고 FMC(fixed and mobile convergence) 등을 소개하였으며 이들도 향후 이동통신망과의 연동 또는 VoIP가 제공될 수 있음을 독자가 예측할 수 있을 것이다.

책 구성

10장부터 12장은 UMTS release 5의 망 구성을 자세하게 소개하였다. 먼저 UMTS 망 구성 기능블록을 전체적으로 소개하고 이들을 평면(plane) 관점으로 분류하였다. 먼저 사용자평면 구성 기능블록은 사용자 트래픽이 전달되는 경로에 위치한 기능블록을 음성과 데이터 서비스를 위한 기능블록을 알아보았고 다음으로 제어평면 구성 기능블록은 호/세션 설정에 연관된 절차를 수행하는 기능블록을 알아보았다. IMS가 제어평면을 구성하고 있으며 SIP, megaco/H.248과 sigtran 프로토콜 등을 지원하기 위한 기능블록으로 구성되어 있다. 또 다른 평면 구성으로 응용서비스평면을 소개하고 있는데 이는 기존의 이동통신망에서 제공되었던 응용서비스와 새로운 응용서비스 등을 제공하기 위한 기능블록과 관련된 절차를 소개하였다.

11장은 사용자평면을 UMTS 망 이외에도 다양한 형태로 제공될 수 있어 IP CAN(connectivity access network) 용어를 선택하였다. IP CAN과 IMS의 관계를 먼저 설명하였고 UE(UMTS equipment)가 처음 초기화되면서 UMTS에 등록되는 과정을 알아보았고 이 때 UE가 갖는 다양한 식별자정보와 USIM를 소개하였다. 그리고 무선 LAN, Wibro와 같은 다양한 IP CAN들이 UMTS에 연동될 때 다양한 방안을 소개하였으며 마지막 절에서는 하나의 단말로 여러 IP CAN을 이용할 수 있는 방안으로 인증 관련한 문제와 vertical handover에 대한 내용을 간단하게 소개하였다.

마지막 장에서는 UMTS의 제어평명과 응용서비스평면인 IMS에 대하여 다루고 있다. 먼저 UMTS 제어평면에서 가장 중요한 것은 SIP 서버와 기존 MSC(mobile switching center) 기능을 모두 갖춘 CSCF(call session control function)에 대한 역할을 알아보았다. CSCF가 SIP 메시지를 처리하지만 기존 이동통신에서 필요로 하는 기능을 갖추고 있어 CSCF들이 동작하는 방법과 처리하는 메시지 교환절차를 소개하였다. 1절에서는 그 외에도 ISM 기능블록은 주요한 사항들 중심으로 알아보았다. 2절은 응용서비스평면의 기능블록과 제어평면과의 관계를 알아보았다.

책 구성

3절에서 UMTS 내에서 통화를 위하여 SIP를 이용하여 CSCF들 사이에서 메시지 교환되는 절차를 알아보았고 응용서비스를 사용하는 경우 응용서비스평면 기능블록과 SIP 메시지를 교환하는 절차도 소개하였다. 마지막 절에서는 타 망과의 연동을 위한 내용을 소개하였다. PSTN/2세대이동통신망과 연동되었을 때 SIP 메시지가 PSTN/2세대이동통신망의 SS 7 메시지로 변환되면서 관련 IMS 기능블록 등이 해당 제어 절차를 수행하는 것을 다루고 있다.

이 책 내용의 가장 큰 종착지는 마지막 장 마지막 절의 그림들이다. 이 그림을 보고 내용을 알 수 있다면 굳이 이 도서를 선택할 이유가 없으며 그렇지 않다면 이 내용을 이해할 수 있도록 최선을 다하여야 할 것이다. 그리고 부록에 있는 것은 패킷을 캡쳐할 수 있는 툴에 대한 설명과 VoIP 실습을 할 수 있는 내용이다. 부록 1은 과거 Ethereal 이라는 이름으로 소개되었다가 최근 Wireshark라는 이름으로 바뀐 것으로 패킷을 캡쳐하는 툴이다. 이 툴은 잘 사용하는 것보다는 캡쳐한 내용을 보고 해석할 수 있는 능력이 더욱 중요하다. X-ray를 찍는 것보다는 이 결과를 해석할 수 있는 것이 중요하듯 Wireshark으로 캡쳐한 내용을 해석할 수 있어야 할 것이다. 부록 2에 포함되어 있는 VoIP 실습 중 SIP 서버는 Brekeke에서 제공하는 것으로 과거에 비하여 많은 기능이 추가되어 있으며 독자가 사용할 때 일부 설치나 운영이 바뀔 수 있으니 사용할 때 주의하기 바란다. 또한 VoIP 단말은 X-lite에서 제공되는 것으로 2 채널 통화가 가능한 응용 프로그램이다. VoIP 실습을 하면서 Wireshark으로 패킷을 캡쳐하여 이론에서 배운 내용을 독자 스스로 직접 확인해보기 바란다.

차 례

1장 통신망 발전 동향 / 1

2장 인터넷 텔리포니 개요 / 29

3장 전화망과 신호프로토콜 / 55

차 례

차 례

차 례

차 례

부록 1 Wireshark 사용법 / 323

부록 2 VoIP 음성패킷 분석 / 327

제1장 통신망 발전 동향

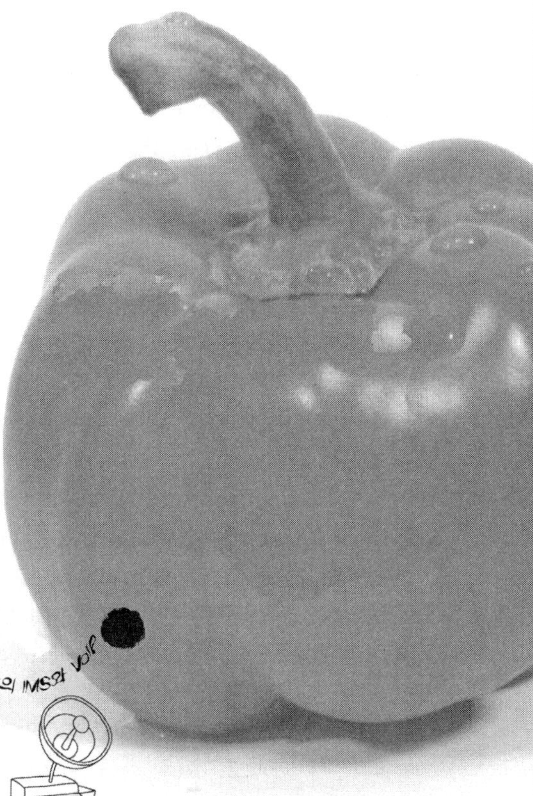

오늘날의 우리는 더 이상 통신환경을 벗어나서 생활 할 수가 없다. 오늘도 이동전화기를 손에 들고 수 없이 전화를 사용하며 인터넷에서 정보를 검색하고 과거의 통신망은 하나의 독립된 서비스만을 제공하는 별도의 단말을 사용해야 했다. 그러나 점차 하나의 단말로 모든 서비스를 사용할 수 있도록 통신망은 발전하고 있다. 인터넷과 이동통신망은 이제 멀티미디어 서비스를 제공하기 위해 없어서는 안 되는 네트워크가 되었다.

과거 통신망은 음성, 데이터, 영상(방송) 서비스가 따로 발전하여 왔으며 별도의 단말을 사용하였다. 음성서비스는 PSTN으로, 데이터서비스는 인터넷으로, 영상서비스는 주로 TV를 통하여 개별적으로 이용하였다. 1980년대 이동통신망의 등장에 이어 1990년대 들어서면서 각 통신사업자들은 다른 영역과의 통합(integration)을 시도하였다.

PSTN 사업자는 데이터서비스를 통합한 ISDN을 개발하였고 영상서비스를 지원하기 위하여 ADSL과 B-ISDN 기술을 개발하였다. B-ISDN을 ATM 기반에서 정의하고 멀티미디어 서비스를 개발하였다. 하지만 사용자들은 ATM 기반이 아닌 IP 기반의 멀티미디어 서비스 환경을 선호하였으며 이런 상황에 맞추어 음성전화사업자는 B-ISDN 대신 NGcN으로 다른 통신기술을 융합(convergence)하고 있다.

데이터통신의 대명사인 인터넷은 1990년대 중반 웹 서비스의 등장으로 인해 killing protocol로 자리매김하게 되었다. 웹 서비스와 함께 멀티미디어를 지원하기 위한 요소기술들이 개발되기 시작하였고 2000년 음성서비스를 지원하는 VoIP 기술을 적용한 인터넷 텔리포니가 등장하게 되었다. VoIP 기술은 단순 음성뿐만 아니라 영상서비스도 지원할 수 있는 기술로 우리나라도 2000년대 중반에 ITSP 사업자를 통하여 인터넷 텔리포니 사업을 시작하였다.

영상서비스는 방송서비스 형태로 발전되었고 CATV, 위성방송, DMB 등 다양한 하부전송기술을 활용하고 있으며 최근 IPTV이 등장하면서 양방향 방송서비스를 지원하고 있다. 또한 인터넷의 VoIP와 3세대 이동통신망을 통해 영상전화서비스가 가능하게 되었다. 영상서비스만 지원하던 CATV는 인터넷 접속서비스를 지원하였고 여기에 VoIP를 적용하여 음성서비스도 지원할 수 있도록 발전하였다.

이동통신서비스는 1980년대 최초로 음성서비스를 지원하는 1세대 이동통신망부터 시작되었다. 무선구간에 디지털 기술을 적용하여 채널용량을 증대시킨 2세대 이동통신망은 데이터서비스가 접목되었으며 본격적으로 인터넷 접속서비스를 무선구간과 코어 망 구간에서 지원할 수 있도록 2.5세대 이동통신망을 개발하였다. 그리고 영상서비스를 지원할 수 있는 3세대 이동통신망은 다양한 멀티미디어를 지원할 수 있도록 발전하였다. 특히 3세대 이동통신망에서는 AIPN으로 발전하여 IMS를 정의하였다. IMS는 이동통신망과 인터넷 제어기술이 결합된 것으로 이동통신망 요소는 어떤 지역에서도 이용할 수 있는 장점과 인터넷의 멀티미디어 장점을 활용한 것이다.

지금까지의 통신 이용자는 사람이었지만 점차 사물 형태도 포함할 수 있도록 USN이 정의되었고

USN을 위하여 다양한 무선접속 기술이 개발되고 RFID 개념이 사용되었다. 이러한 개념을 기초로 IoT(Internet of Things)도 개발되고 있으며 미래인터넷이라는 이름으로 모든 통신망을 통합하려는 움직임도 있다.

사물간통신(M2M: machine-to-machine)을 새롭게 개발하면서 기존 유선망과 이동통신망은 멀티미디어와 광대역화를 추구하고 있다. 즉, 인터넷과 이동통신망의 기술 추세를 보면 음성, 데이터, 영상 서비스 외에 새로운 서비스를 융합하지 않고 있다. 사물간 통신 서비스를 지원하거나 새로운 서비스가 창출되어도 음성, 데이터, 영상 서비스 외에는 현재 정의되는 것은 없다. 그러나 새로운 융합서비스를 지원할 수 있도록 멀티미디어 추세가 더 가속화될 것으로 예상된다. 또한 특정 서비스와 무관하게 광대역 전송기술을 유선과 무선에서 개발하고 있다.

과연 통신기술의 끝은 어디일까? 통신망의 마지막 기술은 존재하지 않을 것이다. 인류가 존재하는 한 통신망은 항상 함께 할 것이며 단지 현재 형태에서 다른 형태로 진화할 뿐이다.

이 장은 통신망을 보는 다양한 시각을 넓혀주기 위하여 통신서비스 관점으로 기술동향을 소개하였다. 1절에서는 IT전반에 대하여 융합이 이루어지는 추세를 설명하였다. 그리고 2절에서 5절까지 각각 음성통신기술, 데이터통신기술, 영상통신기술 그리고 이동통신기술 관점에서 융합서비스를 살펴보았다. 이렇게 다양한 관점에서 융합서비스를 바라보는 이유는 향후 통신망이 어떠한 형태로 발전하더라도 이를 설명할 수 있도록 능력을 배양하기 위함이다.

이 장을 마치면

- 지난 통신망에 대한 전반적 발전 과정을 설명하고 향후 통신망 발전 방향을 이해할 수 있다.
- 미래 통신의 키워드인 융합과 유비쿼터스에 대한 다양한 통신기술 발전을 이해할 수 있다.
- 음성통신, 데이터통신, 영상(방송)통신, 이동통신기술 관점에서 각 기술의 발전과 융합에 대한 동향 분석을 설명할 수 있다.

1.1 융합서비스 제공 IT 기술동향

다른 산업분야와 마찬가지로, IT(information technology) 분야도 발전 주기를 가지고 있다. 큰 파도와 같이 통신망 분야가 크게 발전하는 시기가 있는 반면 조용히 다음 시기를 준비 하면서 기술개발에 매진하던 때도 있었다. 현재 IT 산업은 2000년대 중반부터 획기적인 첨단 요소기술의 출현 없는 어려운 시기를 맞고 있지만 각계각층의 연구자 및 기술자들은 조용히 큰 파도를 만들어가고 있다. 이 장에서는 그 동안 통신 분야의 기술개발 동향을 알아보고 현재에 사용되는 기술들과 미래에 사용될 첨단 IT 기술들을 예상하여 본다.

1.1.1 Convergence와 Ubiquitous 기술 환경의 미래 인터넷

현재 통신 분야에서 가장 많이 사용되는 키워드를 고른다면 융합(convergence)이다. 이제 IT도 스스로 발전하기 보다는 BT(bio technology), NT(nano technology)와 결합하는 BINT(BT+IT+NT)로의 발상의 전환이 필요한 시점이다. 이외에도 IT는 ET (environment technology), ST(space technology), CT(culture technology)와의 결합을 꾀하고 있다. 이러한 다양한 기술에 IT가 중심에서 서로 다른 특성의 기술을 묶어주는 역할을 수행하고 있다. 이들 중에 가장 먼저 결합이 이루어지는 분야는 NT와 BT로 이 기술들을 IT에 접목하는 형태로 발전하고 있다. 미래기술(FT: future technology)은 모든 기술(XT: any technology)을 융합하는 기술이 될 것이며 그 중심에 IT가 자리잡고 있을 것이다.

신기술 융합 이전에 IT는 기존 산업과 먼저 융합을 이루고 있다. 가장 먼저 가전제품에 IT기술을 접목하여 새로운 가전 산업을 만들었고 건축, 건설 분야에서 홈네트워킹 기술이 보급되고 있다. 홈 네트워킹 기술은 전자제품과 연계되어 핵가족 및 개인사회 문화에 맞추어 발전하고 있다. 그리고 게임분야도 통신망 기술을 활용하여 단순 게임기에서 온라인 게임으로 발전하였다. 게임 산업은 CT와의 결합을 통한 새로운 분야를 개척하고 있고 미래 큰 시장이 창출될 것으로 예상되고 있다. 또한, 차량 네비게이션도 통신망 기술과 연계되어(ITS(intelligent transport system) 분야에 서는) 교통과 정보통신의 결합이 이루고 있다. 이외에도 방송 분야와 통신 분야가 결합된 방송통신 분야의 관련 산업이 두각을 나타내고 있으며 IPTV(Internet TV)가 가장 대표적 융합 결과물이다. 융합은 단순 전자기기들 외에도 사물과의 요소통신기술에서도 이루어지고 있다.

Ubiquitous라는 용어가 우리 주변에 많이 사용되고 있으며 대한민국은 전자기반의

e-Korea 구축에서 유비쿼터스 환경의 u-Korea를 지향하고 있다. 유비쿼터스 통신망은 주변 환경과 통신을 수행할 수 있는 것으로 센서(sensor)와 함께 사용되어 USN(ubiquitous sensor network)이라는 용어를 사용하고 있으며 이들에 대한 통신은 무선과 각 주변사물을 구분할 수 있는 RFID(radio frequency identification)를 기반으로 하고 있어 USD/RFID라는 용어를 사용하고 있다.

1.1.2 멀티미디어 서비스와 광대역화 전송

최근 통신망의 융합과 유비쿼터스 환경을 위하여 통신기술은 상위 서비스 관점에서는 멀티미디어(multimedia)를 지향하고 하부 인프라는 광대역화(broadband) 기술 개발로 발전하고 있다. 융합이라는 용어는 매우 다양한 분야의 통합을 광범위하게 의미하는 단어로 통신서비스 관점에서 볼 때 멀티미디어에 해당한다고 볼 수 있다. 유비쿼터스 환경 구축을 위하여 통신망이 모두 연결되어야 하고, 상위 다양한 응용서비스를 지원하기 위한 코어 망은 광대역화가 필요하다. 1980년대 후반부터 광케이블의 설치가 보편화되었으며 무선통신(wireless communication) 기술도 단순 연결에서 광대역전송 기술로 발전하고 있다.

사용자가 이용하는 통신서비스를 분류하면 다음과 같으며, 본 장에서는 이러한 서비스를 제공하는 통신기술 관점에서 기술동향을 설명한다.

- 음성서비스: 통신의 가장 기본서비스로 통신사업자 수익이 가장 많으며 전화사업자(telco: telecommunication)가 국영, 민영 형태로 운영될 수 있음.
- 데이터서비스: 데이터 의미는 과거에 텍스트 형태만을 의미하였지만 현재는 넓은 뜻으로 음성, 영상을 포함한 멀티미디어 형태도 포함함. 전화사업자와는 별개로 데이터통신사업자가 존재하였으며 현재는 인터넷접속을 제공하는 인터넷 서비스 제공자(ISP: Internet service provider)가 대표적 사업자임.
- 영상(방송) 서비스: 광대역 인프라를 요구하는 대표적 서비스로 단방향 방송서비스 위주로 발전하였지만 최근 양방향과 통신과 결합되는 형태로 발전하고 있으며 통신서비스의 새로운 패러다임을 만들고 있음. 방송사업자의 방송서비스 형태에서 통신사업자가 영상통화 및 방송 서비스를 제공하고 있음.
- 이동통신(mobile)[1]서비스: 앞에 세 서비스를 모두 이동하면서 지원받는 서비스로서 고정/이동 형태기준으로 분류되어야 하지만 지난 30여 년 동안 새로운 사업영역을 구축하고 있어 별도로 분리하였음. 이동통신 발전에 따라 세대별 통신사업자가 선정

1) 무선통신은 유선이 존재하지 않는 형태를 의미하며 이동통신은 유무선 무관하게 이동성을 지원하는 통신기술을 의미함.

되었지만 기업합병 등을 통하여 일부 이동통신사업자만 생존하였으며 점차 유선전화사업자와 통합되는 추세임.

1.1.3 20년 주기의 통신 패러다임

통신망은 항상 변화하고 있다. 모든 통신기술은 저마다 운명을 가지며 어떤 기술은 많은 기대를 안고 태어났지만 제대로 펴보지도 못하고 사장되는 기술도 있었다. 우리는 이러한 기술변화를 주시하면서 늘 뒤처지지 않기 위하여 기술동향을 파악하고 기술개발을 하고 있다. 또한 일부 기업들은 자신의 통신시장의 영역에서 현재 보다 앞서 나가면서 후발기업에게 추월당하지 않기 위하여 창의적 사고로 새로운 기술개발을 하고 있다.

어떤 때는 분위기 편승하여 큰 노력도 없이 잘되는 시기에 실력도 없는 친구들까지 덕을 보았을 때도 있었고 어떤 때는 실력도 있고 아이디어도 좋고 열심히 했는데 통신시장이 일어나지 않아 어려운 시기를 겪는 적도 있었다. 저자는 통신 분야에서 활동하면서 이러한 전반적 패러다임을 관찰한 결과 '20년 주기'로 우리 통신 분야가 큰 파도를 일으켰다고 생각한다. 그때마다 큰 파도가 일기 시작하는 조짐이 있었으며 새로운 기술에 의한 통신 시장이 창출되기 5~10년 전부터 관련 연구가 시작되었다.

그림 1.1은 20년 주기의 대표적 통신기술을 정리한 것이다. 1970년대의 디지털기술, 1990년대의 ATM(asynchronous transfer mode)과 이동통신기술 등이 새로운 통신기술로 개발되었으며 이들은 20년의 시간 간격을 갖고 있다. 디지털기술과 이동통신기술은 현재에도 큰 영향을 주고 있으며 ATM도 다른 기술에 스며들어 영향을 미치고 있다. 그렇다면 2010년대에 새롭게 출현할 새로운 통신기술은 무엇일까? 저자는 IMS와 USN이 바로 새로운 통신시장을 열 것으로 기대한다.

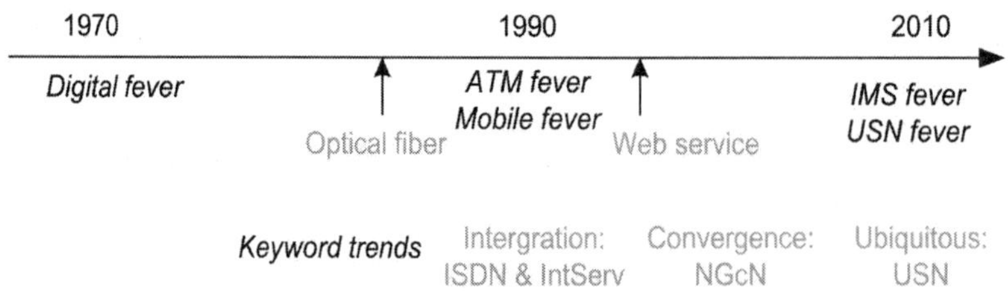

• 그림 1.1 • 20년 주기를 만든 대표적 통신기술들

1960년대 달 탐사를 준비하면서 개발된 디지털기술은 현재 통신의 기본 기술이며 이는 1970년대 통신기술 발전과 통신시장에 큰 혁명을 일으켰다. 그 후 1980년대 중반 광케이블을 전송매체로 사용하는 기술이 개발되어 1990년대 ATM 기반의 유선통

신 교환 및 전송기술이 개발되었다.

또한 이동통신서비스가 통신시장에 새롭게 출현하여 새로운 문화를 창출하였다. 1980년대 일부 계층과 일부지역에서 사용하던 1세대 이동통신기술은 1990년대 2세대 이동통신기술로 발전하면서 현재 없어서는 안 되는 통신기술의 기틀을 마련하였다. 이동통신서비스는 최초 음성서비스만 지원하였지만 2세대 이동통신망부터는 데이터서비스를 위하여 발전하였고 웹 서비스 지원을 위한 2.5세대와 멀티미디어 서비스를 지원하기 위한 3세대 이동통신망이 2000년대 소개되었다.

1990년대 중반 소개된 웹 서비스는 killer application으로 통신서비스에 가장 중요한 서비스로 자리매김을 하여 기존 통신망은 물론 신규기술의 통신망도 웹 서비스를 기본으로 제공하여야 한다. 이러한 웹 서비스로 인하여 인터넷은 더 이상 단순 문자열 전달을 위한 통신망이 아니게 되었다. IP는 이후 멀티미디어 서비스를 제공하는 플랫폼으로 발전하여 1990년 초반의 OSI 7RM(open system interconnection 7 reference model)과의 경쟁에서 승리하여 모든 통신망의 미들웨어 자리를 차지하게 되었다. 웹 서비스와 함께 IP는 killer protocol로 발전하여 모든 통신망에서 IP 기반의 미들웨어를 채택하였고 멀티미디어 서비스를 지원할 수 있도록 발전하고 있다. 2000년 전후에 IP 기반의 정보통신의 발전[2)]은 대단하였다. 인터넷전화 서비스도 이때 소개되어 음성서비스 통합을 예고하였고 2000년대 중반부터는 TV 서비스를 지원하는 IPTV 시장을 열었다. 2000년대의 이러한 인터넷 기반의 융합서비스는 단순히 유선통신망으로만 국한되지 않았고 이동통신망으로도 발전하였다.

그렇다면 2010년대에 우리에게 새로운 통신시장의 먹거리는 무엇일까?

그림 1.1에서 보는 바와 같이 저자는 1990년대의 이동통신망의 연장선에 있는 3세대 이동통신망의 IMS(IP multimedia subsystem)와 센서 기반의 USN를 추천한다. IMS는 이동통신망에서 정의되었지만 미래 유선통신망인 NGcN(next-generation convergence network)에도 차용되었으며 유무선 통합망의 핵심기술로 발전할 것으로 기대된다. 또한 USN은 초기에 특별한 목적으로 활용되다가 점차 우리 생활에서 없어서는 안될 통신기술로 자리 잡을 것으로 예상된다. 그리고 이 기술들은 2010년대에서 2020년까지 발전할 것으로 예상되며 미래 인터넷의 중요 기술과 서비스로 자리매김을 할 것이다.

그래서 이 책에서는 IMS와 USN의 가장 주요한 기술인 인터넷 텔리포니와 관련 통신망을 이해하는데 도움이 될 수 있는 기술개발동향과 요소기술들을 소개하려고 한다.

---

2) 저자가 1990년 중반의 웹 서비스와 2000년의 IP 기반의 정보통신 발전을 20년 주기에 포함시키지 않은 이유는 통신 망 및 요소기술 관점에서 응용서비스 형태여서 포함시키지 않았음.

1.2 음성통신기술 관점에서의 융합서비스

음성서비스는 통신망에서 100년 이상 사용된 가장 기본적인 서비스로 앞으로도 음성서비스는 반드시 지원되어야 하는 기술이다. 과거 아날로그 방식의 음성 기술은 장거리 전송이 힘들었지만 PCM(pulse code modulation) 기술개발로 거리 제한 문제를 극복할 수 있었다. 또한 최근에는 전화망이 아닌 인터넷에서 음성을 전달할 수 있도록 관련 기술이 개발되고 있다. 이동통신망, 인터넷 등에서 음성을 전달하는 하부 인프라 기술 개발이 이루어져도 현재 우리가 사용하고 있는 PSTN(public switch telephone network)의 POTS(plain old telephone service) 지원은 계속 될 것이다.

POTS를 지원하는 전화망의 기술변천을 시대적인 변화에 따라 고려하면 그림 1.2와 같다. PSTN 역시 1980년대 중반부터 융합을 시도하였다. 그 때 키워드는 그림 1.1에서 보는 바와 같이 통합(integration)이었으며 음성과 데이터서비스를 통합하는 기술인 ISDN(integrated service digital network)이 개발되었다. 그리고 광케이블 전송을 기초로 ATM(asynchronous transfer mode)을 소개하고 이를 기반으로 영상(방송)서비스를 통합한 B-ISDN(broadband-ISDN)를 표준화하였다.

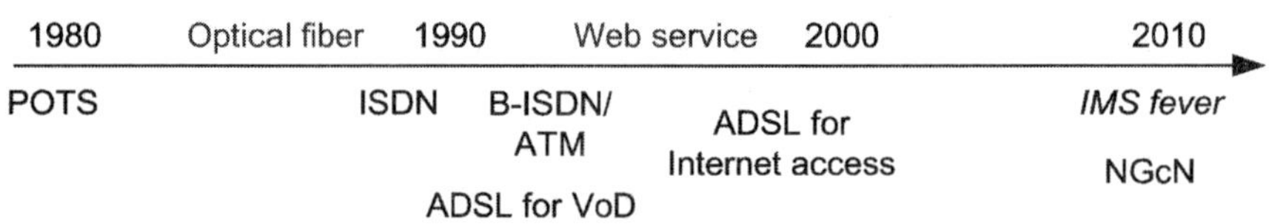

• 그림 1.2 • PSTN에서 NGcN으로 변화

전화사업자들은 영상서비스를 지원하기 위하여 ADSL(asymmetrical digital subscriber line) 기술을 개발하여 VoD(video on demand) 서비스를 시도하였으나 고가의 영상 코덱비용, 불안정한 서비스로 저가의 비디오대여 등에 밀려 안착하지 못하였다. PC 통신을 지원하던 전화망은 급증하는 인터넷접속 요구를 만족시키기 위하여 가입자 구간에 ADSL 기술을 채택하여 웹 서비스를 집에서도 사용할 수 있도록 하였다.

1990년대 후반, 시간이 지날수록 ATM 기반의 B-ISDN 구축이 어려워지는 반면 IP 기반의 다양한 응용서비스 지원 기술개발이 이루어지기 시작하였고 인터넷전화 등 인터넷에서 멀티미디어 지원이 현실화되었다. 전화사업자들은 B-ISDN 요구사항을 포함하는 NGcN[3]을 정의하고 방송서비스와 융합된 IPTV를 제공, NGcN이 향후 유무선 통합망은 물론 인터넷 접속 및 영상, 방송 서비스와 USN 등을 모두 지원하는 코어 망의 역할로 발전할 것으로 기대하고 있다.

1.2.1 PSTN과 ISDN

PSTN과 ISDN 망은 전화단말-가입자선로-교환기-국간전송의 장치 및 구간으로 구성된다. 전화망 교환기들은 코어 망 부분에 해당하며 교환 기능 및 프로토콜 수준에 따라 계층적으로 구성된다. 장치 및 구간에 따른 통신망 구성은 통신사업자 관점에서 그림 1.3과 같이 시내전화사업자와 시외전화사업자의 전화교환망으로 분류할 수 있다. 시내전화사업자의 교환망은 단말기와 연결되는 교환기가 중심이며 LEX(local exchange) 교환기 또는 CO-5(central office level 5) 교환기라고 부른다. 시내전화를 하는 경우 LEX 교환기를 경유하여 호 접속이 이루어진다. 반면 시외전화사업자는 시내전화사업자 교환기를 연결하는 교환기로 시외교환기(long-haul switch) 또는 CO-4 교환기라고 부른다. 여기에 도식하지는 않았지만 국제전화사업자의 교환기가 존재함을 독자들은 알 수 있을 것이다.

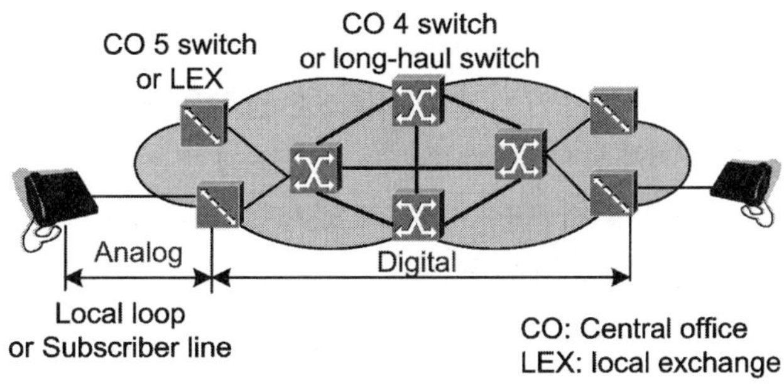

• 그림 1.3 • PSTN 망 구성도

전화망은 처음에 아날로그 기술을 기초로 개발되었지만 디지털기술이 적용되면서 전화망의 전송구간이 길어지고 및 교환기 처리용량이 커졌다. 이와 같이 교환기 사이의 전송선로와 교환기에서 각각 디지털기술이 적용되어 기계식 아날로그 교환기가 전자식 디지털 교환기로 발전하게 되었고 PSTN은 전화단말기와 가입자선로(local loop 또는 subscriber line)를 제외한 교환기와 국간 전송 부분은 모두 디지털화되어 있다.

ISDN은 가입자선로를 디지털화한 것을 의미하며 교환망 구간은 기존 PSTN과 동일하다. ISDN은 가입자선로와 전화단말에 모두 디지털기술을 적용하며 음성 2 채널(2B: 64Kbps × 2 ch.)과 데이터 1 채널(D: 16Kbps)을 제공하여 동시에 서로 다른

3) 우리나라의 BcN(broadband convergence network)에 해당함.

두 대의 음성통화와 데이터통신을 할 수 있도록 설계된 것이다. 그리고 ISDN 교환기는 가입자선로에서 2B+1D 채널을 수용할 수 있도록 가입자 모듈만 바꾼 것으로 사용자 당 144Kbps를 제공하게 된다.

1.2.2 영상서비스를 위한 B-ISDN과 인터넷접속서비스 제공하는 ADSL

ISDN은 기존 회선교환 방식을 사용하고 있는 반면 B-ISDN은 ATM이라는 패킷교환 방식을 채택하고 있으며 ATM은 멀티미디어 서비스를 지원하기 위하여 전송영역과 교환영역에 공통적으로 적용될 수 있는 프로토콜이다. B-ISDN은 기존 PSTN을 모두 바꾸는 통신망의 혁신이었으며 복합서비스를 지원하기 위하여 필요한 요소기술 등을 체계적으로 표준화하였다.

B-ISDN은 1990년대 미래의 통신기술로 소개되면서 멀티미디어 서비스를 제공하기 위하여 ATM 기반에서 교환기술, 전송기술, 서비스기술 등을 동시에 국내외적으로 개발하였다. ISDN은 가입자에게 회선교환 방식에 144Kbps를 제공하지만 B-ISDN은 광케이블 기반에 패킷교환 방식으로 155Mbps를 제공하기 때문에 기술이름은 단순 'B' 하나 첨가되었지만 기존의 ISDN과는 전혀 다른 기술이다.

B-ISDN이 ISDN에 비하여 가입자 속도가 천 배나 높은 것은 영상서비스를 제공하기 위한 것이었다. B-ISDN는 교환기와 전송선로 등을 모두 교체하여 revolution 하는 것이었으며 전화통신사업자는 ADSL 기술을 통한 evolution을 준비하였다. ADSL이 현재는 인터넷접속기술로만 사용되고 있지만 초기 개발 목적은 기존 전화가입자 선로를 이용한 영상서비스 제공이었다.

ADSL 망 구성은 그림 1.4와 같으며 기존 전화망은 유지하면서 가입자선로에 ADSL 모뎀과 DSLAM(digital subscriber line access multiplexer) 장비를 통하여 영상신호 또는 데이터신호를 별도의 채널로 분리하고 ADSL 코어 망을 구축하여 영상통신망 또는 인터넷과 NAS를 통하여 연결하게 된다. ADSL은 지속적인 영상 스트림 전달에는 불안정하였지만 버스트하게 발생하는 인터넷 트래픽을 전달하기에는 적절하였다. 이후 ADSL은 HDSL(high-bit-rate digital subscriber line), VDSL(very high-bit-rate digital subscriber line) 등으로 발전하면서 데이터 전송속도를 높이고 안정적인 트래픽 전달을 하였다.

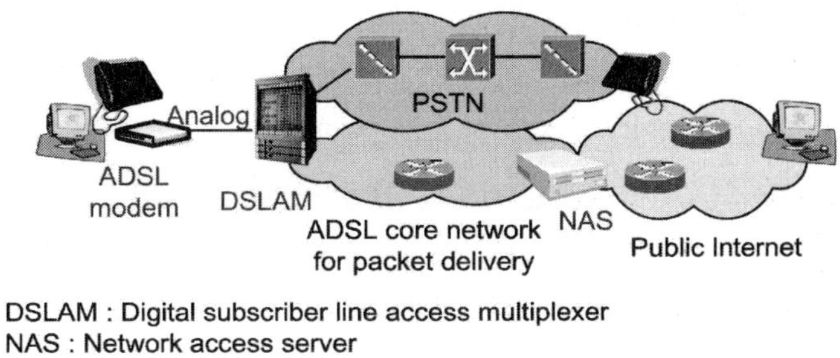

• 그림 1.4 • ADSL 망 구성도

1.2.3 융합서비스를 위한 NGcN

멀티미디어 서비스를 위한 B-ISDN/ATM에 대한 보급이 적절히 이루어졌다면 현재 우리 주변에 B-ISDN을 쉽게 접하고 있을 것이다. 그러나 우리가 쉽게 이용할 수 있는 것은 인터넷이며 인터넷은 전화망도 변화시키고 있다. 즉 회선교환 방식의 전화망을 인터넷기술로 대체하면서 다양한 융합서비스를 제공하는 형태로 발전하고 있다.

인터넷기술을 기초로 전화통신망은 NGcN을 기획하면서 그림 1.5와 같이 기존 망은 물론 새로운 망을 연동할 계획이다. 현재 IPTV가 새로운 서비스로 소개되면서 NGcN의 대표서비스 역할을 하고 있고, 홈 네트워크와 RFID/USN 등을 연동할 계획을 가지고 있다. 물론 기존 전화망과 인터넷접속은 기본이 되며 인터넷전화 서비스도 제공하게 된다. 여기서 인터넷전화는 음성 외에 영상, 부가서비스 등 다양한 신규서비스도 제공될 예정이다. 이러한 융합서비스 제공의 중심에는 소프트스위치가 존재한다.

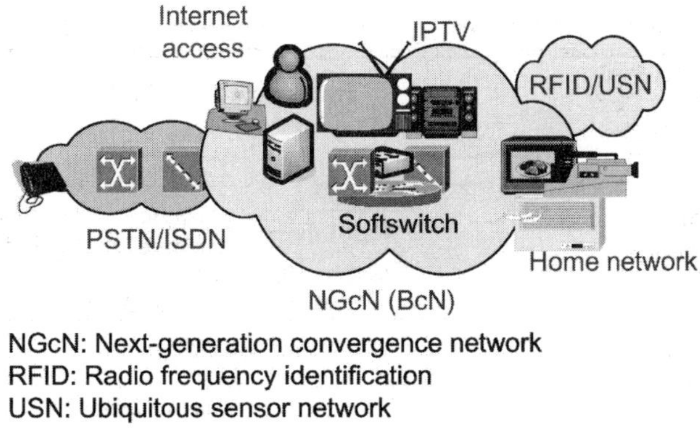

• 그림 1.5 • NGcN의 융합서비스를 위한 망 구성

소프트스위치는 기존 모든 스위칭 장비의 기능을 갖추고 새로운 서비스를 지원할 수 있는 기능을 포함하여야 하기 때문에 모든 기능을 한 장비에 구현하는 것은 어려울 것이다. 여러 기능을 동시에 지원하기 위해서는 플랫폼 기술로 하나를 선택하고 이 기술을 기초로 필요한 기능을 추가할 수 있도록 설계하는 것이 일반적이다. 소프트스위치 개발을 위하여 IP를 플랫폼 기술로 선택하였다. 여기서, 필요로 하는 IP 기술은 단순 인터넷접속을 위한 기능을 요구하는 것이 아니고 인터넷전화, 이동성, 서비스품질 보장 등 고급 IP 요소기술을 의미한다.

1.3 데이터통신 서비스 관점에서 융합서비스

데이터통신을 전화통신과 분리하는 것은 과거의 개념이다. 그러나 데이터통신 서비스 관점에서 설명하는 것은 통신기술 발전을 이해하는데 도움이 될 것이다. 데이터통신의 발전은 컴퓨터기술 발전과 매우 관련이 깊다. 컴퓨터기술 발전은 기존 다른 기술과는 달리 급속히 진행되었으며 현재 컴퓨터들은 인터넷접속을 기본 기능으로 포함하고 있다.

1970년대 메인프레임 컴퓨터 연결을 위하여 데이터통신 기술발전이 시작되었고 데이터 통신은 접속영역에 따라 LAN(local area network)과 WAN(wide area network)으로 나눌 수 있다. 또한 그림 1.6에서 보는 바와 같이 LAN과 WAN 기술과 함께 IP의 발전 축이 하나 더 있으며 과거에는 LAN과 WAN 상위 계층의 프로토콜이 존재하였지만 현재는 IP가 대부분을 차지하고 있다.

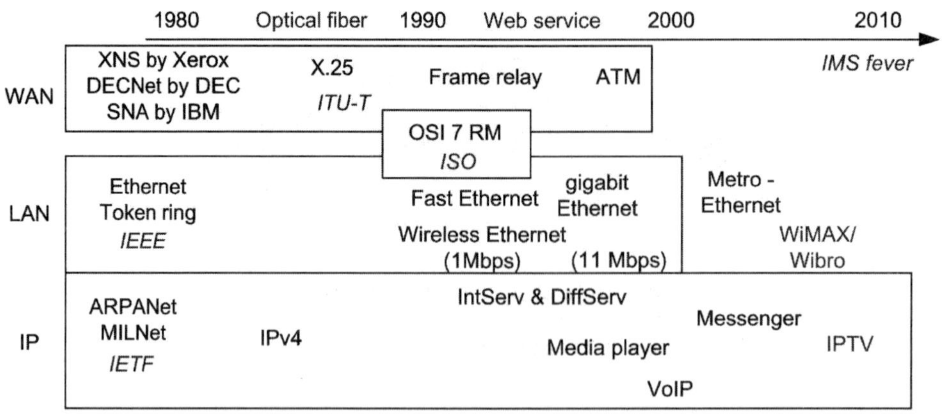

• 그림 1.6 • 데이터통신 망의 발전

초기 데이터통신 사업자는 별도로 존재하지 않았었다. LAN은 사설장비로서 사용자가 직접 구축하였고 WAN은 전화망을 사용하였다. 초기 전화통신망의 표준기구였던 ITU-T(International Telecommunication Union-Telecommunication Standardization Sector; 과거 CCITT)가 발표한 X.25 표준도 바로 WAN 하부계층이 전화망이었기 때문이다. 데이터통신 트래픽 량이 많아지면서 독립된 PDSN(public data service network) 구축이 이루어지고 이들은 인터넷이 급속히 보급되면서 ISP로 발전하게 된다. 현재 데이터통신 사업자는 사업영역에 따라 단순 회선 제공사업자와 ISP로 구분할 수 있다.

1.3.1 전송매체 기술 변화

통신매체의 발전은 통신서비스의 발전과 연계된다. 통신매체는 기본적으로 유선과 무선으로 나뉘며 유선매체는 크게 전화선(twisted pair), 동축선(coaxial cable) 그리고 광케이블(optical fiber)이 있다. 전화선은 가격이 저렴한 반면 전송속도가 떨어지지만 가장 오래 동안 사용하고 있다. 동축선은 댁내의 TV 안테나선의 형태이며 전송구간에서 최대 45Mbps 전달 능력을 가지고 있고 광통신은 광케이블의 내부특성을 사용하는 방식에 따라 single-mode 방식과 multi-mode 방식이 있으며 single-mode가 장거리용에 사용된다.

그림 1.6에 나타타지는 않았지만 1980년대까지 LAN은 동축선을 기반으로 정의되었으며 WAN은 전화선을 기초로 발전하였다. 1980년 초반부터 소개되었던 광케이블은 100Mbps 전송속도를 제공하면서 1990년대 새로운 통신시장을 창출하게 되었다. 광케이블은 이후 WAN의 먼 거리 전송 및 광대역 전송이 가능하도록 관련기술 개발이 이루어져 현재 Gbps 단위를 제공하며 Tbps 시대를 준비하고 있다.

1990년대 무선매체의 대중화는 데이터통신에도 큰 변화를 제공하였다. 1980년대 이동통신망이 소개되면서 무선기술을 활용한 데이터통신 기술이 소개되었다. 무선 LAN을 표준화하여 처음에는 1Mbps의 낮은 전송속도를 제공하였지만 현재 11Mbps, 54Mbps 등으로 발전하였다.

무선 LAN 기술과 함께 무선매체의 활용은 두 가지 방향으로 발전하게 된다. 하나는 private 공간이 아닌 public 공간에서 활용할 수 있는 WiMAX(worldwide interoperability for microwave access) 기술로의 발전이고 또 다른 하나는 personal 영역 또는 컴퓨터 주변 정도에서 광대역 서비스를 제공하는 형태이다. 무선매체를 활용한 통신기술은 무선이라는 장점을 바탕으로 적은 반경 내에서 적은 대역폭 제공의 단점을 극복하기 위한 노력을 하고 있다.

1.3.2 표준기구

전화통신망에 대한 표준은 ITU-T가 주관하지만 데이터통신 관련한 표준은 ITU-T 외에도 IEEE(Institute of Electrical and Electronics Engineering), ISO (International Organization for Standardization) 그리고 IETF(Internet Engineering Task Force)가 서로 다른 영역 또는 중복된 영역에서 각각 표준을 발표하고 있다. IEEE는 미국의 전기전자학회로서 LAN의 물리계층과 링크계층에 대한 표준을 정의하고 있으며 LAN에 대한 영역을 확대하고 있다. ITU-T는 전화통신망에 대한 표준과 함께 데이터통신 망의 WAN에 대한 표준을 발표하고 있다. 대표적인 프로토콜은 X.25, frame relay, B-ISDN/ATM 관련 표준을 정의하였고 최근에는 NGcN을 주관하고 있다.

인터넷 관련 표준은 IETF가 주관하고 있으며 IETF는 정식 표준기구로 출발하지 않았지만 통신시장에서 인터넷이 가장 많이 보급되어 실질적인 표준의 역할을 담당하고 있다. 이와 같이 정식 표준기구에서 정의되는 프로토콜은 de jure(by law) 표준이라고 하며, 정식 표준기구에서 정의되지 않았지만 실질적으로 통신시장을 주도하는 프로토콜은 de facto(in fact) 표준이라고 한다.

ISO는 기존의 데이터통신 표준들을 모아서 체계화하거나 통합한 국제 표준기구로 OSI 7RM을 발표하였다. 하부 계층에는 LAN과 WAN에 대한 관련기술을 가지며 네트워크 계층에는 X.25와 IP를 기초로 두 가지 모드를 정의하였고 다양하게 정의되었던 응용계층 서비스를 통합하여 발표하였다. 즉, ISO의 OSI 7RM은 새로운 기술과 서비스에 대한 표준보다는 기존에 서로 다른 용어와 기술을 체계화하여 발표한 것이 대부분이었다.

1.3.3 멀티미디어와 광대역화

인터넷이 1980년대 시작되어 2000년대에는 그림 1.7과 같이 인터넷전화, IPTV 등을 통한 멀티미디어 서비스가 제공 되었다. 멀티미디어 서비스를 제공하는 상위 응용계층은 하부 계층의 발전으로 가능하였으며, 특히 광대역 전송속도를 제공하는 LAN과 WAN의 물리계층과 링크계층의 발전에 의존하였다.

1990년대 광케이블을 활용한 LAN 영역의 fast Ethernet, gigabit Ethernet 기술과 WAN 영역의 ATM 등은 광대역화를 가속하였으며 이러한 고속의 인프라 구축으로 인터넷전화의 실시간 음성트래픽 전달이 가능하게 되었다. 또한 무선매체의 광대역화도 무선 LAN과 이동통신망을 기초로 발전하면서 실시간 서비스를 지원할 수 있는 토대를 마련하였다. 인터넷전화는 단순 음성서비스 뿐만 아니라 영상전화와 방송기능을 통합한 서비스가 제공될 수 있으며 광대역 인프라를 통하여 IPTV 서비스 제공이 가능하다.

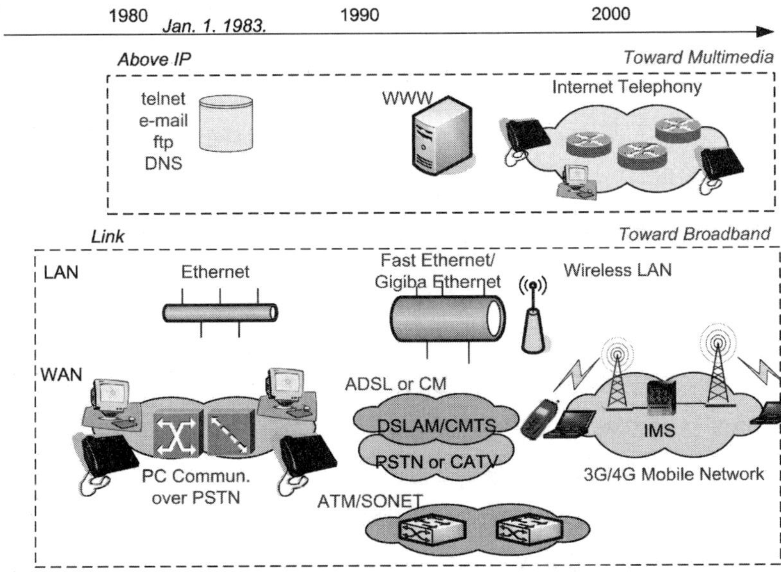

• 그림 1.7 • IP, LAN, WAN의 멀티미디어와 광대역화

1.3.4 LAN

LAN이 소개되던 1970년대에는 메인프레임 컴퓨터를 회사 및 학교 내에서 연결하거나 단말 등을 확장하는 기능 정도였다. 근거리로 범위는 수백 m이었고 연결할 수 있는 단말 개수도 제한되었다. 각 메인프레임 컴퓨터 제조업체는 자체적인 LAN 또는 연합하여 LAN 기술을 확보하게 되었다. 그러나 LAN 기술들이 서로 호환되지 않아 사용자들이 불편함을 느꼈고 상호운용성을 확보하기 위하여 IEEE가 LAN 표준을 주관하게 되었으며 이때 채택된 LAN 기술은 통신 시장에 주역이 되었고 표준에 참여하지 않은 프로토콜은 도태되었다. IEEE는 802 위원회에서 작업하여 발표한 대표적인 IEEE 802 시리즈는 다음과 같다.

- IEEE 802.2 LLC(logical link control): 서로 다른 LAN 프로토콜 연동 목적
- IEEE 802.3 CSMA/CD(carrier sensing multiple access with collision detection): 물리적으로 버스 구성이고 random access 방식으로, Digital, Intel, Xerox 회사가 모여 Ethernet 이라는 프로토콜 만들고 IEEE 표준화에 참여하여 CSMA/CD 라는 프로토콜을 정의
- IEEE 802.4 token bus: 물리적으로는 버스 구성이지만 논리적으로 토큰을 순차적으로 전달하는 방식으로 GM이 공장자동화 용도로 설계
- IEEE 802.5 token ring: 링 형태로 구성하고 토큰을 순차적으로 전달하며 토큰을

받은 단말은 자신이 보낼 데이터를 보낼 수 있는 방식으로 IBM이 사무용도로 설계

- IEEE 802.11 Wireless LAN: 무선 LAN에 대한 표준 정의
- IEEE 802.15 Wireless PAN(personal area network): 수십 m 이내의 무선 통신 기기 사이의 무선통신 정의
- IEEE 802.16 WiMAX: 무선 ADSL과 같은 서비스로 정의하기 시작하여 이동성을 지원하는 인터넷접속서비스 기술 정의

LAN 기술 중 IEEE 802.3은 Ethernet과 호환되며 국내외 대부분 LAN 장비 기술로 사용되고 있으며 광케이블이 소개된 이후 fast Ethernet과 gigabit Ethernet 기술을 개발하여 물리계층의 전속속도로 각각 100Mbps와 1Gpbs를 제공한다. 이들의 물리적 전송속도는 높지만 CSMA/CD MAC 프로토콜을 적용하면 성능이 떨어지는 단점을 가지고 있다. 비록 프로토콜 성능은 나쁘지만 설치 및 관리가 용이하다는 장점 때문에 보편화되었다.

1990년대 광케이블의 발전과 함께 무선 매체를 활용한 전송기술이 발전하였다. 무선 LAN이 초기 1Mbps로 개발되었지만 무선모뎀 기술로 11Mbps, 20Mbps, 54Mbps 등으로 발전하였다. 무선 LAN은 유선의 사설 통신망을 설치하지 않아도 되는 장점을 가지고 있지만 보안에 취약하다는 단점을 있어 보안이 요구되는 환경에서는 무선 LAN 설치를 하지 않는다. 또한 AP(access point)의 출력파워가 제한되어 있어 전파 반경이 작기 때문에 공간 제한을 받으며 실시간 이동성을 지원하지 않고 있다.

1.3.5 Public LAN

광케이블을 활용한 gigabit LAN은 전송속도를 더 높여 10Gpbs를 제공하는 Ethernet으로 발전하게 되었다. 10Gbps Ethernet은 사설 통신망 보다는 ISP와 사업자통신망 국간 전송구간인 코어 망에 적용하면서 metro-Ethernet이라고 불리기도 한다. 물론 사설 통신망의 트래픽이 많아서 gigabit Ethernet으로 지원이 불가능하여 진다면 10Gbps Ethernet을 기업이나 학교에서 소유할 수도 있다.

무선 LAN이 사설 통신망 용도로 개발되었지만 public 공간에 많은 AP를 설치하여 public wireless LAN 서비스가 가능하게 되었다. 사람이 많이 모이는 지역인 hot spot 영역[4]을 중심으로 무선 LAN AP를 설치하여, 인터넷 서비스를 제공하거나 그 지역정보를 제공하는 서비스가 창출되었다. Public wireless LAN을 이용하고자 하는 사용자는 본인의 노트북컴퓨터, 인터넷접속이 가능한 PDA, 휴대폰 등을 활용하거나

4) 유동인구가 많으면서 상권이 밀집된 지역, 공항, 역, 호텔과 같이 기다리는 지역 등을 지칭함.

그 지역에서 통신기기를 임대받아 원하는 서비스를 사용할 수 있다.

초기에 LAN은 사설 통신망 용도로 개발되었지만 public 통신망으로 활용되면서 더 이상 사설 통신망 기술로 국한된 것이 아니며 사용자들이 이미 사설 통신망에서 친숙하게 사용하던 서비스와 통신기기이기 때문에 public 공간에서 사용하는데 어려움이 없다.

1.3.6 WAN

초기 데이터통신이 발전하면서 많은 전용회선이 구축된 LAN과는 달리 WAN을 위하여 전용회선을 구축하는 것은 불가능하였다. 1970년대 WAN 구축이 필요하였던 메인컴퓨터 제조사들은 각각 자신의 컴퓨터 연동에 전화선을 활용할 수 밖에 없었으며 전화통신망은 모뎀접속을 통한 2.4Kbps, 4.8Kbps, 9.6Kbps 등 저속의 텍스트 전달만을 제공하였다.

메인프레임 컴퓨터 연결 및 터미널과의 연결을 위하여 1980년대 전화통신망의 표준을 발표하던 ITU-T가 X.25라는 패킷교환에 대한 표준을 발표하였다. X.25는 비록 하부 전달망은 전화회선을 공유하지만 계층 2와 3에 해당하는 링크 계층과 패킷 계층 등을 통한 패킷교환 방식에 대한 체계적인 표준으로 패킷장비들의 연동을 고려하였다. X.25에서 제공하는 데이터 전송속도는 기본적으로 16Kbps이었다.

1980년대 미국에서 패킷교환의 인프라로 인터넷을 구축하면서 라우터를 효율적으로 연동하기 위한 방안으로 frame relay를 개발하였다. X.25가 계층 2와 3을 모두 갖추고 있으면서 계층 3의 교환 및 메시지 단위로 패킷을 사용한 반면 frame relay는 계층 2에서 교환 및 메시지 단위로 프레임을 사용하였다. 즉 계층 2에서 교환기능을 수행하기 때문에 더 빠른 처리가 가능하다고 볼 수 있다.

Frame relay는 라우터 연동이 목적이었고 전송속도도 2Mbps가 기본단위였으며 향후에 45Mbps를 제공할 수 있도록 발전하였다. 또한 라우터 연동을 통한 인터넷 기반의 데이터통신 서비스 외에 음성 및 영상을 전달할 수 있는 대역을 할당하고 채널을 관리함으로서 복합서비스를 지원할 수 있었다. Frame relay를 이용하여 기업들은 원거리에서 가상의 사설망 구축이 가능하였고, 국내외 ISP 연동할 때에도 해저케이블 양단에 frame relay 장비를 연결하여 인터넷전화와 인터넷을 동시 지원할 수 있게 되었다.

전화통신망에서 소개되었던 B-ISDN의 인프라 기술인 ATM은 기본적으로 155Mbps를 지원하는 패킷교환 방식이며 WAN을 구축하는 한 가지 방법이다. 광케이블을 이용하는 ATM은 멀티미디어 단말을 연결하여 하나의 통신망에서 음성, 영상, 인터넷 등을 동시에 지원하는 기술로 제안되었지만 현재 ATM은 인터넷의 전송영역에서 사용되고 있다.

광케이블은 ATM과는 별도로 광전송선로를 구축하고 여기에 SONET/SDH (synchronous optical network/synchronous digital hierarchy)를 바로 사용하기도 한다. 광케이블 기반의 SONET/SDH는 51Mbps, 155Mbps, 622Mbps, 2.4Gbps 등을 제공하며 교환국간 사이의 전송에서 회선교환은 물론 패킷교환에도 활용되고 있다. 현재는 중간 노드인 대용량 교환노드에서 스위칭시간을 줄일 수 있는 대용량 스위치 개발에 노력을 하고 있다.

1.3.7 IP

IP는 미국 국방성의 군 전략방어 망 구축용도로 설계되어 1970년대 특정 메인프레임 컴퓨터와 망 구성에 제한받지 않으면서 분산된 자동 경로탐색을 위하여 개발되었다. 하드웨어와 망 구성에 종속되지 않았기 때문에 상위계층 서비스들과 최적화는 이루어지지 않을 수 있지만 하드웨어 발전과는 무관하게 운영될 수 있다. 즉, 지난 30여 년간 하드웨어 기술의 급속한 변화로 인해 하드웨어에 최적화된 통신서비스들은 모두 사라진 하드웨어와 운명을 함께 하였지만 인터넷은 하드웨어와 무관하게 동작할 수 있기 때문에 새로운 망 구성, 새로 개발된 통신기술이 적용되어도 그 형태를 유지해 오고 있다.

그림 1.7은 가장 대표적인 인터넷 응용서비스 발전을 다른 기술들의 발전과 함께 보여주고 있다. 1983년 현재 사용하고 있는 IP가 운영되기 시작할 때 전반적인 통신시장은 텍스트 기반의 데이터통신이었고 이와 관련된 서비스는 ftp, telenet, e-mail 등이었다. 1990년대 OSI 7RM이 모든 통신 프로토콜을 대체할 것이라는 기대에 TCP/IP도 OSI 프로토콜로 대체될 것이라고 예상되었지만 현재 사용하고 있는 웹 서비스(WWW: world wide web)의 전신인 1993년 Mozaic이 소개되면서 IP는 모든 통신 프로토콜의 killing protocol로 자리매김을 하였다.

IP가 초기에 텍스트 기반 중심의 통신 프로토콜이었지만 음성을 지원하는 인터넷전화 서비스가 2000년에 소개되면서 IP의 가능성이 현실화되었다. 그 당시 인터넷전화는 국내기업에 의하여 대한민국은 물론 미국, 일본 등 일부 선진국에 제공되었으며 시외전화 및 국제전화를 무료로 사용할 수 있도록 서비스를 제공하였다[5]. 비록 인터넷에서 PSTN으로 단 방향 발신통화만 가능하였지만 이것은 멀티미디어 서비스가 인터넷으로 제공되는 서막을 올린 것이다.

5) 인터넷접속 비용을 이미 부담하고 있어 완전한 무료라고 하기는 어려움. 이후 유료로 전환됨.

1.3.8 인터넷접속 형태

인터넷에 대한 구성은 ISP에 대한 구성과 같으며 ISP는 국제(international) ISP, 전국(national) ISP, 지역(regional) ISP 그리고 로컬(local) ISP로 나눌 수 있다. 일반적으로 로컬 ISP가 학교나 회사와 같이 사용자가 속하여서 인터넷 서비스를 제공하는 기관을 의미하며 나머지 국제, 전국, 지역 ISP는 public 인터넷서비스를 제공하는 사업자를 의미한다. 또한 ISP는 영리와 비영리 목적 등으로 분류할 수 있다. 그리고 물리적 구성 관점에서 로컬 ISP는 인터넷 가입자 망(access network) 부분에 해당하며 public 인터넷 서비스를 제공하는 ISP들은 인터넷 코어 망(core network) 부분에 해당된다.

인터넷 코어 망은 WAN에 해당되며 인터넷 가입자 망 부분은 LAN 또는 댁내 통신 링크에 해당되고 이를 도식화하면 그림 1.8과 같다. 인터넷 가입자 망 부분이 학교나 회사의 경우 IP 주소들을 할당받아 LAN을 구축하여 구성원에게 인터넷접속 서비스를 제공하게 된다. 그리고 인터넷 가입자 부분이 댁내, 가정인 경우 전화망이나 CATV (community antenna TV) 망을 활용하고 접속할 때마다 IP 주소를 할당받아 인터넷을 사용할 수 있다.

무선통신이 발전하기 전까지는 인터넷 가입자 망으로 LAN과 댁내 통신 링크만 존재하였지만 이동통신망이 발전하면서 그림 1.8 오른쪽 부분에 도식한 바와 같이 이동통신망 기반의 인터넷 가입자 망 부분이 추가되었다. 이동통신망은 기본적으로 음성서비스를 위하여 설계되었지만 2.5세대 이후 이동통신망은 인터넷접속서비스에서 인터넷 기반으로 멀티미디어 서비스를 제공할 수 있도록 발전하였다. 이외에도 WiMAX와 WiBro 등을 통한 무선/이동 인터넷접속기술은 이동통신망의 이동성과 넓은 서비스가 지원되는 장점을 활용하여 무선 LAN의 거리 문제를 극복하면서 새로운 인터넷 가입자 망 기술로 소개되고 있다.

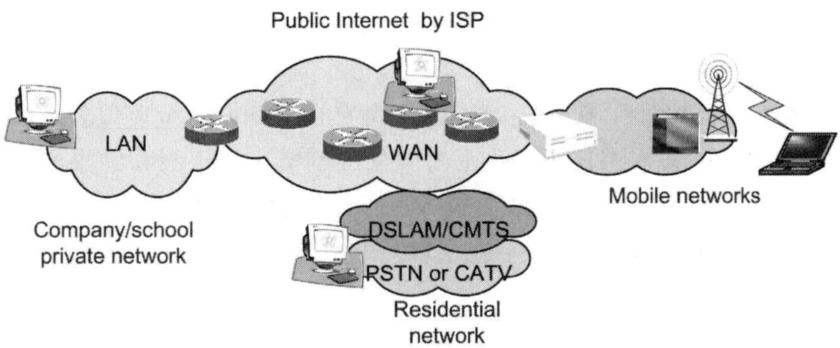

• 그림 1.8 • 인터넷 망 구성 형태

1.3.9 유무선 통합서비스와 융합서비스 제공하는 IP

2000년에 인터넷전화가 소개되기 전에도 인터넷을 통하여 음성을 보내기 위한 노력은 지속적으로 시행되었었다. 인터넷전화 관련 패킷전송 시도는 이미 1990년대 초반부터 전송속도가 낮은 매체에서 실험적으로 연구 개발되어 왔다. 이후 멀티미디어 PC가 보급되면서 LAN에 접속되어 있는 PC 사이에서 음성 및 영상통화는 가능하였고 PSTN과의 소형 규모 연동도 실험실 수준에서는 시도되었다. 2000년 이후에 음성서비스가 인터넷에서 제공될 수 있었던 것은 무엇일까? TCP/IP가 바뀐 것일까? VoIP가 정의되어서 된 것일까? 아니다. 하부인프라가 바뀌었기 때문이다. 즉, 1990년대 후반부터 광케이블을 활용한 LAN과 WAN 등이 구축되었기 때문에 인터넷전화가 가능하였던 것이다.

2000년 인터넷에서 PSTN으로 단방향 접속을 제공한 인터넷전화는, 전화라는 이름 때문에 음성서비스만을 떠올릴 수 있겠지만, 데이터, 음성, 영상, 메신저와 미래에 나타날 실시간 서비스 등을 모두 포함하는 고유명사이다. 이미 국내외에서 인터넷전화사업자를 선정하여 특정 전화번호 국번을 통한 구분을 하고 있으며 우리나라도 070 번호를 부여하였다. 인터넷전화를 통한 정보검색, 영상전화, 무선인터넷전화 등이 제공되고 있으며 기존 인터넷 접근도 인터넷전화를 통하여 이루어지고 있다. 특히 무선 LAN이 포함된 인터넷전화 단말기를 가지고 이동하여 무선 LAN AP와 연결하면 인터넷전화를 사용할 수 있다. 무선 인터넷전화의 경우 마치 이동전화와 같이 이동성을 지원하고 있으며 seamless한 핸드오프는 아니지만 저가로 사용할 수 있는 장점이 있다.

유무선 통합은 링크 계층 수준과 네트워크 계층 수준으로 나누어 고려할 수 있으며 네트워크 계층의 유무선 통합이 진정한 통합이다. 반면 사설 통신망 관점에서는 링크 계층 수준의 통합이 LAN과 무선 LAN을 연동하고 상위 계층으로 IP를 제공하면 자유로운 유무선 통합이 가능할 수 있을 것이다.

네트워크 계층의 유무선 통합은 그 동안 유선전화 통신망과 이동전화 통신망 연동이 주안점이었고 이들의 연동은 회선교환 방식으로 이루어져 음성서비스 외에 다른 서비스를 제공하지 못하였다. 유선전화 통신망은 멀티미디어 서비스를 제공하기 위한 여러 차례 노력과 함께 최근에는 NGcN 구축에 대한 노력을 하고 있으며 이동전화 통신망도 3세대 이동통신기술부터는 음성 외에 인터넷과 영상 서비스 제공을 목표로 발전하였다. NGcN이나 3G 이동통신망 모두 중간 계층에는 IP를 적용하고 있어 향후 IP는 기존 데이터통신 외에 유무선 전화통신망의 주요 기술로 자리 잡을 것이다.

1.4 영상통신기술 관점에서 융합서비스

영상통신은 방송과 밀접한 관련이 있다. 영상전달은 TV에서 시작하였으며 통신 개념보다는 단방향성 방송으로 지상중계(terrestrial), 위성(satellite) 그리고 CATV 형태로 발전하였다. 우리나라는 세 가지 형태의 방송서비스를 모두 제공하고 있다. 우리나라의 영상통신 서비스를 시대적 흐름에 따라 도식하면 그림 1.9와 같다. 지상중계는 과거부터 있었으며 위성방송과 CATV 서비스는 1990년 중반부터 시작하였다.

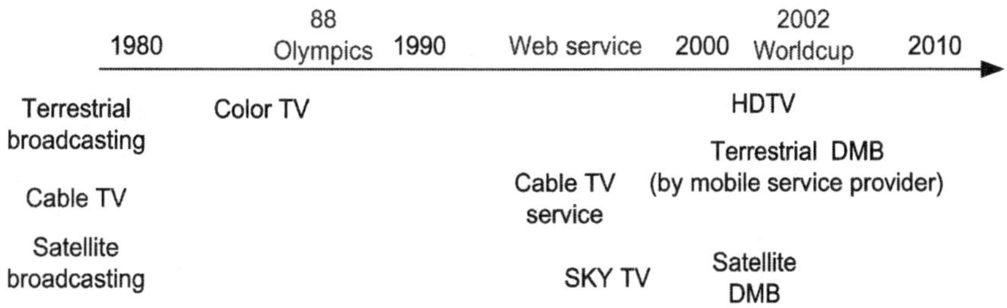

• 그림 1.9 • 영상방송 기술의 발전

1988년 서울올림픽 5년 전인 1983년 컬러 TV의 송출을 시작하였다. 흑백 TV에서 컬러 TV로의 패러다임의 전환은 그 당시 큰 변화였으며 가전시장에 높은 수익을 창출하였다. 이후 HDTV (high definition TV)가 한일월드컵 직전에 방송을 송출하여 고화질 시대를 만들어가고 있다. 고화질은 디스플레이 장치가 커지면서 더욱 요구되고 있다. HDTV는 기존의 SDTV(standard definition TV)를 점차 대체하고 있으며, 미국식과 유럽식 두 가지 방식 중에 대한민국은 미국식을 채택하여 현재 사용하고 있다.

이와 같이 고화질 영상 개발 노력과 함께 통신망 관점에서는 압축 및 효율적인 전달방법에 대한 노력이 진행되고 있다. 과거 저속의 패킷교환망에서는 광대역의 영상을 보낼 수 없었지만 영상 압축 기술과 광케이블 등을 활용한 전송망의 광대역화로 유선교환망을 통한 영상 전달이 이루어졌다.

지상중계, 위성 그리고 CATV 외에 세 가지 다른 형태로 영상방송이 제공되고 있다. 첫 번째는 DMB(digital multimedia broadcasting)로 지상파 DMB와 위성 DMB 형태가 있으며 새로운 방송정보전달과 기존 방송정보의 중계가 이루어지고 있다. 사용자들은 DMB를 시청할 수 있는 휴대기기를 통하여 할당된 주파수 선택이 가능하다. 두 번째는 인터넷방송인데 인터넷 사용자들이 자유롭게 자신의 웹, 블로그 등을 통한 인터넷방송으로 저작권 문제가 없는 범위 내에서 자체방송을 만들거나 현장중계 등을 하고 있어 새로운 통신의 장을 개척하고 있다.

마지막으로 IPTV는 인터넷을 이용한다는 점에서 인터넷방송과 비슷하지만 사용자 관점에서 보면 셋탑박스(set-top box)를 이용하여 일반 TV를 통한 방송을 시청한다는 것이 인터넷방송과는 다르다. IPTV는 양방향 통신이 가능하며 사용자가 원하는 방송을 원하는 시간대에 선택적으로 볼 수 있어 새로운 통신영역으로 간주되고 있다. IPTV는 인터넷방송과 같이 기존 인터넷을 사용한다고 하지만 실시간 서비스 품질을 요구하고 있어 NGcN을 이용하거나 기존의 인터넷과는 별도의 인터넷을 구축하고 있다.

1.4.1 CATV에서 인터넷접속 및 인터넷전화 서비스

CATV 망은 PP(program provider), NO(network operator) 그리고 SO(social operator)로 구성된다. CATV 망 구성요소 중 인터넷 접속 및 인터넷전화 서비스를 제공하는 부분은 SO로 우리 주변에서 볼 수 있는 지역케이블 통신사업자들이다. PP는 프로그램을 만드는 방송국이며 NO는 PP와 SO 사이에서 프로그램을 SO에게 전달하여 주는 역할을 담당한다. 지역케이블 통신사업자인 SO는 일반가정에 케이블방송을 제공하면서 가입자들에게 케이블모뎀을 주고 인터넷과 연결을 위하여 CMTS(cable modem transmitter system)를 그림 1.10과 같이 구성한다. 케이블모뎀과 CMTS는 양방향 통신을 위하여 미리 할당된 채널을 통해 인터넷 패킷을 주고받을 수 있도록 설계 되어 있다. 일반 인터넷까지 회선을 연결하여 NAS를 통한 인터넷 연결이 이루어지게 된다.

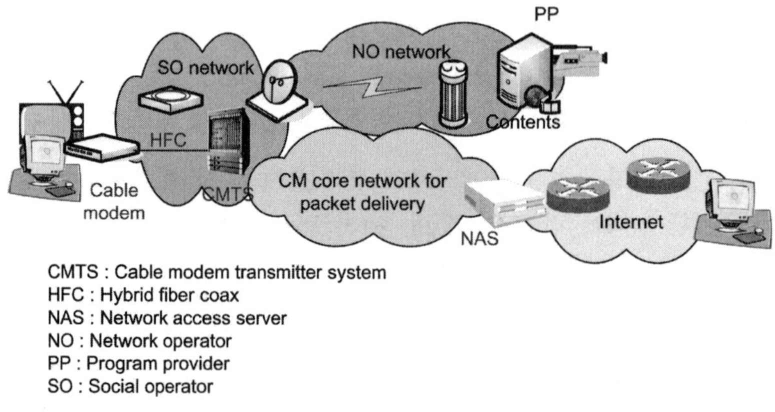

• 그림 1.10 • CATV에서 인터넷접속서비스 방법

CATV에서 인터넷접속서비스가 이루어지면 인터넷전화도 사용할 수 있으며 인터넷전화를 PSTN과 연동하는 장치의 위치에 따라 음성서비스 품질이 영향을 받을 수 있다. 인터넷전화 트래픽이 CATV 망을 거쳐 인터넷을 지나 PSTN 연동장치로 보내지는

경우 지연시간이 클 수 있다. 그러나 그림 1.10에서 CATV 망이 인터넷 트래픽은 NAS를 통하여 인터넷으로 보내고 PSTN 연동장치가 CATV 망에 바로 연결되어 인터넷전화 트래픽을 처리한다면 인터넷전화 서비스품질은 향상될 수 있을 것이다.

1.5 이동통신기술 관점에서 융합서비스

지금까지 설명한 음성통신, 데이터통신 그리고 영상통신에서는 특정한 서비스 중심으로 개발된 기술 관점에서 살펴보았다. 일반적으로 음성, 데이터, 영상을 복합적으로 제공하는 경우 멀티미디어, 복합 및 융합서비스라는 용어를 사용하고 있다. 그리고 사용자 입장에서 매체 유무선 여부에 따라 유선, 무선통신이라는 용어도 사용하고 있으며 유무선 통합 기술을 지난 10여 년 전부터 논의하여 왔다.

이동통신은 무선통신과는 달리 이동하면서 지속적인 서비스를 제공하는 것으로 초기에 음성서비스를 대상으로 개발되었지만 현재는 멀티미디어 서비스를 제공하고 있다. 그림 1.11에서 보는 바와 같이 1980년부터 10년 단위로 1세대에서 4세대까지 이동통신기술이 발전하고 있으며 각 세대별 특징을 정리하면 다음과 같다.

- 1세대 이동통신: 1980년대 아날로그 기술인 FDMA(frequency division multiple access)를 기반으로 음성서비스만 제공하였고 각국의 기술이 국제적 표준화가 이루어지지 않았음.
- 2세대 이동통신: 1990년대 디지털기술인 TDMA(time division multiple access)와 CDMA(code division multiple access)를 활용하여 제한된 자원에 사용자를 증대할 수 있도록 설계되었으며 SMS(short message service)가 제공되었음. 유럽 영역에서 GSM(global system for mobile communication) 표준 합의가 이루어져 전 세계 이동통신의 70~80%를 차지하였으며 미국은 D-AMPS(digital-advanced mobile phone service)와 대한민국이 세계최초로 상용화한 CDMA를 국가표준으로 채택하여 발전시켰음[6].
- 3세대 이동통신: 2세대 이동통신은 가입자에게 8/13Kbps 음성 디지털 서비스를 제공하였으며 2.5세대 이동통신으로 발전하면서 인터넷접속서비스를 최대 144Kbps까지 제공하였음. 2,000MHz(2GHz) 대역에서 최대 2,000Kbps(2Mbps)를 제공하며 2000년대에 상용화를 목표로 IMT-2000을 표준화하였으며 미국은 cdma2000, 유럽은

6) 1990년대 초에 우리나라는 구 정보통신부를 발족하면서 전 세계가 TDMA 방식을 채택할 때 차세대이동통신기술로 CDMA를 발표하였고 외국에서는 성공할 것이라는 기대를 하지 않았음.

WCDMA(wideband CDMA) 기반의 UMTS(universal mobile telecommunication system)를 개발하였고 영상서비스로 영상전화, 영상방송 등과 국제로밍을 지원함.

- 4세대 이동통신: 2010년대에 상용화될 것을 기대하고 있으며 무선의 광대역기술 개발을 통하여 가입자당 1Gbps 이상의 전송속도를 제안하고 있으며 응용서비스는 기존 서비스 외에 미래 출현할 서비스를 예상함.

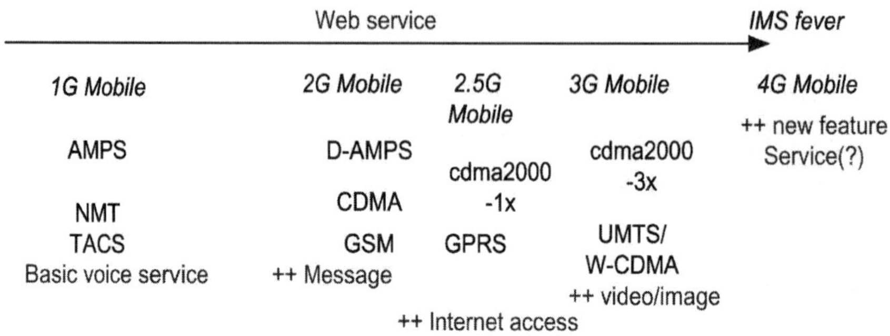

• 그림 1.11 • 이동통신기술의 발전

1세대 이동통신은 이동통신서비스가 가능하였다는 그 자체로 큰 의미가 있다고 할 수 있다. 2세대 이동통신은 1세대 이동통신 사용자 증가로 동시 통신채널 수를 증가시키기 위하여 디지털 무선기술인 TDMA와 CDMA를 사용하였다. 기존 아날로그인 FDMA에 비하여 TDMA는 3배의 채널용량이 증가하는 반면 CDMA는 상용화한 기술을 기초로 비교하면 FDMA 보다 10배의 채널용량이 증가한다. 또한 CDMA는 소프트 핸드오프(soft handoff)를 사용하기 때문에 안정적인 서비스를 제공한다[7].

2세대 이동통신은 1세대 이동통신의 주파수인 800MHz와 900MHz 대역을 사용하였지만 증가하는 사용자 요구를 만족시키기 위하여 1.8GHz와 1.9GHz에 같은 기술을 적용한 PCS(personal communication service)를 정의하였고 각 나라는 PCS 사업자를 추가 선정하였다. 이동통신서비스의 안정화와 인터넷에서의 웹 서비스 제공은 이동통신망의 인터넷접속기술 개발로 이어졌다. 인터넷접속을 위한 무선접속기술은 8, 13, 64Kbps에서 최대 144Kbps까지 전송속도까지 이루어지면서 3세대 이동통신과 경계점에 도달하게 되어 2.5세대라는 용어를 만들었다. 2.5세대 이동통신기술로는 TDMA에서 발전한 GPRS(general packet radio service), CDMA에서 발전한 cdma2000-1x가 있다.

3세대 이동통신의 최대 2Mbps 요구사항은 초기 표준화과정에서 정의된 사항으로

7) 두 개의 기지국 사이에서 이동단말이 핸드오프할 때 양쪽의 기지국 주파수를 동시에 잡는 기술을 의미하며 하드 핸드오프(hard handoff)는 한 순간에 한 기지국의 주파수만 잡음

영상서비스를 포함하기 위한 것이었다. 3세대 이동통신은 멀티미디어 서비스 제공을 위한 무선접속과 유선망 부분에서 광대역전송 기술 개발을 요구하고 있으며 기본 기술도 회선교환에서 IP 기반의 패킷교환 및 전송기술을 표준화하였다. All IP 개념으로 발전하는 3세대 이동통신기술은 여러 단계로 진화하면서 IMS를 정의하고 있다.

3세대 이동통신이 상용화되던 2000년대 중반에 사용자 당 2Mbps 이상의 무선전송 기술이 개발되면서 특정한 서비스 제공보다는 광대역 채널 제공이라는 관점으로 beyond 3G 이동통신시대가 열리게 되었다. 광대역 채널 제공으로 현재 효율적인 인터넷접속서비스 외에는 별도의 서비스를 정의하고 있지는 않지만 광대역 인프라 기반에 적합한 서비스가 개발될 것으로 예상하고 있다. beyond 3G 이동통신기술로는 HSDPA(high-speed downlink packet access)와 LTE(long-term evolution)가 있다.

또한 무선 LAN이 발전한 WiMAX는 이동성을 지원하는 버전으로 IEEE 802.16e로 표준화되었다. 초기에 WiMAX/WiBro는 무선 인터넷접속기술로만 설계되고 이동통신 무선접속기술과 무관하게 발전되었지만 20007년 차세대 이동통신 무선접속기술로 채택되어 이동통신망의 새로운 전환점이 마련되었다. 그 동안 이동통신망은 자체적으로 정의한 무선가입자 망 외에 다른 용도로 정의한 무선 망을 수용함으로 이동통신망 중심의 융합이 이루어지기 시작하였다.

1.5.1 다른 통신기술과의 연관성

이동통신망은 그림 1.12와 같이 다른 통신망의 발전 동향과 같은 맥락으로 발전하였고 이동통신망의 초기 기틀은 음성통신기술이었다. 2세대 이동통신기술이 정의되던 1990년 초반까지 인터넷기술은 큰 변화가 없었으며 이동통신기술은 기존의 PSTN/ISDN과의 연동이 가장 주요한 사항이었다. PSTN/ISDN의 제어 프로토콜인 SS 7을 이동통신망에서도 사용하기 때문에 호 접속에는 어려움이 없었으며 무선구간을 제외한 코어 망 부분의 음성도 64Kbps PCM을 사용하였기 때문에 PSTN/ISDN을 1세대, 2세대 이동통신망과 연동할 수 있었다.

1990년대 중반 웹 서비스의 보급은 인터넷을 가정에서 사용할 수 있는 ADSL과 케이블모뎀 기술을 발전시켰으며 이동통신망에서도 2.5세대 이동통신기술 발전의 계기가 되었다. 웹 서비스가 제공되지 않는 통신기술은 의미가 없을 정도로 웹 서비스가 차지하는 비중이 매우 높아졌다. 이동통신망은 초기에 웹 페이지의 주요한 정보만 필터링하여 작은 휴대폰 액정에 보여주는 WAP(wireless application protocol)과 ME(mobile explorer) 기술을 적용하였다가 휴대폰 화면이 점점 커지기 시작하여 현재는 IP가 이동단말까지 탑재되도록 발전하였다.

3세대 이동통신망의 코어 망에는 IMS라는 주요 기능블록이 정의되었는데 IMS는

IP를 기초로 멀티미디어 서비스 제공하기 위한 기능 등을 정리하고 있다. IMS는 이동통신망에서 정의되었지만 NGcN에도 채택되어 있어 향후 유무선 통합망에서 큰 역할을 담당할 것으로 기대하고 있다. IMS는 IP를 기초로 하지만 현재 우리가 사용하고 있는 인터넷 기초 요소기술과는 다르다. 3세대 이동통신망은 기존의 이동통신망 요소기술과 IMS의 IP 요소기술들에 대한 이해가 필요하다. 그림 1.13은 IMS에서 필요로 하는 요소기술들을 기존 인터넷 요소기술과 비교한 것으로 왼쪽 부분은 기존 인터넷 요소기술인 반면 오른쪽은 IMS 또는 NGcN 등에서 필요로 하는 요소기술들이다.

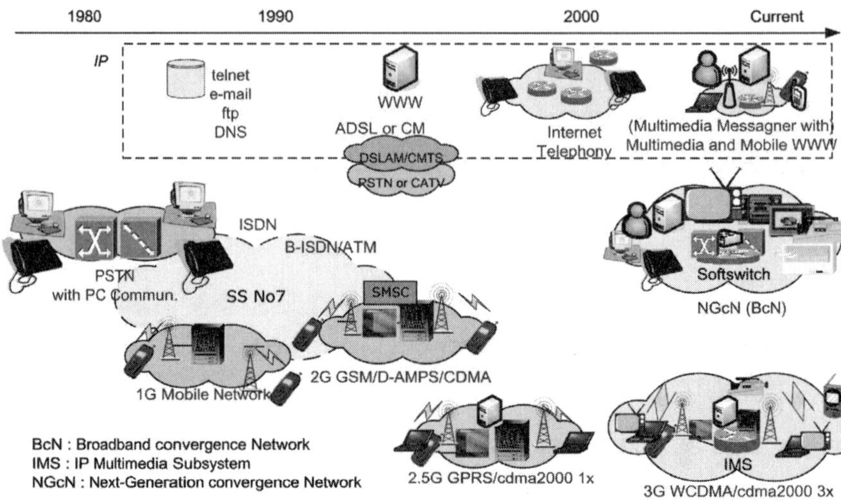

• 그림 1.12 • 이동통신망과 다른 통신망과의 발전 관계

가장 먼저 인터넷전화 기술은 3세대 이동통신 사용자와의 응용계층으로 현재 인터넷전화 가입자들이 이용하고 있으며 이 기술은 NGcN은 물론 IMS 기반의 이동통신망에서도 사용된다. 인터넷전화 기술과 관련하여서 호 처리 프로토콜과 미디어 전달 프로토콜, 그리고 음성과 영상 전달 및 제어 프로토콜 등이 함께 고려되어야 한다. 또한 멀티미디어 서비스 품질을 보장하기 위해서는 IP QoS 기술이 절대적으로 필요하다. IP QoS는 라우터에서 운영되어야 하기 때문에 망 설계 및 구축 단계에서 고려되어야 한다.

Mobile IP는 초기에 데이터서비스 대상으로 정의되어 실시간 서비스 지원에 대한 사항이 없었지만 음성과 영상 서비스를 지원하기 위해 추가적인 기능을 필요로 한다. 아직 실시간 서비스 지원을 위한 mobile IP에 관한 표준이 이루어지지는 않았지만 하부 L2 링크 계층의 무선기술을 접목한 핸드오프 기술 방안들이 많이 제안되고 있다.

네트워크 보안을 위하여 각 프로토콜 계층에서 보안기술을 적용할 수 있지만 네트워크 계층의 보안인 IPSec, 네트워크 장비를 활용한 방화벽(firewall), 응용서비스에서의 보안 등 여러 사항 등을 고려하여야 한다. 기존 PSTN의 경우 자체가 closed network이이서 네트워크 보안 문제가 대두되지 않았지만 인터넷전화망의 경우 open network이기 때문에 인터넷전화에서의 보안 문제는 매우 중요하게 대두되고 있다. 이러한 보안 기술에는 키 관리 및 알고리즘 선택과 함께 보안 기술 적용에 따른 처리 속도 지연 문제도 고려되어야 한다.

IPv4 주소 고갈 문제를 해결하기 위한 소개된 IPv6는 IP QoS, mobile IP, IPSec 등을 효율적으로 처리할 수 있도록 설계되어 있고 IPv4와의 연동 방안을 제시하고 있다. IPv6는 IPv4 응용서비스를 사용할 수 있도록 진화할 것이며 하부 인프라를 바꾸는 것이지 새로운 서비스 개발을 요구하는 것이 아니다. 물론 IPv6에서만 운영될 수 있는 서비스가 소개되어 IPv6로의 전환을 앞당길 수 있지만 이러한 killing application이 없어도 IPv4 주소문제 때문에 IPv6는 기존 IPv4 응용서비스를 모두 지원하면서 IPv4를 점차 대체하여 나갈 것으로 기대된다.

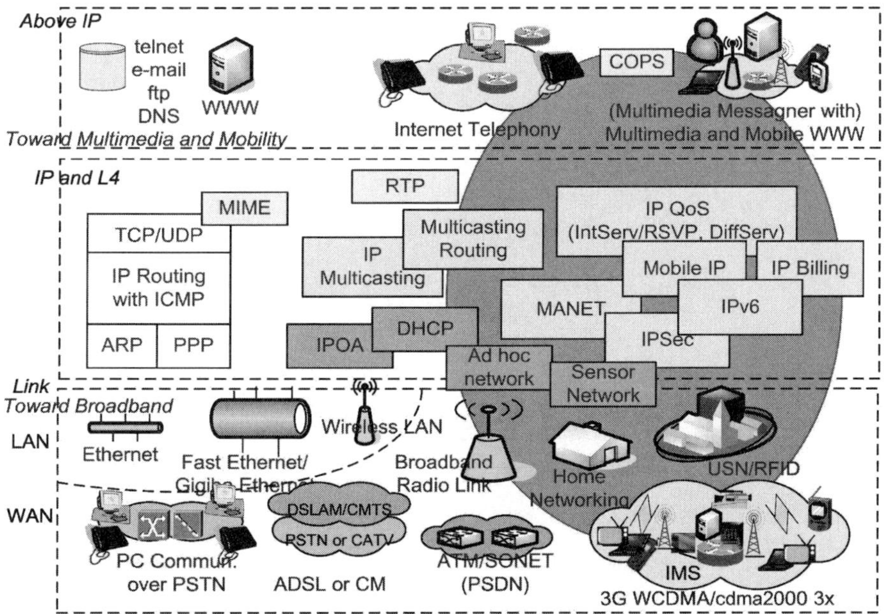

• 그림 1.13 • IMS에서 필요로 하는 IP 요소기술들

제2장 인터넷 텔리포니 개요

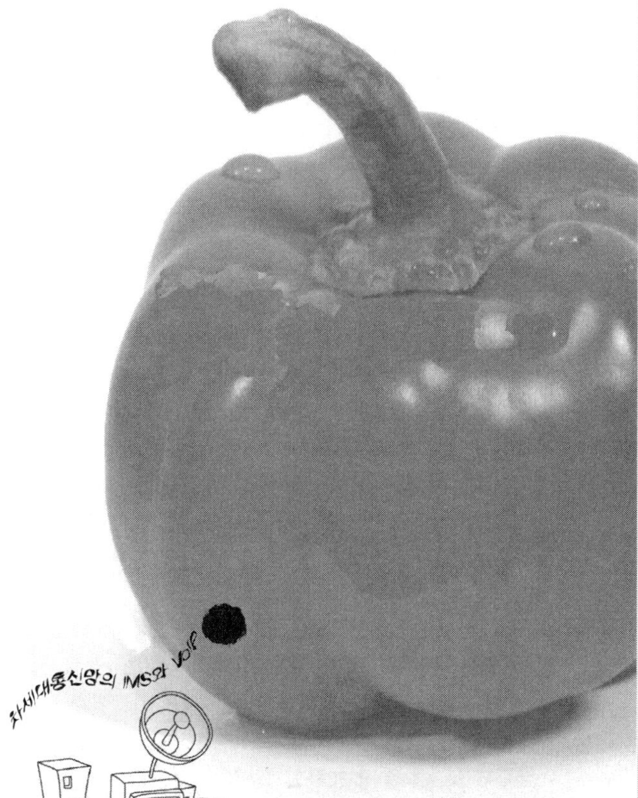

우리는 현재 인터넷전화사업자를 통하여 070국번의 인터넷전화를 사용할 수 있고 인터넷전화 가입자가 증가하고 있다. 또한 가까운 미래에 WiBro 상에서 음성전화서비스도 가능할 것으로 예상된다. 인터넷은 초기에 단순 문자열을 전달하는 데이터서비스로 시작하여 현재 음성과 영상 서비스도 지원 가능하도록 발전하였고 3세대 이동통신망의 기본 기술로 자리매김을 하고 있다. 이와 같은 발전의 계기는 바로 인터넷 텔리포니였다.

1990년대 중반 웹 서비스가 보급과 함께 IP QoS, mobile IP, IP security, IPv6 등 다양한 고급 기술들이 등장하였으며 VoIP 기술을 기초로 인터넷 텔리포니 서비스가 시작되었다. 2000년 국내업체가 선진국 일부국가를 대상으로 대중에게 인터넷전화 서비스를 무료로 제공하였었다. 이로써 인터넷 텔리포니 서비스의 발전가능성을 보여주었고 국내외의 통신사업자들은 새로운 영역의 통신시장을 개척할 수 있었다. 인터넷 텔리포니 서비스는 기업망에게 IP-PBX라는 장비를 보급하면서 통신비절감은 물론 융합된 신규 서비스를 제공하였다. 또한 국설망에서는 NGcN의 소프트스위치의 플랫폼으로 발전하였다.

여러 분야에서 이용되고 더 발전할 것으로 기대되는 인터넷 텔리포니 기술은 기존 음성서비스 외에 영상전화서비스, 메신저서비스, 콜센터서비스 등 멀티미디어 형태의 서비스를 제공하면서 PSTN 또는 2세대 이동통신망과의 연동까지 발전하였다. 현재 또는 미래의 인터넷 텔리포니 서비스를 이해하기 위해서는 먼저 인터넷 텔리포니가 태동하던 시대와 다른 기술과의 관련성을 이해할 필요가 있으며 어떠한 요소 기술들을 학습하여야 하는지 전체 범위를 먼저 파악하여야 할 것이다.

인터넷 텔리포니는 인터넷의 응용서비스에 해당하지만 인터넷의 특성과 전화망의 특성을 먼저 이해하여야 하고 과거 인터넷에서 실시간 서비스가 이루어지지 않았는데 현재 어떠한 기술변화로 인터넷전화 서비스가 가능하게 되었는지 알아야 할 것이다. PSTN은 실시간 서비스를 위하여 교환기 자원 할당이 이루어지며 이러한 자원할당을 위하여 호 설정 및 해제 관련 절차, 즉 신호 프로토콜을 정의하고 있다. 반면 인터넷은 실시간 서비스를 지원하는 요구사항이 없었으며 신호 프로토콜과 같은 절차가 정의된 것이 없었었다.

따라서 인터넷 텔리포니는 두 가지 접근이 필요하였다. 하나는 음성 트래픽의 실시간 지원이었고 다른 하나는 신호 프로토콜과 같은 절차를 만드는 것이었다. 이외에도 인터넷 텔리포니가 PSTN과 연동되지 않는다면 의미가 없어 PSTN과 게이트웨이 방안도 고려하여야 했다. 게이트웨이는 초기에 단순 기능 수행 여부만 확인하는 정도였지만 대용량 처리를 위한 게이트웨이 기능블록 정의가 이루어지게 되었다.

표준화 관점에서 보면, 용도에 따라 다양한 신호 프로토콜이 정의되었다. 먼저 1990년 중반 음성 트래픽의 인터넷에서 전달을 위하여 IETF가 RTP를 정의하였고 ITU-T가 신호 프로토콜로 H.323을 발표하였다. 이후 IETF가 신호 프로토콜로 SIP를 표준화하였고 게이트웨이 제어 프로토콜로 MGCP를 발표하게 되었다. 그리고 게이트웨이에 대한 표준화는 ITU-T와 IETF가 합의하여 하나의 프로토콜을 만들었는데 이것이 megaco/H.248이다. 또한 SS 7 메시지를 IP에서 전달되고 SS 7과의 연동을 위하여 sigtran이 소개되었다.

새로운 기술은 적용할 때에는 분명한 목적이 있어야 한다. VoIP를 적용할 때에도 장점이 있어야 할 것이며 영리를 목적으로 하는 기업은 더 분명할 것이다. 기업망으로 제공되는 것은 전화망과 인터넷 두 가지가 별도로 구성되어 있었는데 VoIP 기반의 IP-PBX를 사용하면 전화와 인터넷을 통합한 하나의 내부 망만 구축하면 된다. 단순히 VoIP를 적용하여 통신망만 통합되었다면 망 관리가 용이할 수 있겠지만 VoIP 단말이 아직은 고가이어서 비용절감의 효과가 없을 수도 있다. 따라서 하나의 통신망 구축과 함께 기존에 제공되지 않았던 서비스가 신규로 개발되어야 할 것이다. 예를 들어 콜센터와 같이 외부전화가 오면 이 전화번호와 연관되어 데이터베이스에서 관련정보를 미리 볼 수 있도록 서비스를 개발한다면 업무 효율화가 이루어질 수 있고 VoIP 사용 성과도 높아질 수 있다.

이런 맥락으로 국설망에도 인터넷 텔리포니 기술이 적용되어 새로운 서비스를 제공할 수 있다. 인터넷 텔리포니 기술은 NGcN의 소프트스위치에 적용되어 멀티미디어 서비스를 제공할 수 있다. 기업망의 IP-PBX와 연동된다면 멀티미디어 기업망과 멀티미디어 공중망 환경을 갖출 수 있게 된다. 일반인들도 이미 인터넷 텔리포니 기술을 직간접적으로 사용하고 있다. 인터넷전화 가입자는 직접 사용하게 되는 것이고 국제전화를 할 때 비교적 저렴한 선불카드를 사용하는 경우 중간에 인터넷 회선을 경유한다. 이외에도 국제전화를 하는 경우 다양한 인터넷 텔리포니 기술을 사용하고 있다.

이 장은 인터넷 텔리포니 태동 당시 기술과 향후 기술을 전반적으로 소개하여 인터넷 텔리포니 전체를 이해하는데 도움이 될 수 있도록 하였다. 1절에서는 인터넷 텔리포니의 학습방법을 포함하여 요소기술들을 설명하였고 2절에서는 관련 표준화 및 기술 동향을 살펴보았다. 그리고 3절과 4절은 각각 IP-PBX와 소프트스위치 중심으로 기업망과 국설망에서 적용되는 인터넷 텔리포니 기술을 알아보았고 마지막 절에서는 개인이 사용하는 인터넷전화 기술을 소개하였다.

본 장을 마치면

- 인터넷 텔리포니 서비스를 위하여 전화망 요소기술과 인터넷의 단점 등을 고려하여 추가로 정의될 사항과 필요성을 이해할 수 있다.
- 인터넷 텔리포니가 태동될 때의 표준화 및 기술 동향을 이해할 수 있다.
- 인터넷 텔리포니의 요소기술과 다양한 신호 프로토콜의 기술적 차이점을 설명할 수 있다.
- 단순 인터넷과 PBX로 분리되어 있는 기업, 학교 망에 VoIP를 적용한 IP-PBX 활용 방법을 설명할 수 있다.
- 국설망에서 VoIP를 적용하는 소프트스위치의 활용 방안을 이해할 수 있다.
- 국제전화를 사용할 때 다양하게 적용될 수 있는 인터넷 텔리포니 기술을 이해할 수 있다.

2.1 인터넷 텔리포니 요소기술

2.1.1 응용계층의 VoIP

현재 사용하고 있는 인터넷 프로토콜은 IPv4(IP version 4)로 1983년 시작하여 지난 30여 년 동안 운영되면서 TCP-UDP/IP는 큰 기능 변화 없이 운영되고 있다. 응용계층으로는 텍스트 기반의 서비스가 client-server 모델 형태의 mainframe 컴퓨터 연결 형태로 발전하였고 대표적 서비스로는 telnet, ftp 그리고 ASCII 형태의 이메일 서비스가 있었다. 1990년대에는 사운드카드, CD-ROM 컬러모니터 등이 보급되면서 멀티미디어 PC가 보급되고 통신을 위하여 Ethernet 기반의 LAN(local area network) 구성과 댁내 사용자들의 전화망모뎀을 이용한 PC통신 형태로 발전하였다. 그림 2.1 좌측 부분은 이러한 하부프로토콜과 상위응용계층에 대한 구성을 보여주고 있다.

1990년대에 하부 링크계층은 광대역화와 무선기술의 발전을 이루었다. 하부 링크계층의 전반적 변화된 기술은 그림 2.1의 하단 부분의 점선박스에 도식하였다. 하부 링크계층은 fast Ethernet, gigabit Ethernet 등 LAN 기술이 발전하였고 WAN(wide area network) 구간에서는 광케이블 전송기술과 ATM(asynchronous transfer mode) 전송, 교환기술이 보급되어 광대역화가 이루어졌다. 또한 댁내 사용자들도 ADSL(asymmetrical digital subscriber line) 기술과 CATV(community cable television) 모뎀기술을 이용하여 기존의 PC통신의 수십 Kbps 전송속도가 Mbps 단위로 향상되었다. 이러한 유선기술의 발전과 함께 무선기술도 발전하게 되었는데, 무선 LAN 기술이 발전하였고 음성서비스 위주의 이동통신망에서 무선데이터 서비스 지원을 위한 무선 액세스 기술이 발전하였다. 무선데이터 서비스는 단순 텍스트 외에 멀티미디어를 all IP 기반으로 발전할 수 있도록 발전하였다.

하부링크의 광대역화와 함께 1990년대에는 응용계층에 killer application인 웹(WWW: world wide web) 서비스 출현과 함께 멀티미디어 서비스를 제공하기 위한 기술개발이 응용계층과 IP 계층에서 진행되었다. 멀티디어서비스 제공은 한글과 같은 비영어권의 문자 표현과 문서첨부 등을 통한 이메일의 표현방법인 MIME(multi-purpose Internet mail extension)를 기반으로 정의되어 웹의 HTML(hyper-text markup language)로 발전하였다. 실시간서비스 지원을 위한 RTP(real-time transport protocol)와 IP QoS(quality of service) 등은 VoIP(voice over IP) 기술의 미디어 전송에 필요한 기능을 제공하고 있고 인터넷 방송을 위한 IP multicast 관련 기술 개발도 진행되었다.

또한 이동통신망의 발전에 영향을 받아 정의된 mobile IP 기술은 고정 IP 주소를 이용하여 이동하면서 데이터 서비스를 지속적으로 받을 수 있는 방안을 마련하였다. 그리고 전자상거래와 인터넷 뱅킹과 같이 보안을 요구하는 서비스를 제공하기 위하여 IP계층에서의 IPSec, L4 계층에서의 TLS(transport layer security), secure socket 등을 정의하여 개발 운영되고 있다. 또한 부족한 IP주소 문제 해결과 다양한 고급 인터넷기술인 mobile IP, IP QoS 그리고 IPSec(IP security) 등을 포함하는 IPv6(IP version 6)를 정의하여 사용을 권고하고 있으며 향후에는 기존 인터넷 서비스를 사용하면서 인프라는 IPv6로 대체될 것이다.

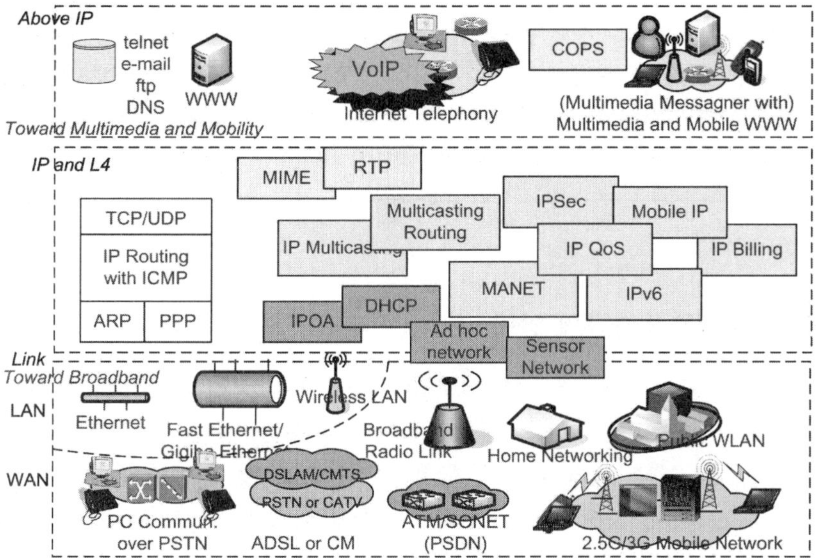

• 그림 2.1 • VoIP와 다른 프로토콜의 관계

VoIP는 그림 2.1에서 보는 바와 같이 응용계층에서 정의된 멀티미디어를 지원하는 프로토콜로 인터넷 텔리포니(Internet telephony) 서비스를 제공하기 위하여 신호프로토콜 부분과 미디어 전달 부분을 정의하고 있다. 미디어 전달을 위해서는 RTP를 채택하고 있으며 신호프로토콜로는 H.323, SIP(session initiation protocol), MGCP(media gateway control protocol), megaco/H.248, BICC(bearer independent call control), sigtran 등을 정의하고 있다. 이 외에도 일반 전화번호와 인터넷 주소체계의 매핑관계를 유지하는 기술을 정의하였다.

Internet Telephony vs. VoIP

일반적으로 하나의 서비스 제공을 위하여 관련 프로토콜을 정의하거나 채택하는데 Internet Telephony는 인터넷에서 제공되는 멀티미디어 서비스에 해당하는 용어라면 VoIP는 Internet Telephony 서비스를 제공하기 위하여 채택되는 프로토콜을 일컫는다.

VoIP는 음성서비스만 지원하는가?

VoIP에서 Voice만을 지칭한 것은 음성서비스가 실시간 서비스의 대표성을 갖고 있으며 PSTN의 음성서비스가 전체 통신서비스의 수익의 80% 정도를 차지하고 있어 voice란 용어를 사용하였을 뿐 영상, 실시간 데이터서비스 등도 지원할 수 있도록 정의되어 있다. 또한 구체적인 서비스를 지칭하기 위하여 V2oIP(Voice and Video over IP), MoIP(Multimedia over IP), XoIP(Anything over IP) 등으로 VoIP를 기술하기도 한다.

2.1.2 VoIP 학습단계 안내

VoIP 학습을 위해서는 그림 2.2에서 보는 바와 같이 요구사항 분석과 각 요소기술들에 대한 관계 그리고 VoIP가 적용되는 영역 부분으로 나누어 학습할 것을 권고한다. VoIP는 인터넷과 전화 기능이 합쳐진 것임으로 첫 번째 학습단계로 PSTN(public switched telephone network)과 IP 망의 특성 및 절차에 대한 이해가 필요하다. PSTN에서는 미디어전달에 관한 TDM(time-division multiplexing) 전송기술과 신호프로토콜의 절차를 학습하여야 한다. 그리고 인터넷에서 데이터 전송을 위한 IP 패킷전달 기술과 상위 응용계층의 멀티미디어에 대한 개발 요구사항 등의 분석을 통해 VoIP에 필요한 기초지식을 이해할 필요가 있다. 이러한 기초지식 중에 이 책에서는 PSTN 망구성과 신호 프로토콜에 대한 사항만 소개하며 인터넷 관련 기초지식은 기술하지 않으므로 다른 도서를 참고하기 바란다.

이러한 기초지식을 바탕으로 두 번째 단계로 VoIP 요소기술의 표준화 및 기술동향에 대한 학습이 필요하다. 미디어 전달기술로 실시간 서비스를 지원하기 위하여 UDP/IP 위에 정의된 RTP와 각종 VoIP 신호프로토콜 등에 대한 표준화 동향 및 관련 구성요소와 절차를 이해하여야 한다. 비록 일부 절차 및 개념 차이는 있지만 VoIP 신호프로토콜인 H.323, SIP, MGCP, megaco/H.248과 sigtran 등에 대한 학습을 권고한다. H.323과 SIP는 인터넷에 직접 연결되는 IP 단말의 전화서비스를 위하여 정의되었고, MGCP와 megaco/H.248은 non-IP 망인 PSTN 또는 영상 전달망 등과의 연동을 담당하는 media gateway를 제어하는 제어 프로토콜이다. 또한 BICC와 sigtran

기술은 SS 7(signaling system no. 7)의 신호메시지를 IP 망에서 전달 또는 처리하면서 SS 7 망과의 연동을 위하여 정의되었다. 특히 MGCP, megaco/H.248, BICC와 sigtran은 통신사업자 관점에서 기존 PSTN과 VoIP 연동에 필요한 사항으로 3세대 이동통신망과 NGcN(next-generation convergence network) 등에서 활용되고 있다. 따라서 이 책을 읽는 독자의 업무가 사업자 관점의 망 운영과 장비개발이라면 이 부분은 반드시 숙지해야 할 것이다.

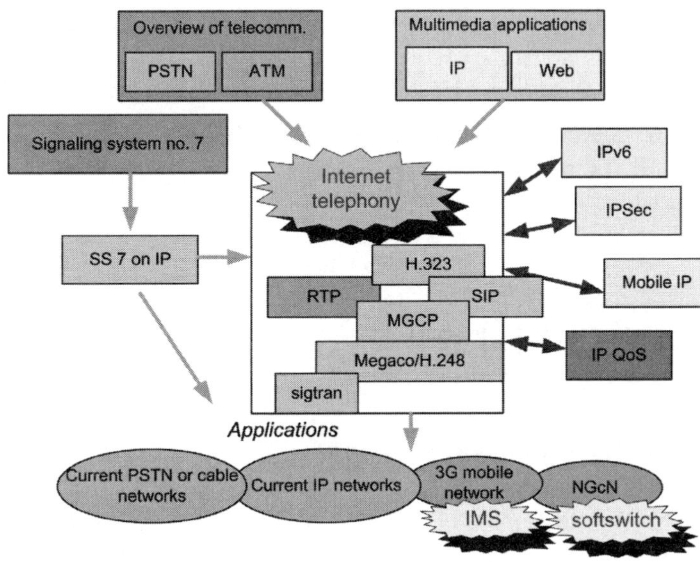

• 그림 2.2 • VoIP 학습 흐름도

세 번째 단계로 고급 IP 기술과 VoIP와의 관계를 이해할 필요가 있다. 그림 2.2의 오른쪽 부분에 보면 IP QoS, mobile IP, security, IPv6 등이 VoIP와 연관성이 존재함을 보여주고 있다. 이러한 IP 요소기술 등은 멀티미디어와 고급 인터넷 서비스를 제공하기 위해 정의된 것으로, 특히 IP QoS는 인터넷 텔리포니 서비스를 지원하는데 절대적으로 필요한 기술로 실시간 서비스 전달을 보장하기 위한 요소기술을 학습할 필요가 있다. 그리고 mobile IP는 단말이 유무선 링크와는 무관하게 데이터 서비스의 이동성을 지원하기 위하여 정의되었지만 VoIP와 연계될 때 실시간 서비스를 지원하기 위하여 빠른 핸드오프 지원에 대한 사항이 추가되어야 할 것이다. Security는 인터넷 망에서 매우 중요하게 대두되는 문제로 IP 계층의 IPSec, L4 계층의 TLS와 전달되는 미디어를 암호화하는 sRTP(secure RTP) 그리고 VoIP 신호프로토콜의 암호화 등에 관한 학습이 필요하다. 그리고 IPv4는 차세대 인터넷 프로토콜인 IPv6로 대체될 예정인데 IPv6는 주소확장은 물론 IPv4에서 정의된 IP QoS, IPSec 그리고 mobile IP 등을 다아울러서 정의한 것임으로 상위 응용계층의 VoIP와 연계되어 학습할 필요가 있다.

이러한 요소기술들에 대한 이해와 함께 마지막 단계로 VoIP가 사용되는 응용분야에 대한 학습이 필요하다. 기존 CATV 사업자의 인터넷전화와 인터넷망에서 사용되는 인터넷전화 등에 대한 활용방법에 대한 학습이 필요하다. 그리고 3세대 이동통신망과 NGcN 등에서 VoIP기술을 적용하여 새롭게 정의되거나 망 특성에 따라 수정된 구성요소와 절차 등에 대하여 학습을 하게 된다면 향후 VoIP가 무선 LAN 또는 WiMAX(worldwide interoperability for microwave access), USN(ubiquitous sensor network) 등에서 적용될 때 어떻게 활용될 수 있을지 예측할 수 있을 것이다.

VoIP 학습을 네 단계로 나누었지만 이 책은 두 번째 단계와 네 번째 단계의 이동통신망 적용을 중심으로 기술되었다. 나머지 단계에 대한 것은 일부 내용만을 기술하고 있어 다른 도서들을 참고하여야 할 것이다.

2.2 기술개발 및 표준화 동향

2.2.1 PSTN과 VoIP 서버 연결 발전

현재 사용하고 있는 PSTN은 망 보다는 교환원부터 출발하였다. 전화기를 들면 교환원이 응답하고 수신자를 지정하면 교환원이 연결하여 주는 형태로 현재 교환기의 명칭이 CO(central office) 교환기라고 부르는 어원이 바로 여기서 출발한 것이다. 그 이후 다이얼링을 할 수 있도록 신호프로토콜이 정의되어 그림 2.3과 같이 교환기와 교환기가 연결되고 신호프로토콜 적용범위가 시내전화, 시외전화, 국제전화 서비스로 발전하여 직접 수신자에게 전화할 수 있게 되었다.

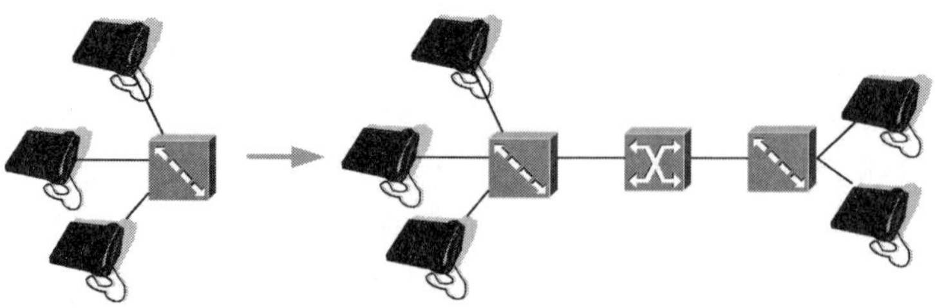

• 그림 2.3 • PSTN의 교환기 구성의 발전

인터넷 텔리포니 서비스도 PSTN 발전단계와 비슷하게 발전하고 있다. 현재 우리가 사용하고 있는 인터넷 텔리포니는 사용하는 형태에 따라 다양하게 발전하였지만 1990년 중후반에 처음 정의된 VoIP는 대부분은 그림 2.4의 왼쪽과 같이 하나의 VoIP 서버 중심으로 여러 단말이 연결되는 형태로 구성되었다. 이는 PSTN 초기와 같은 형태였지만 현재와 장래에는 그림 2.4의 오른쪽과 같이 발전 중 이다[8]. VoIP 서버 연결은 대부분 SS 7을 이용한 형태로 발전하고 있으며 향후 all IP 환경으로 바뀌게 되면 VoIP 신호프로토콜을 사용할 것이다.

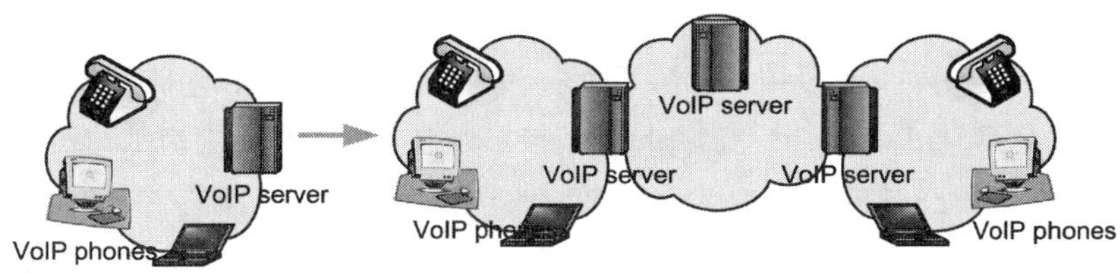

• 그림 2.4 • VoIP 서버 구성의 발전

2.2.2 VoIP망의 진화과정

인터넷이 단순 정보검색 서비스에 머무른 채 인터넷 텔리포니 서비스가 개발되지 않았다면 NGcN이나 3세대 이동통신망은 출현하지 않았을 것이다. 인터넷 텔리포니 서비스가 제공되기 전, X.25, 저속 인터넷과 LAN에서 음성서비스 전달을 위한 음성 패킷을 정의하였지만 저속통신망에서 실시간서비스 지원이 불가능하였다. 1990년대 L2 계층이 100Mbps fast Ethernet과 광케이블 기반의 WAN의 광대역화로 실시간 서비스를 지원할 수 있는 환경이 구축되면서 실시간 서비스가 가능한 VoIP 실험이 이루어졌다.

이 실험을 기초로 1990년대 인터넷에서 사용할 수 있는 VoIP가 대부분 표준화되었다. 먼저 실시간서비스를 지원할 수 있는 패킷 형태를 먼저 표준화하였고 이어서 ITU-T (International Telecommunication Union – Telecommunication Standard Sector) H.323과 IETF(Internet Engineering Task Force) SIP 신호프로토콜 표준을 발표하였다. 그 당시에는 전용 VoIP 단말보다는 멀티미디어 PC를 이용하여 서로 통신하였다. 표준 프로토콜이 발표되기 전에 VoIP 관련 업체들은 자체 프로토콜을 개발하여 사용하고 있었기 때문에 1996년 ITU-T H.323이 소개되었을 때 이 프로토콜의 파급속도가 빨랐다.

초기 VoIP는 그림 2.5와 같이 인터넷 단말 형태였으며 PC 기반의 소프트웨어로 구현되던 VoIP 단말이 점차 발전하여 일반 전화기 모양의 하드웨어 형상으로 출시되었

8) 현재 메신저 서비스를 보면 메신저 서버가 연동되어 있지 않아 서버에 종속된 메신저를 별도로 설치하여 사용하고 있음.

다. 이러한 VoIP 단말기 진화로 다음과 같은 단말기 분류가 가능하였다.

- 소프트 폰(soft phone): PC 상에 소프트웨어 형태로 운영되는 VoIP 단말기로 PDA와 같이 PC 운영체제가 설치된 휴대기기에 VoIP 소프트웨어를 설치하면 소프트 폰이 가능함.
- IP 폰 또는 IP 전화기: 일반 전화기 모양의 하드웨어 형상으로 구현된 VoIP 전화기로 유선 또는 무선 LAN 형태에 따라 유선 IP 전화기 또는 무선 IP 전화기로 구분됨.

인터넷에서만 사용되는 VoIP 단말 사이의 인터넷 텔리포니 서비스는 그림 2.6과 같이 POTS(plain old telephone service) 단말기와 통화로 발전하게 되었다. ITU-T H.323에서도 게이트웨이 기능블록을 정의하였고 IETF도 MGCP를 통하여 게이트웨이 기능을 정의하여 인터넷과 PSTN 또는 non-IP 통신망과 연동 방안을 표준화하고 있었다. 그러다가 게이트웨이 제어 표준에 대하여 ITU-T와 IETF는 서로 합의하여 하나의 표준을 발표하게 되는데 이것이 megaco/H.248이다.

megaco/H.248을 발표하던 2000년 인터넷 영역에 새로운 서비스가 출현하여 일반인들에게 새로운 가능성을 보여주었다. 단순히 인터넷에서 서로 통신하던 서비스를 PSTN과 연동하여 전화단말기와 인터넷전화 단말기가 서로 통화할 수 있도록 하였다. (주)다이얼패드와 미국의 net2phone 회사가 선진국 일부에서 일반인들이 인터넷에서 PSTN으로 단방향 전화를 걸 수 있도록 서비스를 제공하였다. 일반인들이 처음으로 인터넷전화라는 것을 경험하게 하였다는 측면에서 향후 전개될 인터넷 텔리포니의 방향을 제시하여다는 의의가 있다. 이후에는 전화번호와 인터넷주소 매핑 등 인터넷과 PSTN 양방향 호 접속 서비스와 음성서비스 품질을 향상시키는 노력이 있었다. 각국에서는 인터넷전화사업자(ITSP: Internet telephony service provider)를 선정하여 일반인들에게 인터넷전화 서비스를 제공하고 있다.

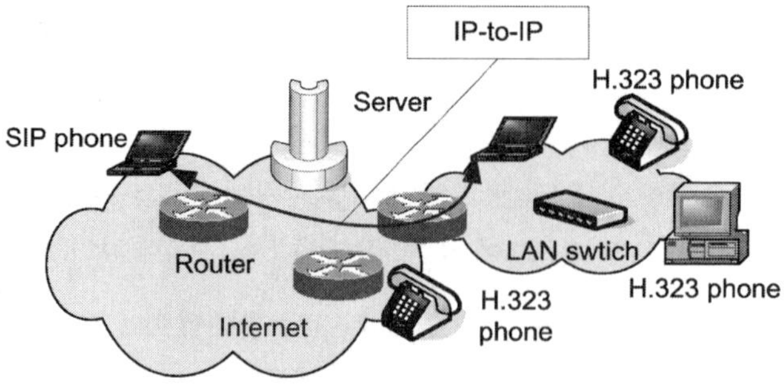

• 그림 2.5 • 인터넷에서의 VoIP 제공 예

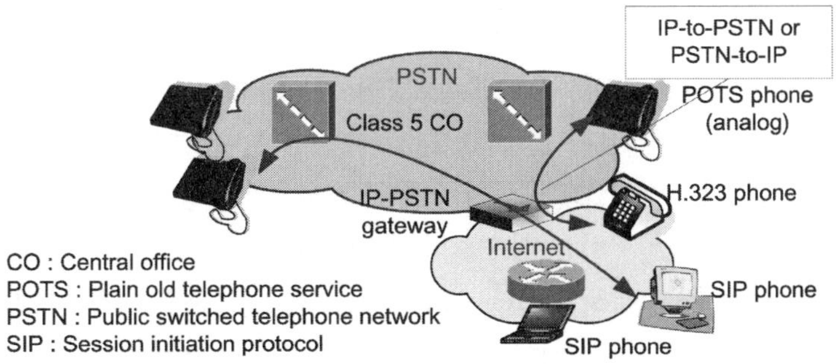

• 그림 2.6 • 인터넷과 PSTN 사이의 전화서비스 제공 예

VoIP는 단순히 그림 2.5와 2.6과 같이 인터넷과 PSTN 사이 연결되는 것 이외에 트렁크 구간에서 서로 다른 통신망을 이용하는 경우가 있다. 그림 2.7은 그림 2.5와 2.6을 포함하여 다양한 VoIP 구성을 보여 주고 있다. VoIP 단말기가 인터넷에 연결되어 있지만 인터넷이 PSTN으로 연결되어 있는 경우가 있는 반면, POTS 전화기가 각각 PSTN에 연결되어 있지만 PSTN이 서로 인터넷으로 통하여 연결되는 경우도 있다. 예를 들어 국제전화 사용할 때 각각 시내전화 교환망에 연결되어 있지만 국제전화 회선이 인터넷 트렁크로 연결될 수 있다. 또는 본사와 지사에 각각 PBX로 연결되어 있지만 PBX를 서로 연결하는 전용회선이 인터넷을 이용하는 경우가 있다. 이외에도 다양한 접속 망을 통하여 PSTN과 인터넷을 중간에 경유하는 경우가 많아 VoIP 기술의 하부전송망의 구성은 그림 2.7 외에도 다양하지만 기본 구성은 같다.

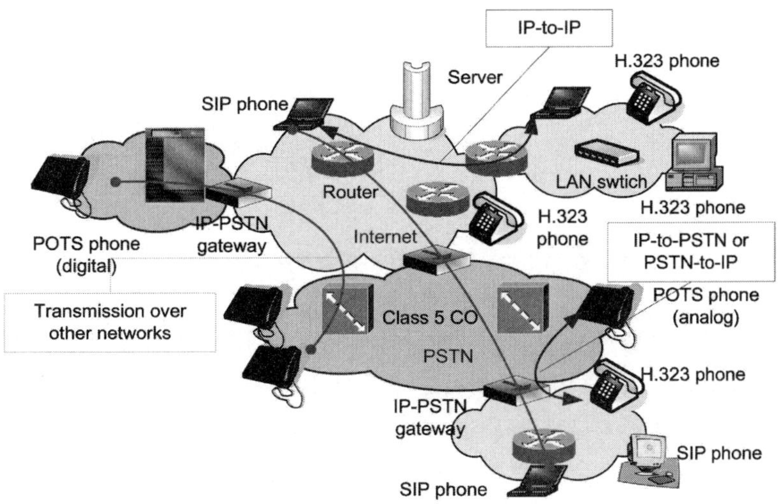

• 그림 2.7 • 인터넷과 PSTN 사이의 다양한 전화서비스 구성

2.2.3 시대별 VoIP 기술동향

VoIP 뿐만 아니라 모든 통신프로토콜이 상용화되기 대략 10여 년 전부터 관련 기술에 대한 연구가 진행된다. LAN과 X.25 기반에서 음성패킷 전송에 관한 연구와 실험을 1980년대 시작하여 IETF는 1990년대 초반에 실시간 트래픽 전송기술인 RTP를 표준화하였다. 실시간 서비스 전송을 위한 영상회의(video conference) 실험을 수행하면서 IP 계층에서 QoS, multicast 등에 대한 표준화와 기술개발이 이루어졌으며 UDP 상위에 end-to-end로 RTP에 대한 표준화가 이루어졌다[9].

VoIP에 대한 연구와 표준화에 대한 기술동향은 그림 2.8에서와 같이 1990년 중반부터 2000년 중반까지 많은 변화가 있었다. 1990년 중반에는 멀티미디어 PC를 효율적으로 연결하기 위한 노력이 대부분이었고 표준에 관련해서는 대부분 신호프로토콜 절차를 정하는데 집중하였다. 1996년 ITU-T가 기존 ISDN 신호프로토콜 Q.931와 비슷하게 H.323을 표준으로 발표하자 많은 VoIP 제품이 이를 기초로 출시되어 널리 보급되었다. 인터넷 기술표준의 권한을 갖고 있는 IETF는 VoIP 신호프로토콜로 1999년에 인터넷 응용서비스 기반의 SIP를 발표하였다. 또한 IETF는 PSTN과 연동을 담당하는 미디어 게이트웨이를 제어할 수 있는 MGCP도 함께 발표하였다.

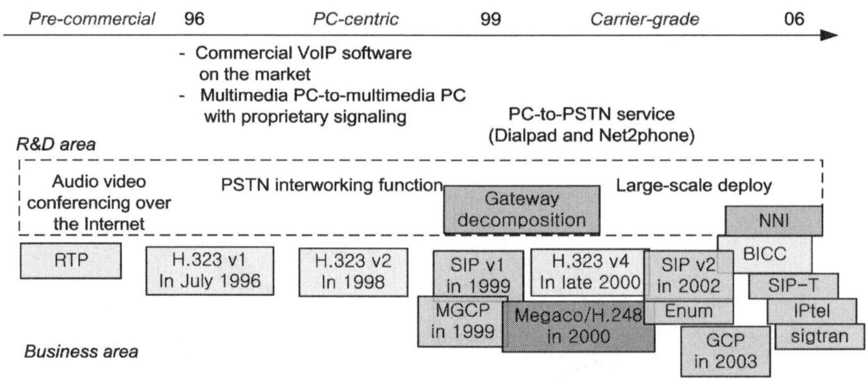

• 그림 2.8 • 시대별 VoIP 기술개발과 표준화 동향

1990년대 후반에는 인터넷 단말사이의 통화연결 외에 PSTN과의 연동에 대한 관심이 집중되었다. 만약 인터넷 텔리포니가 인터넷 단말들 사이에서만 통화가 이루어진다면 굳이 일반사용자들이 관심을 갖지 않았을 것이다. 기존 서비스를 지원하는 새로운 기술이 개발되는 경우 새로운 기술은 반드시 기존 기술과의 연동을 고려하여야 한다. 따라서 VoIP 사용자가 PSTN 사용자와 전화서비스를 불편함 없이 사용할 수 있도록

9) 1990년대 멀티미디어, 이동성 서비스 제공을 위한 고급 IP 기술에 관한 연구가 활발했으며 차세대인터넷 IPv6 기술의 표준화도 이때 이루어짐.

VoIP는 PSTN와의 연동방안을 제시하여야 한다.

ITU-T H.323에서 게이트웨이 블록을 정의하고 2000년 발표를 목표로 게이트웨이 제어프로토콜 표준을 논의하고 있었다. 반면 IETF는 이와 동일한 역할을 수행하는 MGCP를 1999년 발표하였다. ITU-T와 IETF는 게이트웨이에 대한 공동 표준에 합의하여 1년여 동안의 공동연구로 ITU-T는 H.248을, IETF는 megaco라는 이름으로 게이트웨이 제어프로토콜을 정의하였으며 이를 megaco/H.248이라고 한다. MGCP와 megaco/H.248은 게이트웨이를 기능에 따라 MG(media gateway)와 MGC(media gateway controller)로 나누어 이들 사이의 제어프로토콜을 정의한 것은 같지만 MGCP와 megaco/H.248이 서로 호환되는 것은 아니다.

MG에 대한 표준을 만든 이후 그림 2.8에서 보는 바와 같이 2000년대 기술개발은 대용량 규모의 MG 개발로 전환되었다. PSTN과의 연동 기능이 이루어지면서 소용량 규모의 MG 시장은 극히 제한되었으며 PSTN과의 연동을 위하여서는 대용량 규모의 MG 개발과 관련 표준을 필요로 하였다. 2000년 이후 VoIP는 PSTN 연동에 필요한 MG 표준으로 VoIP 서버 사이의 호 처리와 라우팅 처리 기술 등 통신사업자 관점의 기술개발에 집중되었다.

우리나라는 2005년 인터넷전화사업자를 선정하고 070 국번을 부여하여 많은 사업자들이 인터넷 텔리포니 관련 사업을 시행하고 있다. 일반사용자들은 인터넷 기반의 음성서비스 사용을 집 또는 기관 내에서 신청하여 이용할 수 있으며 현재는 전화번호 이동성 서비스를 지원하여 기존 PSTN 전화번호로 인터넷 전화서비스를 받을 수 있도록 되어 있다. 현재 대부분 음성서비스만 제공하고 있지만 일부 사업자는 영상전화 등 다양한 멀티미디어 서비스가 제공하거나 예정이며 공중망에서 멀티미디어 서비스를 제공하기 위한 NGcN을 구축하고 있다.

2.3 기업, 학교 인터넷에서의 VoIP 적용: IP-PBX

인터넷은 ISP(Internet service provider) 백본망(backbone network, core network)에 ADSL과 케이블 모뎀 기반의 댁내에서 인터넷 접속되는 부분과 기업, 학교에서 인터넷 접속되는 부분 등으로 구성된다. 기업, 학교 인터넷은 ISP 백본망에 전용회선으로 연결하고 고정 IP주소를 할당하거나 공인(public) IP 주소가 부족하면 사설(private) IP 주소를 할당하고 public 인터넷(또는 외부 인터넷)에 접속될 때에는 NAT(network address translator)를 이용하여 IP 주소를 변환하여 세션 연결서비스를 제공한다.

외부 인터넷 연결과 함께 그림 2.9와 같이 PSTN에 PBX(private branch exchange)를 통하여 전화가 연결된다. PBX를 통한 전화서비스와 라우터를 통한 인터넷서비스를 제공하기 위해서는 서로 다른 전용회선이 각각 PSTN과 ISP에 연결되고 사용자에게는 전화와 인터넷 단말이 제공된다. VoIP를 적용하기 위하여 기업에서 쉽게 선택하는 기준은 원가절감이 대부분이다. 그러나 사용자들은 기존 환경 변화를 유지하기를 원하는 경우가 많아 그림 2.10과 같은 VoIP 적용 초기단계 형태를 구성한다. 외부 트렁크 부분을 통합하여 트렁크 유지비용을 절감하고 PBX와 인터넷을 정합할 수 있는 장치를 설치하여 사용자 단말은 유지하면서 통신망 절감 효과를 얻을 수 있다.

그림 2.10과 같이 VoIP를 부분적으로 적용하게 되면 사용자들은 VoIP의 장점을 얻을 수 없으며 단순 전화와 인터넷 서비스가 분리된 형태로 제공될 것이다. VoIP 장점은 멀티미디어 서비스를 제공할 때 다양한 응용서비스가 창출될 수 있고 업무효율이 극대화될 수 있다는 것이다. 예를 들어, VoIP 단말기가 단순 음성서비스만 제공한다면 기존 PBX를 통한 서비스와 별반 차이가 없지만 영상서비스를 제공하고 인터넷정보 검색 또는 데이터베이스가 함께 접근될 수 있도록 만들어 영상통화하면서 자료 공유가 이루어진다면 업무 문화가 바뀌게 될 것이다. 멀티미디어 서비스 제공은 향후 새롭게 개발될 수 있는 서비스는 물론 기존 서비스도 변함없이 제공되어야 한다.

그림 2.11은 VoIP가 적용되어 개선된 기업망 구성을 보여주고 있다. 그림에서 보는 바와 같이 기존 POTS 전화기와 IP 전화기가 공존하고 이들 사이의 연결은 IP-PBX가 담당한다. IP-PBX는 외부의 PSTN과 ISP 등과 연결이 가능하고 외부접속 여건에 따라 PSTN과 ISP 동시 연결 또는 하나만 연결되게 된다. 단순히 전화서비스만 제공한다면 IP 전화기로만 개선될 수 있지만 멀티미디어 서비스 제공을 위해서는 그림 2.11에서 보는 바와 같이 멀티미디어 서버와 단말이 설치되어야 할 것이고 IP 전화기에서도 이 서비스를 이용할 수 있도록 개발되어야 할 것이다.

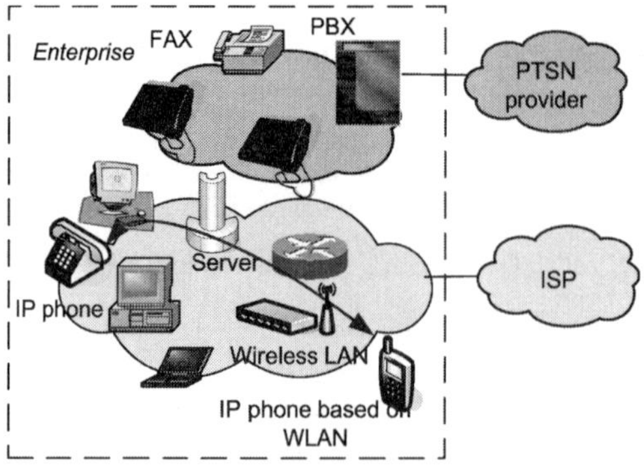

• 그림 2.9 • VoIP 적용 이전 기업 인터넷과 PBX 구성

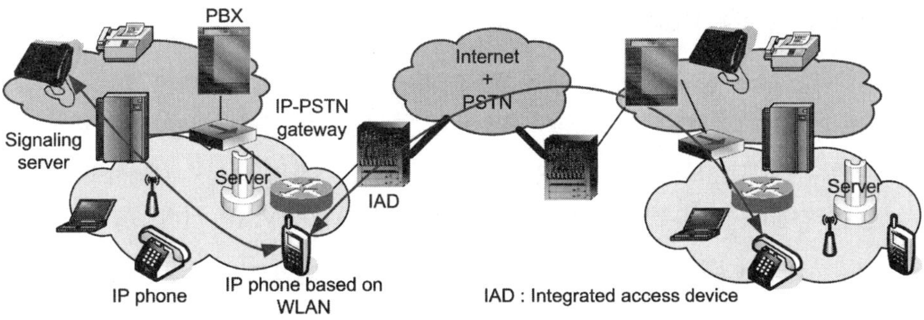

• 그림 2.10 • VoIP 적용 초기단계 망 구성 예

• 그림 2.11 • IP-PBX를 통한 개선된 기업망 구성 예

> 인터넷전화 비용이 저렴한가?
>
> 인터넷을 무료라고 생각한다면 매달 가정에서 인터넷접속비로 ISP에 내는 비용을 고려하여 보기 바란다. 또한 기업과 학교에서도 인터넷 회선 비용으로 일정비용을 지출하고 있다. 인터넷 전화 초기서비스 때 PSTN 전화로 연결할 때 무료로 사용하였는데 PSTN 전화 연결을 하면 발신자가 비용을 부담해야 한다. 이러한 비용을 부담하면서 인터넷사업자들은 초기에 사업 활성화를 위하여 한시적으로 무료 운영을 한 것이었다.
>
> IP 전화기는 POTS 전화기보다 현재 단가가 비싸고 영상전화단말기 또는 멀티미디어 서비스 단말기도 현재 초기제품이라 저렴하지 않다. 그러나 VoIP를 적용하여 고가의 장치를 사용하는 기관은 예산 낭비의 비난보다는 미지의 세계에 도전하는 새로운 분야의 개척자로 높이 평가받아야 한다.

2.3.1 지자체 VoIPv6 적용 예

기업, 학교 망의 VoIP 적용은 IP-PBX 중심으로 운영가능하며 인터넷전화사업자가 IP-PBX를 대여하거나 회선만 제공하고 IP-PBX를 인터넷사업자 망 내부에 두고 운영할 수 있다. IP-PBX의 소유가 인터넷전화사업자임으로 VoIP 서비스를 이용하고 싶은 기관은 초기 투자에 대한 비용부담 없이 첨단의 VoIP 서비스를 활용할 수 있다.

VoIP를 적용하려고 하는 기업, 학교는 이러한 초기투자 비용부담과 함께 VoIP 통신망으로의 대체효과와 장점을 고려하게 된다. 단순히 기존 POTS 전화를 대체하는 것이라면 현재 잘 운영되고 있는 PBX를 교체할 이유가 없을 것이다. 기존 PBX가 노후되어 새로운 장비로 교체시기가 되더라도 IP-PBX 선택에 따른 장점 또는 장비 운영 및 관리의 용이성 등 이유만으로 VoIP를 채택할 수도 있을 것이다. 그럼 가장 큰 VoIP 선택의 이점은 어떤 것이 있을 수 있을까? 그것은 기존 PBX는 지원하지 못하지만 VoIP 장비만이 제공하는 차별화된 서비스가 있다면 장비교체 시기 이전이라도 PBX를 교체할 수 있을 것이다.

2000년대 중반 국내에서 차세대통신기술에 대한 시범사업으로 VoIPv6를 적용한 지방자치단체통신망의 다양한 VoIP 응용서비스를 살펴보면 일부 그 해답을 찾을 수 있을 것이다. 그림 2.12와 2.13은 VoIPv6를 적용한 지방자치단체통신망의 구성을 기능별로 나누어 도식하였다.

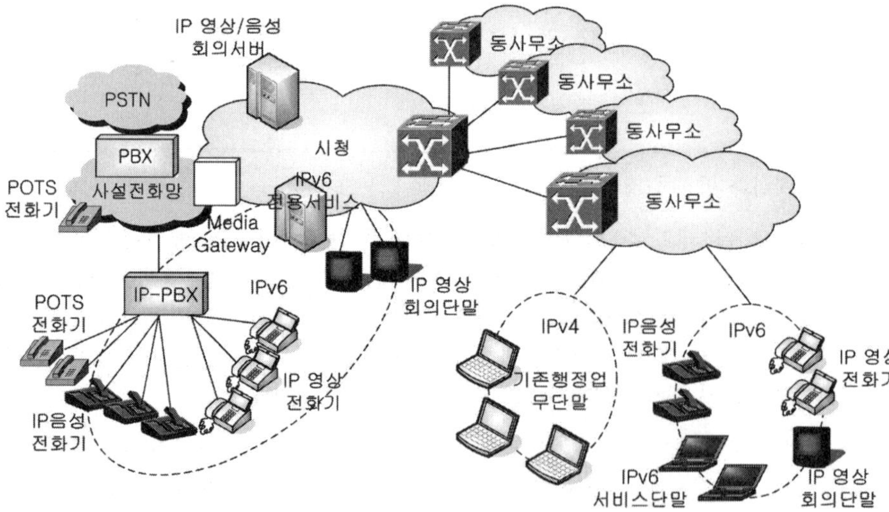

• 그림 2.12 • VoIPv6의 기존 영상, 음성전화 서비스 구성

이 시범사업에서 적용대상으로 선정된 자치단체는 한 지역 내에 시청과 4개의 동사무소이다. 시청 내에는 IP-PBX가 존재하여 기존 POTS 전화와 IP 전화기 등과의 통

화는 물론 외부 공중 전화망과의 기존전화서비스를 제공하여 준다. 그리고 전용선 기반의 인터넷을 통하여 4개의 동사무소와는 point-to-point로 연결되고 충분한 대역폭을 제공하여 주고 있다. 각 동사무소에서는 IP 전화기가 위치하게 되며 IP 전화기 중에는 음성서비스만 제공하는 것도 있고 영상서비스도 함께 제공되는 단말도 존재한다.

IP-PBX를 통하여 인터넷과 전화서비스를 제공하면서 기존 POTS 전화와의 접속서비스를 제공하기 때문에 구성원들은 기존 전화서비스 사용하는 것과 동일한 통신환경에 존재하게 된다. 그림 2.12에서 IP-PBX는 영상전화 및 영상회의 서비스를 제공하고 있어 영상단말을 사용하는 경우 영상전화가 가능하며 영상회의 서버를 통한 1:n 영상회의도 가능하다. 영상서비스를 효율적으로 제공받기 위해서는 내부통신망 및 외부 동사무소 사이의 회선 용량이 충분하여야 한다.

영상서비스 외에도 다양한 서비스가 IP-PBX 환경에서 구성원들에게 제공될 수 있으며 대표적인 서비스로는 그림 2.13에서 보는 바와 같이 방송서비스, 교육컨텐츠 제공서비스, 영상감시처리 및 저장서비스 등이 있다. 그리고 이러한 서비스가 시청뿐만 아니라 하부기관인 동사무소까지 제공된다. 이를 응용하여 주말에 동사무소 민원을 원격으로 시청 담당자가 처리할 수도 있다. 음성 및 영상전화 서비스 외에 부가서비스 등을 모두 포함하여 도식하면 그림 2.14와 같다.

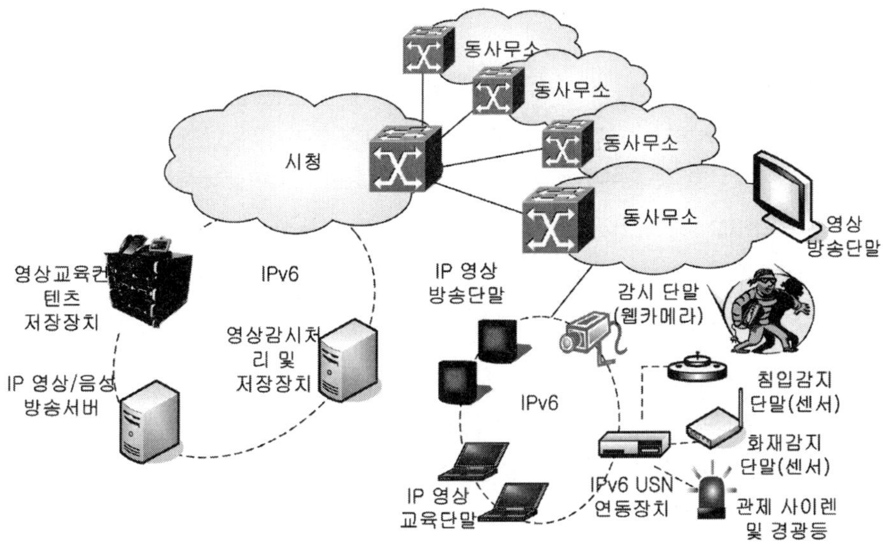

• 그림 2.13 • VoIPv6의 감시, 감지 및 방송, 교육 서비스 구성

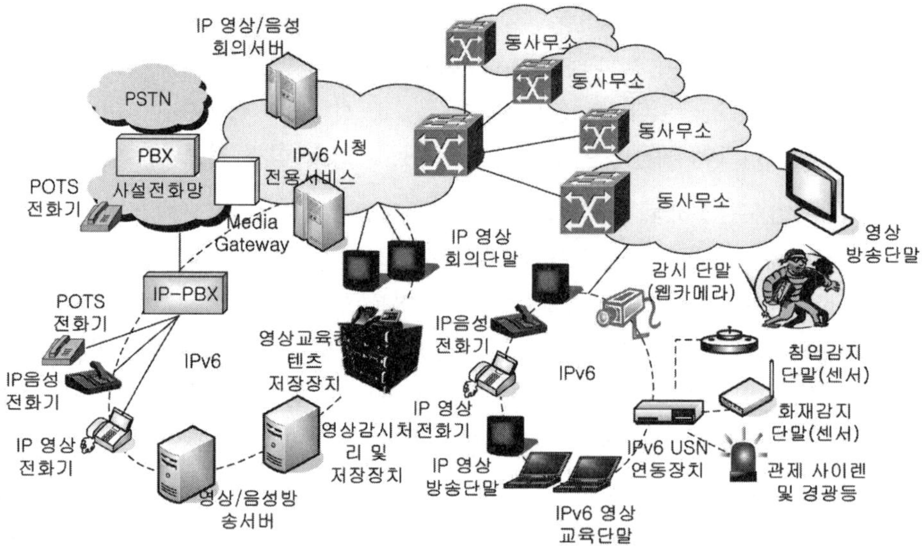

• 그림 2.14 • 지방자치단체의 VoIPv6 통신망 구성

2.4 국설망의 VoIP 적용: NGcN의 소프트스위치

사설망이 그림 2.11과 같이 발전하게 될 때 일반 사용자들이 기업내에서 받는 서비스와 동일한 서비스를 공공장소에서 사용할 수 있고 국설망도 멀티미디어 서비스를 지원할 수 있도록 발전하여야 한다. 국설망에서의 멀티미디어 서비스 지원은 1990년대 초반 B-ISDN(broadband- integrated service digital network)의 ATM 기술을 기반으로 많은 연구개발이 진행되었지만 ATM의 고급 기술 등이 널리 보급되지 못하고 일부 영역에서 국한되어 사용되었다.

IP-PBX 기반의 사설망이 기존 POTS 전화기와 새로운 IP 전화기를 동시에 다 지원할 수 있도록 개발되어 사설망 내의 POTS 전화기와 IP 전화기 사이의 신호프로토콜 변환과 미디어 변환 등을 수행하고 있다. 또한 외부 PSTN과 ISP 망과의 접속도 필요에 따라 선택할 수 있게 설계되어 있다. 이러한 설계에 따라 IP-PBX는 그림 2.15에서 보는 바와 같이 기존 전화망과 인터넷에 동시에 접속되어 서로 다른 장비 관리가 아닌 하나의 장비로 운영되는 장점과 함께 사설망 사용자들도 기존 사용하던 서비스를 이용하는데에도 어려움이 없을 것이다.

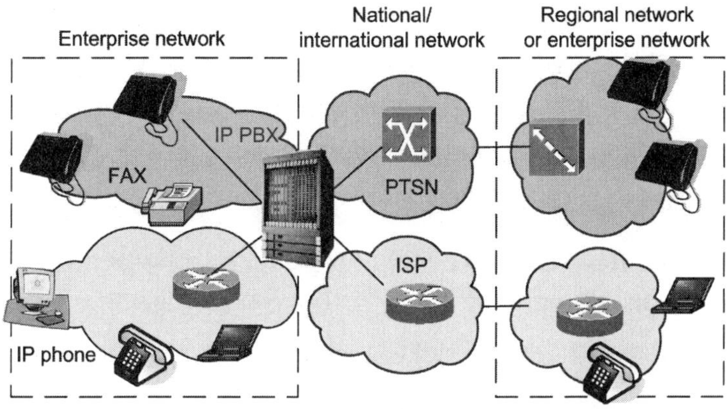

• 그림 2.15 • IP-PBX 이용한 별개의 PSTN과 ISP 연결 구성

사설망에서 기존 음성서비스의 제공 외에 VoIP 적용에 따른 다양한 멀티미디어 서비스 제공이 이루어지지만 외부 망 연동이 단순 PSTN과 인터넷 연결서비스만을 제공하는 경우 서비스 사용은 사설망 내에서만 이루어질 것이다. 즉, 그림 2.11과 같이 사설망이 멀티미디어 서비스를 지원할 수 있게 발전하였지만 국설망은 기존 PSTN과 인터넷 연결서비스만 제공한다면, 그림 2.16과 같은 망 구성이 이루어질 것이며 멀티미디어 서비스 이용은 사설망에서만 가능하다. 그리고 멀티미디어 사설망이 전용선으로 연결되어 충분히 서비스품질을 보장할 수 있는 ISP와 외부영역의 또 다른 사설망과 연결되어 있다면 앞 절의 지자체 예와 같이 외부에서도 멀티미디어 서비스 사용이 가능할 것이다.

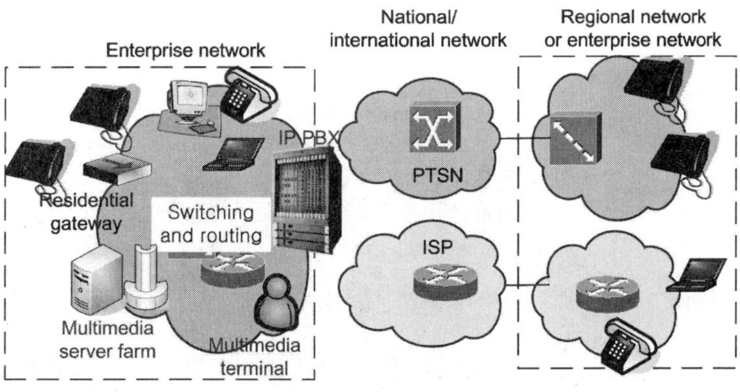

• 그림 2.16 • 기업망이 VoIP로 향상된 후 별도의 PSTN과 ISP 연결 구성

따라서 그림 2.16의 사설 기업망 영역에서 VoIP의 진정한 멀티미디어 서비스가 보편화되기 전에 공중망에서도 멀티미디어 서비스 지원 방안이 마련되어야 할 것이다.

단순히 부분적인 멀티미디어 서비스 제공으로 기업망의 요구사항을 만족할 수 있다면 공중망은 현재 PSTN과 ISP 망에서 큰 변화가 없어도 되지만 차세대 유무선 공중망 영역에서 사설망과 똑같은 멀티미디어 서비스 사용의 요구가 대두되고 있다. 가장 대표적으로 대두되는 멀티미디어 지원의 공중망으로는 3세대 이상의 이동통신망, NGcN, 그리고 무선인터넷에서 발전하는 WiBro 등이 있다.

그림 2.17(a)는 멀티미디어 기업망이 멀티미디어 공중망인 NGcN에 연결되어 있는 경우를 도식한 것이며, 그림 2.17(b)는 NGcN의 관점에서 기존 망을 수용하는 관계를 보여주고 있다. NGcN은 IP 기반으로 설계되었지만 기존 ISP 망과는 서비스품질 보장 면에서 다르다. 즉, 기존 ISP는 서비스품질을 보장하지 못하는 best effort 서비스 제공 형태이지만 NGcN은 서비스 품질을 보장하는 서비스가 지원된다. 그림 2.17의 NGcN 구성도를 살펴보면 기존 서비스 연동, 새로운 서비스 제공 그리고 open된 응용서비스 사용 관점에서 다음 세 가지 기능으로 분류할 수 있다.

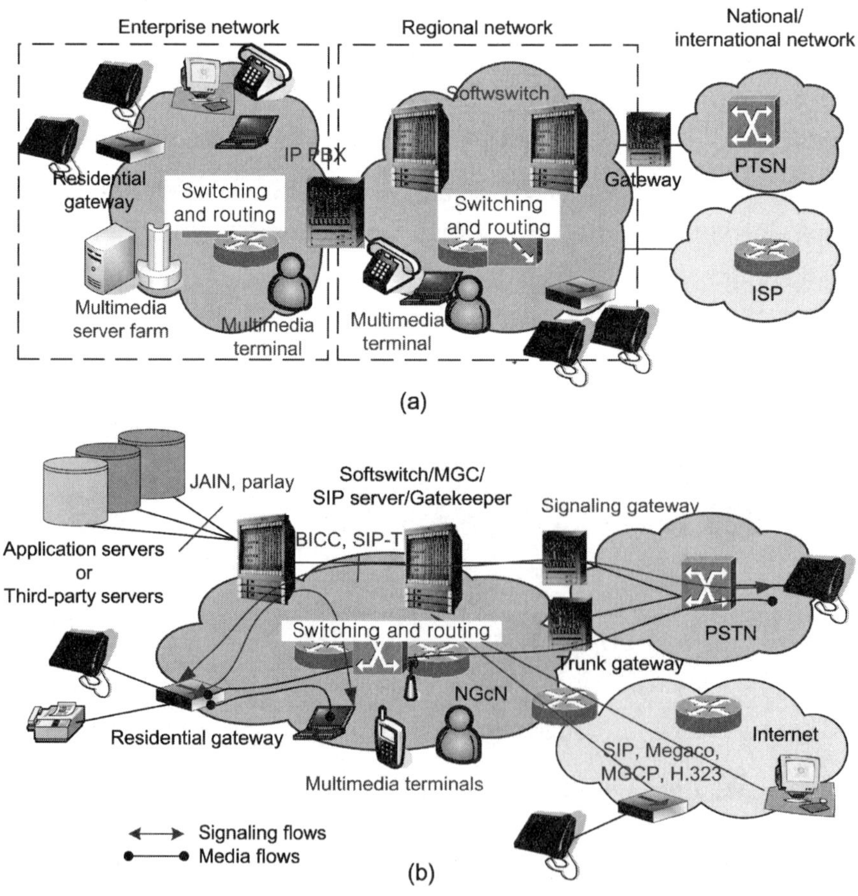

• 그림 2.17 • BcN의 VoIP 이용한 멀티미디어 서비스 제공 방안

첫 번째 관점은 기존 서비스와의 연동에 대한 것으로 기존 전화망과 인터넷과의 연동 장치의 구성이다. NGcN은 기존 전화서비스와 연동을 위하여 residential gateway, signaling gateway, trunk gateway 등을 정의하고 있다. 또한 NGcN은 IP 기반으로 정의되어 있어 기존 IP 장비와 호환이 가능하다. 여기서 기존 ISP 망과 NGcN의 차이는 고급 IP 기술 적용에 따라 단지 실시간 서비스를 지원하는 것이 아니라 보장할 수 있다는 관점에서 NGcN이 기존 ISP 망과 차별화된다고 할 수 있다. NGcN에서 인터넷 텔리포니를 사용하는 경우 서비스 품질을 보장받을 수 있으며 기존 IP망에서 인터넷 텔리포니를 이용하게 되는 경우에는 서비스 품질 보장은 어렵고 best effort 형태로 서비스를 지원받을 것이다.

두 번째 부분은 멀티미디어 서비스 제공에 관한 것으로 새로운 단말과 서버가 개발되고 새로운 서비스가 제공되어야 할 것이다. 신규서비스로 NGcN에서만 제공 가능한 killing 응용서비스가 도출된다면 바람직하겠지만 현재는 영상전화, IPTV 방송 등과 결합한 형태 등이 새로운 서비스로 소개되고 있다. 이외에도 이동성 서비스, 문자 서비스 등이 포함되며 지속적인 서비스가 창출될 것으로 기대되며 대부분 인터넷기반에서 다양한 기능이 결합한 특화 서비스 개발이 예상된다.

세 번째 부분은 멀티미디어 서비스 제공을 위한 표준인터페이스 부분이다. 현재 PSTN에서 응용서비스는 SS 7 기반으로 이루어져 있고 PSTN 자체가 closed 망이어서 제삼자가 응용서비스를 연동하는데 많은 제약을 안고 있다. 그러나 NGcN에서는 VoIP를 사용하여 open된 표준인터페이스인 JAIN(Java APIs for integrated network)과 parlay 등을 제공하고 있어 NGcN 사업자 외의 제삼자의 서비스사업자가 신규 서비스사업을 용이하게 시작할 수 있다. 물론 기존 SS 7 기반의 서비스도 NGcN의 호 처리 변환과정을 통하여 수용된다.

2.5 일반인의 VoIP 사용

우리나라는 2005년 인터넷전화사업자를 선정하였고 인터넷전화사업자는 인터넷전화에 대한 요소기술, 서비스 기술, 정책 등을 기초로 일반인에게 첨단의 VoIP 상용서비스를 제공하고 있다. 통신사업자는 기간통신사업자와 별정통신사업자 등으로 구분되는데 기존 기간통신사업자나 별정통신사업자가 새로운 인터넷전화 영역의 통신 시작을 구축하고 있다. 인터넷전화사업 통신망에 가입하기 전까지 우리 환경에서 기존 전화서비스를 대체하기 위한 노력을 살펴보면 다음과 같다.

그림 2.18에서 보는 바와 같이 최초 인터넷전화서비스에 대한 시도는 인터넷망에서만 이루어졌다. 1990년 중반부터 멀티미디어 PC를 이용한 전화서비스는 음성과 영상 서비스를 제공하였으며 단순 LAN 영역의 멀티미디어 통신 솔루션 등이 많이 보급되었었다. 반면 WAN 영역은 저속통신망에서 고속통신망으로 하부전송기술의 고도화로 이루어져 WAN 영역에서의 VoIP 서비스를 불편함 없이 사용할 수 있게 되었다. 그러나 인터넷 전송구간 중 한 부분이 bottleneck 요소가 있어 문제가 발생하면 end-to-end 서비스 품질에 영향을 주는 단점을 갖고 있다[10].

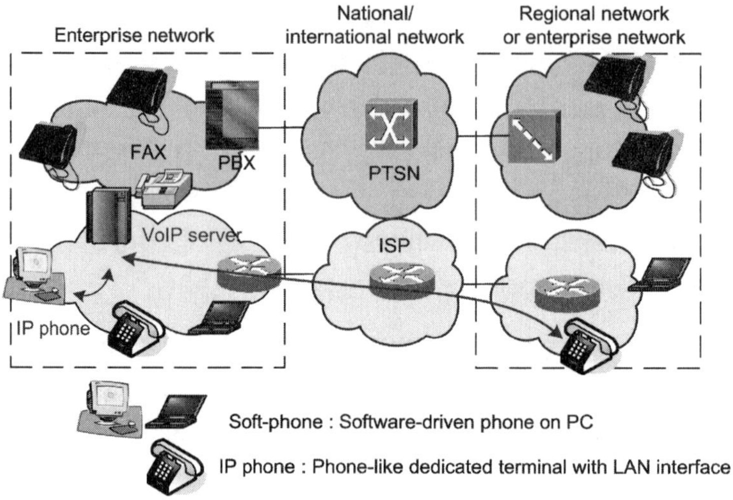

• 그림 2.18• 인터넷만을 사용하는 VoIP 전화서비스

2000년에 (주)다이얼패드와 net2phone는 일반인들에게 인터넷전화가 소개하였다. 이 서비스는 그림 2.19에서와 같이 인터넷에서 PSTN 단말기로 호 설정을 제공하는 단방향이기는 하지만 PSTN과의 연동에 대한 노력이 있었다. 인터넷과 PSTN을 연동하기 위해서는 신호 프로토콜에 대한 변환과 미디어에 대한 변환이 필요하다. 미디어 변환은 PSTN에서의 아날로그 또는 디지털 특성에 맞추어 음성 패킷을 아날로그 또는 TDM으로 바꾸는 것이었지만 신호프로토콜 변환은 PSTN과 인터넷 사이의 신호프로토콜 변환 보다는 웹서버를 제공하여 PSTN 호 설정을 요청할 수 있도록 설계되었다.

10) 메신저에서 영상전화를 이용하는 경우 서비스 품질이 떨어지게 되면 화면이 끊어지는 것을 알 수 있으며 메신저가 강제로 종료할 때가 있음.

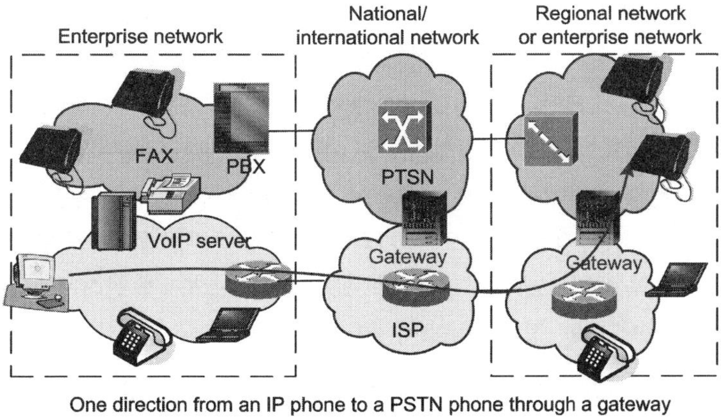

• 그림 2.19 • 인터넷에서 PSTN으로 단방향 VoIP 전화서비스

그림 2.20은 PSTN 사업자가 자신의 인터넷 회선을 이용하여 PSTN 전화를 연결하여 주는 것으로 착발신 PSTN 사용자는 PSTN 교환망 중간에 인터넷 회선을 이용하였는지 모를 정도로 서비스품질이 보장되어야 한다. 예를 들어 그림 2.20에서 국제전화를 사용하는 경우 두 가지 방법이 가능하다. 하나는 인터넷을 경유하지 않고 직접 PSTN 사이의 국제전화를 이용하는 것으로 일반적인 국제전화이다. 두 번째 방법은 두 사용자는 동일한 PSTN 전화단말을 이용하지만 인터넷회선을 이용하는 것이다. 국내 국제전화 별정통신사업자인 007xx, 003xx 국번을 이용한 국제전화가 여기에 해당되며 사용자에게는 비용절감 효과가 있다. 또한 기관, 기업, 학교 등이 본사(교)와 많은 지사(분교) 등을 연결할 때 비용절감을 위한 방안으로 현재 많이 활용되고 있다. 이와 같이 우리 주변에는 독자가 인식하지 못하는 사이에 일부 구간에서 이미 VoIP 기술이 적용되어 전화서비스를 제공되고 있었다.

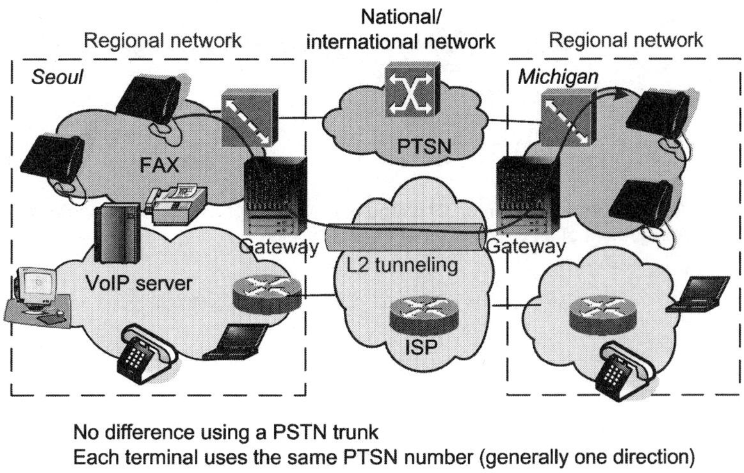

• 그림 2.20 • 인터넷 회선을 이용한 VoIP 전화서비스 경우 1

그림 2.21은 PSTN 사용자와 VoIP 사용자 사이에 전화통화가 이루어지는 경우를 도식화한 것으로 현재 인터넷전화서비스가 여기에 해당한다. VoIP 사용자는 필요에 따라 IP전화기 또는 소프트폰 형태로 인터넷에 연결되어 있으면서 하나의 0303-123-4567 전화번호를 할당받으며 이 전화번호를 이용하여 PSTN 사용자는 VoIP 사용자와 호 접속이 가능하다[11]. 이때 VoIP 사용자는 인터넷이 가능한 위치에만 있으면 전화를 받을 수 있을 수 있는 장점이 있으며 이러한 이동성 서비스를 지원하기 위해서 인터넷과 PSTN 사이의 게이트웨이가 전화번호 0303-123-4567과 인터넷전화단말의 새로운 IP 주소의 매핑에 대한 정보관리를 수행한다.

예를 들어 인터넷전화 사용자가 해외 출장가면서 인터넷전화 단말기를 가지고가 현지에서 인터넷접속을 성공하면 인터넷전화의 새로운 IP 주소를 게이트웨이에 갱신하게 된다. 그리고 국내 PSTN 사용자는 0303-123-4567로 호 발신을 하는 경우 갱신된 IP 주소의 해외 인터넷전화로 접속될 수 있으며 통화요금은 국내 인터넷전화와의 접속요금도 동일하다. 그러나 인터넷전화 사용자와 게이트웨이 사이의 인터넷 회선이 불안하다면 전화서비스 품질은 떨어질 수 있다. 또한 VoIP 사용자도 PSTN 사용자에게 국제전화 비용이 아닌 국내의 인터넷전화이용 비용으로 전화접속을 할 수 있어 외국에 있는 VoIP 사용자도 요금절감 효과가 있다.

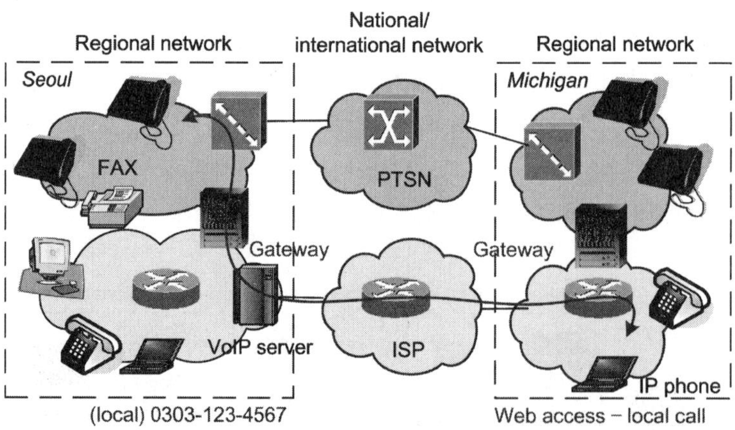

• 그림 2.21 • PSTN과 연동된 VoIP 전화서비스

11) 국내에서 070 국번을 사용하고 있으며 초기에 사업자들은 0303 국번을 할당받아 사용하였음. 070번호를 예를 드는 경우 실제 해당 번호를 사용자가 있을 수 있어 0303 국번을 예를 사용하였음.

인터넷전화망은 그림 2.21과 같이 구성되며 서비스 품질을 보장하기 위하여 기존 인터넷과는 별도의 인터넷 코어망을 구축하고 있어 가입자구간을 제외하고는 서비스 품질을 보장하고 있다. 그러나 VoIP 사용자가 서비스품질을 보장할 수 없는 가입자 구간에 위치하거나 외국에 있으면서 외국의 열악한 인터넷 환경으로 서비스 품질이 떨어질 경우 VoIP 사용자와의 호 연결 후 통화품질에 만족할 수 없을 것이다.

통화품질 문제를 해결하기 위한 방안으로, VoIP 사용자가 위치하는 가입자 구간의 서비스 품질 때문에 전체 서비스 품질이 떨어지는 경우 이를 해결할 수 있는 방안으로 다음과 같은 방법이 있다. 그림 2.22에서 보는 바와 같이 VoIP 전화번호는 0303-123-4567은 동일하지만 이 전화번호에 대한 수신을 인터넷전화가 아닌 PSTN 일반전화로 번호이동성을 제공하는 방법을 사용한다면 VoIP 단말 가입자 구간의 서비스품질 문제를 해결할 수 있다. 외국에 VoIP 단말기가 존재하는 경우 인터넷전화번호 0303-123-4567를 +1-906-487-4336과 매핑하도록 구성하여 국내에서 0303-123-4567를 누르면 미국의 +1-906-487-4336에 연결되는 것이다. 이를 위하여 인터넷전화사업자는 사전에 한국과 미국 사이의 인터넷 회선 연결과 미국의 PSTN과 게이트웨이를 설치하고 있어야 하며 사용자는 자신이 미국에서 받고자 하는 전화번호를 인터넷전화사업자에게 알려주어야 한다. 비용적인 측면에서 국내에 있는 PSTN 사용자가 미국에 있는 친구에게 전화를 거는 방법은 일반적인 국제전화를 이용하는 방법과 0303 전화를 이용하는 방법이 있으며 후자일 경우 시내전화요금에 해당하는 비용만 부담하면 이용가능하고 미국에 있는 수신자는 일반 PSTN 전화와 동일하게 수신하게 된다.

그림 2.21의 방법은 인터넷 가입자 구간의 인터넷 접속서비스 품질 상태에 따라 서비스 품질이 떨어지는 음성서비스를 제공받을 수 있는 반면 그림 2.22의 방법은 일반 PSTN 전화단말기를 이용하고 인터넷 코어망 구간에 대한 서비스 품질을 인터넷전화사업자가 관리하므로 VoIP 서비스 품질을 어느정도 보장받을 수 있다. 그러나 그림 2.22의 방법은 PSTN 전화기로 고정되는 반면 그림 2.21의 방법에서는 VoIP 단말기를 위치에 무관하게 사용할 수 있는 장점이 있다.

조금 다른 관점일 수 있지만 선불카드를 이용한 국제전화도 대부분 인터넷전화를 이용하는 것이다. 그림 2.22에서 보는 바와 같이 미국에서 선불카드를 사서 특정 전화서버에 접속한 후 비밀번호를 입력한 후 대한민국에 국제전화를 거는 경우 비록 PSTN 송수신 전화를 이용하지만 중간에 인터넷 코어망을 이용하여 전화 접속이 이루어지게 된다.

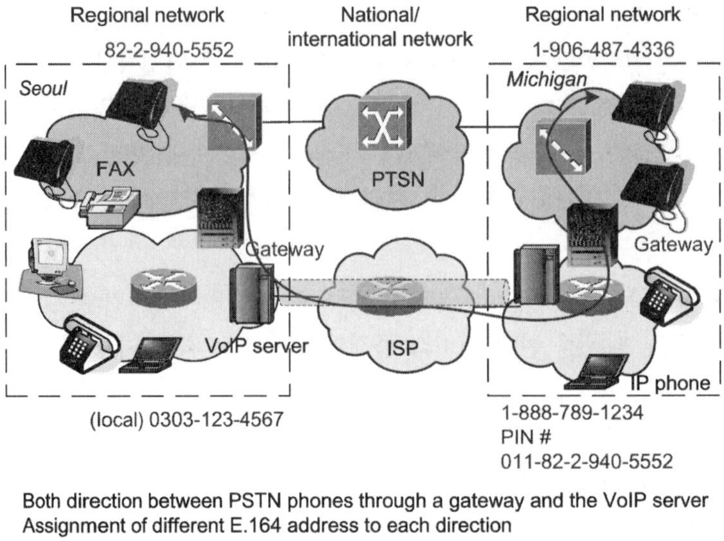

• 그림 2.22 • 인터넷 회선을 이용한 VoIP 전화서비스 경우 2

지금까지 기존 음성서비스만을 연동하기 위한 PSTN과 VoIP 사용자들 사이의 서비스 이용 관점에서 VoIP를 알아보았다. VoIP를 활용한 통신망이 향후 단순 음성서비스 이외에, 이전 절에서 설명한 바와 같이 사설과 국설망에서 멀티미디어 서비스를 제공하게 된다면 그림 2.23과 같이 발전할 수 있을 것이다. 그림에서 보는 바와 같이 각 지역 또는 국가는 NGcN 또는 멀티미디어 지원을 위한 VoIP 망이 구축되면 이들을 연결하는 코어 망 부분에 대한 고도화가 필요하다. NGcN이 보편화되면 PSTN 회선을 이용한 국제회선은 단순 음성서비스만 지원할 수 있지만 인터넷 코어 회선을 통해 멀티미디어 서비스가 지원되게 된다면 통신시장의 변화는 물론이고 우리 생활, 문화, 경제 등 여러 영역에서 큰 변화가 이루어질 것이다.

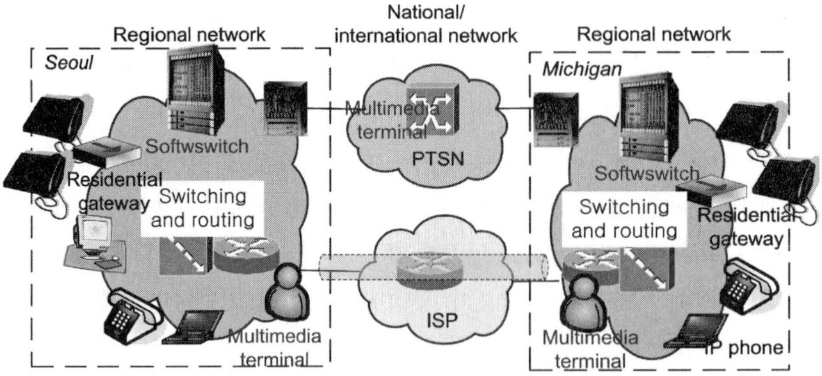

• 그림 2.23 • NGcN으로 발전한 regional network 연결구성

제3장 전화망과 신호프로토콜

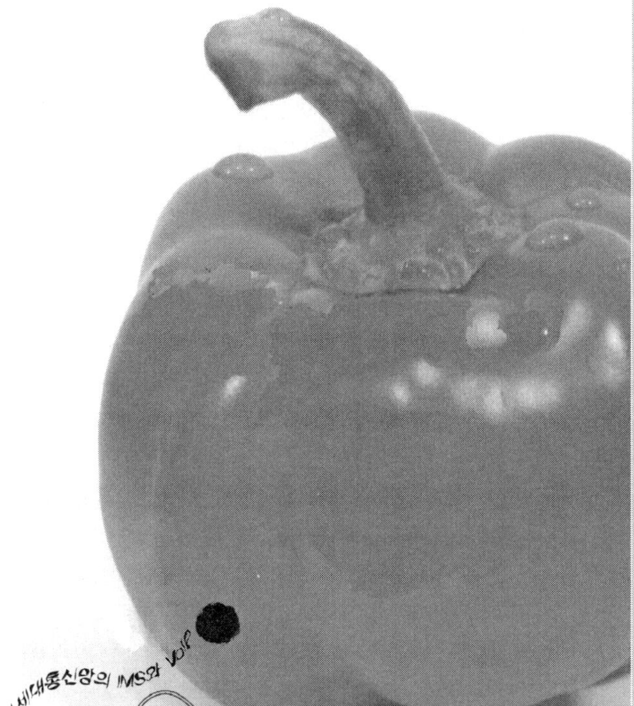

통신망에서 전달되는 서비스에 따라 음성, 데이터와 영상 서비스로 구분할 수 있고 음성통신을 위하여 정의된 전화망은 전 세계에 걸쳐 가장 안정적으로 운영되고 있다. 회선교환방식으로 음성서비스를 제공하는 PSTN은 100년 이상 사용되었고 오늘날 우리는 전화 없이 생활하는 모습을 생각할 수도 없으며 1980년대 이후 이동전화망을 통하여 우리 생활은 더욱 분주하게 되었다.

초기 전화망은 통신사업자들 사이에 연동이 되지 않았고 시외, 국제전화는 교환원을 통하여 접속하였고 회선 수도 넉넉하지 못하였다. 그러나 디지털기술의 발전, 교환기의 보급, 전송분야의 광대역화 등으로 전화교환기는 교환원 없이 시외, 국제전화가 가능하여졌다. 과거 교환기는 아날로그 전송과 기계식이었지만 디지털 기술과 함께 신호프로토콜을 정의하여 현재는 디지털 전송과 전자식 교환기로 발전하였다. 디지털기술은 교환국간 사이에 먼저 적용되었고 신호프로토콜로 SS 7이 정의되었다. SS 7을 표준화하여 시외, 국제전화가 교환원 없이 직접 통화가 이루어졌고 다양한 부가서비스를 개발할 수 있었다. SS 7은 전화국간 신호프로토콜로 정의되었고 그 당시 패킷교환망의 계층 형태의 표준을 평면(plane) 형태의 표준을 만드는 기초를 마련하였다.

전화교환망은 담당하는 영역과 계층에 따라 교환기를 구분하였다. 특히 시내교환기와 시외교환기는 가입자구간과 교환기국간에 해당한다고 할 수 있으며, 가입자구간의 교환기와 전화기 사이에는 과거 펄스 형태의 기계식에서 DTMF와 디지털 메시지를 처리할 수 있는 전자식으로 나눌 수 있다. 전자식인 경우 DTMF의 아날로그 형태로 신호가 전달되는 반면 가입자구간이 디지털화된 ISDN에서는 디지털 메시지 형태로 송수신번호가 전달된다. ISDN은 전화기에 코덱이 들어있어 미디어도 디지털 형태로 전달되게 된다.

따라서 현재 전화망, 즉 PSTN은 가입자구간은 펄스 형태의 기계식, DTMF 아날로그와 ISDN의 디지털 부분으로 구성되며 교환기국간은 모두 디지털화되어 있다. ISDN 디지털 구간에서 정의된 신호프로토콜은 ITU-T Q.931로 표준화되었고 교환기국간은 SS 7으로 표준화되어 있다. Q.931과 SS 7은 PSTN/ISDN 외에도 이동통신망에서 사용되고 있으며 VoIP의 H.323과 sigtran 등에 직접적으로 연관되어 있기 때문에 반드시 알아야 한다.

통신프로토콜을 학습할 때 가장먼저 찾는 것이 관련 표준이고, 특히 프로토콜 스택을 OSI 7 RM과 비교하면서 전체 구성을 파악하게 된다. 과거에는 계층별 프로토콜 스택이 있었지만 PSTN에서는 사용자평면, 제어평면, 관리평면으로 각 프로토콜 스택을 따로 구성하였다. 이후 ISDN/B-ISDN 등에서도 평면 형태의 프로토콜 스택을 구성하였고 대부분 물리 계층만 공유할 뿐 각 평면은 별도의 프로토콜 스택을 갖는다. 계층에서 평면으로 프로토콜 스택을 표현하던 것이 이동통신망에서 기능블록 형태로 바뀌게 된다. 기능블록은 단순히 해당 기능을 정의한 것으로 각 기능블록 사이의 연결선으로 관계를 표현하며 각 기능블록은 사용자평면과 제어평면 외에 필요한 평면으로 구분을 할 수도 있지만 일반적으로 평면에 대한 언급은 하지 않는다. 기능블록 형태의 프로토콜 스택을 이해하기 위해서는 통신망에서 정의한 기능한 이를 지원하기 위한 요소 기술들을 파악하여야 기능블록들을 이해할 수 있다.

1절에서는 전화망의 전반적 구성과 동작을 설명하였고 교환망의 교환기 구성과 ISDN의 표준화 영역, 주소체계 등을 소개하였다. 2절에서는 DTMF와 ISDN의 Q.931의 호 설정과 해제에 대한 과정을 알아보았다. DTMF는 아날로그 구간에서 통화 중 음성주파수 대역과 함께 사용하는 반면 Q.931은 음성 채널과 별도의 채널을 사용한다. 이러한 차이점 때문에 DMTF와 Q.931은 in-band와 out-of-band signaling 방식에 해당한다. 3절은 교환기국간의 SS 7에 대한 구성과 메시지 등을 소개하고 가입자구간의 호 절차와 매핑 관계를 설명하였다. 4절에서는 통신 프로토콜 구성을 정의하기 위한 계층, 평면, 기능블록 형태의 표현방법을 소개하고 SS 7에서 사용하고 있는 평면 형태와 향후 통신망에서의 사용하는 기능블록 형태를 알아보았다. 마지막 절에서는 VoIP의 미디어와 신호프로토콜에 대한 용어와 프로토콜 스택 관점에서 어떤 구성요소가 어느 계층에 해당하는지와 인터넷에서 전화망과 연동을 위한 번호체계 구성방안을 알아보았다. 또한 VoIP를 지원하기 위하여 인터넷 하부계층에서 필요한 요소기술 등을 소개하였다.

본 장을 마치면

- 전화망에 대한 전반적인 구성과 동작을 이해하고 신호프로토콜 절차와 미디어전달 등을 전반적으로 설명할 수 있다.
- PSTN과 ISDN의 차이점을 가입자구간의 미디어 및 신호프로토콜 관점에서 설명할 수 있다.
- SS 7 망의 출현과 망 구성과 기능블록의 역할을 이해할 수 있다.
- 통신 프로토콜 구성도의 계층형태, 평면형태와 기능블록 표현 차이점을 이해할 수 있다.
- 일반전화망과 VoIP 프로토콜을 비교하여 차이점을 설명할 수 있다.

1. PSTN과 ISDN

2. 호 설정과 해제 과정

3. Signaling System No. 7

4. 통신망 프로토콜과 기능블록 표현의 변화

5. VoIP 미디어전달 및 신호프로토콜

3.1 PSTN와 ISDN

대한민국이 현재와 같이 잘 살 수 있도록 만든 여러 산업발전 중에 하나는 바로 전화교환기 개발이라고 할 수 있다. 통신망 기술발전 동향에서 기술한 바와 같이 1970년대 디지털 개발이 큰 획을 긋는 시기에 대한민국은 교환기 개발에 주력하였고 우리나라는 대형 디지털 교환기 개발과 함께 중소형 디지털 교환기를 상용화 하였다[12]. 그리고 이러한 디지털 교환기 개발기술은 1990년대 CDMA(code division multiple access) 교환기 개발에 기틀이 되었다.

이러한 전화망을 데이터통신망과 차별하기 위하여 PSTN(public switched telephone network)이라고 하며 여기서 제공되는 서비스는 POTS(plain old telephone service)라고 한다. POTS는 일반전화서비스로서 인간의 20Hz ~ 20KHz 가청구간 중 300Hz ~ 3.4KHz의 3.1KHz 대역만을 전송하는 것으로 전화수화기를 통하여 들리는 음성통화서비스이다. POTS의 3.1KHz가 20KHz 가청주파수 대역에 비하여 적다고 생각할 지 모르겠지만 우리는 이미 전화수화기를 통하여 들리는 POTS에 익숙해져 있어 송신자의 구분은 물론 송신자의 감정도 느낄 수 있을 정도이다. 이러한 서비스 품질은 일반적으로 MOS(mean opinion score) 또는 R 값으로 정의하고 있다. MOS는 0~5 값의 범위를 갖는 반면 R은 0~100 범위를 가지며 일반적으로 PSTN 사업자가 제공하는 POTS 서비스는 MOS 4.2 이상의 값을 제공하고 있다.

3.1.1 아날로그와 디지털 음성전송 기술 – PCM

최초 전화서비스는 아날로그로 개발되었다. 아날로그로 음성을 전달할 때 중계 과정에 잡음도 같이 증폭되기 때문에 전송거리가 제한된다. 이러한 아날로그 음성 전달의 거리 제한 문제를 해결하기 위하여 디지털 기술이 개발되었다. 디지털 음성기술에 가장 필요한 것은 샘플링(sampling)과 양자화(quantization)이다.

이 두 가지 요소기술을 포함하는 PCM(pulse code modulation)은 아날로그 음성 3.1KHz를 다중화하고 효율적인 전송 등을 위하여 4KHz 대역을 Nyquist sampling theory에 따라 1/(4KHz × 2배) 초마다 샘플링하고 한 샘플 당 8 비트로 양자화 절차를 정의하고 있다. 이 과정을 통하여 125us마다 샘플링이 이루어지고 64Kbps가 얻어진다. 전화망이 가장 안정적으로 전 세계를 연동하여 운영될 수 있었던 것은 바로 PCM 때문에 가능한 것이다. PCM 기술을 적용한 음성전화의 125us와 64Kbps 값은

12) 이후 대한민국은 대용량 교환기도 개발하면서 교환기 개발이 대용량 중심의 국설교환기와 다기능소용량 사설교환기로 나뉘었음.

실시간 서비스를 지원하는 회선교환방식에서 기본 단위로 사용되고 있다.

3.1.2 전화교환망 구성

일반적으로 통신망은 단말과 중간노드 그리고 이들을 연결하는 링크로 구성된다. 전화망은 단말로 전화기, 중간노드로 전화교환기, 링크로는 가입자선로(SL: subscriber line 또는 local loop)와 교환국간선로(trunk)로 구성된다. 이러한 물리적 구성을 도식하면 그림 3.1과 같다. 전화기는 가정이나 사무실에 위치하는 반면 교환기는 교환국사에 위치하며, 가입자와 연결되는 교환기와 교환기를 연결하여 주는 교환기로 구분할 수 있다. 가입자를 연결하는 교환기를 LEX(local exchange) 교환기 또는 class 5 CO(central office) 스위치라고 부르며 일반적으로 가입자와 class 5 CO 교환기 사이의 가입자선로는 아날로그와 디지털 형태로 제공된다. 회사, 학교 등 대단위에는 소형 교환기인 키폰 또는 PBX(private branch exchange)를 자체적으로 설치하더라도 class 5 CO 교환기와 접속하게 된다.

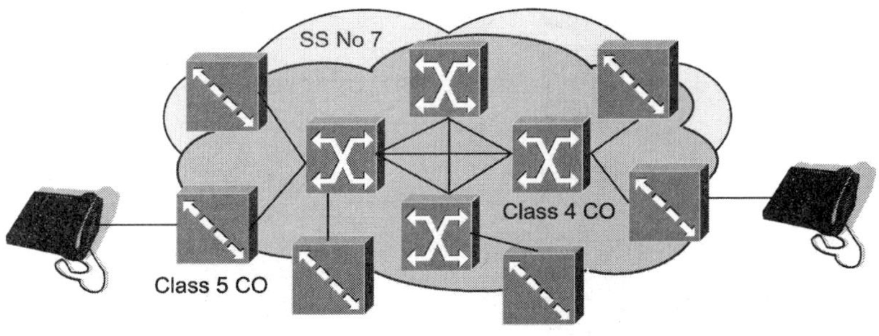

• 그림 3.1 • PSTN 망 구성도

Class 5 CO 교환기를 연결하거나 먼 거리의 교환기를 서로 연결하여 주는 교환기는 그림 3.2와 같이 상위에 많은 교환기를 갖추고 있다. Class 5 CO 교환기를 연결하여 주는 class 4 CO 교환기는 대도시 내에서 교환기능을 처리도 하며 시외구간에서 중소도시의 교환기를 연결하여 주기 때문에 long-haul 교환기라고 한다. 그림 3.1과 같이 전국망이 구축되는 경우 시내전화 사업자는 LEX 교환기를 운영하는 반면 시외전화전화는 long-haul 교환기를 운영하게 된다. Class 4 CO 교환기 상위에는 필요에 따라 class 3 CO 교환기를 통하여 상위 백본망을 구축하며 이들 사이에 우회선로를 만들어 놓는다. 가장 상위에 존재하는 class 1 CO 교환기는 국제전화사업자가 운영하는 교환기에 해당된다.

예를 들어 한 전화사업자가 시내, 시외, 국제 전화사업을 모두 제공하고 있다면 시내전화교환기, 시외전화교환기 그리고 국제전화교환기의 기능에 따라 계층적으로 구성하며 그 경계에 있는 교환기는 관문국(gateway) 또는 관문교환기라는 용어를 사용한다. 국제전화 관문교환기는 외국으로 걸거나 걸려오는 모든 전화서비스를 처리하는 교환기이며 국내 가입자가 국제전화접속번호를 누르면 국내 교환기는 국제전화 관문교환기로 경로설정을 하게 된다. 국제전화 관문교환기가 국내전화사업자와 외국전화사업자 사이의 호 접속을 제공하는 방식과 같이, 국내의 전화사업자들 사이에 관문교환기는 각 전화사업자의 사용자들 사이의 전화연결서비스를 제공하여 주고 있다.

사용자는 관문교환기 존재를 의식하지 않고 자신이 가입한 전화사업자의 가입자 통화 외에도 다른 전화사업자의 가입자와 통화를 한 후 일정기간동안 사용한 통화량만큼 자신이 가입한 전화사업자에게 모든 통화료를 지불한다. 그러면 전화사업자는 납부한 통화료 중에 사용자가 다른 전화사업자들의 가입자에게 전화한 통화량에 따라 사전에 협의된 금액을 해당 전화사업자에게 나누어주게 된다.

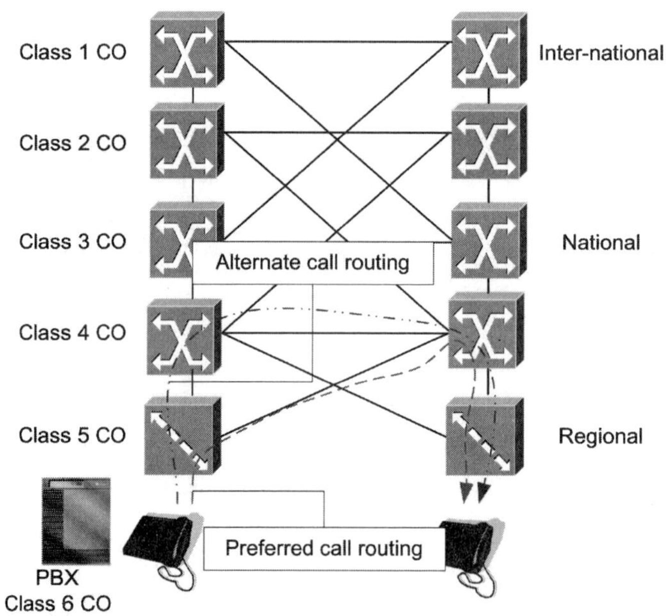

• 그림 3.2 • PSTN 교환기의 계층적 구성

3.1.3 디지털 전화교환망

기계식과 아날로그 형태에서 전자식과 디지털 형태로 전화망은 어디까지 바뀌었을까? 결론부터 말하면 현재 대한민국은 전화기와 가입자선로를 제외하고는 모두 전자식이며 디지털화가 이루어져있다. 이를 통해 일반 공중전화에서 국제전화까지 용이하게 사용하고 있으며 주화, 신용카드, 선불카드, 수신자부담 등 요금과 관련된 다양한 부가서비스를 제공하고 있다. 이러한 부가서비스와 편리성들이 바로 디지털 교환기로 전화망이 구성되어 있기 때문이다.

음성의 아날로그를 디지털로 바꾸어주는 PCM 기술의 적용은 어디부터 적용하는 것이 바람직할까? 모든 교환망이 아날로그였을 때에는 전송구간부터 디지털기술을 적용하였다. 교환국간 트렁크부터 디지털기술을 적용하여 가입자 용량과 전송거리를 늘릴 수 있었다. 이후 교환기가 아날로그 기계식에서 디지털 전자식으로 전환되기 시작하였다. PCM은 교환국간과 교환기에서 모두 적용되었고 가입자선로와 전화기만 아날로그로 남아 있다. 현재 대한민국은 모든 교환기와 교환국간선로가 모두 디지털화로 구성되어있기 때문에 class 5 CO 교환기의 가입자 처리보드부분에서 PCM이 이루어지고 있다. 즉 가입자선로에서 전달된 아날로그 음성을 제외하고는 디지털 데이터로 처리되고 있으며 하나의 채널은 64Kbps 단위로 전달되고 있다.

3.1.4 ISDN

모든 가입자선로구간이 아날로그는 아니다. 1980년대에 가입자선로를 디지털로 전환하여 PCM이 가입자 단말기에서 이루어질 수 있도록 ISDN(integrated service digital network)을 표준화하였다. 1980년대에는 X.25 데이터통신단말을 일반가정에 보급하여 데이터서비스를 제공하였으며 하부전달기술로 모뎀기술을 사용하고 있어 X.25 데이터서비스를 사용하는 동안 전화를 사용하지 못하는 단점을 가지고 있었다. ISDN에서 IS는 바로 X.25와 음성서비스의 결합을 의미하며 음성 2 채널과 데이터 1 채널을 기본서비스로 제공할 수 있도록 정의하였다. 그리고 ISDN의 D는 이 채널들을 디지털로 제공한다는 뜻이다.

음성채널은 64Kbps이며 이를 B 채널라고 정의하였으며 데이터채널은 16Kbps이며 D 채널이라고 불렀다. ISDN을 통하여 가입자에게 제공되는 기본채널은 2B+1D이었고 이를 수치화된 대역폭으로 표현하면 144Kbps이다. D 채널을 통하여 전달되는 정보에는 일반 데이터 트래픽 외에도 신호메시지가 포함된다. 다음 절에서 설명할 신호메시지들의 전달경로로 D 채널이 사용되기 때문에 통화 채널이 사용되더라도 신호메시지가 전달될 수 있다. 아날로그 가입자구간의 전화기를 사용하는 사용자는 통화 중에 다른 전화가 온 것을 알 수 없지만, ISDN 전화사용자는 다른 사람과 통화 중에도 D 채널을 통하여 다른 전화가 걸려오거나 문자서비스를 제공받을 수 있다.

ISDN이 활성화되지 못한 이유?

ISDN 기술은 기존 가입자선로에 하나의 전화단말만 연결할 수 있는 단점을 극복하고 2대의 전화와 하나의 데이터단말을 사용할 수 있는 그 당시 첨단의 통신기술이었다. 그러나 1990년대 이동전화서비스가 보편화되고 최대 8Mbps의 ADSL 등이 보급되면서 ISDN을 선택하는 사용자 수가 적었다. 그렇지만 ISDN 관련 요소기술들은 이동전화, 인터넷전화 등의 발전에 영향을 주었다.

3.1.5 주소체계와 호 라우팅

호 설정을 위하여 먼저 필요한 것은 전화번호체계이며 ITU-T(International Telecommunication Union for Telecommunication Standard Sector) E.164에 국가번호와 계층적 구성에 대하여 정의하고 있다. 예를 들어 +82-2-940-5552에서 +82는 국가번호 82를 의미하며 82는 대한민국을 나타낸다. 다음에 2는 일반적으로 국내에서 02로 사용하는 지역번호에 해당하며 이동통신의 경우 사업자번호에 해당한다. 다음에 940은 교환기 번호이고 5552는 가입자번호이다.

전화망은 계층적 주소체계를 가지고 있어서 호 라우팅이 상위번호부터 이루어진다. 예를 들어 제주도에서 서울전화인 02-940-5552로 전화하는 경우 제주도 가입자 교환기는 제주도에 있는 시외전화 관문교환기로 호를 넘기게 된다. 시외전화 관문교환기는 서울 관문교환기로 호를 전달하며 서울 관문교환기는 940 교환기로 호를 라우팅하게 된다. Class 5 CO 교환기인 940 국번 처리 교환기는 가입자번호인 5552에 해당하는 가입자선로에 연결된 전화기로 링(ring) 신호를 보낸다.

3.2 호 설정과 해제 과정

우리가 사용하고 있는 전화번호가 사전에 할당된 바와 같이 송수신 전화기사이에 호 설정은 전화기-교환기와 교환기-교환기 사이에 미리 약속한 절차에 따라 이루어진다. 신호프로토콜은 전화기-교환기 사이 절차와 교환기-교환기 사이의 절차가 다르다. 일반적으로 우리가 사용하고 있는 전화기는 0~9, *과 #로 구성되어 있어 전화번호를 모두 입력할 수 있다. 그러나 교환기들은 각 숫자를 나누어서 처리하는 것이 아니고 전화번호를 모아서 메시지 형태로 처리하게 된다.

3.2.1 DTMF

통화가 하고 싶을 때 우리는 전화기를 들어 해당 전화번호를 누르면 된다. 혹은 기계식이라고 하여 전화기에 보면 특정 번호에서 돌리는 방식이 있는데 이런 기계식 전화기는 교환기에 전류를 펄스 형태로 보내는 방식으로 펄스의 개수로 전화번호를 구분한다. 그러나 전자식 전화기가 개발되면서 그림 3.3과 같이 4 x 4 배열로 구성되고 하나의 번호를 누르면 두 개의 주파수가 동시에 교환기로 전달되고 교환기는 해당번호를 인식하게 된다[13]. 이때 하나의 번호에 두 개의 주파수가 할당되어 전송되기 때문에 DTMF (dual-tone multi frequency) 방식이라고 부른다. 즉 5를 누르면 770Hz와 1,336Hz가 동시에 전달되게 된다.

일반 POTS 전화기는 전화번호를 누를 때마다 주파수 형태의 아날로그 신호로 교환기에 전달되며 ISDN은 입력한 전화번호를 모두 모아서 디지털/전자식 교환기에 전달하게 된다. 아날로그 가입자선로와 디지털 가입자선로에서의 동작은 다르며 각각의 동작은 다음과 같다.

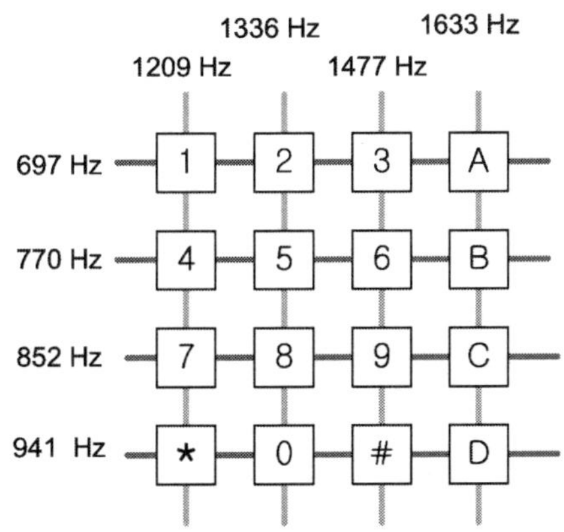

• 그림 3.3 • 전화단말기의 DTMF 방식

3.2.2 PSTN에서 가입자 구간의 호 설정/해제 과정

아날로그 POTS 전화기의 호 설정과 해제 과정은 그림 3.4와 같이 이루어진다. 먼저 교환국간선로는 디지털화 되어 있는 상태로 신호 메시지를 주고 받는다고 가정하고 여기서는 전화기와 가입자 교환기 사이의 신호프로토콜만 살펴보기로 한다. 전화기를 드는 순간 가입자 교환기는 다이얼 톤(dial tone)을 주어 번호입력이 가능하다는 사실을 알려준다. 송신전화기에서 번호를 입력할 때마다 가입자 교환기는 수신단말의 번호

13) 표준에는 4 x 4 배열이지만 A, B, C, D가 구현되어 있는 단말기는 찾아보기 어려움.

를 모으고 전화번호 체계에 맞는 번호가 입력이 완료되면 호 라우팅을 시작한다. 수신전화기가 연결된 가입자 교환기까지 호 라우팅이 끝나면 수신전화 단말기에 링 신호를 주면서 송신전화기에게 링 신호를 주고 있다는 신호(ring-back tone)를 보내준다.

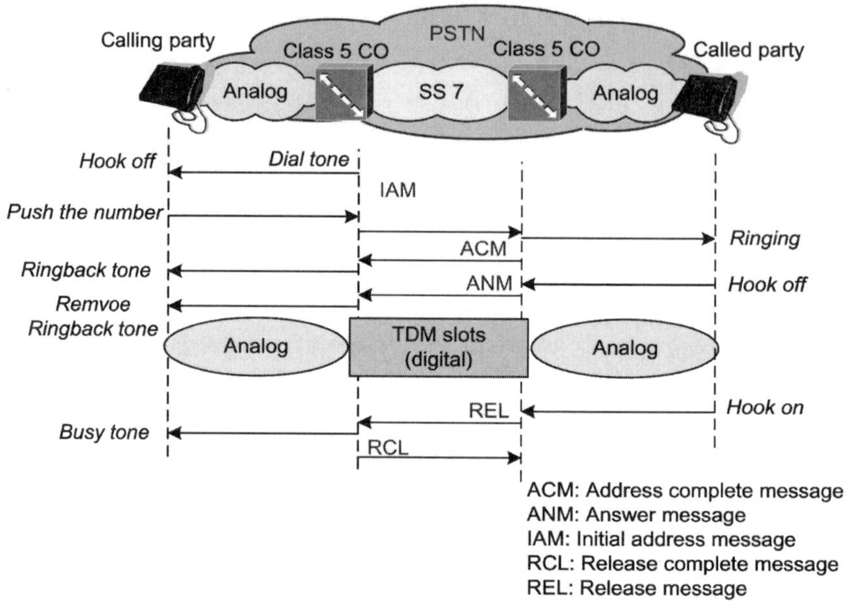

• 그림 3.4 • PSTN에서 신호프로토콜 절차

수신전화기를 들면 교환기는 음성채널을 열어 통화가 이루어지도록 한다. 이때 수신전화기의 링 신호와 송신전화기의 링 알림 신호 등은 중단되며 음성채널에서 가입자 선로구간은 아날로그로, 교환국간선로는 디지털로 음성트래픽을 전달하게 된다. 그리고 PCM은 가입자 교환기의 가입자보드에서 이루어진다. 어느 한 전화기가 종료를 원하는 경우 교환기가 이를 인지하고 해제과정을 수행한다.

3.2.3 ISDN에서 가입자 구간의 호 설정/해제 과정

ISDN은 디지털 가입자선로구간의 신호메시지 전달에 대한 표준을 정의하였다. ISDN에서 2B+1D 채널 중 D 채널을 통하여 신호메시지가 전달될 수 있도록 설계하였으며 ITU-T의 Q.931로 표준화를 완료하고, 표준문서 이름은 DSS 1(digital subscriber signaling no. 1)이다. 이름에서 알 수 있듯이 디지털 가입자선로구간에 대한 신호프로토콜은 처음 정의된 것이다[14].

14) B-ISDN/ATM에서 가입자 구간에 정의된 신호프로토콜은 Q.2931로 DSS 2임.

ISDN의 호 설정과 해제 과정은 그림 3.5와 같이 가입자선로구간에서 신호메시지를 주고받음으로 이루어진다. ISDN 전화기는 POTS 전화기와 동일한 과정을 수행하지만 내부적으로 동작하는 절차와 전달 방법이 다르다. 송신전화기가 번호를 입력하면 송신 단말은 전화번호체계에 맞는 번호입력 여부를 확인한 후 가입자교환기에 Setup 메시지를 보내게 된다. 가입자교환기는 호 라우팅을 위한 과정을 수행하면서 송신전화기에 Setup 메시지를 처리 중이라는 Call Proceeding 메시지를 보내게 된다. 수신전화기가 연결되어 있는 가입자교환기까지 호 라우팅이 전달되면 해당 수신전화기에 Setup 메시지를 전달하게 된다.

Setup 메시지를 받은 수신전화기는 링을 울리면서 가입자교환기에게 Alerting 메시지를 보내게 된다. 이 메시지가 송신전화기가 연결되어 있는 가입자 교환기를 경유하여 송신전화기까지 전달되게 되면 송신전화기는 링 알림 신호를 보낸다. 수신자가 수신전화기를 들으면 가입자교환기에 Connect 메시지가 전달되며 이 메시지는 송신 전화기까지 전달된다. 이 메시지 전달과 함께 송수신 전화기는 각각 링 신호와 링 알림 신호를 중단하게 되고 디지털 음성 채널을 열어 음성 트래픽이 전달될 수 있도록 한다.

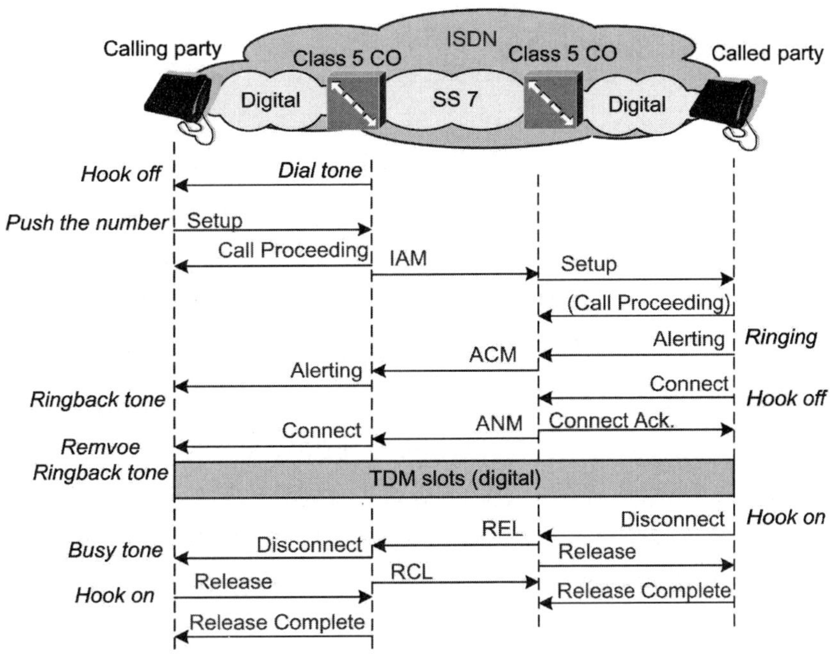

• 그림 3.5 • Q.931과 SS 7 신호메시지의 관계

통화가 종료되면 어느 한 전화기의 수화기가 내려지고 해당 전화기는 가입자 교환기에 Disconnect 메시지를 보내게 된다. 이를 전달받은 전화기는 Release 메시지를 보내어 종료를 확인하게 되며 가입자 교환기는 통화와 관련된 정보를 과금 서버에 보내게 된다.

3.2.4 In-Band와 Out-of-Band Signaling

PSTN에서 가입자가 호 설정을 요청할 때 DTMF의 주파수는 음성 트래픽의 300Hz에서 3,4KHz 이내에 정의되어 있다. DTMF는 전화기와 교환기 사이의 호 설정, 해제 과정에서 사용은 물론 통화 중에도 사용할 수 있다. 예를 들어 통화 상대방이 컴퓨터 서버인 경우 통장계좌번호나 개인번호 등을 입력하고자 할 때 DTMF를 이용하여 통화 중에 숫자 전달이 가능하다. 이와 같이 음성 트래픽과 같은 대역을 신호메시지 전달채널 대역과 함께 사용할 수 있을 때 in-band signaling 방식이라고 부른다. 반면 ISDN의 경우 음성 채널과 신호메시지 전달채널이 각각 B 채널과 D 채널로 분리되어 있는 경우를 out-of-band signaling 방식이라고 한다.

3.3 Signaling System No. 7

전화기와 교환기 사이의 신호프로토콜은 앞 절에서 기술한 바와 같이 아날로그와 디지털 형태에 따라 전화기와 교환기 사이에 주고받는 형태만 다를 뿐 절차는 같은 것을 알 수 있다. 교환기와 교환기 사이에 대한 절차는 전화망의 규모에 따라 발전하여 왔다. 적은 규모로 구성되어 있는 경우 교환원이 있었으며 그리 오래 전이 아닌 과거에는 국제전화, 시외전화의 경우 교환원을 통한 호 설정이 이루어졌다.

교환기와 교환기 사이의 신호프로토콜은 SS 1(signaling system no. 1)부터 시작하여 점차 기능을 추가하고 디지털 기술이 개발되면서 현재의 SS 7로 발전하였다. SS 7은 신호프로토콜의 메시지 정의와 함께 신호메시지가 효율적으로 전달되기 위한 프로토콜 스택과 중간 노드 및 서버 등을 정의하고 있다. SS 7의 서버는 1588 서비스, 080 서비스 등 부가서비스 등을 제공하고 패킷 기반으로 동작하기 때문에 필요한 서비스를 추가적으로 정의할 수 있다.

3.3.1 PSTN/ISDN에서 교환 국간선로의 호 설정/해제 메시지

PSTN과 ISDN 전화망에서 가입자선로구간은 아날로그와 디지털 구성에 따라 동작이 다르지만 호 송신과 수신 관련한 교환기사이의 신호메시지 전달과정은 그림 3.4와 3.5에서 보는 바와 같이 동일한 절차와 메시지를 사용하는 것을 볼 수 있다.

호 설정 요청에 대하여 해당 교환기의 전달경로를 찾게 되면 해당 교환기에 IAM (initial address message) 메시지를 보낸다. IAM 메시지를 받는 가입자교환기는 수신전화기에 호 설정 요청을 알리면서 수신전화번호까지 라우팅 되었음을 알려주는 ACM(address complete message) 메시지를 보내게 된다. 또한 수신전화기가 호 설정 요청을 수락한 사실은 ANM(answer message) 메시지로 알려준다. 호 해제 요청에 대한 신호메시지는 이미 설정되어 있는 경로에 따라 REL(release message) 메시지를 보내면 이를 수신한 가입자교환기는 설정되어 있는 호를 해제한 후 RCL(release complete message) 메시지로 처리결과를 응답하게 된다.

교환기 사이의 신호메시지는 중간에 몇 개의 교환기를 경유하더라도 같은 형태를 갖는다. 전화교환망의 LEX와 long-haul 교환기를 각각 경유하여 접속되는 경우에는 그림 3.6과 같이 IAM, ACM, ANM, REL와 RCL 메시지들이 사용되며 CPG(call progress message)가 추가로 사용될 수도 있다. 이러한 신호메시지가 전달되기 전에 수신전화번호를 기초로 중간경로의 교환기들이 결정되며 신호메시지 경로선택도 SS 7에 포함되어 있는 기능이다.

3.3.2 SS 7 기능블록

전화망에서 교환기들은 호 접속과 해제, 부가기능 및 관리기능들을 수행하기 위하여 회선교환과는 별도의 SS 7 망을 논리적으로 구축하며 전화번호 체계에 따라 호 라우팅을 수행한다. 회선교환의 일부 회선 슬롯을 모아서 패킷교환으로 사용하며 패킷 필드를 정의하여 프로토콜 계층구조를 구성하고 필요에 따라 부가적인 기능을 추가할 수 있다. SS 7 기능블록은 그림 3.6에서 보는 바와 같이 일반 교환기의 논리적 구성 또는 물리적인 서버로 구성될 수 있으며 다음과 같다.

- SSP(service switching point): 전화단말기에서 요청된 호 접속과 해제를 직접 처리하는 교환기로 요청된 부가서비스 및 일반 호 접속 등에 따라 해당 수신 SSP 또는 서버로 SS 7 메시지를 발생.
- SCP(service control point): 1588 또는 080 외에 모든 부가서비스 및 지능망 서비스를 지원하는 서버로 SSP와 SS 7 메시지를 주고받음.
- STP(signal transfer point): SSP와 SCP 사이에서 SS 7 메시지의 라우팅을 담당하며 OSI 7 RM에 L3 네트워크 계층까지만 가지고 있어 인터넷의 라우터 기능과 동일.

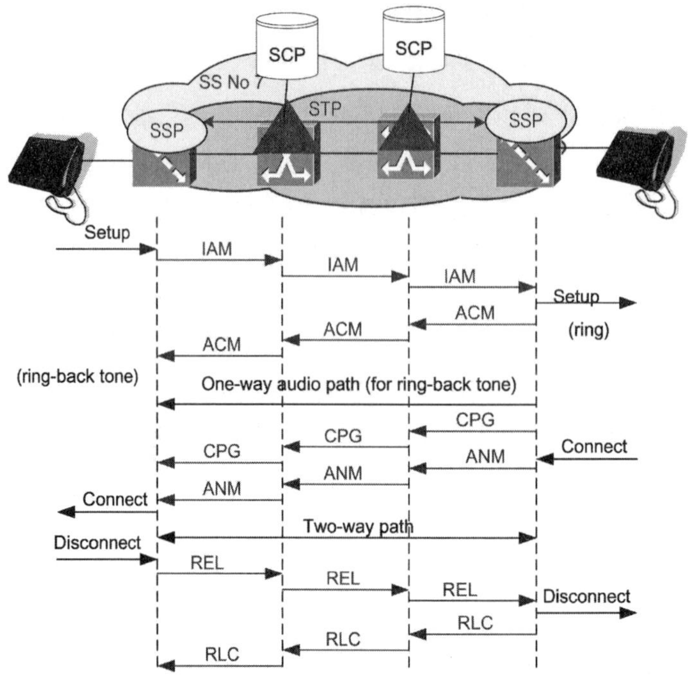

• 그림 3.6 • 여러 교환기를 경유하는 경우 SS 7 메시지 전달

전화사용자가 부가서비스를 요청하는 경우에는 SSP-STP-SCP와 SS 7 메시지를 주고받지만 일반 사용자에게 전화를 거는 경우에는 그림 3.6과 같이 SSP-STP-SSP 사이에서 SS 7 메시지를 주고 받는다. 또한 SSP, SCP 그리고 STP의 연결 관계는 그림 3.7과 같이 STP는 mesh 형태로 구성되어 있으며 SCP는 일부 STP와 직접 연결되어 있다. 이들의 구성은 논리적인 연결되는 것으로 물리적으로는 교환기를 경유하여 연결될 수 있다.

3.3.3 SS 7 프로토콜

SS 7 기능블록에서 정의된 프로토콜 스택은 그림 3.8과 같이 계층적으로 구성되며 각 기능블록들의 프로토콜 스택은 그림 3.9에 도식하였다. 전화사용자가 요청하는 서비스에 따라 SS 7의 상위계층 프로토콜 스택이 다르게 선택된다. 먼저 송수신 전화기 사이에서 호 접속이 이루어질 때 가입자 교환기는 가입자 구간이 POTS와 ISDN인 경우에 따라 각각 TUP(telephone user part)와 ISUP(ISDN user part) 스택을 사용한다. 그리고 가입자가 1588과 같은 부가서비스를 사용하면 가입자교환기는 필요한 정보를 획득하기 위해서 해당 서버인 SCP와 지속적인 메시지 교환이 이루어진다. 이러한 메시지 교환은 request/response 형태이며 이를 transaction이라고 하며 원하는 부가서비스 관련 계층이 존재하게 된다. 부가서비스를 제공하고 있는 SCP와 메시지를 주고받기 위하여 가입자 교환기는 ASE(application specific element)와 TCAP(transaction capabilities application part) 스택을 사용한다.

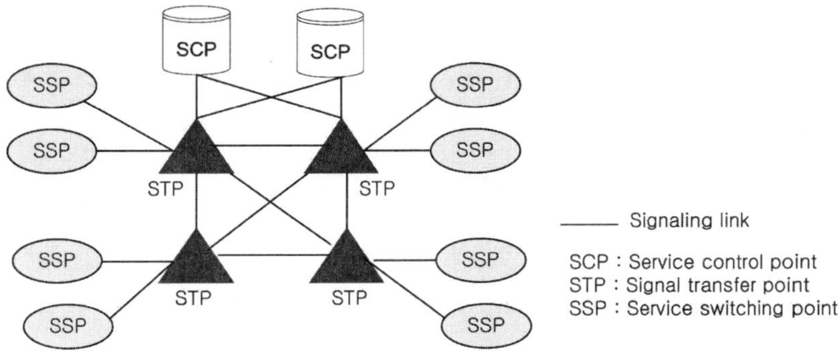

• 그림 3.7 • SS7 기능블록 구성

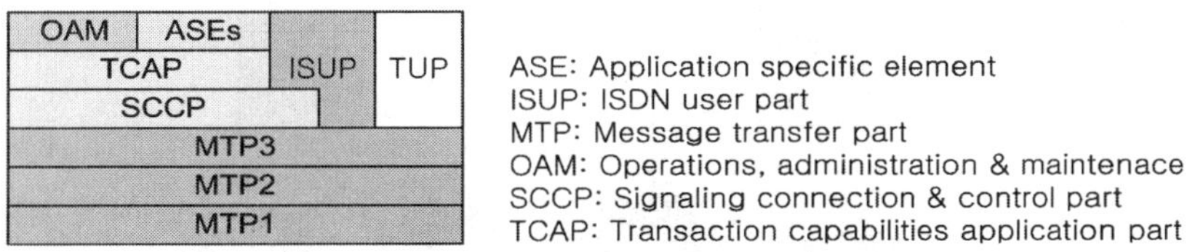

• 그림 3.8 • SS 7 프로토콜 구성

가입자 교환기에 해당하는 SSP는 그림 3.9에서 보는 바와 같이 다른 전화가입자와 통화하기 위해서 ISUP/TUP 부분을 사용하며 특정 SCP와의 서비스 지원을 위해서는 ASE/TCAP 부분이 이용된다. 그리고 SCP는 자신이 종단이므로 ISUP/TUP 부분을 필요로 하지 않는다. 이외에 SS 7의 SCCP, MTP 계층들에 대한 특성을 살펴보면 다음과 같다.

- MTP 1, 2, 3(message transfer part layer 1, 2, 3): OSI 7 계층의 L1, L2와 L3에 해당하며 MTP 3는 전화번호체계와 SS 7 기능블록의 물리적 노드의 매핑관계를 기초로 호 라우팅을 수행.
- SCCP(signaling connection and control part): 여러 STP를 통하여 SSP-SSP 또는 SSP-SCP가 연결되고 지속적인 SS 7 메시지를 교환이 이루어질 때 논리적인 연결에 대한 관리 기능을 수행.
- TCAP: 상위 계층의 request/response 메시지 전달을 책임지면서 capability를

주고받는다. 여기서 capability는 상위 계층들 사이에 필요한 정보 값을 의미함.

- ASE: 특정 부가서비스 및 지능망 서비스에 따라 필요한 기능을 추가적으로 정의한 경우 여기에 해당되며 이동통신망의 HLR(home location registrar)와 VLR(visitor location registrar) 사이에서 이동성관리를 위한 MAP(mobile application part)가 여기에 해당함.
- OAM(operation, administration and maintenance): SS 7에 필요한 유지 및 관리 기능을 수행.
- ISUP: ISDN 단말들 사이에서 호 접속과 해제 기능과 관련한 SS 7 메시지로 변환하는 기능을 수행.
- TUP: 아날로그 POTS 단말들 사이에서 호 접속과 해제 기능과 관련한 SS 7 메시지로 변환하는 기능을 수행.

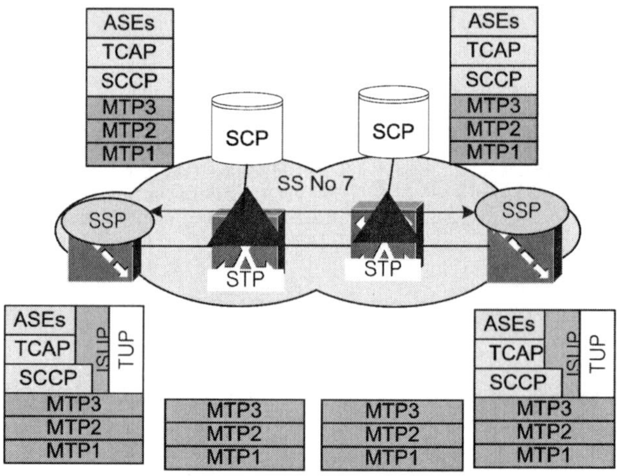

• 그림 3.9 • SS 7 기능블록의 프로토콜 구성

SS 7 기능블록인 SSP, STP 그리고 SCP는 그림 3.9와 같이 SS 7 프로토콜 계층을 구성한다. 가입자 단말기가 연결되어 있는 LEX는 SSP 기능블록을 가지며 가입자 단말이 다른 전화단말과의 호 접속을 요청하는 경우, 가입자단말의 POTS와 ISDN여부에 따라 TUP와 ISUP 계층이 사용된다. 또한 가입자 단말이 부가서비스를 요청하는 경우 특정 SCP와 통신을 하기 위하여 LEX의 SSP는 ASE-TCAP-SCCP 계층을 사용하게 되며 이때 해당 SCP의 프로토콜 구성도 ASE-TACP-SCCP가 된다. 그리고 중간 STP는 해당 SSP 또는 SCP로의 호 라우팅을 위하여 MTP 1, 2, 3 계층만 구성된다.

LEX의 ASE-TCAP-SCCP와 TUP/ISUP이 동시에 사용되는 경우도 있다. 예를 들어, 1588-ABCD[15], 단일 전화번호를 사용하여 가까운 구청과 연결하는 서비스를 제공한다고 가정하자. A 지역과 B 지역에서 동일한 1588-ABCD를 누르면, 각각 A 지역의 구청과 B 지역의 구청으로 연결될 것이다. 이러한 서비스를 위해서 1588-ABCD 서비스를 지원하는 SCP에는 발신번호를 기초로 A 지역의 구청 전화번호와 B 지역의 전화번호인 123-AAAA와 456-BBBB의 매핑정보가 설정되어 있어야 한다.

A 지역의 전화사용자가 1588-ABCD를 누르면 SSP의 ASE-TCAP-SCCP를 이용하여 해당 SCP의 ASE-TCAP-SCCP와 SS 7 메시지를 주고받는다. SCP는 A 지역의 SSP에게 123-AAAA 번호를 넘겨주게 되고 이 번호를 받은 SCP는 123-AAAA를 관리하는 SCP와 TUP/ISUP 계층을 이용하여 호 접속을 시도하게 된다. 이 과정에서 송신전화기까지 관련 신호메시지가 전달되지 않기 때문에 SCP가 관여한 사실을 직접적으로 알 수는 없다.

또한 B 지역의 전화사용자가 1588-ABCD를 누르면 1588 기능을 담당하는 SCP는 발신전화번호를 기초로 B 지역이라고 판단하고 456-BBBB 전화번호를 해당 SSP에 보내게 된다. 그리고 456-BBBB로 호 접속을 시도함으로 프로토콜 계층 사용은 A 지역의 발신과 동일하게 모든 SS 7 프로토콜이 사용된다. 이와 같이 전화망에서 부가서비스를 이용하는 경우 해당 SCP는 부가서비스 관리를 수행하게 되며 이러한 동작절차를 따르게 된다. 또한 여러 SSP에 분산하여 정보를 입력하지 않고 해당 SCP의 정보만 갱신하면 추가 및 수정이 가능하기 때문에 관리가 용이하다.

3.4 통신망 프로토콜과 기능블록 표현의 변화

3.4.1 입체적인 프로토콜 스택 표현 – 평면(Plane) 개념

OSI 7 RM(reference model)을 포함하여 각종 프로토콜에 대한 각 계층 구성을 도식하면 그림 3.10(a)와 같은 형태였으며 각 계층의 기능에 대한 동작과 메시지 등을 설명하여 왔다. 또한 그림 8의 SS 7도 신호프로토콜 관점에서 같은 구성으로 표현되었다. 그러나 전화망 전체 프로토콜을 도식하면 그림 3.10(b)와 같이 사용자 트래픽과 신호메시지는 각각 프로토콜 구성을 하게 된다. 이와 같이 사용자 트래픽과 신호메시지 등의 전달 계층과 함께 망 관리를 위한 메시지도 별도의 계층으로 구성하게 된다.

---

15) 0000~9999까지 거의 모든 번호가 특정서비스를 제공하고 있어 ABCD라고 예를 들은 것임. 여기서 ABCD, AAAA, BBBB는 각각 4자리 전화번호에 해당됨.

따라서 전화망은 물론 대부분의 통신망은 사용자, 신호 그리고 망 관리 메시지 등이 각각 프로토콜 구성을 하게 되며 이를 평면(plane)이라고 부르고 있다.

단면적 프로토콜 스택의 표현을 그림 3.11과 같이 입체적으로 표현하여 각 평면들이 서로 유기적인 관계를 가지고 있음을 나타내기 시작하였다. 1980년대 후반부터 정의되던 통신망들은 대부분 그림 3.11과 같은 형태로 구성되었으며 전화망의 SS 7과 함께 이러한 개념이 시작되어 초기 이동통신망도 이러한 형태로 프로토콜 관계를 도식하고 있다. 전화망의 경우 사용자평면은 회선교환과 TDMA(time division multiple access) 방식의 전송을 기반으로 실시간 트래픽 전달이 이루어지는 반면 제어평면은 신호메시지 전달을 위한 SS 7 프로토콜 구성이 정의되어 있다. 또한 관리평면은 계층관리와 평면관리 등을 위한 기능으로 구분할 수 있고 TMN(telecommunication management network)이 정의되어 있다.

Layer (n+1)
Layer (n)
Layer (n-1)

(a)

User plane	Signaling plane	Management plane
Layer (n+1)	Layer (n+1)	Layer (n+1)
Layer (n)	Layer (n)	Layer (n)
Layer (n-1)	Layer (n-1)	Layer (n-1)

(b)

• 그림 3.10 • 프로토콜 계층과 plane 관계 (a)계층구성 (b) plane 프로토콜 구성

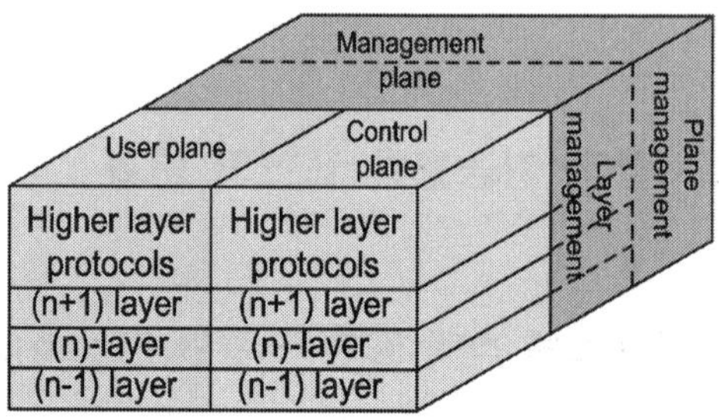

• 그림 3.11 • 평면 형태의 프로토콜 구성

3.4.2 기능블록 표현의 변화

일반적으로 표준화를 진행할 때 가장 먼저 하는 일은 기능요구사항(function requirement)를 작성하는 것이다. 기능요구사항을 기초로 다음에 하는 것은 기능블록(function block)과 참조점(reference point)를 정의하는 것이고 기능블록 사이의

절차와 메시지 등을 정리한 프로토콜을 정의하여 기능요구사항을 만족시키는 것이다.

기능블록에 대한 표현이 과거에는 물리적 장치를 기초로 정의되었다. 그림 3.12는 ISDN에서 정의한 기능블록으로 NT(network termination)은 ISDN 사업자 장치에 해당되고 TE(terminal equipment)는 가입자 장치에 해당되며 참조점 S가 가입자구간을 정의한 것이다. TE 중 TE1은 ISDN 단말이지만 TE2는 ISDN 단말이 아닌 단말로 TA(terminal adaptation)을 통하여 ISDN에 접속할 수 있다. 이와 같이 기능블록을 정의하여 서로 다른 제조업체 장비사이에 호환을 얻을 수 있다.

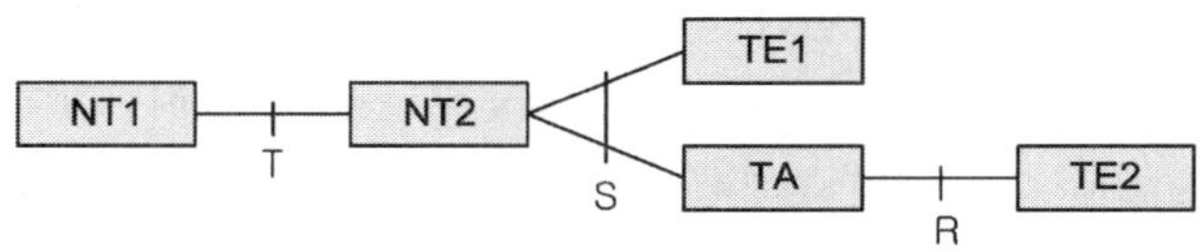

• 그림 3.12 • 표준관련 기능블록과 참조점

기능블록에 대한 표현은 물리적 장비 단위였지만 하드웨어와 소프트웨어 모듈 단위로 바뀌었고 1990년대 초반부터 모듈단위의 표준화가 진행되기 시작하였다. 즉 A사 하드웨어에 B사, C사의 통신 소프트웨어가 동시에 운영되는 형태의 통신서비스 제공이 가능하게 되었다. 통신 소프트웨어는 논리적인 기능블록을 구현한 것으로 표준에서의 기능블록은 논리적 기능을 정의하고 있다. 따라서 물리적 장치는 논리적 기능을 선별하여 구현하거나 통합 구현하는 형태로 발전하였으며 참조점과 해당 절차를 제공하여 다른 물리적 장치와 통신을 하게 된다.

이러한 기능블록에 대한 변화는 1990년대 중반 이후에 정의되는 통신 프로토콜에 적용되었으며, 현재 엔지니어가 장비를 개발할 때 적절한 기능을 선택하고 기본요구사항 만족시키며 최적화해서 성능을 높여야 하는 책임을 가지고 있다. 전화망 교환기의 호 제어를 담당하는 제어 평면의 기능블록도 역시 큰 변화가 있었다. 그림 3.13은 제어 평면의 SS 7에 어떤 변화가 진행되고 있는지를 잘 보여주고 있다. 왼쪽의 all-in-one 시스템은 모든 기능을 교환기에 포함시킨 것으로 교환기의 초기 모델에 해당하고, 기능 추가 및 수정은 물론 어떤 기능을 분리한다는 것이 어려웠다.

현재의 SS 7은 그림 3.13의 가운데 도식된 것으로 스위칭 기능과 제어 기능이 분리되어 있다. 여기서 TDMA가 스위칭 기능에 해당되고 SSP는 제어 기능에 해당된다. 또한 서비스 부분인 SCP가 제어 부분과 분리되어 있고 SCP를 이용하는 응용들에게 open API(application program interface)를 제공하는 것을 볼 수 있다. 기능블록 관점에서 보면 스위칭 기능과 제어 기능은 하나의 교환기에 같이 개발되고 SCP는 독립될 수 있어 기존의 기능블록 형태를 유지하고 있다.

그러나 그림 3.13의 오른쪽에 도식되어 있는 소프트스위치는 더 이상 물리적 장치 기반으로 기능블록을 정의하지 않는다. NGcN의 코어 망에서 교환 및 제어 등을 담당하는 소프트스위치는 다양한 물리적 인터페이스, 전송, 프로토콜 등을 수용하고 상위 계층에 멀티미디어 서비스를 제공하여야 하기 때문에 필요한 기능블록만을 나열하고 그 사이에 프로토콜만 정의할 뿐 소프트스위치의 설계와 최적화는 엔지니어 몫이 되었다. 하부의 미디어는 어떠한 것도 수용할 수 있도록 소프트스위치가 제어할 수 있어야 하기 때문에 네트워크 환경에 맞는 소프트스위치 개발과 최적화가 이루어져야 한다.

소프트스위치의 기능블록은 필요에 따라 정의될 수 있으며 이에 대한 기능을 분류하면 평면으로 표현할 수 있다. 평면은 프로토콜 구성에서 사용자평면, 제어평면, 관리평면으로 분류하고 전화망에서 각 프로토콜 스택에 대한 차이점으로 소개하였지만 기능블록에 대한 정리에도 적용될 수 있다. 따라서 프로토콜 스택 관점에서의 평면과 기능블록 관점에서의 평면은 복잡하게 표현되는 통신망을 이해하는데 필요한 개념으로 발전하였다.

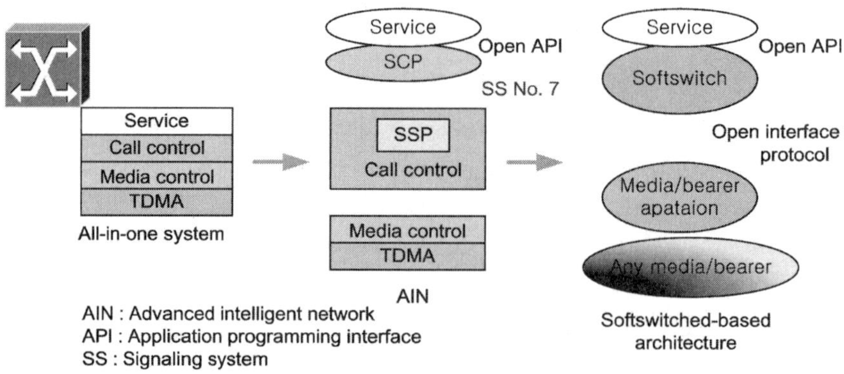

• 그림 3.13 • SS 7의 기능블록의 변화

소프트스위치의 기능블록을 평면 관점에서 정리하면 그림 3.14와 같이 스위칭평면(switching plane), 제어평면(control plane), 응용평면(application plane)과 관리평면(management plane)으로 분류할 수 있다. 용어에서 알 수 있듯이 각 평면은 미디어 전달, 호 제어, 서비스 제공 그리고 망에 대한 관리 등을 담당하게 된다. 관리평면을 제외한 각 평면에서 수행하는 기능을 자세히 표현하면 그림 3.15와 같다. 하부 스위칭 평면은 미디어 전달에 대한 기능을 수행하기 위한 기능블록 등이 정의되어 있으며 제어 평면은 인터넷 텔리포니 중심의 호 제어 기능블록과 미디어 제어 기능블록 등으로 정의되어 있다. 또한 응용 평면은 서비스 관련하여 부가서비스 및 기존 서비스와의 연동 기능블록 등을 포함하고 있다.

논리적 기능블록의 표현은 3세대 이동통신망 이후 통신망에서 사용되고 있다. 예를 들어 서비스, 신호, 미디어, 이동성 등에 대한 기능을 표준에서 표현할 때 각 기능모듈을 나열하고 이들 사이의 연관성을 표현하는 형태로 표준을 정의하고 있다. 이러한 기능블록 표현의 변화를 알고 있어야 통신망 전체를 이해하는데 도움이 될 수 있다.

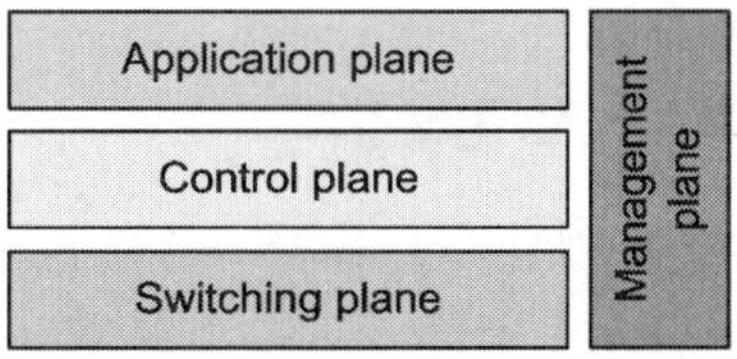

• 그림 3.14 • 소프트스위치 프로토콜 구성

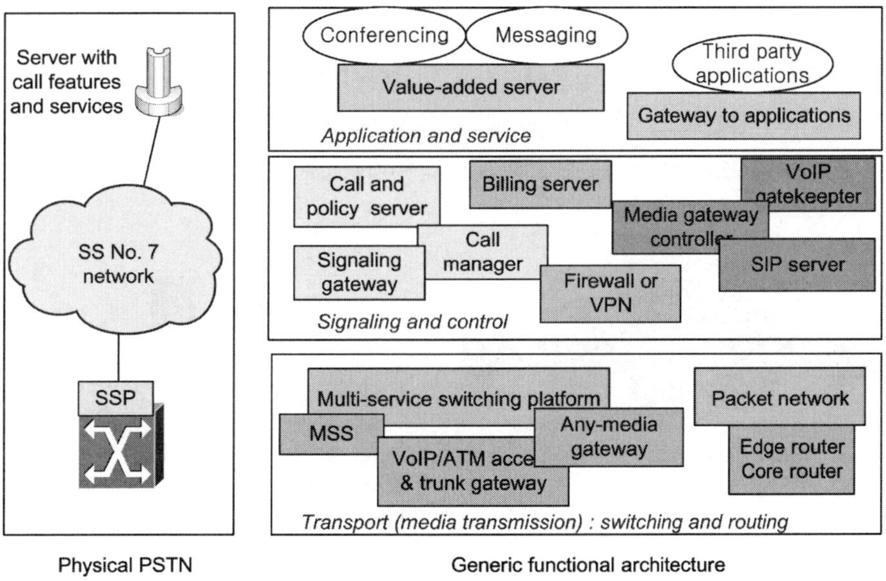

• 그림 3.15 • 소프트스위치 프로토콜의 세부기능

3.5 VoIP 미디어전달 및 신호프로토콜

일반 전화망에서 사용자가 다른 사용자와 통화하기 전에 신호메시지를 교환기에게 전달하면, 교환기는 사용자 트래픽이 전달될 수 있도록 사용자 트래픽의 전달경로를 정하고 전달구간의 교환기와 전송구간에 64Kbps 용량의 자원을 예약한다. 그리고 수신자가 연결 요청에 응하면 음성 아날로그 신호가 PCM에 의하여 125ms 당 1바이트 단위로 슬롯(slot)화 되어 TDM(time division multiplexing)으로 회선교환이 이루어진다. 인터넷에서 인터넷 텔리포니 서비스를 위하여 전화망과 같은 순서로 서비스를 제공하지만 이를 전달하기 위한 하부 프로토콜은 인터넷에 맞추어져 있다.

3.5.1 미디어와 신호메시지 전달경로

PSTN에서 음성 슬롯이 전달되는 경로와 신호메시지가 전달되는 경로가 같거나 다르더라도 교환기는 음성 슬롯 전달 경로의 자원 할당을 수행할 수 있다. 이러한 관점에서 음성 슬롯의 전달 경로와 신호메시지가 그림 3.16(a)와 같이 도식될 수 있는 반면 인터넷 텔리포니에서는 그림 3.16(b)와 같이 서로 다른 경로로 음성 트래픽과 신호메시지가 전달되고 있다.

인터넷 텔리포니에서는 VoIP 서버를 라우터와 별도로 구성하며 일반적으로 VoIP 전화기는 VoIP 서버와 신호메시지를 주고받지만 음성 트래픽은 수신 VoIP 전화기와 직접 주고받는다. 이때 신호메시지와 음성 트래픽 모두 라우터를 통하여 전달되며 음성 트래픽 전달 보장을 위한 PSTN과 같이 64Kbps를 보장하는 방안은 표준화되어 있지 않다[16].

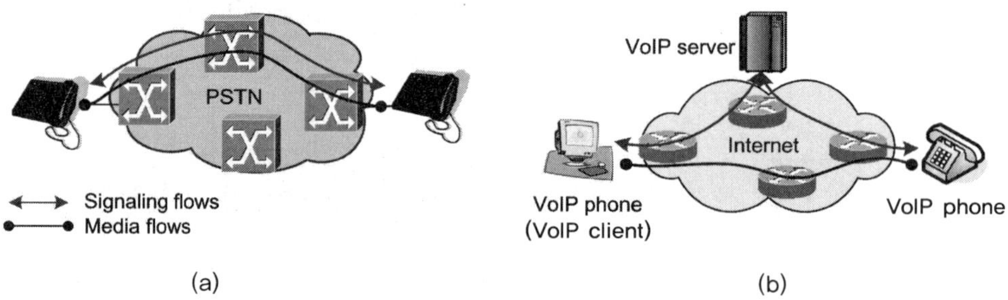

• 그림 3.16 • 미디어와 신호메시지 전달경로 비교 (a)PSTN (b)인터넷 텔리포니

3.5.2 미디어 전달 프로토콜

VoIP 서버와 클라이언트는 인터넷 단말에 해당하기 때문에 프로토콜 구성 관점에서 VoIP 표준의 범위는 그림 3.17과 같이 L4 계층 상위에 위치하게 된다. 일반적인 다이얼링 과정이나 코덱에 의하여 디지털화 되는 것은 상위계층에 해당하며 VoIP는 L4 계층과의 중간에서 미디어 및 신호 메시지 전달에 대한 기능을 수행하게 된다.

16) 비록 표준화되어 있지 않더라도 사업자는 음성 서비스 품질을 보장하기 위한 방안을 가져야 함.

미디어 전달을 위하여 RTP(real-time transport protocol)을 정의하였으며 음성, 영상 등 실시간 서비스를 요구하는 사용자 트래픽은 RTP를 이용하게 된다. 그러나 RTP는 실시간 서비스를 지원하는 것이지 보장하는 것은 아니다. 그리고 기존의 PSTN 또는 다른 통신망에서 이미 음성과 실시간 영상 서비스를 이용한 사용자 입장에서는 기술적인 관점보다는 서비스 품질 관점에서 서비스 사용여부를 결정하게 된다. 일반적으로 통신망을 통하여 전달되는 음성의 경우 MOS와 R 값 등으로 표현하는 서비스 품질 기준을 만족하여야 한다. MOS는 1~5의 척도이며 R은 1~100으로 만족도를 표현하며, 이 값이 클수록 서비스 품질이 높다. PSTN의 서비스 품질은 MOS 기준으로 4.2 정도인 반면 인터넷 텔리포니를 통한 음성서비스 요구사항은 3.8 이상을 요구하고 있다. 또한 송수신자 사이의 지연시간은 150ms 이내여야 한다.

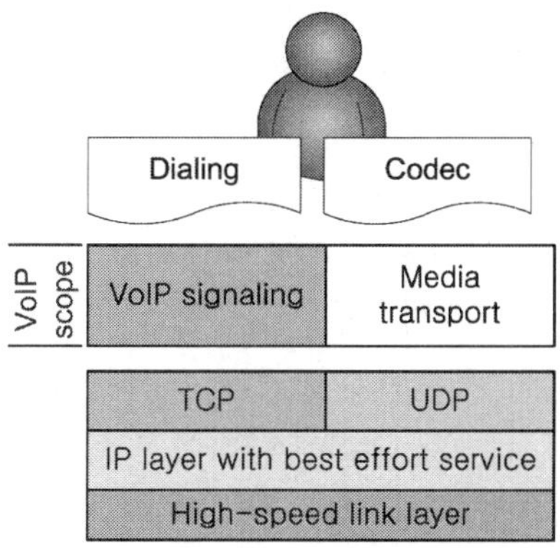

• 그림 3.17 • VoIP 표준 범위

VoIP 표준은 L4 계층 이상에서 정의되고 VoIP 서버는 라우터의 자원 할당에 대한 책임을 요구하고 있기 때문에 실시간으로 음성 서비스를 제공하기 위해서 라우터의 자원 할당 방법이 고려되어야 한다. 따라서 VoIP 프로토콜 구현할 때 그림 3.18과 같이 소프트웨어와 하드웨어가 서로 연계되어야 한다. 즉, 신호메시지를 주고받게 되면 VoIP는 IP 세션에 대한 관리가 이루어져야 하며 세부요소기술이 동작하여 적절한 자원할당이 이루어져야 한다. 여기서 자원 할당은 라우터 사이의 대역폭과 라우터의 버퍼, 스케쥴러의 값의 할당 등을 의미한다. 이때 할당된 자원 관리 기능은 미디어가 전달되는 과정에서 적절하게 운영되어야 할 것이다. 예를 들어, 미디어 전달 과정에서는 IP QoS(quality of service) 요소기술이 라우터에서 운영되어야 실시간 서비스 요구사항을 만족할 수 있을 것이다.

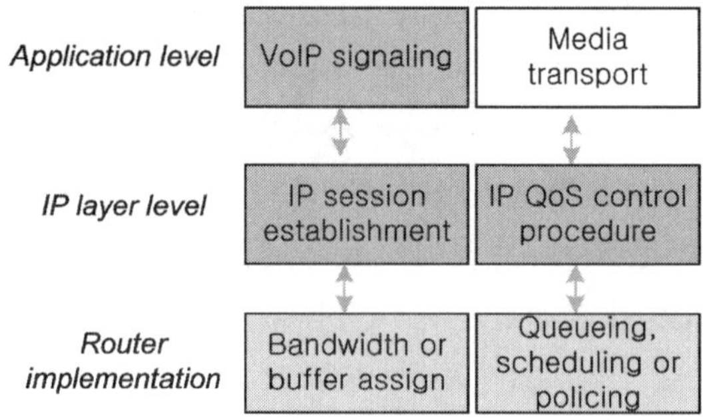

• 그림 3.18 • VoIP와 IP 계층 요소기술과의 관계

VoIP는 그림 3.19와 같이 IP 계층에서 정의되는 여러 고급기술 중에서 특히 IP QoS와의 관련이 직접적으로 이루어지기 때문에 독자들은 VoIP 관련 미디어와 신호프로토콜 외에 IP QoS에 대한 요소기술 등을 이해하여야 할 것이다. 인터넷 텔리포니 사용자는 기존 PSTN 전화 이상의 서비스 품질을 요구하고 있으며 인터넷에서는 VoIP 서비스 외에 모든 서비스를 위하여 IntServ/RSVP(integrated service/reservation protocol)와 DiffServ(differentiated service) 모델의 IP QoS를 정의하고 있다. 일반 인터넷은 best effort 서비스를 제공하는 반면 IP QoS 모델에서는 실시간 서비스 미디어를 지원하기 위한 guaranteed 서비스 또는 differentiated 서비스를 정의하고 있다. 비록 본 교재에서는 IP QoS에 대하여 자세한 내용은 다루지 않지만 저자는 이에 대한 필요성과 중요성을 강조하는 바이다.

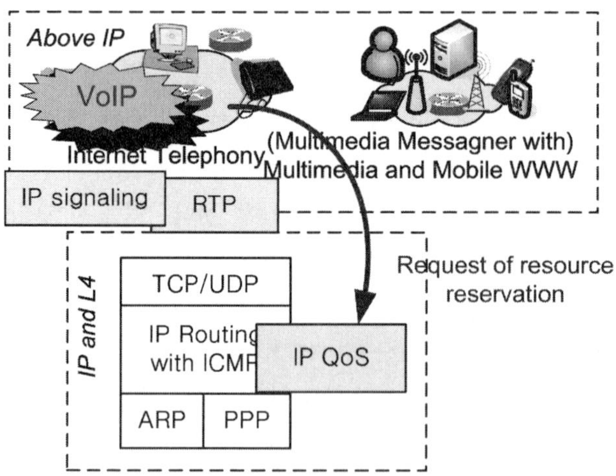

• 그림 3.19 • VoIP와 IP QoS와의 관계

3.5.3 VoIP 신호프로토콜과 번호체계

VoIP 신호프로토콜은 다른 표준기구에서 자신들의 철학에 맞추어 표준화를 하였다. 또한 앞 장에서 설명한 바와 같이 다양한 환경의 연동이 이루어질 수 있도록 다양한 VoIP 신호프로토콜을 정의하였다. 그림 3.20은 연동 가능한 경우를 모두 보여주고 있으며 각 경우에 적용하는 VoIP 신호프로토콜을 정리하면 다음과 같다.

- IP-to-IP 서비스: 가장 먼저 개발된 환경으로 멀티미디어 PC 통신으로 시작하였으며 ITU-T의 H.323과 IETF의 SIP(session initiation protocol)가 신호프로토콜로 정의됨.
- IP-to-PSTN 서비스: 인터넷과 PSTN 사이의 게이트웨이를 정의하였으며 IETF는 MGCF(media gateway control function)를 게이트웨이 제어프로토콜로 발표되었음. MGCF가 발표된 후 바로 ITU-T와 IETF는 함께 megaco/H.248을 정의함.
- IP-to-PSTN에서 PSTN 신호메시지 전달서비스: 인터넷에서 PSTN 신호프로토콜을 사용하는 경우 단순 SS 7의 MTP 대신 IP가 사용되며 이와 같이 SS 7이 인터넷 상에서 전달될 수 있도록 sigtran을 정의함.

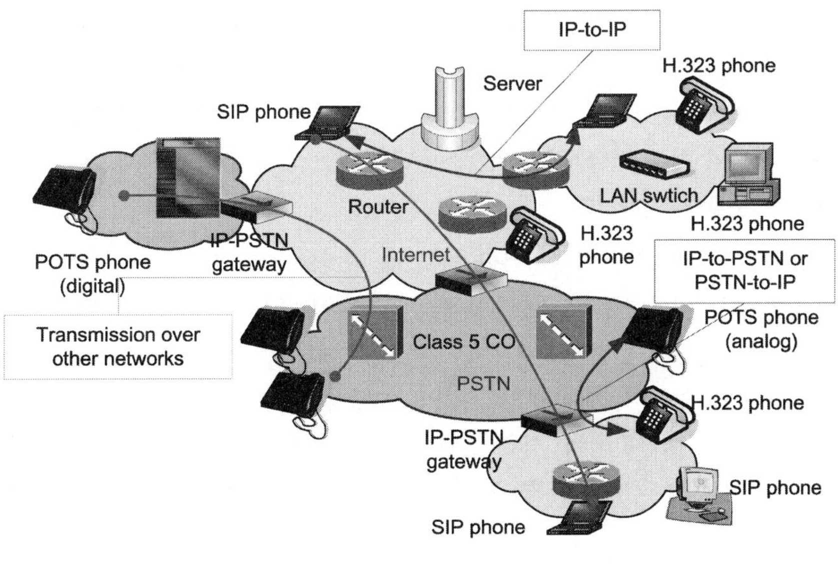

• 그림 3.20 • 인터넷과 PSTN 사이의 다양한 전화서비스 구성

H.323과 SIP는 인터넷단말에서 VoIP를 사용하는 경우에 대한 신호프로토콜을 정의하고 있으며 MGCP와 megaco/H.248은 non-VoIP 단말이 MG(media gateway)를 통하여 인터넷에 접속될 때 MG를 제어하기 위한 신호프로토콜을 정의하고 있다. 이들은 client-server model로 구성되어 각각 게이트키퍼(gatekeeper), SIP 서버

그리고 MGC(MG controller)와 신호메시지를 주고받도록 설계되어 있다. H.323은 기존 ISDN의 신호메시지 형태를 가지고 있지만 하부 전송계층으로 MTP 대신 TCP/IP를 사용하고 있다. 반면 IETF가 정의한 SIP, MGCP 그리고 megaco/H.248 등은 다른 인터넷 응용서비스들과 동일하게 텍스트 형태로 정의되며 클라이언트는 GET, INVITE, BYE 등과 같이 method라는 간단한 요청메시지로 구성되고 서버가 응답할 때에는 '200 OK'와 같이 세 자리 숫자와 함께 설명이 포함된다.

이 외에도 PSTN 사이에 인터넷이 중계 역할을 하거나 PSTN 전송구간에 인터넷이 놓이는 경우가 있다. PSTN과 인터넷이 연동될 때 단순 하나의 전송구간으로 사용되는 경우도 있지만 신호프로토콜을 중계하는 경우도 있다. 소용량으로 PSTN과 연동되는 경우 MG가 신호프로토콜과 미디어 변환을 동시에 수행할 수 있지만 대용량으로 연동되는 경우에는 SG(signaling gateway)와 TG(trunk gateway)로 분리하여 구성되어 SG와 TG 사이에 적절한 제어가 이루어져야 한다.

SG는 VoIP과 PSTN 신호프로토콜 사이의 변환을 담당한다. 그러나 PSTN에서 인터넷으로 호 접속을 요청하는 경우, 수신종단이 인터넷이 아니라 인터넷을 경유하여 다른 PSTN으로 전달하여야 하는 경우 SG는 인터넷을 통하여 다른 SG와 호 접속을 시도하는 경우도 있을 수 있다. 이때 SS 7 메시지가 VoIP 신호 메시지로 변환되고 다시 SS 7 메시지로 변환되어야 한다. 그러나 SS 7 메시지가 인터넷에서도 그대로 전달되면 효율적으로 운영될 수 있을 것이다. 이러한 동작을 위해서 sigtran에서는 'SS 7 over MTP' 계층으로 전달된 SS 7 메시지를 'SS 7 over IP' 계층으로 전달될 수 있도록 설계하여 하부 전달계층만 MTP에서 IP로 전환될 뿐 SS 7 메시지가 유지될 수 있도록 표준을 정의하였다.

그리고 PSTN과 인터넷전화망 연동 때 고려하여야 하는 것 중 하나가 바로 전화번호체계이다. 인터넷에서는 숫자와 문자 등을 입력할 수 있지만 PSTN은 숫자, *, #이 전부이다. 따라서 일반전화사용자와 인터넷전화사용자가 동시에 이해할 수 있는 번호체계를 가져야 한다. 인터넷전화도 PSTN에서 사용하고 있는 E.164 번호체계를 사용하고 있으며 대한민국의 경우 070 국번으로 인터넷전화를 구분하고 있다. 따라서 PSTN에서 070 국번으로 호 요청이 오면 인터넷전화사업자에게 해당 호를 라우팅하게 된다.

인터넷전화는 인터넷에 존재하기 때문에 인터넷전화로의 호 라우팅이 인터넷주소체계에 따라 이루어진다. 따라서 인터넷주소와 070 전화번호주소와의 매핑정보를 관리할 필요가 있으며 이러한 directory 서비스를 담당하는 서버는, 특히 PSTN에서 인터넷전화로 호 요청하는 경우 해당 인터넷주소 정보를 관리하게 된다. 이러한 정보제공을 위하여 인터넷의 기존 DNS(domain name service) 체계에 따라 E.164 정보를 추가한 ENUM(E.164 numbering mapping)을 정의하였다. DNS가 인터넷의 호스트 이름과 인터넷주소 매핑정보를 관리하듯이 ENUM은 전화번호와 인터넷주소 정보를 관리한다. 인터넷전화번호는 고정되는 반면 인터넷전화단말의 인터넷주소가 바뀔 때마다 갱신되어 이동성을 지원하는 장점을 갖는다.

제4장 RTP와 SDP

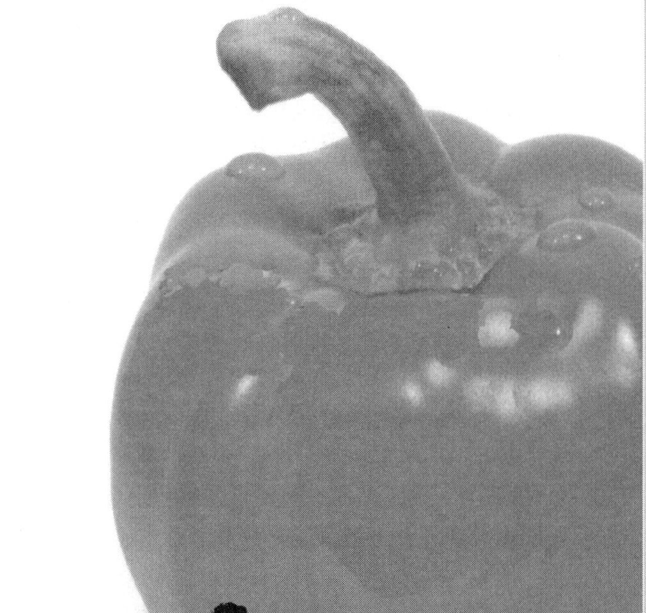

인터넷 텔리포니 기술은 미디어 전달과 신호 프로토콜 부분으로 나눌 수 있다. 신호 프로토콜은 세션 설정과 관련하여 멀티미디어 세션을 구성할 수 있도록 음성, 영상, 데이터 등에 대한 트래픽 흐름에 대한 세션 정보를 요청하는 제어 프로토콜로 ISDN Q.931을 기초로 H.323이 정의되었고 이후 인터넷 응용서비스 특성을 갖춘 SIP가 발표되었다. 인터넷 텔리포니에서는 H.323과 SIP 외에도 MGCP, meagco/H.248, sigtran 등 필요한 용도에 맞추어 신호 프로토콜을 정의하고 있다. 그리고 어떤 신호 프로토콜을 사용하더라도 인터넷 텔리포니에서 미디어 전달 프로토콜은 RTP를 채택하여 실시간 서비스를 지원하고 있다.

RTP는 실시간 서비스를 지원하는 것이지 보장하는 것은 아니고 time stamp 값과 코덱 정보를 가지고 단대단에서 실시간 서비스를 지원하도록 설계되었으며 실시간 서비스를 보장하기 위해서는 RTP가 경유하는 라우터에 필요한 자원이 할당 되어야 한다. 인터넷에서 실시간 서비스는 단방향과 양방향 서비스일 때 지원하는 것이 다르며 인터넷 텔리포니는 양방향으로 지원되어야 하기 때문에 엄격한 송수신 처리를 필요로 한다. 인터넷 패킷의 지연시간은 송신 코덱, 통신망의 지연요소, 수신 코덱에 의하여 발생하며 전용단말을 이용한다면 송수신 코덱에 의한 지연을 줄일 수 있을 것이다. 그러나 통신망의 지연요소가 너무 크다면, 즉 통신망이 느리다면 근본적으로 실시간 서비스를 지원할 수 없을 것이다.

통신망이 빨라서 통신망 지연요소가 적은 환경이라면 인터넷은 실시간 전달 및 패킷 순서 전달 등을 보장하지 않아 실시간 서비스 지원을 위해서는 전달 경로의 자원관리와 수신단의 수신 패킷의 동기화를 지원하여야 한다. RTP에는 단순히 동기화를 지원하는 TS 필드만 정의되어 있을 뿐이다. 단대단으로 운영되는 RTP는 UDP 위에서 운영되고 같은 소켓 내에 흐름 제어를 위한 RTCP가 있으며 다른 소켓으로 정지, 재생, 빨리감기, 되감기 등으로 지원하는 RTSP가 있다. RTCP와 RTSP는 RTP의 패킷 흐름을 효율적으로 지원하기 위하여 정의된 프로토콜이다.

PSTN은 음성서비스만 지원하기 때문에 호 프로토콜의 정보가 단순한 반면 인터넷 텔리포니는 멀티미디어 서비스를 지원하기 때문에 PSTN과 같은 호 프로토콜 메시지를 사용하여도 그 안에 포함된 정보는 매우 다양할 수 있다. 또한 인터넷 텔리포니의 신호 프로토콜은 미디어 전달에 필요한 L3/L4 계층 정보, 예를 들어 IP 주소, 포트번호 등도 필요하다. 호 설정 메시지에 이러한 정보를 모두 포함하게 되는데 IETF는 각 신호 프로토콜마다 별도의 형태로 정의하지 않고 SDP를 통하여 호와 세션 설정에 필요한 정보를 표현할 수 있게 하였다.

SDP 정보는 L3/L4 계층 정보, 미디어 종류와 특성, 그리고 세션 일반정보 등으로 구성되고 형태는 웹의 HTML 형태와 비슷하다. L3/L4 계층 정보에는 송수신자의 IP 주소와 UDP 포트번호가 포함되고, 미디어 종류와 특성에는 미디어 코덱 정보가 포함되며, 세션 일반정보에는 세션 주제, 시작과 종류 시간 등 일반 정보로 구성된다. SDP는 IETF에서 정의된 SIP, MGCP와 megaco/H.248에서 사용되며 세션 설정할 때 필요한 정보를 충분히 기술할 수 있도록 설계되어 있다.

이 장은 미디어 전달을 책임지는 RTP와 미디어 전달 세션을 표현할 수 있는 SDP를 나누어 설명하였다. 1절에서는 인터넷에서 실시간 서비스에 대한 특성과 요구사항 그리고 단방향과 양방향 서비스 차이점 등을 소개하였다. 인터넷은 기본적으로 실시간 서비스 지원을 고려하지 않고 설계된 통신망이기 때문에 실시간 서비스를 지원하기 위해서 고려하여야 하는 사항을 분석하였다. 특히 지연시간은 송신 코덱, 통신망의 지연요소, 수신 코덱에서 발생하는 부분으로 나누어 알아보았다. 이러한 실시간 서비스 분석을 기초로 2절에서는 RTP, RTCP와 RTSP를 순서대로 소개하였다. 그리고 3절에서는 소켓정보, 일반 세션정보와 미디어 종류와 특성을 표현하기 위하여 정의된 SDP의 각 필드와 의미, 표현 방법 등을 알아보았다.

본 장을 마치면

- 인터넷에서 실시간 서비스를 위한 지연시간 요소에 대하여 설명할 수 있다.
- RTP, RTCP와 RTSP 프로토콜들의 필드, 동작 등 전반적인 내용을 이해하고 인터넷 텔리포니에서 세션 설정과 미디어 전달의 일련의 동작을 설명할 수 있다.
- SDP의 각 헤더 및 값에 대한 내용을 이해하고 간단한 세션에 대한 SDP를 구성할 수 있다.

4.1 인터넷에서 실시간서비스

4.2 RTP, RTCP와 RTSP

4.3 SDP

4.1 인터넷에서 실시간 서비스

인터넷이 처음 설계될 때에는 메인프레임(mainframe) 컴퓨터와 단말을 연결하여 문자열을 전송하는 서비스를 고려하였다. 파일 전송을 위한 ftp, 상대방에게 메일을 전달하기 위한 이메일, 그리고 단말이 통신망을 통하여 연결되어 있을 때 메인프레임 컴퓨터에 연결하기 위한 telnet, rlogin 등이 가장 주요한 서비스였다. 이메일과 ftp 서비스는 실시간 서비스를 요구하지 않았지만 telnet과 rlogin은 마치 메인프레임 컴퓨터에 연결되어 있는 콘솔(console) 단말과 같이 네트워크에 연결된 단말에게 실시간에 준하는 서비스를 제공하였다. 그러나 이 서비스는 인터넷 텔리포니에서 정의하는 실시간 서비스에 해당되지 않는다.

1980년대 후반 전송선로 및 링크기술이 광대역화되면서 인터넷은 물론 데이터통신망에서 실시간 서비스를 하기 위한 기술개발이 시도되었다. 1990년대 중반에 인터넷에서 영상회의 서비스에 대한 시도를 하면서 IP multicast, IP QoS(quality of service)와 함께 미디어 전달을 위한 RTP(real-time transport protocol)와 이를 제어하기 위한 H.323, SIP(session initiation protocol), MGCP(media gateway control protocol), megaco/H.248 등이 소개되었다. 이러한 인터넷 제어 프로토콜은 광대역 링크계층이 보급되면서 인터넷전화 서비스의 실험을 가속화시켰다. 인터넷에 음성서비스가 추가로 개발되면서 이들의 통합(integration)은 PSTN(public switched telephone network)의 ISDN(integrated service digital network)과 함께 IP QoS의 IntServ 모델을 만들게 되었다.

인터넷전화 서비스의 실시간 서비스는 telent, rlogin 그리고 웹(WWW: world wide web) 서비스의 거의 실시간 응답을 요구하는 서비스와 구분되어야 할 것이다. 인터넷전화와 같은 실시간 서비스는 일정한 시간 내에 도착해야 하는 요구사항이 있지만 기존 인터넷 서비스는 실시간과 무관하고 전달되지 않을 수도 있다. 이와 같은 기존의 인터넷 서비스를 best-effort 서비스라고 부르는데 그 이유는 최선을 다하여 전달하기 위한 노력을 하지만 수신단까지 전달을 보장할 수 없기 때문이다. 인터넷에는 best-effort 서비스 외 다음과 같은 서비스를 분류할 수 있다.

- Interactive 서비스: 웹과 telnet 서비스와 같이 요청한 사항이 바로 응답되어야 하지만 실시간 요구사항을 반드시 만족하지 않아도 됨. 그러나 너무 늦은 지연이 있는 경우 사용자는 지속적으로 해당 서비스를 사용하지 않을 수 있음.
- Conversative 서비스: 실시간 서비스를 요구하는 것으로 interactive 서비스는 client-server 모델인 반면 이 서비스는 P2P(peer-to-peer) 서비스에 해당됨.

음성, 영상 서비스 중심으로 제공되는 것이 일반적이지만 메신저 서비스의 경우 문자에 대한 실시간 서비스를 제공하고 있음.

그렇다면 실시간 서비스의 기준은 무엇일까? 실시간 서비스가 이루어지기 위해서는 송신자와 수신자 사이의 정보전달 지연시간이 150ms 내에 전달되어야 한다. 정확히 말하자면 송신단말에서 수신단말까지의 패킷 전달시간이 아니라 송신자가 말하는 순간부터 수신자의 귀나 눈에 정보가 전달되는 시간이 150ms 내에 이루어져야 한다. 따라서 통신망 내부에서는 150ms 내에 정보가 전달되었는데 수신단말이나 송신단말의 코덱에서 시간 지연이 이루어져 150ms를 초과하게 되면 사용자는 실시간으로 서비스를 받지 못하게 되는 것이다. 물론 150ms 이내의 지연을 초과하더라도 서비스 품질의 저하를 느끼면서 실시간 서비스를 이용할 수도 있다.

4.1.1 인터넷 전화와 인터넷 방송의 실시간 서비스

실시간 서비스가 150ms내에 이루어져야 P2P 서비스에 양방향 통신 제공이 가능하다. 인터넷 환경에서 전화와 같이 송수신자가 주고받는 통화가 이루어지는 경우 실시간 서비스 요구사항을 반드시 만족하여야 한다. 그러나 단방향의 실시간 서비스 요구사항은 조금 다를 수 있다. 하드디스크에 영화파일이 있는 경우 파일 저장매체에 조각난 형태로 저장되어 있는 정보를 코덱이 짜맞추어가면서 마치 연속적인(continuous) 하나의 파일을 보는 것과 같이, 인터넷에서 여러 패킷이 전달되면 연속된 재생을 통하여 끊임없는 서비스가 이루어져야 한다.

또 다른 예를 들면 집에 아날로그 방식의 SDTV(standard definition TV)와 디지털방식의 HDTV(high definition TV)를 동시에 보는 경우 9시를 알릴 때 약간 차이가 있는 것을 확인할 수 있을 것이다. 여기에 인터넷 TV를 같이 보고 있다면 인터넷 TV는 5~30초 있다가 9시를 알려줄 것이다[17]. 그리고 SDTV는 정확한 9시를 알려주는 반면 HDTV는 1초 내외의 지연을 느낄 것이다. 이는 동일한 중계망 구성을 사용하지만 HDTV 경우 방송국의 코딩과 텔레비전의 디코딩하는데 시간이 걸리기 때문에 이런 지연이 발생하는 것이다. 인터넷 TV도 마찬가지 이유이다.

그러나 HDTV만 보는 사용자는 이런 지연에 대해서 알지 못할 것이고 인터넷 TV만을 보고 있는 사용자 역시 자신이 시청하고 있는 방송이 연속적으로 이루어진다면 불만이 없을 것이다. 결국 인터넷에서 실시간 서비스에 대한 요구사항이 양방향 서비스인 경우와 단방향 서비스인 경우가 다르다는 것이다. 단방향 인터넷 서비스의 경우 인

17) 인터넷 TV는 인터넷에 연결된 컴퓨터로 일반 방송을 보는 것으로 방송국과 인터넷 연결 상황에 따라 지연 시간 값이 차이가 발생함.

터넷 서버에서 동영상 서비스를 보고자 할 때 바로 시작하는 경우도 있지만 버퍼링(buffering)을 시도하다가 시작하는 경우도 있다. 그리고 일단 시작하면 사용자는 끊어지지 않고 끝까지 보기를 원하지만 끊어지거나 혹은 중간에 버퍼링하고 있다는 설명과 함께 이전화면으로 서 있는 경우도 있다.

과연 이렇게 버퍼링했다가 시작되는 인터넷 TV 서비스를 실시간 서비스라고 할 수 있을까? 아니면 양방향 인터넷 전화만을 실시간 서비스라고 말하여야 하는가? 독자는 어떤 것을 실시간 서비스라고 생각하나요?

인터넷 사용자들 또는 일반인들은 이미 인터넷전화와 같이 양방향 실시간 서비스에 익숙해져 있기 때문에 인터넷전화만을 실시간 서비스라고 생각할 수 있을 것이다. 그러나 인터넷 서비스 개발자 또는 응용서비스 제공자 입장에서는 분명히 인터넷 TV 서비스도 실시간 서비스에 해당된다. 일반적으로 인터넷 텔리포니라고 하면 인터넷 전화와 같이 양방향 실시간 서비스를 제공하는 협의의 서비스와 인터넷 TV와 같이 단방향으로 150ms를 만족하지 못하지만 일단 수신하고 난 후 연속적인 서비스를 제공하는 광의의 실시간 서비스로 구분될 수 있다.

이 장에서 설명하는 RTP는 협의와 광의의 실시간 서비스를 모두 지원할 수 있도록 정의된 것으로 실시간 서비스를 지원하는 프로토콜이지 실시간 서비스를 보장하는 서비스는 아니다. 즉 인터넷에서 실시간 서비스라고 하면 이를 지원하는 서비스이지 보장하는 서비스는 아니다. 그렇다면 실시간 서비스 보장은 어떻게 할 수 있을까? 그것은 RTP 수준이 아니라 계층 3의 IP 계층, 즉 라우터에서 지원해주어야 하는 문제이다.

4.1.2 PSTN과 인터넷에서의 음성 트래픽의 지연시간

PSTN(public switched telephone network)에서 호 설정이 이루어지면 전달경로 따라 필요한 자원 할당이 이루어지고 음성 트래픽은 이 경로에 따라 실시간 서비스 요구사항 범위 내에서 전달되게 된다. 호 설정된 후 음성 트래픽의 전달 지연시간 요소는 그림 4.1과 같다. 가입자 구간이 아날로그이고 전화교환망은 모두 디지털화되어 있을 경우 PCM(pulse coded modulation)은 교환기 가입자 모듈에서 이루어지며 할당된 자원을 통하여 트렁크의 경로 지연시간(propagation delay)과 교환기의 스위칭 시간 요소만 단대단 지연시간 성분이 되고 가입자 구간의 지연과 PCM 코딩 시간은 거의 무시될 정도의 작은 값을 갖는다.

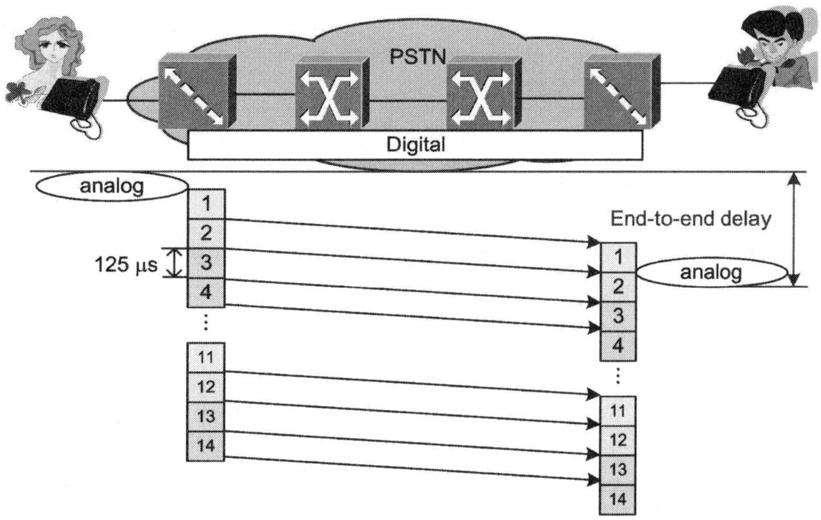

• 그림 4.1 • PSTN에서 음성 트래픽 전달과정

PCM 과정을 통한 음성 슬롯은 125ms마다 한 바이트씩 사전경로에 따라 연속적으로 전달된다. PSTN에서는 호 설정 과정으로 설정된 전달경로에 같은 간격으로 전달된 연속적인 음성슬롯들은 수신 전화기에서 연속된 소리를 만들어 재생한다. 이러한 전화서비스를 인터넷에서 효율적으로 지원하기 위해서는 인터넷 환경에 대한 이해가 우선되어야 한다. 만약 125ms마다 한 바이트씩 IP 패킷으로 전달한다면 어떤 문제가 발생할까? 수신 단말에서 IP 패킷이 125ms마다 처리한다면 수신 단말은 너무 짧은 간격으로 지속적인 패킷 처리를 하여야 하므로 가중되는 부하가 매우 클 것이다. 또한 인터넷의 IP 패킷헤더 크기가 기본적으로 20 바이트인데 한 바이트를 보내기 위해서 헤더를 20 바이트씩 보낸다면 효율은 1/21, 거의 5% 미만의 대역을 사용하게 된다.

따라서 인터넷의 특성을 살리면서 음성 트래픽을 전달하기 위해서는 충분히 많은 음성 슬롯을 패킷으로 구성하여 전달하여야 한다. 그러나 충분한 패킷을 구성하기 위하여 송신 단말에서 인터넷 패킷을 만드는데 오랜 시간이 걸린다면 실시간 서비스에는 적합하지 않을 것이다. 인터넷에서 음성 트래픽을 전달하는 과정을 전반적으로 도식하면 그림 4.2와 같다.

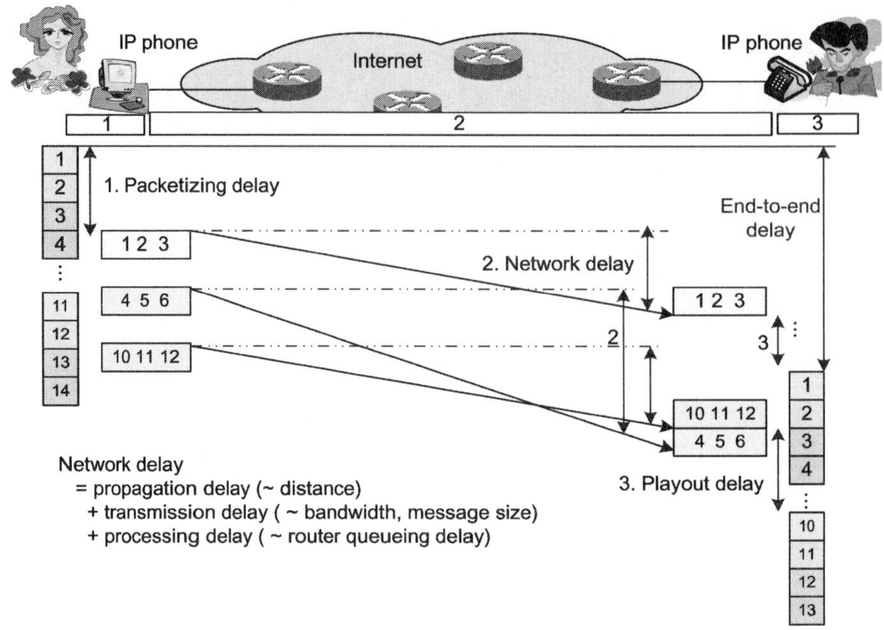

• 그림 4.2 • 인터넷에서 음성 트래픽의 패킷 전달과정

패킷지연시간의 요소는 크게 3가지로 나눌 수 있으며 첫 번째 요소는 송신단에서, 두 번째 요소는 인터넷에서, 그리고 세 번째 요소는 수신단에서 발생한다. 첫 번째 요소는 PCM 코딩에 의한 음성슬롯을 IP 패킷으로 구성하는데 소요되는 지연으로, 그림 4.2의 요소 1에 해당되며 패킷구성 지연시간(packetizing delay) 이라고 한다.

패킷으로 구성된 음성 트래픽은 요소 2와 같이 전달되게 된다. 요소 2의 지연시간은 네트워크 지연시간으로 송신 IP 단말에서 수신 IP 단말까지 패킷 전달되는 시간이다. 네트워크 지연시간은 다음 세 가지로 구성된다.

- 패킷 전달시간(transmission delay): 패킷의 첫 비트에서 마지막 비트까지 전송하는데 걸리는 시간으로 패킷 크기와 전달경로의 대역폭에 의하여 결정됨.
- 노드 처리시간(processing delay): 노드에서 입력되어 출력될 때까지의 시간으로 패킷 전달경로의 라우터의 처리시간에 의하여 결정됨.
- 경로 지연시간(propagation delay): 송신 IP 단말에서 수신 IP 단말까지 라우터를 제외하고 패킷 전달에 걸리는 시간으로 송수신 단말 사이의 거리 및 매체특성에 따라 결정됨.

수신단말까지 패킷이 도착하게 되면 패킷 형태로 수신한 음성 슬롯들을 보낸 순서대로 디코딩하게 된다. 그림 4.2의 요소 3인 재생 지연시간(playout delay)은 일찍

도착했거나 순서가 바뀌어서 도착한 패킷들을 수신자가 이해할 수 있도록 버퍼링하였다가 재생할 때까지의 시간이다. 일반적으로 수신한 음성슬롯이 코딩된 간격과 수신한 간격의 차이를 지터(jitter)라고 하며 지터가 클수록 버퍼가 필요하게 된다. 그리고 재생 지연시간 요소는 필요에 따라 다른 스트림과 동기를 맞추어서 실행하기도 한다.

이와 같이 인터넷에서 음성 트래픽이 전달되는 단대단 지연시간은 크게 패킷구성 지연시간, 네트워크 지연시간, 재생 지연시간 등으로 구성된다. 이를 정리하면 그림 4.3과 같으며 각 지연시간의 발생요인을 정리하였다. 전화와 같이 대화형 실시간 서비스가 이루어지기 위해서는 세 가지 지연시간을 합쳐서 실시간 서비스 요구사항인 단대단 지연시간 150ms 이내에 전달되어야 한다. 일반적으로 송수신 단말에서 수십 ms 정도 처리시간이 패킷구성 지연시간과 재생 지연시간에 해당되고 네트워크 지연시간으로 수십에서 수백 ms 정도의 시간이 걸리게 된다.

채널 대역을 효율적으로 운영하기 위해서는 패킷 헤더보다 음성 슬롯이 더 많이 포함되어야 할 것이다. 효율적인 대역 운영을 위해서는 많은 음성 슬롯을 포함하기 위한 패킷 지연시간이 커야하고 이 때문에 실시간 서비스 지연시간 요구사항을 만족하지 못할 수도 있다. 따라서 채널 대역과 패킷구성 지연시간은 서로 trade-off 관계가 있다[18].

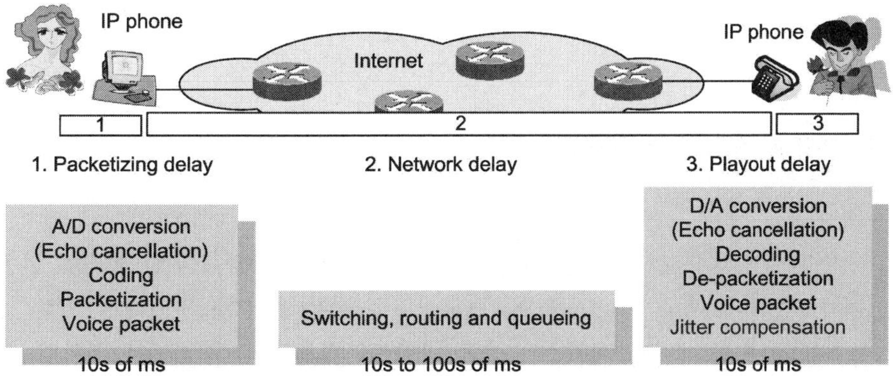

• 그림 4.3 • 인터넷에서 지연시간 요소

4.1.3 영상과 음성 미디어의 동기

인터넷 TV를 본 독자는 영상이 나오지 않는데 음성만 나오는 것을 경험하였을 것이다. 혹은 음성과 영상이 서로 맞지 않거나 버퍼링되었다가 다시 재생되면서 음성과 영상이 맞을 때도 있다. 그러나 일반 TV는 어떤가? TV에서는 영상이 안 나오면 음성도

18) Trade-off 관계는 하나의 값이 커지면 다른 하나는 작아지는 관계로 최적화가 필요함.

안 나오거나 잡음이 심하다.

일반 TV는 방송국-중계소-TV 사이의 채널이 하나만 존재하여 음성과 영상이 동시에 전달되는 반면 인터넷 TV는 그림 4.4와 같이 음성 채널과 영상 채널이 분리되어 전송되는 것이 바람직하다. 즉, 음성과 영상 채널이 분리되어 대역폭을 많이 소모하는 영상 트래픽을 전달할 수 없을 때에는 대역폭이 작은 음성 트래픽만 전달하도록 구성하는 것이다. 따라서 음성과 영상 채널이 서로 분리되어 있기 때문에 수신 단말에서 두 트래픽의 립 싱크(lip sync)를 맞추기 위한 동기 정보를 갖추어야 한다. 음성 트래픽과 영상 트래픽의 동기 정보를 패킷마다 갖고 있어야 스트림이 끊어진 후 버퍼링되어 재생하더라도 립 싱크가 맞게 된다.

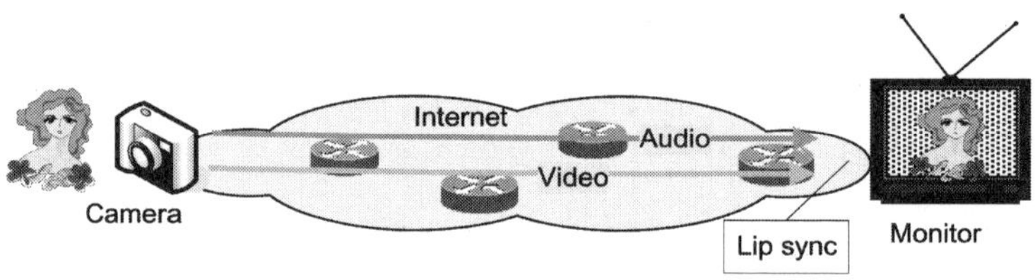

• 그림 4.4 • 인터넷에서 음성과 영상 채널의 분리

4.2 RTP, RTCP와 RTSP

인터넷 텔리포니와 인터넷 방송 등 실시간 서비스 지원을 위한 미디어 전송을 위하여 IETF(Internet Engineering Task Force)는 RTP를 정의하게 되었다. RTP는 PSTN의 음성 실시간 서비스는 물론 다양한 멀티미디어 서비스를 지원할 수 있도록 필요한 기능을 포함하고 있다. RTP는 패킷의 흐름 제어를 위한 RTCP(RTP control protocol)가 있어 송신 속도의 조절을 요청하는 기능과 송수신 진단기능을 수행할 수 있다. RTCP는 RTP 패킷 스트림 일부에 포함되어 전달되며 RTP 전체 스트림의 5%를 초과하지 않도록 한다.

그리고 마치 TV 리모콘과 같이 RTP 스트림 제어를 할 수 있도록 RTSP(real-time streaming protocol)를 정의하였다. RTSP에는 재생, 정지, 일지정지, 되감기, 빨리감기 등 미디어 스트림 제어 관련 기능을 포함한다. RTCP는 RTP 스트림과 같은 채널을 사용하면서 중간에 RTCP 패킷을 넣는 반면 RTSP는 RTP 스트림과 다른 채널을 사용하여 스트림 제어 패킷을 필요할 때마다 보내게 된다.

> RTP는 실시간 서비스를 보장할 수 있는가?
>
> RTP는 실시간 서비스를 지원하는 것이지 보장하는 것이 아니다. RTP는 L4 계층 위에서 운영되는 것으로 실시간 서비스를 보장하기 위해서는 IP 계층에서 지연시간 내에 처리 기능을 갖추어야 한다. RTP는 IP 패킷단위로 전달된 단위들의 동기를 맞추기는 기능만 가지고 있어 실시간 서비스를 지원만 할 뿐이다.

4.2.1 프로토콜 구성과 Time Stamp 기능

RTP는 라우터와는 무관하게 단대단 기능으로 UDP 위에서 실행되는 응용서비스 계층 프로토콜이다. RTP 상에는 실시간 응용서비스가 그림 4.5와 같이 호스트에 구성된다. RTP가 하부에 UDP를 채택하는 이유는 TCP를 사용하는 경우 흐름 제어(flow control)와 에러복구 제어(error control) 기능 때문에 패킷 손실은 없겠지만 패킷 지연 때문에 실시간 서비스를 지원하는데 적절하지 못하기 때문이다. 그러나 실시간 서비스가 파일 내려받기 후에 실행되는 경우에는 굳이 UDP를 사용하지 않아도 된다.

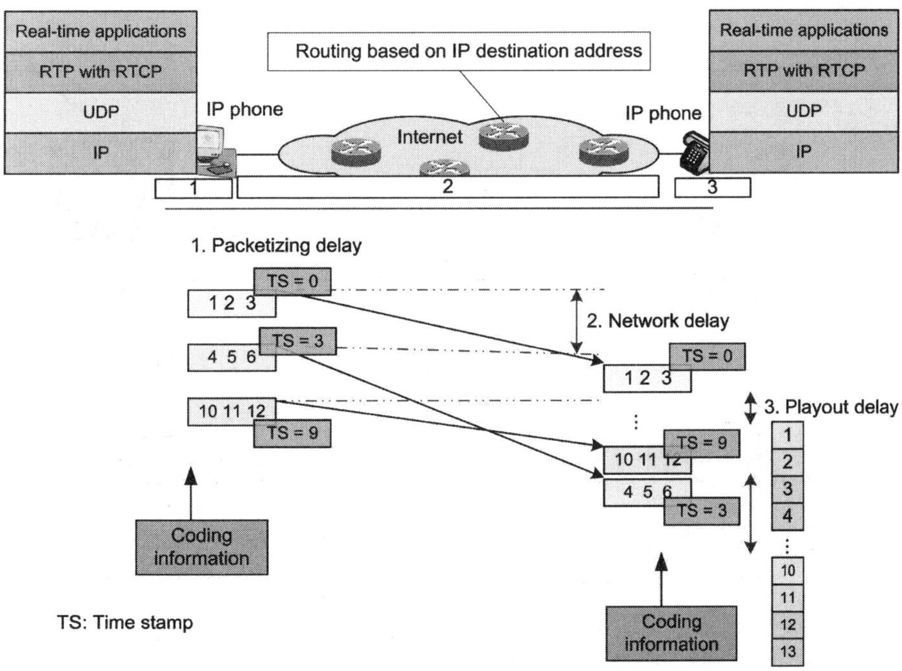

• 그림 4.5 • RTP 스택과 TS 값과 코딩정보 포함된 RTP 패킷 구성 예

RTP가 앞 절의 음성 패킷과 지연시간 요소 등을 고려하여 실시간 서비스를 지원하기 위해서는 송수신 단말 사이에서 서로 사용되는 코덱 정보와 패킷과 패킷 사이의 동기를 맞추기 위한 TS(time stamp) 값이 그림 4.5와 같이 RTP 헤더에 정의되어야 한다. TS 값은 송신 단말에서 RTP 패킷의 첫 번째 바이트가 코딩된 순간으로 송신 단말의 내부시간을 사용한다. 수신된 패킷들의 TS 값은 가장 첫 번째 바이트를 기준으로 상대적 시간에 재생된다. TS=0, 3, 6, 9와 같은 값은 패킷이 순서 없이 도착하여도 수신 단말에서 TS=0을 재생한 순간을 기준으로 해당 시간에 해당 패킷의 슬롯을 디코딩하여 사용자에게 전달할 수 있도록 한다.

4.2.2 RTP 패킷 양식

RTP는 그림 4.6과 같이 다른 UDP 응용서비스처럼 소켓(socket)을 개설하여야 한다. 소켓이 구성되기 위해선 송신 단말의 IP 주소와 소켓 번호, 수신 단말의 IP 주소와 소켓 번호 그리고 사용하는 프로토콜인 UDP 등 5 가지 값이 필요하다. RTP 미디어를 전송하기 위해서는 소켓 개설에 필요한 정보를 송수신 단말이 서로 교환하여야 하는데 수동적으로 교환하거나 호 설정과정을 통하여 이루어질 수 있다. UDP 소켓은 TCP 소켓과 달리 UDP 서버를 listen 상태로 열어놓은 상태에서 UDP 클라이언트의 소켓을 열어 데이터 전송을 바로 할 수 있다.

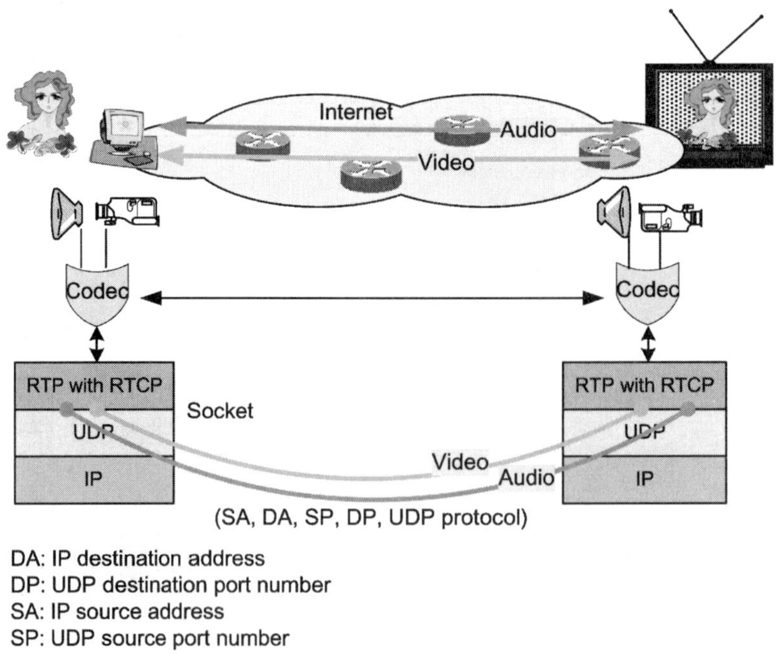

• 그림 4.6 • RTP 전달을 위한 소켓

RTP 패킷은 헤더와 정보 부분으로 나뉘며 RTP 헤더는 그림 4.7과 같은 양식으로 구성된다. 코덱 정보는 PT(payload type) 필드에 포함되며 패킷의 첫 번째 비트가 코딩될 때의 값이 포함되는 time stamp 필드가 있다. PT 값에 따른 코덱의 종류는 [표 4-1]과 같다. 그리고 패킷 순서 값을 가지고 있는 sequence number 필드가 있어 순서를 바로 잡거나 에러가 발생한 부분을 확인할 수 있다.

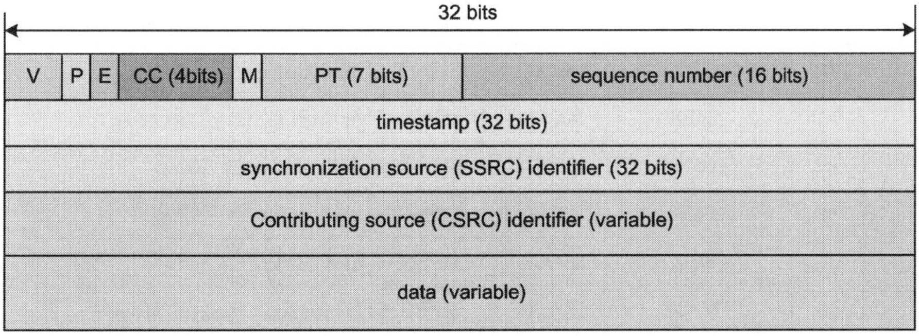

CC: Contributor counter
PT: Payload type

• 그림 4.7 • RTP 패킷 양식

여러 개의 미디어가 합성되는 경우 CC(contributor counter)에 개수를 지정하고 이들의 구분자를 CSRC(contributing source) ID 값에 CC 개 만큼 나열한다. 그리고 그 중에 하나를 기준으로 동기를 맞추기 위하여 SSRC(synchronization source) ID를 지정한다. 만약 하나의 미디어 소스원인 경우에는 CC=1이고 SSRC 하나만 코딩되고 RTP 헤더는 12 바이트가 된다. RTP 헤더가 12 바이트인 경우 UDP 헤더 8 바이트, IP 헤더 20 바이트를 합치면 모두 40 바이트 헤더가 필요하게 된다. RTP 패킷의 효율적인 대역을 고려한다면 코딩 정보 부분이 40 바이트일 때 50% 효율이 이루어져 패킷과정 지연시간 범위 내에서 최대한 많은 정보를 실어서 보내는 것이 바람직하다.

[표 4-1]의 PT 값들은 RTP 헤더에 포함되고 바로 데이터가 따라오지만, RTP가 그림 4.8과 같이 H.263 데이터 또는 다중화된 데이터를 포함하기 위하여 별도의 헤더를 포함하는 경우도 있다. 이외에도 RTP에는 특정 이벤트 값을 포함하는 경우도 있다. 가장 대표적인 이벤트는 DTMF(dual tone multi-frequency)로서 통화 중에 숫자 입력을 하는 경우 입력한 숫자는 음성 채널에서 인지할 수 있는 형태로 전달되어야 한다. 이러한 이벤트들은 그림 4.9(a)와 같이 RTP 정보 부분에 코딩된다. 일반적으로 DTMF의 각 버튼을 눌렀을 때 발생되는 두 개의 주파수는 그림 4.9(b)와 같다.

[표 4-1] 코덱별 PT 값과 종류

Payload	Codec	Clock	Comments
0	PCMU	8000	ITU-T.711 PCM μ-law audio 64 Kbps
1	1016	8000	CELP audio 4.8 Kbps
2	G721	8000	ITU-T G.7.21 ADPCM audio 32Kbps
3	GMS	8000	GSM audio 13 Kbps
8	PCMA	8000	ITU-T G.711 PCM A-law audio 64 Kbps
9	G722	8000	ITU-T G.722 audio
14	MPA	90000	MPEG-I or MPEG-II audio only
15	G728	8000	ITU-T G.728 audio 16 Kbps
31	H261	90000	ITU-T H.261 video
32	MPV	90000	MPEG-I and MPEG-II video
33	MP2T	90000	MPEG-II transport stream video
dynamic	AMR	-	Adaptive multi-rate codec

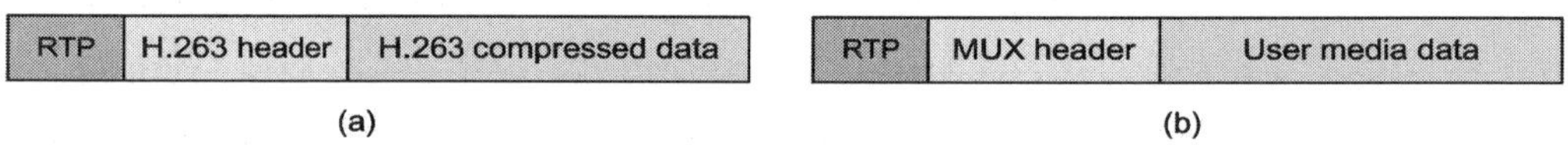

• 그림 4.8 • RTP 외 별도헤더 구성 (a) H.263 데이터 (b) 다중화 데이터

두 단말 사이에서 RTP 스트림이 전달되는 경우 각 연속된 RTP 패킷 구성은 그림 4.10과 같다. IP 주소 128.134.65.121의 포트번호 20,000에서 IP 주소 141.219.152.101의 포트번호 50,000으로 전달되는 음성채널의 RTP 패킷은 SSRC와 PT 필드 값이 각각 2543346, 8로 지속적으로 같지만 TS 값이 각 패킷마다 다른 것을 확인할 수 있다. 예에서 사용하는 PCM 코딩의 한 샘플 간격은 125㎛이고 20ms 동안 160 바이트가 하나의 패킷을 구성함을 확인할 수 있다. 그리고 각 패킷의 TS 값이 160 차이가 발생한 것을 보면 TS 단위가 한 샘플 간격으로 코딩되어 있다고 볼 수 있다.

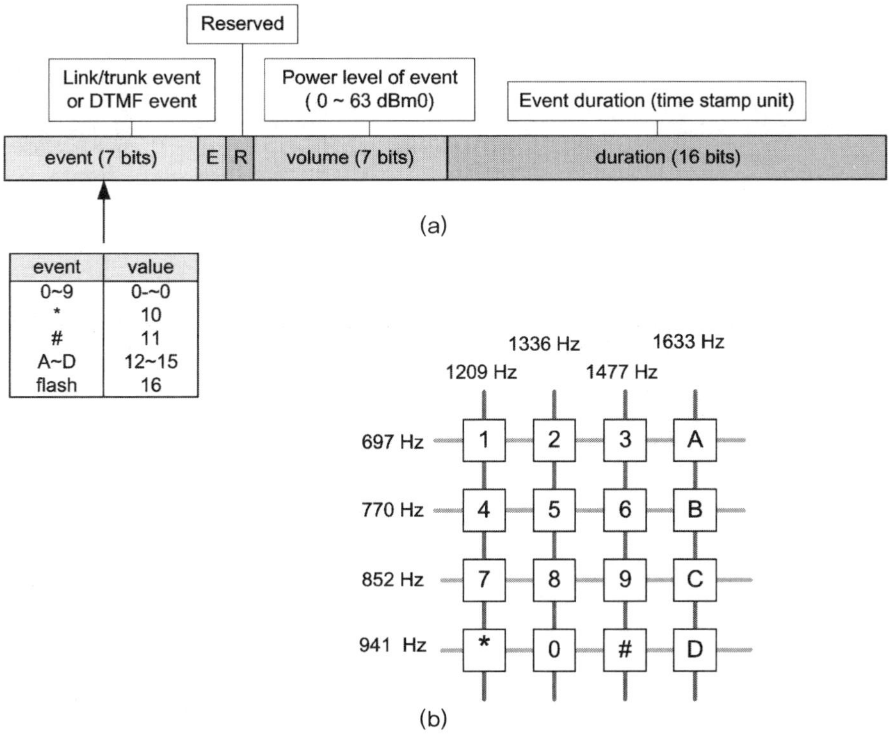

• 그림 4.9 • DTMF의 RTP (a) RTP 패킷 (b) DTMF

4.2.3 변환기와 믹서

미디어를 전달하는데 있어서 특성별로 요청 사항에 따라 세션을 하나씩 개설하는 방법도 있지만 여러 세션을 적절히 다중화할 수도 있다. 예를 들어 스포츠 중계를 하는 경우 아나운서의 설명과 함께 운동장과 관중석의 소리를 함께 전달하여 청취자가 마치 현장에 있는 효과를 낼 수 있다. 그리고 영상회의를 하는 경우에는 동시에 연결되어 있는 회의자들의 얼굴을 모두 볼 수 있도록 다중화하여야 할 것이다. 이와 같은 서비스를 RTP에서 지원하기 위하여 변환기(translator)와 믹서(mixer) 방식이 존재한다.

먼저 변환기는 그림 4.11(a)와 같이 전송 대역폭을 모든 미디어에 대하여 일정 비율로 줄이는 방법을 이용한다. 영상회의 서비스의 경우 각 영상 미디어 대역이 1Mbps를 요구하여 하나의 영상을 전달하는데 1Mbps 대역폭을 사용하는데 문제가 없지만 3개의 영상 미디어를 동시에 전달하고자 할 경우에는 각각의 영상을 작은 화면에 보내거나 코딩율을 낮추어 영상화면의 질을 낮추어 전송하게 한다. 예에서는 256Kbps로 낮추어 3개의 영상 미디어가 전달될 수 있도록 하고 있다.

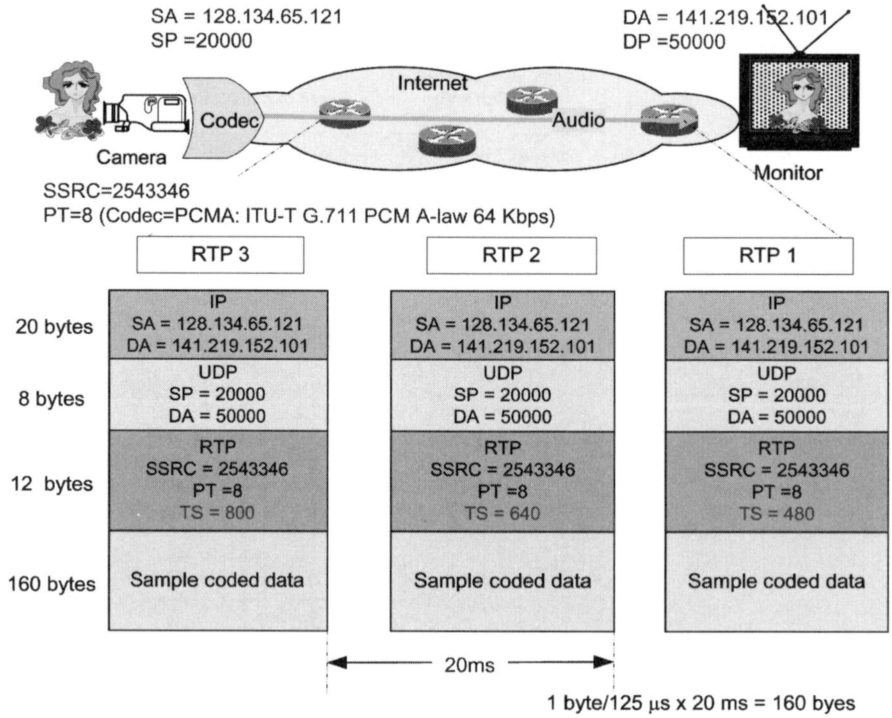

• 그림 4.10 • RTP 미디어 스트림 예

반면 음성의 경우 대역폭을 낮추기 보다는 그림 4.11(b)와 같이 모든 미디어를 한꺼번에 코딩하여 합성된 미디어를 하나로 전송할 수 있다. 음성 다자간 회의나 스포츠 중계 등과 같이 음성 미디어에 대해서는 믹서를 활용함으로 효율적으로 미디어를 합성할 수 있다.

4.2.4 RTCP

RTP는 미디어에 대한 정보를 전달하는 반면 RTP 스트림의 진단 및 흐름 제어를 위하여 중간마다 RTCP를 실어서 송수신 단말의 코덱에 도움을 줄 수 있도록 한다. RTCP 정보를 받은 코덱은 망이 혼잡 상태에 있다고 판단인 경우 전송속도를 낮추어 망 혼잡을 최소화하거나 주요 데이터의 우선순위를 높이는 자체 방법 등을 시행할 수 있는데 이것은 코덱의 선택사항이다. 코덱에서 이러한 기능을 시행하던 안 하던 RTCP는 스트림의 진단 및 흐름 제어 정보를 제공한다.

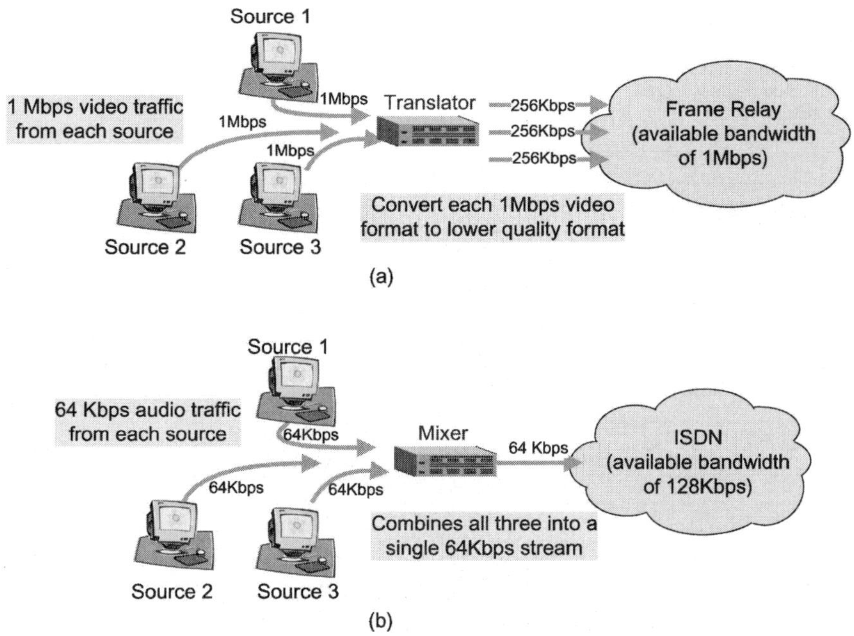

• 그림 4.11 • 여러 미디어 합성 (a) 변환기 (b) 믹서

스트림의 진단 및 흐름 제어 정보를 위하여 주고받는 정보로는 송신단말과 수신단말의 송수신 통계정보인 SR(source report)와 RR(receiver report)가 있으며 이 외에 SDES(source description), AS(application specific) 등의 메시지가 있다. RTCP 메시지 양식은 그림 4.12와 같으며 PT 필드 값에 따라 메시지 종류가 결정된다. 메시지 앞 부분에 SSRC, NTP, RTP timestamp 값과 송신단에서 지금까지 전송한 패킷 수, 바이트 수에 대한 정보를 먼저 싣고 수신한 정보에 대한 보고를 SSRC별로 하게 된다. 보고하는 정보는 지금까지 받은 패킷 수, 이전의 보고 이후 지금까지 받은 패킷 수, 손실율, 지터 값 등을 포함하게 된다.

RTCP는 RTP 스트림 중간에 전송되는데 RTP 전달량보다는 매우 적어야 한다. 만약 RTCP 양이 많으면 전송의 효율이 떨어질 것이다. 따라서 RTCP는 RTP 전달되는 패킷의 5%를 초과하지 못하도록 제한하고 있어 RTP 20개 패킷 중 하나 정도가 RTCP이다. 예를 들어 그림 4.13과 같이 RTP 패킷이 20ms마다 하나씩 전달될 때 20개 패킷이 전달되고 나면 하나의 RTCP 패킷이 전달된다. 따라서 RTCP가 전달되는 주기는 400ms가 된다. 또한 SR와 RR의 비율은 1:3으로 유지되기를 권고하고 있다. 왜냐하면 흐름 제어를 하기 위해서 송신단의 처리용량보다는 수신단의 처리용량이 중요하기 때문에 RR을 더 많이 전송해야 한다. SR과 RR을 나누어서 전송하게 된다면 1.6 초를 주기로 하나의 SR과 3개의 RR이 보내지게 된다.

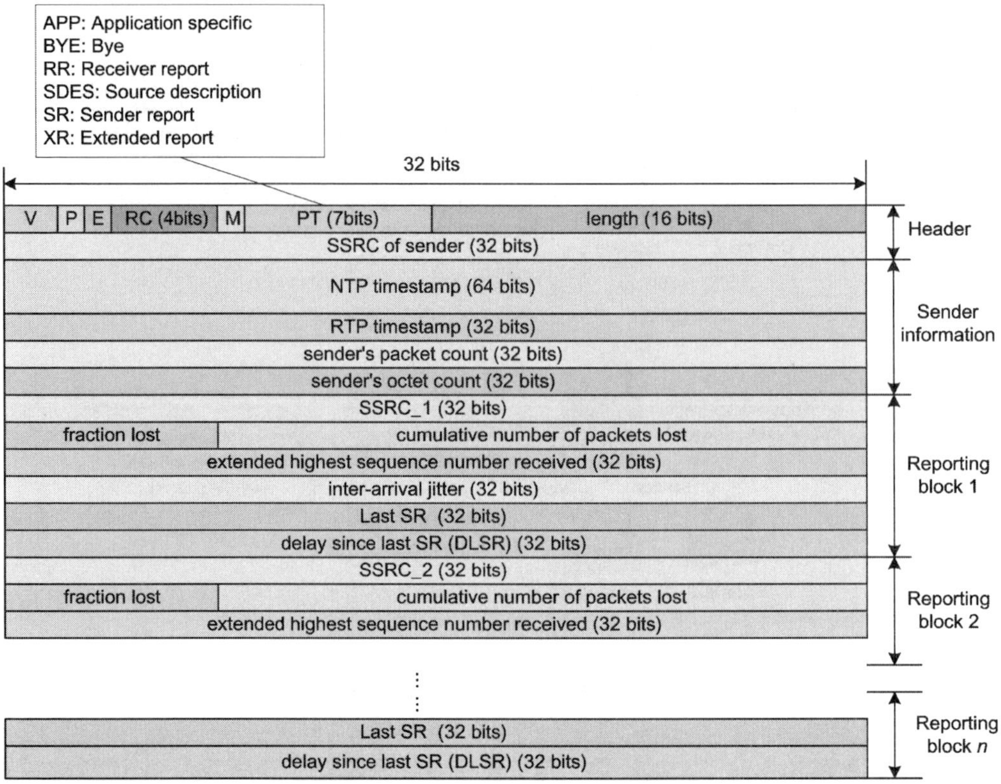

• 그림 4.12 • RTCP 패킷 양식

4.2.5 RTSP

RTCP는 미디어 스트림 중간 중간마다 세션 내에서 전달되어 현재 미디어의 진단 및 흐름 제어 목적으로 정의되었다. 한번 시작된 미디어 스트림을 제어하기 위해서는 RTP와 RTCP외에 RTSP가 필요하다. RTSP는 RTP와 별개의 포트번호를 사용[19)]하여 RTP 스트림 전반에 대한 제어 기능을 수행한다. RTSP는 마치 TV 리모콘과 같이 화면 정지, 되감기, 빨리 감기 등을 그림 4.14와 같이 동작할 수 있다.

RTSP 구현은 일반적인 미디어 플레이어(media player)의 화면 아래 부분에 보면 일지정지/시행, 정지, 되감기, 빨리감기 등의 버튼이 제공되거나, 혹은 이를 선택할 수 없는 경우가 있었을 것이다. 이것이 바로 RTSP 지원 여부를 나타내는 것이고 여기서 해당 버튼 선택하는 것이 RTSP 명령을 실행하는 것이다.

---

19) RTSP가 RTCP처럼 RTP와 같은 포트를 사용한다면 RTSP 명령을 시행하여도 먼저 보낸 RTP가 누적되어 있다면 누적된 RTP를 다 처리하고 RTSP 명령이 동작할 것임.

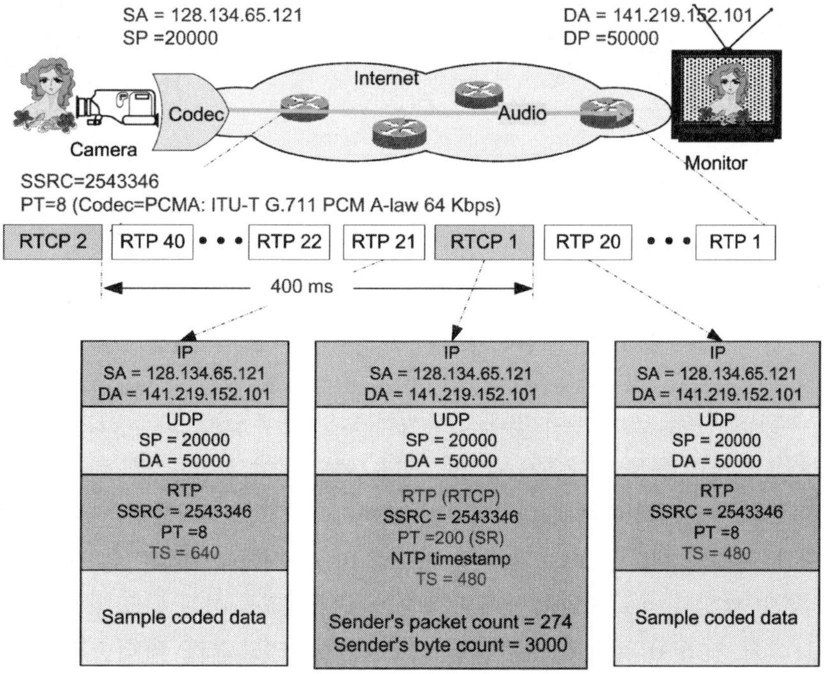

• 그림 4.13 • RTCP 패킷 구성 예

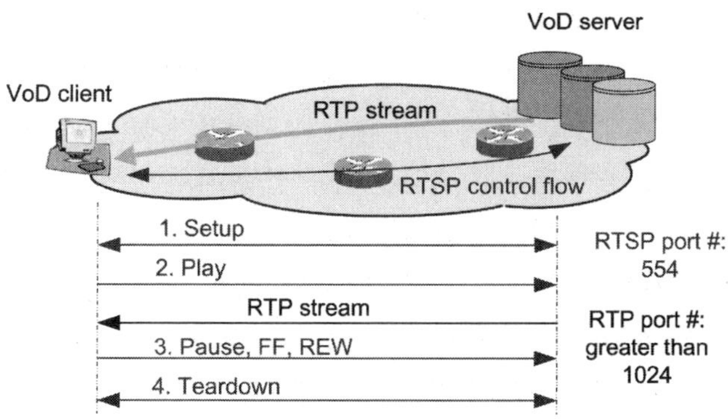

• 그림 4.14 • RTSP 동작

4.2.6 cRTP, sRTP와 rRTP

RTP 스트림을 전달하기 위하여 RTP는 그림 4.15(b)의 프로토콜 스택을 가지며 UDP 위에서 동작한다는 의미는 단대단 서비스 형태로 제공됨을 의미한다. 즉 여러 중간 노드를 경유하여 단대단 서비스를 받기 때문에 IP 헤더를 포함하고 중간노드에서 IP 헤더정보를 보고 RTP 패킷을 수신 단말까지 전달하게 된다.

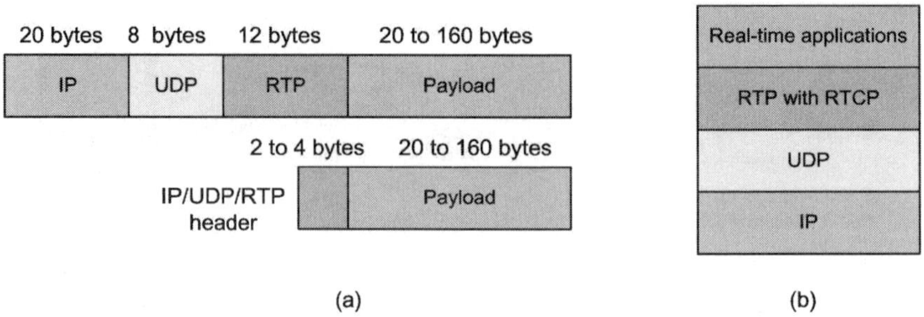

• 그림 4.15 • cRTP 구성 (a) 압축된 패킷 (b) 프로토콜 스택

RTP 하부의 UDP/IP가 점대점 구성이 되는 경우 굳이 모든 RTP 스트림에 IP 헤더와 UDP 헤더 등을 포함하지 않아도 된다. 예를 들어 위성통신의 링크가 점대점으로 연결되거나 이동통신망에서 단말과 단말사이가 논리적으로 점대점 연결 구성이 되는 경우 IP 패킷의 헤더 정보는 더 이상 패킷의 경로선택에 사용되지 않는다. 즉 하부링크에 의하여 패킷의 경로 전달이 이루어지기 때문에 점대점 하부 링크 구성이 이루어지는 경우 그림 4.15(a)와 같이 IP 헤더, UDP 헤더 그리고 RTP 헤더까지를 간단히 압축된 헤더를 사용할 수 있다. 물론 맨 처음 전달되거나 전체 정보 설정을 위한 초기 패킷은 전체 헤더를 다 포함하겠지만 헤더 정보를 설정하고 난 다음에는 점대점 하부링크에 헤더가 압축된 RTP 패킷이 전달되고 이를 cRTP(compressed RTP)라고 한다.

cRTP는 하부링크가 논리적이던 물리적이던 점대점 구성일 때 가능하지만 일반 인터넷을 통하여 RTP 스트림을 전달할 때에는 cRTP를 사용할 수 없다. cRTP는 하부링크에서 암호화 기능을 제공한다면 중간의 제삼자가 볼 수 없지만 일반 인터넷에서는 RTP 패킷을 제삼자가 훔쳐서 해당 코덱에 실행 시키면 듣거나 볼 수가 있다. 이를 해결하기 위하여 RTP 자체를 암호화는 sRTP(secure RTP)가 정의되어 있으며 sRTP는 송수신 단말 사이에 암호화 알고리즘과 암호 키를 사전에 교환하여야 한다. 원래 RTP를 암호화하는 시간이 패킷구성 지연시간에 포함되며 암호화된 RTP를 다시 복원하는데 걸리는 시간이 재생 지연시간에 포함되기 때문에 실시간 서비스에는 이 사항을 고려하여야 할 것이다.

RTP는 UDP를 사용하기 때문에 전달 보장을 할 수 없는 단점을 가지고 있다. 그렇다고 TCP를 사용하게 되면 TCP의 흐름 제어 및 에러 제어 기능 때문에 실시간 서비스를 지원할 수 없는 단점을 가게 된다. 이러한 문제점을 해결하기 위하여 rRTP (reliable RTP)에서는 한 개 이상의 RTP 패킷을 전송하는 방식을 제안하고 있으며 인터페이스가 여러 개 있는 경우 중복으로 전송하는 방식을 사용하고 있다. 비록 채널의 전송 효율은 나빠지지만 수신 단말에 전달을 한번 더 수행하여 전달 신뢰를 높일 수 있다. 수신 단말에서 중복된 RTP 패킷을 받으면 이후에 받는 패킷을 폐기한다.

4.3 SDP

PSTN은 기본적으로 음성전화 한 가지만을 제공하는 신호 프로토콜을 정의하고 있다. 인터넷 텔리포니에서 멀티미디어 서비스를 제공하기 위해서는 세션 설정 과정에서 원하는 멀티미디어 트래픽에 대한 정보를 수신 단말에 전달하여야 한다. 또한 수신 단말은 전달받은 멀티미디어 정보에 대한 수정 또는 선택을 할 수 있어야 한다. SDP는 이러한 요구사항을 만족할 수 있도록 offer-answer 모델로 설계되어 있다.

SDP는 IETF에서 표준화한 인터넷 텔리포니의 세션 설정/해제 프로토콜인 SIP, MGCP와 megaco/H.248의 세션 정보를 기술하는데 사용되며 세션 설정 과정과 미디어 교환 중간과정에서 세션에 대한 정보를 변경할 때 사용된다. SDP는 인터넷 응용계층 프로토콜에 해당하여 텍스트 기반으로 기술하므로 이해가 용이하고 추가로 정의하는 서비스의 정보를 표현할 수 있다.

SDP는 IETF MMUSIC 워킹그룹에서 정의한 것으로 원래 MBone(multicast backbone)에서 multicast 세션에 대한 기술을 위하여 정의한 것으로 SAP(session announcement protocol)에서 실험적으로 처음 적용되었다. SDP는 RTP 스트림이 전달되기 위하여 다음과 같은 미디어 세션 정보를 포함하게 된다.

- IP 주소, L4 계층의 프로토콜과 송수신 포트 번호
- 미디어 종류와 특성(예: 음성, 영상 등, 코덱정보 등)
- 세션 일반정보(예: 세션 주제, 시작과 종료 시간, 세션 보안 등)

SDP는 송수신 단말 사이의 세션 설정과정에서 요청과 응답하는 단계를 통하여 서로 협의할 수 있는 정보를 표현할 수 있다. 세션 개설을 위하여 송수신 단말 사이에서 주고받는 SDP 메시지의 예는 그림 4.16과 같다. 그림 4.16(a)와 같이 세션 설정을 요청하는 SDP 메시지는 음성과 영상 세션을 요청하면서 음성 세션에서 지원 가능한 코덱이 두 가지임을 알려준다. 송신 단말에서 요청하는 SDP 메시지를 받은 수신 단말은 그림 4.16(b)와 같이 음성과 영상 세션 설정에 동의하고 음성 세션의 두 가지 코덱 중 하나 선택한 값을 세션 설정 응답의 SDP 메시지에 포함시키게 된다.

```
v=0
o=nam 2890844526 2890844526 IN IP4 cpe.kw.ac.kr
s=-
c=IP IP4 128.134.65.129
t=0 0
m=audio 49170 RTP/AVP 0 8
a=rtpmap:0 PCMU/8000
a=rtpmap:8 PCMA/8000
m=video 49172 RTP/AVP 32
a=rtpmap:32 MPV/90000
```

(a)

```
v=0
o=min 2890844526 2890844526 IN IP4 athena.kw.ac.kr
s=-
c=IN IP4 128.134.65.130
t=0 0
m=audio 60000 RTP/AVP 8
a=rtpmap:8 PCMA/8000
m=video 49172 RTP/AVP 32
```

(b)

• 그림 4.16 • SDP 예 (a) 세션 설정 요청 (b) 세션 설정 응답

예에서 본 바와 같이 SDP는 쉽게 읽을 수 있는 텍스트 형태로 확장성이 뛰어나며 이해하지 못하는 필드나 파라메타는 무시하게 된다. 일반적으로 SDP는 다음과 같은 문장열로 구성된다.

필드=파라메타1 파라메타2 파라메타3 … 파라메타n

여기서 필드는 소문자 영문 한 글자로 구성되며 '필드=파라메타1' 구성에서 스페이스를 두지 않는다. 그리고 여러 파라메타들이 하나의 필드에 포함될 때에는 각 파라메타들 사이에 스페이스를 두어 스페이스를 구분자로 사용한다. 그림 4.16에서 여러 문장으로 구성된 것으로 보이지만 문자열 사이에는 '₩CR₩LF'가 포함된다.

4.3.1 SDP 필드

SDP의 필드는 [표 4-2]와 같이 크게 세 가지로 나눌 수 있다. 첫 번째 종류는 세션 수준에 대한 기술로 IP 주소, L4 포트번호, 세션 일반정보에 대한 것을 포함하며 두 번째 종류로는 시간에 대한 정보를 기술하는 것이다. 마지막으로 미디어 수준에 대한 기술은 미디어 종류 및 코덱 등에 대한 정보에 관한 것이다.

세션 수준에 대한 SDP 필드를 알아보면 다음과 같다.

- **'v='** 필드: SDP 버전에 대한 정의로 현재는 0임.
- **'o='** 필드: 세션 설정에 대한 정보를 포함함. 파라메타 **username**에는 사용자 ID로 일반으로 컴퓨터사용자이름이며 지정하지 않을 때에는 '-'를 입력함. 파라메타 **session_id**는 세션 구분자로 NTP(network time protocol) 값이나 랜덤한 값을 입력하고 파라메타 **version**은 세션 내의 변화에 대한 구분자이며 NTP 값을 입력하기를 권고함. 파라메타 **network-type**은 인터넷인 경우 **IN**, 파라메타 **address-type**에는 IPv4인 경우 **IP4**, IPv6인 경우 **IP6**를 지정하고 파라메타 **address**는 IP 주소 또는 호스트 이름을 입력함.

  o=username session-id version network-type address-type address

- 's=' 필드: 세션 주제를 기술함. 세션 주제를 지정하지 않을 때에는 '-'와 같이 최소한 한 문자를 포함해야 함.
- 'i=' 필드: 's=' 필드와 비슷하게 세션 정보를 포함함.
- 'u=', 'e=', 'p=' 필드: 세션 정보에 대한 URI, 이메일 주소와 전화번호를 각각 포함함. 전화번호는 E.164 체계에 따라 작성하며 이메일 주소는 〈 〉로 표현함.

[표 4-2] SDP 필드와 설명

	Field	Comments	Mandatory
Session-level description	a	Attribute lines	O
	b	Bandwidth information	M
	c	Connection information	M*
	e	Email address	O
	i	Session information	O
	k	Encryption key	O
	o	Origin and session ID	M
	p	Phone number	O
	s	Session name	M
	z	Time zone correction	O

* Not required if present in every media line
** Not required if present at session level

	Field	Comments	Mandatory
Time-level description	r	Repeat times	O
	t	Time session is active	M

	Field	Comments	Mandatory
Media-level description	a	Media attribute	O
	b	Bandwidth information	O
	c	Connection information	O**
	i	Media title	O
	m	Media and transport	O
	k	Encryption key	O

- 'c=' 필드: 연결 정보로 미디어 연결에 필요한 정보를 제공함. 파라메타 network-type은 인터넷인 경우 IN, 파라메타 address-type에는 IPv4인 경우 IP4, IPv6인 경우 IP6를 지정하고 파라메타 address는 IP 주소 또는 호스트 이름을 입력함. 만약 connection_address가 multicast address인 경우 'connection-address= base-mutlcast-address/ttl/number-of-address' 형태로 코딩됨.

  c=network_type address_type connection-address

- 'b=' 필드: 세션 설정에 필요한 대역폭 정보를 포함함. 파라메타 modifier에는 다자연결 서비스와 응용서비스인 경우 각각 CT와 AS가 입력되고 파라메타 bandwidth-value에는 KBps(Kilo byte per second) 단위로 입력됨.

  b=modifier:bandwidth-value

- 'k=' 필드: 세션 설정에 사용하는 암호화방법에 대한 정보를 포함함. 파라메타 method에는 clear, base64, uri 또는 prompt 값이 입력되는데 prompt가 선택되는 경우 SDP에 암호 키 값이 포함되지 않으며 다른 값이 선택된 경우 이후 세션은 암호화된 세션으로 데이터를 주고받게 됨. 이때 사용하는 암호 키 값은 파라메타 encryption-key에 포함됨.

  k=method:encryption-key

다음으로 시간 수준에 대한 SDP 필드를 알아보면 다음과 같다.

- 't=' 필드: 세션의 시작과 끝나는 시간을 나타내는 것으로 NTP 값을 가지며 끝나는 시간이 불분명할 때에는 0을 입력함.

t=start-time stop-time

- 'r='와 'z=' 필드: 각각 반복 횟수와 타임 영역의 offset을 의미함.

마지막으로 미디어 수준에 대한 사항을 알아보면 다음과 같다. 미디어 수준에는 [표 4-2]에서 보는 바와 같이 세션 수준과 중복되는 부분이 있으며 이를 제외한 필드를 설명하면 다음과 같다.

- 'm=' 필드: 미디어 세션의 종류 및 특성을 나타냄. 파라메타 media에는 audio, video, application, data, telephone-event 또는 control 등이 입력될 수 있으며 파라메타 port에는 UDP 포트번호, 파라메타 transport에는 RTP/AVP(audio video profile)이 포함됨. 파라메타 format-list는 미디어 세션에 여러 코덱을 입력하여 여러 미디어 종류를 나열할 수 있음.

m=media port transport format-list

- 'a=' 필드: 'm=' 필드의 파라메타 format-list에 기술된 속성은 물론 다양한 세션의 속성을 구체적으로 표현함. 'a=' 필드는 RTP/AVP의 format-list외에도 다양한 속성을 [표 4-3]과 같이 기술할 수 있음.

'm=' 필드는 서로 보완적으로 사용됨. 예를 들어 6개의 코덱정보를 하나의 미디어에 기술하는 경우 파라메타 format-list에 6개의 코덱을 다음과 같이 입력할 수 있고 여기서 사용된 값들은 [표 4-1]에서 정의된 값을 사용함.

```
m=audio  20000 RTP/AVP 0 1 2 3 8 99
a=rtpmap:0 PCMU/8000
a=rtpmap:1 1016/8000
a=rtpmap:2 G721/8000
a=rtpmap:3 GSM/8000
a=rtpmap:8 PCMA/8000
a=rtpmap:99 iLBC
```

[표 4-3] 'a=' 필드의 종류들

Syntax	Attribute name	Comments
a = ptime <value>	Packetization time	In milliseconds (the default is 20 ms)
a = maxptime <value>	Maximum packetization time	The maximum of milliseconds allowed to be included in a packet
a = framerate <value>	Frame rate	The maximum video rate in frames per seconds
a = rtpmap <payload type> <encoding name>/<clock rate> [/<encoding parameters>]		
RTP map		To bind a media-encoding codec to the media's RTP payload type
a = recvonly	Receive only	Only wants to receive the media stream
a = sendonly	Send only	Only wants to send the media stream
a = sendrecv	Send and receive	Default if none of 'receonly', 'sendonly' and 'inactive' are present
a = inactive	Inactive	The media are neither sent nor received
a = fmtp <parameters>	Formats	Codec- specific such as DTMF events

4.3.2 SIP에서 SDP 사용

인터넷 텔리포니에서 SDP는 송수신 단말 사이의 세션 설정 과정에서 협의를 통하여 송수신 단말 정보 교환 및 코덱 정보를 제공하게 된다. 인터넷 텔리포니에서 SDP를 사용하는 VoIP 신호 프로토콜은 SIP, MGCP 그리고 megaco/H.248이며, 송신단말의 지원 가능한 여러 코덱 정보를 포함한 SDP를 수신단말에게 전달하면 이를 받은 단말은 원하는 코덱을 선택하거나 다른 코덱을 제안하는 정보를 SDP에 실어서 송신단말에게 다시 보내게 된다[20].

SIP에서는 INVITE 메시지를 송신단말이 보내면 이에 대한 최종 응답이 '200 OK' 메시지로 송신단말에 전달된다. 이 두 메시지 사이에서 주고받는 SDP는 그림 4.16과 같다. 먼저 송신 단말이 offer하는 SDP는 그림 16(a)와 같다. 송신단말의 호스트 이름은 cpe.kw.ac.kr이고 IP 주소는 128.134.65.129이며 음성과 영상 미디어를 RTP를 이용하여 각각 UDP 포트 49,170, 49,172로 개설할 것이라는 정보를 'o=', 'c='와 'm=' 필드에 포함하고 있다. 그리고 음성 코덱으로 두 가지를 지원하고 있음은 음성 미디어 다음의 'a=' 필드에 0번과 8번에 대한 속성을 기술하고 있다. 또한 이 SDP에는 영상에 대한 코덱으로 MPEG-I과 MPEG-II을 지원할 수 있다는 것을 수신 단말에게 전달한다.

송신 단말이 offer한 SDP 정보에 대하여 수신 단말은 그림 16(b)와 같이 answer

20) 일반적으로 발신 단말이 먼저 SDP로 offer하지만 수신 단말이 새로운 값을 offer하거나 응용서비스에 따라 수신 단말이 offer하는 형태로 운영될 수 있음.

하게 된다. 먼저 수신 단말의 호스트 이름은 athena.kw.ac.kr이고 IP 주소는 128.134.65.130이며 음성과 영상의 미디어 개설을 하게 된다. 음성과 영상은 각각 UDP 포트번호 60,000과 49,172를 사용하고 음성은 두 개의 코덱 중 8번 PCM-A law 코덱을 선택하였고 영상은 송신단말이 보낸 32번인 MPEG-I과 MPEG-II를 선택하여 송신 단말에 알려준다.

제5장 H.323

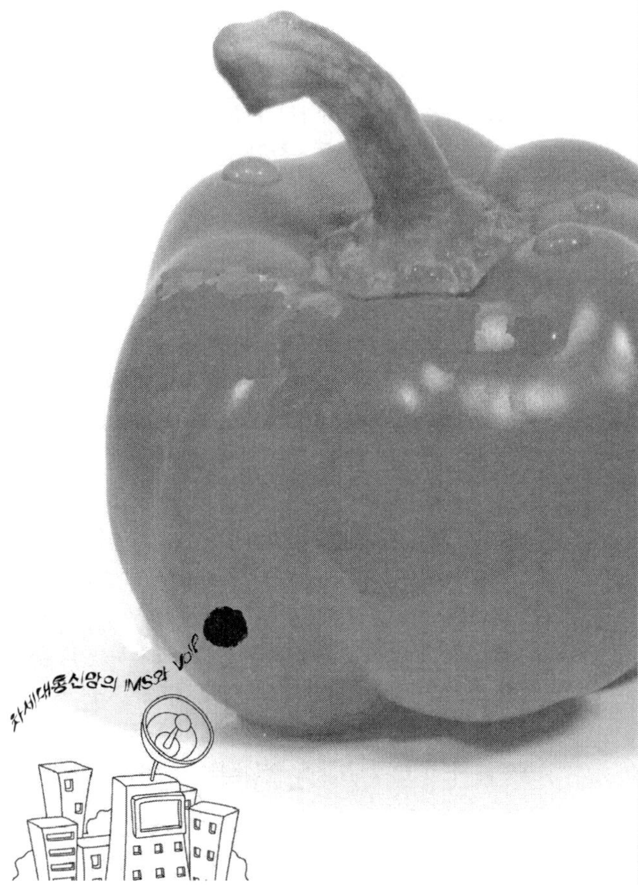

ITU-T H.323은 인터넷에서 멀티미디어 서비스를 지원하기 위한 기술개발이 한창이던 1990년 초반부터 표준화 작업을 시작하여 1996년 멀티미디어 서비스 세션 설정에 대한 개념을 VoIP 관련 표준 중에 처음으로 표준화되었다. H.323이 소개되기 이전의 인터넷전화 시장은 각자 제조업체 또는 유관단체들이 자체적으로 정의한 세션 설정 프로토콜을 사용하고 있었으며, H.323 표준이 발표되면서 상호연동 문제점을 해결하였다. 1999년 IETF SIP가 발표되기 전과 발표 이후 SIP가 확대되기 전까지 H.323은 인터넷전화의 세션 설정 및 해제에 대한 틀을 갖추는 역할을 담당하였다.

비록 지금 H.323의 시장규모는 적거나 줄어들지만 H.323을 인터넷전화기술의 초창기 기술로 PSTN/ISDN 호 설정/해제 과정과 비교하면서 인터넷전화의 기술 특성을 이해하는데 도움이 될 것이다. 따라서 H.323의 각 기능블록과 절차를 심도있게 다루기보다는 각 기능블록과 메시지 역할, PSTN과의 비교, 향후 타 망과의 연동 관점에서 인터넷전화의 기초 지식을 습득하는데 집중하기를 바란다.

인터넷 텔리포니의 호 프로토콜로써 최초 정의된 H.323은 유선전화의 ISDN 호 절차인 ITU-T Q.931에 기초를 하고 있으며 ISDN 물리적 구성에 반하여 인터넷 텔리포니는 논리적 구성을 이룬다. TE들이 하나의 게이트키퍼를 통하여 논리적 구성을 할 때 이를 zone이라고 하고 다른 zone과의 연동은 게이트웨이를 통하여 이루어진다. 또한 게이트키퍼와 함께 MCU라는 기능블록은 멀티캐스트를 지원하기 위하여 별도로 구성하고 zone에 포함된 TE는 게이트키퍼는 물론 MCU에게도 자신을 등록하여야 한다. 여기서 게이트웨이에 대한 제어는 이후 MGCP 또는 megaco/H.248로 발전하게 된다.

H.323은 인터넷에서 동작하기 때문에 전화번호 체계와 IP 주소 체계를 매핑하여 이를 데이터베이스화하여 관리할 필요가 있다. TE에 전화번호는 고정되어 있지만 인터넷에서 이동하여 새로운 IP 주소를 할당받으면 새로 할당받은 IP 주소를 등록하여 단말이동성을 지원할 수 있다. 수신 TE 전화번호를 누르면 이 TE의 IP 주소를 알아야 호와 논리채널을 개설할 수 있다. 이러한 데이터베이스를 관리하는 기능블록이 게이트키퍼이며 TE와 게이트키퍼 사이에 절차를 정의한 것이 RAS이다. RAS는 등록, 통화허가 그리고 상태정보 등에 대한 절차와 메시지를 정의하고 있다.

H.323에 새로운 개념이 호(call)과 논리채널(logical channel)을 구분한 것이다. 호는 기본적으로 TE 사이에 통화하기 위한 경로 설정 및 기본 틀을 갖춘 것이라면 논리채널은 호 안에서 다양한 미디어 전달을 위한 실제 경로에 해당한다. 그리고 ISDN에서는 음성과 데이터 채널을 각각 64Kbps와 16Kbps로 구분하지만 H.323에서는 다양한 미디어에 각각 다른 용량을 할당할 수 있도록 하였다. 호와 논리채널의 예로서 메신저를 들 수 있다. 메신저 설정하는 것이 호 개설에 해당하고 기본적으로 문자 교환 채널이 열리게 된다. 그 이후 영상이나 음성 채널을 필요에 따라 개설할 수 있는데 이렇게 개설되는 채널이 바로 논리채널에 해당된다.

PSTN이나 ISDN에서 호 설정을 성공하면 미디어 전달 경로에 따라 필요한 자원 할당이 이루어진다. 즉, 음성 전달을 위하여 중간 교환기들은 64Kbps 자원을 할당하게 된다. 같은 맥락으로 H.323의 호 처리 기능블록인 게이트키퍼는 중간 경로의 자원 관리를 책임지고 있는 라우터에게 미디어 전달 경로에 필요한 자원 할당을 요청할 필요가 있다. 그러나 H.323 호 설정 메시지를 처리하는 게이트키퍼는 인터넷 단말과 같이 동작하고 라우터는 게이트키퍼에게 명령을 받지 않기 때문에 자원할당이 이루어지지 않는다.

인터넷 텔리포니의 음성서비스 품질을 보장하기 위하여 H.323을 통하여 호 설정이 성공하면 게이트키퍼는 미디어 전달 경로에 있는 라우터에게 필요한 자원 할당을 명령할 수 있어야 한다. H.323 뿐만 아니라 다른 VoIP 신호 프로토콜의 표준 은 메시지 교환과 메시지 정의를 표준 범위로 국한하고 있어 라우터와의 통신은 장비 개발업체의 선택과 인터넷전화사업자의 운영에 필요한 사항이다. 따라서 기술적 관점에서 자원 관리를 필요로 한다면 게이트키퍼와 라우터 사이의 자원 관리 메시지 정의가 추가되어야 할 것이다.

이 장은 H.323 동작에 대하여 설명하고 있다. 1절에서 H.323의 기능블록과 이들 사이의 메시지 종류, 역할과 교환 등을 설명하였고 2절에서는 게이트키퍼와 단말 사이의 RAS 절차를 살펴보았다. 그리고 3절에서는 호와 논리채널 개념과 함께 이들의 설정과 해제 과정을 소개하였다.

본 장을 마치면

- 인터넷에서 멀티미디어 전달을 위하여 호 제어 프로토콜이 정의된 이유와 문제점 등을 이해할 수 있다.
- ISDN Q.931과 비교하여 H.323의 신호프로토콜 절차와 기능을 설명할 수 있다.
- H.323의 각 기능블록에 대한 이해와 멀티미디어 서비스 지원을 위한 기능 들을 설명할 수 있다.
- RAS와 TE 사이의 호 설정과 해제 절차와 메시지 등의 역할과 절차를 이해할 수 있다.

5.1 H.323 프로토콜 요소기술

인터넷 텔리포니에 대한 표준 및 기술 개발에 대한 요구가 증가하면서 인터넷 특성과 전화망의 호 설정 방법을 고려하면서 멀티미디어를 지원할 수 있는 미디어 전달과 호 설정 방안을 모색하게 되었다. 기존 데이터서비스만을 지원하던 인터넷에서 고려되지 않았던 실시간 서비스를 지원하기 위해서는 미디어 전달 경로에 대한 자원 할당과 수신단에서 수신한 패킷들의 동기를 맞추기 위한 방법이 필요하였다. 그러나 RTP (real-time transport protocol)은 수신단의 수신 패킷들의 동기만 맞출 수 있을 뿐 경로에 따른 자원 할당 기능은 포함하지 않고 있다.

음성서비스만을 지원하는 PSTN(public switched telephone network)에서는 음성트래픽이 전달되는 경로의 대역폭인 64Kbps를 보장하기 위한 절차가 마련되어 있다. 전화망에서의 미디어 보장을 위한 대역폭 할당으로 실시간 서비스가 가능하듯 인터넷 텔리포니에서도 경로의 대역폭 할당 및 관리가 필요한데 인터넷 텔리포니의 호 설정과 해제에서는 이러한 기능을 포함하지 못하였다. 인터넷 텔리포니의 호 설정과정이 성공하면 자원 할당은 지원하지 않지만 음성트래픽이 전달되기 위한 단대단 통신에 필요한 포트번호와 세션 정보 교환을 위한 호 처리 기능을 포함하고 있어 송수신 단말 사이의 소켓 개설에는 문제가 없다. 즉, 인터넷 텔리포니의 호 설정 과정은 단대단 정보만 제공할 뿐 미디어 전달 경로의 자원 할당에 대한 절차는 표준 범위에 포함되지 않는다. 그러나 사용자들은 자원 할당은 기본이라고 생각하고 있기 때문에 인터넷전화 사업자는 호 설정 과정이 성공하면 관련 자원 할당방안이 시행되도록 인터넷전화망을 설계하여야 한다.

인터넷 텔리포니는 전화망의 음성서비스는 물론 멀티미디어 서비스를 지원하기 위한 기능과 인터넷 환경에 맞는 호 설정 과정을 정의하였다. 인터넷 텔리포니의 멀티미디어 전달을 위한 RTP 정의와 함께 호 설정 과정을 위하여 가장 먼저 H.323을 ITU-T에서 1996년 발표하였으며 H.323은 기존 ISDN(integrated services digital network) Q.931의 호 설정/해제 과정과 비슷하게 정의되었다.

5.1.1 ISDN 신호프로토콜 절차

ISDN은 음성과 데이터 서비스를 지원하기 위하여 1980년 후반에 정의된 프로토콜로 회선교환 방식을 따르고 있으며 교환기와 가입자 단말 사이의 통신 절차를 정의하고 있다. ISDN이 정의되는 시기의 데이터 서비스는 X.25이었으며 16Kbps 정도의 단말서비스를 지원하였다. 교환기와 교환기 사이는 기존의 SS 7과 디지털 기반의 트렁크는 기존 POTS(plain old telephone service)를 위한 PSTN를 그대로 사용하고 ISDN은 기존 가입자 선로 구간의 아날로그 부분을 디지털화한 것이다. 따라서 기존 아날로그 전화기는 PCM(pulse code modulation)이 교환기의 가입자 모듈에서 이루어지는 반면 ISDN 전화기는 PCM이 가입자 단말에서 수행된다.

ISDN의 미디어는 송신단말에서 수신단말까지 모두 디지털 슬롯 형태로 PCM 처리된 음성트래픽과 X.25 트래픽을 전달하고 미디어 전달하기 전 호 설정을 위하여 Q.931인 DSS 1(digital subscriber signaling no. 1)을 정의하였다. 또한 SS 7에서는 ISDN 호 처리를 위하여 ISUP(ISDN user part)를 정의하여 SS 7과 연동될 수 있도록 하였다. 송신과 수신 단말 사이의 호 설정과 해제 과정은 그림 5.1과 같다.

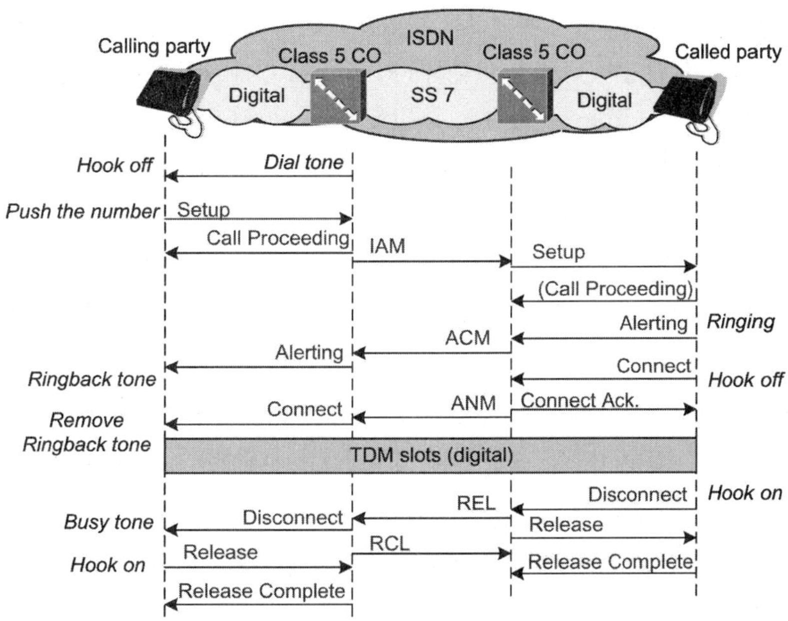

• 그림 5.1 • ISDN의 호 설정/해제 과정

DSS 1에서 호 설정과정을 위하여 Setup, Call proceeding, Alerting 그리고 Connect 메시지를 정의하였고 해제 과정을 위해서는 Diconnect, Release와 Release Complete 메시지를 정의하였으며 이들은 기존 SS 7 메시지와 연동되도록 정의하였다. 그림 5.1의 송수신 단말의 호 설정과 해제 요구에 따라 발생되는 메시지는 이동통신망에서도 사용되고 있다.

송수신 단말이 데이터 서비스를 요청하는 경우 이에 관련된 정보는 Setup, Connect 메시지에 관련된 정보들이 포함되게 되며 이 경우에는 ring tone을 주지 않아도 되기 때문에 Alerting 메시지를 주고받지 않아도 된다. 또한 가입자에게 제공되는 회선은 음성 2채널과 데이터 1채널을 제공하는 2B+1D[21] 형태를 정의하고 있어 동시에 2명과의 통화와 하나의 데이터 서비스를 제공할 수 있다. DSS 1 메시지는 D 채널을 통하여 주고받기 때문에 2B가 사용되고 있어도 호 설정과 해제 관련 메시지를 받을 수 있다. PBX(private branch exchange)와 같이 트렁크 단위의 가입자 선로를 위하여 T1을 기초로 23B+1D 채널 또는 E1을 기초로 30B+2D 채널도 정의하며 여기서 D 채널의 기본 단위는 64Kbps가 된다.

5.1.2 H.323의 Zone과 기능블록

ITU-T의 H.323에서는 인터넷 텔리포니 서비스를 제공하기 위한 몇 가지 기능블록을 정의하고 기능블록이 동작하는 범위를 하나의 zone이라고 정의하였다. PSTN에서 한 교환기가 담당하는 영역은 물리적인 위치로 결정되는 반면 인터넷 텔리포니의 한 서버가 담당하는 zone은 물리적 위치에 한정을 받지 않고 논리적인 서비스 영역에 대하여 한정된다. 그리고 하나의 zone에서 다른 zone의 단말과 통신하기 위해 게이트웨이(gateway) 기능블록을 정의하였다.

H.323 하나의 zone에 정의된 기능블록은 그림 5.2와 같이 TE(terminal equipment), 게이트키퍼(gatekeeper), MCU(multi-point control unit)과 게이트웨이로 나눌 수 있다.

- TE: 사용자들이 이용하는 단말로 음성, 데이터, 영상 등 다양한 서비스를 1:1통신, 그룹통신, 방송서비스, 또는 메시지서비스 등 다양한 형태로 제공받는다.
- 게이트키퍼: 하나의 zone을 구성하는 핵심 기능으로 단말 이름, 주소, 별명 등을 관리하며 단말인증, 대역폭 관리 등 PSTN의 교환기의 call controller 기능을 수행한다.
- MCU: TE 사이의 그룹통신 또는 방송서비스 등을 지원하는 기능을 수행한다.
- 게이트웨이: zone을 넘어 통신하고자 할 때 호 설정/해제 또는 미디어 변환 등을 수행한다.

21) 음성트래픽은 64Kbps 단위인 B 채널을 통하여 전달되고 데이터 트래픽과 신호 메시지는 16Kbps 단위인 D 채널을 통하여 전달되므로 한 가입자 당 2B+1D인 144Kbps 대역을 제공받음.

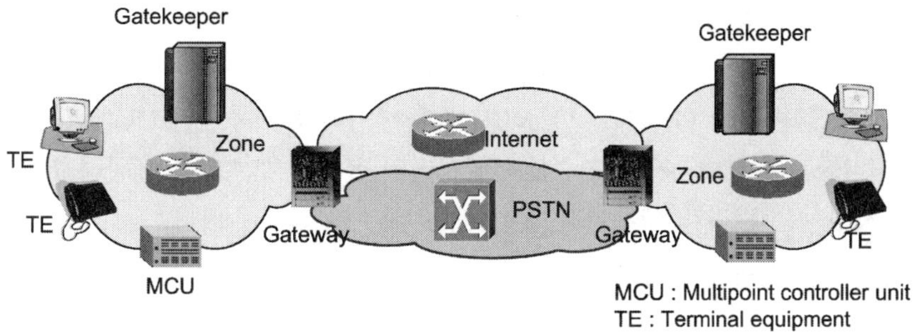

• 그림 5.2 • H.323의 zone과 기능블록

게이트웨이로 구분되는 zone은 게이트키퍼의 논리적 영역으로 그림 5.2와 같이 같은 특성의 인터넷 영역이거나 특성이 다른 PSTN과의 경계 부분으로 구성될 수 있다. Zone이 같은 인터넷인 경우 게이트웨이는 게이트키퍼 사이의 정보교환 및 메시지 교환 기능을 수행하지만 PSTN과 정합되는 경우에는 호 관리 메시지 교환은 물론 미디어 변환에 대한 기능을 수행하게 된다.

5.1.3 MCU 구현 방법

인터넷은 unicast, multicast, broadcast 서비스를 지원할 수 있도록 주소체계를 정의하였지만 unicast 서비스 외에는 효율적인 지원이 이루어지지 않았다. 또한 broadcast 서비스는 소규모 LAN(local area network)에서 사용되며 multicast 기능은 overlay 망을 통하여 일반 데이터 전송에 대한 기능을 제한적으로 사용하고 있다.

인터넷 텔리포니에서 1:1 통신외에 다자간통신을 위한 그룹통신 및 방송서비스에 대한 요구사항을 만족하기 위하여 MCU가 정의 되었으며 MCU의 다자간 통신을 위해서는 그림 5.3과 같이 다양한 방법으로 구현될 수 있다. 가장 바람직한 것은 인터넷의 multicast 기능을 활용하는 방법으로 MCU는 단순히 인터넷의 multicast 기능을 제어하는 서버가 될 수 있을 것이다. 그러나 인터넷의 multicast 기능을 실질적으로 활용할 수 없기 때문에 그림 5.3과 같이 다양한 방법을 사용하고 있다.

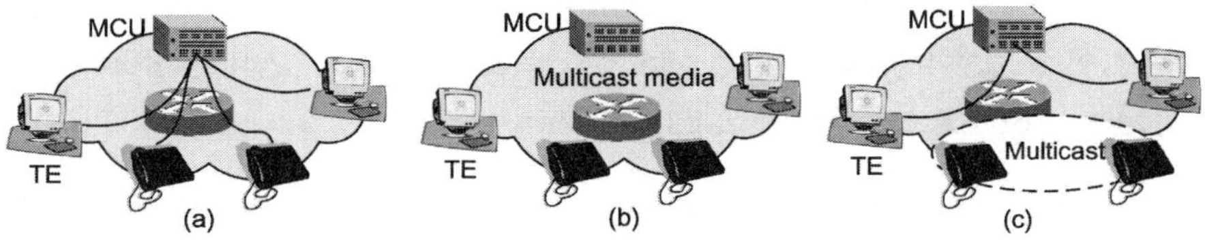

• 그림 5.3 • MCU의 기능구현방법 (a) 여러 개의 점대점 방식 (b) Multicast 링크 사용 방식 (c) (a)와 (b)의 혼합 방식

먼저 점대점 연결 방식을 여러 개 사용하는 그림 5.3(a) 방법은 zone에 포함되어 있는 TE가 모두 MCU에 등록되어 있어야 하며 한 TE가 다자간통신을 위하여 다른 TE들에게 송신을 하고자할 때 MCU에게 데이터를 전송하면 MCU는 다른 TE들에게 데이터를 전송한다. 이때 송수신 단말사이의 실시간 서비스를 제공하기 위해서는 엄격한 지연시간 관리가 이루어져야 한다.

두 번째로 그림 5.3(b) 방법은 하부 링크가 multicast 기능을 제공하는 경우 이것을 활용하는 방법으로 MCU는 인터넷 계층은 물론 하부 링크계층의 기능에 대한 관리를 할 수 있어야 한다. 마지막으로 그림 5.3(c) 방법은 앞의 두 가지를 적절히 혼합한 방법으로 TE와 하부 링크 연결 등을 고려하여 관리하는 방법이다.

5.1.4 H.323 프로토콜 구성

H.323 기능블록들이 서로 통신하기 위한 절차와 메시지 등을 정의하는 프로토콜은 Q.931을 기초로 멀티미디어 서비스를 지원하기 위한 기능을 추가로 정의하고 있다. 이와 관련하여 H.323에서 전체적인 프로토콜 구성을 그림 5.4와 같이 정의하고 있다. H.323 하부 프로토콜로는 TCP/UDP와 IP로 구성되며 하부 링크로는 유무선의 다양한 기술이 연계될 수 있다.

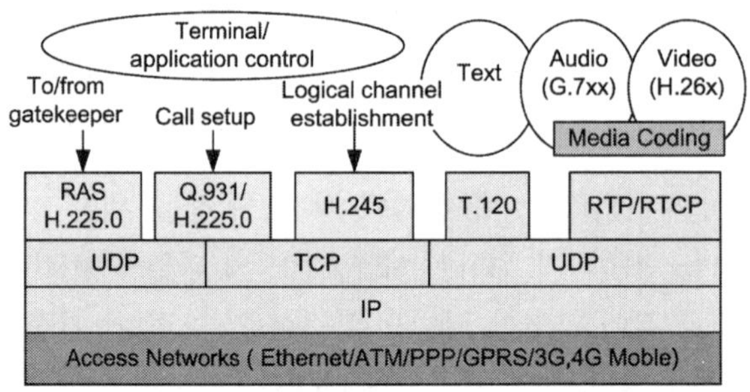

• 그림 5.4 • H.323의 프로토콜 스택 구성도

H.323에서 음성, 영상 미디어 전달을 위하여 송신단말에서 코덱 변환 후 RTP와 UDP의 프로토콜 스택을 가지고 있으며 텍스트 전달을 위하여 T.120 프로토콜을 채택하고 있다. TE와 응용서비스를 제어하기 위하여 몇 가지 용어를 정의하고 있는데 대표적인 용어 3가지를 정리하면 다음과 같다.

- RAS(registration admission and status): 게이트키퍼와 TE 사이의 프로토콜로 초기화, 인증, 통화허락 및 상태정보 교환 등을 위하여 H.225.0을 정의하고 있다. TE가 초기화된 후 게이트키퍼에게 자신의 정보를 등록하는 기능, 다른 TE와 호 설

정하기 전 인증 및 허가 기능, TE의 단말사양 상태정보 교환 기능 등을 수행한다.

- 호(call) 설정/해제: 멀티미디어 연결에 앞서 Q.931 기반으로 게이트키퍼를 통하여 TE들이 주고받는 메시지와 절차로 TE들 사이의 경로 설정과 해제 기능을 말한다.
- 논리채널(logical channel) 개설/해제: 호 설정한 이후 음성 미디어 또는 영상 미디어 등을 필요에 따라 개설 또는 해제하고자 하는 경우 H.245 프로토콜을 통하여 TE들 사이에 메시지 교환이 이루어진다.

호와 논리채널의 구분은 다소 생소할 것이다. 그러나 이미 메신저에 익숙한 독자는 메신저 서버를 게이트키퍼로, 상대 친구를 TE로 고려하고 친구와 메신저를 시작하는 것이 호 설정이고 메신저를 하는 가운데 음성통화 또는 영상통화를 하는 것이 바로 논리채널 개설과 같다. 호와 논리채널은 멀티미디어 서비스를 지원하기 위하여 정의된 것으로 호는 두 TE사이의 설정된 경로와 비슷하고 논리채널은 TE 사이의 미디어 전달을 위한 통로를 나타낸다.

5.1.5 호와 논리채널 설정과 해제 방법

게이트키퍼와 TE 사이의 RAS를 위한 첫 번째 과정은 TE가 초기화되면서 하나의 zone의 하나의 구성원으로 동작하기 위하여 게이트키퍼에게 등록을 수행하는 것이다. 등록 이후 TE는 다른 TE와 통화하기 위하여 수신 TE의 위치정보를 게이트키퍼로부터 받고 수신 TE에게 호 설정을 요청하게 된다. 호 설정이 이루어지면 TE들 사이의 논리채널 개설이 이루어지게 된다. 이러한 호와 논리채널의 설정 및 해제 방법은 그림 5.5와 같다.

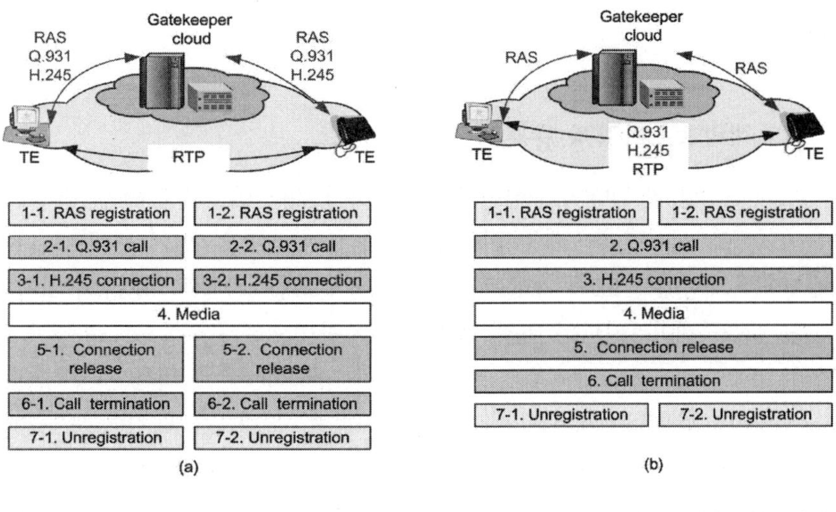

• 그림 5.5 • TE의 호와 채널 설정/해제 방식 (a) 게이트키퍼 경유 연결방식 (b) 직접 연결방식

호와 논리채널의 설정과 개설은 그림 5.5(a)와 같이 모든 절차가 게이트키퍼를 경유하는 방식과 그림 5.5(b)와 같이 게이트키퍼에게 필요한 정보를 획득한 후 TE들 사이에 직접 연결하는 방식으로 나눌 수 있다. 또한 그림 5.5(a) 방법에서 Q.931은 게이트키퍼를 경유하지만 H.245는 TE들 사이에 직접 교환하는 것도 가능하다.

해제하는 과정은 미디어가 전달된 이후 H.245를 이용하여 논리채널을 해제한 이후 호를 해제하는 절차를 통해 이루어진다. 만약 논리채널이 여러 개 개설되어 있다면 이들을 모두 해제하고 호를 해제하여야 하며 한 번에 모든 논리채널을 해제하는 방법도 있다. 또한 TE가 더 이상 zone에 구성원으로 동작하기를 원하지 않는 경우에는 등록을 해제하는 과정을 게이트키퍼와 수행하게 된다.

게이트키퍼 기능은 단독 장치로 구성될 수 있지만 다른 장치에 내제될 수도 있다. 예를 들어 MCU와 게이트키퍼가 하나의 장치로 구성될 수도 있고 하나의 TE가 게이트키퍼 기능을 포함할 수도 있으며 별도의 게이트키퍼 없이 모든 TE에 분산되어 설정될 수도 있다.

5.2 RAS

앞 절에서 설명한 바와 같이 H.323 zone에서 TE들 사이의 미디어를 전달하기 위해서는 게이트키퍼와 RAS, TE 사이의 호 설정, 그리고 TE 사이의 논리채널 개설 등이 이루어져야 한다. 또한 미디어 전달이 끝나면 논리채널을 해제하고 설정된 호를 해제하게 되며 TE가 zone에서 더 이상 동작을 하지 않고자 할 때에는 등록을 해제하게 된다.

5.2.1 게이트키퍼에게 등록

TE가 H.323의 하나의 구성원으로 동작하기 위해서는 가장 먼저 게이트키퍼의 위치를 파악하고 게이트키퍼에게 등록해야 한다. 그림 5.6은 TE가 게이트키퍼에 등록하고 해제하는 과정에서 TE와 게이트키퍼 사이에 주고받는 메시지 종류와 절차를 보여주고 있다. TE가 게이트키퍼의 위치 정보를 얻는 방법으로는 수동으로 사전에 설정하는 방법과 DHCP(dynamic host configuration protocol)에 의한 자동 설정 방법이 있다. 어떠한 방법으로 게이트키퍼의 정보를 얻던, 그림 5.6과 같이 RAS의 GRQ/GCF (gatekeeper request/confirm) 메시지를 이용하여 게이트키퍼의 정보를 얻게된다. 만약 게이트키퍼를 찾는 RAS 과정에서 정보제공이 적절하지 않거나 인증에 실패할 때에는 게이트키퍼가 그 이유와 함께 GRJ(gatekeeper reject) 메시지를 보내게 된다.

GRQ 메시지를 보낼 때 TE가 사전에 설정된 게이트키퍼 주소를 알지 못하는 경우 IP multicast 주소인 224.0.1.41을 수신주소로 하고 포트번호는 1718로 하여 인터넷에 전달하게 되면 가장 가까운 게이트키퍼가 GCF 메시지로 자신의 IP 주소를 TE에게 알려준다. 만약 TE가 GCF 메시지를 받지 못하면 같은 절차를 여러 번 시도하고 응답이 없으면 H.323 서비스가 불가함을 사용자에게 알려준다.

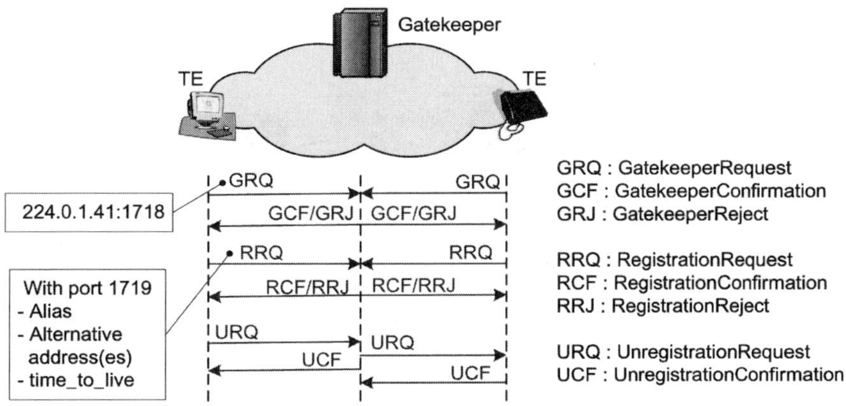

• 그림 5.6 • 게이트키퍼에 단말 등록과 해제과정

TE가 게이트키퍼의 위치정보를 파악하면 게이트키퍼의 IP 주소에 포트번호는 1719로 하여 TE의 H.323 관련 정보를 등록하게 된다. 이때 사용되는 메시지는 RRQ (registration request) 메시지와 RCF(registration confirm) 메시지이며 이때 등록유효 시간 값을 포함하며 지속적으로 등록을 유지하고자 할 때에는 유효시간이 만료되기 전에 재등록을 하게 된다. 만약 게이트키퍼가 RRQ에 대하여 등록을 거부할 경우에는 RRJ(registration reject) 메시지에 이유를 포함하여 TE에게 알려준다. 그리고 TE가 H.323의 zone에서 더 이상 동작하지 않을 때에는 등록을 해제하는 URQ (un-registration request) 메시지를 게이트키퍼에 보내고 게이트키퍼는 해당 TE의 정보를 모두 해제하고 더 이상 등록정보를 유지하지 않음을 의미하는 UCF (un-registration confirm) 메시지로 응답하게 된다.

5.2.2 수신 TE의 위치정보 획득

한 TE가 다른 TE에게 호를 설정하기 위해서는 수신 TE의 IP 주소를 알아야 한다. 예를 들어서 그림 5.7과 같이 게이트키퍼 1의 zone에서는 전화번호형태의 123-xxxx 구분을 사용하고 게이트키퍼 2의 zone에서 456-xxxx 형태로 TE들을 구분할 때에는

123-4567 단말이 456-7890 단말과 호 설정을 하기 위해서는 456-7890의 IP 주소를 알아야 한다.

다른 zone에 존재하는 TE의 IP 주소를 얻기 위해서는 123-4567의 송신 TE는 그림 5.7과 같이 자신의 zone에 있는 게이트키퍼에게 456-7890에 대한 LRQ(location request) 메시지를 전송하고 게이트키퍼는 456-7890을 관리하는 게이트키퍼에게 LRQ 메시지로 이 TE의 IP 주소를 의뢰하게 된다. 만약 게이트키퍼가 456-xxxx을 관리하는 게이트키퍼의 정보를 가지고 있지 않으면 224.0.1.41의 multicast 주소로 전체 게이트키퍼에게 물어본다.

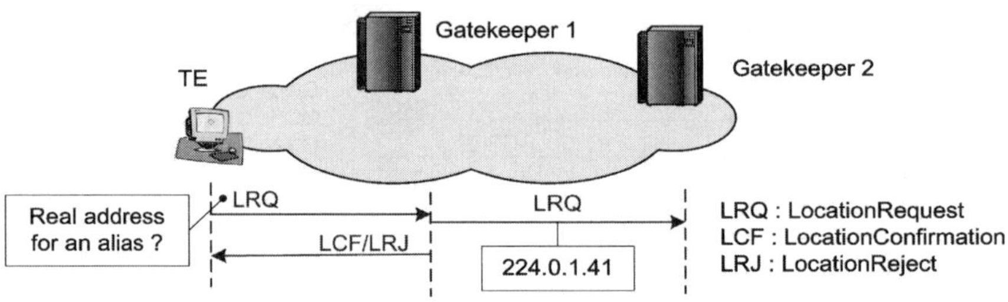

• 그림 5.7 • 수신 TE 주소 찾는 게이트웨이 사이 동작

게이트키퍼는 456-7890 번호를 사용하는 TE의 IP 주소를 LCF(location confirm) 메시지를 통하여 의뢰한 TE에게 알려준다. 만약 찾는 TE가 현재 통화 불가한 상태인 경우에는 LRJ(location reject) 메시지를 전달한다. LCF 메시지를 전달하는 것은 수신 TE가 통화 상대방으로 적절하다는 것을 의미한다.

5.2.3 통화허락 의뢰

게이트키퍼는 자신이 관리하는 zone 내의 모든 TE의 등록 상태 관리와 인증은 물론 통화여부 결정 권한을 가지고 있다. 호 설정 방식이 게이트키퍼를 경유하는 방식이던 직접 연결하는 방식이던 송신 TE가 수신 TE의 위치 정보를 얻게 되면 ARQ(admission request)와 ACF(admission confirm) 메시지를 게이트키퍼와 주고받아 송수신 TE들의 통화 여부를 허락받는다.

호 설정을 요청하는 송신 TE는 Setup 메시지를 전달하기 전에 게이트키퍼와 ARQ/ACF 메시지를 주고받고 수신 TE는 Setup 메시지를 받게 되면 Connect 메시지를 보내기 전에 게이트키퍼와 ARQ/ACF 메시지를 주고받는다. 이러한 동작을 도식하면 그림 5.8과 같으며 그림 5.8(a)는 직접 연결하는 방식에서의 동작이며 그림 5.8(b)는 게이트키퍼를 경유하는 방식에서의 게이트키퍼와의 통화 허락을 보여주고 있다.

호 설정하는 과정에서 게이트키퍼에게 ARQ/ACF 메시지 교환을 위한 대역폭 할당을 요청할 수 있으며 호 설정 이후에는 그림 5.9와 같이 논리채널에 대역폭 변경을 수행할 수 있다. 통화 중인 한 TE가 BRQ(bandwidth change request) 메시지를 게이트키퍼에게 보내고 BCF(bandwidth change confirm) 메시지를 받으면 현재 개설되어 있는 논리채널을 해제하고 변경하고자 하는 대역폭 값을 포함하여 논리채널을 개설한다.

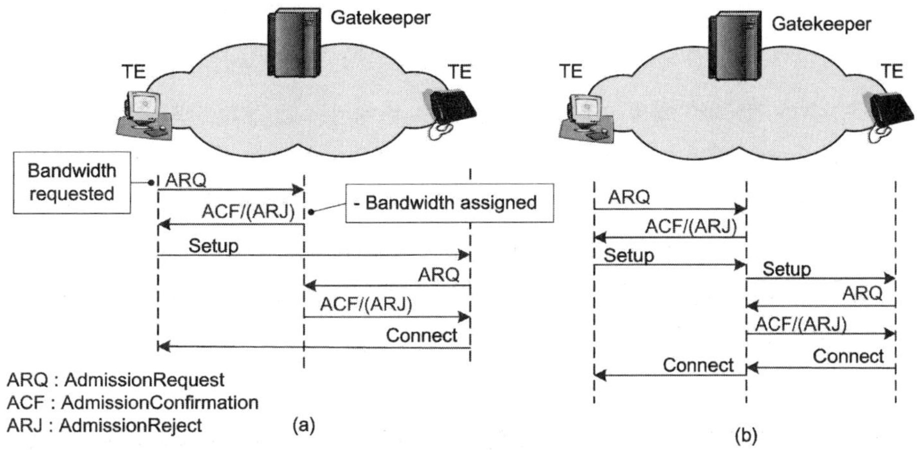

• 그림 5.8 • 호 설정과 해제를 위한 게이트키퍼의 허락과정 (a) 게이트키퍼 경유하지 않은 방식 (b) 게이트키퍼 경유하는 방식

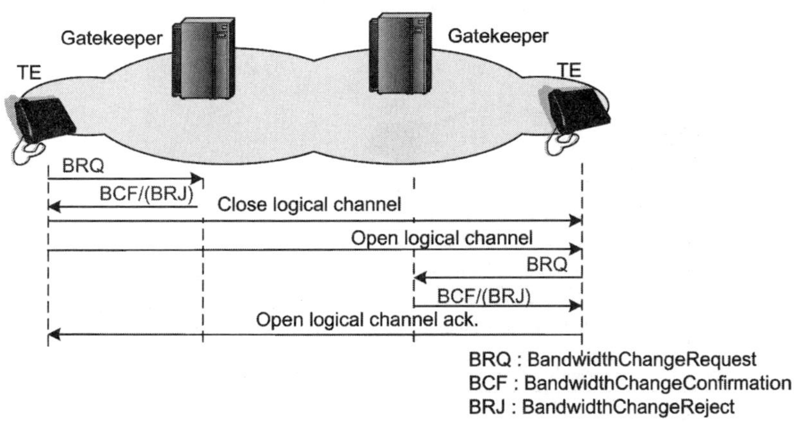

• 그림 5.9 • 대역폭 변경을 위한 RAS 동작

5.3 호 설정과 논리채널 개설

H.323의 RAS을 수행하면 TE는 다른 TE와 통화 설정을 시도하게 된다. 송수신 TE 사이에 호와 논리채널을 통하여 사용자들은 원하는 음성, 영상 미디어를 교환하게 된다. PSTN에서는 음성트래픽만 전달하기 때문에 호와 논리채널 구분이 필요 없었으나 ISDN에서는 하나의 선로에 음성과 데이터 트래픽을 전달하기 때문에 두 채널이 구분되기 시작하였다. 같은 맥락으로 H.323에서는 논리채널이라는 이름으로 음성, 영상 등 다양한 미디어들을 동시에 지원할 수 있도록 정의하였다.

송수신 TE 사이에서 미디어를 교환하기 위해서는 그림 5.10과 같이 먼저 호를 설정한 후 논리채널을 개설한다. 호 설정에 사용하는 메시지는 Q.931에서 정의된 Setup, Alerting, Connect 메시지들이며 ISDN 파라메타가 아닌 각 메시지가 포함하는 파라메타들은 인터넷 텔리포니에 필요한 정보를 포함하고 있다[22]. 호 설정이 이루어지고 나면 H.245를 이용하여 터미널의 처리능력과 용량 등의 피라미터 값을 송수신 단말이 교환하고 나면 논리채널이 개설 된다.

5.3.1 게이트키퍼 기능을 포함한 TE 사이의 호 설정과 논리채널 개설

호 설정 이후 논리채널이 개설되면 논리채널을 통하여 미디어가 전달되게 되는데 논리채널의 특성을 단대단 사이에서 협상할 수 있다. 논리채널의 특성으로는 단방향, 양방향 형태 또는 다자간통화 형태가 있을 수 있으며 대화형태, 방송형태 등을 선택할 수도 있으며 실시간 서비스 지원여부도 포함된다.

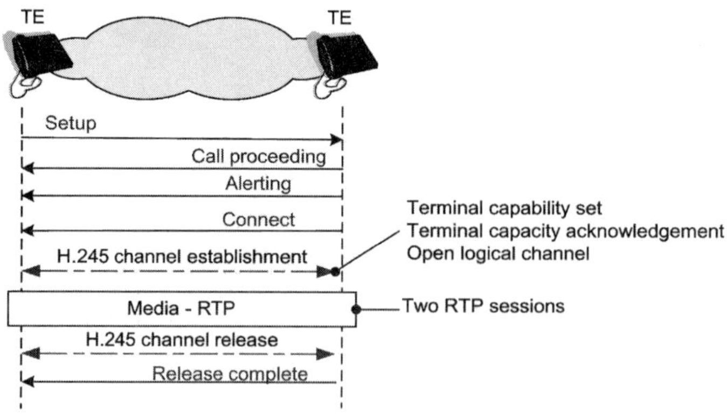

• 그림 5.10 • 호 설정, 채널 개설과 해제과정

22) ISDN 메시지의 파라메타를 IE(information element)라고 함.

해제하는 과정은 설정과정의 역순으로 논리채널을 먼저 해제하고 호를 해제하기 위해 Release complete 메시지를 이용한다. 만약 논리채널이 여러 개 개설되어 있다면 논리채널에 대해서만 해제가 이루어질 것이고 모든 논리채널을 해제한 다음 TE 사이의 세션 호를 해제하여야 한다.

그림 5.10과 같이 호 설정과 논리채널 개설이 두 단계로 이루어져 사용자들이 불편할 수 있으며 사용자가 사용하는 단말이 음성 트래픽만 발생한다면 굳이 두 단계로 나누어야 할 필요가 없을 것이다. Setup 메시지에 fast connect 선택을 하고 H.245에 포함되는 코덱과 터미널 처리능력 및 용량에 대한 정보를 메시지 내에 포함하게 되면 H.245 절차를 거치지 않고 논리채널까지 호 설정하는 과정에서 이루어질 수도 있다. 마찬가지로 호를 해제하는 과정에서 기존 논리채널까지 해제할 수 있다.

5.3.2 게이트키퍼를 경유한 호 설정과 논리채널 개설

H.323의 중요 기능블록인 게이트키퍼는 인터넷 텔리포니의 전화번호, 별칭 등의 IP 주소 매핑테이블을 관리하는 기능을 수해한다. 예를 들어 친구이름을 바로 입력하거나, 혹은 세종, 강감찬, 이순신과 같은 별칭을 사용하던 아니면 전화번호와 같은 형태를 사용하더라도 인터넷에서 패킷 전달의 가장 기본은 IP 주소이다. 따라서 게이트키퍼는 최소한 송신 TE가 원하는 수신 TE의 IP 주소 정보를 포함하여 채널 개설과 미디어 코덱 관련한 정보를 제공하여야 한다.

게이트키퍼가 그림 5.11과 같이 구성되어 있을 때 RAS의 ARQ/ACF 메시지를 게이트키퍼와 교환하여 수신 TE의 IP 정보를 얻으면 그림 5.11(a)에서와 같이 직접 Q.931의 Setup 메시지를 수신 TE에게 보내거나 그림 5.11(b)에서와 같이 Q.931의 Setup 메시지를 게이트키퍼를 경유하여 전달하게 된다. 수신 TE는 Setup 메시지를 받았다는 것을 송신 TE에게 Call proceeding 메시지로 알려준다.

수신 TE는 ring과 ring tone을 처리하기 위한 Alerting 메시지 전에 게이트키퍼에게 통화수신 허락을 ARQ/ACF 메시지로 승인받는다. 이 과정을 성공하면 수신 TE는 ring이 울리고 송신 TE는 ring tone이 울릴 수 있도록 Alerting 메시지를 전달한다. 그리고 수신 TE가 응답을 하면 Connect 메시지를 전달하여 두 TE 사이에 미디어 설정과 미디어 교환이 이루어진다. Alerting와 Connect 메시지 교환은 직접연결방식과 게이트키퍼 경유 방식에 따라 각각 처리된다. 미디어가 전달될 때에는 게이트키퍼와 무관하게 처리되며 해제하는 과정도 각각의 처리방식에 따라 게이트키퍼의 관여 여부가 결정된다.

일반적인 전화망과 같은 환경이라면 그림 5.11(a)보다는 그림 5.11(b)와 같이 게이트키퍼를 경유하면서 게이트키퍼가 모든 TE들의 상태관리를 수행할 것이다. 특히 인터넷전화사업자 망의 과금과 연계된다면 신호 프로토콜 정보들은 게이트키퍼를 경유하도록 구성할 것이다.

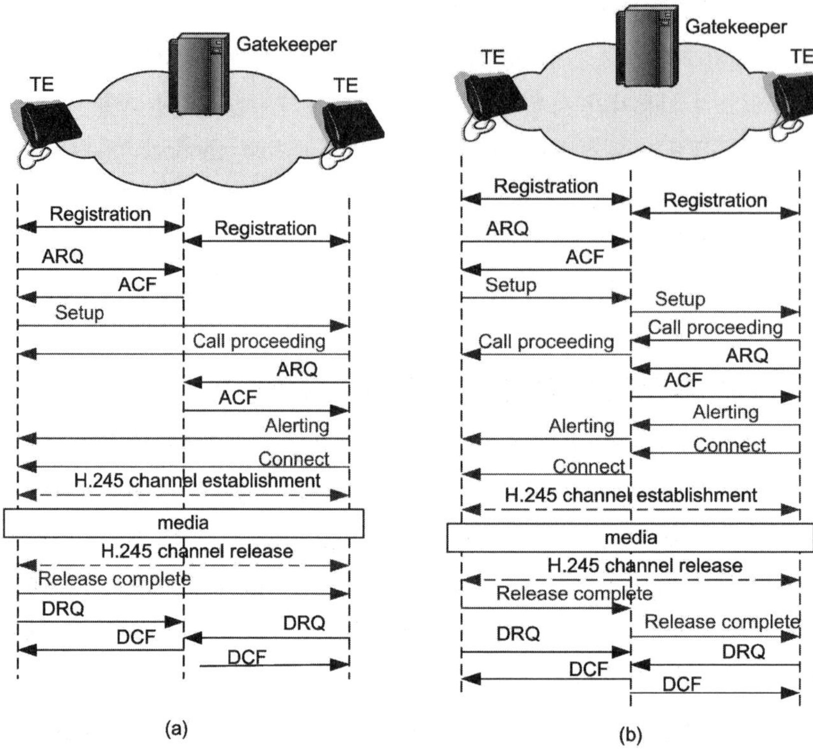

• 그림 5.11 • 호 설정과 해제 방식 (a) 직접 연결방식 (b) 게이트키퍼 경유방식

5.3.3 다른 Zone에 있는 단말과의 호 설정과 논리채널 개설

서로 다른 게이트키퍼에 의하여 zone이 관리되고 있을 때 두 TE 사이의 호 설정과 논리채널 개설 과정은 그림 5.12와 5.13과 같이 동작될 수 있다. 송신 TE는 게이트키퍼에게 **LRQ** 메시지를 통하여 수신 TE의 IP 주소를 물어보았을 때 해당 zone 내의 원하는 수신 TE가 존재하지 않는 경우 해당 zone의 게이트키퍼에게 **LRQ** 메시지를 전달하게 된다. 이러한 동작을 하기 위해서는 게이트키퍼와 TE들 사이의 호 설정을 위한 주소체계 관리 또는 호 전달체계에 대한 사전 설정이 필요하다. 또는 **LRQ** 메시지를 IP multicast 주소를 사용하여 전체 게이트키퍼에게 전송할 수도 있을 것이다.

송신 TE가 게이트키퍼로부터 수신 TE IP 주소를 얻으면 **Setup** 메시지를 수신 TE에게 전달하게 되는데 **Setup** 메시지를 전달하는 방식은 각각의 zone마다 다를 수 있다. 만약 각각의 zone에서 같은 방식으로 운영된다면 그림 5.11과 같고 게이트키퍼가 두 개 존재하는 형태로 동작할 것이다. 그림 5.12는 수신 TE가 소속되어 있는 zone의 운영방식이 게이트키퍼를 경유하는 방식으로 운영되는데 송신 TE zone을 관리하는 게이트키퍼가 직접연결을 시도하는 경우 이에 대한 변경을 요청하는 과정을 보여주고 있다.

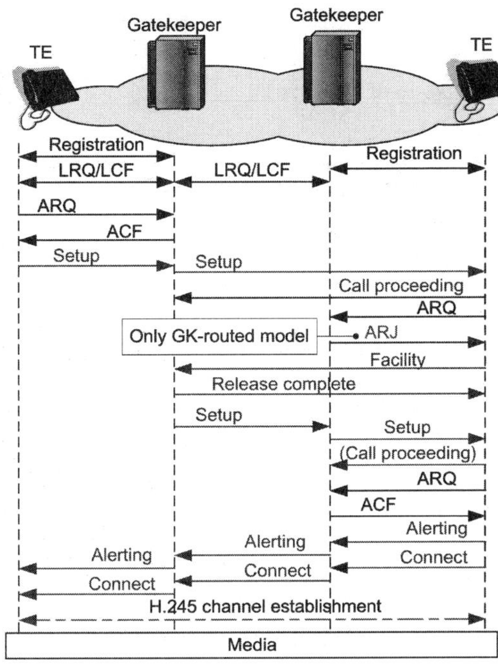

• 그림 5.12 • Facility 사용 예 1

Setup 메시지를 받은 수신 TE는 게이트키퍼와 **ARQ/ARJ** 메시지를 주고받으며 RAS 과정을 수행하는데 이때 **ARJ** 메시지에 수신 TE가 게이트키퍼를 경유하여 운영되어야 함을 알려주게 된다. 수신 TE는 **Facility** 메시지를 상대 게이트키퍼에게 보내면서 호 해제 이유를 알려주게 되고 게이트키퍼는 **Release complete** 메시지를 통하여 수신 TE로 직접 보냈던 **Setup** 메시지를 취소하게 된다. 수신 TE가 소속되어 있는 zone의 운영방식이 게이트키퍼를 경유해야 동작한다는 것을 인지한 송신 TE의 게이트키퍼는 수신 TE를 관리하는 게이트키퍼에게 **Setup** 메시지를 전달하게 된다. 이후 과정은 일반적인 게이트키퍼를 경유하는 방식과 동일하게 동작하게 된다. 이와 같이 **Facility** 메시지는 여러 기능을 주고받을 때 사용될 수 있다.

수신 TE가 소속되어 있는 zone의 연결방식은 그림 5.12와 같지만 송신 TE가 소속되어 있는 zone의 연결방식이 직접 연결하는 방식인 경우의 동작은 그림 5.13과 같다. **LRQ/LCF** 메시지를 통하여 수신 TE의 IP 주소를 얻은 송신 TE는 **Setup** 메시지를 직접 보냈지만 수신 TE는 자신의 zone에서 연결방식은 게이트키퍼를 경유해야 한다는 사실을 Facility 메시지를 통하여 알려준다. 송신 TE는 이전에 보냈던 Setup 메시지를 Release complete 메시지를 통하여 취소하고 게이트키퍼에게 새로운 Setup 메시지를 전송한다. 이후 동작은 그림 5.12와 유사하게 동작한다.

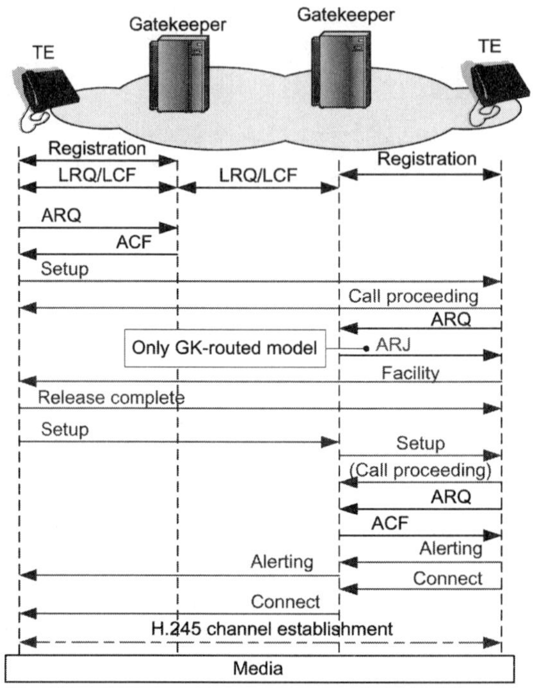

• 그림 5.13 • Facility 사용 예 2

5.3.4 논리채널 개설과 해제과정

호 설정이 끝나면 미디어 전달을 위한 논리채널을 개설하게 된다. 호 설정과 논리채널 개설을 동시에 할 수 있는 방식도 있지만 호 설정한 이후 필요에 따라 순차적 또는 동시에 논리채널을 개설하고자 할 때에는 그림 5.14와 같이 H.245의 open logical channel 관련 메시지를 송수신 TE가 주고받는다. 이때 메시지에는 논리채널 개설과 관련하여 상위 응용서비스들 사이의 코덱 정보와 하부 미디어 전달을 위한 소켓 정보, 그리고 이들을 다중화하기 위한 정보 등이 포함된다.

논리채널 값 협의는 송신 TE가 보낸 값을 수신 TE가 동의하거나 보내준 값들 중에 한 번에 선택할 수 있다면 그림 5.14(a)와 같이 open logical channel ack. 메시지에서 정보교환이 끝나게 된다. 그러나 송신 TE가 보낸 값들을 지원할 수 없거나 역으로 수신 TE가 적절한 값을 다시 제시할 때에는 그림 5.14(b)와 같이 송신 TE가 open logical channel confirm 메시지를 보내면서 둘 사이의 논리채널 값을 맞추게 된다.

미디어 전달이 완료되면 개설된 논리채널을 해제하게 된다. 논리채널 해제는 하나의 TE가 해제를 요청한 후 진행되게 되는데 이 과정과 여기서 주고받는 파라메타들은 그림 5.15와 같다.

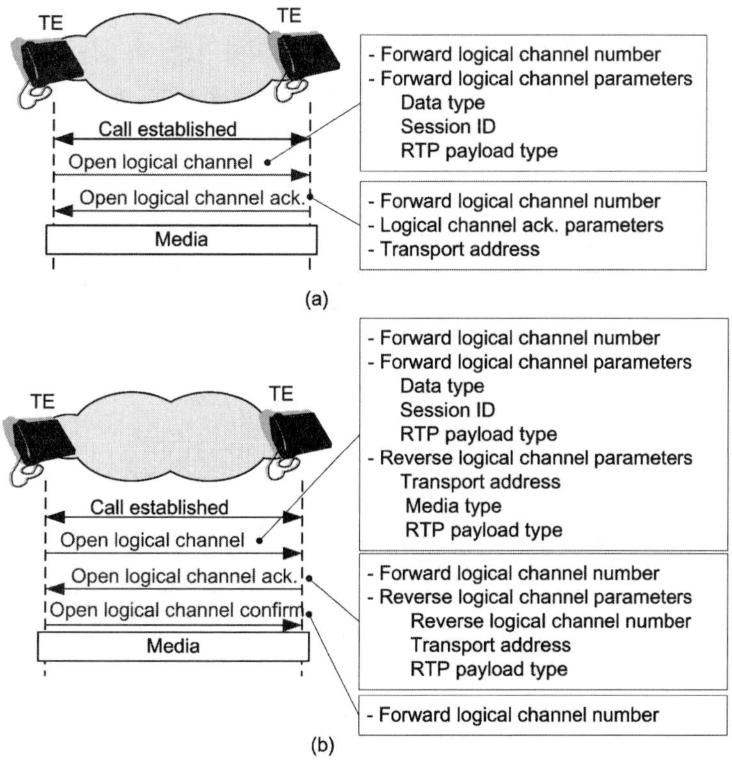

• 그림 5.14 • H.245에 따른 채널 설정 (a) two-way 방식 (b) three-way 방식

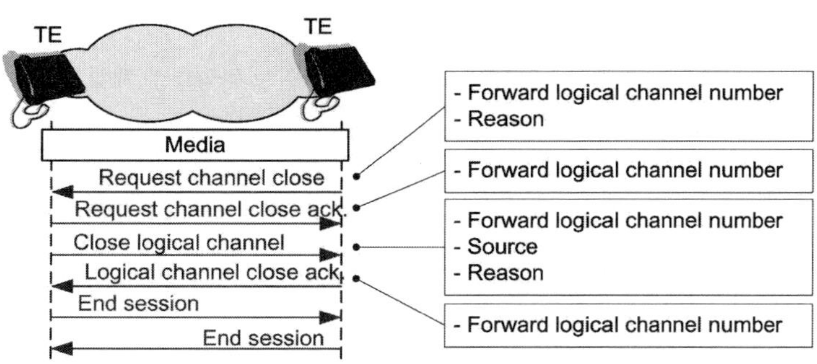

• 그림 5.15 • 채널 해제 과정

5.3.5 다자간 회의를 위한 호 설정과 Master-Slave 설정

H.323에서 MCU를 통한 다자간 통신, 회의 시스템을 제공하는데 회의 미디어 전달에 앞서 호 설정 및 논리채널 개설이 이루어져야 한다. 예를 들어 둘이서 통화하고 있다가 제삼자와 함께 회의 서비스를 사용하는 과정은 그림 5.16과 같다. 먼저 두 개의 TE가 일반적인 호 설정과 논리채널을 개설하게 되는데 이때 회의 서비스 제공에 대한 terminal capacity를 확인하고 master와 slave를 결정하게 된다. Master 설정된 단말은 다른 단말과 호 설정을 하여 다자간 회의를 위한 과정을 수행하게 된다. 호 설정과 논리 채널 개설에 대한 과정이 수행되고 나면 MCU를 통하여 다자간 미디어가 동시에 전달되게 된다.

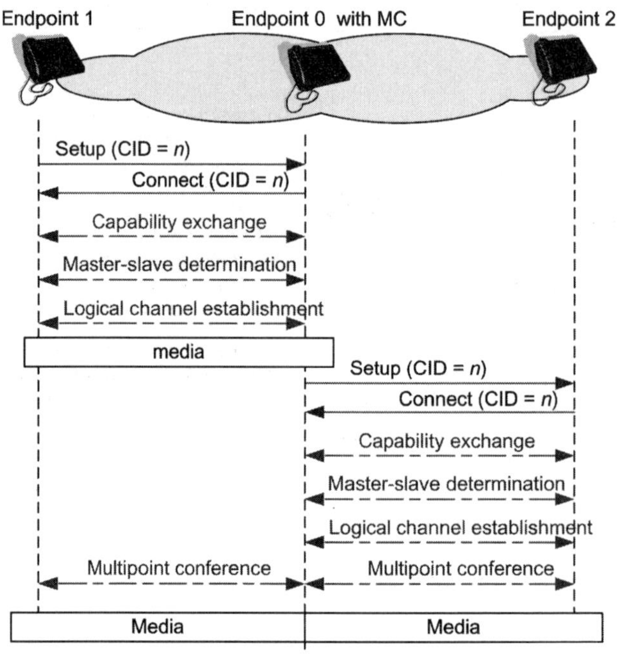

• 그림 5.16 • 다자간 회의서비스를 위한 논리채널 개설

제6장 SIP - Part I

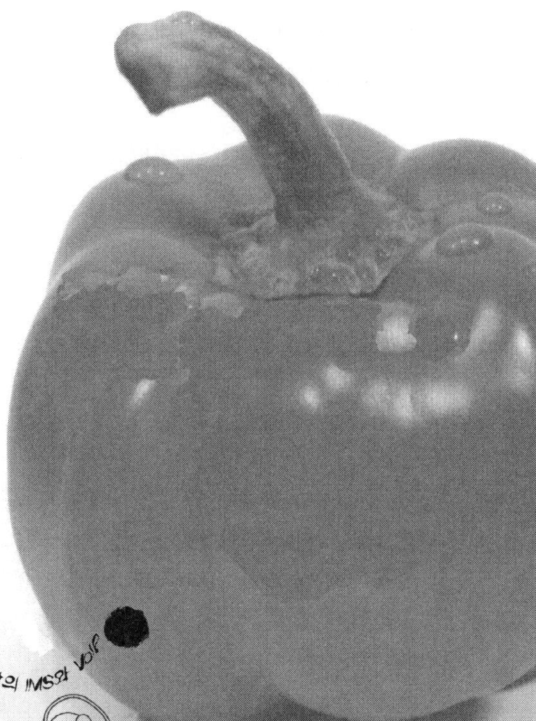

본 장과 다음 장에서는 VoIP 신호 프로토콜 중 핵심기술인 SIP에 대하여 알아볼 것이다. 본 장에서는 client-server 모델의 SIP 단말과 서버, 기본적인 세션설정 절차와 메시지 등에 대하여 소개하고 다음 장에서는 기본 세션 설정 외에 추가로 정의된 서비스를 지원하기 위한 메시지와 헤더, SIP를 H.323 또는 PSTN과 연동 방안 등을 알아볼 것이다.

VoIP 신호 프로토콜로 H.323이 먼저 ITU-T에서 발표되었지만 인터넷 응용서비스의 client-server 모델과는 무관하게 정의되었으며 IETF는 이러한 기본 개념을 기초로 SIP를 표준화하였다. SIP는 H.323과 함께 인터넷에서 멀티미디어 세션 설정을 위한 기능블록, 절차와 메시지 등을 정의하였으며, binary 코딩의 H.323과는 달리 웹 서비스와 같이 텍스트로 세션정보를 기술하는 형식으로 메시지를 정의하였다. 즉, SDP를 활용하여 세션설정과 상위응용서비스의 코덱 정보를 기술하였다.

SIP는 인터넷에서 정의된 세션제어 프로토콜이지만 이동통신망과 유선통신망의 all IP 환경에서 세션제어를 위한 프로토콜로 채택되어 단순 인터넷에서 VoIP 신호 프로토콜 기능 외에도 채택된 통신망 특성에 따라 일부 기능블록과 메시지가 수정될 수 있다. 특히 3세대 이동통신망에서의 CSCF는 SIP 서버에 이동교환기 기능을 첨가한 것이며 NGcN의 소프트스위치는 여러 신호 프로토콜의 플랫폼으로 SIP를 채택하였다. 따라서 SIP는 단순 인터넷에서 VoIP 신호 프로토콜이 아니라 AIPN 환경의 미래 통신망의 신호 프로토콜로 자리매김을 할 것으로 기대된다.

전화망의 P2P 모델을 VoIP가 따라가기 위해서 SIP 단말과 서버 기능블록을 정의하였다. SIP 서버로는 proxy 서버, redirect 서버, 그리고 registrar 등 세 가지 형태를 정의하였고 운영 환경에 따라 다양하게 구현가능하고 각 기능이 SIP 단말에 함께 존재하거나 이들이 통합된 하나의 서버로 구현될 수도 있다. SIP 단말은 발신과 수신 기능에 따라 각각 UAC와 UAS로 분류함으로써 단말도 client-server 모델을 유지할 수 있다. 전화번호와 같은 식별자 외에도 이메일 주소와 같은 형태를 사용할 수 있도록 URI를 정의하므로 향후 PSTN/2세대 이동통신망과의 연동이 용이하게 이루어질 수 있도록 하였다.

SIP 메시지는 HTTP 메시지와 비슷한 형태로 구성되어 있으며 다른 인터넷 응용서비스와 같이 request/response 형태이다. Request는 method와 URI를 첫 라인으로 시작하고 response는 서버가 클라이언트에게 보내는 메시지로 숫자 세자리와 이에 대한 설명으로 시작한다. SIP 메시지는 헤더와 message body 부분으로 구성되며 SIP 헤더는 다양한 필드를 체계적으로 정의할 수 있도록 구성되어 있다. Message body부분은 SDP 정보로 세션과 코덱에 대한 정보를 실을 수 있도록 하였다.

SIP 서버 중 proxy 서버는 발신자, 수신자와 직접 연결되어 있는 교환기 또는 기관의 교환기에 해당하며 각 단말 또는 지역, 기관 등을 대표하여 SIP 메시지를 처리하게 된다. Registrar 서버는 SIP 단말의 이동을 지원하는 서비스로 REGISTER 메시지를 처리하지만 redirect 서버는 일정 지역, 기관 내부에서만 동작하는 서버로 해당 지역이나 기관의 proxy 서버와 연동된다.

이 장은 SIP 기본 기능에 대하여 다루고 있다. 1절에서는 H.323과 함께 1990년대 말 SIP가 출현과 특성을 정리하였다. SIP의 특성으로 다섯 가지를 제시하였고, 특히 H.323과는 달리 텍스트 기반의 작성과 이동성 지원은 멀티미디어와 이동통신 환경에 적용할 수 있다는 것을 알 수 있다. SIP 구성과 프로토콜 스택에 대하여 2절에서 다루었다. SIP 단말과 서버로 나누어 기능블록을 설명하였고 이들 사이에 사용하는 프로토콜 구성을 알아보았다. 또한 SIP 단말들을 구분할 수 있는 URI에 대한 내용도 포함되어 있다. 3절은 SIP 메시지를 클라이언트와 서버 사이에 주고받을 때 인터넷 응용서비스의 기본개념을 기초로 설명하였다. 그리고 4절은 SIP 서버 중 활용사례를 중심으로 proxy 서버를 다른 서버들과 함께 설명하였다. 마지막 절은 SIP 서버 구성에 따른 메시지 교환을 자세하게 살펴보았다. SIP 서버 없이 두 단말이 직접 세션설정을 하는 경우, proxy 서버를 경유하여 설정하는 경우, registrar 서버에 등록과정에 대하여 각 단말과 서버가 주고받는 메시지의 내용들을 자세하게 다루었다.

본 장을 마치면

- SIP가 출현한 배경과 특징을 이해하고 H.323과의 차이점을 설명할 수 있다.
- UA, UAC와 UAS 구분, SIP 서버 등의 SIP 구성요소의 기능을 이해하고 이들의 프로토콜 구성을 이해할 수 있다.
- SIP 메시지 종류를 설명하고 각 메시지 내용 구성을 이해한다.
- UA와 SIP 서버들 사이의 세션 설정과 해제 절차를 설명할 수 있고 및 해당 메시지 내용을 해석할 수 있다.
- 간단한 특정 환경이 주어지면 환경에 맞는 SIP UA와 서버를 구성할 수 있다.

6.1 SIP 출현 및 특성

1990년대 초반 영상회의 서비스를 위하여 IETF(Internet Engineering Task Force)는 IP QoS(quality of service)와 IP multicast와 같은 기본적 송수신 외에 부가적으로 IP 요소기술을 설계하였다. 패킷 망에서 실시간 서비스를 지원하기 위하여 RTP(real-time transport protocol)를 먼저 정의하게 되었는데, RTP는 저속의 패킷 망에서 샘플링되는 타임스탬프와 코덱 정보 등을 포함하여 단대단(end-to-end) 패킷을 전달한 후에 수신된 패킷에 대해 실시간 서비스를 지원[23]하는 것이었다. 인터넷 텔리포니 서비스는 물론 다른 실시간 서비스를 요구하는 응용서비스들이 RTP를 미디어 전달 프로토콜로 채택한다고 해서 실시간 서비스를 보장받는 것은 아니다. RTP는 단대단 실시간 서비스를 지원하기 때문에 하부 전달망의 단대단 패킷 전달시간이 150ms를 보장하여야 실시간 서비스를 제공받을 수 있게 된다.

6.1.1 SIP 출현

RTP의 보급과 함께 VoIP(voice over IP) 신호 프로토콜에 대한 관심이 고조되면서 각 제조업체는 자체 신호 프로토콜을 출시하였지만 상호 연동되지 않았으며 표준기관은 자신들의 표준화절차 및 철학에 따라 VoIP 신호 프로토콜을 정의하였다. 가장먼저 ITU-T(International Telecommunication Union - Telecommunication Standard Sector)는 1990년대 중반 H.323을 기존 PSTN 신호 프로토콜 절차에 따라 정의하였으며 인터넷 텔리포니 시장에는 H.323을 채택한 제품이 출시되었다. 이때 H.323은 대부분 LAN(local area network) 또는 소규모 인터넷 전화 제품들이 대부분이었다.

인터넷 관련 프로토콜의 표준 권한을 가지고 있는 IETF는 1999년 SIP(session initiation protocol)를 발표하였으며 SIP는 기존 인터넷 응용서비스의 client-server 모델에 따라 표준을 정의하였다. SIP를 H.323과 비교하여 볼 때, SIP의 메시지 교환절차는 일반전화의 호 접속과 해제 절차와 동일하기 때문에 H.323과 동일하지만 SIP의 기본 메시지 및 구성이 다른 인터넷 응용서비스와 동일하기 때문에 PSTN(public switched telephone network) 메시지 형태를 갖는 H.323과는 다르다고 할 수 있다. 그리고 SIP는 인터넷 텔리포니 서비스를 위한 단순 전화서비스 외에도 멀티미디어 서비스 지원, 메신저 등 다양한 서비스를 지원할 수 있도록 메시지와 기능이 추가되었으며 필요한 기능을 용이하게 정의할 수 있는 확장성이 장점으로 부각

23) RTP는 실시간 서비스를 지원하는 것이지 보장하는 것은 아님. 실시간 서비스 전달을 보장하기 위해서는 IP 계층에서 일정시간 내에 단대단 전달을 책임지어야 함.

되었다.

1999년 SIP와 함께 IETF는 타 망과 연동을 목표로 정의된 게이트웨이를 제어하기 위하여 megaco(media gateway control)/H.248 프로토콜을 정의하였다. SIP와 megaco/H.248은 세션과 코덱 정보를 기술하기 위하여 SDP(session description protocol)를 사용하기 때문에 송수신 단말의 지원 기능에 따라 상호보완적으로 활용될 수 있다. 따라서 SIP와 megaco/H.248 프로토콜은 NGcN(next-generation convergence network) 및 3세대 이동통신망의 IMS(IP multimedia subsystem)에 핵심기술로 자리매김을 하고 있다.

6.1.2 SIP 특징

SIP는 IETF에서 정의된 인터넷 응용서비스의 여러 장점 및 특성을 가지고 있다. 첫 번째로 SIP는 인터넷 응용서비스의 client-server 모델을 유지하고 있다. 일반적으로 전화서비스는 P2P(peer-to-peer) 서비스 형태로 제공되며, 호 발신과 수신이 전화단말에서 이루어지는 반면 인터넷 서비스는 다수의 클라이언트들이 서버와 통신하는 형태로 제공되며 클라이언트가 먼저 데이터를 전송하지 서버가 먼저 데이터를 보내는 경우는 없다. 현재 우리가 사용하고 있는 인터넷의 파일전송, 터미널서비스, 이메일 액세스 서비스와 웹 서비스 등이 모두 여기에 해당된다. 인터넷 응용서비스에 해당하는 SIP도 client-server 모델을 유지하고 있다. 인터넷 텔리포니 서비스를 위한 SIP 단말[24]을 UA(user agent)라고 하는데 UA는 UAC(UA client)와 UAS(UA server)로 이루어져 있다[25]. 인터넷전화 단말기의 발신 기능을 사용하는 경우 UAC 모듈이 동작하고, 수신 기능을 수행하는 경우 UAS 기능이 동작한다. SIP 단말을 UAC와 UAS 기능으로 나눈 것은 IP의 client-server 모델을 유지하기 위함이다.

두 번째로 SIP 메시지 구성은 HTTP(hyper-text transfer protocol)와 SMTP (simple mail transfer protocol)의 메시지와 마찬가지로 request와 response 메시지로 나눌 수 있으며 텍스트 기반의 코딩을 사용하고 있다. 클라이언트가 보내는 SIP request 메시지는 HTTP의 request 메시지와 비슷하게 첫 번째 라인에 method와 URI(uniform resource identifier)를 포함하고 있으며 서버가 응답하기 위하여 전달하는 response 메시지는 숫자 세 자리와 이를 설명하는 형태로 되어 있다. 따라서 텍스트로 기술되어 있는 SIP 메시지는 표준안에서 정의하고 있는 파라메타의 설명을 보지 않아도 일부 약어만 알고 있으면 해석이 가능하다.

24) 이 장에서 SIP 단말과 인터넷전화단말은 같은 단말을 의미하며 SIP 프로토콜과 관련되는 경우 SIP 단말이라는 용어를 사용함.

25) SMTP을 이용하는 이메일 서버도 UAC와 UAS로 구성되며 메일을 보낼 때에는 UAC가, 메일을 받을 때에는 UAS가 동작함.

세 번째로 SIP는 UNI(user-network interface)와 NNI(network-network interface) 구분 없이 사용할 수 있다. PSTN에서는 단말과 교환기 사이(UNI)와 교환기와 교환기 사이(NNI)의 신호 프로토콜로 ITU-T Q.931과 SS 7(signaling system no. 7) 으로 각각 신호메시지 이름과 기능이 분리되어 있다. 또한 H.323 역시 TE(terminal equipment)과 게이트키퍼(gatekeeper) 사이 신호절차만 정의하고 있을 뿐 게이트키퍼들 사이에 사용하는 것을 정의하고 있지 않다. 그러나 SIP 메시지는 SIP 단말과 단말사이, SIP 단말과 SIP 서버 사이는 물론이고 SIP 서버와 SIP 서버 사이에도 사용할 수 있어 확장성이 뛰어나다고 할 수 있다.

네 번째로 SIP는 사용자 이동성을 제공하고 있다. 이동성 서비스를 제공하기 위하여 IP 계층에서는 mobile IP를 정의하고 있지만 SIP는 사용자가 e-mail 형태의 URI를 사용하기 때문에 응용 계층 수준의 이동성 서비스를 제공하고 있어 물리적 위치가 변경되더라도 Registrar 서버에 변경된 위치 정보를 등록함으로써 자신에게 수신되는 세션은 물리적 위치와 무관하게 수신 요청을 받을 수 있다.

다섯 번째로 SIP는 멀티미디어를 지원하기 위하여 다양한 세션을 표현할 수 있는 SDP를 채택하고 있으며 SIP 메시지 헤더에 다양한 정보를 추가할 수 있도록 되어 있다. 이것은 두 번째 특징인 텍스트 기반의 코딩을 활용하는 것으로 신규 서비스를 위한 헤더 정의가 용이하고 개인적인 서비스 개발도 할 수 있어 향후 신규 서비스 및 멀티미디어 서비스 지원에 매우 중요한 역할을 할 수 있을 것이다. 예를 들어 SIP는 초기에 전화서비스를 고려하여 설계하였지만 추가적으로 메신저 서비스를 지원할 수 있는 메시지를 정의하였고 PSTN 망과의 효율적인 연동을 위하여 헤더 등을 추가하였다.

이와 같이 SIP는 단순 전화서비스에서 멀티미디어 서비스와 다양한 부가서비스를 지원할 수 있도록 발전하였으며, 인터넷 텔리포니 서비스를 제공하는 인터넷전화사업자(ITSP: Internet telephony service provider)는 신호 프로토콜로 SIP 외에 H.323, MGCP와 megaco/H.248 등을 사용할 수 있다. 다양한 VoIP(voice over IP) 신호 프로토콜 중에 SIP가 앞에서 설명한 이유들로 대세를 이루고 있으며 NGcN과 3세대/4세대 이동통신망의 IMS에서도 기본 표준으로 SIP를 채택하고 있어 향후 all IP 환경에서 제어 프로토콜로 SIP가 자리 잡을 것으로 예상하고 있다. 또한 WiMAX(worldwide interoperability over microwave access)/WiBro 통신망에서 인터넷전화 서비스를 지원할 때에도 SIP를 채택할 예정이다. 따라서 독자들이 사용하는 IP 환경에서의 멀티미디어 제어 프로토콜은 대부분 SIP가 그 역할을 담당하고 있을 것이다.

6.2 SIP 구성요소 및 프로토콜 스택

6.2.1 기능블록

SIP 기능블록은 기능에 따른 여러 종류의 서버와 단말을 정의하고 있다. 인터넷의 응용서비스는 기본적으로 client-server 모델을 기초로 구현되며 인터넷 텔리포니는 비록 P2P(peer-to-peer) 모델이지만 인터넷 응용서비스 중 하나이므로 client-server 모델을 유지하고 있다. 그리고 인터넷전화단말 입장에서 마치 교환기 역할로 간주될 SIP 서버는 인터넷에서 단말 형태로 설치되지만 송수신 인터넷전화단말기의 세션 설정과 해제의 교환기 기능을 수행한다.

인터넷전화단말에서 세션 설정과 해제를 요청하는 신호메시지를 처리하는 SIP 서버는 PSTN의 교환기에 해당하며, 수행하는 기능에 따라 proxy 서버, redirect 서버 그리고 registrar 로 구분할 수 있고 초기 SIP 버전에서는 location 서버도 존재하였었다. 하나의 인터넷전화단말이 다른 영역의 인터넷전화단말과 세션 설정을 요청하는 경우 그림 6.1과 같이 각 영역에 별도의 SIP 서버가 존재할 수 있다. 송신단말과 수신단말이 위치하는 영역인 aa.ss.com과 kw.ac.kr에 각 인터넷전화단말의 SIP 메시지를 처리하는 SIP 서버가 별도로 존재하며 이 영역 사이의 SIP 메시지 전달은 각 서버의 기능에 따라 SIP 서버들에 의하여 이루어진다. 그리고 여러 SIP 서버들이 하나의 서버로 통합될 수도 있으며, 한 영역 내의 하부 소영역을 담당하는 proxy 서버를 추가로 구성할 수도 있다.

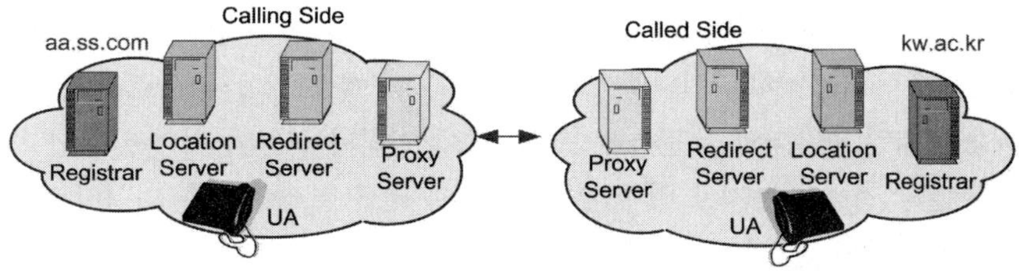

• 그림 6.1 • SIP 서버 구성 예

Proxy 서버는 기능에 따라 발신단말을 위한 proxy, 수신단말을 위한 proxy, 또는 특정 영역을 담당하는 proxy 등으로 동작할 수 있으며 proxy 서버가 존재하는 경우 인터넷전화단말에서 발생된 SIP 메시지는 반드시 proxy 서버를 경유하여 해당 인터넷전화단말에게 전달되도록 되어 있다. 기존 전화망과 비교하여 볼 때 단말기는 반드시 교환기와 연결되도록 되어 있으며 NGcN과 3세대/4세대 이동통신망에서도 proxy

서버 개념은 유지되고 있다. NGcN과 3세대/4세대 이동통신망에서 VoIP 기능을 갖는 단말은 NGcN의 소프트스위치 또는 IMS(IP multimedia subsystem)의 P-CSCF (proxy-connection state coordination function)와 논리적 연결이 되어 있어 해당 단말과 관련된 신호메시지 처리를 담당하도록 설계되어 있다.

Redirect 서버는 수신 인터넷전화단말이 자신의 영역이 아닌 다른 영역으로 이동하였을 때 이동한 위치정보를 알려주는 기능을 수행한다. 예를 들어 min@kw.ac.kr이 kw.ac.kr 영역에서 bb.com 영역으로 이동하면서 새로운 URI로 min@bb.com를 사용하고 있다면 redirect 서버는 min@kw.ac.kr와 통화를 원하는 인터넷전화단말들에게 min@bb.com을 알려주는 역할을 담당한다. 이러한 이동정보를 알려주는 기능을 위해서는 min@kw.ac.kr이 bb.com 영역으로 이동한 다음에 자신의 kw.ac.kr 영역의 registrar에 등록하여야 한다. Registrar는 min@kw.ac.kr이 bb.com 영역으로 이동한 후 여기서 사용가능한 min@bb.com을 registrar에 등록하여 이동한 영역으로 SIP 메시지가 전달될 수 있도록 한다. 만약 IP 주소로 이동한 정보를 등록하고 지속하여 min@kw.ac.kr을 사용한다면 새롭게 할당받은 IP 주소만을 registrar에 등록하면 된다.

H.323에서는 인터넷전화단말을 TE라고 하는 반면 SIP에서는 UA라는 용어를 사용하며 이에 대한 설명은 이전 절에서 이루어졌다. UA에서 제공되는 서비스는 음성뿐만 아니라 영상, 텍스트 등 다양하며 새로운 서비스도 추가로 개발할 수 있다.

6.2.2 프로토콜 구성

SIP는 다른 VoIP와 마찬가지로 TCP/IP 응용계층에 해당하며 PSTN 교환기처럼 호 설정과정에서 미디어 전달을 위한 자원 할당이나 통화 중 대역폭 관리를 수행할 수 없다. 즉, SIP 서버는 인터넷 단말과 같이 L4 계층 이상의 프로토콜로 동작하고 L3 계층 장치인 라우터와 무관하게 프로토콜이 정의되어 있어 미디어가 전달되는 경로의 자원 할당 기능을 가지고 있지 않다. 따라서 세션 설정한 이후 미디어 전달 경로 상의 라우터의 자원 할당을 위해서는 SIP 서버와 라우터 사이에 자원 할당을 위한 별도의 기능이 추가되어야 한다. 이러한 이유는 다른 VoIP 신호프로토콜처럼 SIP 표준 범위가 L4 계층 이상으로 제한되어 있기 때문이다.

그림 6.2는 SIP 스택과 TCP/IP사이의 관계와 다른 VoIP 스택과의 관계를 도식한 것이다. SIP는 L4 상위계층으로 다른 VoIP 신호 프로토콜인 H.323, MGCP와 megaco/H.248과 같은 수준에 있으며 SIP 상위에 위치한 SDP는 설정과 해제과정에서 세션의 정보와 미디어 코덱 정보를 표현하는데 사용된다. SDP는 SIP외에 MGCP와 megaco/H.248에서도 세션 정보를 표시하는데 사용된다. 미디어는 코덱에 따라

10101010 형태로 코딩된 이후 이를 프레임으로 구성하여 RTP에 실려서 수신단말에 전달된다.

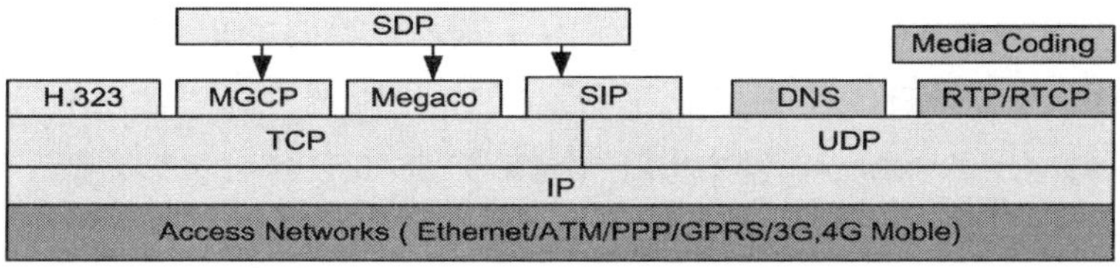

• 그림 6.2 • SIP 스택과 다른 VoIP와의 관계

SIP 메시지는 응용계층 메시지로서 UA와 SIP 서버 또는 UA들 사이에서 전달되게 된다. SIP 메시지를 전달하기 위한 L4 계층은 다음 4가지 중 하나를 사용할 수 있다.

- UDP(user datergram protocol): SIP는 default 포트로 5060을 사용한다. UDP를 사용함으로써 unreliable한 L4라고 간주될 수 있지만 현재 인터넷 하부망은 거의 손실이 없어 UDP datagram을 잃어버리는 확률이 매우 적어졌다. 또한 UDP에서 손실이 되어도 SIP 자체에서 손실을 복구하도록 설계되어 있어 손실된 SIP 메시지가 단대단의 응용계층에서 복원된다.
- TCP(transport control protocol): L4 계층에서 TCP segment 손실을 복원하여 SIP 응용계층에 완전한 메시지를 전달함으로써 SIP 자체적인 손실 복구 기능을 활용하지 않아도 된다. 그러나 TCP는 UDP에 비하여 TCP 세션을 설정하기 위한 설정과정과 해제과정이 포함되어 있어 round-trip 지연이 더 걸리는 단점을 갖고 있다.
- TLS(transport layer security) 계층: Secure socket을 이용하여 SIP 메시지를 전달하는 것으로 보안을 요구하는 경우 활용될 것이며 default 포트는 5061을 사용하여 해당 신호메시지를 보여주지 않아 중간에 인증을 받지 않은 제삼자가 이 메시지를 보지 못하게 하는 기능을 수행한다. 인터넷의 큰 단점인 네트워크 보안 문제점을 보완할 수 있을 것이다.
- SCTP(stream control transmission protocol): TCP는 UDP에 비하여 error control과 congestion control 기능이 있고 세션 설정을 위한 추가적인 round trip 지연이 발생하게 되는 단점을 갖고 있고 UDP는 간단하지만 unreliable한 세션을 제공하는 단점을 갖고 있다. SCTP는 TCP의 장점과 UDP의 장점을 취한 것으로 sigtran 구조에서 신호메시지 전달을 위하여 정의된 L4 계층이다. 따라서 SIP가 SCTP를 사용하게 되면 reliable한 세션을 추가적인 round trip 지연 없이 간단한 error control만 제공하여 매우 효율적인 L4 서비스를 받을 수 있게 된다.

6.2.3 수신자 구분을 위한 URI

PSTN/이동통신망에서는 전화단말 또는 이동단말을 구분하기 위하여 ITU-T E.164에 따라 15자리의 디지트를 사용하고 있다[26]. 예를 들어 +82-2-940-5552과 같이 PSTN에서 사용하는 전화번호는 +(국가번호)-(지역번호)-(교환기번호)-(가입자번호) 형태의 ITU-T E.164 체계를 따르는 것이며 이동단말의 +(국가번호)-(사업자번호)-(HLR번호)-(가입자번호) 형태도 ITU-T E.164 번호체계를 준수한 것이다. 이와 같이 음성전화통신망들은 계층구조의 전화번호 체계를 가지고 있어 수신 단말에게 호를 전달하는데 어려움이 없으며 교환기가 처리하는 계층 수준을 보고 호 전달을 하기 때문에 호 라우팅을 빠르게 처리할 수 있다.

반면 인터넷의 IP 주소체계는 클래스(class)와 클래스 내의 단말지정을 위한 구분자를 사용하며 netmask를 활용한 세부계층을 나눌 수 있지만 전 세계의 인터넷 단말을 체계적으로 관리하는 주소체계를 갖추고 있지 않다. PSTN이 계층적 주소체계를 갖는 반면 인터넷은 flat한 주소체계로 인터넷 단말을 관리하며 라우터는 충분한 클래스 정보를 갖고 패킷 라우팅에 활용한다. 인터넷에서는 이를 보완하기 위하여 라우터의 위치에 따라 인터넷 주소를 부분적 계층 형태로 관리를 하고 있으며 ISP(Internet service provider) 들 사이의 라우팅 정보교환을 통하여 효율적인 패킷 라우팅이 이루어지고 있다. 인터넷 이메일 주소는 PSTN 주소와 같이 계층적 형태로 구성되어 있다. 예를 들어 min@kw.ac.kr과 같이 뒤에서부터 해당국가-기관특성-기관명-사용자명 등의 계층으로 특정 수신자를 지정할 수 있도록 하고 있다. 그러나 이는 사용자에게 편리성을 제공할 뿐 인터넷 패킷 라우팅 과정에서는 이러한 체계가 활용되지 않는다.

SIP에서 채택하고 있는 URI는 이메일 주소와 같은 형태를 사용하고 있다. 기본적으로 user@host 구성은 이메일 주소와 같은 형태이며 여기에 passwd와 port 번호가 선택적으로 입력될 수 있다. port 번호는 SIP 메시지를 전달하는 L4 포트번호이며 passwd 부분은 전화단말 내 응답기기에 녹음된 내용을 외부에서 청취하고자 할 때 비밀번호 입력을 요구하거나, 미리 약속된 발신자들에게만 비밀번호를 알려줘 선택적으로 전화를 받고자 할 때 사용된다. 그리고 uri-parameter에는 다양한 선택 값들을 포함할 수 있으며 headers 부분에는 간단한 인사말이 포함될 수 있다.

```
sip:user:passwd@host:port;uri-parameter?headers
```

---

26) 0-9 숫자를 digit라고 함.

URI의 예를 들면 다음과 같다. min@kw.ac.kr을 URI로 지정하였는데 포트번호는 5060이며 수신자와 통화를 하기 위해서는 비밀번호로 1234가 사전에 설정되어 있다. 또한 메시지를 전달하는 L4 계층으로 UDP를 사용하며 간단히 수신단말에 “Good Morning”이라는 문구를 보여준다. 여기서 ‘%20’은 space를 의미한다. 또한 현재 메시지 수준은 urgent 하다고 표기하여 우선적인 처리를 요구할 수 있다.

```
sip:min:1234@kw.ac.kr:5060;transport=udp?subject=Good%20Moring&priority=urget
```

URI 파라메타는 여러 선택 값을 선택할 수 있도록 [표 6-1]과 같이 다양하며 "uri-parameter=uri-value"의 형태로 구성된다. 이 중 PSTN망과 게이트웨이를 통하여 PSTN 단말을 URI로 선정하고자 할 때에는 'sip +82-2-940-5552@gwpstn.kw.ac.kr;user=phone'과 같이 URI를 지정하면 gwpstn.kw.ac.kr이라는 게이트웨이를 경유하여 PSTN 단말 +82-2-940-552를 지정한다는 의미가 된다.

[표 6-1] uri-parameter 설명

uri-parameter	설명
transport	L4를 지정, {udp, tcp, sctp, tls, other} 중 선택
maddr	Proxy 서버 지정 또는 loose source routing할 때 IP 주소 입력
ttl	SIP 메시지가 중간 거치는 SIP 서버의 수 지정
user=phone	URI 값이 PSTN 전화번호 설정
lr	특정 라우팅경로를 지정

URL vs. URI

웹서비스에서는 웹페이지가 특정 호스트의 특정 파일시스템에 위치하고 있어 URL (uniform resource locator)은 물리적 위치를 지칭할 수 있는 반면 URI는 특정 호스트의 사용자들을 나타내는 것으로 논리적 구분자로 사용된다. 인터넷 텔리포니 서비스에서는 URI를 이용하여 수신단말 또는 수신자 등을 구분할 수 있다.

6.3 SIP 메시지

6.3.1 SIP 서버 중재 없이 두 UA 사이의 SIP 메시지 전달 절차

SIP는 두 UA사이에서 SIP 서버의 중재 없이 세션설정을 할 수 있는데 이는 SIP 서버기능을 각 UA가 가지고 있거나 혹은 상대방 UA에 대한 정보가 분산되어 각각 가지고 있는 경우에 해당한다. 그림 6.3은 두 UA가 직접 세션 설정을 하는 경우에 대한 SIP 메시지 교환절차를 보여주고 있다. 그림 6.3에서 보는 바와 같이 SIP 메시지 중 UAC가 보내는 request 메시지는 INVITE, ACK와 같이 method 부분으로 대표성을 갖는 반면 UAS의 response 메시지는 숫자 셋자리와 이에 대한 설명 부분으로 이루어져 있음을 확인할 수 있다.

SIP 메시지 옆에 Setup, Alerting 메시지 등은 기존 Q.931 신호메시지와 비교설명을 위하여 첨가한 것이다. 즉, kim@aa.ss.com이 min@kw.ac.kr에 인터넷 텔리포니 세션 설정을 INVITE 메시지로 시작하여 수신단말에 ringing이 울리면 이 사실을 kim@aa.ss.com에 알려주기 위하여 '180 ringing' 메시지가 전달되고 min@kw.ac.kr이 ring을 듣고 수화기를 들면 '200 OK' 메시지를 송신단말에 보내어 이 사실을 알려주게 된다. 이때 발신자인 kim@aa.ss.com은 ACK 메시지를 전송함으로 세션시작을 min@kw.ac.kr에 알려준다.

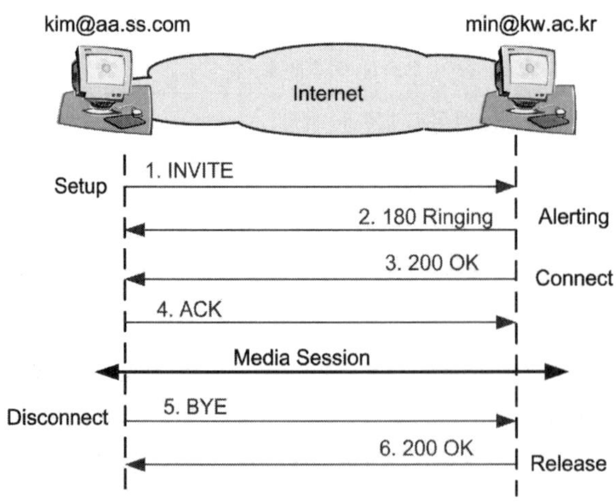

• 그림 6.3 • SIP서버 중계 없이 두 UA 직접 연결과정

발신단말과 수신단말은 상대 단말의 하부전송 포트번호 및 상위코덱 정보를 알아야 하부 포트 개설 및 상위 코덱을 설정할 수 있다. 이를 기술할 수 있는 SDP가

message body 부분에 위치하게 된다. 발신단말은 단계 1의 **INVITE** message body 부분에 SDP를 포함하여 수신단말에게 발신단말의 개설할 포트번호와 코덱 정보 등을 알려주며 수신단말은 단계 3의 **'200 OK'** message body 부분에 수신단말의 정보를 포함하여 발신단말에게 제공한다. 이 과정에서 협상도 가능하다.

세션 설정 이후 두 UA 사이에서 미디어 전달이 이루어지고 어느 한 쪽에서 전화기를 끊으면 세션 해제 과정이 시작된다. 그림 6.3에서는 kim@aa.ss.com이 세션 해제를 요청한 것으로 되어 있지만 이 과정은 min@kw.ac.kr 요청에 따라 **BYE** 메시지가 전달될 수도 있다. **BYE** 메시지를 받은 상대방은 이 메시지 요청이 정상적으로 처리되었음을 **'200 OK'** 메시지로 알려준다. 단계 3과 단계 6이 모두 '200 OK'이어서 독자들이 조금 당황할 수 있겠지만 이는 앞에서 요청한 request에 대한 response가 정상적으로 처리되었음을 의미하는 response로서 메시지 헤더 부분에 해당 request를 구분하는 헤더를 포함하고 있다.

6.3.2 신호메시지 구성

Request 신호메시지와 response 신호메시지는 그림 6.4와 같이 start line, 메시지 헤더와 message body 부분으로 구성되어 있다. 메시지 헤더와 message body 부분은 하나의 blank line으로 구분된다[27]. Start line은 request 메시지와 response 메시지가 각각 **'method SIP-URI SIP/version'**와 **'SIP/version status_code status_reason'**으로 구성된다. 메시지 헤더부분은 그림 6.4에서 보는 바와 같이 일반헤더, request 헤더, response 헤더 그리고 message body 부분에 관련된 entity 헤더 등으로 구성된다. 메시지 헤더 형태는 영문 대문자로 시작하여 소문자 스트링으로 헤더를 정의하고 그 값은 colon과 빈 칸 이후에 입력하는 형태를 따른다. 그리고 message body 부분에는 신호메시지에 필요한 정보가 포함되어 있는데 SDP가 이 부분에 코딩된다.

그림 6.5는 **INVITE** 메시지 예를 나타낸 것으로 kim@ss.com이 min@kw.ac.kr에 세션설정을 요청하고 있다. SIP 2.0으로 UDP를 이용하고 call.kw.ac.kr 중간 SIP 서버를 통하여 **INVITE** 메시지 전달이 이루어지고 있다. **Via** 헤더는 하부 전송을 위한 L4 계층과 SIP 서버 등에 대한 정보가 포함되어 있고 From 헤더와 **To** 헤더에는 발신자와 수신자에 대한 정보가 실려 있다. 그리고 message body에 SDP가 실려있다는 것과 그 크기를 각각 **Content-Type** 헤더와 **Content-Length** 헤더에서 찾아볼 수 있다.

27) Blank line은 ASCII 값으로 '\CR \LF' 값으로 코딩됨.

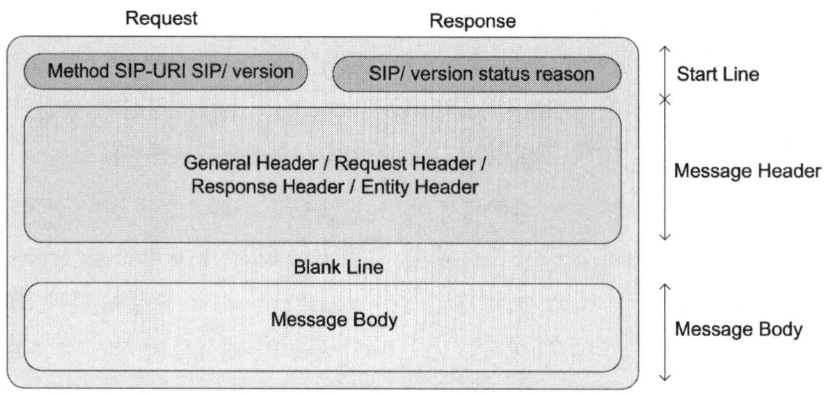

• 그림 6.4 • Request와 Response 메시지 구성

Message body에 해당하는 부분에는 일반적인 발신자의 정보를 'o= ', 'i= '와 'u= ' 등에서 찾아볼 수 있고 발신단말의 IP 주소도 볼 수 있다. 하부 L4 포트번호와 코덱 정보 등도 이어서 실리게 된다.

[표 6-2]에는 SIP 신호메시지의 헤더 부분에 사용되는 값들을 정리한 것으로 간단한 설명과 예 등을 나열하고 있다. 메시지 헤더는 request/response를 위한 UA 사이에 주고받는 정보들을 포함하고 있으며 다른 프로토콜과 마찬가지로 필수로 존재하는 부분과 선택적인 부분으로 나눌 수 있다. [표 6-2]에 있는 메시지헤더는 대부분 INVITE 메시지가 반드시 포함하고 있어야 하는 필수부분들이며 이 외에도 PSTN과 연동 또는 메신저 서비스와 같이 인터넷전화 이외 확장하면서 추가적으로 정의되고 있다.

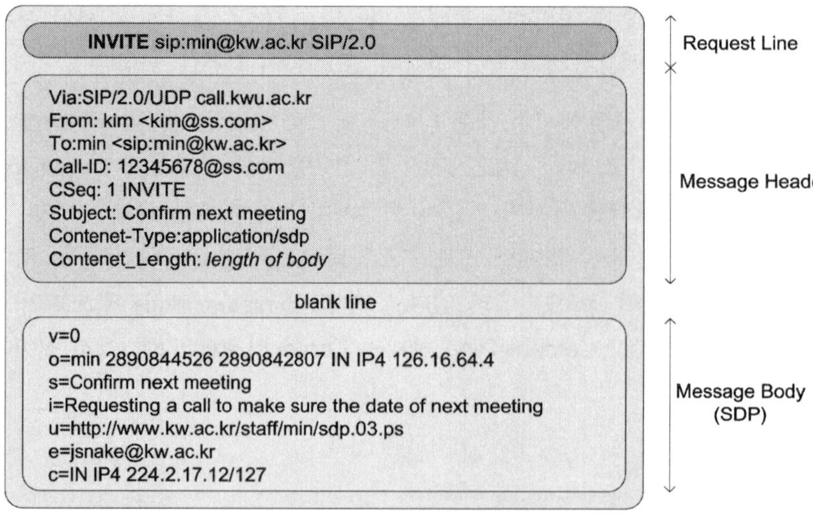

• 그림 6.5 • Request 메시지의 예

[표 6-2] SIP 메시지헤더 설명 및 예

메시지 헤더	설명과 예
Via	SIP 메시지가 전달된 경로를 알 수 있는 헤더로 SDP 버전, L4 계층, 포트번호, IP 주소, 중간 경로 서버 등에 대한 정보를 포함한다.
Max-Forward	최대 경유할 수 있는 SIP 서버 수로서 SIP 서버가 신호메시지를 처리할 때마다 1씩 감소하고, 이 값이 0이 되면 SIP 메시지를 더 이상 전달하지 않는다.
From	발신자의 이름과 URI를 포함한다.
To	수신자의 이름과 URI를 포함한다.
Call-ID	단말에서 유일한 값으로 할당하며 여러 세션들에 대한 구분자로 사용한다.
CSeq	Command sequence의 약어로 한 세션 내에 여러 request의 순서를 나타낸다. INVITE에 처리에 대한 ACK를 전달하는 경우 INVITE와 같은 번호를 이용하여 한 instance임을 나타낸다.
Subject	선택사항으로 세션에 대한 요약 정보를 포함한다.
Contact	현재 신호메시지 이후 전달될 SIP 메시지를 받을 위치정보를 URI 형태로 포함한다.
Content-Type	Message body 부분의 형태를 포함한다.
Content-Length	Message body의 크기를 byte 단위를 입력한다.

From과 To 헤더는 모든 SIP 메시지에 반드시 포함되어야 하며 request 메시지와 response 메시지의 From과 To 헤더 정보는 발신자의 정보를 포함한다. 즉, '200 OK' 메시지는 수신단말에서 발신단말로 전달되지만 From 헤더에는 발신자의 정보가 To 헤더에는 수신자의 정보가 입력된다. [표 6-2]에 설명된 헤더 이외에도 Expire, Proxy-Require, Record-Route, Route, Server, Timestamp, Unsupported 등 다양한 헤더가 사용되며 필요에 따라 추가적으로 정의할 수 있다.

SIP 메시지 중 발신단말에서 request 메시지는 [표 6-3]과 같다. 기본세션 설정과 해제를 위하여 사용되는 INVITE, ACK, BYE 메시지 외에도 사용자 이동성을 지원하기 위한 REGISTER 메시지가 있다. 전화 기본서비스 외에도 부가서비스와 이동전화의 SMS 서비스 등을 지원하기 위한 REFER, SUBSCRIBE, NOTIFY 메시지 등이 있으며 이 외에도 INFO, PRACK, UPDATE 등의 request 메시지가 정의되어 있다.

[표 6-3] SIP request 메시지의 method 들

Method	설명
INVITE	발신단말에서 처음 보내는 메시지로서 발신단말의 세션정보SDP를 포함한다.
ACK	'200 OK' 메시지를 전달받았다는 응답으로 수신단말에 보낸다.
OPTIONS	세션설정하기 전에 상대방의 capability(예, 지원가능한 media type)에 대한 문의를 하고자 할 때 보낸다.
BYE	설정된 세션을 해제할 때 보내며 상대방의 응답과 무관하게 세션을 종료한다.
CANCEL	현재 진행 중인 request 메시지를 취소할 때 보내는 것으로 진행 중인 세션이 여러 개인 경우 특정 세션에 대한 메시지를 취소할 때 구분은 From, To, Call-ID, CSeq 헤더 값으로 가능하다.
REGISTER	단말이 자신의 URI 이외로 이동한 경우 registrar 서버에 현재 위치정보를 등록할 때 사용한다. 특정한 registrar 서버 정보를 갖고 있지 않다면 sip.mcast.net (224.0.1.75)로 이 메시지를 전송한다.
REFER*	Call park/pickup, 통화중 DTMF 신호 전달 등 부가 서비스를 처리하는데 사용된다.
SUBSCRIBE*	수신단말이 통화중인 경우 SUBSCRIBE 메시지를 통하여 통화부탁 내용을 전달하고 수신단말이 통화가 끝나면 NOTIFY 메시지를 통하여 발신단말에게 알려준다.
NOTIFY*	
MESSAGE*	단문서비스를 제공하기 위하여 정의되었다.

* 표시 부분은 다음 장에서 설명

SIP request 메시지를 받은 수신단말 UAS는 해당 request에 대한 response 메시지를 보냄으로써 발신단말 UAC에 처리결과를 알려준다. 이때 사용되는 방법은 인터넷 응용서비스와 마찬가지로 세 자리 숫자를 사용하며 이 응답들은 [표 6-4]와 같이 6가지로 분류할 수 있다. 100번 단위는 추가적인 정보가 필요함을 의미하고 200번 단위는 request 메시지가 정상적으로 처리되었음을 나타낸다. 그리고 300번 단위는 redirection 응답형태이며 400번과 500번 단위는 각각 클라이언트와 서버 부분의 에러를 나타낸다. [표 6-4]에는 간단히 몇 가지 예를 나타낸 것이며 충분히 많은 response 메시지 등이 정의되어 있으며 필요에 따라 지속적으로 추가될 것이다.

[표 6-4] SIP response 메시지의 status code와 설명

Code Prefix	설명	Status code 예
1xx	Information	100 Trying ~ Q.931 Call Proceeding에 해당 180 Ringing ~ Q.931 Alerting에 해당 181 Call Forwarding 182 Queued for Service 183 Session Progress
2xx	Success	200 OK
3xx	Redirection	301 Moved Permanently 302 Moved Temporarily
4xx	Client error	400 Bad Request 401 Unauthorized 411 Length Required
5xx	Server error	500 Internet Server Error 503 Server Unavailable
6xx	Global failure	600 Busy everywhere 604 Don't Exit Anywhere

6.4 SIP 서버 동작

SIP 서버는 redirect 서버, proxy 서버 그리고 registrar 서버가 있으며 SIP 이전 버전에서는 location server라는 것도 있었다. 그리고 여러 단말에 대해 동시에 세션설정을 요청할 수 있는 forking proxy 서버 등도 있다. 이와 같이 기능에 따라 구분하여 세부적인 형태로 운영할 수 있지만 일반적으로 SIP 서버라고 총칭을 하고 있으며 SIP 서버 형태는 하나의 소프트웨어로 장비, 단말 등에 존재할 수도 있고 PC나 workstation에 단독으로 존재하는 경우도 있다. IP-PBX(private branch exchange)라고 하는 전용 세션처리장치는 모든 SIP 서버 기능을 포함하고 있으며 3세대/4세대 이동통신망과 NGcN 등에서도 각각 CSCF(call session control function)와 소프트스위치라는 전용장치 이름을 갖고 있다.

6.4.1 Redirect 서버 동작

SIP 서버 중 Redirect 서버는 300 단위의 응답을 처리하는 것으로 registrar 서버

와 내부 통신채널을 통하여 수신단말이 이동한 위치를 발신단말에게 알려주는 기능을 수행한다. 그림 6.6은 kim@ss.com이 min@kw.ac.kr에 INVITE 메시지를 전송하여 세션설정을 요청하였지만 min@kw.ac.kr이 cpe.kw.ac.kr 영역으로 이동한 사실을 kim@ss.com에게 알려주는 과정을 도식한 것이다. Redirect 서버와 registrar 서버 사이의 단계 2와 3을 위한 표준이 없어 구현자가 자체적으로 정의하면 될 것이다. Redirect 서버가 registrar로부터 min@kw.ac.kr의 위치정보를 얻으면 단계 4의 '302 Moved' 메시지에 min@cpe.kw.ac.kr에 위치하고 있다는 정보를 송신단말에 전달하게 된다. 그 후 kim@ss.com은 이동한 위치로 INVITE 메시지를 전송하고 단계 6~8 과정을 통하여 kim@ss.com과 min@kw.ac.kr이 이동한 min@cpe.kw.ac.kr 사이의 세션을 설정하게 된다.

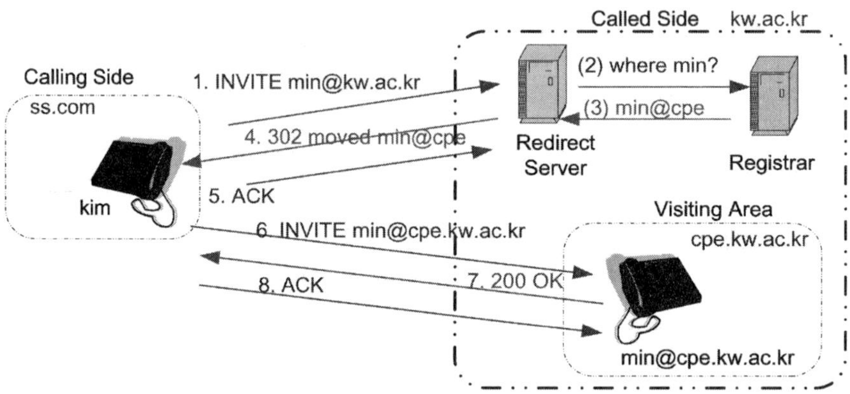

• 그림 6.6 • Redirect 서버의 동작과정

6.4.2 Proxy 서버 동작 1: 수신영역

Proxy 서버는 비서 역할처럼 단말 이전단계에서 착발신을 도와주는 역할을 담당한다. 그림 6.7은 kw.ac.kr 영역에 존재하는 proxy 서버가 수신한 INVITE 메시지를 처리하는 과정을 보여주고 있다. 발신단말에게 이동한 위치정보를 전달하였던 redirect 서버의 동작과는 달리 단계 2와 3에서는 proxy 서버가 직접 INVITE 메시지를 해당하는 위치정보를 받는다. Proxy 서버는 min@kw.ac.kr이 이동한 위치정보를 받아 단계 4와 5 과정을 수행하여 registrar 서버에 등록되어 있는 min@cpe.kw.ac.kr과 세션설정을 수행한다. 그리고 단계 6과 7 과정을 통하여 발신자인 kim@ss.com와 나머지 세션설정 과정을 수행하여 결과적으로 kim@ss.com과 min@kw.ac.kr가 세션설정이 이루어진다.

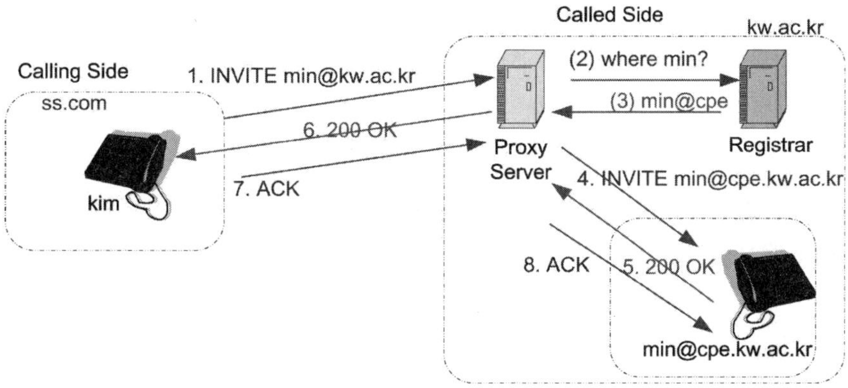

• 그림 6.7 • 수신영역의 proxy 서버의 동작과정

Proxy 서버는 영역 관리를 담당할 수도 있지만 이동한 위치에서도 proxy 서버가 존재할 수 있다. 그림 6.8은 cpe.kw.ac.kr 영역 내에 proxy 서버가 존재하는 경우이다. Proxy 서버 1은 kw.ac.kr을 주관하지만 proxy 서버 2는 cpe.kw.ac.kr 을 담당하는 것으로, 회사의 안내데스크가 proxy 서버 1에 해당한다면 그 회사 사장 수행비서가 proxy 서버 2에 해당한다고 할 수 있다. 그림 6.7과 비교하여 보면 발신단말은 수신영역의 어떻게 request 메시지가 처리되는지 알 수 없으며 수신영역은 계층별로 proxy 서버가 해당 request와 response 메시지 등을 수신단말 이전에 처리함을 알 수 있다.

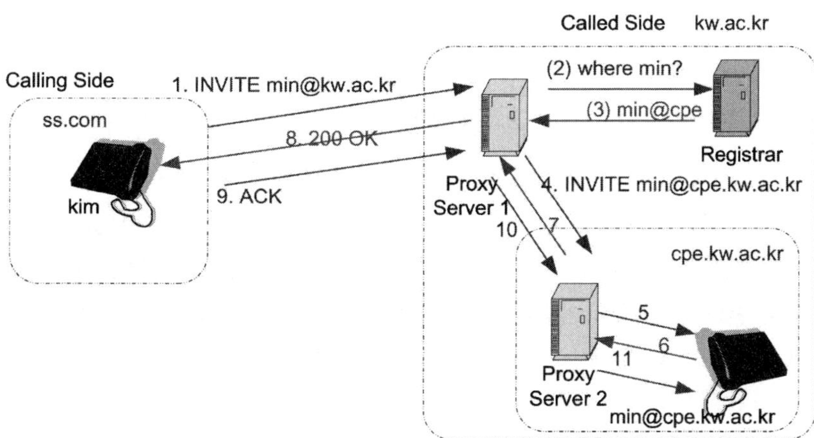

• 그림 6.8 • 수신영역 내의 proxy 서버들 사이의 동작과정

Redirect 서버와 proxy 서버가 같이 공존하여 INVITE 메시지를 처리해야 한다면 그림 6.9와 같이 동작하게 될 것이다. Redirect 서버는 kw.ac.kr 영역을 주관하고

proxy 서버는 cpe.kw.ac.kr 영역을 담당하는 경우의 SIP 메시지 처리 절차이며 송신단말인 kim@ss.com 입장에서는 redirect 서버에서 받은 새로운 URI로 INVITE 메시지를 다시 전달하여야 한다. cpe.kw.ac.kr 영역의 proxy 서버는 다시 min@cpe.kw.ac.kr에 대한 위치정보를 확인하는 절차가 존재할 수도 있다.

그림 6.9의 단계 6과 7 사이에 registrar와 내부 통신채널을 통하여 수신단말의 필요한 정보를 주고받는 과정이 있지만 여기서는 min@cpe.kw.ac이 현재 위치로 간주되어 이러한 절차를 포함하고 있지 않다. 만약 proxy 서버가 존재하지 않는다면 min@cpe.kw.ac.kr은 kim@ss.com와 SIP 메시지를 직접 주고받을 수 있을 것이다.

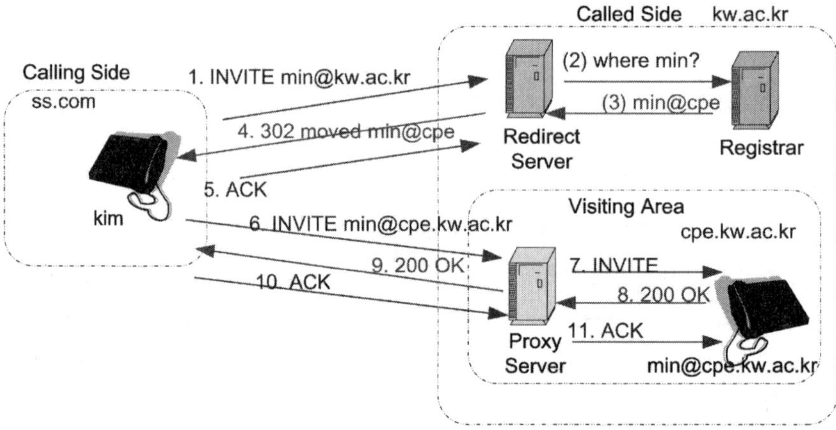

• 그림 6.9 • Redirect 서버와 proxy 서버의 동작과정

6.4.3 Proxy 서버 동작 2: 발신영역

그림 6.7~6.9에서 본 바와 같이 수신영역의 proxy 서버는 수신단말에 전달되는 SIP 메시지를 처리하여 주듯이 발신영역에도 그림 6.10과 같이 proxy 서버를 둘 수 있다. 이때 발신영역 proxy 서버는 발신단말에서 요청한 INVITE 메시지가 처리될 수 있도록 redirect 서버 또는 수신영역의 proxy 서버와 통신을 하고 최종 세션설정이 이루어지면 그 결과만 발신단말에 알려주게 된다.

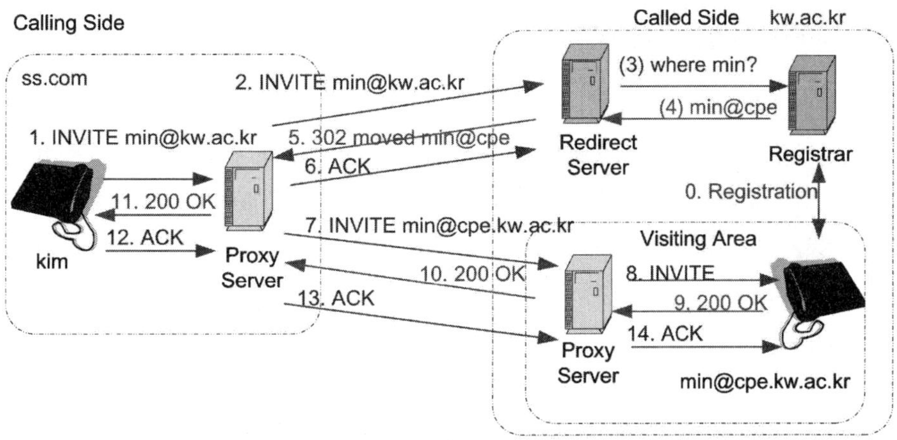

• 그림 6.10 • 발신영역의 proxy 서버 동작과 registration 과정

> 3세대 이동통신망의 SIP
>
> 3세대 이동통신망인 UMTS(universal mobile telecommunications system)는 가입자망과 코어망으로 분류되어 있으며 IP 적용단계에 따라 점차 IP 적용범위를 확산하였다. 그 중 UMTS release 5에서는 IMS를 정의하고 있으며 단말과 코어망 서버 사이의 신호 프로토콜로 SIP를 채택하고 있으며 SIP 서버라는 용어는 사용하지 않고 CSCF라는 용어로 서버와 이동전화 교환기 기능을 정의하고 있다. CSCF 중에 P-CSCF는 이동단말의 착발신 신호메시지 처리를 담당하고 있다. 그림 6.10의 단말과 proxy서버를 각각 3세대 이동통신망의 이동단말과 IMS의 P-CSCF(proxy CSCF)에 해당하고 이 호 설정 절차는 3세대 이동통신망의 세션설정과정에 해당된다.

6.4.4 Registrar 서버 동작

그림 6.10의 단계 중 단계 0이 바로 이동한 위치에서 registrar 서버에게 위치정보를 등록하는 과정이다. 단계 0에서 절차는 **REGISTER** 메시지와 **'200 OK'** response 메시지를 주고받는다.

6.5 세션 설정/해제 동작

본 절에서는 앞의 내용을 기초로 SIP 메시지 흐름과 관련 메시지 구성에 대하여 알아본다. 세 가지 예를 준비하였는데 하나는 SIP 서버 없이 두 개의 단말이 직접 세션설정을 하는 경우이며 두 번째는 SIP 서버 중 proxy 서버가 중간에서 세션설정을 중계하는 경우이다. 그리고 마지막 예는 이동성 지원을 위한 REGISTER 메시지 전달과정을 살펴보았다.

예 1: SIP 서버 없이 두 단말이 직접 세션설정을 하는 경우

그림 6.11은 두 개의 SIP 단말이 SIP 서버 없이 직접 세션설정을 할 때 SIP 메시지 흐름을 보여주고 있다. SIP 서버 기능이 각 단말에 분산되어 위치한다고 이해하여도 좋을 것이다. 물론 ACK 메시지 다음에는 서로 미디어 전달을 위한 RTP 흐름이 존재하며 통화 중 어느 한 쪽이 종료를 하면 BYE 메시지가 전달된다. 그림 6.11은 두 사용자인 kim@aa.ss.com와 min@kw.ac.kr이 각각 10.10.10.10과 20.20.20.20에 존재하고 있을 때 kim@aa.ss.com이 min@kw.ac.kr에 세션설정을 요청하고 통화 중 min@kw.ac.kr이 먼저 통화를 종료하는 예이다.

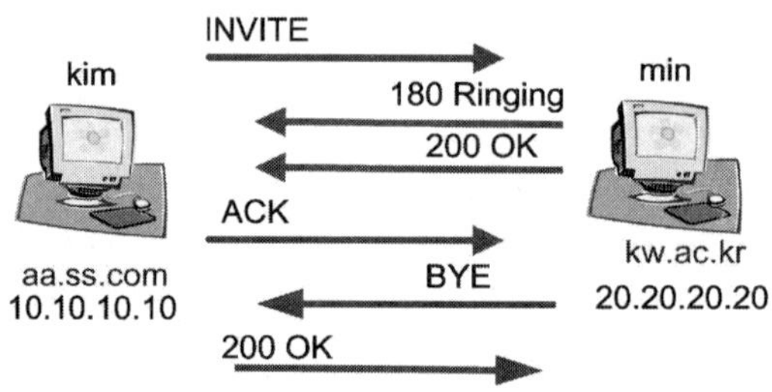

• 그림 6.11 • SIP 두 단말 사이의 세션설정

먼저 INVITE 메시지 구성은 다음과 같다. 메시지 구성은 Request line, 헤더와 데이터 부분으로 나뉘며 첫 번째 라인인 request line에는 INVITE method, URI 그리고 SIP/2.0 으로 구성된다. 두 번째 라인부터 데이터부분의 경계 부분인 하나의 빈 란까지, 즉 Via부터 Content-Length 헤더부분까지 SIP INVITE 메시지 헤더 부분에 해당한다. 그리고 빈 란 이후에는 SDP 부분이 데이터부분으로 채워진다.

```
INVITE sip: min@kw.ac.kr SIP/2.0
Via: SIP/2.0/UDP aa.ss.com:5060;branch=Kx3sud342ds
Max-Forward: 15
To: S. W. Min <min@kw.ac.kr>
From: J. M. Kim <kim@aa.ss.com>;tag=2093452
Call-ID: 01034997017@aa.ss.com
Cseq: 1234 INVITE
Subject: Hello, My Professor.
Contact: <sip:kim@aa.ss.com>
Content-Type: application/sdp
Content-Length: 211

v=0
o=Kim 283490293 283490293 IN IPv4 aa.ss.com
s=Conference Call
c=IN IPv4 10.10.10.10
t=0 0
m=audio 10000, RTP/AVP 0
a=rtpmap:0 PCMU/8000
```

- 세션 구분자

  Via 헤더 부분에는 단말을 구분하기 위한 branch 값을 랜덤하게 할당하여 구분자로 사용하고, 사용자 수준에서는 From 헤더 부분의 tag 값을 이용하여 구분자로 사용한다. 이 값들은 response로 오는 신호메시지 구분자로 해당 request를 찾는데 사용되는 변수들이다. 또한 Call-ID 헤더는 같은 송수신자가 여러 세션을 동시에 맺어 여러 개의 SIP 메시지가 섞여서 수신되는 경우 해당 세션을 찾는 구분자로 사용된다.

- 응답 SIP 메시지의 수신 URI

  To 헤더 부분에는 수신 URI가 포함되고 From 헤더 부분에는 송신자 URI가 포함된다. INVITE 메시지에 대한 응답 메시지의 수신 URI는 From 헤더에 포함되어 있는 URI가 된다. 그러나 송신자가 다른 위치에 이동하여 수신자로부터 이동한 위치로 SIP 메시지를 받고 싶은 경우 Contact 헤더에 이동한 위치의 URI를 실어서 보내면 된다. 현재 예에서는 발신하는 위치와 이후 전달받고자 하는 URI가 같아 From 헤더 정보와 Contact 헤더 정보가 같다.

- Message body에 실는 데이터에 관한 정보

  헤더 마지막 부분에 Content-Type과 Content-Length 헤더 정보에는 데이터 부분에 어떠한 형태가 포함되어 있는지를 나타내고 있다. 이 예에서는 INVITE에 SDP가 포함되어 있으므로 이에 대한 정보를 나타내고 있다.

- Message body 부분

INVITE 데이터 부분에 포함되어 있는 SDP 정보 부분에는 'c= '를 통한 세션 설정자에 대한 정보가 포함되어 있고 이 부분은 Via 헤더 부분의 IP 주소 정보에 해당한다. 즉, Via 헤더 부분에는 kim@aa.ss.com으로 되어 있지만 'c= ' 부분에는 10.10.10.10 IPv4 주소가 포함되어 있다. RTP 세션에 대한 중요정보로는 'm= '와 'a= '이 있으며 'm= ' 부분에는 미디어 타입과 하부 UDP port 값을 포함하고 있어 세션 설정에 필요한 가장 기본적 정보를 기술한다. 이 예에서는 음성세션을 RTP 10,000 포트를 통하여 세션설정을 할 것이라고 수신자에게 발신자 정보를 제공하고 있다. 또한, 'a= ' 부분에는 미디어 타입에 해당하는 코덱 정보를 포함하여 이 예에서는 PCM u-law를 사용하며 8,000 샘플링, 즉 125us마다 한 샘플링을 하는 방식을 나타내고 있다.

이러한 INVITE 메시지를 수신단말이 받으면 그림 6.11에서 보는 바와 같이 '180 Ringing'을 송신단말에게 보낸다. 이때 전화서비스의 경우 수신단말에는 ring이 울리게 되며 송신단말에는 ring-back tone이 들리게 된다. '180 Ringing' 메시지 구성은 response line과 헤더 부분으로 구분할 수 있다. 첫 번째 라인에는 SIP/2.0과 response에 대한 설명이 숫자 세 자리와 그 숫자에 대한 의미가 따라온다. 그리고 '180 Ringing' 메시지 헤더 부분이 따라오게 된다.

```
SIP/2.0 180 Ringing
Via: SIP/2.0/UDP aa.ss.com:5060;branch=Kx3sud342ds;received=10.10.10.10
To: S. W. Min <min@kw.ac.kr>;tag=34520779
From: J. M. Kim <kim@aa.ss.com>;tag=2093452
Call-ID: 01034997017@aa.ss.com
Cseq: 1234 INVITE
Contact: <sip:min@kw.ac.kr>
Content-Length: 0
```

- 세션 구분자

Via 헤더 부분에는 수신단말이 어디에서 이 메시지를 받았는지에 대한 정보를 'received= INVITE 메시지 받은 IP주소'를 포함하여 전송하게 된다. 또한 수신자 수준에서 To 헤더 부분에 From 헤더 부분과 비슷하게 tag 값을 이용하여 랜덤한 값을 할당하고 수신단말은 이를 구분자로 사용하게 된다.

- 이후 전달되는 SIP 메시지의 수신 URI

'180 Ringing' 메시지를 보내면서 자신의 To 헤더 정보에는 수신자의 일반 정보를 입력하지만 수신단말이 다른 곳으로 이동하여 이후 SIP 메시지를 전달받을 수 있다. 이 경우 이동한 위치 정보를 Contact 헤더에 실어서 보내게 되며 이후 SIP 메시지는 Contact 헤더에 있는 URI로 보내게 된다. 이 예에서는 발신하는 위치와 이후 전달받고자 하는 URI가 같아 To 헤더 정보와 Contact 헤더 정보가 같다.

수신자가 수신단말의 수화기를 들면 ring이 중단되며 송신단말에서도 ring-back tone을 종료하고 통화 채널이 개설되게 된다. 이때 수신단말에서 송신단말로 '200 OK' 메시지를 전송하게 되며 '180 Ringing' 메시지와 같은 형태를 갖게 된다. 이러한 두 메시지의 역할이 차이가 나지만 통화 채널을 개설하기 위해서는 '200 OK' 메시지에 중요한 정보가 실리게 된다. 송신단말과 수신단말이 통화채널을 개설하기 위해서는 상대방의 RTP 개설 포트 정보를 알아야 한다. '200 OK' 메시지를 받기 전의 상황은 송신단말의 RTP 정보를 INVITE 메시지 보낼 때 실어서 보냈지만 수신단말의 RTP 정보를 아직 받지 못한 상태이다. '180 Ringing' 메시지에 포함되지 않은 수신단말의 RTP 개설 포트 정보를 '200 OK' 메시지에 실어서 보내게 된다.

```
SIP/2.0 200 OK
Via: SIP/2.0/UDP aa.ss.com:5060;branch=Kx3sud342ds;received=10.10.10.10
To: S. W. Min <min@kw.ac.kr>;tag=34520779
From: J. M. Kim <kim@aa.ss.com>;tag=2093452
Call-ID: 01034997017@aa.ss.com
Cseq: 1234 INVITE
Contact: <sip:min@kw.ac.kr>
Content-Length: 211

v=0
o=Min 283491234 283491234 IN IPv4 kw.ac.kr
s=Conference Call
c=IN IPv4 20.20.20.20
t=0 0
m=audio 20000, RTP/AVP 0
a=rtpmap:0 PCMU/8000
```

• 데이터 부분

'200 OK' 메시지의 데이터 부분에 포함되어 있는 SDP 정보 부분에는 'c= '를 통한 세션 설정자에 대한 정보가 포함되어 있고 이 부분은 Via 헤더 부분의 IP 주소 정보에 해당한다. 즉, Via 헤더 부분에는 min@kw.ac.kr으로 되어 있지만 'c= ' 부분에는 20.20.20.20 IPv4 주소가 포함된다. 그리고 RTP 세션에 대한 정보 중 'm= '와 'a= ' 부분이 중요한데 'm= ' 부분에는 미디어 타입과 하부 UDP 포트 값을 포함하고 세션 설정에 필요한 가장 기본적 정보를 기술한다. 이 예에서 20,000은 RTP 포트 번호를 의

미하며 음성을 개설하여 준비하겠다는 것을 송신단말에게 알려주고 있는 것이다. 또한 'a= ' 부분에는 미디어 타입에 해당하는 코덱 정보를 포함하게 되는데 이 예에서는 PCM u-law를 사용하며 8,000 샘플링, 즉 125 us마다 한 샘플링을 하는 방식을 나타내고 있다.

송신단말이 '200 OK' 메시지를 수신단말로부터 받게 되면 이 메시지의 SDP 부분으로부터 수신단말의 RTP 포트 및 코덱 정보를 얻을 수 있다. 만약 INVITE 메시지의 SDP 부분에서 'a= '에 다양한 코덱을 나열하여 이 코덱을 지원할 수 있다고 수신단말에게 알려주면 수신단말은 그 중에 하나를 선택하여 '200 OK' 메시지에 선택한 코덱을 실어서 보내게 된다. ACK 메시지는 '200 OK' 메시지를 받아 송신단도 수신단의 세션 설정 정보를 받았음을 의미하게 되며 INVITE 메시지와 같은 형태로 다음과 같이 구성된다.

```
ACK sip: min@kw.ac.kr SIP/2.0
Via: SIP/2.0/UDP aa.ss.com:5060;branch=Kx3sud342ds
Max-Forward: 15
To: S. W. Min <min@kw.ac.kr>;tag=34520779
From: J. M. Kim <kim@aa.ss.com>;tag=2093452
Call-ID: 01034997017@aa.ss.com
Cseq: 1234 ACK
Content-Length: 0
```

ACK 메시지까지 전달되게 되면 송수신 단말사이에 세션이 설정되어 미디어 스트림이 전달되게 된다[28]. 이러한 일련의 세션 설정 과정을 통하여 인터넷전화단말이 상대방의 세션에 대한 정보와 코덱에 대한 정보를 각각 얻으면 해당 미디어 전달이 이루어진다.

통화 종료는 인터넷전화단말의 경우 어느 한 쪽에서 종료를 요청하면 세션 종료가 시작된다. 인터넷에서 세션 종료는 자신의 RTP 포트를 닫으면 더 이상의 미디어 전달이 불가능하며 이러한 사실을 상대 인터넷전화단말에 알려줌으로써 이루어진다. 이러한 종료 과정에 사용되는 SIP 메시지는 그림 6.12와 같이 BYE 메시지와 이에 대한 응답 '200 OK' 메시지이다. 그림 6.12에서는 하나의 BYE-'200 OK' 메시지 교환만 보여주고 있지만 필요에 따라 BYE 메시지를 받은 SIP 단말도 '200 OK' 메시지 전송한 이후 또 BYE 메시지를 보낼 수 있다.

28) 인터넷에서 소켓(socket) 프로그래밍을 통한 송수신 단말의 메시지 전달이 세션에 해당되며 인터넷전화라고 소켓 관점에서는 특별히 추가정보가 필요한 것은 아님. 그러나 향후 인터넷 서비스품질 제어를 할 수 있는 환경이 된다면 이와 관련된 정보와 함께 소켓 설정이 이루어질 수 있음.

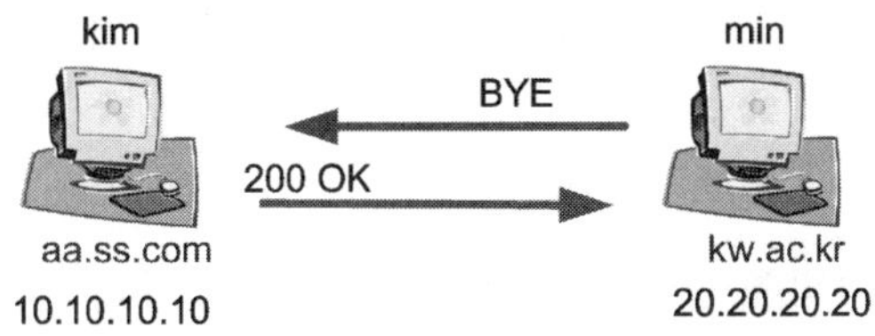

• 그림 6.12 • 세션해제과정

BYE 메시지는 다음과 같이 구성된다. INVITE 메시지를 받았던 SIP 단말이 먼저 BYE 메시지를 보내는 경우 이전 세션설정과정의 client와 server 기능이 바뀔 수도 있다. 이때 BYE 메시지가 min@kw.ac.kr에서 kim@aa.ss.com으로 전달되게 되며 From 헤더와 To 헤더가 이전의 INVITE 메시지나 ACK 메시지와 반대로 구성되게 된다.

```
BYE sip: kim@aa.ss.com SIP/2.0
Via: SIP/2.0/UDP kw.ac.kr:5060;branch=Kx374329dfx
Max-Forward: 15
To: J. M. Kim <kim@aa.ss.com>;tag=2093452
From: S. W. Min <min@kw.ac.kr>;tag=34520779
Call-ID: 01034997017@aa.ss.com
Cseq: 1235 BYE
Content-Length: 0
```

BYE 메시지에 대하여 kim@aa.ss.com은 '200 OK' 메시지를 전달하여 BYE 메시지 수신을 min@kw.ac.kr에게 알려준다. 이때 Via 헤더의 'received= ' 부분에는 BYE 메시지를 수신했던 IP 주소를 포함하며 CSeq 헤더 부분에 response하고자 하는 request 메시지를 포함하고 있다. 여기서 사용하고 있는 '200 OK' 메시지는 INVITE 메시지에 대한 구분이 필요하며 이에 대한 구분으로 CSeq 헤더가 사용된다. 예를 들어 같은 송수신 인터넷전화단말에 여러 세션이 설정과 해제가 반복되고 있는 경우 '200 OK'를 수신하였을 때 메시지 내의 CSeq 헤더에 들어 있는 숫자와 method 이름을 보고 해당 SIP 메시지의 응답임을 알 수 있다.

```
SIP/2.0 200 OK
Via: SIP/2.0/UDP kw.ac.kr:5060;branch=Kx374329dfx;received=20.20.20.20
Max-Forward: 15
To: J. M. Kim <kim@aa.ss.com>;tag=2093452
From: S. W. Min <min@kw.ac.kr>;tag=34520779
Call-ID: 01034997017@aa.ss.com
Cseq: 1235 BYE
Content-Length: 0
```

이와 같이 BYE와 '200 OK' 메시지까지 전달되게 되면 SIP 단말은 통화에 사용한 세션을 닫게 된다.

예 2: Proxy 서버를 통한 세션설정을 하는 경우

SIP 서버 중에 수신측에 proxy 서버가 존재하는 경우 송신자가 보낸 SIP 메시지는 proxy 서버를 통하여 수신자에게 전달되게 된다. 이러한 예로서 그림 6.13은 수신 영역의 kw.ac.kr의 proxy 서버가 20.20.20.1에 위치한 경우를 도식한 것이다. 여기서 송신단말의 IP 주소는 10.10.10.10이고 URI는 kim@aa.ss.com을 사용하고 있으며, 수신자는 kw.ac.kr 영역에 IP 주소 20.20.20.20에 위치하고 min@kw.ac.kr을 사용한다고 가정하자. 그리고 수신자는 외부에 URI min@kw.ac.kr로 알려져 있지만 실제 min@cpe.kw.ac.kr에서 수신이 가능하고 내부적으로 proxy 서버는 이러한 사실을 알고 있다. 따라서 외부에서 min@kw.ac.kr로 전달되는 SIP 메시지는 모두 20.20.20.1에 위치한 proxy 서버를 통하여 전달하게 된다.

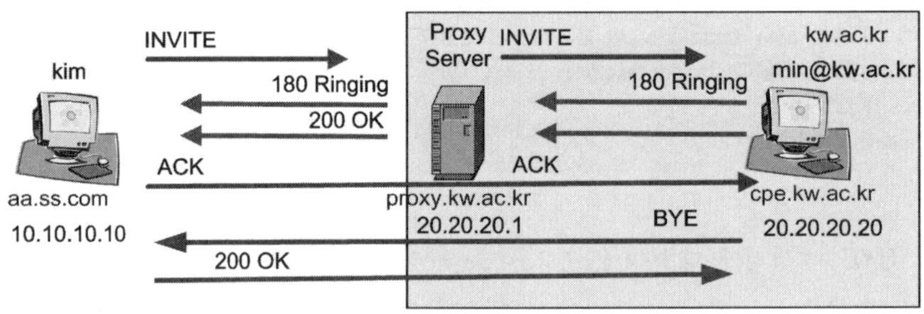

• 그림 6.13 • Proxy 서버를 통한 세션 설정/해제 과정

kim@aa.ss.com이 INVITE 메시지를 만들면 여기에 포함된 URI min@kw.ac.kr에 대한 DNS 과정을 먼저 수행하고 그 과정을 통하여 proxy 서버인 proxy.kw.ac.kr와 IP 주소 20.20.20.1 정보를 받으며 proxy.kw.ac.kr에게 INVITE 메시지를 전달하게 된다. 송신자인 kim@aa.ss.com은 앞의 예제와 같이 INVITE 메시지를 동일하게 구성한다. 이때 송신자는 수신자가 proxy 서버를 통하여 전달되고 있는지를 모르기 때문에 두 단말이 직접 세션 설정하는 과정과 동일한 절차를 따르게 된다. 앞의 예하고 다른 점은 하부 전달계층이 TCP를 사용하고 있음을 Via 헤더 부분에서 확인할 수 있다.

INVITE 메시지가 proxy 서버에 도착하게 되면 사전에 등록된 내부정보에 따라 min@kw.ac.kr이 실제 존재하는 min@cpe.kw.ac.kr가 있는 IP주소 20.20.20.20으로 INVITE 메시지를 포워딩하게 된다. 이러한 Proxy 서버 존재로 min@kw.ac.kr은 외부에는 하나의 URI를 이메일 주소처럼 공개하면서 실제 사용하는 IP 주소와 다른 URI를 변경할 수 있다. Proxy 서버는 외부 DNS에 SIP 메시지 및 SIP 관련 대표 서버 역할을 담당하고 내부적으로 kw.ac.kr 영역과 연관된 SIP 단말들에 대한 위치 및 URI 관리를 담당한다.

```
INVITE sip:min@kw.ac.kr SIP/2.0
Via: SIP/2.0/TCP 10.10.10.10:5060;branch=Kx3sud342ds
Max-Forward: 15
To: S. W. Min <min@kw.ac.kr>
From: J. M. Kim <kim@aa.ss.com>;tag=2093452
Call-ID: 01034997017@10.10.10.10
Cseq: 1234 INVITE
Subject: Hello, My Professor.
Contact: <sip:kim@aa.ss.com>
Content-Type: application/sdp
Content-Length: 200

v=0
o=Kim 283490293 283490293 IN IPv4 10.10.10.10
s=Conference Call
c=IN IPv4 10.10.10.10
t=0 0
m=audio 10000, RTP/AVP 0
a=rtpmap:0 PCMU/8000
```

Proxy 서버가 min@kw.ac.kr의 INVITE 메시지를 외부로부터 받으면 수신자가 위치한 min@cpe.kw.ac.kr로 이 메시지를 포워딩하게 되는데 이 과정은 그림 6.14와 같다. 포워딩되는 **INVITE** 메시지는 proxy 서버가 받은 **INVITE** 메시지에 일부 헤더를 추가하게 된다. **Via** 헤더를 하나 추가하여 proxy.kw.ac.kr을 경유하였음을 나타내고 **Max-Forward** 헤더 값을 하나 감소한다. **Max-Forward** 값은 IP 헤더의 **TTL** (time-to-live) 필드 값이 하나의 홉을 지날 때마다 하나씩 감소되는 것처럼 SIP 서버를 경유할 때마다 감소되는 값으로 이 값이 0이 되면 포워딩을 중단하고 이 메시지를 폐기하여 SIP 서버는 발신자에게 **BYE** 메시지를 보내게 된다. 그리고 proxy 서버로부터 **INVITE** 메시지를 받은 수신단말은 두 개의 **Via** 헤더정보로부터 이 메시지가 kim@aa.ss.com에서 생성되어 proxy.kw.ac.kr을 경유하여 자신에게 전달되었다는 사실을 알게 된다.

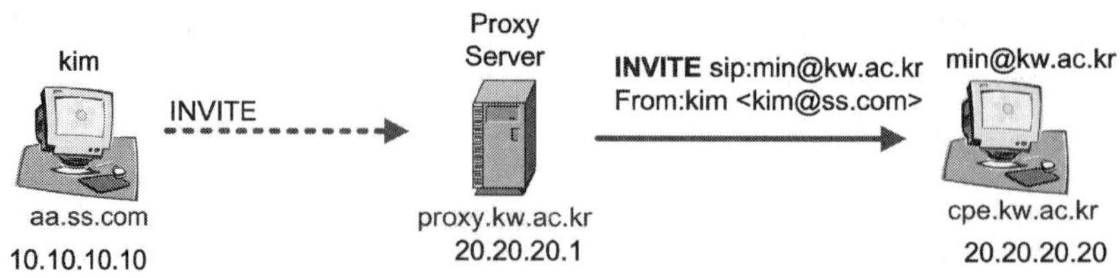

• 그림 6.14 • Proxy 서버의 INVITE 메시지 포워딩 절차

```
INVITE sip:min@kw.ac.kr SIP/2.0
Via: SIP/2.0/TCP proxy.kw.ac.kr:5060;branch=43ddis134
Via: SIP/2.0/TCP 10.10.10.10:5060;branch=Kx3sud342ds
Max-Forward: 14
To: S. W. Min <min@kw.ac.kr>
From: J. M. Kim <kim@aa.ss.com>;tag=2093452
Call-ID: 01034997017@10.10.10.10
Cseq: 1234 INVITE
Subject: Hello, My Professor.
............
```

INVITE 메시지를 수신한 단말은 ring을 울리면서 hook-off 이벤트가 발생하는지 모니터링 하면서 동시에 송신단말에게 '180 Ringing' 메시지를 전달하여야 한다. 이 메시지를 받은 송신단말은 ringback tone을 울리게 된다. 이때 전달되는 '180 Ringing' 메시지도 proxy 서버를 통하여 송신단말에 포워딩되게 된다. 먼저 min@cpe.kw.ac.kr이 proxy.kw.ac.kr에게 전달하는 '180 Ringing' 메시지는 다음과 같다.

```
SIP/2.0 180 Ringing
Via: SIP/2.0/TCP proxy.kw.ac.kr:5060;branch=43ddis134;received=20.20.20.1
Via: SIP/2.0/TCP 10.10.10.10:5060;branch=Kx3sud342ds
To: S. W. Min <min@kw.ac.kr>;tag=34520779
From: J. M. Kim <kim@aa.ss.com>;tag=2093452
Call-ID: 01034997017@10.10.10.10
Cseq: 1234 INVITE
Contact: <sip:min@cpe.kw.ac.kr>
Content-Length: 0
```

Via 헤더 부분에는 수신단말이 어디에서 이 메시지를 받았는지에 대한 정보인 'received= INVITE 메시지 받은 IP주소'를 포함하여 전송하게 된다. 또한 수신자 수준에서 To 헤더 부분에 From 헤더 부분과 비슷하게 tag 값을 이용하여 랜덤한 값을 할당하고 이를 구분자로 사용하고 있다.

'180 Ringing' 메시지를 보내면서 자신의 To 헤더 정보와 다른 위치에 존재하고 있다는 사실을 송신단말에게 Contact 헤더를 이용하여 알려준다. Proxy 서버를 통하여 송신단말에게 향후 request 메시지 등이 proxy 서버를 경유하지 않고 직접 전달될 수 있도록 min@cpe.kw.ac.kr의 정보가 Contact 헤더 정보에 포함되어 있다.

Proxy 서버가 받은 '180 Ringing' 메시지는 그림 6.15와 같이 발신단말에게 전달된다. 이때 발신단말이 proxy 서버를 경유하고 있는지 알지 못하도록 proxy 서버는 발신단말에게서 받은 헤더정보를 유지한다. 즉 두 Via 헤더 중 수신단말과 주고받은 위 부분의 Via 헤더 부분을 삭제하고 발신단말에게 '180 Ringing' 메시지를 전달하여 준다.

SIP/2.0 180 Ringing
~~Via: SIP/2.0/TCP proxy.kw.ac.kr:5060;branch=43ddis134;**received=20.20.20.1**~~
Via: SIP/2.0/TCP 10.10.10.10:5060;branch=Kx3sud342ds
To: S. W. Min <min@kw.ac.kr>;**tag=34520779**
From: J. M. Kim <kim@aa.ss.com>;tag=2093452
Call-ID: 01034997017@10.10.10.10
Cseq: 1234 INVITE
Contact: **<sip:min@cpe.kw.ac.kr>**
Content-Length: 0

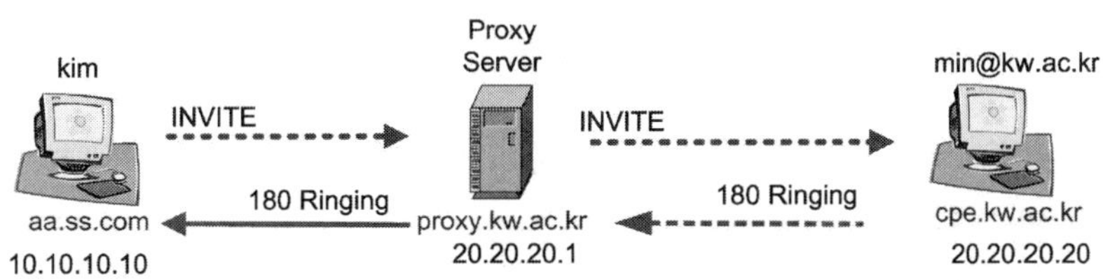

• 그림 6.15 • Proxy 서버의 '180 Ringing' 메시지 포워딩 절차

Ring 소리를 듣고 수신자가 수화기를 들게 되면, 즉, hook-off가 발생하면 '200 OK' 메시지가 proxy 서버를 통하여 발신단말까지 전달되며 이는 '180 Ringing' 메시지와 동일한 절차를 따른다. 앞의 예와 같이 '200 OK' 메시지에는 SDP를 이용하여 미디어 전달에 필요한 min@cpe.kw.ac.kr의 UDP 포트번호, 미디어 코덱정보 등을 포함한다. min@cpe.kw.ac.kr에서 proxy 서버로 전달하는 '200 OK' 메시지의 Via 헤더는 '180 Ringing' 메시지와 같이 두 개가 포함되지만 proxy 서버를 거치면 상위에 추가했던 Via 헤더를 제외하고 kim@aa.ss.com에게 하나의 Via 헤더 정보만 전달된다.

발신단말이 '200 OK' 메시지를 받으면 수신단말의 UDP 포트번호와 코덱정보를 받았다는 사실을 수신단말에 ACK 메시지로 전달하게 된다. 그런데 이전 '180 Ringing'

메시지에서 다음 신호메시지부터는 proxy 서버를 경유하지 않고 보낼 수 있도록 Contact 헤더정보에 포함되어 있는 min@cpe.kw.ac.kr로 다음과 같은 메시지를 그림 6.16처럼 바로 전송하게 된다.

```
ACK sip:min@cpe.kw.ac.kr SIP/2.0
Via: SIP/2.0/UDP 10.10.10.10:5060;branch=Kx3sud342ds
Max-Forward: 15
To: S. W. Min <min@kw.ac.kr>;tag=34520779
From: J. M. Kim <kim@aa.ss.com>;tag=2093452
Call-ID: 01034997017@10.10.10.10
Cseq: 1234 ACK
Content-Length: 0
```

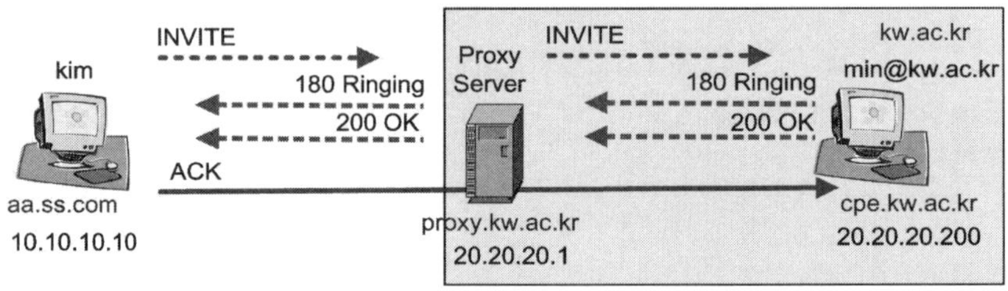

• 그림 6.16 • Proxy 서버경유 없이 직접 전달되는 ACK 메시지

세션 설정이후 미디어를 서로 주고받은 후 세션 해제를 요청하는 BYE 메시지가 그림 6.13과 같이 proxy 서버를 거치지 않고 직접 주고받을 수 있으며 이때 메시지는 min@cpe.kw.ac.kr을 URI로 하고 앞의 예와 동일한 절차를 따른다.

예 3: Registrar 서버에 등록과정

인터넷전화단말 사용자인 min@kw.ac.kr이 kw.ac.kr 영역 내외부에 이동하여 다른 URI로 전화를 받고자 한다면 자신의 새로운 URI를 상대방에게 알려주어야 한다. 하나의 min@kw.ac.kr을 사용하면서 이동한 위치 및 변경된 URI로 수신전화를 받고자 할 때 이를 관리하는 서버가 존재하여야 하며 이동한 인터넷전화단말은 변경된 위치정보를 등록해야 한다. 그림 6.17은 kw.ac.kr의 외부와 내부에서 각각 등록될 때 동작을 보여주고 있다. 여기서 kw.ac.kr 영역에 있는 registrar 서버를 중심으로 왼쪽은 외부 영역이며 오른쪽은 내부 영역을 표현한 것이다. 인터넷전화사용자는 외부에 공식적으로 min@kw.ac.kr이라는 URI를 공개하고 있지만 kw.ac.kr 영역에 있을 때에는 실제 min@cpe.kw.ac.kr을 사용하는 경우에 등록절차가 필요하다. 또한 이 사용자가 kw.ac.kr 외부영역인 mtu.edu로 이동하고 새로운 URI로 smin@mtu.edu를 사용할 때에 min@kw.ac.kr과 연관될 수 있는 등록절차가 필요하다.

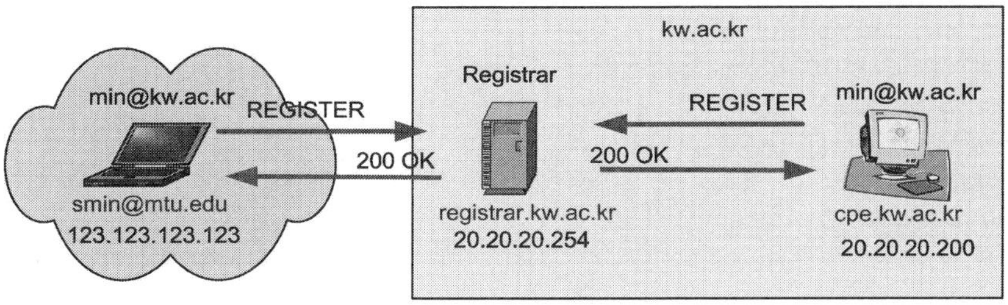

• 그림 6.17 • Registration 과정

min@kw.ac.kr이 kw.ac.kr 내외로 이동하는 경우 이동한 위치의 IP 주소나 새로운 URI를 registrar 서버에게 등록하는 절차는 동일하기 때문에 여기서는 min@cpe.kw.ac.kr로 이동한 후 이를 등록할 때 메시지 구성을 보여주고 있다. 먼저 인터넷전화단말은 registrar 서버의 위치를 알아야 한다. 이를 위하여 운영하고 있는 registrar 서버의 IP주소와 포트 번호를 인터넷전화단말에 설정하거나, multicast를 지원하는 sip.mcat.net 또는 224.0.1.75를 이용한다. 인터넷전화단말이 multicast 기능을 이용하여 **REGISTER** 메시지를 보내어 일반 registrar 서버에게 전달하며 registrar 서버들은 인터넷전화단말의 해당 registrar 서버를 찾아 **REGISTER** 메시지를 전달하게 된다. **REGISTER** 메시지가 정상적으로 등록되면 registrar 서버는 min@kw.ac.kr에게 **'200 OK'** 메시지로 응답한다. Registrar 서버는 SIP 서버로부터 min@kw.ac.kr의 이동한 위치에 대한 질의가 오면 min@cpe.kw.ac.kr을 알려주게 된다.

```
REGISTER sip:registrar.kw.ac.kr SIP/2.0
Via: SIP/2.0/UDP cpe.kw.ac.kr:5060;branch=Kx3sud342ds
Max-Forward: 15
To: min <min@kw.ac.kr>
From: min <min@kw.ac.kr>
Call-ID: 01034997017@cpe.kw.ac.kr
Cseq: 1 REGISTER
Contact: <sip:min@cpe.kw.ac.kr>
Expires: 3600
Content-Length: 0
```

```
SIP/2.0 200 OK
Via: SIP/2.0/UDP cpe.kw.ac.kr:5060;branch=Kx3sud342ds;received=20.20.20.254
Max-Forward: 15
To: min <min@kw.ac.kr>
From: min <min@kw.ac.kr>
Call-ID: 01034997017@cpe.kw.ac.kr
Cseq: 1REGISTER
Contact: <sip:min@cpe.kw.ac.kr>
Expires: 3600
Content-Length: 0
```

REGISTER 메시지의 URI에는 registrar 서버에 대한 정보가 입력되며 각 헤더의 정보는 다음과 같다.

- From 헤더와 To 헤더 값

  인터넷전화단말 자신의 URI 값을 두 헤더에 입력한다.

- Contact 헤더

  인터넷전화단말이 이동한 위치에서 수신 호 전달을 받고자 할 때 이동한 위치의 URI 값을 입력한다.

- Expire 헤더

  Registrar 서버가 이동한 위치의 URI 정보를 유지하는 시간을 입력하며 단위는 초이며 위의 예에서는 60분 동안 위치정보를 유지하게 될 것이다. 만약 이동한 위치를 지속적으로 유지하고 싶다면 만료되기 전에 시간을 갱신하여야 한다. 이 값이 0이면 위치정보를 삭제한다.

UNREGISTER 메시지 필요성?

PSTN 에서 교환기는 호 상태를 지속적으로 관리하고 있는 반면 인터넷 텔리포니 서비스에서는 SIP 서버가 호 상태를 PSTN 교환기처럼 엄격하게 관리하지 않는다. Registrar 서버는 위치정보를 타이머로 운영하고 있으며 타이머 설정한 시간까지 위치정보를 유지하지만 0이 되어 만료가 되면 해제한다. 따라서 UA가 registrar 서버에서 자신의 위치정보를 삭제하고자 할 때에는 **REGISTER** 메시지에 **Expire** 헤더 값을 0으로 해서 registrar 서버에게 보내어 un-register가 이루어지도록 한다.

제 7 장 SIP - Part II

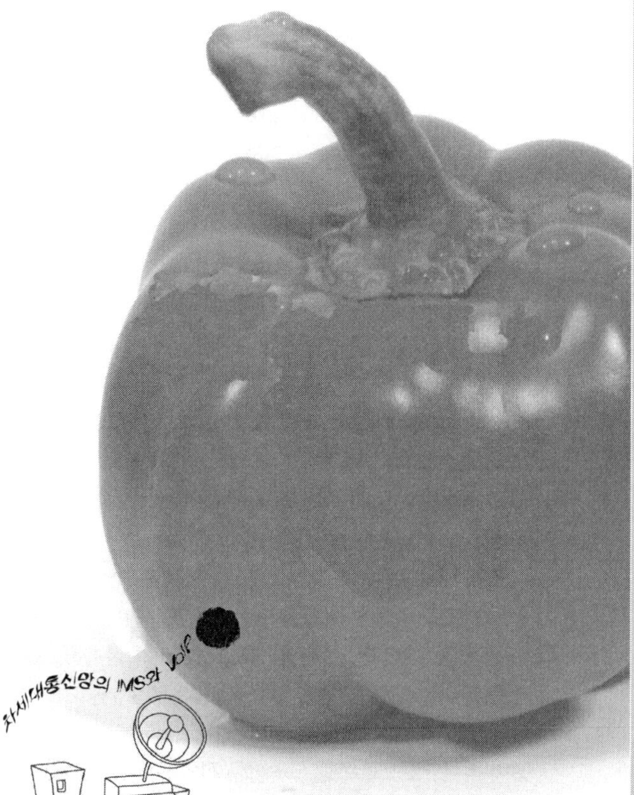

SIP를 1990년대 말 처음 표준화할 때 VoIP 신호 프로토콜에 대한 기능블록, 절차, 메시지 등을 정의하였다. 이전 장에서는 SIP가 VoIP 신호 프로토콜로 동작하기 위한 최소 사항 등을 알아보았고 기본 사항 표준화 이후 SIP는 세 가지 방향으로 발전하였다. 첫 번째는 기본 세션설정과 관련하여 추가적으로 발생할 수 있는 문제를 해결하기 위한 것이었다. 두 번째는 메신저와 같은 새로운 서비스를 지원하는 것이었고, 마지막으로 PSTN과 연동하는 방안을 모색하였다.

인터넷 텔리포니에서 PSTN과 같이 실시간 서비스를 지원하기 위해서 라우터에 자원할당을 필요로 한다. SIP 서버는 인터넷 관점에서 라우터와는 달리 인터넷 호스트로 연결되기 때문에 인터넷 노드인 라우터가 인터넷 텔리포니 트래픽을 정해진 시간 안에 전달하기 위해서는 PSTN 교환기와 같이 자원할당이 이루어져야 한다. 즉, RTP 스트림이 전달되는 경로에 따라 자원할당이 이루어져야 할 것이다.

SIP 메시지와 RTP 스트림 전달경로를 SIP 서버가 관리할 수 있도록 **Route**와 **Record-Route** 헤더 등을 정의하였으며 지원할 수 있는 헤더를 협상하기 위한 **Require**와 **Supported** 헤더 등을 추가로 정의하였다. **INVITE** 메시지에 대하여 **'180 Ringing'** 이나 **'200 OK'** 메시지를 어떠한 이유로든 보낼 수 없지만 상대방에게 INVITE 메시지를 받았다는 사실을 알려주기 위하여 **'100 Trying'** 메시지가 사용된다. 이 메시지는 Q.931의 **Call Proceeding** 메시지에 해당한다.

Provisional response와 preconditioning을 위하여 SIP는 추가적으로 메시지를 정의하였다. Provisional response는 **'100 Trying'** 메시지와는 달리 서버가 받은 메시지를 상대방이 수신한 사실을 확인하기 위한 것으로 PSTN 연동할 때에도 사용된다. 이를 위하여 **Require:100rel, RSeq, RAck** 그리고 **PRACK** 메시지 등이 정의되었다. 또한 두 UA 사이에 세션설정에 필요한 자원할당을 하기 위하여 이들 사이에 **'183 Session Progress'**와 **UPDATE** 메시지를 정의하였다.

새로운 서비스를 지원하기 위하여 SIP는 새로운 메시지를 추가로 정의할 수 있도록 설계되어 있다. 인터넷에서 많이 사용되고 있는 메신저 서비스를 SIP가 지원할 수 있도록 **SUBSCRIBE, '202 Accepted', NOTIFY** 메시지 등을 정의하고 이를 활용하고 있다. 이 메시지들은 특정 서버에 event를 사전에 등록하고 이를 통보받을 때에도 활용된다.

이러한 내용들은 SIP가 인터넷에서 효율적인 제어 프로토콜로 발전하기 위하여 기능 강화를 위한 것이었으며 이 외에도 기존 망과의 연동이 이루어지지 않는다면 인터넷 텔리포니는 성공할 수 없었을 것이다. 인터넷 텔리포니의 음성서비스는 주로 PSTN과 이동통신망에서 이루어지기 때문에 이들과의 연동은 필수적이다. VoIP 망이 PSTN, 이동통신망과 연동되기 위하여 이들 사이에 게이트웨이를 설치하며 게이트웨이는 VoIP 기능과 PSTN 기능을 모두 갖추고 있어야 할 것이다. 신호 프로토콜 SIP 메시지를 각 기능에 맞추어 Q.931 또는 SS 7 메시지로 변환하고 미디어 변환도 RTP에서 타임 슬롯 또는 PSTN에 맞는 형태로 변환하게 된다.

SIP 단말이 URI로 식별되고 PSTN 또는 이동통신망의 단말은 ITU-T E.164 형태로 구분하기 때문에 이들 사이에도 이를 매핑 또는 변환할 수 있는 방법이 있어야 한다. 이를 위하여 IETF에서는 ENUM이라는 디렉토리 서비스를 정의하였다. ENUM은 DNS를 확장한 것으로 PSTN 또는 이동통신망에서 인터넷으로 전화를 발신하는 경우 전화번호를 SIP URI로 변환하는 서비스이다.

이 장은 크게 세 부분으로 나눌 수 있다. 2절부터 4절까지는 SIP 세션설정 기능보완, 5절은 추가서비스를 위한 새로운 메시지 정의, 그리고 6절, 7절은 H.323 또는 PSTN 연동에 대한 부분이다. 1절은 전반적으로 기본기능 외에 SIP에서 학습해야 할 내용을 소개하였다. 2절은 교환기와 같이 SIP 서버가 발전하기 위하여 보완되어야 할 부분을 알아보았고 3절과 4절에서는 세션설정 과정에서 추가하여 보완한 메시지와 필드로써 세션설정 과정에서 메시지 분실 보완과 자원 할당 등과 연계한 내용을 알아보았다. 5절은 새로운 서비스로 event 등록과 메신저 서비스를 위한 추가된 메시지를 알아보았다. VoIP 다른 신호 프로토콜인 H.323과의 연동절차를 6절에서 H.323과 SIP를 비교하면서 알아보았다. 7절에서는 PSTN 또는 이동통신망 등에서 사용되는 Q.931 프로토콜과 VoIP의 SIP를 연동할 때 메시지 변환하는 절차와 상이한 주소체계를 서로 인식할 수 있게 하는 ENUM에 대하여 소개하였다.

본 장을 마치면

- SIP 기본 세션 설정 외에 추가한 서비스의 목적과 관련 용어, 메시지, 필드 등을 이해할 수 있다.
- Stateful 서버에서의 Record-Route 헤더 및 lr 필드 지정에 따른 동작을 설명할 수 있다.
- Provisional response와 preconditioning 등의 필요성과 관련한 메시지와 헤더 그리고 이들의 동작과정을 설명할 수 있다.
- 메시지 서비스, event 등록과 이에 대한 통보를 위한 추가적인 메시지와 절차를 이해할 수 있다.
- H.323과 연동을 위한 SIP와의 비교 설명과 절차를 이해할 수 있다.
- PSTN과 연동과정에서 송신과 수신의 경우 필요한 각 통신망의 기능을 정의할 수 있고 이들을 위한 절차와 ENUM 필요성을 설명할 수 있다. 또한 중간 게이트웨이의 역할과 필요한 동작을 이해할 수 있다.

7.1 SIP 기본 세션 설정 이외의 추가 기능

일반적으로 프로토콜을 정의할 때에는 가장 기본적인 동작을 정의하고 그 다음에 부가기능을 추가적으로 정의한다. ITU-T(International Telecommunication Union-Telecommunication Standard Sector) H.323은 물론 SIP(session initiation protocol) 표준화 절차도 예외는 아니었다. 기본 세션 설정하는 과정을 먼저 표준화하고 부가 기능을 추가하면서 VoIP(voice over IP)가 어떤 시나리오에도 적용될 수 있도록 발전하였다. SIP는 이전 장의 SIP UA(user agent) 사이의 P2P(peer-to-peer) 모델 동작과 SIP 서버와의 세션 설정과 해제의 기본 동작과 메시지 등을 알아보았고 이 장에서는 부가적으로 정의된 기능과 타 망과의 연동을 살펴볼 것이다. 부가 기능으로 세션 설정과정에 부족한 사항을 보완한 기능, 메신저 서비스 등을 알아보고 다른 망과의 연동을 위하여 SIP 기반의 인터넷 텔리포니가 각각 H.323 기반의 VoIP 망과 PSTN(public switched telephone network)과의 연동을 위한 절차 등을 설명할 것이다.

이러한 추가 기능을 위하여 정의된 메시지와 연동 절차를 간단히 설명하면 다음과 같다.

- 기본 세션 설정의 기능 보완
  - 신호메시지 분실 검출, 자원할당을 위한 PRACK, UPDATE 메시지를 정의함.
  - '183 progress' 응답을 통해 발신자 또는 중간 SIP 서버에게 현재 요청한 메시지를 처리하고 있음을 알려줄 때 사용함.
- 메신저 서비스
  - 메신저를 사용하여 보면 등록된 친구 상태 확인, 문자, 동영상 전송이 물리적 위치에 구애받지 않고 이루어짐을 알 수 있음. VoIP에서 메신저 서비스 제공을 위한 NOTIFY, SUBSCRIBE 메시지를 정함.
  - 단순 전화서비스를 위하여 기존 PBX(private branch exchange) 또는 PSTN을 대체한다며 고가의 비용이 들며 장점이 부각되지 못함. 인터넷의 메신저 서비스와 같은 인터넷 멀티미디어 서비스 또는 데이터베이스와 연동을 통한 콜센터 기능이 추가되어야 VoIP 장점을 활용할 수 있음.
- H.323과 연동
  - H.323이 ITU-T에서 1996년 표준화되었고 SIP는 1999년 IETF(Internet Engineering Task Force)에서 표준화가 이루어졌으며 H.323과 SIP 단말 사

이의 연동이 필요할 수 있음. 이들 사이의 연동과정을 살펴봄으로써 두 신호프로토콜의 차이점을 알 수 있고 향후 다른 신호프로토콜의 연동방안에 활용될 수 있음.

- PSTN과 연동
  - 인터넷 텔리포니가 인터넷 사용자 사이에서만 이루어지고, 텔리포니 서비스를 기본으로 제공하는 PSTN과 VoIP가 연동이 이루어지지 않았다면 현재 ITSP (Internet telephony service provider)가 탄생하지 않았을 것임. PSTN과 연동 과정을 통하여 SS 7(signaling system no. 7) 또는 Q.931과 SIP 과정의 메시지 매핑 관계를 알 수 있고 2세대, 3세대 이동통신망과의 연동과 IMS(IP multimedia subsystem)의 절차 등을 이해하는데 도움이 될 것임.

7.1.1 용어 : Transaction과 Dialogue

인터넷의 모든 응용서비스는 client-server 모델을 유지하고 있고 전화서비스와 같은 P2P 모델을 위하여 인터넷전화단말은 client와 server 기능을 동시에 설치한다. 즉, client가 request 메시지를 보내면 server는 response 메시지로 응답하는 절차를 따르게 되며 SIP 기본 세션 설정을 위한 메시지 교환 절차를 도식하면 그림 7.1과 같다. Request-response 메시지 쌍을 일반적으로 transaction이라고 하며 이러한 transaction이 일련의 순서대로 이루어지는 것을 dialogue라고 한다. 이는 마치 영어회화 공부할 때 인사말을 주고받는 과정을 dialogue라고 하는 것과 비슷하다.

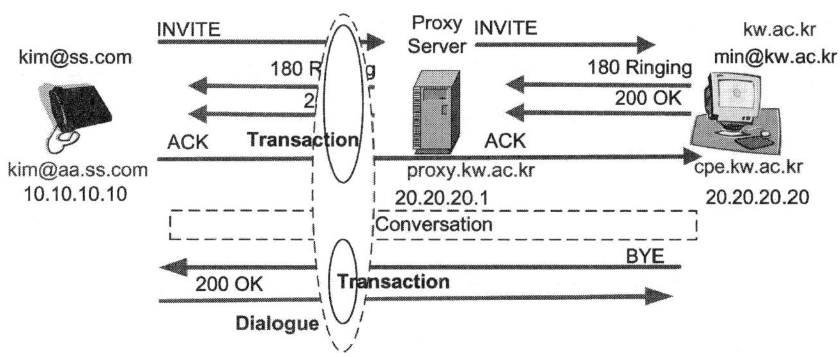

• 그림 7.1 • Transaction과 Dialogue

UAC(UA client)가 **INVITE** 메시지를 수신단말에 보내면 이 메시지에 대한 UAS(UA server)는 **'200 OK'** 메시지로 응답한다. 이에 대하여 UAC가 **ACK** 메시지를 전송하여 UAC-UAS 사이의 **INVITE** 요청이 완성된다. 약간의 변형이 있기는 하지만

transaction은 client가 요청한 것에 대한 최종 완성이 이루어지는 일단의 교환이 끝날 때까지를 지칭함으로써 **INVITE - '200 OK' - ACK** 의 transaction이 이루어진다.

세션을 종료하기 위한 **BYE** 메시지에 대하여 **'200 OK'** 메시지로 응답하여 하나의 transaction을 구성한다. INVITE transaction과 **BYE** transaction이 이어져 UAC와 UAS 사이에 dialogue가 이루어진다. Dialogue는 **Dialogue ID**로 구분되는데 이는 **Call ID, local tag**와 **remote tag**로 구성된다. UAC가 **local tag**를 **From** 헤더에 붙이고 **Call ID** 값을 선택하여 UAS에 보내면 이를 받는 UAS는 **To** 헤더에 **remote tag**를 첨부하여 이 값들을 기초로 dialogue를 구분하게 된다.

7.1.2 Offer-Answer 모델

세션을 열기 위해서 UAC와 UAS는 **INVITE - '200 OK' - ACK**로 이루어진 three-way handshaking을 하게 된다. 설정하고자 하는 세션 정보는 SDP(session description protocol)에 포함되게 되는데 UAC와 UAS는 서로 상대방의 세션 정보를 주고받아야만 한다. UAC와 UAS 사이에서 offer하는 정보는 일반적으로 UAC가 UAS에게 제공하지만 필요에 따라 UAS가 UAS에게 먼저 offer할 수도 있다.

첫 번째는 UAC가 보내는 **INVITE** 메시지에 offer하는 SDP 정보를 싣고 가면 **'200 OK'** 메시지에는 answer에 해당하는 SDP를 포함하여 UAC에 응답하는 방식을 취한다. 이 과정으로 UAC와 UAS는 각각 자신의 정보를 상대에게 전달하고 상대방의 정보를 얻게 된다. 일반적으로 인터넷전화 서비스가 여기에 해당하게 된다.

두 번째로 UAS가 offer하고 UAC가 answer하는 방식이 있다. UAC가 UAS에 보내는 **INVITE** 메시지에는 세션에 관한 정보를 포함하고 있지 않고 단순 INVITE 메시지만 전달하게 되면 **'200 OK'** 메시지에 대한 정보에 offer하는 정보를 실어 UAS가 UAC에게 보내면 **ACK** 메시지에 answer 정보를 포함하여 응답하는 형태이다.

7.2 Stateful 서버와 Route, Record-Route 헤더와 lr 필드

7.2.1 용어 : Stateful vs. Stateless

PSTN에서 중간 노드인 교환기와 인터넷의 중간 노드인 라우터의 차이점이 무엇일까? 교환기는 호 설정 이후 해제될 때까지 교환기에 스위칭 테이블을 유지하면서 입력 트렁크에서 슬롯을 출력 트렁크의 해당 슬롯으로 스위칭을 수행한다. 라우터는 패킷의 입출력 처리가 사전에 설정되어 있는 라우팅테이블에 따라 입출력 포트로 해당 패킷을 처리한다. 이러한 두 과정을 비교하여 보면 마치 PSTN 스위칭테이블이 라우터의 라우팅 테이블에 해당하는 것처럼 보인다.

그러나 PSTN 교환기는 호 설정할 때마다 동적으로 설정되는 스위칭 테이블 이외에 호 라우팅을 위한 수신 전화번호 기반의 호 라우팅 테이블을 가지고 있으며 이 테이블이 라우터의 라우팅 테이블에 해당된다. 즉, PSTN 교환기는 호 설정 라우팅 테이블과 호 설정 요청에 따라 동적으로 설정되는 슬롯 스위칭 테이블을 갖고 있으며 라우터는 교환기의 호 설정 라우팅 테이블에 해당하는 패킷 라우팅 테이블만 가지고 있다.

PSTN 교환기는 호 설정 요청이후 해제될 때까지 호 상태관리를 수행한다. 호 설정 요구에 따라 정상적으로 호 설정이 이루어지면 슬롯 스위칭 테이블이 동적으로 설정되며 호 해제 요구에 따라 PSTN 교환기의 해제 처리과정을 수행하게 된다. 이러한 일련의 상태관리가 PSTN에서 이루어지며 이를 stateful하다고 표현한다.

반면 인터넷 라우터는 stateless이다. 라우팅테이블이 한번 구성되면 이전 패킷과 현재 패킷의 처리가 서로 무관하게 이루어진다. 비록 라우팅 테이블에 의하여 패킷 처리가 이루어지고 통계 값을 누적하기는 하지만 이전 패킷의 처리 상태와 무관하게 현재 패킷을 처리하며 PSTN 교환기처럼 엄격한 상태관리가 이루어지지 않는다. 따라서 인터넷 라우터는 stateless 이다.

> Soft State 관리
>
> 인터넷 서비스 중 PSTN 교환기 수준까지는 아니지만 일부 상태관리를 하는 서비스가 있다. 예를 들어, DHCP(dynamic host configuration protocol)에서 IP 주소 할당을 하고 나면 IP 주소 할당 해제가 타이머에 의하여 이루어지는 사실이 stateful과 stateless 중간에 해당한다고 할 수 있다. IP 주소 요청과 할당 과정에서 할당한 주소가 유효한 시간을 미리 설정하게 된다. 이 시간이 종료되기 전에 갱신이 되면 지속적으로 할당한 주소가 유효하지만, 갱신 요청 없이 유효한 시간이 종료되면 DHCP 서버에서 이에 대한 정보를 삭제하는 형태로 상태관리를 한다. 이러한 과정이 인터넷 응용서비스관점에서는 stateful에 해당하지만 PSTN과 비교하여 보면 해제 과정 등이 포함되어 있지 않아 soft state 관리 형태라고 부른다.

7.2.2 SIP의 Stateful 서버

VoIP 서버는 인터넷 관점에서는 단말에 해당하기 때문에 인터넷전화단말 사이의 세션 설정, 해제 과정을 주관하지만 VoIP 서버가 인터넷전화단말 사이의 미디어 전달

경로의 자원 관리를 담당하지는 않는다. 비록 세션 설정 메시지 경로와 미디어 전달 경로가 다르더라도 VoIP는 두 인터넷전화단말 사이의 세션 설정과 해제에 대한 상태 관리는 수행할 필요가 있다. VoIP 서버의 상태관리 정도에 따라 다음 두 가지로 구분할 수 있다.

- Stateless VoIP 서버: 세션설정에 필요한 최소 기능만 포함하고 있어 기본 세션 설정에 관여를 하지만 설정한 이후 세션관리를 하지 않음. 그림 7.1에서의 proxy 서버 동작을 보면 미디어 통화 이후 BYE 메시지 전달 사실을 모름.
- Stateful VoIP 서버: PSTN 교환기처럼 어떤 형태로든 세션상태관리를 적극 개입하는 형태로 모든 세션 설정, 해제, 관리 메시지의 중간 경유가 이루어져야 함. 이를 위하여 Route, Record-Route 헤더와 lr 필드 등을 정의함.

7.2.3 Stateful 서버 동작 : Router, Record-Route 헤더와 lr 필드

SIP 신호 메시지 전달의 경로를 확인하기 위하여 기본적으로 Via 헤더를 사용하고 있어 수신 인터넷전화단말은 Via 헤더를 통하여 신호메시지가 전달된 경로를 알 수 있다. 또한 세션설정 요청 메시지에 Contact 헤더 정도가 포함되어 있다면 이후 인터넷전화단말 사이에 중간 SIP를 경유하지 않고 다음 신호메시지를 직접 주고받을 수 있다.

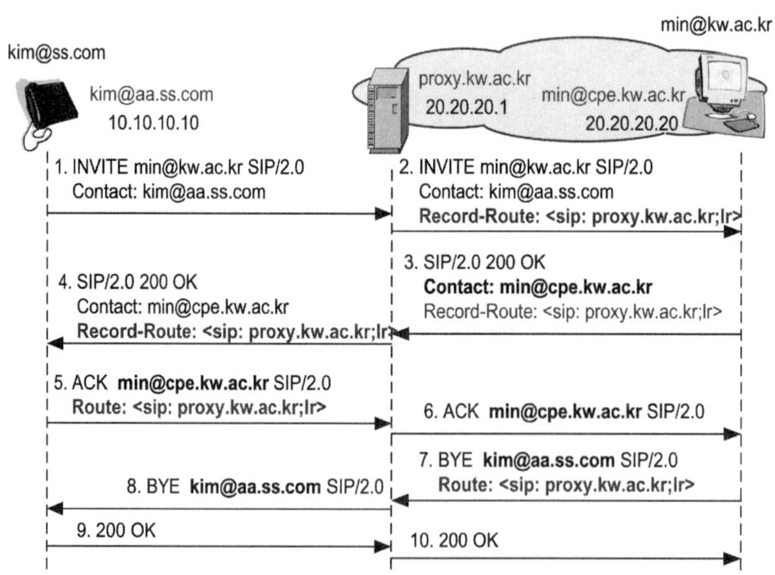

• 그림 7.2 • Stateful 서버 동작을 위한 Route, Record-Route 헤더와 lr 필드

그러나 Stateful 서버가 설치되는 경우 비록 SIP 이후 메시지를 직접 전달할 수 있는 정보가 Contact 헤더에 포함되어 있더라도 상태관리를 책임지고 있는 SIP 서버는 모든 SIP 메시지가 반드시 자신을 경유해야 한다는 사실을 두 인터넷전화단말에게 알려주어야 할 것이다. 그림 7.2에서 보는 바와 같이 kim@ss.com이 min@kw.ac.kr에 세션 설정과 해제를 실행할 때 중간에 proxy.kw.ac.kr인 proxy 서버가 자신이 세션에 대한 상태관리하고 있음을 Record-Route 헤더를 통하여 두 인터넷전화단말에게 알려준다. 여기서 Record-Route 헤더는 이를 포함한 메시지가 경유한 SIP 서버 정보를 포함한다. 여기서, kim@ss.com과 min@kw.ac.kr가 처음 받는 SIP 메시지에는 'Record-Route: <sip: proxy.kw.ac.kr>'을 포함하고 있어 인터넷전화단말은 이 메시지가 proxy.kw.ac.kr을 경유하고 왔음을 알게 된다.

단계 1에서 kim@ss.com은 자신이 kim@aa.ss.com으로 이동한 사실을 Contact 헤더에 포함한 INVITE 메시지를 min@kw.ac.kr에게 보내게 되면 이 메시지는 DNS(domain name service) 과정 또는 SIP 신호메시지 라우팅 과정을 통하여 proxy.kw.ac.kr인 proxy 서버에게 전달되게 된다. 여기서 proxy.kw.ac.kr은 세션 상태관리를 수행하는 서버로서 Record-Route 헤더와 lr 필드를 이용하여 자신의 URI (uniform resource identifier)를 포함한 메시지를 단계 2를 거쳐 min@kw.ac.kr, 에게 알려준다. min@kw.ac.kr은 '180 ringing' 메시지 또는 '200 OK' 메시지를 kim@ss.com에게 보내야 하는데 이 예에서는 '200 OK' 메시지를 보내는 것으로 단계 3, 4를 통하여 UAC인 kim@ss.com에게 중간 proxy.kw.ac.kr을 경유하였음을 알려준다.

이후 UAS와 UAC는 중간에 proxy.kw.ac.kr이 상태 관리하는 서버임을 인지하고 인터넷전화단말들은 세션설정, 해제, 관리 메시지들이 반드시 proxy.kw.ac.kr을 경유할 수 있도록 Route 헤더에 proxy 서버 정보를 포함시켜야 한다. 이 사실은 단계 5와 7에서 UA들이 각각 발생한 ACK와 BYE 메시지의 Route 헤더 값으로 확인할 수 있다.

그리고 Contact 헤더 정보는 UA가 상대방 UA와 직접 SIP 메시지 교환할 때 활용되지 못하지만 proxy 서버가 해당 UA와 SIP 메시지를 교환할 때 Contact 헤더 값을 사용하게 된다. 이 예에서 proxy 서버는 min@kw.ac.kr의 실제 위치인 min@cpe.kw.ac.kr로 SIP 메시지를 전달하고 kim@ss.com에게 전달되는 메시지는 Contact 헤더에 포함되어 있는 kim@aa.ss.com으로 SIP 메시지를 전달하게 된다.

7.3 보완된 세션 설정 추가기능

7.3.1 지원하는 헤더 협상 절차: Require 헤더와 Supported 헤더

SIP 단말 종류는 특성에 따라 일부 method와 헤더만 지원할 수 있기 때문에 세션 설정하는 과정에서 인터넷전화단말이 지원 가능한 method와 헤더 등에 대한 협상 절차를 마련하였다. 예를 들어 UAC에서 반드시 필요로 하는 헤더 정보와 UAS가 선택할 수 있는 헤더 정보로 나누어 INVITE 메시지를 보내면 UAS는 '200 OK'메시지로 응답할 때 UAC의 필수 헤더 정보와 자신이 선택한 헤더 정보를 포함하게 된다. 만약 UAC가 반드시 필요로 하는 정보를 UAS가 지원하지 않는 경우 세션 설정이 이루어지지 않는다.

그림 7.3은 두 인터넷전화단말 사이의 지원 가능한 기능을 협상하기 위하여 사용한 INVITE - '200 OK' - ACK transaction을 보여주고 있다. kim@ss.com은 min@kw.ac.kr과 세션 설정을 하면서 메시지에는 header1, header2, header3과 연관된 기능을 반드시 사용하여야 하며 선택적으로 header4와 header5의 기능을 Require 헤더와 Supported 헤더를 이용하여 제시하고 있다. 수신자인 min@kw.ac.kr은 단계 4인 '200 OK' 메시지에서 header1, header2, header3과 연관된 기능을 사용함에 동의하고 header4를 사용하기를 Require 헤더로 응답하고 있음을 확인할 수 있다. 만약 min@kw.ac.kr이 header1, header2, header3 중 지원하지 않는 헤더가 있는 경우 에러로 응답하며 Unsupported 헤더를 이용하여 지원하지 않는 헤더를 기술한다.

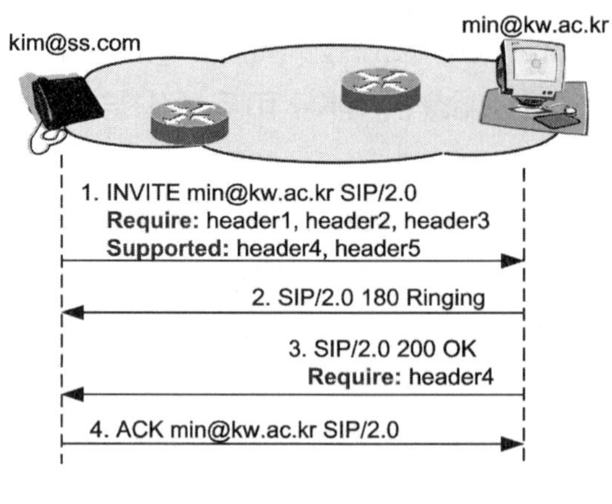

• 그림 7.3 • Require 헤더와 Supported 헤더

7.3.2 지원하는 Method를 광고하기 위한 헤더: Allow 헤더

SIP method들은 크게 두 가지로 나눌 수 있다. 기본세션 설정을 위한 method와 기본세션 설정 이외에 기능 확장을 위한 method들이 있다. 기본세션 설정을 위하여 정의된 method들은 INVITE, ACK, BYE CANCEL, OPTION 등이며 그 외에 method들은 기능 확장을 위한 method들이다. 모든 SIP UA에서 기본세션 설정을 위한 method들은 기본적으로 구현되며 기능 확장을 위한 method들의 처리는 선택적으로 구현된다. 따라서 두 단말사이에서 세션설정 과정 또는 그 이전에 상대방에게 자신이 처리할 수 있는 method 정보를 알려줄 필요가 있다.

세션설정 과정의 INVITE 또는 '200 OK' 메시지 등에서 자신이 처리할 수 있는 method를 다음과 같이 Allow 헤더를 이용하여 상대방에게 알려준다. Allow 헤더는 자신이 받을 수 있는 method를 광고하는 형태로서 이 메시지를 받은 상대방은 이 메시지 발신단말이 이러한 기능을 처리할 수 있음을 알게 된다.

```
Allow: UPDATE, SUBSCRIBE, NOTIFY, MESSAGE
```

7.3.3 '100 Trying' 응답메시지

PSTN에서 발신자는 자신이 건 착신전화번호를 누르고 나면 ring-back tone이 오기 전까지는 자신이 전화번호를 모두 입력하였는지 모를 수 있다. 디지털전화기와 교환기 사이에서 신호메시지는 Q.931에서 정의하고 있으며 이들의 신호절차를 보면 그림 7.4와 같으며 교환기와 교환기 사이에서는 SS 7(signaling system no. 7)의 메시지로 변환되게 된다. 발신단말에서 Setup 메시지가 전달되면 교환기는 이 메시지를 받았다는 응답으로 Call Proceeding 메시지를 전달한 후 Setup 메시지에 있는 착신정보로 신호메시지 처리를 시작하게 된다. Call Proceeding 메시지를 받은 단말은 자신이 보낸 Setup 메시지가 교환기에 전달되었음을 확인하게 된다. 만약 Setup 메시지가 분실된다면 Call Proceeding 메시지를 받지 못하여 Setup 메시지를 재전송하게 된다.

일반전화망의 수신단말에 전달된 Setup 메시지에 대하여 Alerting 메시지를 바로 전송하지 못할 때 그림 7.4와 같이 Call Proceeding 메시지를 보내게 된다. 수신단말이 Setup 메시지를 받으면 Alerting 또는 Disconnect 메시지를 교환기에 전달하여야 하는데 어떠한 이유로든 자신이 처리 중이라는 사실을 교환기에 알려서 교환기가 전달한 Setup 메시지가 잘 전달되었음을 알려주기 위하여 Call Proceeding 메시지를 전달하게 된다.

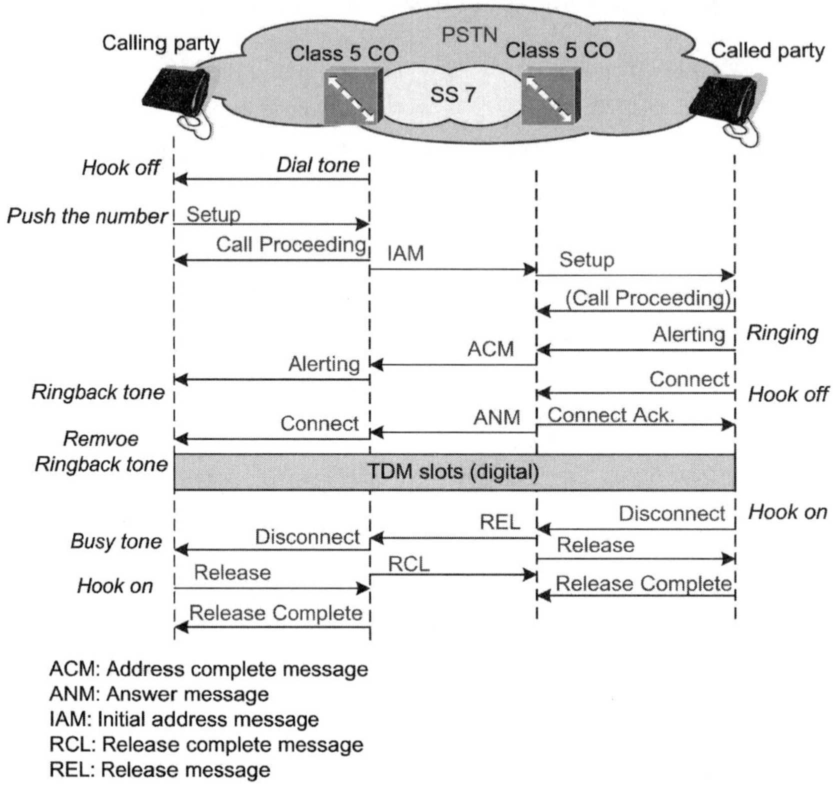

• 그림 7.4 • PSTN에서 Q.931과 SS. 7에 의한 호 설정 절차

일반전화망에서 Call Proceeding 메시지에 해당하는 것이 바로 '100 Trying' 메시지이다. 그림 7.5와 같이 UA 사이에 두 개의 proxy 서버를 경우하게 되는 경우 단계 1, 3, 5의 INVITE 메시지가 전달되게 되는데 이 메시지들이 각 proxy 서버에서 단계 2와 4처럼 '100 Trying' 메시지를 이용하여 INVITE 메시지가 잘 전달되었음을 알려주게 된다. 또한 단계 6에서는 UAS인 min@kw.ac.kr이 proxy 서버인 proxy.kw.ac.kr에게 INVITE 메시지를 통해 현재 처리 중이라는 상태를 알려주며 수신단말이 바로 '180 Ringing' 또는 '200 OK'를 바로 알려줄 수 있을 때에는 '100 Trying' 메시지를 전달하지 않는다.

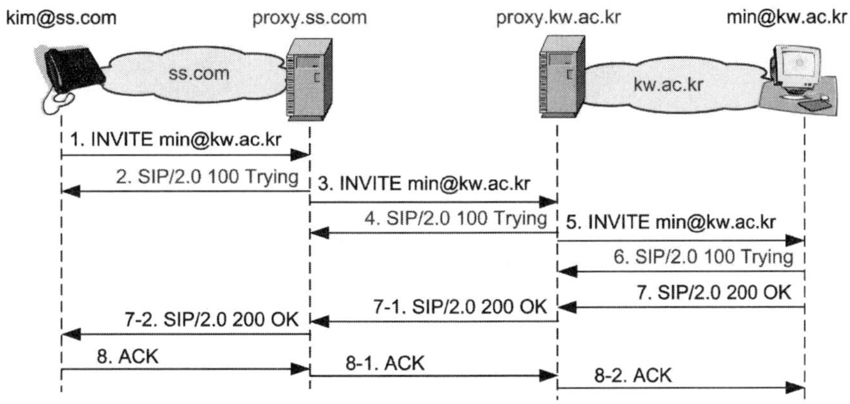

• 그림 7.5 • 여러 SIP 서버 경유하는 경우 '100 Trying' 메시지 전달

7.4 Provisional Response과 Precondition

SIP 메시지가 중간에 분실되면 어떠한 일이 벌어질까? 이에 대한 것은 기존 일반전화망에서도 고려되어 타이머를 두어 일정한 시간 안에 응답이 오지 않으면 재전송하는 형태를 취하고 있다. 이것은 reliable한 통신을 요구하는 분야는 모두 동일하게 적용된다.

그림 7.4의 일반전화망에서 Alerting 메시지 또는 ACM 메시지가 분실된다면 발신단말은 Setup 메시지 보낸 후 Connect 메시지를 받기 때문에 ring-back tone 없이 바로 상대방과 통화 채널이 개통된다. 이러한 현상을 이동전화 또는 기존 일반전화망에서 경험한 독자들도 있을 것이다. 이러한 현상을 SIP 망에서 간단히 표현하면 그림 7.6과 같다. INVITE 메시지를 전달한 후 '180 Ringing' 메시지를 받지 않고 '200 OK' 메시지를 받기 때문에 ACK 메시지로 응답하면 바로 세션이 설정되게 된다. UAC는 ring-back tone 없이 바로 음성통화를 할 수 있는 상황이 되는 것이다.

세션 설정이 불안정하게 이루어지는 것을 해결하기 위하여 세션 설정 메시지 헤더에는 'Require: 100rel', RSeq, RACK 헤더 등을 추가하였고 PRACK 메시지를 추가로 정의하였다. 이외에도 두 UA가 합의된 세션설정 정보를 주고받기 위하여 PRACK 메시지를 사용할 수 있으며 갱신된 사실을 알려주기 위하여 UPDATE 메시지를 정의하고 있다. UPDATE 메시지는 세션 설정 이후에도 세션 정보가 변경, 속성 수정 또는 서비스품질 변경된 것을 알려줄 때 사용한다.

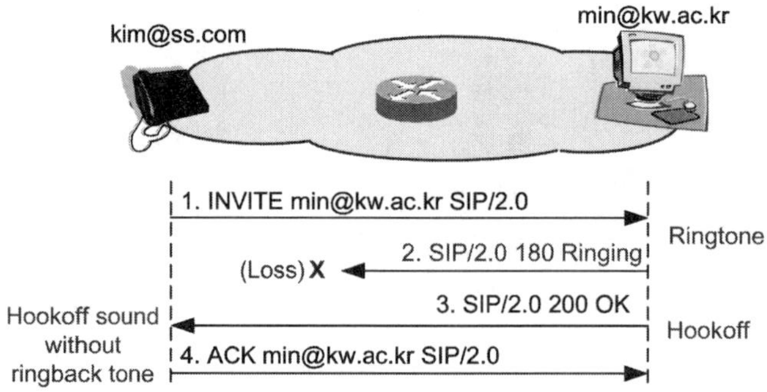

• 그림 7.6 • '180 Ringing' 메시지 분실 경우

7.4.1 헤더 Require: 100rel, RSeq, RAck 그리고 PRACK 메시지

'180 Ringing' 메시지 분실하는 경우 이를 재전송할 수 있도록 그림 7.7과 같이 몇 개의 헤더와 메시지를 정의하였다. 먼저 단계 1에서 'Require: 100rel' 이라는 헤더를 추가하게 되면 UAS는 응답할 때 'RSeq: random_value' 헤더를 그림에서 보는 바와 같이 단계 3에서 추가하게 되고 이때 전송되는 메시지는 provisional response가 된다.

UAC는 provisional acknowledgement로 단계 4와 같이 RAck 헤더를 RSeq 헤더에서 사용했던 random 값과 이전 request 메시지에 이어서 CSeq 값을 증가하여 PRACK를 전송하게 된다. 그리고 UAS는 UAC에게 단계 5와 6과 같이 연속하여 '200 OK' 메시지를 전달하게 되는데 첫 번째 '200 OK' 메시지는 단계 4의 PRACK 메시지에 대한 응답이고 두 번째 '200 OK' 메시지는 단계 1의 INVITE 메시지에 대한 응답이다. 이에 대한 구분은 CSeq 헤더 값으로 이루어진다. 그리고 UAC는 단계 6에 대하여 그림 7.7과 같이 ACK 메시지를 보내어 세션 설정을 성공하게 된다.

Provisional response는 그림 7.8과 같이 '180 ringing' 메시지를 분실하는 경우를 대비하여 타이머 구동을 하도록 하는 것이며 provisional acknowledgement가 오지 않으며 바로 '180 ringing' 메시지를 재전송하게 된다. 즉, 단계 1에서 'Require: 100rel' 헤더를 포함한 INVITE 메시지를 받은 UAS는 단계 3과 같이 '180 ringing' 메시지를 전송하고 타이머를 구동한다. PRACK 메시지를 받지 못한 UAS는 단계 5와 같이 '180 ringing' 메시지를 재전송하게 된다.

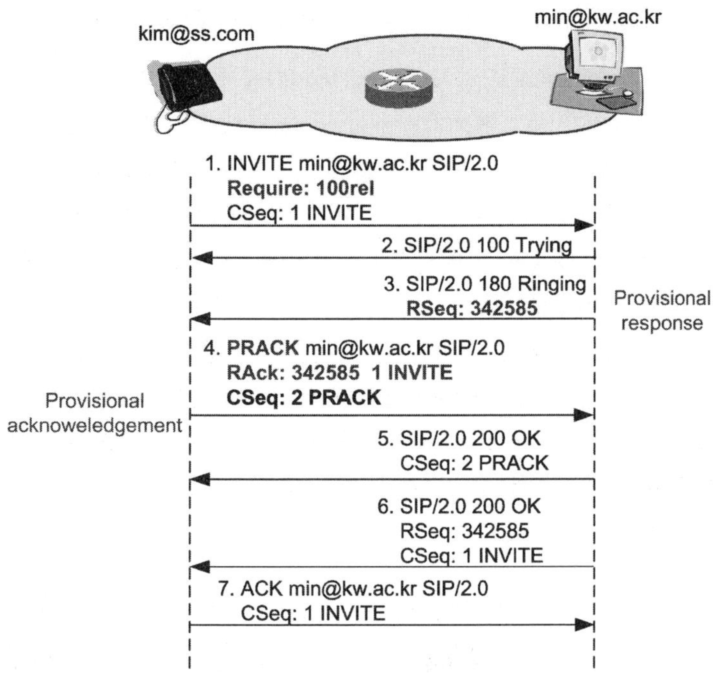

• 그림 7.7 • Provisional 응답의 절차와 메시지, 헤더 구성

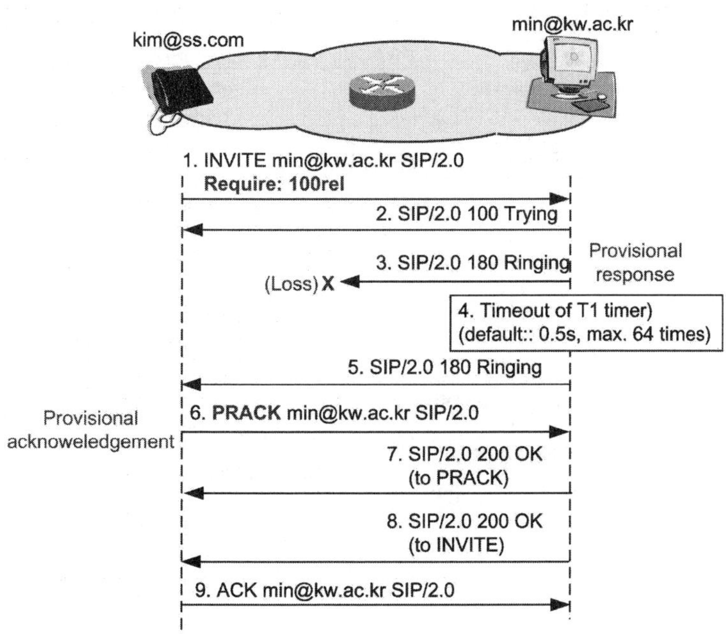

• 그림 7.8 • PRACK 메시지와 '180 Ringing' 메시지의 재전송

7.4.2 Preconditioning – '183 Session Progress'와 UPDATE 메시지

세션 설정을 위한 INVTE와 '200 OK' 메시지에 충분한 세션 설정 정보가 포함되어 있고 두 UA가 동의가 이루어진다면 preconditioning은 필요가 없다. Preconditioning은 세션 설정 전에 두 UA 사이에 세션설정 정보를 주고받는 과정으로 합의된 세션설정 정보 기초로 세션이 이루어지기 까지 과정을 의미한다. 그림 7.9는 세션 설정 이전에 PRACK 메시지와 UPDATE 메시지를 이용하여 preconditioning하는 과정을 보여주고 있다. 먼저 단계 1에서 UAC가 세션설정에 필요한 정보를 포함한 INVITE 메시지를 UAS에 전달하였지만, UAS가 이 세션정보를 동의하지 않고 수정된 세션정보를 SDP에 기술하여 단계 2와 같이 '183 Session Progress' 메시지를 보내게 된다. 이때 provisional response에 대한 응답으로 단계 3의 PRACK 메시지가 UAS에게 전달되면 이에 대한 '200 OK' 메시지가 단계 4처럼 전달된다.

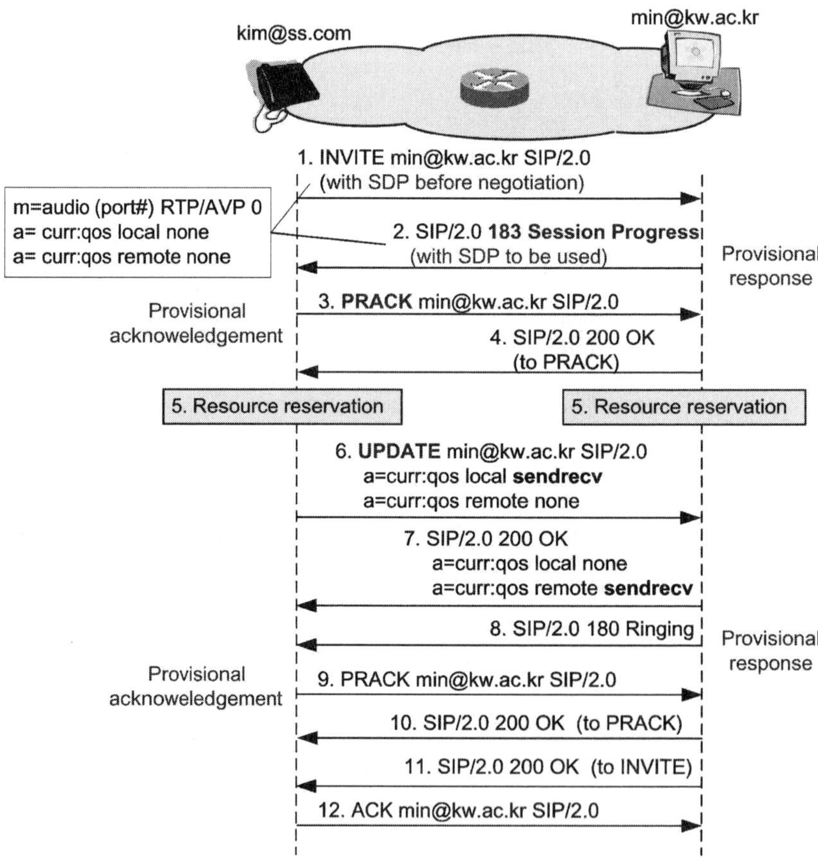

• 그림 7.9 • 세션정보 협의와 UPDATE 메시지의 preconditioning

그리고 UAC와 UAS는 서로 합의된 세션정보 설정을 하고 이것이 성공하게 되면 단계 6의 **UPDATE** 메시지를 보내고 이에 대한 단계 7의 **'200 OK'** 메시지가 전달되게 된다. 이때 세션설정의 바뀐 값을 확인할 수 있을 것이다. 이 과정이 모두 성공적으로 이루어지면 세션 설정을 위한 UA 사이에 합의가 끝난 것이고 비로소 단계 8의 **'180 Ringing'** 메시지가 전달되게 된다. 이후의 과정은 그림 7.8과 같은 과정을 따르게 된다.

UPDATE 메시지는 세션이 진행 중에 전달되는 경우 외에 세션 설정 이후에도 re-INVTE 개념처럼 사용될 수 있다. 예를 들어 통화 중에 묵음(muting) 또는 잠시 대기를 위한 서비스(placing on hold pending media stream)가 **UPDATE** 메시지를 이용하여 가능하다.

7.5 Event 등록, Instant Message와 Refer 서비스

SIP는 기존 전화망의 신호 프로토콜이 지원하는 기능을 모두 포함하기 위한 노력과 함께 인터넷에서 제공되는 멀티미디어 서비스를 지원하기 위한 노력을 하였다. 인터넷은 웹 서비스와 함께 메신저 서비스를 기본적으로 제공하고 있다. 메신저 서비스는 2세대 이동통신망에서 SMS(short message service)와 비슷하며 SMS는 이동전화단말 사용자들 중심으로 이용되는 반면 인터넷 메신저는 유선 인터넷 사용자들이 이용하면서 발전하였다. 이들은 서로 다른 형태로 출발하였지만 최근 3세대 이동통신망에서는 이들을 서로 연동하여 이동단말 사용자와 인터넷 사용자들 사이에서 제한된 문자 길이 범위 내에서 이용가능하다. SIP는 IM(instant message) 서비스를 지원하기 위하여 **MESSAGE** 메시지를 추가로 정의하였다.

7.5.1 Event 가입과 등록 통보

인터넷전화 서비스와 연계된 event는 특정 서버 또는 UAS에게 등록할 수 있다. 특정 서버에 event를 등록한다는 것은 인터넷 메신저 서비스를 위하여 메신저 서버에게 온라인 상태를 등록하는 경우, 관심 있는 주제 및 정보를 받기 위하여 해당 서버에 가입하는 경우 등이 해당된다. UAS에 event를 등록하는 한 예로써 인터넷전화를 걸었을 때 UAS가 통화 중이어서 통화가 끝남과 동시에 UAC에게 이 사실을 알려주는 event가 있다. 이때 UAS의 통화가 종료되면 UAS와 UAC를 동시에 호출하거나, UAS에게 통화 중 전화가 왔다는 사실을 알려주고 UAC 호출을 선택하게 할 수 있을 것이다.

먼저 메신저 서버와 같이 presence 서버에 event를 등록하는 과정을 알아보자. 그림 7.10에서 단계 1~4 과정과 단계 5~7 과정으로 나누어 고려할 때 최종 event 등록은 단계 7까지 진행하여야 presence 서버는 서비스를 요청한 클라이언트의 등록을 완료한다. kim@ss.com은 min@kw.ac.kr에게 **SUBSCRIBE** 메시지를 보내면 **'202 Accepted'** 메시지를 받게 되면 **SUBSCRIBE** 메시지가 전달된 사실을 알게 된다. 이후 min@kw.ac.kr은 kim@ss.com에게 **NOTIFY** 메시지를 전달하고 이에 대한 **'200 OK'** 메시지로 응답한다. 단계 4까지 이루어졌다고 presence 서버에 kim@ss.com이 등록된 것은 아니다. 예를 들어 min@kw.ac.kr이 메신저 그룹 이름이고 여러 곳에 분산되어 있는 경우, 여러 서버들은 event 등록 요청을 받아 각 서버가 **NOTIFY** 메시지를 kim@ss.com에게 전송함으로써 자신의 존재와 event 가입 여부를 알려줄 수 있다. 이와 같이 kim@ss.com이 단계 5에서처럼 여러 곳에서 **NOTIFY** 메시지를 받게 되면 적절한 한 서버를 선택한 후 자신이 원하는 해당 서버에게 다시 SUBSCRIBE 메시지를 전달하고, min@kw.ac.kr은 **'200 OK'** 메시지로 응답하여 자신에게 event가 등록되었음을 통보한다. 만약 하나의 서버만 존재하는 경우 첫 번째 **SUBSCRIBE** 메시지에 대하여 **'200 OK'** 메시지를 직접 받을 것이다.

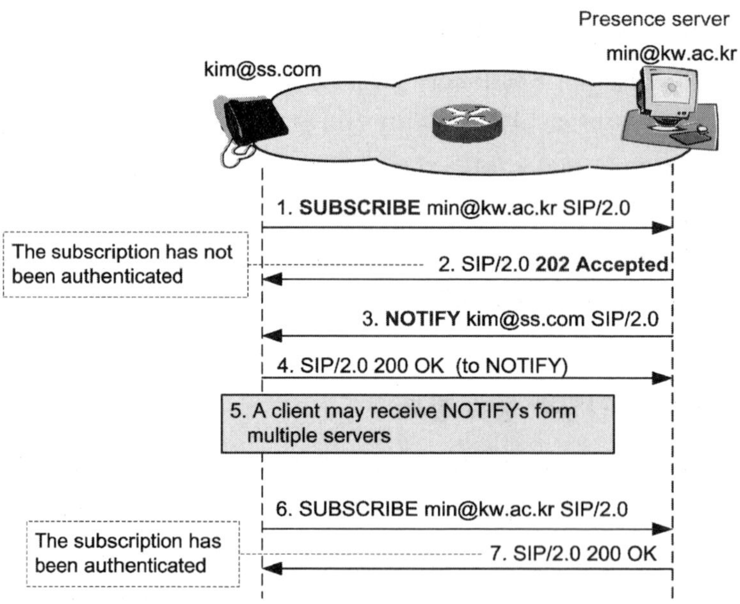

• 그림 7.10 • SUBSCRIBE와 NOTIFY 메시지의 event 등록

다음의 예로는 통화를 시도하였지만 상대방이 통화중이어서 통화가 종료된 이후 상대방이 통화가 종료되었음을 알려주는 기능을 UAS에게 event를 등록하는 것이다. 그

림 7.10의 UAC인 kim@ss.com이 UAS인 min@kw.ac.kr에게 세션설정을 시도하였으나 min@kw.ac.kr이 통화 중인 경우 UAC는 직접 또는 SIP 서버를 통하여 UAS에게 통화 종료 후 UAC에게 종료 사실 통보 또는 자신에게 전화 발신과 같은 event를 등록할 수 있다. 이를 위하여 SUBSCRIBE 메시지와 '200 OK' 메시지만 있으면 가능할 것이다. 그리고 이후 min@kw.ac.kr이 통화가 종료되면 메시지 또는 세션설정 후 안내 방송 등의 형태로 추가적인 서비스가 제공되어야 할 것이다.

7.5.2 Instant Message 서비스

SIP에는 인터넷 메신저 서비스를 지원하기 위하여 method와 URI를 정의하였다. IM(instant message)는 기본적으로 그림 7.11(a)와 같이 세션 설정 없이 바로 전달할 수 있고 그림 7.11(b)와 같이 세션 설정한 이후 IM을 전달할 수도 있으며 이러한 IM 서비스를 위하여 MESSAGE 메시지를 정의하였다. 그림 7.11(a) 단계 1과 3에서 보는 바와 같이 URI로 sip와 tel외에 im을 정의하여 해당 서비스가 IM임을 알 수 있도록 하였다.

7.5.3 REFER 메시지와 Refer-To 헤더

세션을 설정하여 두 사용자 사이에서 데이터를 주고받다가 한 사용자가 다른 사용자에게 참고할 사항을 알려줄 때 이를 지원하기 위하여 REFER 메시지를 정의하고 '202 Accepted' 메시지를 사용하였다. 그림 7.12에서 min@kw.ac.kr과 kim@ss.com이 각각 min@cpe.kw.ac.kr과 kim@aa.ss.com에서 서로 SIP 세션 통화하는 중에 min@kw.ac.kr이 kim@ss.com에게 min@mtu.edu와 세션 설정할 수 있는 정보를 REFER 메시지를 통하여 전달하는 절차를 보여주고 있다.

REFER 메시지에 Refer-To 헤더를 이용하여 상대방에게 세션 설정할 정보를 제공한다. 단계 3에서 보는 바와 같이 Method를 받은 단말은 단계 1에서 받은 Refer-To 헤더에 포함되어 있는 URI 정보를 INVITE의 URI로 넣고 해당 단말에게 세션설정을 요청한다. 이때 INVITE 헤더 내의 SDP에는 착신 단말의 정보를 가르쳐 준 단말의 정보인 min@kw.ac.kr을 넣어 착신 단말인 min@mtu.edu가 자신을 refer한 단말이 어느 것인지 알 수 있도록 한다. 단계 4와 5에서 보는 바와 같이 나머지 transaction 과정은 기본적인 세션설정과 동일한 절차를 따른다.

Transaction (1, 2)와 (6, 7)에서 확인할 수 있듯이 min@kw.ac.kr과 kim@ss.com은 REFER 메시지에 대하여 '202 Accepted' 메시지를 먼저 보내고 세션 설정한 이후에 세션 설정이 성공적으로 이루어졌음은 NOTIFY 메시지를 통하여 min@kw.ac.kr에게 알려준다. 여기서 '202 Accepted' 메시지는 이전 절의 SUBSCRIBE 메시지에 대한 '202

Accepted' 응답 메시지와 동일하게, 해당 메시지를 받았지만 아직 인증과정 또는 조건부 수행을 필요로 함을 알려줄 때 사용된다.

7.6 H.323과 연동

SIP가 H.323보다 늦게 발표되었기 때문에 H.323은 인터넷 텔리포니 통신시장에 많은 부분을 차지하고 있었기 때문에 SIP는 기존 H.323과의 호환 방안을 고려하여야 했다. 인터넷 텔리포니에서 H.323과 SIP는 신호절차를 정의한 것이고 세션 설정된 이후 미디어 전달은 RTP(real-time transport protocol)를 같이 사용한다.

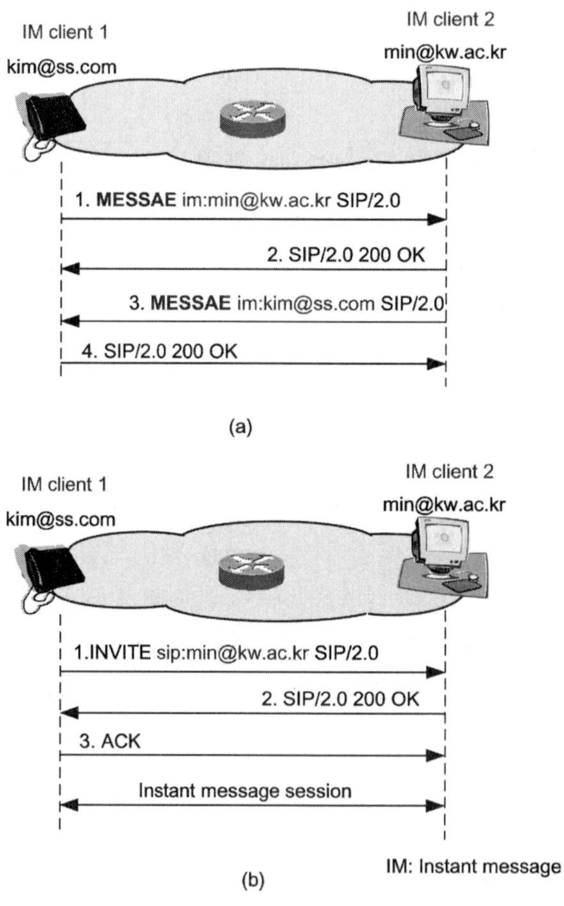

• 그림 7.11 • 전달 (a) MESSAGE (b) 세션 설정 후

7.6.1 H.323과 SIP 비교

비록 H.323과 SIP는 세션 설정과 해제 절차를 정의하는 것은 같지만, 두 프로토콜의 표준기구가 다르고 각 표준기구의 통신 대상이 다르기 때문에 기능에 있어서 일부 차이가 있다. 대표적인 특성 차이는 [표 7-1]과 같이 H.323은 기존 전화와 비슷한 형태로 정의된 반면 SIP는 인터넷 응용서비스와 같은 형태로 정의된 것을 확인할 수 있다. 특히 SIP는 사용자의 이동성을 고려하여 설계되었다.

단순 음성서비스만 지원하는 PSTN과는 달리 멀티미디어를 지원하기 위해서는 세션에 대한 정보를 송수신 단말이 교환하여야 하는데 멀티미디어 정보를 H.323은 Q.931 호 설정한 이후 H.245 절차에 따라 세션 정보와 터미널 코덱 및 사양을 주고 받는다. 반면 SIP에서는 세션 설정을 요청하고 응답할 때 송수신 단말이 SDP를 포함하여 정보를 교환하는 차이가 있다.

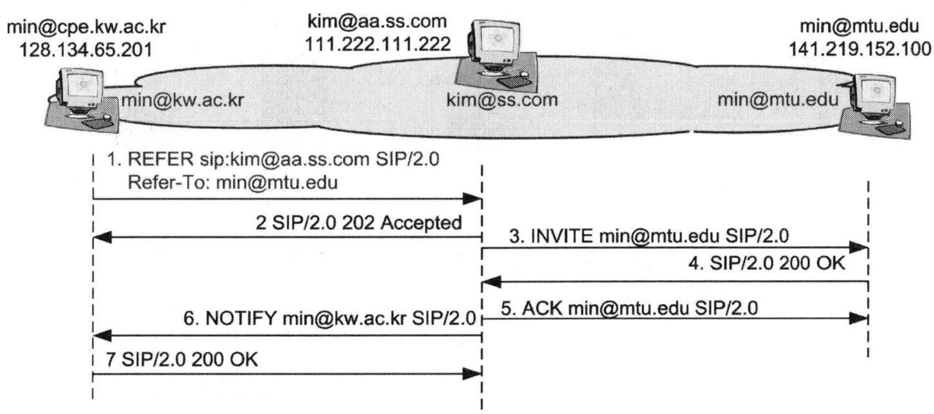

• 그림 7.12 • REFER 메시지 동작 예

[표 7-1] H.323과 SIP 비교

	H.323 by ITU-T in 1996	SIP by IETF in 1999
Base model	Peer-to-peer model	Client-server model
Servers	Gatekeeper, MCU	SIP server(proxy, redirect, registrar)
Coding	Binary coding	Text-based coding
Session description	H.245 logical channel	SDP with request/response
User mobility	Implicitly support	Explicitly support
Scalability	No more standard action	Extended to 3G/4G mobile networks

7.6.2 SIP 단말이 H.323 단말에게 세션 설정 요청

H.323과 SIP 영역의 각각 단말이 존재하는 경우 H.323과 SIP 사이에는 그림 7.13과 같이 두 프로토콜을 변환하는 게이트웨이(gateway)를 두고 각각 해당되는 신호메시지를 변환한다. 그림 7.13에서 SIP 단말 사용자가 H.323 단말 사용자에게 세션설정을 시작하는 경우 일련의 동작을 확인할 수 있다. 여기서 게이트웨이는 SIP에게는 SIP 단말처럼 보이고 H.323 단말에게는 H.323 단말인 것처럼 동작하게 된다.

초기화과정에서 H.323 단말은 게이트키퍼에게, SIP 단말은 SIP 서버에게 각각 자신의 정보를 등록을 성공한 후에 게이트웨이를 통하여 각각의 영역이 존재함을 알고 있어야 한다. 즉 min@kw.ac.kr과 min@h.323.mtu.edu를 수신자로 SIP서버와 게이트키퍼에게 세션 설정을 요청하면 이들은 게이트웨이를 통하여 각각의 신호 메시지가 처리될 수 있도록 사전에 설정되어 있어야 한다.

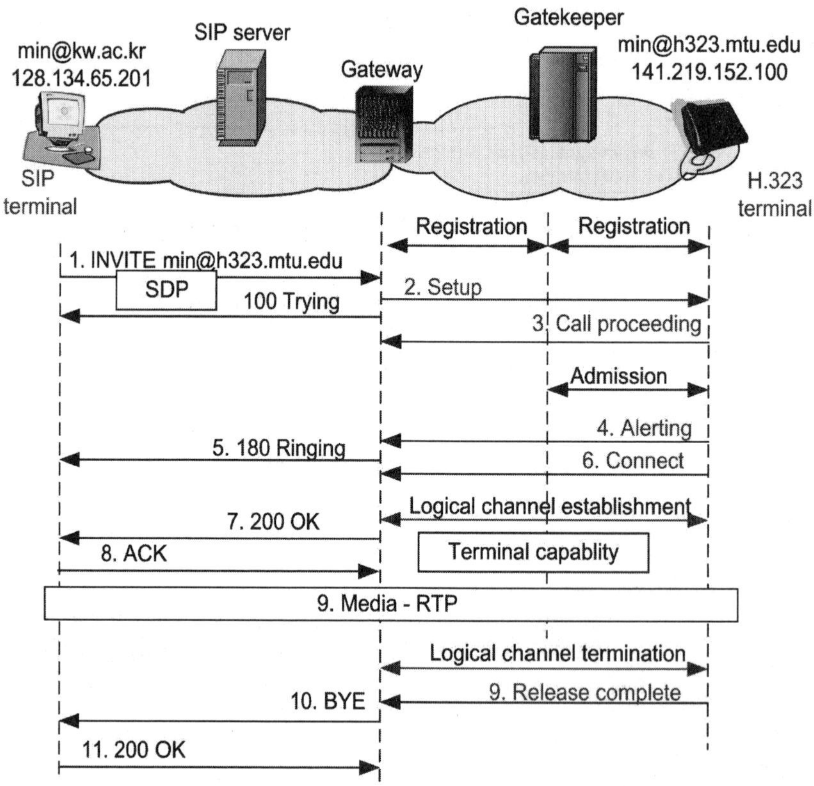

• 그림 7.13 • SIP 영역에서 H.323 영역으로 세션 설정 과정

SIP 영역에서 INVITE 메시지가 게이트웨이까지 전달되면 H.323의 Setup 메시지로 변환되고 이때 SDP 정보는 게이트웨이가 저장하고 있다가 H.245 logical channel 설정할 때 사용하거나 H.323의 fast connect인 경우에는 Setup 메시지의 IE(information element)에 포함되게 된다. '100 Trying' 메시지와 Call proceeding 메시지는 각각 INVITE와 Setup 메시지를 받아 처리 중이라는 사실을 상대 단말에게 알려준다. H.323 영역에서 단계 4는 H.323 단말이 게이트키퍼와 수신 승인 과정을 수행한 후 벨을 울려 수신자에게 전화 요청을 알려 준다. 그리고 Alerting 메시지를 게이트웨이에게 알려주고 게이트웨이는 '180 Ringing' 메시지로 변환하여 ring tone을 준다.

단계 5까지 수행되는 과정에서 송수신 단말은 RTP를 위한 상대 단말의 IP 주소와 UDP 포트번호를 서로 교환하게 된다. 송신 단말은 INVITE 메시지와 Setup 메시지에 IP 주소와 포트번호를 전달하고 수신 단말은 Alerting 메시지와 '180 Ringing' 메시지 또는 Connect 메시지와 '200 OK' 메시지에 수신 단말이 설정하는 IP 주소와 포트번호를 전달한다.

그 외 필요한 코덱 정보와 미디어 특성에 대한 것은 SIP 단말의 경우 이미 SDP를 전달하는 과정에서 게이트웨이에게 전달하였지만 H.323은 H.245 logical channel 설정하는 과정에서 terminal capability를 게이트웨이와 주고받게 된다. 이 과정까지 성공적으로 이루어지면 SIP 단말과 H.323의 미디어가 단계 9와 같이 RTP를 통하여 전달되게 된다. 그리고 어느 한 쪽에서 통화를 끊으면 H.323 logical channel부터 close하고 세션을 종료하게 된다. H.323이 먼저 종료를 한 경우 그림 7.13에서 보는 바와 같이 게이트웨이가 단계 10과 11과 같이 BYE 메시지와 '200 OK' 메시지를 SIP 단말과 주고받음으로써 세션이 종료되게 된다.

7.6.3 H.323 단말이 SIP 단말에게 세션 설정 요청

H.323 단말이 세션 설정을 하는 경우는 그림 7.14와 같이 Setup 메시지를 받은 게이트웨이가 Call proceeding 메시지를 송신 단말에게 보내고 게이트키퍼에게 H.323 단말처럼 수신 승인 과정을 거친 후 해당 SIP 단말에게 INVITE를 보내게 된다. 그 이후 절차는 앞의 경우와 동일한 과정을 거쳐서 세션 설정과 해제가 이루어진다.

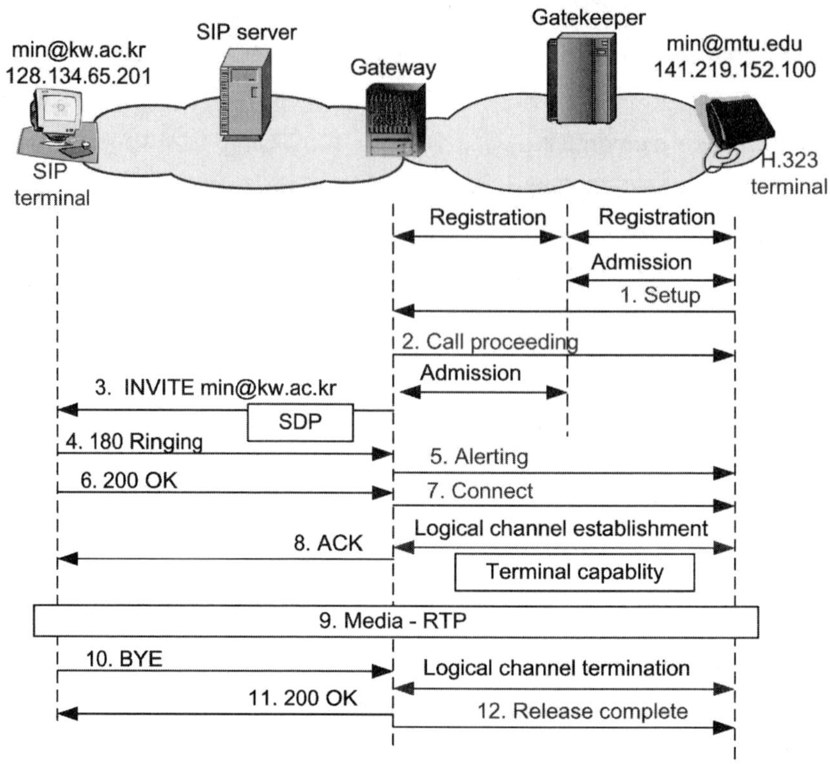

• 그림 7.14 • H.323 영역에서 SIP 영역으로 세션 설정 과정

7.7 PSTN과 연동

7.7.1 PSTN 망의 신호프로토콜 절차

PSTN은 가입자 구간과 교환기와 교환기 사이인 전송 구간의 신호프로토콜은 다르다. 가입자 구간이 아날로그 방식으로 운영될 때 DTMF(dual tone multiple frequency)를 사용하지만 디지털 방식의 ISDN(integrated service digital network)인 경우에는 그림 7.15와 같이 **Setup**, **Call proceeding**, **Alerting**, **Connect**, **Disconnect**, **Release**, **Release complete** 메시지를 주고받는다. 또한 가입자 구간의 아날로그와 디지털 구간과 무관하게 교환기와 교환기 사이 전송구간은 SS 7을 채택하여 **IAM**(initial address message), **ACM**(address complete message), **ANM**(answer message), **REL**(release message)와 **RCL**(release complete message) 메시지 등을 사용한다. 그림 7.15는 가입자 구간이 ISDN으로 Q.931을 사용하고 교환

기 사이는 SS 7이 채택되어 있을 때 이들 사이에서 주고받는 메시지들의 절차를 보여 주고 있다.

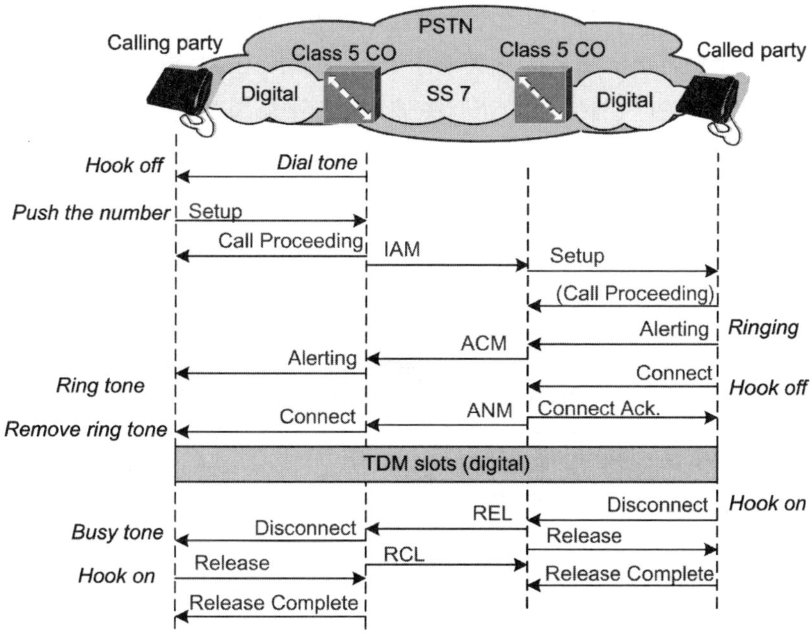

• 그림 7.15 • SS 7과 ISDN의 Q.931의 신호메시지 전달 과정

H.323의 Q.931은 멀티미디어 서비스를 지원하기 위하여 IP 기반에서 정의된 반면 ISDN의 Q.931은 음성과 데이터 서비스를 지원할 수 있도록 신호메시지의 IE를 정의하고 있다. 따라서 ISDN과 SIP 망을 연동한다면 오히려 SIP의 멀티미디어 서비스 지원에 비하여 ISDN과 연동할 때 음성과 데이터 서비스만 지원하면 된다.

그리고 2세대 이동통신망의 신호프로토콜은 이동성을 위한 신호메시지와 호 관리 신호메시지로 나눌 수 있으며 호 관리 메시지는 그림 7.15와 같다. 따라서 이 그림의 신호프로토콜 메시지 교환 절차는 SIP 연동은 물론 다른 프로토콜의 제어평면을 이해하는데 가장 기본적인 그림이다.

7.7.2 SIP와 PSTN의 전화연결

SIP의 단말의 세션이 PSTN 단말의 호와 연결되기 위해서는 SIP 영역과 PSTN 영역 사이에 게이트웨이가 존재하여 세션 메시지를 호 신호메시지로 변환하여야 하고 인터넷의 미디어인 RTP와 PSTN 영역의 TDM(time division multiplexing) 슬롯 또는 아날로그 음성을 매핑 변환하여야 한다. 게이트웨이는 인터넷 영역에서는 SIP 단말처럼 동작하면서 PSTN 영역에서는 전화단말기와 같이 운영되거나 전화교환기처럼 동작한다.

SIP 영역에서 PSTN으로 음성전화 접속을 시도하여 성공하는 절차는 그림 7.16과 같다. SIP 단말은 PSTN의 일반전화번호를 입력하면 URI로 **tel**을 사용하거나 게이트웨이를 URI의 realm으로 이용하여 user_id@realm 형태로 변환하여 **INVITE** 메시지를 보낸다. 이 예에서 PSTN의 02-940-5552를 SIP 영역에서 지정할 때 PSTN 영역을 @gw.kw.ac.kr로 할당하여 029405552@gw.kw.ac.kr과 같이 **INVITE** 메시지의 URI를 구성하였다.

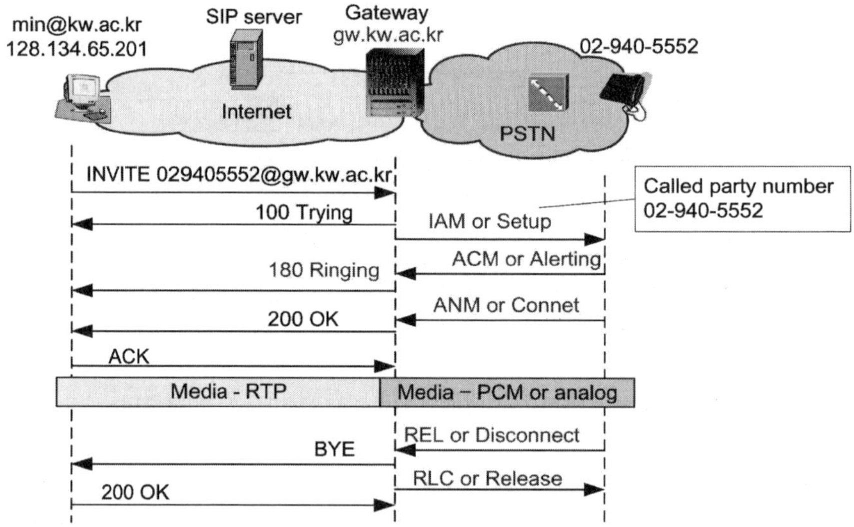

• 그림 7.16 • SIP 영역에서 PSTN으로 음성전화 접속 신호메시지 전달과정

게이트웨이는 PSTN 접속부분에 대한 PSTN 단말 또는 교환기 기능 형태에 따라 호 설정과 해제 신호메시지가 다르다. 게이트웨이가 PSTN 단말처럼 동작할 때 신호 메시지는 Q.931 신호메시지를 주고받지만 PSTN 교환기로 동작할 때에는 SS 7 신호메시지를 교환하게 된다. 그림 7.16은 두 가지 경우에 대하여 설명하고 있으며 해당 메시지들 사이의 관계를 보여주고 있다.

세션 설정인 **INVITE - '200 OK' - ACK** 메시지 교환과정이 끝나면 인터넷 영역에서 SIP 단말과 게이트웨이는 RTP 세션이 열려서 RTP 데이터 교환이 이루어지고 PSTN 영역은 TDM 슬롯 형태로 전달되는데 미디어 변환을 게이트웨이가 담당하게 된다. 만약 대용량 게이트웨이로 구성될 필요가 있다면 신호변환과 미디어 변환을 분리하여 SG(signaling gateway)와 MG(media gateway)로 나눌 수 있으며 이들 사이의 정보교환 채널과 절차가 필요할 것이다.

다음으로 PSTN에서 SIP 영역으로 음성전화 접속을 할 경우에는 그림 7.17과 같이 전화번호 체계 및 이에 대한 인터넷에서의 전화번호와 인터넷 주소관리 데이터베이스 정의가 필요하다. 인터넷 영역에서 PSTN으로 전화를 요청할 때에는 인터넷 단말에 충분한 PSTN 호출을 입력할 수 있지만 PSTN에서 인터넷 단말을 호출하기 위해서는 *, #, 0~9 사이의 숫자 값만을 가지고 호 수신할 수 있는 인터넷 단말을 지정할 수 있어야 한다.

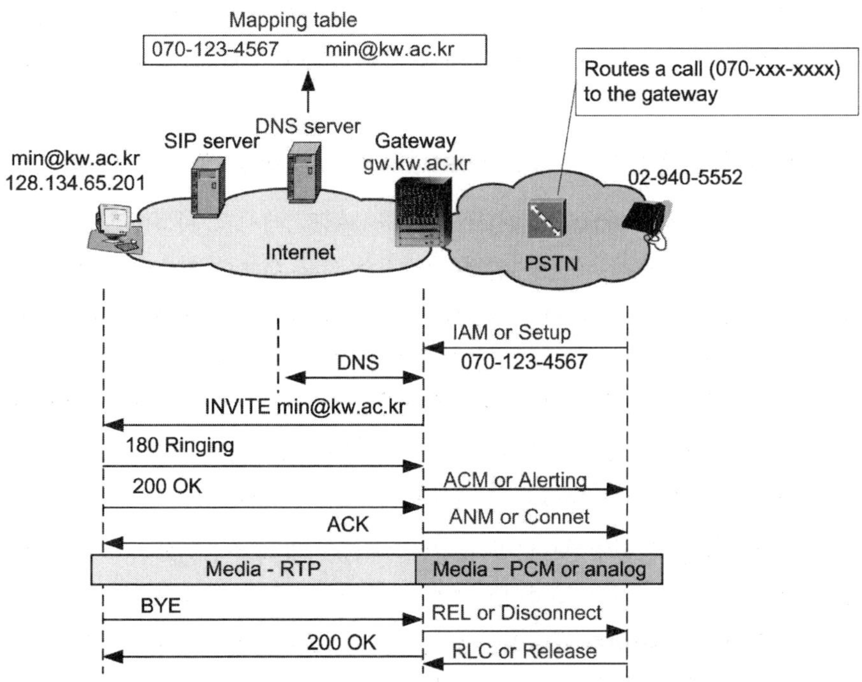

• 그림 7.17 • PSTN에서 SIP 영역으로 음성전화 접속 신호메시지 전달과정

인터넷에서 min@kw.ac.kr 또는 128.134.65.201과 같이 호스트이름 또는 IP 주소를 기초로 수신 인터넷전화 사용자를 지정할 수 있다. 그리고 PSTN에서는 070 특정번호로 사업자를 정할 수 있도록 번호체계를 설정하고 인터넷전화 사용자에게 전화번호를 할당하여 PSTN 사용자가 인터넷전화 사용자를 수신자로 정할 수 있도록 하였다. 예를 들어 그림 7.17에서 보는 바와 같이 070-123-4567에 해당하는 PSTN의 E.164 전화번호를 인터넷의 min@kw.ac.kr로 할당하고 이를 관리하는 매핑테이블을 기존 DNS 서버에 설정하였다. 또한 PSTN 망에서 일반 교환기들은 070 국번으로 호설정 요청이 오는 경우 요청 메시지를 모두 게이트웨이에게 보내도록 설정해 두어야

한다. 또한 DNS 서버에서 E.164 전화번호를 해당 호스트 이름 또는 IP 주소의 매핑이 가능하도록 DNS 기능을 확장하여야 한다. 이러한 일련의 절차를 위하여 초기화 과정에서 그림 7.17과 같이 사전에 관련 정보들이 설정되어 있어야 한다.

PSTN 단말 송신자가 070-123-4567을 누르면 PSTN 교환기들은 게이트웨이에게 전달하고 게이트웨이는 이 E.164 번호에 해당하는 호스트이름 또는 IP 주소를 물어보고 INVITE 메시지를 min@kw.ac.kr에게 전달한다. '180 Ringing' 메시지는 ACM 또는 Alerting 메시지로 변환되어 ring tone을 주고 SIP 단말이 전화기를 들어 '200 OK' 메시지를 보내면 게이트웨이는 이를 Connect 메시지로 변환하여 PSTN 송신단말에게 알려준다. 이후의 미디어 변환과 세션 및 호를 해제하는 과정은 인터넷에서 PSTN으로 전화하였을 때 PCM TDM 타임 슬롯으로 변환 과정과 전화 해제하는 과정과 같다.

7.7.3 PSTN 연동에서 '183 Session Progress' 메시지 역할

세션 설정 이전에 PRACK 메시지와 UPDATE 메시지 사용에 대하여 그림 9에서 preconditioning하는 과정을 설명하는 중에 '183 Session progress' 메시지에 대한 소개가 있었다. '183 Session progress' 메시지는 PSTN 연동하는 과정에서 중요하게 사용된다. PSTN에서 사용자의 전화번호가 바뀌는 경우 변경안내 방송 또는 ring tone 외에 다양한 음원이 전달되는 상황을 접하는 경우가 있다. 이러한 서비스들은 PSTN에서 단방향 음성채널을 통하여 이루어지며 송신단말 방향의 단방향 음성채널은 호 설정 이후 양방향 음성채널이 개설되기 전까지 지속된다.

먼저 안내방송이 단방향으로만 제공될 때 SIP 영역과 PSTN이 서로 접속되고 기존 SIP 세션 설정 메시지만 구성되는 경우 그림 7.18(a)와 같은 상황이 일어난다. PSTN에서 ACM 또는 Alerting 메시지는 특정 서버인 안내방송 시스템에 접속되면서 전달되게 된다. 이 메시지들은 게이트웨이에서 '180 Ringing' 메시지로 변환되어 SIP 단말 내부의 ring tone을 주도록 처리된다. 그리고 PSTN에서는 단방향 음성채널이 설정되어 게이트웨이에 전화번호 변경안내방송이 전달되지만 인터넷에서는 이를 전달할 수 있는 RTP 채널이 개설되어 있지 않아 게이트웨이에서 SIP 단말까지 안내방송이 전달되지 못한다. 그리고 PSTN에서 안내방송이 끝난 후 단방향 음성채널 해제를 하게 되고 게이트웨이는 신호 변환을 통하여 SIP 단말에게 세션 요청이 처리되지 못하였음을 통보한다. 이러한 일련의 과정을 통하게 되면 SIP 단말 사용자는 안내방송은 물론 아무런 소리도 듣지 못하고 세션이 연결되지 않았다고 판단하고 다시 시도하게 되며 똑같이 아무런 소리를 듣지 못하게 된다.

이러한 문제점을 '183 Session progress' 메시지를 통하여 그림 7.18(b) 과정을 통하여 해결할 수 있다. Preconditioning 과정처럼 '183 Session progress' 메시지를 이용

한다면 게이트웨이는 SIP 단말에게 단방향 음성채널을 개설할 수 있다. 즉 게이트웨이는 자신의 IP 주소와 UDP 포트 번호를 **'183 Session progress'** 메시지에 포함시켜 RTP 채널 개설을 하고 PSTN에서 전달된 안내방송을 SIP 단말에게 전달하여 준다. 따라서 SIP 단말 사용자는 PSTN 수신단말의 전화번호가 변경되었음을 알 수 있다.

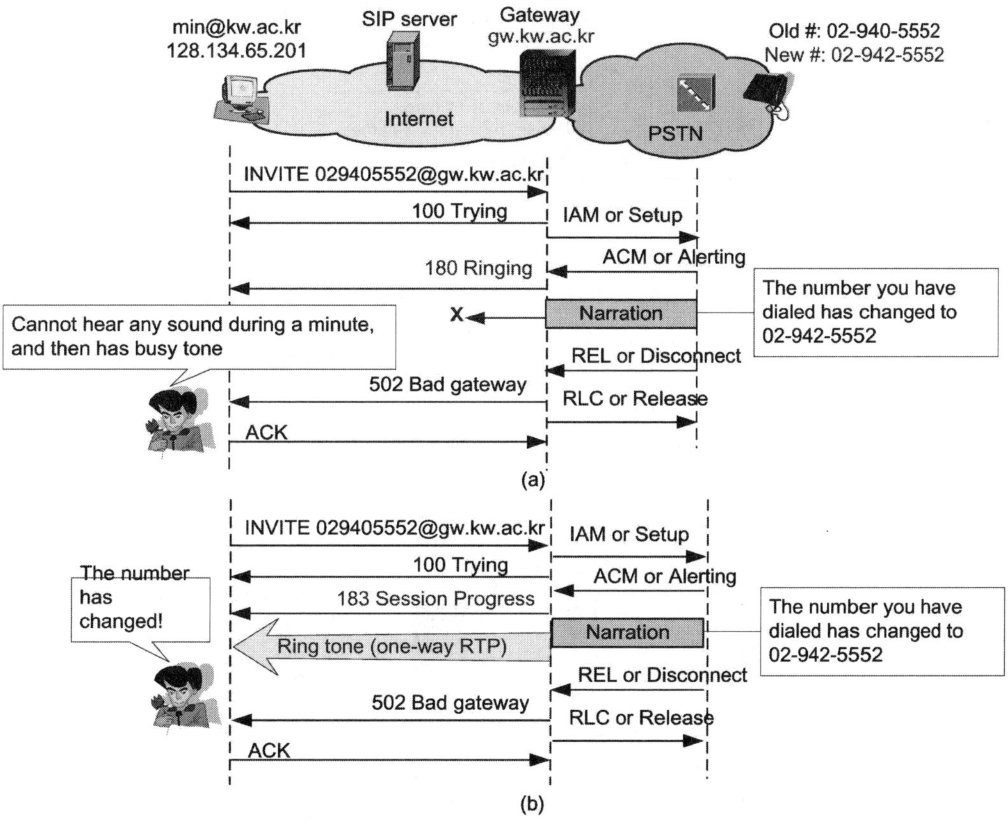

• 그림 7.18 • 세션 설정 이전 미디어경로 설정 여부 (a) '180 Ringing' 메시지 분실에 따른 문제점 (b) '183 Session Progress'메시지에 따른 미디어 설정

Preconditioning과 함께 provisional response를 사용하게 된다면 더욱 안정된 서비스를 제공할 수 있다. Provisional response를 위하여 그림 7.19와 같이 **INVITE** 메시지 헤더에 **100rel**을 포함하여 세션 설정을 요청하면 게이트웨이는 **'183 Session progress'** 메시지를 SIP 송신단말이 수신하였음을 **PRACK** 메시지로 확인한다. 그림 7.19에서 ring tone으로 명기하였지만 PSTN 교환망에서 제공되는 음원을 SIP 단말에게 제공하는 예를 들은 것이고 그림 7.18과 같이 안내방송을 PSTN 교환망에서 제공하는 경우 같은 동작으로 수행된다.

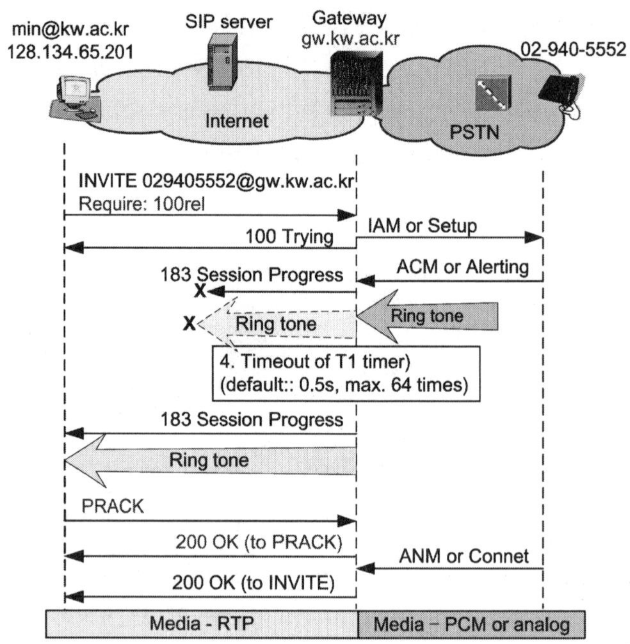

• 그림 7.19 • Provisional acknowledgement에 의한 ring tone 분실 방지

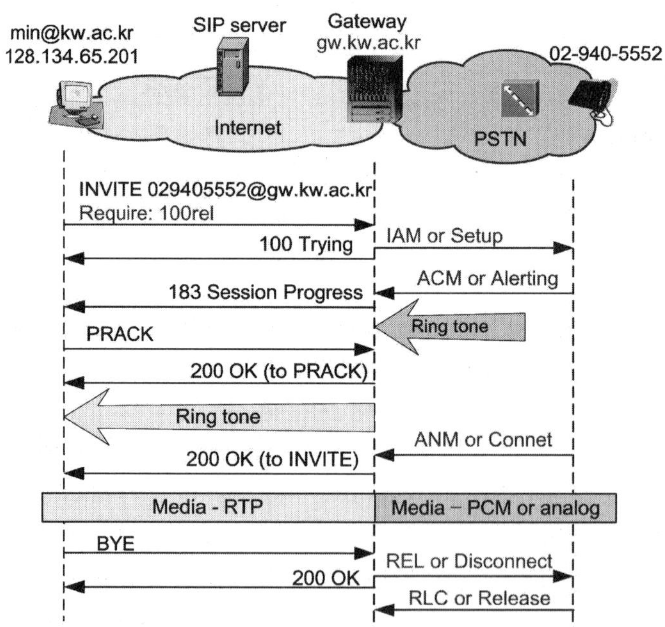

• 그림 7.20 • SIP 영역과 PSTN 사이의 손실 없는 신호메시지 전달과정

SIP와 PSTN 단말 사이의 연동에서 SIP 단말 내부의 ring tone을 이용하는 동작 절차는 그림 7.16과 같다. 여기서 SIP 송신단말은 **'180 Ringing'** 메시지를 받으면 송신자에게 단말 내부의 ring tone을 송신자에게 들려준다. SIP 사용자가 듣는 ring tone이 단말 내부에서 제공되는 경우 늘 같은 ring tone을 들을 것이다.

만약 PSTN에서 제공하는 음원을 SIP 사용자에게 ring tone으로 제공하고자 하는 경우 그림 7.19의 절차를 따르게 되지만 여기서는 메시지가 손실되는 경우를 도식한 것이다. 메시지 손실이 이루어지지 않는다면 그림 7.16과 같은 순서를 따르면서 단지 손실이 발생하지 않게 경우로 그림 7.20과 같다. 이 그림에는 그림 7.18과 7.19의 절차를 이용하여 손실 발생하는 경우를 대비하는 메시지와 헤더가 포함된다.

7.7.4 ENUM

PSTN에서 인터넷 영역으로 전화를 거는 경우 가장 먼저 해결해야 하는 문제가 그림 7.17에서 알아본 바와 같이 E.164 전화번호체계를 IP 주소 또는 호스트 이름과 연계하여 관리하는 문제였다. E.164 전화번호와 IP 주소를 매핑하기 위하여 ENUM (E.164 number mapping) 이라는 것을 정의하였고 이것은 DNS의 호스트이름을 IP 주소로 변환하는 체계를 사용하였다.

ENUM을 이해하기 위해서는 DNS 구성에 대한 이해가 먼저 필요하다. 일반적으로 DNS는 호스트 이름에 대한 IP 주소를 찾아주는 서비스를 주로 제공하고 있지만 반대로 IP 주소에 대한 호스트 이름을 찾아주거나 IP 주소를 관리하는 DNS 서버 정보를 제공하는 서비스도 제공한다. 이를 확인할 수 있는 명령어는 **nslookup**이며 이 명령을 수행하는 과정은 그림 7.21과 같다. 호스트 이름을 알고 싶은 IP 주소를 **nslookup**과 함께 입력하면 로컬 DNS 서버에게 **type=PTR**로 하여 DNS 질의메시지가 전달된다. 로컬 DNS 서버는 단계 2와 같이 상위의 DNS까지 전달되고 IP 주소 클래스를 이용하여 상위 3 바이트 부분을 포함하고 있는 DNS 서버에게 전달된다. 여기서, 141.219.152.0에 대한 DNS 관리가 dns.mtu.edu라는 정보를 단계 3에서 받게 되면 단계 4에서 보는 바와 같이 dns.mtu.edu에게 다시 141.219.152.100의 IP 주소가 어떻게 되는지 물어보게 되며 단계 5에서 IP 주소의 해당 호스트 이름이 min.mtu.edu 라는 것을 알려주게 된다.

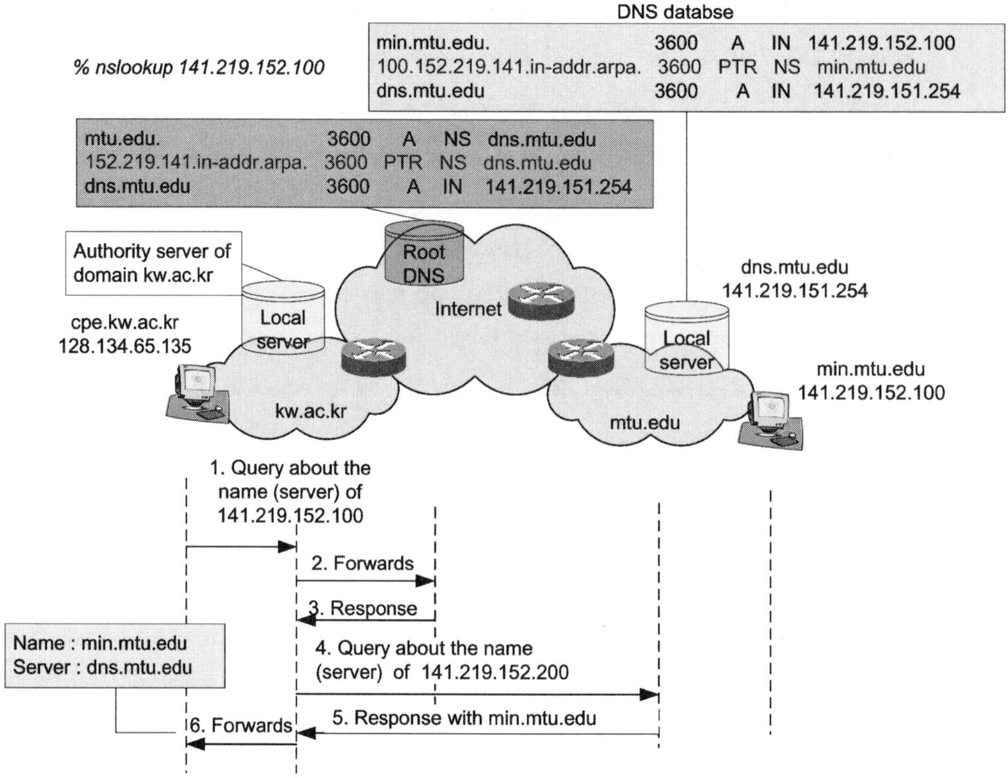

• 그림 7.21 • nslookup 동작 순서 및 DNS 테이블 구성 예

이와 같은 동작을 위해서는 DNS의 테이블 구성을 위한 DNS 계층 구성에 기존 domain 이름의 계층 구성 외에 추가적인 domain이 필요하다. 일반적으로 DNS의 domain 이름은 그림 7.22에서 보는 바와 같이 .kr, .com, .edu 등 상위 계층에 다시 ac.kr, co.kr, go.kr, or.kr과 같이 하위 계층을 구성하고 다시 그 아래 kw.ac.kr과 같이 하부 계층을 이루게 된다. 이러한 일반적 구성은 호스트 이름으로 IP 주소를 찾기 위한 것인 반면 .arpa 영역은 IP 주소를 호스트 이름을 찾기 위하여 정의되었다. in-addr.arpa 영역에 IP 주소로 역순서대로 계층을 구성하여 각 계층별 DNS에 type을 PTR로 구성한다.

이 외에 IPv6주소에 해당하는 호스트 이름을 찾는 것도 정의하여 IPv4와 연동을 고려하고 있는데 이것은 본 장의 내용 범위에 해당하지 않아 설명을 생략한다.

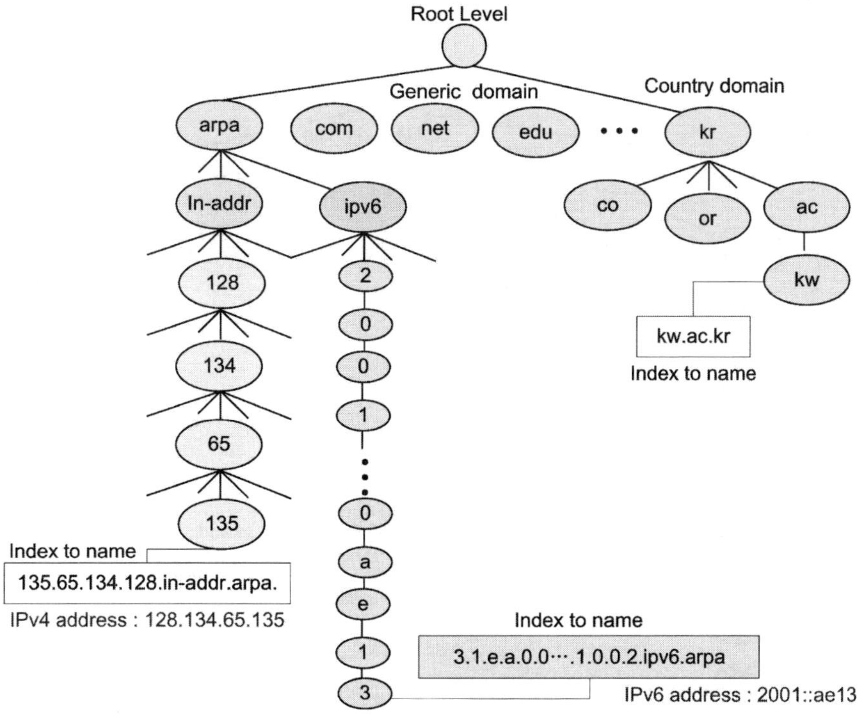

• 그림 7.22 • in-addr.arpa와 ipv6.arpa의 DNS 계층 구성도

DNS의 arpa 영역을 이용하여 ENUM을 정의하였다. 그림 7.22의 arpa 영역에 enum.arpa를 추가하여 그림 7.23과 같이 DNS 계층 구성을 하였고 E.164 번호를 하나의 영역으로 계층을 나열하여 구성하였다. 예를 들어 +82-2-940-5552의 E.164 번호를 ENUM DNS에서 제공하는 경우 2.5.5.5.0.4.9.2.2.8.enum.arpa와 같은 DNS 테이블의 한 줄이 구성된다. 그리고 그림에는 도식하지 않았지만 940 국번을 관리하는 DNS는 0.4.9.2.2.8.enum.arpa까지로 지칭될 것이고 ENUM 상위계층에는 .2.8.enum.arpa 값으로 지칭될 것이다. 이렇게 ENUM 서버에 대한 영역을 구성함으로써 마치 (대한민국영역)-(서울영역)-(교환기번호)-(가입자번호)와 같은 상하위 ENUM 서버를 논리적으로 구성할 수 있을 것이다.

ENUM 구성은 인터넷에서 E.164 전화번호를 인지할 수 있도록 DNS의 구성을 추가한 것으로 인터넷에서 인터넷 전화와 일반 인터넷 단말이 공존하는 경우 효율적인 호스트 이름, IP 주소 그리고 E.164 등의 매핑을 정의하고 있다. 만약 인터넷 텔리포니 사업자가 별도의 통신망을 통하여 인터넷 전화 서비스를 제공하는 경우 ENUM을 사용하지 않더라도 이와 유사한 방식으로 E.164 전화번호를 인터넷에서 인식할 수 있는 데이터베이스를 구성하게 된다.

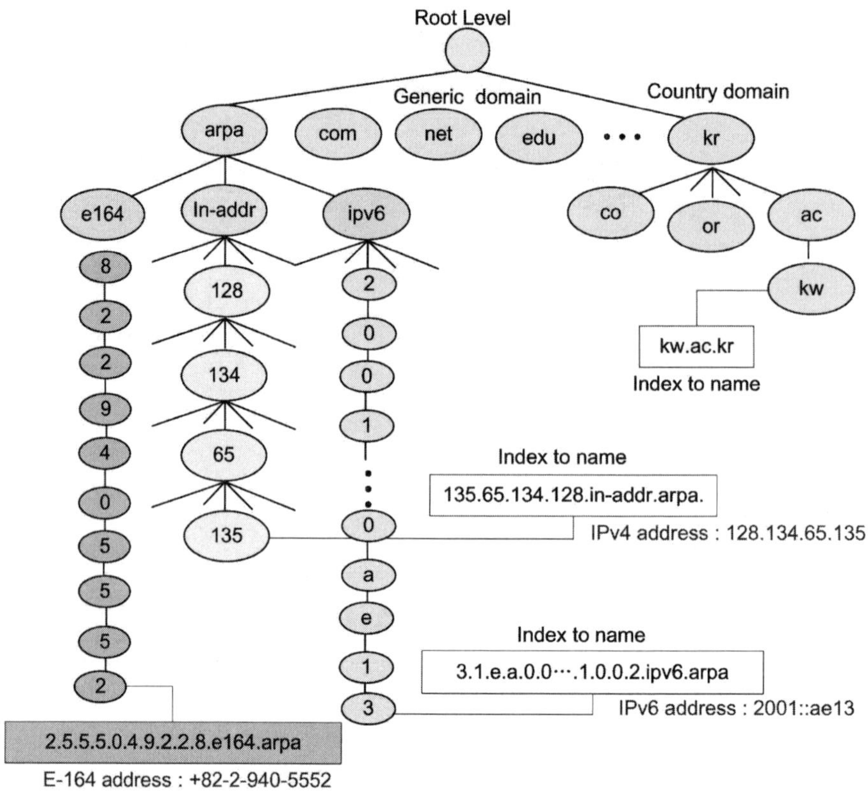

• 그림 7.23 • ENUM 서비스를 위한 e164.arpa가 추가된 DNS 계층 구성도

ENUM 서비스가 제공되는 환경에서 PSTN에서 SIP 영역으로 전화 서비스가 요청되는 경우 PSTN에서 다이얼한 +82-2-940-5552가 게이트웨이를 통하여 DNS의 ENUM에 의하여 min@kw.ac.kr로 바뀌는 과정을 그림 7.24에 도식하였다. DNS에 포함되어 있는 자세한 내용 설명은 생략하지만 게이트웨이가 변환 요청한 E.164 번호를 INVITE 메시지의 SIP URI로 매핑한 정보를 나타내고 있음은 알 수 있을 것이다.

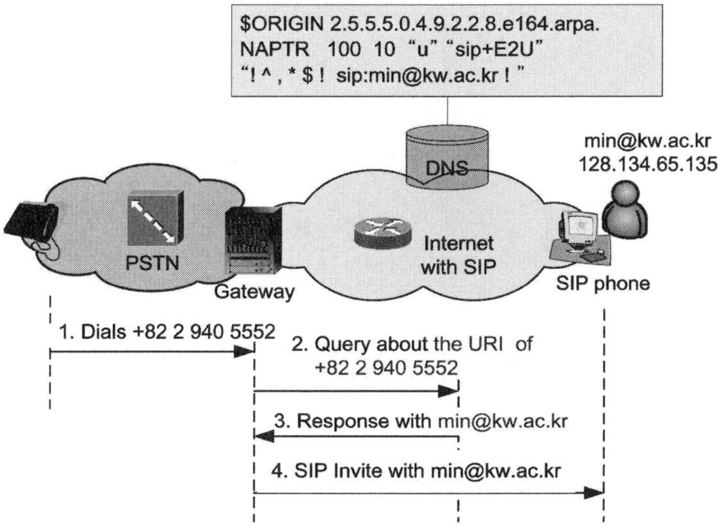

• 그림 7.24 • ENUM을 이용한 PSTN에서 SIP 단말 주소 찾는 과정

제8장 MGCP, megaco/H.248과 sigtran

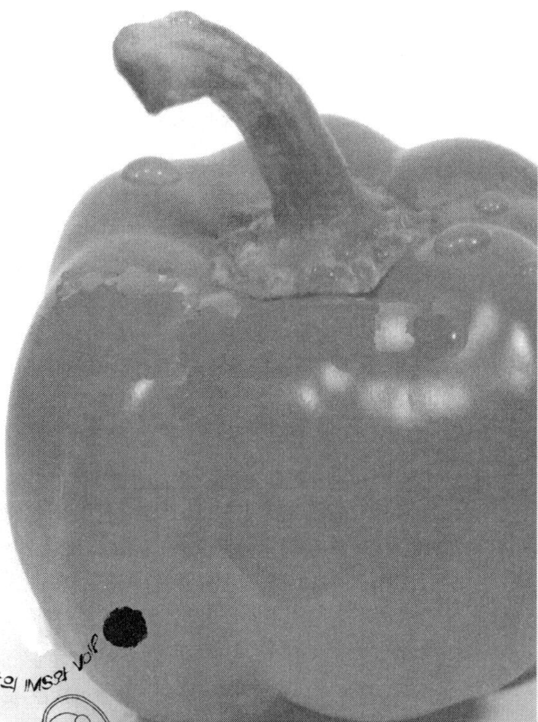

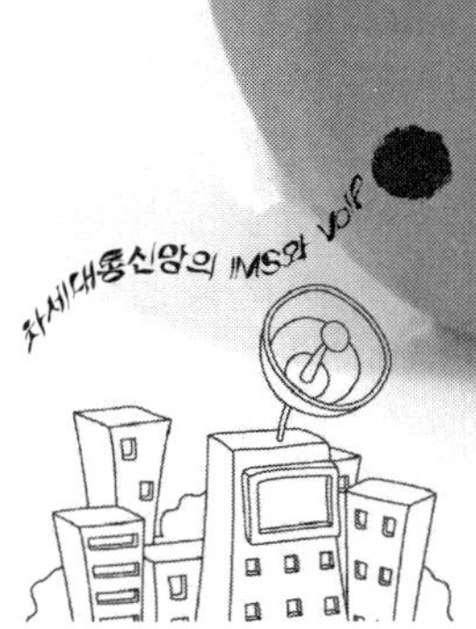

인터넷 전화망과 PSTN의 연동은 필수적이다. 기존 음성전화 서비스에 익숙해진 사용자는 새로운 인터넷 텔리포니 기술이 출현하여도 기존 음성전화 서비스 사용과 동일하여야 한다. 그리고 인터넷 텔리포니에서 다양한 멀티미디어 서비스가 개발되더라도 음성전화 서비스 제공이 선행되어야 한다. 만약 인터넷 텔리포니가 PSTN에서 제공하지 못하는 멀티미디어 서비스를 제공하여 기술적 우위를 갖더라도 인터넷 전화망이 PSTN과 연동되지 않는다면 반쪽의 성공에 불과하다.

인터넷 텔리포니를 위하여 인터넷에서 미디어 전달 프로토콜로 RTP, 그리고 신호 프로토콜로 H.323과 SIP를 정의하면서 PSTN과의 연동을 늘 염두에 두고 있었다. 게이트웨이라는 용어가 의미하는 바와 같이 여기서도 서로 다른 특성의 통신망인 인터넷과 PSTN 사이에 기능변환을 담당하는 장치를 필요로 하였다. 인터넷 전화망과 PSTN 사이의 게이트웨이 기능은 미디어 변환과 신호 프로토콜의 변환이다. 초기 게이트웨이는 미디어와 신호 프로토콜 변환, 두 가지 기능을 수행할 수 있는 기능블록이었지만 인터넷과 PSTN 사이에 트래픽 용량이 커질 것을 예상하여 미디어 변환과 신호 프로토콜 변환기능을 나누어 게이트웨이를 각각 설계하였다.

또한 미디어 변환 게이트웨이는 다시 단순 미디어 변환하는 장치와 이를 제어하는 장치로 나누어 설계하였다. ITU-T와 IETF는 이러한 기능블록 구분을 각각 MG와 MGC라고 하였으며 이들 사이에 제어 프로토콜을 정의하게 되었다. ITU-T H.323을 발표하면서 1990년대 말 H.GCP라는 이름으로 MG와 MGC 사이의 제어 프로토콜을 정의하고 있었는데 IETF는 1999년 SIP를 발표하면서 MGCP를 표준화하였다. ITU-T와 IETF는 MG와 MGC 사이에 비슷한 제어 프로토콜을 설계하면서 서로 하나의 표준을 만들기로 합의하여 발표한 제어 프로토콜이 megaco/H.248이다. Context와 termination 등의 확장성을 고려한 새로운 개념을 이용하였고 같은 내용이지만 각 표준기관의 명칭에 맞추어 IETF는 megaco, ITU-T는 H.248이라고 부르게 되었다. 또한 IETF 내에서 MGCP와 megaco는 같은 목적으로 정의되었지만 이들은 서로 호환되지 않는다.

미디어 변환 기능을 담당하는 MG는 형태 및 용량에 따라 AG, RG, TG라고도 하며 상대적으로 신호 프로토콜의 변환을 담당하는 게이트웨이를 SG라고 한다. SG는 인터넷 텔리포니와 PSTN의 신호 프로토콜을 모두 갖추고 있으며 어느 한 쪽에서 받은 신호 메시지를 다른 한 쪽의 해당 메시지로 변환하는 업무를 수행하게 된다. SG의 프로토콜 스택은 용도에 따라 다양하게 설계될 수 있다. 예를 들어, SG가 인터넷 텔리포니의 SIP 단말이면서 MGC로 동작한다면 SG가 PSTN으로 받은 신호 메시지를 해당 SIP 메시지로 변환하여 전달하면서 MG에게 megaco/H.248로 해당 기능을 명령하게 될 것이다. 마찬가지로 SG는 PSTN에 단순 POTS/ISDN 전화기 또는 교환기로서 동작을 수행할 수 있다. POTS 전화기 형태로 SG가 동작한다면 아날로그 신호를 보낼 것이며 ISDN 전화기로 동작한다면 Q.931 신호 메시지를 보낼 것이다.

대용량 SG의 경우 PSTN에 교환기처럼 기능을 수행하도록 설계하는 것이 일반적이며 SG는 SS 7 메시지를 사용하게 된다. 이때 PSTN에서 SS 7 메시지를 받으면 SG는 인터넷 전화망의 H.323, SIP, MGCP 또는 megaco/H.248의 해당 신호 메시지로 변환을 하여야 한다. 그러나 인터넷 전화망이 PSTN 사이에 존재하는 경우, 이들 사이의 SG는 SS 7 메시지를 VoIP 신호 프로토콜로 변환했다가 다시 SS 7 메시지로 변환하여야 한다. 그러나 두 차례에 걸친 변환보다는 인터넷 전화망이 변환하지 않고 SS 7 메시지를 직접 인식하고 할 수 있도록 하면 더 효율적일 것이다.

또한 VoIP 환경의 인터넷에서 SS 7 메시지를 인식하고 처리할 수 있다면 인터넷 텔리포니 사용자가 PSTN의 응용서비스를 바로 사용할 수 있을 것이다. 그리고 이동통신망의 제어평면 프로토콜이 SS 7에서 SIP로 대체되는 과정에서 IP 상에 SS 7 메시지가 전달될 수 있도록 표준화하였다. 즉, SS 7 메시지는 MTP 계층을 이용하여 메시지가 전달되는데 MTP 대신 IP를 사용하는 'SS 7 over IP'를 사용하고 있다.

이와 같이 SS 7 메시지를 IP에서 사용할 수 있도록 IETF는 sigtran 프로토콜을 발표하였으며 SS 7의 다양한 계층을 sigtran이 지원할 수 있도록 설계하였다. SG가 MGC와 별도로 구성되어 있는 경우 이들 사이에는 sigtran 스택이 구성된다. 그리고 sigtran 스택에서 L4 계층에 TCP와 UDP의 장점을 살리고 신호 프로토콜 특성에 맞추어 SCTP를 표준화하였다. 비록 SCTP는 sigtran의 L4 계층으로 최초 설계되었지만 인터넷 응용서비스에서 다른 응용서비스의 L4 계층으로 사용될 것으로 기대된다.

이 장에서는 게이트웨이와 관련된 내용을 다루었다. 먼저 1절에서는 단순 게이트웨이에서 MG와 MGC로 기능 분리의 필요성과 과정을 설명하였고 SG의 역할 등을 소개하였다. 또한 MG, MGC와 SG의 다른 VoIP 기능블록들과 함께 용도에 따른 망 구성 방법을 설명하였다. 2절은 MGCP에 관한 기능블록, 절차와 메시지 등을 기본적인 내용만 소개한 반면 3절의 megaco/H.248은 각 메시지의 세부 내용까지 자세하게 설명하였다. megaco/H.248은 SIP와 함께 IP 기반의 유무선 통신망에서 신호 프로토콜로 채택되어 있기 때문이다. 또한 확장성을 고려한 새로운 개념으로 megaco/H.248의 context와 termination 등의 설명도 포함하였다. 4절은 sigtran을 설명하기 전에 먼저 PSTN의 SS 7의 구성과 프로토콜 스택을 먼저 알아보았고 sigtran 프로토콜 스택을 설명하였다. 그리고 인터넷 전화망과 PSTN이 연동되었을 때 이들 사이에서 주고받는 SS 7 메시지, sigtran 메시지, VoIP 메시지 등의 교환과정을 도식하고 관련 동작을 설명하였다.

본 장을 마치면

- H.323과 SIP에서 발전한 MGCP, megaco/H.248과 sigtran의 발전과정을 이해하고 각 신호 프로토콜들의 용도와 차이점을 설명할 수 있다.
- 인터넷전화와 PSTN 연동 환경에 따른 다양한 연동 시나리오를 이해할 수 있다.
- MGCP 발전과정, 기능블록, 절차와 메시지를 이해할 수 있다.
- megaco/H.248과 MGCP 차이점을 이해하고 megaco/H.248의 세션설정 및 해제 절차를 설명할 수 있다.
- sigtran의 다양한 구성을 이해하고 인터넷과 PSTN이 연동될 때 다양한 환경에 따른 sigtran 프로토콜 구성을 이해한다.
- 인터넷전화와 PSTN 연동에 필요한 사항을 요약하고 향후 미래에 출현할 다른 통신망과의 연동에서 sigtran 적용 필요성을 설명할 수 있다.

8.1 인터넷전화와 PSTN의 연동

인터넷전화가 성공하기 위해서 필요한 것은 무엇일까?

인터넷전화관련 요소기술 및 프로토콜을 잘 정의하고 기술 개발하는 것이 무엇보다도 중요할 것이다. 이를 위하여 미디어 전달을 지원하는 RTP(real-time transport protocol), 신호프로토콜로 H.323과 SIP(session initiation protocol) 등을 정의하였다. 인터넷전화가 성공하기 위해서 이보다 중요한 것은 기존 PSTN(public switched telephone network)과의 연동이다. 만약 RTP, H.323과 SIP 만이 잘 동작하고 기존 PSTN과의 연동이 되지 않는다면 그들만의 서비스일 것이다. 따라서 인터넷전화가 성공하기 위해서 첫 번째 인터넷전화관련 요소기술과 프로토콜을 잘 만들어야 하고 두 번째로는 기존 PSTN과의 연동이 잘 이루어져야 한다.

이미 PSTN에서 전화서비스에 익숙해져 있는 사용자들은 새로운 기술인 인터넷전화가 출현하여도 음성전화서비스(POTS: plain old telephone service)와 동일하게 사용할 수 있도록 제공되어야, 자연스럽게 기존 PSTN 사용자들이 인터넷전화를 선택할 수 있다. 인터넷전화가 PSTN과 연동이 잘 이루어지지만 단순히 음성전화서비스만을 제공한다면 굳이 기존 PSTN 사용자가 인터넷전화로 전환할 필요가 있을까?

인터넷전화의 장점이 있어야 PSTN 사용자가 인터넷전화를 선택할 때 가장 큰 이유는 경제적인 측면과 새로운 서비스 이용 측면이 있다. 경제적인 측면은 사용자 측면에서 PSTN 이용비용보다 값싸게 제공된다는 것이며 새로운 서비스 이용 측면은 PSTN에서 제공하지 않는 서비스를 인터넷전화에서 사용할 수 있다는 것이다. 2010년 즈음하여 인터넷전화 호 접속하는 비용이 PSTN 이용할 때 보다 저렴하다는 장점이 있어 인터넷전화의 보급이 늘어나고 있다. 또한 통신사업자가 인터넷전화, 인터넷접속, IPTV(Internet Protocol television) 등을 결합한 TPS(triple play service) 서비스를 제공하면서 가격경쟁을 하고 있다.

8.1.1 다양한 연동기능을 수행하는 MG

인터넷전화와 PSTN 연동을 도식하면 그림 8.1과 같으며 인터넷에서 PSTN으로 발신하는 경우와 PSTN에서 인터넷으로 발신하는 경우가 있다. 이들 사이의 연동을 위하여 게이트웨이(gateway) 장치를 두고 있으며 게이트웨이는 미디어 변환 및 신호프로토콜 변환 역할을 담당하게 된다. 신호프로토콜 변환은 다른 장치를 둘 수 있으며, 신호프로토콜과 미디어 변환을 함께 수행하더라도 미디어 변환에 대한 역할이 크기 때문에 MG(media gateway)라고 지칭한다. 인터넷텔리포니에서 MG는 인터넷과 PSTN

사이에 위치하고 RTP와 아날로그 음성 또는 TDM(time division multiplexing) 음성 사이의 변환을 담당한다. 그림 8.1에서 MG는 POTS 전화기와 직접 연결되는 경우 아날로그 음성으로 변환하지만 디지털 교환기와 연결되는 경우에는 TDM 음성으로 변환 기능을 수행할 것이다.

MG가 인터넷과 PSTN 사이에서 연동기능을 수행할 때 그림 8.1에서 설명한 것 이외에도 다양한 연동이 가능하며 호 접속 가능한 시나리오를 그림 8.2에 도식하였다. 여기서 보는 바와 같이 일반 POTS 전화가 인터넷을 경유하거나 인터넷전화단말이 PSTN을 경유하여 호 연결이 되는 경우도 있다. 이때 MG의 미디어 변환은 RTP와 TDM 음성 변환이며 신호프로토콜 변환을 위한 별도의 장치를 둘 수도 있다.

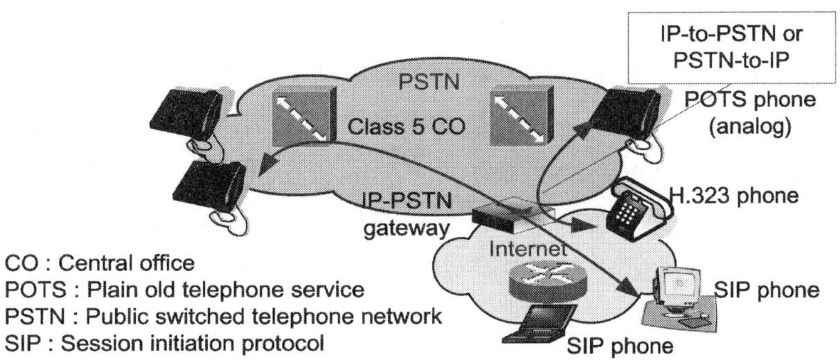

• 그림 8.1 • 인터넷전화와 PSTN의 연동

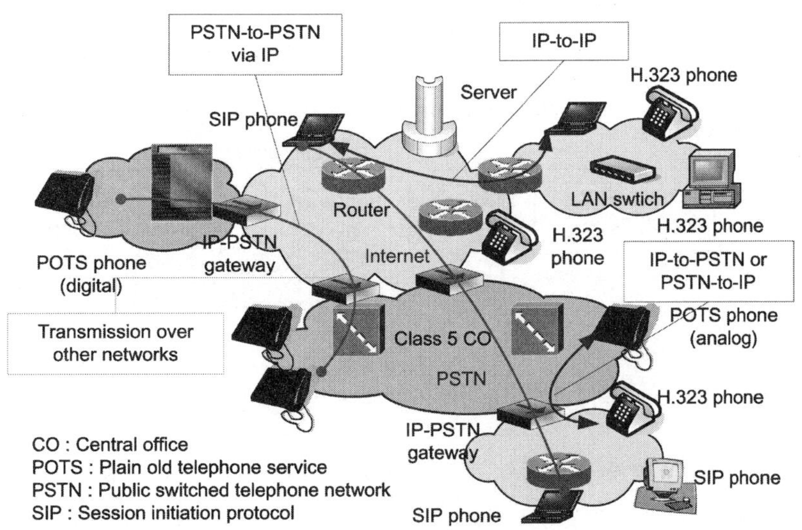

• 그림 8.2 • 인터넷전화와 PSTN의 다양한 연동 시나리오

> 인터넷전화가 PSTN보다 호 접속료가 저렴할 수 있을까?
>
> 통신망 서비스가 안정단계에 도달하여 이익을 창출하는 단계에서는 망 구성장치와 제공되는 서비스 등을 고려하여 볼 때 PSTN의 호 접속료가 비쌀 수 있다. 그러나 현재 PSTN은 신규투자가 적은 반면 인터넷전화망에 대한 투자는 지속적으로 이루어지고 있기 때문에 단순 비교는 어렵다. 그리고 PSTN이 현재 호 접속료를 내린다면 오히려 인터넷전화 호 접속료가 비싸질 수도 있다.

8.1.2 연동을 위한 다양한 신호프로토콜 등장

인터넷전화사이의 신호프로토콜로 H.323과 SIP가 먼저 정의되었다. 그림 8.3은 시대 흐름에 따른 인터넷전화 관련 프로토콜들을 보여주고 있다. 1999년 MGCP(media gateway control protocl)가 인터넷전화와 PSTN을 연동하기 위하여 처음 정의된 이후 megaco/H.248, ENUM(E.164 numbering mapping), IPtel, sigtran 등이 발표되었으며 이들의 발전 단계를 보면 초기에는 인터넷전화와 PSTN 연동을 위한 기능만 다루다가 2000년 초반에는 대용량 연동에 필요한 사항을 연구하고 표준화가 이루어졌다.

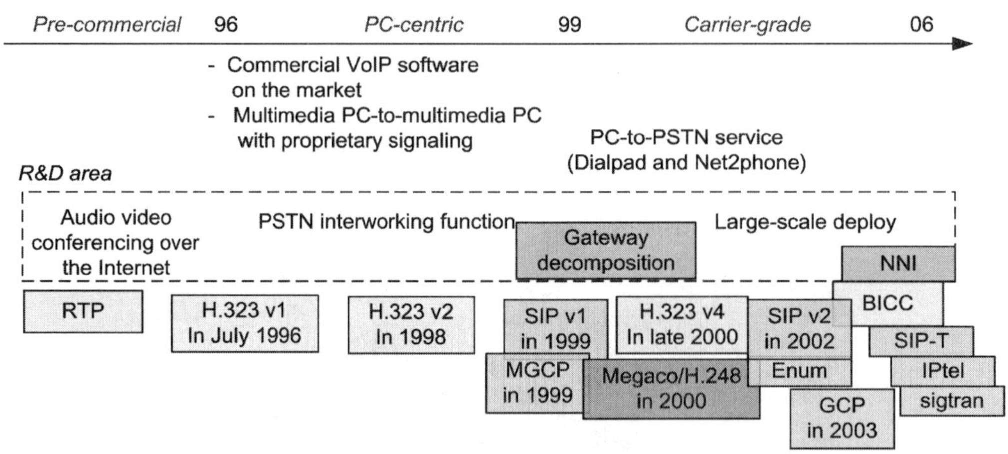

• 그림 8.3 • 시간흐름에 따른 다양한 VoIP 프로토콜

1996년 ITU-T가 H.323을 처음 발표할 때 TE(terminal equipment), 게이트키퍼(gatekeeper), MCU(multi-point control unit)와 함께 게이트웨이를 정의하였으며 게이트웨이는 인터넷 외의 다른 통신망과 연동하는 기능을 담당하는 기능블록으로 PSTN

과의 연동을 염두하여 정의되었다. 처음 발표된 H.323은 대부분 TE와 게이트키퍼 사이 동작에 대한 절차를 정의하고 있으며 게이트웨이는 향후 작업으로 남겨두었다. 그 이후 게이트웨이에 대한 기능을 MGC(MG controller)와 MG로 분리하여 MG를 단순히 하는 반면 모든 제어 기능을 MGC에 두는 방안이 ITU-T(International Telecommunication Union-Telecommunication Standard Sector), IETF(Internet Engineering Task Force)와 다른 표준단체에서 각각 논의되었다.

1999년 IETF는 게이트웨이를 MGC와 MG로 나누어 이들 사이의 절차로 MGCP를 발표하였으며 ITU-T와 IETF는 합의하여 공도작업의 결과로 megaco/H.248을 발표하게 되었다. megaco/H.248은 MGCP와 호환되지 않으며 객체지향적 개념을 도입하여 context와 termination 용어를 정의하였고 이들의 관계를 정의하여 향후 필요한 기능을 추가 및 확장이 용이하도록 설계하였다.

8.1.3 MGC의 분리

그림 8.2와 같이 인터넷전화와 PSTN가 연동될 때 MG는 다양한 시나리오에 따라 기능도 다양할 수 있다. 그러나 연동 환경에 따라 MG의 기능은 나뉠 수 있어 독립된 MGC 기능 정의가 필요하게 되었다. 인터넷전화와 PSTN 연동될 때 가장 보편적인 시나리오는 그림 8.4와 같다. MG에 POTS 전화기가 서로 직접 연결되는 경우와 PSTN 교환기가 연결되는 경우가 있으며 MG는 인터넷과 PSTN 사이에서 미디어 변환을 담당하며 호 연결, 해제 요청을 POTS 전화기나 PSTN 교환기에서 받아 MGC에게 보낸다. 이러한 요청을 받은 MGC는 MG에게 MGCP나 megaco/H.248을 이용하여 해당 제어 메시지를 보낸다.

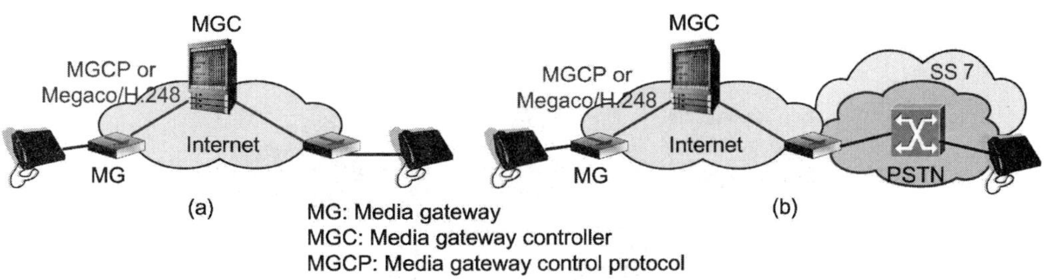

• 그림 8.4 • MG와 MGC 구성 예 (a)인터넷-POTS 전화 (b) PSTN-인터넷-POTS 전화

MGCP와 megaco/H.248에서는 MGC와 MG만 정의하고 있지만 MG의 기능을 신호프로토콜 변환과 미디어 변환으로 구분하고 미디어 처리용량이 큰 경우 그림 8.5와 같이 통신시장에서 MG를 SG(signaling gateway)와 TG(trunk gateway)로 구분하

기도 한다. 용어에서 알 수 있듯이 SG와 TG는 각각 신호프로토콜과 미디어 변환 역할을 담당하며 MGC와 메시지를 주고받는다. SG와 MGC가 주고받는 메시지는 신호프로토콜 관련 메시지인 반면 TG와 MGC가 주고받는 것은 MGCP 또는 megaco/H.248 메시지이다.

통신시장에서 사용하는 MGC와 MG 용어는 그림 8.6에서 보는 바와 같이 다양하다. MGC는 call agent 라고도 하며 소프트스위치의 일부 기능을 담당한다. NGcN에서 소프트스위치는 다양한 프로토콜을 지원하기 때문에 MGC 기능도 포함하게 된다. 또한 MG는 SG와 TG 외에도 기존 댁내 통신망을 인터넷망에서 수용하는 경우 residential gateway, 가입자 구간을 인터넷에서 수용하는 경우 access gateway라는 용어를 사용한다. 연동되는 통신망 이름을 붙여서 사용하는 용어도 가능한데 ATM(asynchronous transfer mode) 망과 인터넷을 연동하는 MG를 ATM gateway라고 부른다. 통신시장에서 다양한 게이트웨이 용어가 사용되고 있으며 생소한 용어를 사용하는 경우 해당 장치가 어떤 기능을 수행하는지를 파악하여야 한다.

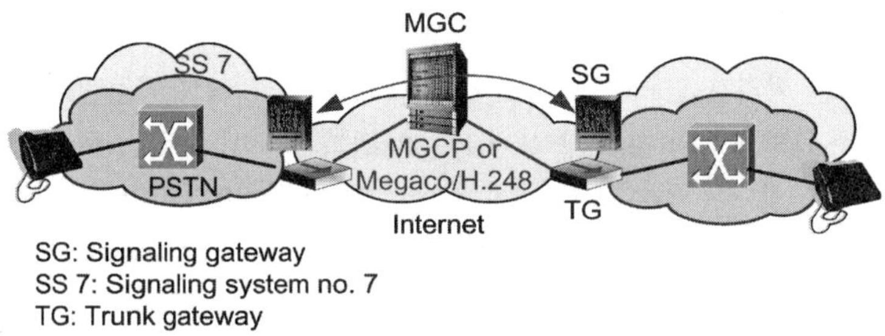

• 그림 8.5 • SG와 TG 구성 예

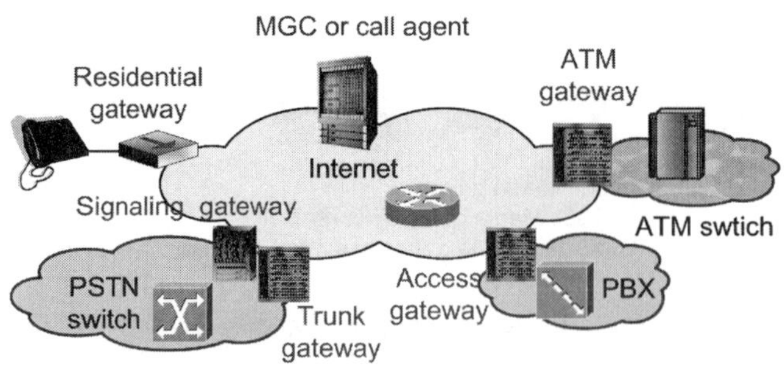

• 그림 8.6 • 다양한 게이트웨이 구성

8.1.4 MGC와 SG의 sigtran 프로토콜 지원

VoIP에서 사용하는 신호프로토콜과 PSTN에서 사용하는 신호프로토콜이 서로 달라 SG를 통하여 변환기능을 수행하도록 하였다. SG와 MGC 사이에서 주고받는 신호프로토콜로는 어떤 것이 가능할까? 먼저 SIP, H.323을 떠올릴 수 있을 것이다. 그러나 이들은 PSTN의 교환기와 단말 사이 프로토콜에 대응하는 것으로 활용할 수 있지만 대용량 처리에는 적절하지 못하다. 또한 그림 8.5와 같은 환경에서는 인터넷이 중간 경유 구간으로 사용되고 옆에 SG가 처리해야 하는 신호프로토콜은 SS 7(signaling system no. 7) 메시지이다.

SS 7 프로토콜 스택은 하부에 MTP(message transfer part) 계층을 포함하고 있어 SG가 VoIP의 SIP나 H.323으로 변환하여야 하는 어려움이 있으며 MGC는 MG를 제어하는 MGCP와 megaco/H.248 외에 SIP 서버 또는 H.323의 게이트키퍼 기능을 포함하고 있어야 한다. 그러나 무엇보다도 문제는 SS 7의 기능을 100% 지원 여부일 것이다. 현재 모든 기능을 변환할 수 있더라도 새로운 SS 7 기능이 정의되면 이에 해당하는 SIP나 H.323 기능을 다시 정의해야 하는 문제가 발생한다. 그리고 현재 교환망의 신호프로토콜로는 SS 7이 대세이기 때문에 VoIP 망에서도 SS 7을 지원하는 것이 바람직하다.

SS 7을 인터넷에서 전달될 수 있도록 SS 7 하부계층 MTP 대신에 IP를 사용하고 SS 7 메시지가 IP 패킷에 전달될 수 있도록 SS 7과 IP 계층 사이에 sigtran 프로토콜 스택을 정의하였다. IETF에서 sigtran 프로토콜을 표준화하면서 SS 7 메시지를 전달하기 위한 L4 계층으로 SCTP(stream control transmission protocol)를 신호프로토콜 특성에 맞게 정의하였다. 그림 8.7과 같이 sigtran 프로토콜의 운영은 인터넷 구간에서 SS7 메시지를 전달하기 위해 SG와 MGC 사이에서 동작한다. sigtran 프로토콜 지원으로 SS 7의 모든 기능을 VoIP 망에서도 해석할 수 있고 인터넷을 중간 경유하는 경우에도 SS 7 메시지가 왜곡되지 않고 전달될 수 있게 되었다.

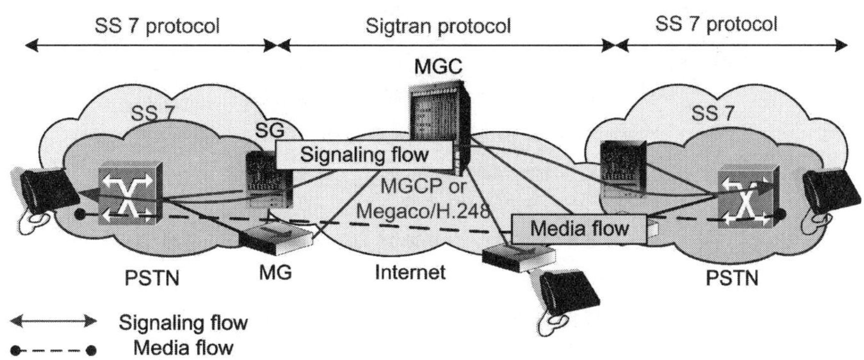

• 그림 8.7 • MGC와 SG의 sigtran 프로토콜

8.2 MGCP

IETF에서 1999년 MGCP 표준을 발표할 때 고려한 통신망은 PSTN이었다. 따라서 MGCP는 PSTN과 인터넷 환경에서 각 통신망의 특성을 고려한 미디어 변환 및 제어에 관하여 정의하고 있다. MGC는 전화망과 비교하여 볼 때 미디어 전달 제어를 위한 PSTN 교환기에 해당하겠지만 인터넷 관점에서는 라우터가 아닌 단말에 해당된다. 인터넷에서 MG와 MGC는 단말이기 때문에 음성서비스 품질 보장을 위해서는 미디어 전달을 담당하는 라우터에 제어가 필요하다.

8.2.1 Call, Connection, Endpoint 관계

MG는 인터넷과 PSTN을 연동하기 위하여 먼저 각 통신망의 특성에 맞는 용어를 정의하였다. 인터넷에서는 두 단말이 세션을 통하여 연결된다. 그림 8.8에서 단순히 'IP resource'라고 명기된 부분이 여기에 해당되며 세션 설정을 위해서는 송신단말의 IP 주소 및 포트 번호, 수신단말의 IP 주소 및 포트 번호 그리고 L4 프로토콜이 일치하여야 한다. 이러한 IP resource는 일반적인 소켓 프로그래밍(socket programming)에서 클라이언트와 서버 프로그램 구현할 때 익숙하게 사용되고 있으며, 소켓이 서로 연결되면 세션을 통하여 데이터를 주고받게 된다.

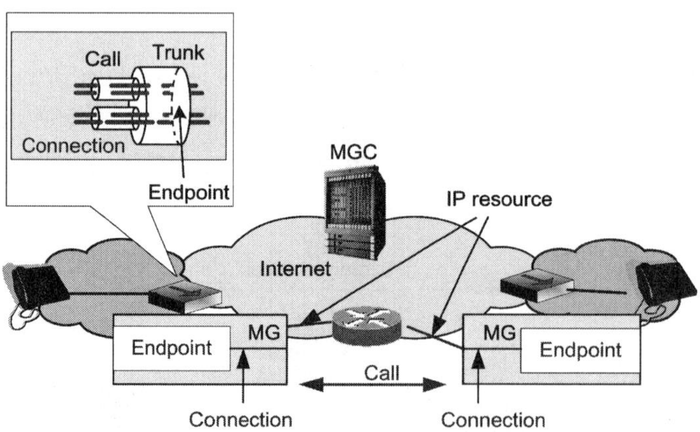

• 그림 8.8 • Call, connection, endpoint 등의 관계

일반적인 인터넷 세션통신과는 달리 인터넷 텔리포니에서는 call과 connection을 정의하고 있다. Call은 송신단말과 수신단말이 서로 통신하기 위하여 접속하는 것으로 한 call에는 다양한 connection이 한번에 또는 필요에 따라 포함될 수 있다.

Connection은 통신의 특성에 따라 음성, 영상, 텍스트, 이미지 등 구분할 수 있으며 call 내에서 개설, 해제가 이루어질 수 있다. 이러한 개념은 멀티미디어를 정의하면서 각 미디어 통신채널을 connection, 단말대단말의 통합된 통신채널을 call이라는 개념을 정립하는데서 비롯되었다[29].

MG endpoint의 PSTN 부분은 MG에 연결되는 회선에 따라 결정된다. 예를 들어 아날로그 POTS 전화가 연결되는 경우 MG는 PCM(pulse code modulation) 기능을 수행하여야 하지만 PSTN의 트렁크와 연결되는 경우 MG는 교환망의 전송장치 또는 교환기와 같은 기능을 수행하여야 한다. MG endpoint를 지정하기 위한 endpoint 표현 방법은 그림 8.9(a)와 같다. MGC가 MG의 PSTN endpoint 부분을 이해도록 하기 위하여 이메일주소와 같은 형태를 사용하고 있으며 도메인 부분은 MG의 인터넷 부분을 지칭하며 @ 앞부분은 MG의 PSTN 부분을 나타낸다. 여기서 특정 부분을 지칭하기 어려울 때에는 $와 * 문자를 사용하는데 문자 $는 여러 개 중에 하나를 선택하라는 의미이고 문자 *는 모든 자원을 의미한다. 예를 들어 그림 8.9(b)와 같이 endpoint를 사용하는 경우 인터넷에서 MG는 gateway.kw.ac.kr이며 PSTN 부분은 T3 트렁크 묶음 중에 첫 번째 T3에서 다섯 번째 T1 중에 임의의 한 슬롯을 요청하는 것을 의미하는 것이다. 만약 특정 슬롯이 결정되어 있다면 해당 슬롯 번호를 문자 $ 대신 사용할 것이다. 문자 $를 사용하는 경우는 호 설정 과정에서 아직 특정 슬롯 번호가 할당되지 않았을 때 사용된다.

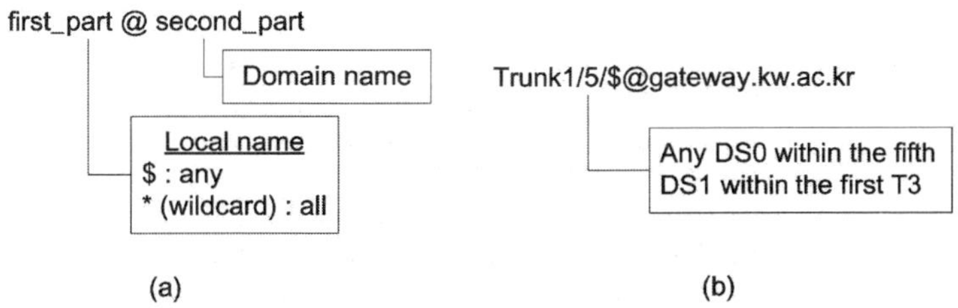

• 그림 8.9 • MG endpoint 표현 (a) 기본 구성 (b) PSTN의 T3에서의 사용 예

8.2.2 프로토콜 스택

MGCP는 앞에서 기술한 바와 같이 단대단 프로토콜로 인터넷에서 사용된다. 따라서 L4 계층 위에서 운영되며 전달하는 미디어가 무엇인지를 표현하는 SDP를 포함하며 다른 VoIP 신호프로토콜과의 관계를 함께 알아보면 그림 8.10과 같다.

29) Call과 connection의 예로 메신저에서 친구를 먼저 호출하고 추가적으로 필요에 따라 음성, 영상 채널을 개설, 해제하는 경우 첫 친구 호출은 call에 해당하고 나머지는 connection에 해당됨.

인터넷과 PSTN이 연동될 때 하나의 MGC가 인터넷 하나에 존재하면서 MG에 연결되는 PSTN 환경에서는 그림 8.11과 같이 PSTN 단말이 연결되거나 PSTN 교환기가 연결될 수 있다. PSTN 교환기가 연결되는 경우 SG가 MG와 분리되어 신호프로토콜 변환에 대한 기능을 수행할 수도 있다. 또한 SG가 MG와 통합되어 있거나 SG 없이 MG가 PSTN 단말과 연결되어 있다면 MG는 신호프로토콜 변환과 미디어 변환에 대한 기능을 동시에 수행하여야 한다.

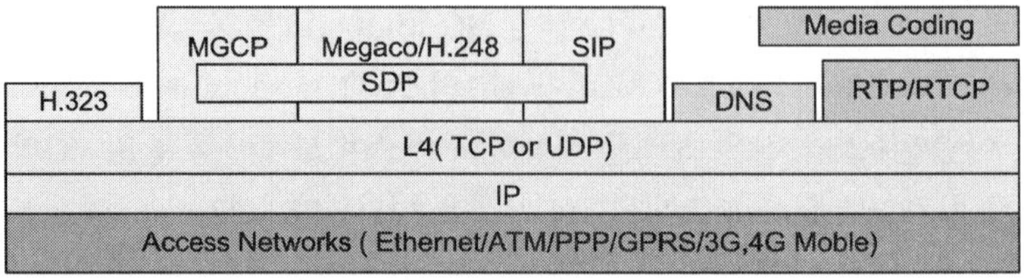

• 그림 8.10 • MGCP와 다른 VoIP 프로토콜스택

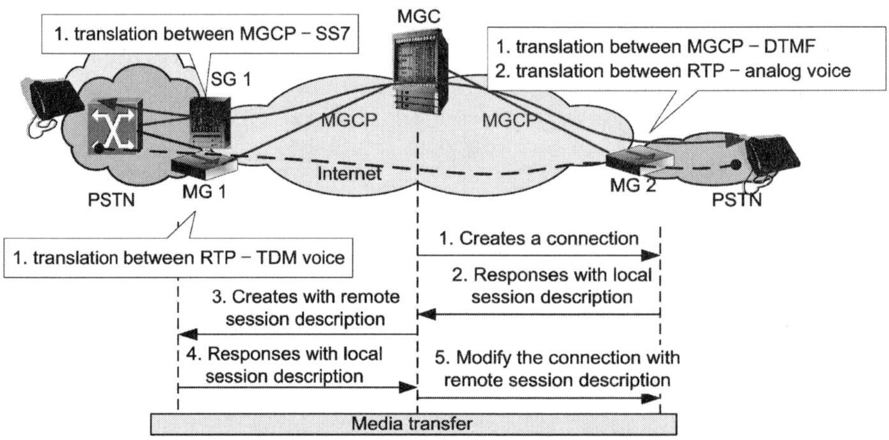

• 그림 8.11 • MG와 MGC 역할 및 Connection 설정 과정

그리고 MGC가 SG나 MG로부터 호 설정 요청을 받으면 그림 8.11과 같이 MGC는 MGCP를 이용하여 MG 사이의 호 설정 과정을 수행한다. MGC가 호 설정 요청에 따라 MG 2에게 연결 요청을 하게 되면 MG2는 할당한 'IP resource'에 해당하는 세션 정보를 MGC에게 단계 2와 같이 전달한다. MGC는 MG 2와 연결해야 하는 MG를 선택한 후 단계 3과 같이 MG2에게 받은 세션 정보와 함께 MG 1을 제어하게 된다. MG 1도 MG 2와 같이 'IP resouce'를 할당하고 이에 대한 정보를 MGC에게 전달하면 MGC는 단계 5와 같이 MG 2에게 MG 1의 세션 정보를 전달하게 된다. 이로서 MG 1

과 MG 2는 서로 인터넷 세션 설정을 위하여 필요한 정보를 얻게 된다. 이러한 과정을 통하여 'IP resource'에 대한 정보 외에 코덱에 필요한 정보도 같이 전달되어 인터넷 부분과 PSTN 부분에 필요한 정보 교환이 MGCP 메시지 내의 SDP를 이용하여 이루어진다.

8.2.3 MGCP 메시지

MGCP가 사용하는 메시지는 다른 인터넷응용서비스들과 같은 형태를 사용한다. 일반적으로 인터넷응용서비스는 client-server 모델로 클라이언트는 짧은 영어형태로 요청을 하면 서버는 숫자 셋자리와 함께 요청결과를 응답하여 준다. MGCP가 사용하는 메시지 형태는 [표 8-1]과 같으며 여러 요청과 응답이 동시에 이루어지는 경우 이들을 구분하기 위하여 구분자를 사용하는데 이 값이 **transactionID**이다. 응답 메시지의 **transactionID**를 기초로 어떤 요청에 대한 응답인지를 구분할 수 있다. 또한 다른 인터넷응용서비스와 같이 MGCP 응답 메시지에 설명 부분를 포함한다.

[표 8-1] Request/response 메시지 구성 형태

CommandVerb	TransactionID	EndpointID	MGCP 1.0
RetumCode	TransactionID	Commentary	

MGCP 제어와 응답 메시지 중 [표 8-2]는 MGCP의 제어 메시지를 정리한 것으로 문자 4개로 요청 메시지를 정리하고 있으며 **NTFY**와 **RSIP**를 제외하고는 모두 MGC가 MG로 보내는 메시지들이다. **CRCX**, **MDCX**와 **DLCX**는 connection 연결과 해제 등에 사용되는 메시지이고 MGC가 특정 event를 MG에게 등록할 때 **RQNT** 메시지를 사용하며 미리 등록된 event가 MG에서 발생하게 되면 MG는 MGC에게 **NTFY** 메시지를 보내게 된다. 여기서 event로는 전화단말이 전화기를 들거나 통화 중에 전화단말을 내리는 hook-off와 hook-on 등이 여기에 해당된다. 또한 endpoint의 값과 연관된 정보를 MG에게 전달할 때에는 **EPCF** 메시지를 사용하고 과금과 관련하여 통계 정보의 수집과 수집된 정보를 요청할 때에 **AUEP**와 **AUCX** 메시지를 사용한다.

[표 8-3]은 MGCP의 응답 메시지를 정리한 것으로 다른 인터넷응용서비스와 같이 100, 200, 400 등의 단위마다 응답의 종류를 분류하였다. 100 단위의 provisional response는 현재 응답 외에 조건부 응답으로 추가적인 동작이 필요하다는 것이며 200 단위는 요청된 제어 사항이 에러 없이 수행되었음을 의미한다. 400과 500 단위는 에러에 따라 근본적인 문제인지 일시적인 문제인지를 구분하는데 사용된다.

[표 8-2] Request의 command 종류 및 의미

CRCX CreateConnection	By MGC to create a connection at an endpoint
MDCX ModifyConnection	By MGC to change an existing connection
DLCX DeleteConnextion	By MGC to terminate a(or multiple) connection
RQNT NotificationRequest	By MGC to request a notification about certain events
NTFY Notify	By MGC to report the occurrence of certain events
EPCF EndpointConfiguration	By MGC to to give bearer/coding information
AUEP AuditEndpoint	By MGC to query the status of a given endpoint
AUCX AuditConnection	By MGC to query the status of a given connection
RSIP RestartinProgress	By MGC to inform when an endpoint is taken in or out of service

[표 8-3] Response의 return code 종류 및 의미

0XX An acknowledgement	000 Response acknowledfement
1XX Provisional response	100 The tranasction is being executed 101 The transaction is being queued
2XX Successfully complated	200 The request was completed normally 250 The connection was deleted
4XX Transient error	400 Transient error 401 The phone is already off-hook 402 The phone is already on-hook 403 Presently, insufficient resource in the endpoint
5XX Permanent error	500 Not executed since the endpoint is unknown 501 Not executed since the endpoint is not ready 504 Unknown or unsupported command 509 Error in RemoteConnectionDescription …
8XX Package-specific reponse	

8.2.4 전화단말기 연동된 경우 제어 절차

MG에 전화단말기가 연동되어 MGC과 MGCP를 이용하여 제어하는 과정은 그림 8.12와 같으며 이때 MGC는 mgc@gw.ac.kr이고 MG는 min@kw.ac.kr과 min@mtu.edu이다. 이렇게 MGC가 일반전화단말이 연결되어 있는 경우 MGC는 먼저 MG들에게 전화기를 들게 되는 hook-off event를 등록하게 된다. RQNT 메시지를 이용하여 두 MG에게 hook-off event를 등록하고 이 event가 발생하게 되면 dial-tone을 주라고 제어 요청한다. 두 MG는 '200 transactionID OK' 메시지를 MGC에게 각각 응답하고 hook-off event가 발생하는지 대기하게 된다.

그림 8.12는 hook-off event가 MG 2에서 발생한 사실을 MGC에게 **NTFY** 메시지를 통하여 전달하면 MGC는 이에 대한 응답으로 **'200 transactionID OK'** 메시지를 보낸다. 그리고 MGC는 MG 2가 사용자가 누르는 전화번호가 적절한지를 분석할 수 있도록 **DigitMap** 정보를 포함한 **RQNT** 메시지를 MG 2에게 전달한다. 여기서 **DigitMap** 정보는 사용자가 누르는 전화번호의 적절하고 유효한 수신단말의 전화번호 여부를 구분할 수 있는 번호체계에 대한 모든 정보로, 일반 PSTN의 가입자 교환기에서 관리하는 **DigitMap** 정보는 국제전화, 시외전화, 시내전화, 특수번호 등 모든 전화번호를 해석하는데 사용된다.

DigitMap 정보를 받은 MG 2는 사용자가 누르는 전화번호를 해석하고 적절한 번호가 모두 모아지면 MGC에게 누른 전호번호를 포함한 **NTFY** 메시지를 보내게 된다. MGC는 수신 전화번호에 해당하는 MG를 찾으면서 동시에 MG 2에게 송신전화 단말기의 수화기를 내리는 hook-on event가 발생하는지 확인하기 위한 제어 메시지를 보내게 된다. Transaction 1233으로 주어진 RQNT와 **'200 1233 OK'** 메시지들이 여기에 해당된다.

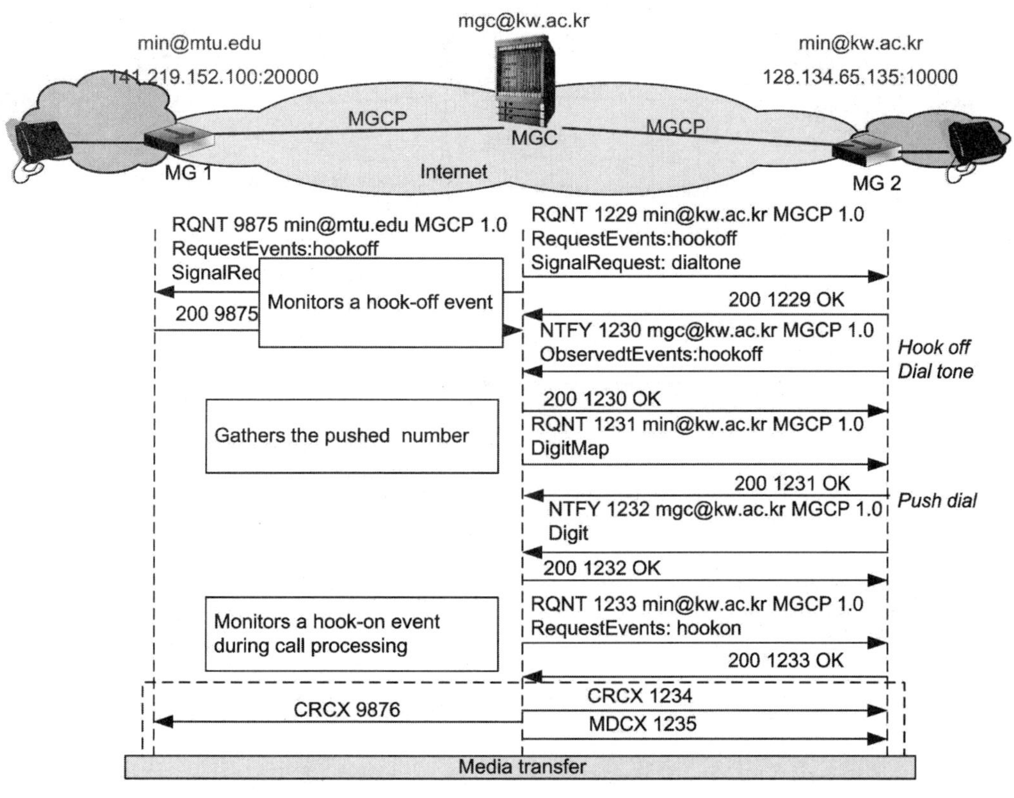

• 그림 8.12 • POTS 전화단말 연결되어 있는 MG와 MGC 사이 connection 연결과정

MGC가 수신 전화번호를 관리하는 MG가 MG 1인 min@mtu.edu로 판단하게 되면 MG 1과 MG 2 사이에 IP 세션 설정 동작이 시작된다. 그림 8.12에 간단히 표기한 MGC와 MG 1 사이의 'CRCX 9867', MGC와 MG2 사이의 'CRCX 1234'와 'MDCX 1235'는 IP 세션 설정 연결에 해당하는 것으로 자세한 동작은 다음 예와 동일하다.

8.2.5 전화교환기 연동된 경우 Connection 설정 절차

MG에 전화교환기가 연동되어 있는 경우 MG에게 hook-off event 발생 여부를 등록하기 보다는 PSTN 교환기에서 오는 신호프로토콜 메시지에 따라 MGC가 MG와의 동작을 시작하게 된다. 특히, PSTN이 인터넷과 연동될 때 MG와는 별도의 SG를 갖는 경우 그림 8.13과 같이 SG와 MGC 사이에는 별도의 프로토콜을 가질 수 있으며 여기서는 sigtran 프로토콜을 예로 들고 있다. 여기서는 SG 2에 연동되어 있는 PSTN에서 MGC를 경유하여 SG 1에 연동되어 있는 PSTN으로 호 설정 전달 과정을 보여주고 있다.

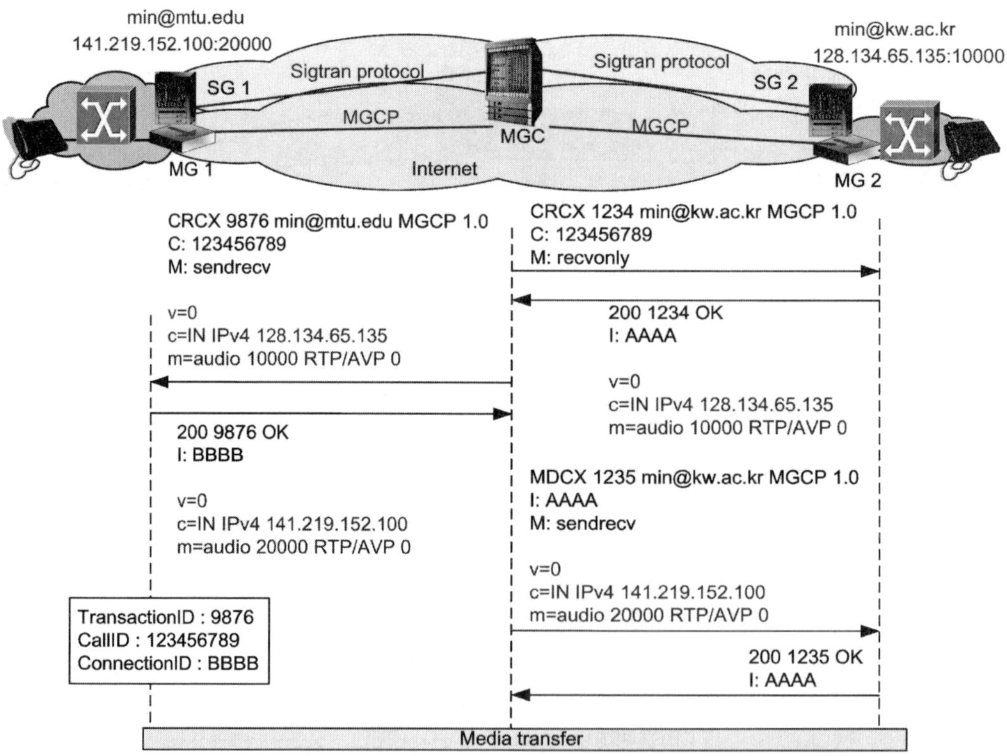

• 그림 8.13 • PSTN 연동하는 MG와 MGC 사이의 connection 설정 과정

MGC는 SG 2로부터 호 설정 요구를 받으면 MG 2에 **'CRCX 1234 ~'** 메시지를 이용하여 IP resource 할당을 요청하게 된다. MG 2는 요청한 자원할당을 하고 **'200 1234 OK'** 메시지에 할당된 IP 주소, 포트번호, 코덱 정보 등을 SDP 형태에 맞추어 전달하게 된다. MGC가 MG2와 연결되어야 하는 MG가 MG 1이라는 것을 판단하게 되면 MG1에게 **'CRCX 9876 ~'** 메시지를 보내면서 MG 2의 SDP 정보를 함께 전달하여 상대방의 IP 정보를 알 수 있도록 한다. MG 2도 MG 1에게 전달할 IP 자원으로 IP 주소, 포트번호, 코덱 정보 등을 SDP로 만들어 **'200 9876 OK'** 메시지를 MGC에게 전달한다. 여기까지 동작하면 MG 1은 자신의 IP resource와 MG 2의 IP resource를 알 수 있어 IP 세션 설정에 필요한 정보를 모두 갖고 있지만, MG 2는 아직 MG 1에 대한 정보를 알지 못한다. 이를 해결하기 위하여 MGC는 MG 2에게 **'MDCX 1235 ~'** 메시지를 통하여 MG 1의 정보를 전달하고 처리된 결과로 MG 2는 **'200 1235 OK'** 메시지를 MGC에게 응답한다.

8.2.6 Connection 해제 절차

MG 사이의 connection 해제는 연결되어 있는 MG의 요청에 따라 이루어진다. 또는 PSTN과 연동되어 있는 SG가 해제 요청을 하는 경우도 마찬가지이다. 그림 8.14는 SG가 MGC에게 connection 해제를 SS 7 메시지를 통하여 요청한 경우 MGC가 두 MG 사이의 connection 해제 절차를 보여주고 있다. PSTN과 연동된 SG로부터 connection 해제 요청을 받은 MGC는 MG 1과 MG 2에게 각각 **'DLCX 9877 ~'**과 **'DLCX 1236 ~'** 메시지를 보내어 현재 connection 관련 자원을 해제할 것을 요청하고 이 제어와 관련된 기능을 수행한 MG는 **'200 OK'** 메시지로 응답하게 된다.

PSTN과 연동된 MG 1과는 달리 일반전화단말이 연결되어 있는 MG 2는 다음 동작을 위한 제어를 위하여 추가적으로 MGC가 MGCP 메시지를 보내게 된다. MG 2는 connection 설정하는 과정에서 hook-on event 발생 여부를 등록한 것이 있어 hook-on event 발생을 **NTFY** 메시지로 MGC에게 알려준다. 그림 8.14에서 event 순서의 예로서 PSTN과 연동된 SG에서 먼저 connection 해제 요청을 도식하였지만 일반전화단말에서 hook-on event가 먼저 이루어졌다면 **NTFY** 메시지 전달이후에 **DLCX** 메시지가 MGC에서 발생될 것이다.

일반전화단말이 연결된 MG 2의 connection 해제가 완전히 끝나고 나면 **RQNT** 메시지를 통하여 hook-off event를 등록하여 일반전화단말이 새로운 통화 시도에 대한 준비를 하게 된다.

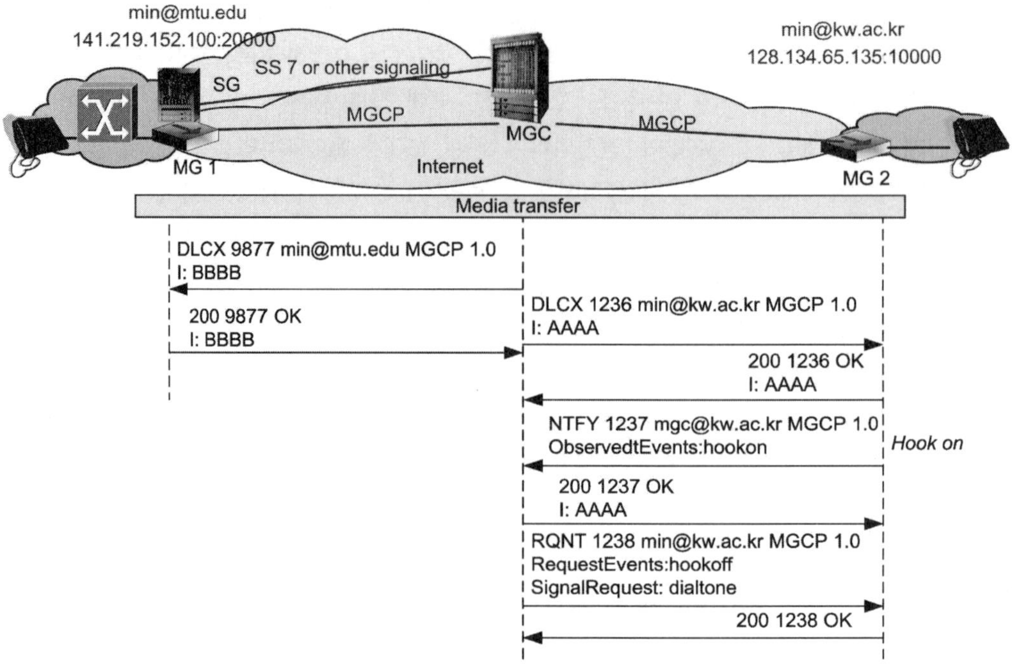

• 그림 8.14 • PSTN 연동하는 MG의 해제 요청에 따른 connection 해제 과정

8.2.7 MGC 사이에서 SIP

MG가 하나의 MGC에 논리적으로 연결되어 있다면 MGCP를 통하여 제어가 이루어지지만 MG가 서로 다른 MGC에 연결되어 있는 경우 MGC 사이의 절차가 추가적으로 필요하다. MGC 사이의 절차를 별도로 정의할 수도 있지만 두 MGC가 마치 SIP 단말인 것처럼 동작한다면 별도의 정의 없이 원하는 목적을 이룰 수 있다. 그림 8.15에서 MGC 사이의 절차는 SIP 단말이 직접 세션을 맺기 위한 **'INVITE - 200 OK - ACK'** 메시지 교환을 보여주고 있으며 MGC와 MG 사이의 절차는 MGCP 메시지 교환을 보여주고 있다. MG 1과 MG 2가 서로 connection 설정에 필요한 정보는 **'IP resource'**에 해당하는 세션 정보로 IP 주소, 포트번호인데 MGCP와 SIP 모두 SDP를 이용하여 이 정보 교환이 이루어지기 때문에 MGC 사이에 SIP 사용에 어려움이 없을 것이다.

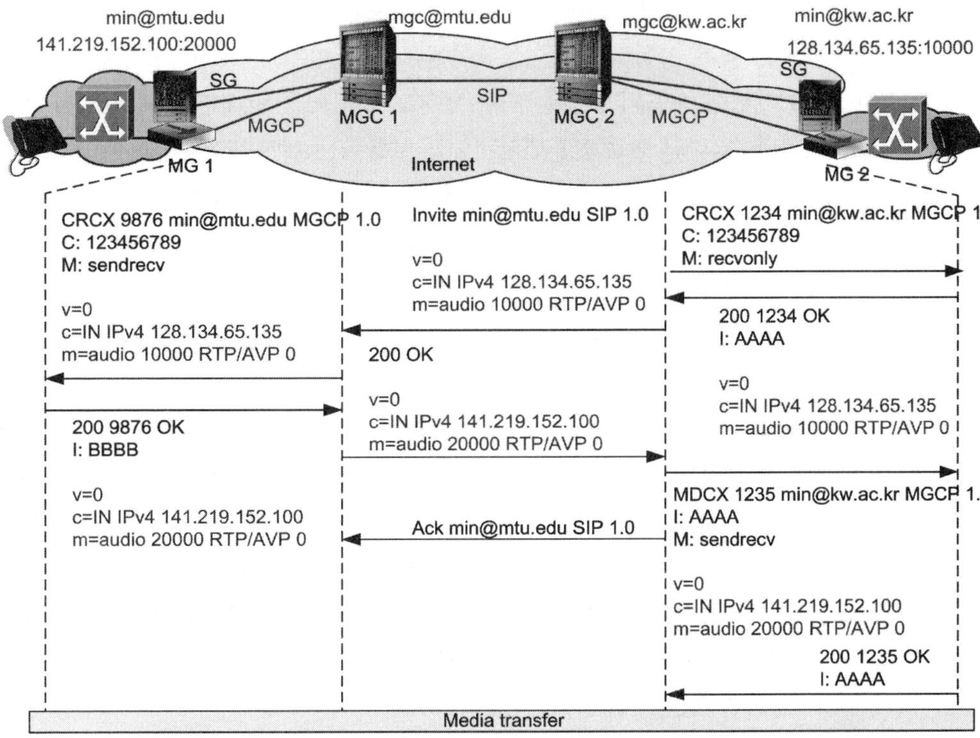

• 그림 8.15 • MGC 사이에서 SIP 동작

8.3 Megaco/H.248

Megaco/H.248은 IETF와 ITU-T가 공동작업으로 표준화가 이루어진 것으로 MGC와 MG의 독립과 이들 사이의 기본 절차는 앞 절의 MGCP와 동일하지만 MG 내부의 구성에 대한 개념은 object-oriented 프로그래밍과 유사하다. 본 절에서는 MGCP에서의 trunk, call, connection 개념을 context와 termination 개념으로 소개하는 내용과 MG 사이의 메시지를 알아보고 호 설정과 해제 절차에서의 MG 사이의 메시지 교환에 대하여 자세하게 설명한다.

8.3.1 Termination과 Context

MGCP에서 trunk, call, connection 등에 대한 정의는 그림 8.8에서 보는 바와 같이 PSTN 연동에 필요한 게이트웨이의 물리적 특성에 맞추어져 있는 반면

megaco/H.248의 기능블록은 PSTN을 포함한 모든 통신망에 적용될 수 있도록 개념 정립을 하였다. 외부 연동되는 게이트웨이에 trunk 라는 용어가 부적절할 수도 있고 connection 개념이 사용되지 않는 경우 MGCP에서 이들에 대한 endpoint를 지칭할 수 없을 것이다. 그리고 단순 1:1 변환기능만 담당하는 게이트웨이라면 MGCP로 적절할 수 있지만 음성과 영상 중에 하나만 변환하거나 1:n으로 변환할 필요가 있을 때 이들에 대한 제어가 MGCP로 불가능할 수도 있다.

인터넷의 MG가 연동될 수 있는 다른 망을 모두 수용하고 MGC가 MG에게 다양한 기능을 제어할 수 있도록 IETF와 ITU-T는 megaco/H.248을 정의하면서 termination 이라는 용어를 사용하였다. 인터넷에서 termination은 IP와 연관된 것이고 PSTN의 termination은 MGCP에서의 trunk에 해당된다. 이 외에 방송망과 연동될 때에는 termination에 방송망의 전달 특성이 포함되어야 할 것이다. 이와 같이 termination은 MG에 연결된 통신망의 특성을 포함한 용어로 통신망에 따라 다양하게 정의될 수 있다. Termination은 통신망의 특성에 따라 물리적인 구성과 논리적인 구성이 가능하다. 예를 들어 일반전화단말이 3개 연결되어 있는 MG의 경우 3개의 RJ-11 잭 연결 인터페이스가 위치하지만 인터넷이 LAN으로 연동되는 경우에는 하나의 LAN 인터페이스에 여러 인터넷 단말이 연결 가능할 것이다.

MG 내에 여러 termination이 존재하는 경우 이들 사이의 연결은 context라는 용어로 정의하고 있다[30]. Context에는 하나 이상의 termination이 존재하게 되며 context에 termination을 넣거나 빼면서 미디어 변환 기능을 수행하게 된다. 이러한 context와 termination의 관계의 예는 그림 8.16과 같다. MG의 왼쪽 부분은 인터넷이고 오른쪽 SCN(switched circuit network)은 PSTN을 의미한다. 첫 번째 context는 하나의 인터넷전화와 두 개의 일반전화가 하나의 MG를 통하여 동시 통화 진행되는 것을 보여주고 있다. 두 번째 context는 인터넷 termination을 포함하고 있지 않은 상태로 일반전화가 초기화된 이후의 상황 또는 현재 연결대기 중인 상황을 보여주고 있다. 세 번째 context는 인터넷전화와 PSTN 일반전화사이의 통화가 이루어지고 있는 상황을 보여주는 것으로 MGCP에서 CLCX 메시지에 의하여 connection 설정이 이루어진 이후의 상태와 동일하다.

30) 우리말로는 문맥이라는 뜻으로 앞 뒤 문장을 연결하는 것이므로 MG에서 서로 연결한다는 뜻으로 적절한 용어임.

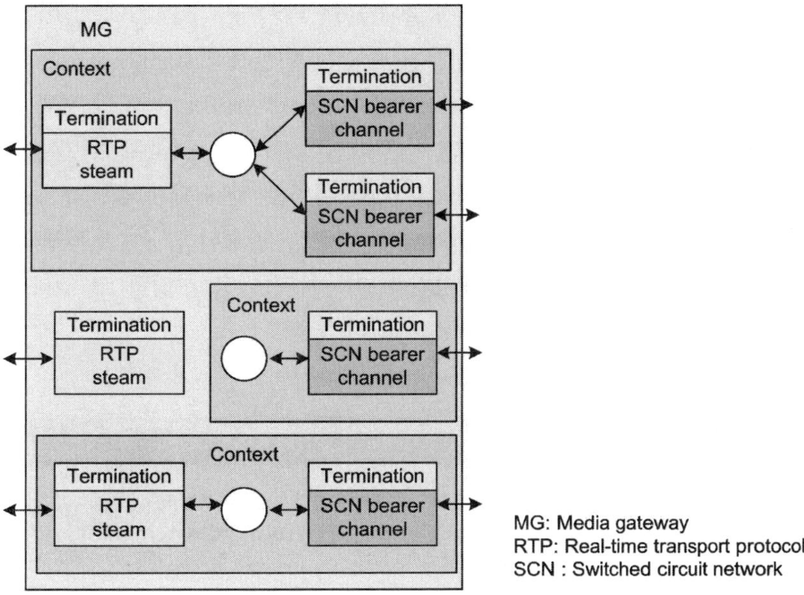

• 그림 8.16 • Context와 termination 개념

MG내에는 여러 개의 termination과 context가 존재할 수 있으며 MG는 각각 구분자를 가지고 이들을 관리하게 된다. MG 자체가 하나의 termination이기에 root termination이라고 하며 context가 termination을 포함하지 않는 경우에는 null context라고 한다. MGC는 특정 context와 termination에 대한 제어를 할 때 지칭하는 구분자를 포함하여야 하며 MG에게 새로운 context 개설을 요청할 때에는 문자 $를 사용하고 모든 termination 또는 모든 context를 나타날 때에는 문자 *를 사용한다.

8.3.2 megaco/H.248 메시지

megaco/H.248에서는 [표 8-4]의 메시지를 사용하며 대부분 MGC에서 MG를 제어하는 것과 관련된 메시지이고 MG에서 MGC에게 보내는 메시지는 결과 및 변화 통보와 관련된 메시지뿐이다. 여기서 **Add**, **Modify**, **Subtract**, **Move** 메시지들은 context에 termination을 더하거나 빼거나 이동하는 제어에 대한 것이며 **AuditValue**와 **AuditCapabilities** 메시지는 과금 관련 통계정보와 관련된 제어 메시지이다. **Notify** 메시지는 MG가 발생한 event를 MGC에게 통보하여 주는 것이며 **ServiceChange** 메시지는 MGC 또는 MG가 초기화되었거나 고장이 감지되어 서비스 변화가 있을 때 상대방에게 알려주는 메시지이다.

Add 메시지를 이용하여 termination T1과 T2가 context C1에 연결되는 경우 그림 8.17(a)의 위 부분과 같다. Termination T1과 T2는 각각 인터넷과 일반전화에 연결되어 있으며 MGC에서 MG로 전달된 **Add** 메시지로 context C1에 들어가게 되었다. 그리고 그림 8.17(a)의 아래 부분에 있는 일반전화 termination T3로부터 T1과의 연결 요청이 있거나 termination T1이 termination T3와의 통화 요청을 원하는 경우 그림 8.17(b)와 같은 변화가 이루어진다. 즉 termination T1은 termination T2의 통화대기를 하고 termination T3와 통화를 하게 되는데 이때 termination T1과 termination T3 사이에는 context C2로 연결된다. 이때 termination T1은 context C1에서 C2로 **Move** 메시지에 의하여 간단히 시행될 수 있다.

[표 8-4] megaco/H.248의 메시지와 의미

Message	from	Meanings
Add	MGC	To add a termination to a context
Modify	MGC	To change the property value of a termination
Subtract	MGC	To remove a termination from a context
Move	MGC	To move a termination from one context to another
AuditCapabilities	MGC	To retrieve current values for properties, events and signals
Notify	MG	To inform the MGC of events that have occurred within the MG
ServiceChange	Both	To enable the MG to notify the MGC that a Termination is about to the taken out of service or has just been returned to service

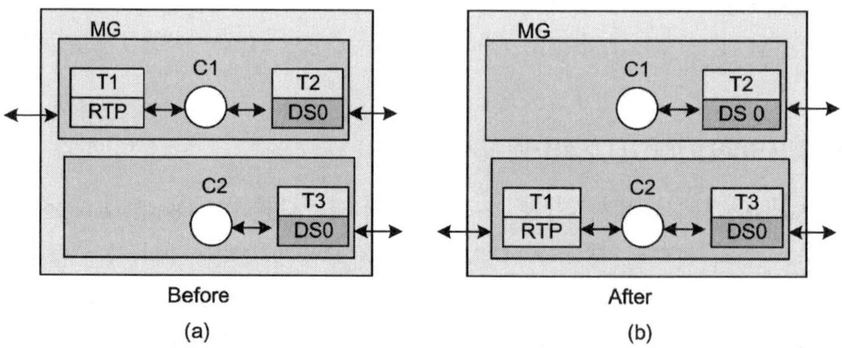

• 그림 8.17 • Context와 termination 개념 예 (a) 통화 중에 다른 전화가 온 경우 (b) 통화대기한 후 새로운 전화를 받는 경우

8.3.3 호 설정과 해제에 따른 Context와 Termination 예

일반전화 두 대가 각각 MG 1과 MG 2에 연결되어 있고 이들이 megaco/H.248을 통

하여 MGC와 연동될 때 MG 내부의 termination과 context의 관계를 그림 8.18에서 보여주고 있다. MG 1과 MG 2의 IP 주소는 각각 124.124.124.222와 125.125.125.111이고 MGC는 123.123.123.123이며 megaco/H.248 메시지는 모두 포트번호 55,555를 통하여 교환이 이루어지고 있다. MG 1과 MG 2는 각각 일반전화를 termination 4,444, 5,555로 관리하고 있다.

초기화과정에서 일반전화 termination들은 일반전화의 hook-off event를 관리하여야 하기 때문에 null context이지만 초기화된 이후 지속적으로 event 발생 여부를 관찰하여야 한다. Null context 상태에서 MGC로부터 **Add** 메시지를 받으면 context를 만들고 인터넷 RTP termination과 연결을 구성하게 된다. MG 1에서는 새로운 context 번호로 2,000을 할당하며 여기에 포함되는 RTP termination은 4,445가 된다. 마찬가지로 MG 2에서는 context 5,000에 RTP termination 5,556이 포함된다. MG 1과 MG 2는 각각 context 2,000과 5,000을 통하여 미디어 변환 동작을 수행하여 두 일반전화단말이 마치 PSTN 교환기에 연결되어 있는 것처럼 MG를 통하여 통화할 수 있도록 동작하게 된다.

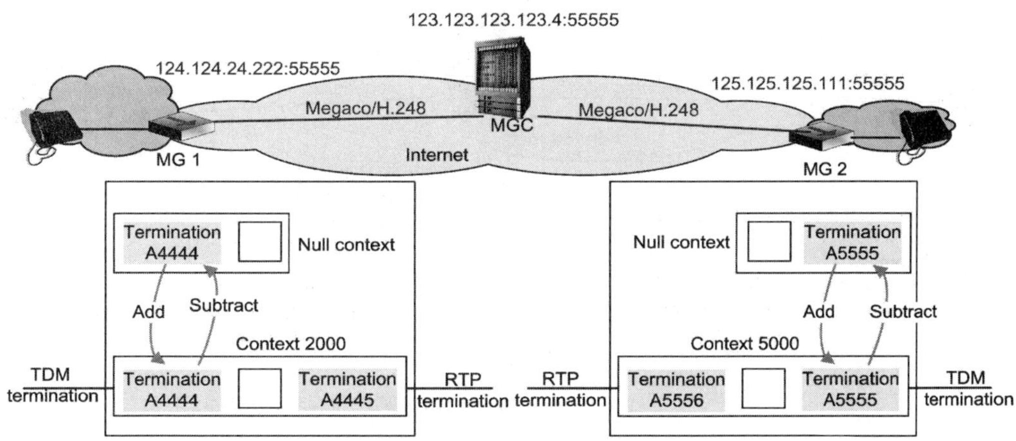

• 그림 8.18 • MG의 context와 termination 예

통화가 종료되어 MGC가 MG에게 **Subtract** 메시지를 보내면 각 MG는 RTP termination을 종료하고 context는 다시 null context로 돌아가게 된다. MG 1의 경우 context 2,000에 Termination 4,444와 4,445가 **Subtract** 메시지에 의하여 null context인 초기상태로 돌아가 다음 통화 연결을 준비하게 된다.

8.3.4 MG 초기화 절차

본 소절부터는 megaco/H.248의 메시지 교환 절차와 메시지 내용을 자세하게 설명하겠다. 먼저 MG 1이 초기화되면 그림 8.19의 단계 1과 2와 같이 MGC에게 **ServiceChange** 메시지를 보내고 MGC는 **ServiceChange** 메시지에 대한 **Reply** 메시지를 보낸다. 단계 1의 메시지를 보면 restart에 의한 것이며 profile은 ResGW/1으로 MG의 기능을 포함하여 보낸다. 단계 2는 이에 대한 응답이며 restart에 의한 제어는 단계 3의 **Modify** 메시지에서 이루어진다. 단계 3에서 termination 4,444에 대한 IP resource 연동에 필요한 기본적인 사항을 MG1이 향후에 설정할 수 있도록 문자 $를 통하여 요청하게 되며 hook-off event를 등록하여 MG가 이를 관찰할 수 있도록 한다. MG 1은 단계 4에서 이와 관련한 기능을 수행한 후에 응답을 하게 된다.

이러한 절차 중에 transaction은 제어와 응답의 pair로 구성되며 각 transaction 구분자는 9,998과 9,999로 각각 증가하는 것을 알 수 있다. Transaction 구분자 값은 여러 제어메시지에 대한 응답을 구분하는 목적으로 사용된다.

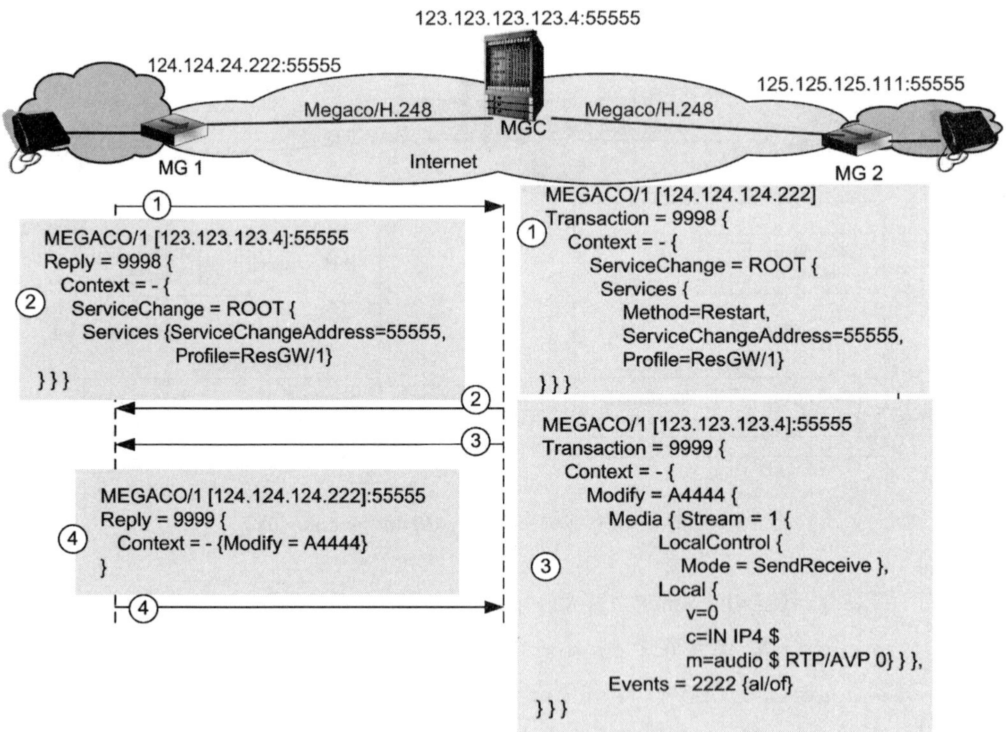

• 그림 8.19 • MG의 초기화 때 megaco/H.248 준비 과정

8.3.5 Hook-Off Event 발생 절차

MG 2도 단계 5에 의해 초기화 되고 이후 MGC는 MG 1과 MG 2에 각각 사용자의 이름, 전화번호, 별명, IP 주소 또는 이메일 주소와 같은 형태로 일반전화단말을 구분하는 정보를 갖게 된다. 이로서 MGC는 MG와 연결되어 있는 단말에 대한 정보 관리를 시작하게 되는데 여기서는 일반전화번호 형태로 관리하고 있다고 가정하자. 두 일반전화단말 중 MG 1에 연결되어 있는 일반단말의 수화기를 들면 MG 1은 이를 감지하여 MGC에게 전달하게 된다.

단계 3에서 이미 등록한 event를 지속적으로 관찰하던 MG 1은 그림 8.20의 단계 6의 **ObservedEvents** 정보를 통하여 감지한 시간과 event를 **Notify** 메시지를 포함하여 MGC에게 전달하면 MGC는 단계 7과 같이 **Reply** 메시지로 처리결과를 통보한다. 그리고 MGC는 단계 8과 같이 **DigitMap**에 대한 정보와 hook-on event를 등록하는 기능을 수행하기 위하여 **Modify** 메시지를 MG에게 전달하고, 단계 9의 transaction 1,001의 응답을 보내게 된다. 여기서 **DigitMap**은 MG 1에 연결되어 있는 일반전화가 누르는 번호가 의미 있는 번호인지를 해석할 수 있는 정보에 해당하고 hook-on event를 등록하는 이유는 전화번호를 누르다가 갑자기 전화수화기를 내려놓는 것을 감지하기 위함이다.

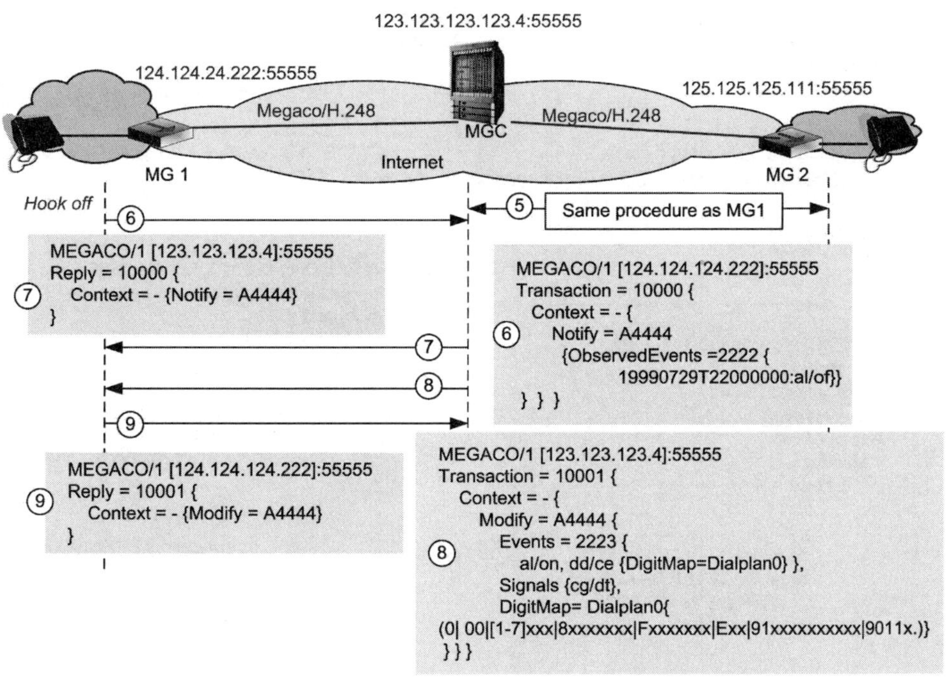

• 그림 8.20 • 발신단말의 hook-off 때 megaco/H.248의 준비과정

8.3.6 수신단말 전화번호 입력정보 전달 절차

MG 1은 연결된 일반전화단말이 수신단말의 전화번호를 입력하게 되면 DigtiaMap을 확인한다. 입력된 전화번호가 주소체계를 만족하게 되면 그림 8.21의 단계 10의 Notify 메시지를 통하여 수신단말 전화번호인 02-940-5552 정보를 MGC에게 전달한다. 단계 11의 Reply 메시지를 통하여 호 설정 요청하는 단말 전화번호 수신한 것을 MG 1에게 응답한다. MGC는 수신단말 호 설정하기 전에 MG 1의 IP resource 예약을 먼저 시작한다. 단계 12에서 termination 4,444에 새로운 termination을 추가하여 새로운 context 구분자 생성을 요청한다. 단계 12의 Add 메시지의 context와 termination 구분자로 문자 $를 사용하여 MG 1이 새롭게 할당할 것을 요청하면서 동시에 RTP 스트림을 처리할 RTP 포트 할당을 요청하고 있다.

Add 메시지를 받은 MG 1은 자신의 IP 주소인 124.124.124.222에서 사용될 RTP 포트로 2,222를 할당하였고 음성코덱으로 G.723을 선택하였다. 또한 RTP termination 구분자로 4445를 할당하였고 termination 4,444와 4,445를 context 2,000에 포함시키게 된다. MG 1은 이러한 시행 결과를 단계 13 transaction 10,003의 응답으로 MGC에게 보낸다.

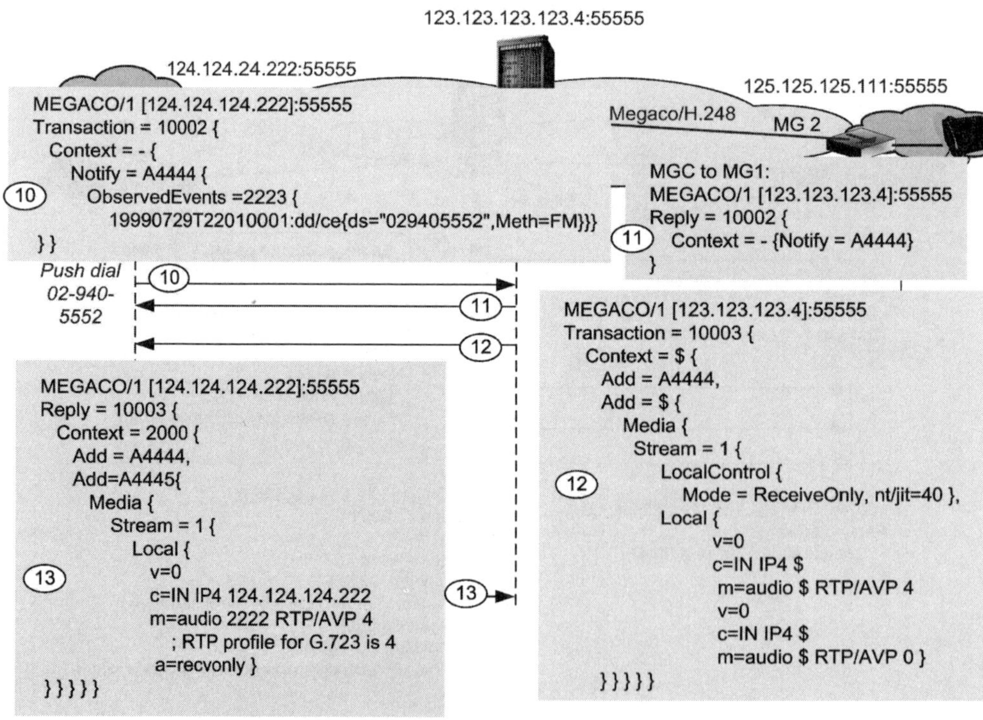

• 그림 8.21 • 송신단말로부터의 호 접속 요청 과정

8.3.7 수신단말에게 호 연결 요청 절차

MGC는 MG 1이 이전에 보낸 수신단말의 전화번호를 지원하는 MG를 찾기 위하여 초기화 과정에서 MG들이 등록한 전화번호를 검색하여 02-940-5552를 지원하는 MG가 MG 2임을 확인하였다고 가정하자. MGC는 MG 2에게 호 연결 요청을 하면서 MG 1에게 이전 단계에서 받은 RTP 포트 및 음성코덱에 대한 정보를 함께 보내게 된다. 그림 8.22의 단계 14의 **Add** 메시지에는 일반전화단말 termination인 5,555에 새로운 RTP termination 번호 할당을 요청하고 두 termination을 하나의 context로 연결하여 새로운 context 번호 할당을 문자 $로 요청하고 있다.

Termination 5,555에 요청하는 신호처리와 event 등록이 포함되어 있다. **Signal** 정보의 **{al/ri}**은 링 신호를 울리라는 요청이며 동시에 event 1,234로 수신단말 전화기의 hook-off event를 등록하고 있다. 그리고 RTP termination으로 새로운 IP resource 요청과 함께 **remote** 정보에 송신단말의 IP resource 정보가 전달된다.

MG 2는 단계 14에 대한 응답으로 단계 15와 같이 처리결과를 MGC에게 보낸다. MG 2는 local IP resource 부분에 자신의 IP 주소로 125.125.125.111이며 RTP 포트번호로 1,111을 할당하였으며 새로운 termination으로 5,556을 할당한 사실을 응답 메시지에 포함하고 있다. 또한 termination 5,555와 5,556 사이를 연결하는 context로는 5,000 할당되었음을 **Reply** 메시지를 통하여 MGC에게 전달한다.

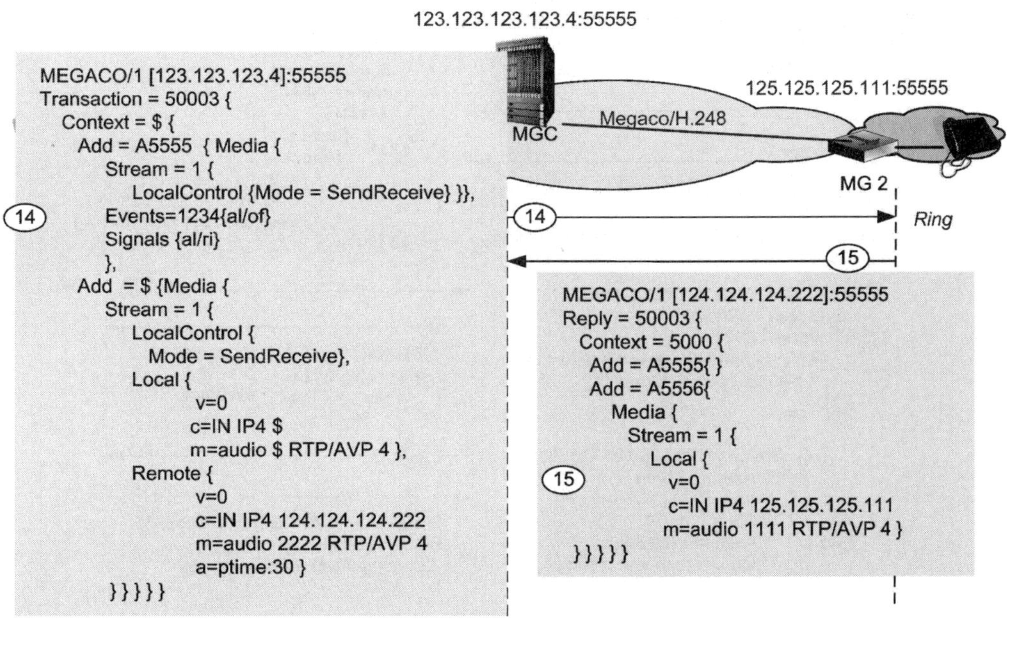

• 그림 8.22 • 수신단말에게 호 접속 요청 과정

8.3.8 송신단말에게 통화연결 전달과 수신단말의 호 수락 절차

MG 2로부터 수신단말의 IP resource 정보를 전달받은 MGC는 그림 8.23의 단계 16과 같이 MG 1에게 수신단말의 호 수락 요청중임을 통화연결음을 통하여 전달하여 주고 동시에 MG 2의 IP resource 정보를 전달한다. 두 개의 제어를 하나의 megco/H.248 메시지에서 실행할 수 있으며 이때 각각의 **Notify** 메시지가 수행되는 termination을 지정해야 한다. 먼저 일반전화단말의 termination 4,444에게 **Notify** 메시지를 사용하고 **Signals** 정보의 **{cg/rt}**를 통하여 MG 1에게 수신단말이 호 수락 요청 처리 중임을 전달한다. 이에 대한 처리결과로 MG 1은 연결된 일반전화에게 통화연결음을 보내게 된다. 그리고 termination 4,445를 제어하기 위한 두 번째 **Modify** 메시지에는 MG 2의 IP resource 정보를 포함하고 있으며 이 정보를 받은 MG 1은 MG 2의 RTP 세션 설정에 필요한 정보를 얻게 된다. Transaction 1,005에 두 개의 **Modify** 메시지 제어에 대한 응답은 단계 17과 같이 이루어지게 된다.

MG 2에 연결되어 있는 수신단말의 수화기를 들면 MG 2는 hook-off event를 MGC에게 단계 18과 같이 알려준다. 이후 MGC는 단계 20과 같이 신호음을 제거하고 다시 hook-on event를 관찰할 수 있도록 MG 2에게 **Modify** 메시지를 전달한다.

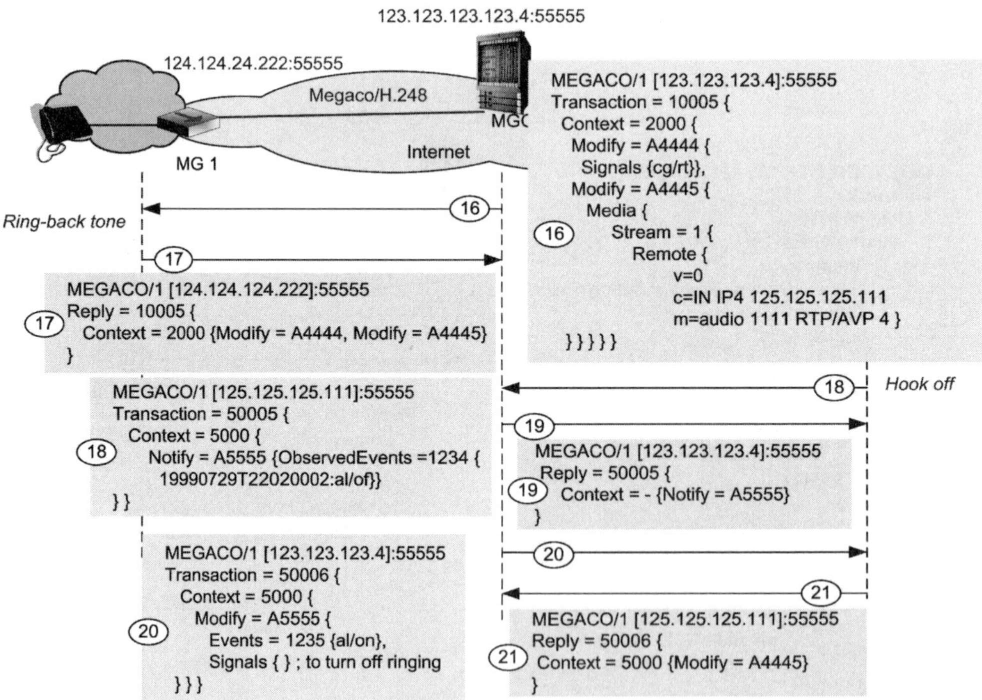

• 그림 8.23 • 연결요청 안내 및 수신단말의 수락 과정

8.3.9 호 수낙 통보 및 통계 정보 요청 절차

MG 2에서 호 수락을 하게 되면 MGC는 MG 1에게 그림 8.24와 같이 단계 22의 termination 4,444에게 신호연결음을 해제하고 termination 4,445에게는 receive-only 모드에서 send-receive 모드로 전환하도록 **Modify** 메시지를 전달하여 두 MG 사이의 음성 통화 채널이 이루어질 수 있도록 제어를 수행한다. 이 과정이 끝나면 MG 1과 MG 2는 미디어 변환에 대한 기능을 수행하게 된다.

MGC는 MG에게 각종 통계값을 요청할 수 있다. 그림 8.25는 MG 2가 가지고 있는 통계 또는 등록된 event, 상태 등을 요청하고 응답하는 예를 보여주고 있다. 예를 들어 MG 2의 특정 context와 무관하게 MG 2가 현재 관리하고 있는 **Media**, **DigitMap**, 등록된 **event** 또는 처리한 **signal**의 이력정보, 처리한 **package**와 각종 통계 값들에 대한 정보를 단계 24의 **AuditValue** 메시지를 통하여 요청할 수 있다.

단계 24에 대한 응답으로 단계 25의 **Reply** 메시지에는 응답하는 termination과 각종 정보 중 일부만 기술하였다. 여기서 termination 5,556에 대한 **Media** 정보가 먼저 local과 remote에 대한 정보를 응답한다. 현재 termination은 125.125.125.111이며 외부 remote인 124.124.124.222와 연결되어 있다. 모드는 send-receive 모드이고 각각의 포트번호와 음성코덱에 대한 정보를 보여주고 있다. 또한 Statistics 정보에는 termination 5,556이 처리한 IP 패킷에 대한 정보를 보여주고 있다. 이와 같이 MGC는 MG에게 처리한 통계 및 상태 정보 요청을 통해 얻은 결과를 megaco/H.248의 인터넷전화망 관리에 활용할 수 있으며 이에 대한 요청은 통화 중 또는 대기 상태 등에서 MGC가 시행할 수 있다.

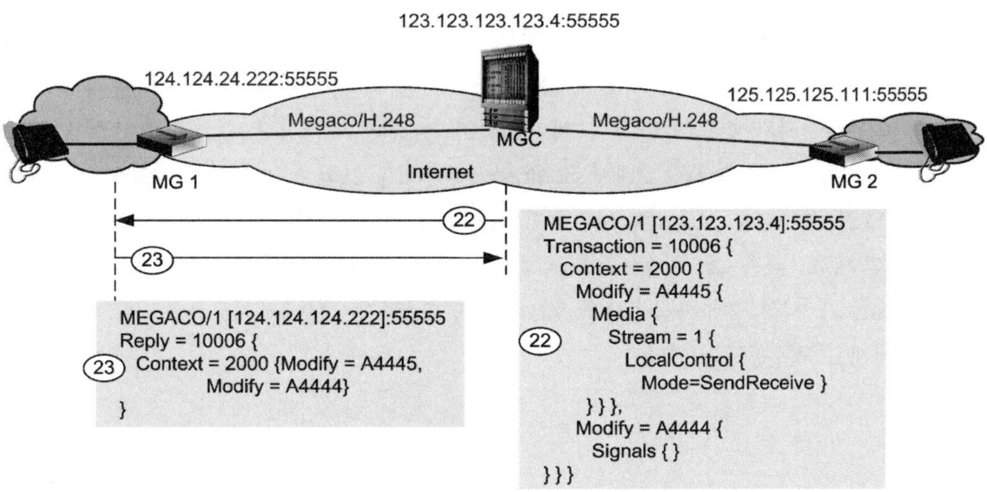

• 그림 8.24 • 송신단말에게 수신단말이 호 수락을 통보하는 과정

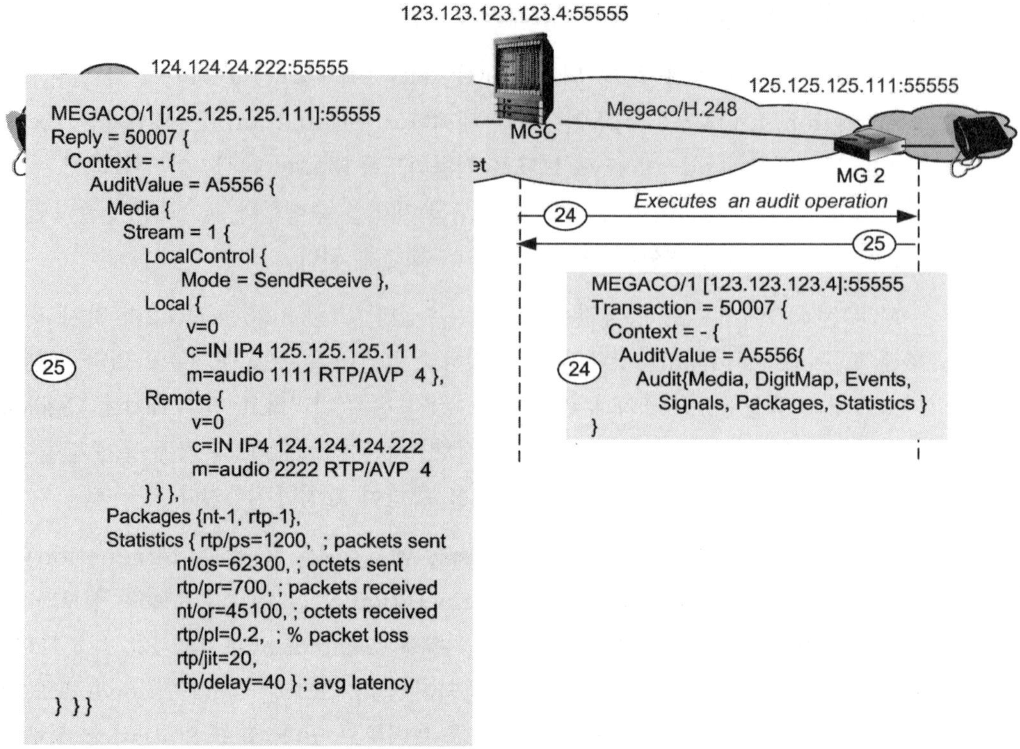

• 그림 8.25 • MG에게 통화 관련 정보 수집 요청 과정

8.3.10 호 해제 요청 절차

MGC는 MG의 호 해제 요청이 있으면 그림 8.18의 **Subtract** 메시지 교환을 수행한다. 이들 절차에 대한 자세한 절차는 그림 8.26과 같다. 단계 26의 일반전화단말의 hook-on event가 MGC에게 **Notify** 메시지를 통하여 전달되게 되면 단계 27의 응답이 이루어지고 필요에 따라 단계 28과 29의 통화 과금정보 수집결과 요청을 할 수 있다. 이때 MG 2와 MG 1에게 **Subtract** 메시지가 그림 8.27과 같이 **Subtract** 메시지가 전달될 수 있다. MG 1과 MG 2의 **Subtract** 메시지 처리한 효과는 통화 이전 상태로 전환이고, 다음 호 설정 요청을 준비하게 된다. 본 예에서는 MG 2에서 hook-on event가 시작되어 과금정보를 MG 2에게 요청하는 시나리오로 되어 있지만 이는 MG 1에게도 적용될 수 있다.

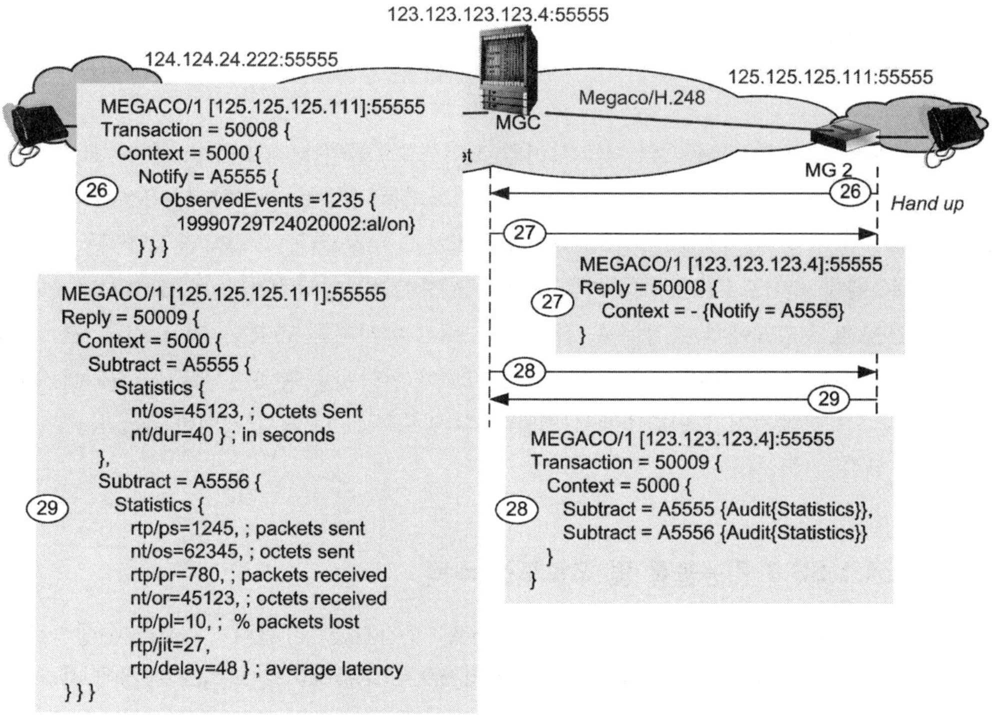

• 그림 8.26 • 통화 종료 후 수집된 통화정보 전달 요청 과정

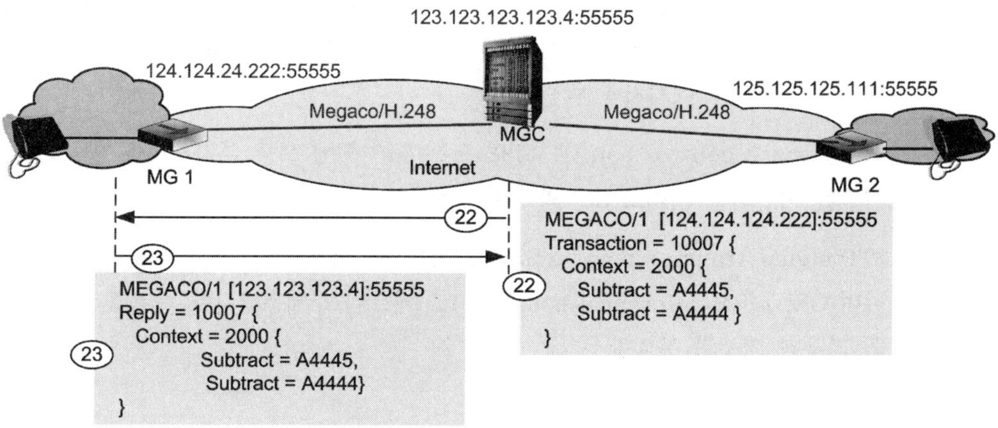

• 그림 8.27 • 연결 해제 과정

8.4 sigtran 프로토콜

이전 절까지는 MGC와 MG 사이의 제어프로토콜인 MGCP와 megaco/H.248을 알아보았다. 이들 프로토콜들은 MG가 초기화되는 경우를 제외하고는 MGC가 MG에게 적절한 요청 메시지를 보냄으로써 해당 절차가 시작된다. 그렇다면 MGC는 어떤 경우 MG에게 제어프로토콜 메시지를 보내기 시작할까? 인터넷전화망이 PSTN과 연동되어 있을 때 PSTN에서 호 접속을 요청하는 SS 7 메시지를 MGC가 받는 경우 MG에 대한 해당 제어를 시작한다. 본 절에서는 PSTN이 인터넷을 통하여 서로 연결되어 있는 경우, SS 7 메시지가 인터넷에서 전달될 수 있도록 IETF에서 정의한 sigtran 프로토콜 스택을 알아본다.

8.4.1 SS 7 기능블록 및 프로토콜 스택

전화망에서 교환기들은 호 접속과 해제, 부가기능 및 관리기능들을 수행하기 위하여 회선교환과는 별도의 SS 7 망을 논리적으로 구축하며 전화번호 체계에 따라 호 라우팅을 수행한다. 회선교환의 일부 회선 슬롯을 모아서 패킷교환으로 사용하며 패킷 필드를 정의하여 프로토콜 계층구조를 구성하고 필요에 따라 부가적인 기능을 추가할 수 있다. SS 7 기능블록은 다음과 같이 분류할 수 있다.

- SSP(service switching point): 전화단말기에서 요청된 호 접속과 해제를 직접 처리하는 교환기로 요청된 부가서비스 및 일반 호 접속 등에 따라 해당 수신 SSP 또는 서버로 SS 7 메시지를 발생함.
- SCP(service control point): 1588 또는 080 외에 모든 부가서비스 및 지능망 서비스를 지원하는 서버로 SSP와 SS 7 메시지를 주고받음.
- STP(signal transfer point): SSP와 SCP 사이에서 SS 7 메시지의 라우팅을 담당하며 OSI 7 RM(reference model)에 L3 네트워크 계층까지만 가지고 있어 인터넷의 라우터 기능과 동일함.

SS 7 프로토콜 스택에는 OSI 7 RM의 계층 1~3에 해당하는 MTP 1, 2, 3 (message transfer part layer 1, 2, 3)가 존재하며 POTS 전화단말과 ISDN 단말에서 호 설정과 해제 요청에 따라 해당 SS 7 메시지로 변환하는 TUP(telephone user part)와 ISUP(ISDN user part)가 있다. 또한 부가서비스 및 지능서비스와 관련된 ASE(application specific element)가 가장 상위에 존재하며 이는 특정 서버와 연계된다. ASE에게 해당 기능 지원 여부를 확인할 수 있는 TCAP(transaction capabilities application part) 계층이 있고 연결을 유지하여 주는 SCCP(signaling connection and control part)가 MTP와 TCAP 계층 사이에 존재한다.

SS 7 기능블록인 SSP, STP 그리고 SCP는 그림 28과 같이 SS 7 프로토콜 계층을 구성한다. 가입자 단말기가 연결되어 있는 LEX는 SSP 기능블록을 가지며 가입자 단말이 다른 전화단말과의 호 접속을 요청하는 경우, 가입자단말의 POTS와 ISDN여부에 따라 TUP와 ISUP 계층을 사용한다. 또한 가입자 단말이 부가서비스를 요청하는 경우 특정 SCP와 통신을 하기 위하여 LEX의 SSP는 ASE-TCAP-SCCP 계층을 사용하게 되며 이때 해당 SCP의 프로토콜 구성도 ASE-TACP-SCCP가 된다. 그리고 중간 STP는 해당 SSP 또는 SCP로의 호 라우팅을 위하여 MTP 1, 2, 3 계층만 구성된다.

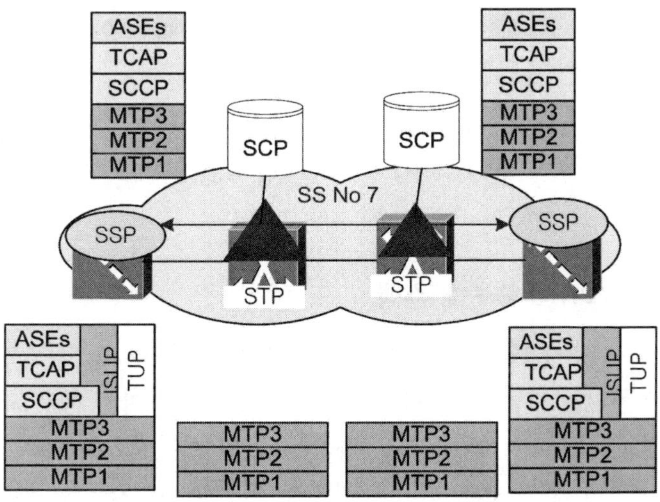

• 그림 8.28 • PSTN의 SS 7 기능블록 구성

8.4.2 CAS와 CCS

그림 8.28에 PSTN 교환망 내부의 교환기가 STP와 같이 표기되었지만 음성트래픽이 전달되는 경로와 신호메시지가 전달되는 경로는 동일할 수도 있고 별도의 경로로 전달되는 경우가 있다. 전화교환망이 소규모이거나 초기에 설계된 교환망에서는 음성트래픽이 전달되는 경로와 신호메시지가 전달되는 경로가 그림 8.29(a)와 같이 같았지만 전화교환망이 대규모로 발전하면서 그림 8.29(b)와 같이 신호메시지 전달망을 별도로 구축하게 되었다. 신호메시지 전달을 담당하는 STP가 음성트래픽 교환기의 제어 및 관리도 수행할 수 있도록 발전하였다.

신호메시지 전달경로가 음성트래픽 경로와 같은 경우를 CAS(channel associated signaling) 방식이라고 하는 반면 신호메시지 전달경로를 음성트래픽 경로와 분리하고 모든 신호메시지 전달경로를 통합한 방식을 CCS(common channel signaling) 방식이라고 한다. 현재 PSTN은 CCS이기 때문에 VoIP 망과 연동하는 경우 일반 교환기의 음성트래픽은 TG와 연동하여 미디어 변환 기능을 수행하고 STP를 SG와 연동하여 신호메시지 변환 기능을 수행한다.

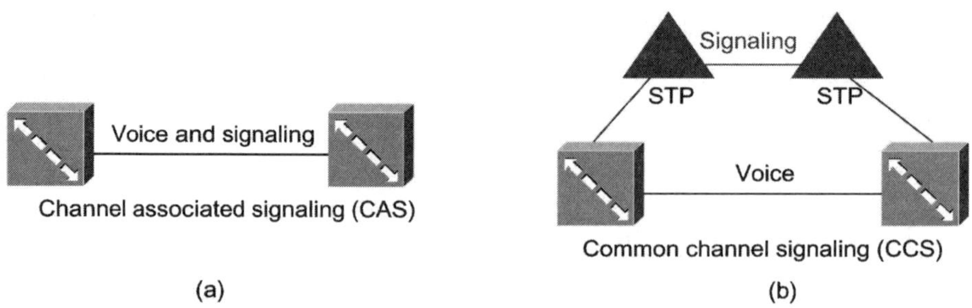

• 그림 8.29 • 미디어와 신호 트래픽의 전달경로 (a) CAS: 경로가 같음
(b) CCS: 경로가 다르지만 공통 경로임

8.4.3 sigtran 프로토콜 스택

인터넷에서 SS 7 메시지를 전달하기 위하여 표준화된 sigtran 프로토콜은 SS 7 하부 계층과 동일한 기능을 수행하여 상위 SS 7 계층이 마치 하부 SS 7 계층을 사용하는 것처럼 동작한다. 상위 SS 7 계층은 구성 시나리오에 따라 다양할 수 있으며 sigtran 프로토콜은 주요 SS 7 계층을 지원할 수 있도록 설계되어 있다. 먼저 sigtran 프로토콜 스택을 SS 7 계층과 비교하면 그림 8.30과 같으며 그림 8.30(b)의 SCN(switched circuit network) adaptation 부분이 그림 8.30(a)의 SS 7 상위계층에 따라 다양하게 정의될 수 있다.

sigtran의 SCN adaptation 계층은 상위에 올라가는 SS 7의 계층에 따라 SCN adaptation 계층이 그림 8.31과 같이 다양하다. 예를 들어 SS 7의 TCAP 메시지를 sigtran에서 지원하는 경우 SCN adaptation 계층으로 SUA(SCCP user adaptation) 계층이 놓이게 되고 이를 통해 TCAP은 마치 하부에 SCCP가 제공되고 있다고 판단하게 된다. 마찬가지로 sigtran에서 마치 MTP 3가 제공되는 것처럼 M3UA(MTP3 user adaptation) 계층은 상위에 SCCP 또는 ISUP 계층에게 서비스를 제공하게 된다. 이와 같이 V5.2, ISUP, MTP3 계층에게 각각 하부계층 서비스를 지원하는 V5UA(V5.2 user adaptation), IUA(ISUP user adaptation), M2UA(MTP2 user adaptation)

계층 등이 있으며 MTP 2 계층의 일부 기능을 포함하는 M2PA(MTP2 peer-to-peer) 계층이 SCN adaptation 계층으로 정의되어 있다.

sigtran 프로토콜 스택의 가장 아래 부분은 일반적인 IP 계층이며 SCN adaptation 계층과 IP 계층 사이에는 L4 계층 기능을 수행하는 SCTP가 정의되어 있다. SCTP는 다양한 SCN adaptation 계층에게 공통적으로 필요한 기능을 모은 계층으로 TCP와 UDP 중간 정도의 흐름제어와 에러제어 기능을 수행한다. 또한 SCTP는 TCP의 connection 설정 관리보다는 적지만, SS 7 노드 사이의 연결 관리와 같은 association 관리 기능을 수행한다.

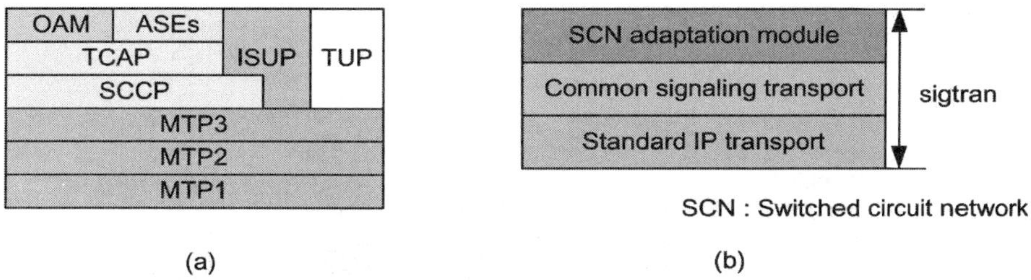

• 그림 8.30 • SS 7과 sigtran 프로토콜 스택 (a) SS 7 (b) sigtran

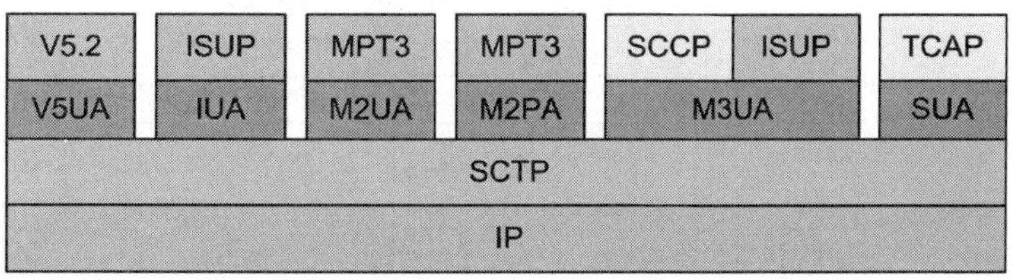

IUA : ISDN Q921 user adaptation layer
M2PA : MTP2 peer-to-peer adaptation layer
M2UA : MTP2 user adaptation layer
M3UA : MTP3 user adaptation layer
SCTP: Stream control transport protocol
SUA : SCCP user adaptation layer
V5UA : V5.2 user adaptation layer

• 그림 8.31 • sigtran의 자세한 프로토콜 스택 구성

8.4.4 SG과 MGC 사이의 'SS 7 over IP'

sigtran 기능을 지원하는 SG와 MGC 구성은 그림 8.32와 같다. 외형상으로 SG와 MGC는 SS 7 메시지를 처리할 수 있으며 이들이 갖출 수 있는 프로토콜 구성은 그림

8.33과 같이 다양하다. SG를 그림 8.28에서 설명한 것을 기초로 SCCP와 ISUP인 MTP3 user의 포함 여부에 따라 SSP 또는 STP로 구성할 수 있으며 MTP 3를 포함하지 않아 단순 MTP 2 변환 기능만을 담당하게 할 수도 있다.

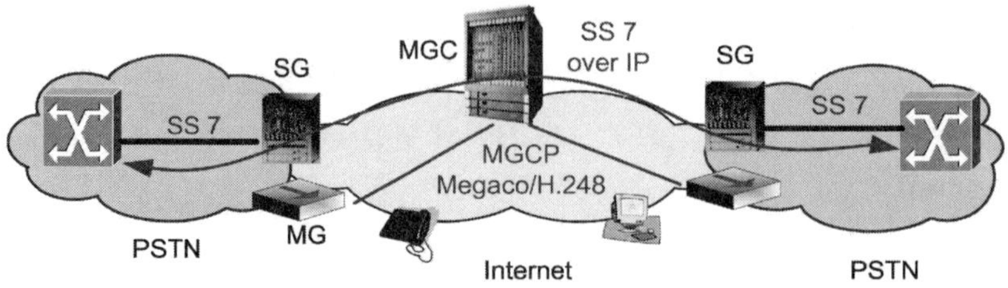

• 그림 8.32 • SG와 MGC 사이의 sigtran 메시지 전달과정

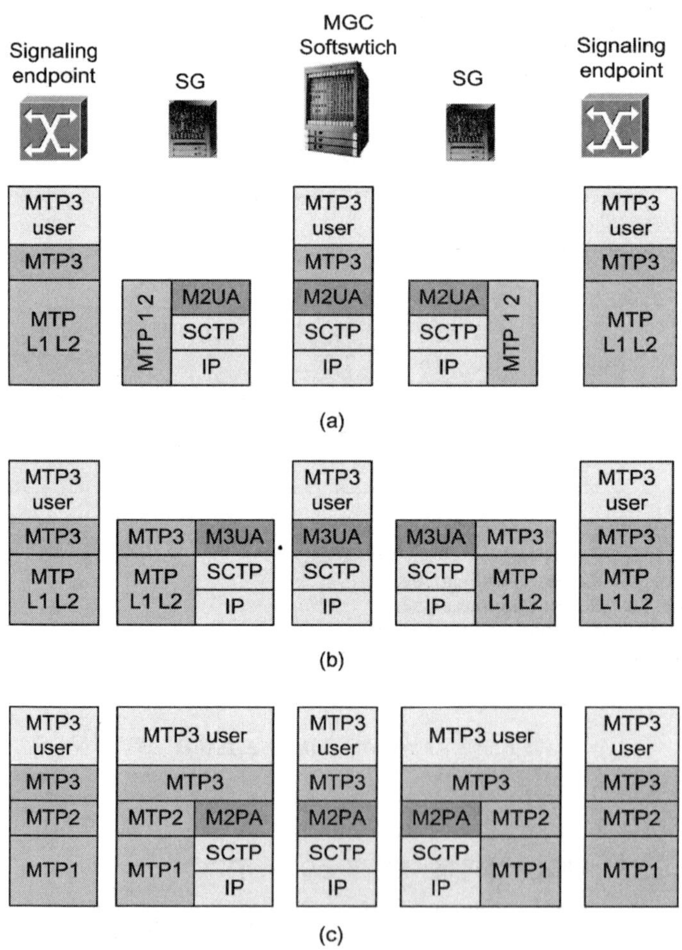

• 그림 8.33 • SG의 다양한 구성 예 (a) M2UA (b) MTP3 (c) MTP user

그림 8.33(a)의 SG는 MTP 2 메시지 변환과 M2UA만 지원하고 MGC는 SSP와 같이 MTP 3 user를 포함하여 PSTN 교환기와 같은 기능을 수행한다. 그림 8.33(b)의 MGC는 그림 8.33(a)와 같지만 SG에 MTP 3 기능이 구현되어 있어 STP와 같은 기능을 수행한다. 그러나 그림 8.33(c)와 같은 경우에는 SG에도 MTP 3user가 올라가 있어 SSP와 같은 기능을 수행할 수 있도록 구성할 수 있다. 이와 같이 단순 기능블록을 SG로 표현하고 용도 및 시나리오와 SS 7 상위계층 수준에 따라 SG 처리 및 기능이 다르지만 모두 'SS 7 over IP' 기능 지원은 같다.

8.4.5 SG과 MGC 사이의 신호메시지 교환

SG가 그림 33의 sigtran 프로토콜 스택 구성 중 어떤 것을 선택하여도 SG는 'SS 7 over MTP' 메시지와 'SS 7 over IP' 메시지 변환 기능을 담당한다. PSTN SS 7 하부망의 MTP와 인터넷의 IP 계층위에서 SG는 SS 7 상위계층 메시지가 전달될 수 있도록 PSTN의 SSP와 인터넷의 MGC 사이에서 변환 기능을 수행하게 된다. 그림 8.34는 ISUP 메시지가 SG를 경유하여 MGC에게 전달되는 예를 도식한 것이며 PSTN의 SSP에게는 인터넷에 존재하는 MGCP가 마치 또 다른 SSP인 것처럼 보이게 된다. 여기서 ISUP IAM과 IP IAM은 'IAM over MTP'와 'IAM over IP' 메시지를 각각 의미한다. 또한 SG의 역할에 따라 그림 33의 프로토콜 구성이 가능하지만 SG가 전달하는 메시지는 그림 8.34와 동일하다.

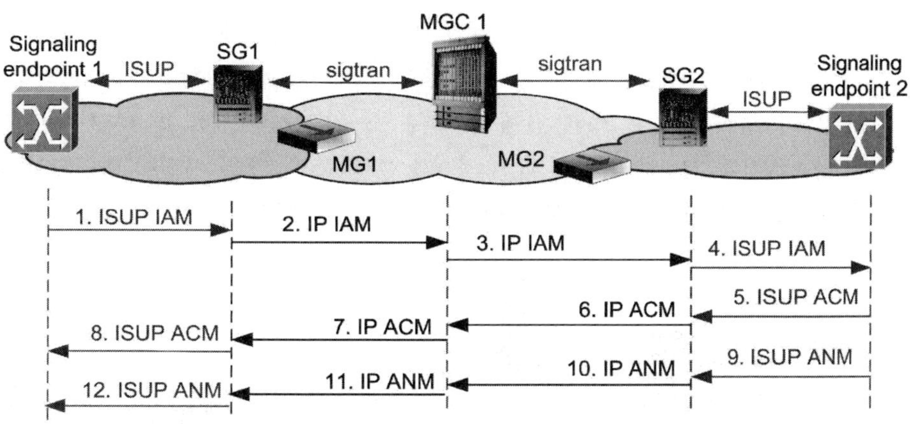

• 그림 8.34 • sigtran과 SS 7 메시지 교환 예

8.4.6 sigtran 메시지 처리를 위한 MG와 MGC 사이의 신호메시지 교환

PSTN의 SSP는 ISUP 메시지 중 IAM 메시지를 다음 SSP에게 전달하기 전에 호 설정 요청에 필요한 교환 및 전송의 자원이 사용 가능한 지를 확인한다. 필요한 자원의 사용이 가능하다고 판단한 SSP는 필요한 자원을 예약한 후 IAM 메시지를 전달하게 된다. SSP가 교환기 내부에 존재하는 경우 이 과정은 내부 프로세스간의 통신으로 이루어질 것이다.

SG와 MG가 인터넷과 PSTN 사이에 존재하는 경우 PSTN 교환기, SG와 MGC의 프로토콜 스택을 간단히 도식하면 그림 8.35(a)와 같다. SG와 MGC는 SS 7 메시지에 대한 처리를 완전히 하기 위해서는 인터넷에서 미디어 전달을 위한 자원이 가능하지를 확인하여야 한다. 인터넷에서 미디어 전달은 MG가 담당하며 PSTN의 자원과는 달리 인터넷 소켓통신에 필요한 정보와 IP 망의 QoS 정보 등을 기초로 미디어 전달에 필요한 자원을 확인하여야 한다. 신호프로토콜과 미디어 전달경로 관점에서 PSTN과 인터넷 사이의 SG, MG와 MGC의 관계를 도식하면 그림 8.35(b)와 같다. SG와 MGC 사이에는 sigtran 프로토콜이 구성되지만 MGC와 MG 사이에는 MGCP 또는 megaco/H.248을 통하여 MG에 대한 제어가 이루어진다.

그림 8.34는 미디어 전달에 필요한 자원이 충분한 경우를 가정하여 SS 7 메시지인 ISUP 메시지가 호 설정에 필요한 과정을 도식한 것으로 그림 8.35의 미디어 자원에 대한 관리를 담당하는 MG를 고려하여 megaco/H.248 절차를 포함시키면 그림 8.36과 같다. SG는 단순 'SS 7 over MTP' 메시지를 'SS 7 over IP' 메시지로 변환하는 역할을 수행하고 미디어 전달에 필요한 자원 관리는 MGC와 MG가 하는 경우, IAM 메시지를 받은 MGC는 실제 미디어 전달의 책임을 지고 있는 MG에게 megaco/H.248 프로토콜인 Add와 Reply 메시지를 통하여 미디어 전달에 필요한 자원을 예약하게 된다. 이러한 과정이 그림 8.36의 단계 2, 2-1, 2-2에 해당된다. IP IAM 메시지를 받은 MGC는 MG와 인터넷의 자원 확인 과정을 수행하고 충분한 자원이 확인되면 단계 3의 IP IAM과 단계 4의 ISUP IAM 메시지 전달이 이루어진다.

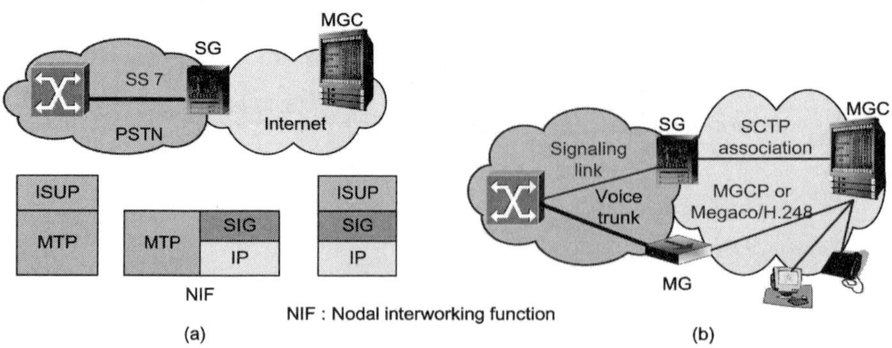

• 그림 8.35 • sigtran과 megaco/H.248의 구성 (a) SG 프로토콜 스택 (b) SG-MGC와 MG-MGC와의 관계

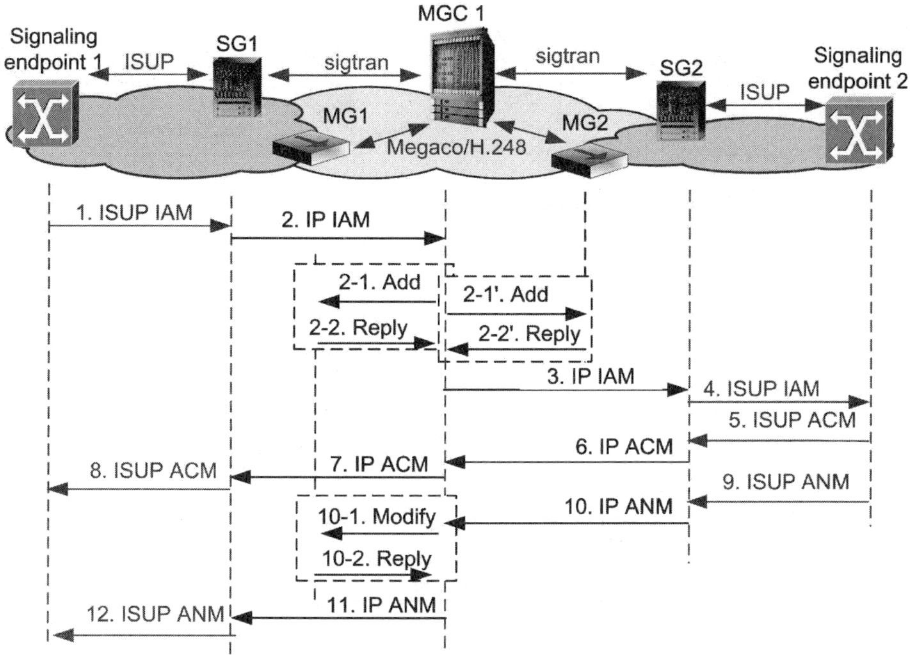

• 그림 8.36 • sigtran과 megaco/H.248 동작

두 개의 MGC가 인터넷에 존재하면서 각각 SG와 MG가 통신을 하는 경우 이 MGC 사이에도 통신하기 위한 프로토콜이 필요하다. 가장 쉽게 생각할 수 있는 것은 두 개의 MGC가 sigtran 프로토콜 스택을 가지고 있어 이를 활용하는 것이 바람직할 것이다. 그러나 미래의 all IP 환경을 고려한다면 SIP를 사용하는 것도 한 가지 방법일 것이다. 이동통신망의 진화과정에서 UMTS는 SS 7의 의존도를 배제하기 위한 노력으로 SIP 기반의 all IP로 진화 로드맵을 제시하였다. 따라서 MGC 사이의 sigtran 프로토콜을 활용하기 보다는 SIP를 적용하는 것이 바람직하다.

두 MGC 사이에 SIP가 적용되면 그림 8.37과 같은 메시지 교환이 이루어질 수 있을 것이다. 기본적으로 그림 8.36의 절차와 동일하며 IP IAM 메시지를 받은 MGC가 megaco/H.248을 이용하여 Add와 Reply 메시지 전달하는 절차가 MG별로 분리되며 각 'SS 7 over IP' 메시지에 해당하는 SIP 메시지가 사용된다. IP IAM 메시지의 호 설정 요청에는 INVITE 메시지, IP ACM 메시지의 호 처리 통보에는 '183 Session progress' 메시지, IP ANM 메시지의 호 설정 완료에는 '200 OK' 메시지가 사용된다.

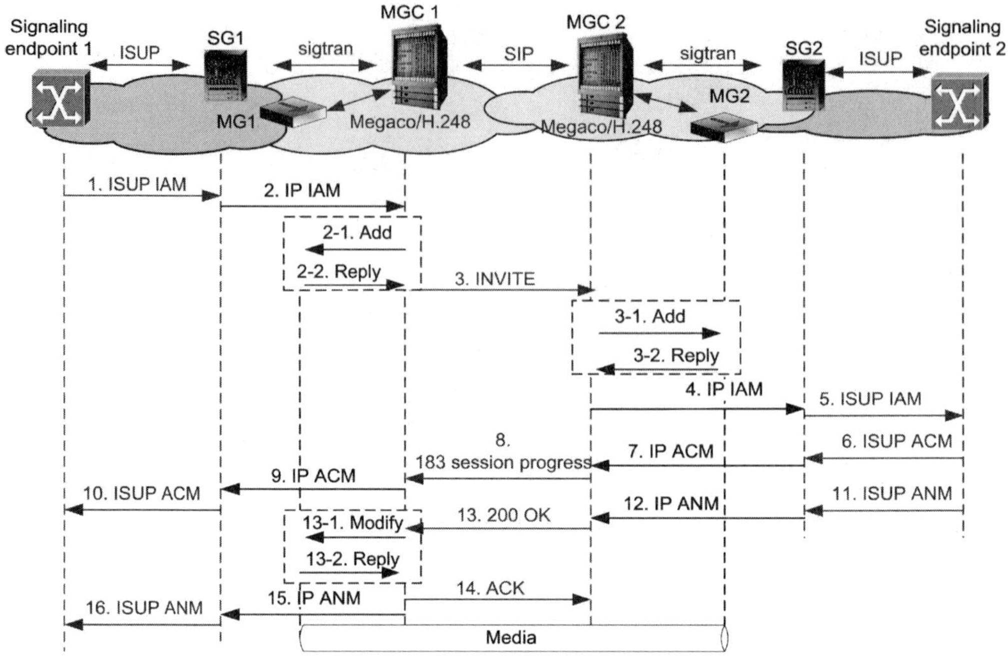

• 그림 8.37 • sigtran과 megaco/H.248 동작과 MGC 사이의 SIP를 이용한 경우 동작

제9장 UMTS, WiBro, NGcN과 USN

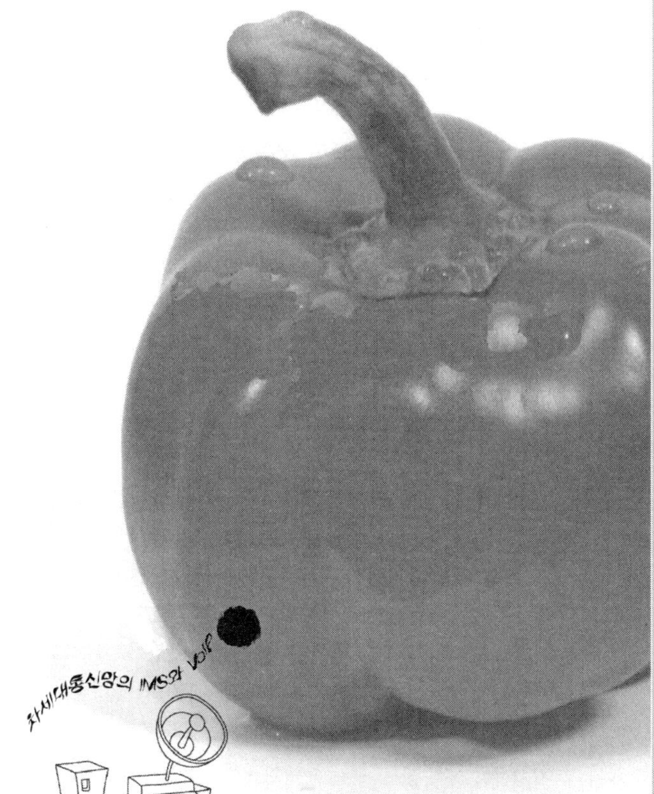

앞 장까지는 인터넷에서 제공되는 인터넷전화 요소기술의 미디어전송 및 신호프로토콜에 대하여 알아보았다. 인터넷전화기술은 인터넷에서 처음 시작되어 이동통신망 및 유선전화망에 큰 영향을 주고 있다. 궁극적으로 인터넷전화기술이 이동통신망에서 IMS라는 이름으로 적용되었으며 이 장에서는 먼저 이동통신망의 발전과정을 살펴볼 것이다.

이동통신망은 최초 유선전화망에서 출발하였으며 1세대, 2세대, 2.5세대, 3세대 그리고 4세대로 진화하고 있다. 현재 우리가 사용하고 있는 이동통신망 기술은 3세대로 음성, 인터넷접속, 영상(방송)서비스가 제공되고 있으며 현재 광대역 서비스를 지원하는 4세대 이동통신기술이 개발, 표준화되고 있다. 1세대와 2세대 이동통신망은 각각 아날로그 가입자 구간의 PSTN과 디지털 가입자 구간의 ISDN에 해당한다고 할 수 있다. 또한 2.5세대 이동통신망은 ADSL을 포함한 PSTN에 해당한다고 할 수 있다. 그리고 3세대 이동통신망은 B-ISDN, 또는 NGcN에 해당한다고 할 수 있다.

3세대 이동통신망인 UMTS는 가입자 무선구간에 WCDMA를 사용하고 전체 망 구성을 AIPN으로 바꾼 것으로 기존 2.5세대 GPRS에서 단계적으로 필요한 기술을 적용하였다. WCDMA를 처음 적용하고 다음 단계로 코어 망 부분에 IP를 적용하였으며 release 5에서는 SS 7을 SIP로 대체한 IMS를 적용하였다. IMS 기술은 이동통신망 외에 NGcN의 코어 망에도 적용되어 향후 유무선 통합이 용이할 것으로 기대된다.

3세대 이동통신망과 함께 WiBro, NGcN과 USN은 서로 다른 목적으로 출현하였지만 이들이 서로 융합하면서 발전하고 있다. 무선인터넷 접속서비스를 제공하는 WiBro는 WiMAX의 이동성을 추가한 것으로 차세대 이동통신망의 가입자 망으로 채택되었다. WiBro는 IP를 기반으로 하고 있고 인터넷전화 기술을 적용한다면 이동통신 전화망과의 별반 차이가 없어지게 된다. 따라서 WiBro와 3세대 이동통신망과의 연동이 큰 이슈가 될 수 있다. NGcN은 유선전화망의 광대역화와 멀티미디어 서비스 제공이라는 큰 목적을 가지고 출현하여 IPTV를 포함하고 다양한 액세스 망을 포함한다. 이런 맥락으로 이동통신망도 NGcN의 액세스로 연동될 수도 있지만 이동통신망 관점에서는 NGcN을 하나의 연동 망으로 간주하고 있다.

NGcN의 가장 종단은 home networking이 존재하며 정보가전은 물론 다양한 이동단말을 포함할 수 있다. Home networking 환경에 무선 LAN이 제공되고 이동단말 또는 smart phone에 무선 LAN 모듈을 포함한 경우 FMC 서비스를 통하여 사용자는 저가의 이동전화 서비스를 제공받을 수 있다. 자동차도 하나의 이동단말 또는 무선중계기 역할을 수행할 수 있으며 도로 교통제어를 포함한 ITS는 새로운 통신영역으로 각광받고 있다. 사용자가 집에 있을 때에는 home networking의 무선 LAN 서비스를, 자동차 안에서는 차내에 있는 무선 LAN 서비스를, 도심의 WiBro 공간에서는 WiBro 서비스를, 교외에서는 HSDPA를 통하여 seamless한 서비스를 받을 수 있을 것이다.

이와 같은 서비스들은 사용자가 통신을 하기 위하여 정의되었다면 USN은 RFID를 이용하여 사물간 통신, 즉 M2M(machine-to-machine)을 제공한다. USN의 사업영역은 무척 넓으며 건설, 의료, 조선 등 다른 사업과 연계에 주요 기초기술을 마련할 것으로 보인다. USN 역시 자체 망을 구축하기 보다는 코어 망을 NGcN이나 3세대 이동통신망을 활용하고 있다.

이 장은 3세대 이동통신망 이전에 이동통신망과 요소기술을 알고 있다는 가정하에 이러한 발전단계를 간단히 설명하였다. 1절에서 유선전화망의 PSTN, ISDN과 ADSL이 이동통신망의 1세대, 2세대와 2.5세대 이동통신망에 각각 유무선 버전이라고 볼 수 있다는 내용으로 비교 설명하였다. 그리고 3세대와 beyond 3G의 발전과정을 무선데이터 속도별로 알아보았다. 2절에서는 3세대 이동통신망인 UMTS에서 IP를 적용하는 과정을 release 별로 소개하였다. 3절의 WiBro는 WiMAX에서 발전한 과정과 기능블록을 알아보았고 VoIP를 지원할 때 필요한 요소기술도 살펴보았다. 또한 이동통신망과의 연동 방안도 함께 소개하였다. 마지막 절은 NGcN, home networking, ITS와 USN 등을 각각 알아보고 이들이 이동통신망과 연동될 때 필요한 사항 중심으로 알아보았다. 또한 FMC에서 VoIP 역할과 MIH 등도 간단히 개념을 소개하였다.

이 장을 마치면

- 유선전화망에서 이동통신망까지 발전하는 과정을 이해하고 각 이동통신 단계별 서비스 특징과 기술적 특성을 설명할 수 있다.
- UMTS 발전단계별 패킷기술 적용하는 과정을 release 별로 설명할 수 있다.
- 무선인터넷 기술 중 WiBro/Mobile WiMAX의 기술적 특징과 구성요소들을 설명할 수 있어야 하고 이들이 UMTS 망과 연동될 때 필요한 과정을 이해할 수 있다.
- 최근 소개되고 있는 NGcN, home networking, ITS, USN 등에 대한 특성들과 여기서 정의한 기능블록을 이해하여야 하며 향후 UMTS 망과 발전 관계를 전반적으로 설명할 수 있다.

9.1 PSTN 망에서 3세대 이동통신망 발전

멀티미디어 통신망과 관련하여 NGcN(next-generation convergence network)과 3세대 이동통신망에서 가장 많은 관심을 끄는 것은 IMS(IP multimedia subsystem)이다. IMS는 UMTS(universal mobile telecommunications system) release 5에서 채택된 용어로 VoIP(voice over IP)를 적용하고 인터넷에서 음성서비스를 지원하는 통신망의 키워드로 사용되고 있다. 유선통신망인 NGcN(next-generation convergence network)은 물론 향후 WiBro(wireless broadband: mobile WiMAX)에서도 VoIP를 지원할 때 IMS 용어와 기술을 바로 사용하거나 IMS 개념을 채택하게 될 것이다. 그렇다면 IMS를 간단히 무엇이라고 말할 수 있을까? 그 답은 그림 9.1에 있다.

인터넷은 멀티미디어서비스인 어떠한 형태의 서비스를 제공하지만 인터넷을 활용할 수 있는 공간의 대부분이 유선이어서 공간에 대한 제약을 받는 한계가 있다. 반면 이동통신망은 공간의 제약을 받지 않지만 음성서비스 위주로 발전하여 인터넷에서 개발한 멀티미디서 서비스를 이용하지 못하는 제약을 받는다. IMS는 그림 9.1에서 보는 바와 같이 인터넷과 이동통신망의 장점만을 채택한 기술로 이동통신망의 공간제약을 벗어나 인터넷의 멀티미디어 서비스를 지원하기 위하여 all IP 기반으로 개발되었다.

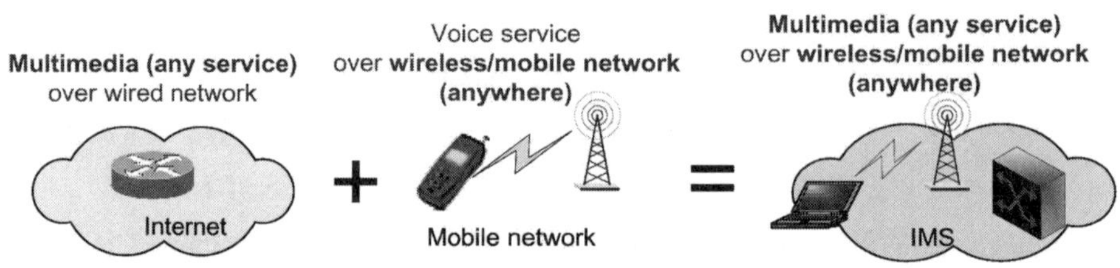

• 그림 9.1 • IMS의 개념

인터넷은 유선통신망 환경에서 멀티미디어 서비스를 지원하기 위한 방향으로 기술발전이 이루어졌고 특히 인터넷 텔리포니가 멀티미디어 서비스 요소기술의 중심에 있다. 반면 이동통신망은 1세대와 2세대 이동통신기술이 음성 서비스를 중심으로 기술개발이 이루어져서 멀티미디어 서비스를 지원하는데 한계를 가지고 있었다. 그리고 이동통신망은 언제 어디에서나 코어 망과 접속 연결해서 사용할 수 있는 장점을 갖고 있으며 인터넷은 유선 기반으로 발전하여 이동하면서 인터넷을 사용하는데 어려움이 있었다. 인터넷과 2세대 이동전화망의 장점만을 결합하여 3세대 이동통신망의 요구사항이 도출되었다. 즉, 언제 어디에서나 코어 망과 접속할 수 있어야 하고 사용자가 이용하는 서비스로는 멀티미디어 서비스를 3세대 이동통신망의 핵심으로 채택하였고 이러한 환경을 제공하기 위하여 all IP 기반의 IMS가 설계되었다.

IMS는 3세대 이동통신망의 코어 망 기술로써, 상위로는 멀티미디어 서비스를 제공할 수 있어야 하며 하부 계층과는 광대역(broadband) 무선링크기술와 결합되어야 한다. UMTS는 광대역 무선링크기술을 기반으로 멀티미디어 서비스 사용을 장소에 구애받지 않고 제공하기 위하여 다양한 L3 계층 요소기술을 포함하는 IMS를 정의하게 되었다. 비록 IMS가 UMTS에서 처음 정의되었지만 IMS라는 용어는 이동 환경을 포함한 차세대통신망에서 멀티미디어 서비스 지원을 위한 코어 망의 핵심 키워드로 대두되었다.

이동통신망은 서비스 및 기술 특징에 따라 1세대에서 3세대까지 구분할 수 있으며 그림 9.2와 같이 1980년대 1세대 이동통신 출현부터 1990년대 2세대 이동통신 그리고 2000년대 3세대 이동통신망이 개발되어 서비스가 시작되었다. 이러한 맥락으로 2010년대 후반에는 4세대 이동통신망이 출현할 것으로 기대된다.

1세대 이동통신망은 이동전화를 상용화한 그 자체에 큰 의미가 있다고 할 수 있다. 현재에서 그 때 기술을 생각하면 단말기도 크고 수용할 수 있는 가입자 수도 적다고 생각할 수 있겠지만 그 때에 이동통신기술은 획기적인 것이었다. 1세대 이동통신기술은 아날로그 기반으로 개발된 반면 2세대 이동통신망은 디지털 무선기술을 채택하여 가입자 수 증대에 큰 의미가 있었으며 국제 로밍에 대한 표준이 이루어졌다. 2세대 이동통신망의 무선기술로는 유럽 GSM(global standard form mobile network) 방식, 미국 D-AMPS(digital advanced mobile phone service) 방식, 그리고 대한민국에 의하여 최초로 상용화된 CDMA(code division multiple access) 등이 있다.

3세대 이동통신망의 요구사항은 영상서비스와 국제로밍이었다. 2세대 이동통신망에서 SMS로 시작한 데이터서비스는 2.5세대의 인터넷접속 서비스로 이어졌으며 3세대 이동통신망의 광대역 인터넷접속 서비스와 영상서비스 요구사항으로 발전하였다. 3세대 이동통신망은 최대 2,000Kbps를 2,000KHz 대역에서 제공하며 2000년대 서비스를 제공하는 차원에서 IMT-2000이라고 하였으며 유럽의 비동기식 기반의 W-CDMA와 미국의 동기식 방식의 cdma2000이 있다.

그림 9.2는 이동통신망의 시대적 발전을 다른 통신망의 기술과 비교설명하고 있다. 1980년대에는 인터넷이 연구개발자 중심으로 보급단계에 있었고 전화망은 지속적으로 가입자가 증가하면서 전화교환기 구간에서 디지털 전송과 디지털 교환기술이 적용되었다. 또한 인터넷보다는 전화모뎀을 활용한 PC통신이 주류를 이루었다. 1990년대 중반에는 전송기술과 인터넷 사용증가가 눈에 띄게 발전하였다. ADSL(asymmetrical digital subscriber line)은 PSTN(public switched telephone network)에서 영상서비스를 제공하기 위하여 개발되었지만 일반가정에서 인터넷접속기술로 발전하였다.

1990년대 중반까지 인터넷은 개발자나 일부 사용자들의 전유물이었지만 웹(WWW: world wide web)이 개발되어 단순 정보검색은 물론 진정한 정보통신시대를 열게 되었다.

2000년대 접어들면서 비록 단방향이지만 인터넷에서 일반전화로 통화할 수 있는 인터넷 텔리포니가 소개되었다. 이 기술은 유선전화망이 멀티미디어 서비스를 제공하는 NGcN으로 발전하는 토대를 마련하게 해주었다. 2000년대 이동통신망은 2.5세대의 단순 인터넷접속 서비스에서 인터넷 기반의 멀티미디어 서비스를 제공하는 3세대 이동통신망인 IMS를 정의하게 되었다.

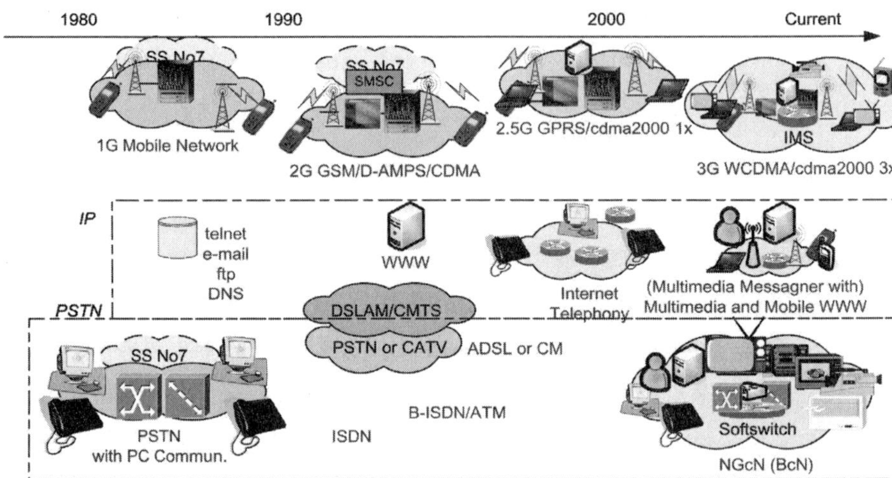

• 그림 9.2 • 이동통신망, 인터넷과 유선전화망의 시대적 흐름

9.1.1 1세대 이동통신망

1980년대 소개된 이동통신망의 큰 의의는 이동전화서비스를 제공했다는 그 자체에 있다. 기존 PSTN 교환망에 일부 SS 7(signaling system no. 7)의 서버를 위치정보 관리할 수 있도록 만들어 이동전화서비스를 제공함으로써 새로운 통신분야를 개척하게 되었다. 1세대 이동통신망은 단순 음성전화서비스로서 PSTN을 무선링크 확장한 것으로 그림 9.3과 같다. MTSO(mobile telephone switching office)라는 용어는 기존 PSTN 교환기에 위치정보 관리를 수행하는 기능을 갖춘 것으로 무선구간인 가입자 선로에 대한 제어기능을 포함하게 된다. 기지국과 단말기 사이에는 FM(frequency modulation)와 FDMA(frequency division multiplexing access)를 사용하여 통신한다. 미국에서는 AMPS를 개발하였고 유럽에서는 각국마다 각각의 기술을 개발하였

으며 TACS(total access communications system), NMT(Nordic mobile telephone)가 대표적이다. 미국은 800MHz, 유럽은 900MHz 주파수대역을 할당하였고 우리나라도 KMT (SKT 이전회사:한국이동통신)가 미국의 800MHz와 같은 대역을 사용하는 AMPS 방식으로 1980년 초반에 서울과 부산지역에서 서비스를 개시하였다.

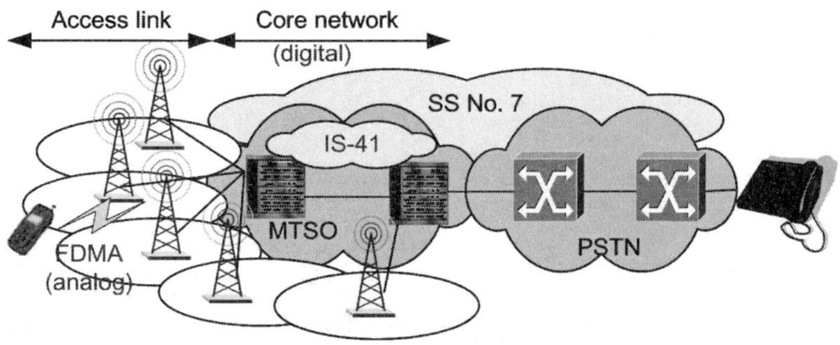

• 그림 9.3 • 1세대이동통신망 구성도

9.1.2 2세대 이동통신망과 PCS

2세대 이동통신망의 이동단말과 기지국 사이의 무선링크에 디지털기술인 TDMA (time division multiple access)와 CDMA가 적용되어 SMS(short message service), 암호화 등 디지털기술을 적용함으로써 채널용량 증가에 따른 가입자 확대 및 다양한 부가서비스 개발이 이루어졌다. 미국과 유럽이 TDMA 기반의 D-AMPS와 GSM을 보급할 때 우리나라는 CDMA를 세계최초 상용화하여 이동통신 기술개발의 큰 기여를 하게 되었다. 2세대 이동통신망에서 사용하는 주파수 대역은 1세대 이동통신망과 같은 대역을 사용하였으며 추가적인 기능으로 유럽 GSM은 국가간 로밍을 중점으로 표준화와 기술개발이 이루어졌다.

2세대 이동통신망은 기존 800MHz와 900MHz에 디지털기술의 적용하여 수용할 수 있는 가입자 수를 늘렸지만 사용자가 급증하면서 추가 무선대역을 필요로 하였다. 미국과 유럽은 각각 1.9GHz와 1.8GHz를 추가적으로 무선 주파수 대역에 넓게 사용자 대역을 이동통신서비스 영역으로 배정하고 기존 2세대 이동통신망 무선접속 기술을 적용한 PCS(personal communications service)를 소개하게 되었다.

우리나라에서는 신세기통신인 017이 CDMA를 적용한 800MHz 대역을 통하여 SMS와 음성전화서비스를 제공하였고 KMT도 011 사용자들을 CDMA로 전환하여 현재는 1세대 이동통신기술인 FDMA를 사용하고 있지 않다. 그리고 PCS 사업자로서 KTF 016, 한솔텔레콤 018 그리고 LGT 019를 선정하여 1990년 말에 이동통신사업을 하게 되었다.

2세대 이동통신망의 구성을 도식하면 그림 9.4와 같으며 1세대 이동통신망과 비교하여 볼 때 2세대 이동통신망의 특징은 HLR/VLR(home location registrar/ visitor location registrar) 등의 위치정보 관리 서버와 가입자 구간의 유무선링크에 대하여 BSC(base station controller)가 존재한다는 것과, 무선액세스 구간에 디지털전송기술을 사용한다는 것이다. 전화음성서비스 외에도 SMS를 위한 SMSC(SMS center)의 존재를 확인할 수 있다.

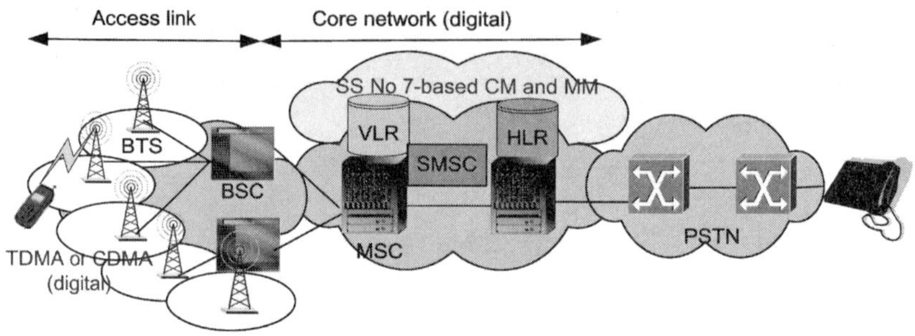

• 그림 9.4 • 2세대 이동통신망 구성도

9.1.3 2.5세대 이동통신망과 인터넷서비스

1990년대에 소개된 웹 서비스는 여러 통신 분야에 큰 영향을 끼쳤다. 기존 통신망은 인터넷접속 서비스에 대한 효율적인 방안과 광대역화 등을 이루는 반면 신규 통신서비스에서는 인터넷접속, 특히 웹 서비스 제공은 기본으로 요구하여 설계 초기단계에 반영되어야 한다. 이와 같이 웹 서비스는 이동통신망에서도 새로운 전환점 역할을 하였다.

기존의 2세대 이동통신망에서 웹 서비스를 제공하기 위하여 WAP(wireless application protocol) 또는 ME(mobile explorer) 방안을 추가로 개발하였다. 이동단말의 작은 액정화면에서 웹 서비스를 제공한 것은 이미 PC 큰 웹 서비스를 이용한 사용자는 노트북컴퓨터나 큰 액정화면의 이동단말을 통하여 PC와 같은 웹 서비스를 요구하였다. 그리고 무선링크 구간에서 모뎀기술이 발전하여 음성전화서비스를 위한 속도로 8K/13Kbps 속도에서 데이터서비스를 위한 64Kbps와 144Kbps 등이 개발되면서 이동통신망에서 인터넷접속 서비스를 제공할 수 있게 되었다.

이는 마침 유선전화망의 ADSL과 같은 망 구성을 갖추었으며 기존 2세대 이동통신망과는 다른 형태이기 때문에 2.5세대 이동통신망이라고 부른다. 유럽은 GSM 기반으로 GPRS(general packet radio service)를 2.5세대 이동통신망으로 개발하였고 우리나라와 같은 CDMA 기반의 2세대 이동통신망 계열은 cdma2000-1x를 2.5세대 이동통신망으로 소개하였다.

그림 9.5는 2.5세대 이동통신망인 GPRS 망 구성도로 기존 GSM망에 SGSN (serving GPRS support node)와 GGSN(gateway GPRS support node)을 추가한 것을 볼 수 있다. 2.5세대 이동통신망인 GRPS는 기존 무선구간의 프레임을 GSM 슬롯과 GPRS 슬롯으로 나누어 정의하고 각각의 해당슬롯을 BSC가 GSM 코어 망과 GPRS 코어 망 부분으로 전달하는 기능을 추가하였다. 이러한 기술개발은 다음 세 가지 GPRS 설계 요구사항을 기초로 이루어졌다.

- GSM 망 기능변화는 최소화해야 함; 기존 GSM 코어 망 부분은 변화가 없으며 단지 무선 액세스 구간에 대하여 일부 기능을 변경하였음.
- 추가하는 망은 향후 3세대이동통신망의 백본으로 사용해야 함; 2.5세대이동통신망을 위하여 정의된 신규 기능블록은 향후 3세대 이동통신망에서 없어지는 것이 아니라 백본으로 사용될 수 있어야 한다. 따라서 SGSN과 GGSN은 UMTS 망에서 미디어 전달 백본 기능블록의 역할을 수행함.
- Always-on-line 서비스를 제공해야 함; 전화모뎀 방식이 아닌 ADSL 서비스와 같이 최초 접속을 하면 지속적으로 연결되어 있어 음성전화서비스와 동시에 사용할 수 있어야 함.

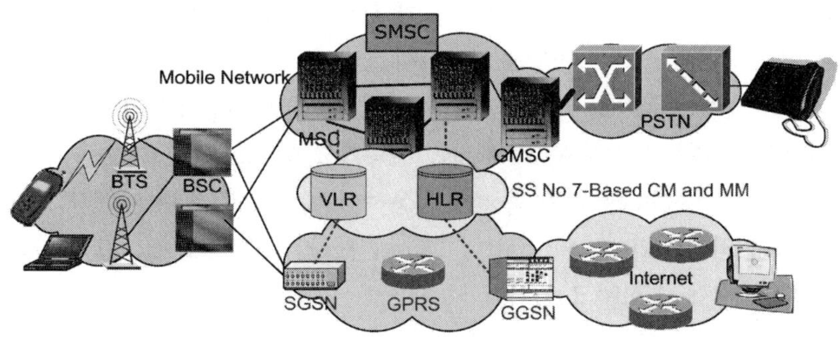

• 그림 9.5 • 2.5세대 이동통신망의 구성도

이와 같은 2.5세대 이동통신망 서비스가 소개되기 이전에는 그럼 인터네 접속을 어떻게 하였을까? 일반 PSTN에서 PC통신을 위한 모뎀을 사용한 것과 같이 2세대 이동통신망에서 인터넷 데이터는 음성전화 데이터와 동일하게 처리되었다. 그림 9.6에서 보는 바와 같이 인터넷접속은 GSM 코어 망을 경유하여 NAS(network access router)에 해당하는 IWF (interworking function)에 의하여 가능하였다. GSM의

MSC(mobile switching center)는 인터넷 단말에서 발생하는 인터넷 트래픽을 음성 전화 트래픽과 동일하게 취급하게 되며, 2세대 이동통신단말이 인터넷을 사용하고 있을 때 이 단말에 음성전화를 거는 경우 이미 무선링크를 사용하고 있어 착신이 이루어지지 않는다. 그러나 2.5세대 이동통신망인 GPRS 단말에서는 인터넷과 음성전화를 동시에 사용할 수 있다.

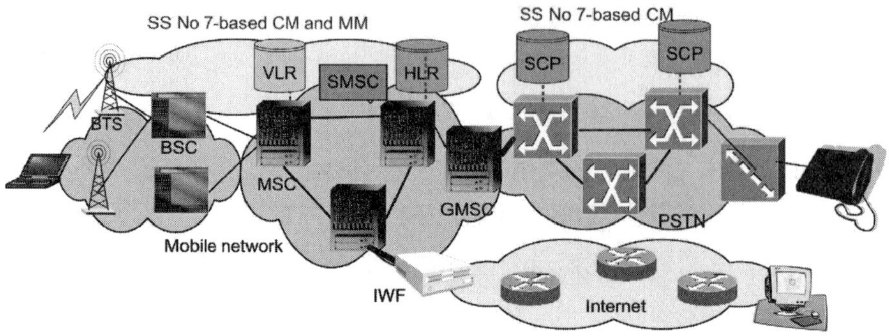

• 그림 9.6 • 2세대 이동통신망에서 인터넷접속서비스 구성도

9.1.4 3세대 이동통신망과 AIPN

2세대 이동통신망의 음성과 데이터서비스 외에 3세대 이동통신망에서는 영상서비스 제공을 목표로 광대역 무선기술이 발전하였다. 3세대 이동통신망 IMT-2000에서 2000은 2,000KHz 주파수대역에서 최대 2,000Kbps 서비스를 2000년대의 상용화를 의미한다. 3세대 이동통신망의 영상서비스가 추가되면서 이동 중에 다양한 멀티미디어서비스 제공을 목표로 IP 기반의 표준화가 이루어졌다. IP 기반으로 다양한 서비스를 제공하고 하부링크에 ATM, LAN, 전송기술 등 모든 링크기술을 수용하기 때문에 AIPN(all IP network)라는 용어를 사용하며 여기서 IP계층은 현재 인터넷에서 사용하는 기술 외에도 IP QoS(quality of service), IP security, IPv6, mobile IP 등 고급 IP 기술을 포함하고 있다.

3세대 이동통신망 초기 요구사항은 고속이동/저속이동/고정 형태에서 각각 144Kbps /384Kbps/2Mbps 등을 지원하는 것이었다. 3세대 이동통신망의 무선구간에 미국은 기존 CDMA와 호환을 위한 cdma2000-3x, 유럽은 TDMA를 포기하고 WCDMA 기술을 선택하였다. 우리나라는 WCDMA 사업자와 cdma2000-3x 사업자를 모두 선정하였지만 WCDMA만 서비스하고 있다. 그리고 1997년 wiBro 무선기술이 차세대 이동통신망의 무선기술로 국제표준으로 채택되어 새로운 무선기술로써 또 다른 전기가 이루어지고 있다.

유럽의 GSM/GPRS는 전 세계의 시장점유율이 2000년 초반에 66%였던 것이

2000년 중반에 80%로 증가하였다. 이는 인구가 많고 최근 경제성장이 이루어진 BRIC(Brazil, Rusia, India, and China)과 같은 나라들이 이동통신망을 보급하면서 대부분 GSM을 선택함으로써 GSM/GPRS 시장이 확대되었다. 그리고 GPRS 기반으로 무선구간에 WCDMA를 적용한 UMTS가 향후 GSM/GPRS 시장을 대체할 것으로 기대되고 있다. 단순 인터넷접속 서비스만을 제공하고 있는 GPRS에 WCDMA 만을 채택한다고 해서 멀티미디어서비스 지원이 가능한 것은 아니다.

UMTS 망에서 멀티미디어 서비스를 지원하기 위하여 IP 기반의 VoIP를 수용하면서 IP계층의 IP QoS로 DiffServ 모델과 QoS 관리를 위한 COPS 등을 채택하고 있는 IMS를 소개하였다. IMS는 UMTS 망에서 정의되어 관련 기술을 정리하고 용어 등을 새롭게 정의하였지만 유선망인 NGcN에서도 IMS 개념이 채택되었으며 향후 새로운 통신망에서는 모두 IMS 기반으로 발전할 것으로 기대된다.

3세대 이동통신망은 음성서비스 사용자 수를 증대시키기 위하여 발전하였는가?

1세대에서 3세대까지 또는 현재 개발 중인 4세대 이동통신망 모두 음성서비스 지원을 가장 기본으로 설계되었다. 2세대 이동통신망은 음성서비스 사용자를 증대시키는 것을 목적으로 발전하였지만 3세대 이동통신망의 주목적은 광대역인터넷접속 서비스가 주목적이었고 음성서비스는 기본적으로 제공되는 서비스였다.

9.1.5 4세대이동통신망

지금은 4세대 이동통신망을 설계하고 있다. 일반적으로 새로운 통신기술을 기초로 서비스가 창출되기 위하여 10여년 시간을 준비하였다. 1세대에서 3세대 이동통신망까지 서비스 개발을 위한 기술개발, 표준화, 상호운용성에서 사업자 선정, 시범서비스까지 근 10년이 걸렸다. 이런 맥락으로 1980년대 1세대 이동통신망을 시작으로 2010년대에 4세대 이동통신망이 출현할 것으로 기대되며 현재 선두기업과 언론에서 4세대 이동통신망 기술과 서비스 시연에 대하여 소개하고 있다.

1세대 이동통신망부터 3세대 이동통신망까지 음성, 데이터, 영상 서비스를 각각 지원하면서 관련기술을 개발한 반면 4세대 이동통신망은 현재 지원 예정인 서비스가 불분명하다. 새로운 서비스를 정의하는 대신 광대역 콘텐츠 전달 서비스를 시연에 사용하고 있다. 광대역 콘텐츠 전달 서비스에 활용하는 시연으로 많이 사용하는 예는 동시접속으로 고화질 영화를 짧은 시간에 다운로드하는 것이다.

이러한 4세대 이동통신망 서비스를 위하여 사용자에게 제공되는 데이터 속도는 고정과 저속 이동시 각각 1Gbps와 100Mbps를 예상하고 있으며 기존 유선망에서 일반인들이 사용하는 서비스 중 새롭게 4세대 이동통신망에서만 특정하여 정의되는 서비스는 존재하지 않는다. 단순히 광대역 트래픽을 실시간에 제공하는 통신망 구축을 4세대 이동통신망에서 고려하고 있다.

4세대 이동통신망에서 새롭게 지원되는 서비스가 정의되지 않았지만 4세대 이동통신망이 운영되면 새로운 서비스가 도출될 것으로 기대한다. 과거 유선통신망에서도 새로운 전송기술 기반의 광대역 케이블로 대체할 때 새로운 서비스 제공하지 않아 효율이 없을 것이라고 주장하였었다. 그러나 일단 광대역 케이블로 바뀐 이후에 전달할 수 있는 트래픽의 양이 늘어나고 전달 시간이 단축되면서 전달되는 콘텐츠의 질적 수준이 향상되었고 관련한 송수신 정보처리 기술이 발전하여 새로운 사업모델이 형성되었다.

이와 같이 비록 현재 4세대 이동통신망에 음성, 데이터, 영상 외에 새롭게 제공되는 새로운 분류의 서비스는 정의되어 있지 않지만 단순 광대역 콘텐츠 전달 지원 서비스를 기초로 다양한 응용서비스와 새로운 사업모델이 창출될 수 있을 것으로 기대된다. 일반적으로 새로운 기술을 기초로 신규 사업 창출과 일자리가 만들어진다고 하는데 4세대 이동통신망은 기존 3세대 이동통신망에서 경험했었던 사업 창출보다 더 많은 사업과 일자리가 만들어질 것으로 기대된다. 이러한 시대흐름의 중심에 독자가 큰 몫을 담당할 수 있기를 바란다.

9.2 UMTS망의 패킷기술 단계별 적용

UMTS를 발전시키면서 3GPP(the third generation project) 단체에서 몇 가지 단계를 정의하여 기술적용의 이해를 용이하게 하였다. 2.5세대 이동통신망인 GPRS를 기반으로 3세대 이동통신망을 설계하면서 가장 먼저 고려한 부분은 무선구간의 WCDMA 적용이었다. 그리고 VoIP를 적용하기 위하여 액세스 망과 코어 망 부분 중에 코어 망 부분부터 점진적으로 적용하게 되었고 최종적으로 액세스 망의 UMTS 단말까지 IP를 적용하고 SIP(session initiation protocol) 신호메시지와 RTP(real-time transport protocol) 미디어가 통신되는 단계를 고려하였다.

UMTS를 정의하는 3GPP 단체는 1999년 기존 GPRS에 WCDMA를 적용한 버전을 release 99라고 명명하고 그 이후 2000년 이후 몇 가지 버전을 출시하면서 버전 번호를 99, 00에서 3, 4, 5 로 변경하였다. Release 99를 release 3 이라 부르고 그 이후 버전들을 release 4, 5, 6 등으로 발전시켰다. Release 별 특징은 다음과 같다.

- Release 3: 기존 GPRS 망에서 가입자 망 부분을 WCDMA가 적용된 UTRAN (UMTS terrestial radio access network)으로 대체
- Release 4: 코어 망 부분 회선교환 방식의 MSC 부분을 패킷교환 방식으로 변경하고 MSC 서버를 채택하여 음성미디어는 물론 신호메시지가 IP를 통하여 전달
- Release 5: 음성미디어가 IP에서 효율적으로 전달되기 위한 IP QoS 채택하고 SIP 기반의 IMS 채택. 최대 14.4Mbps 데이터속도인 HSDPA 정의
- Release 8: 무선 구간에 최대 320Mbps의 LTE 정의

9.2.1 UMTS Release 3

그림 9.7은 UMTS release 3의 통신망 구성을 보여주고 있다. 즉, 그림 9.5에서 본 GPRS 망과 비교하여 보면 UTRAN이 추가된 것을 볼 수 있다. 코어 망 부분은 GPRS 망과 동일하지만 액세스 망 부분에서 WCDMA가 추가되었음을 알 수 있다. WCDMA에서 기존 GSM과 차이를 위하여 기지국은 node B로 불리고 BSC에 해당하는 부분은 RNC(radio network controller)로 변경되었다. 또한 2세대/2.5세대 이동통신망은 MSC가 모든 단말을 링크단위로 직접 관리하여 무선 링크에 해당하였지만 3세대 UTRAN은 RNC끼리 서로 연결하여 MSC를 경유하지 않고 RNC가 서로 직접 연결될 수도 있다. UTRAN 유선 부분은 IP/ATM 형태로 IP를 적용하였지만 IP 하부에 ATM을 채택하여 서비스 품질을 보장하는 기반기술을 활용하고 있다.

UMTS release 3의 코어 망 부분은 기존 GPRS 망과 차이가 없다. 따라서 PS (packet switched) CN(core network: 코어 망)과 CS(circuit switched) CN 부분이 각각 패킷기반과 회선교환 방식 기반으로 공존하는 형태로 구성되어 있다. CS CN은 물론 PS CN에 대한 제어는 SS 7 기반으로 이루어지고 이동성 관리도 HLR/VLR에 의하여 이루어진다. 비록 PS CN에 IP 기술이 적용되었지만 PS CN 내에서 데이터 패킷의 라우팅 관리는 SS7이 하며 IP는 단순히 멀티미디어 정보전달 매개체 역할만 수행한다. 즉, UMTS 단말의 이동성 관리와 데이터 전달 경로 관리는 HLR과 VLR에 의하여 SS 7을 이용하고, 정보를 실어 나르는 포맷은 IP를 이용하는 것이다.

UMTS release 3에서 음성서비스를 지원하기 위한 요소기술 정의는 이루어지지 않았다. UMTS release 3은 단지 GPRS에서 지원하던 인터넷접속 서비스의 광대역화라고 볼 수 있다. 현재 우리가 사용하고 있는 인터넷에서 음성서비스를 사용할 수 있지만 PSTN망과 같이 완전한 서비스 보장을 받는 것은 아니다[31]. UMTS release 3의

31) 일반인터넷에서 인터넷전화를 접속하여 사용하는 경우 통화품질이 떨어질 수 있지만 070 인터넷전화의 경우 품질 보장 인터넷 가입자 망을 이용하면다면 음성전화의 서비스품질을 보장받음.

UTRAN에서 음성서비스를 이용한다면 PSTN과 같이 서비스 품질을 보장받으면서 이용할 수는 없다. 즉, 송수신 단말의 지역과 망 구성에 따라 음성서비스 품질이 우수할 수도 있지만 끊어질 수도 있다.

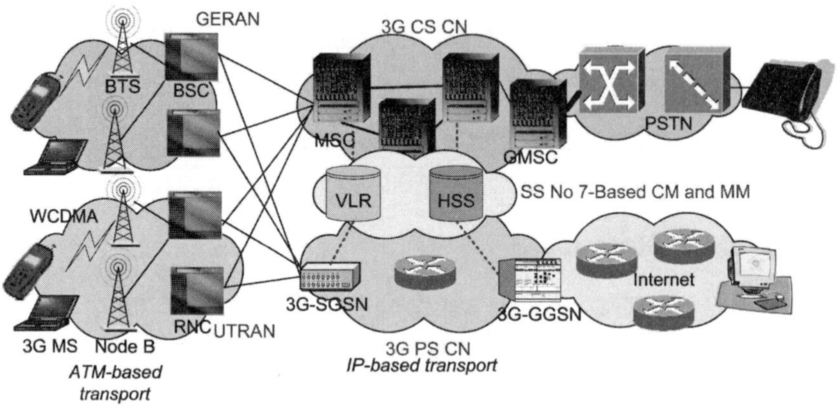

• 그림 9.7 • UMTS Release 3 통신망 구성도

9.2.2 UMTS Release 4

UMTS release 3는 WCDMA를 적용한 것에 큰 의의가 있다면 UMTS release 4는 CS CN 부분이 패킷 기반으로 발전하여 UMTS release 5의 AIPN 단계의 중간단계로 기존 음성서비스를 IP기반에서 지원할 수 있는 기능블록 등을 정의하였다. UMTS release 3까지 CS CN은 기존 2세대 이동통신망에서 정의했던 MSC와 회선교환방식으로 구성되어 있었지만 UMTS release 4에서는 CS CN 기능을 패킷망에서 운영될 수 있도록 정의하였다.

가입자 구간에서 기존 음성슬롯으로 음성서비스가 오는 경우 CS CN이 패킷방식으로 구성되어 있어 회선교환의 음성슬롯을 패킷 기반으로 변환시키는 기능이 필요하다. 이를 위해 그림 9.8에서 보는 바와 같이 회선교환방식으로 운영되는 가입자와 PSTN과, IP 기반의 CS CN 사이에 CS-MGW(circuit-switched media gateway)를 설치한다. 이동단말이 회선교환 방식의 가입자망에 위치하고 PSTN 사용자와 통화를 원하는 경우 CS CN을 경유하면서 송수신 단말은 음성슬롯으로 음성서비스를 사용하지만 중간전달경로는 IP 패킷을 이용하여야 하기 때문에 중간 변환을 최소한 두 차례 이상 수행되어야 하는 과정이 추가되어야 한다. 이는 궁극적인 AIPN으로 가는 중간 위치에 해당하며 과도기적인 표준안으로 이해할 수 있다.

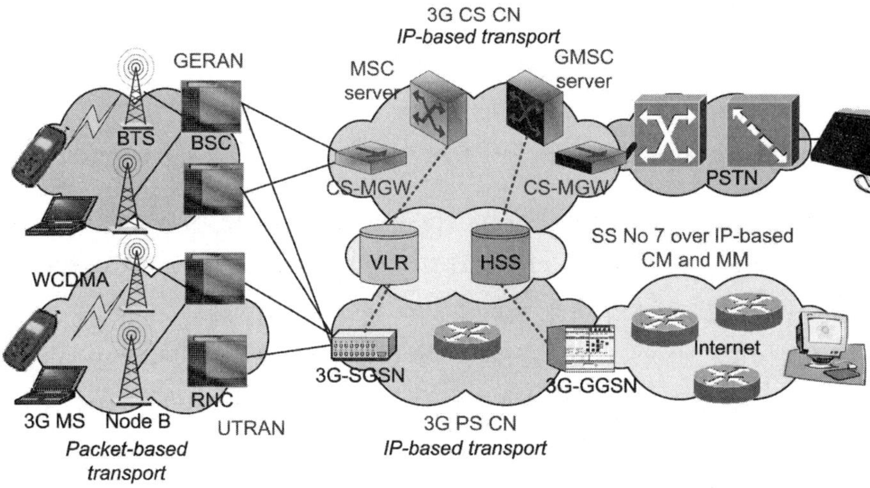

• 그림 9.8 • UMTS Release 4 통신망 구성도

UMTS release 3의 MSC는 UMTS release 4에서 CS-MGW와 MSC 서버로 대체되게 된다. CS-MGW를 통하여 미디어 전달 변환 기능을 담당하는 반면 MSC 서버는 신호메시지 처리 기능을 담당한다. 또한 PSTN과 연동을 담당하던 GMSC(gateway MSC)는 PSTN과 미디어변환을 위한 CS-MGW와 신호메시지 변환을 위한 GMSC 서버로 대체될 것이다. 기존 UMTS release 3에서 하부구성이 MTP(message transfer part)가 아닌 IP로 되어 있어 MSC와 HLR/VLR 등은 MTP 기반의 SS 7 메시지를 주고받게 되지만 UMTS release 4에서 MSC 서버와 HLR/VLR는 IP 기반으로 SS 7 메시지를 주고받는다. IETF의 sigtran에서는 SS7 메시지를 IP에서 전달할 수 있는 SS 7 over IP를 전반적으로 정의하고 있다.

3세대 이동통신망 이후 차세대 이동통신망이 AIPN으로 구축되더라도 PSTN과 같은 기존 회선교환방식의 다른 망과 연동하는 경우 CS-MGW와 GMSC 서버는 반드시 필요하다. 기존 회선교환방식의 신호메시지 변환을 위하여 GMSC 서버와 같은 기능블록이 필요하며 회선교환의 음성슬롯 형태 변환을 위하여 CS-MGW와 같은 기능블록이 필요하다[32].

UMTS release 4는 코어 망이 모두 IP 기반으로 변경되어 음성패킷을 RTP를 이용하여 전달할 수 있는 all IP 기초는 구축하였지만, 과연 음성서비스 품질 보장 여부를 확신할 수 없으며 SS 7에 의존하는 단점을 가지고 있다. RTP는 실시간 서비스를 지원할 뿐 보장하지는 못하기 때문에 좋은 품질의 음성서비스를 지원하는데 문제가 있다. 또한 UMTS release 4가 AIPN 구성이지만 여전히 IP 상에 SS 7에 의존하기 때

32) Signaling gateway라고 부르기도 하며 CS-MGW는 trunk gateway라고 부르기도 함.

문에 모든 기능을 all IP 하였다고 주장할 수는 없다. 제어 기능까지 모두 IP로 대체한 기술은 UMTS release 5에서 이루어졌다.

9.2.3 UMTS Release 5

UMTS release 4에 코어 망이 IP 기반으로 구축하여 AIPN을 구축하였지만 여전히 all IP로 멀티미디어 서비스 지원에 대하여 부족한 사안이 있다. 첫 번째는 미디어 전달이 서비스 요구사항의 만족 여부이고 두 번째는 PSTN에서 사용하는 SS 7에 대한 의존 부분이다. UMTS release 5에서 첫 번째 문제 해결을 위하여 IP QoS 채택하였으며 두 번째 문제 해결을 위하여서 VoIP 제어기술을 채택하였다. UMTS release 5에서는 이러한 기술 등을 반영한 IMS를 정의하였다. 즉, IMS에는 IP QoS 기술로 DiffServ 모델을 채택하고 트래픽 클래스를 분류하였으며 이동성을 추가한 SIP와 megaco/H.248 등을 적용하였다.

IMS가 포함된 UMTS release 5 기능블록 구성은 그림 9.9와 같이 코어 망 중심에서 제어기능을 담당하는 IMS가 존재하며, 미디어전달을 담당하는 CN은 음성슬롯에 대한 미디어 변환을 담당하는 IM-MGW(IP multimedia - media gateway) 중심으로 CS CN 부분과 기존 패킷전달망인 PS CN 부분으로 분류할 수 있다. CS CN와 PS CN을 제어하는 IMS는 SIP 서버와 MSC 기능을 통합하여 호 처리 기능을 갖춘 CSCF (call session control function)를 정의하였고 멀티미디어 서비스를 제공하는 서비스 블록으로 IS(information server)을 정의하고 있다.

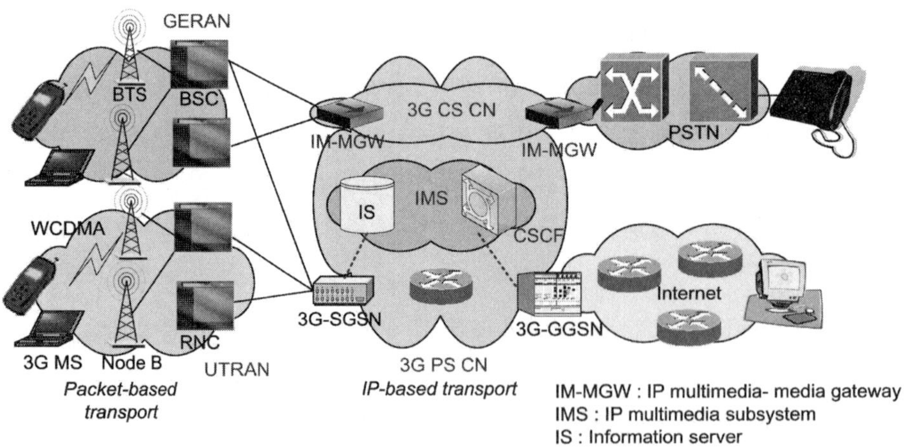

• 그림 9.9 • UMTS Release 5 통신망 구성도

UMTS 코어 망 부분에 대한 발전과 함께 가입자 무선구간에 대한 발전도 이루어지고 있다. 가입자 무선구간에 최대 데이터속도는 2Mbps를 제한조건으로 발전하여 왔지만 이를 초과하는 HSDPA(high-speed downlink packet access)를 정의하였다. HSDPA는 하향 최대 데이터속도로 14.4Mbps를 제공하는 기술로 대한민국의 기술로 세계최초로 상용화되었다. 이외에도 WiBro와 LTE(long-term evolution) 관련 표준과 기술개발이 대한민국 주도로 이루어져 beyond 3G 시장 선점에 노력하고 있다.

9.3 WiBro/Mobile WiMAX

WiBro 기술은 무선링크기술로 독립적으로 발전하여 왔다. 무선 LAN을 이용하여 무선인터넷 사용이 증가하면서 고정된 소형 무선구간을 벗어나 외부에서 무선인터넷 사용이 가능하여졌다. 무선 LAN의 AP(access point) 출력보다 높으며 별도의 주파수를 할당받아 중형 무선구간 사이의 이동성 서비스를 지원한 것이 WiBro이다. WiBro는 단순 인터넷접속 서비스 제공으로 시작하였지만 이후 UMTS 코어 망과 연동할 수 있는 차세대 이동통신망의 액세스 망으로 채택되었다.

9.3.1 ADSL 무선 버전에서 이동성 지원으로 발전

WiBro는 유선망과 비교하여 볼 때 어떤 것과 비교할 수 있을까? WiBro는 IEEE 802.16에서 mobile WiMAX(worldwide interoperability for microwave access)로 정의되고 있다. WiBro가 소개되기 전에 WiMAX가 정의되었고 추가적으로 이동성을 지원하는 mobile WiMAX가 정의되었다. 초기 WiMAX는 그림 9.10(a)에서 도식하고 있는 ADSL의 무선 버전으로 그림 9.10(b)의 무선 LAN을 참고로 발전한 것이다. 무선 LAN은 사설망 용도로 정의되었고 무선이라는 장점 때문에 사용자들이 용이하게 사용할 수 있지만 무선 LAN AP의 출력이 작고 이동성 지원에 제한이 있다.

초기 WiMAX는 무선으로 가정에 인터넷접속 서비스를 제공하는 형태였지만 이동성을 지원하면서 댁내 외에서 이동 중에 끊임없이 인터넷접속 서비스를 제공하는 형태로 발전하였다. 따라서 mobile WiMAX인 WiBro는 이동성을 지원하기 위하여 L2의 이동성 기능을 추가하였으며 L3 mobile IP와 연계하면 이동성의 효율을 더 높일 수 있다. 이동성 서비스를 위하여 초기에는 인터넷접속 서비스가 끊임없이 제공되는 수준으로 핸드오프 성능을 제공하였고, 현재는 음성서비스와 같은 실시간 트래픽의 이동성 서비스를 고려한 핸드오프 요구사항을 만족할 수 있을 정도로 개발하였다.

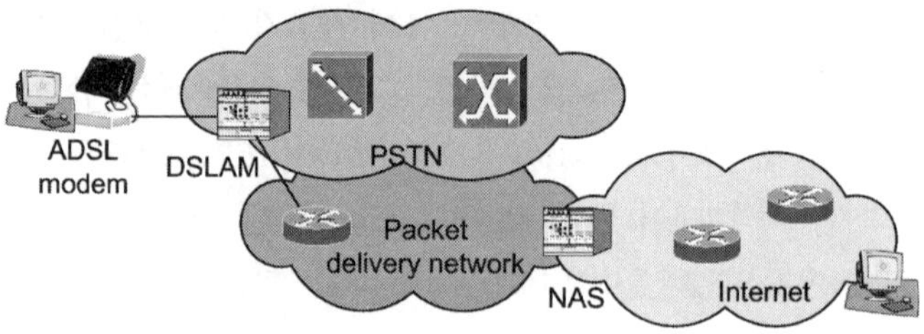

(a)

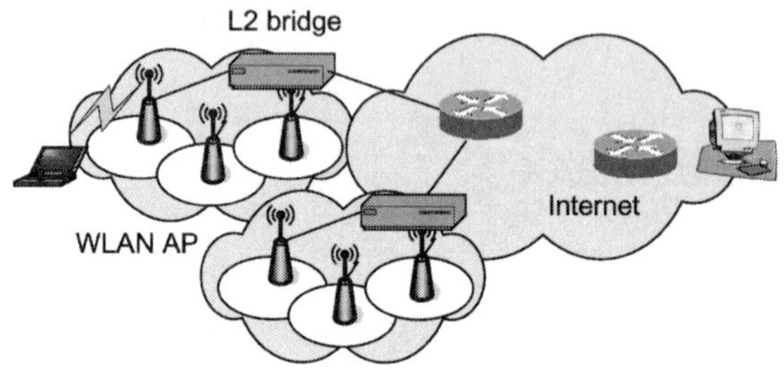

(b)

• 그림 9.10 • WiBro 서비스 이전의 데이터 서비스 (a) ADSL (b) 무선 LAN

9.3.2 WiBro 망 구성

WiBro 망은 UMTS 망과 같이 액세스 망과 코어 망으로 나누어 정의하고 있으며 그림 9.11과 같이 이들을 각각 ASN(access service network)과 CSN(connectivity service network)이라고 한다. ASN과 CSN은 edge 라우터로 연결되어 있으며 CSN의 core 라우터가 외부 인터넷과 연결 서비스를 제공한다[33]. ASN은 UMTS의 액세스 망 또는 무선 LAN의 AP와 브릿지 구성 부분에 해당한다. ASN의 무선 구간을 담당하는 RAS(radio access station)는 이동통신망의 기지국 또는 UMTS의 node B에 해당하며 WiBro 단말의 무선 접속을 담당하고 있다. WiBro RAS가 사용하는 주파수대역은 무선 LAN과 달리 허가받은 주파수 대역을 사용하며 출력파워가 높아 무선 LAN의 AP보다는 넓은 반경을 갖는다.

ASN의 ACR(access control router)은 이동통신망의 BSC 또는 UMTS의 RNC에 해당하며 RNC가 UTRAN의 무선에 대한 자원할당을 담당하듯이 ACR로 ASN 무선 구간의 자원 관리와 RAS간 핸드오버를 담당하고 있다. 무선자원 관리 기능 외에도 무선 LAN 2의 브리지와 같이 ACR은 WiBro 단말에게 L2 데이터를 전달하는 기능도 가지고 있다.

---

33) 그림에는 L3 switch라고 표현하였고 본문은 라우터로 명기하고 있는데 향후 멀티미디어 지원하는 장치로 발전이 기대되기 때문에 L3 switch라고 도식하였음.

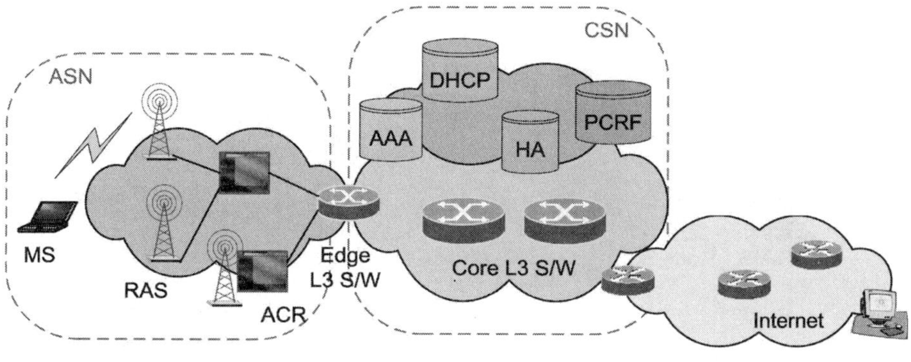

• 그림 9.11 • WiBro 망 구성도

ASN의 RAS와 ACR은 사용자 트래픽과 제어 트래픽을 같은 경로에서 처리하는 반면 CSN은 사용자 트래픽 전달경로와 제어 트래픽 경로가 다르다. 사용자 트래픽은 core 라우터를 경유하는 반면 제어 및 관리 트래픽을 담당하는 기능블록을 따로 정의하고 있으며 이는 UMTS의 IMS와 비슷하다. 그러나 IMS에 비하여 현재는 인터넷접속 서비스에 필요한 기능블록만 정의하고 있으며 대표적 제어 기능블록은 다음과 같다.

- DHCP(dynamic host configuration protocol) 서버: WiBro 단말이 초기화 될 때 인터넷접속에 필요한 IP 주소(IPv4 또는 IPv6 주소), 라우터 및 DNS 등 초기화와 관련된 기능블록
- AAA(authentication, authorizing and accounting) 서버: 사용자 인증, 권한 및 트래픽 통계에 관련된 기능블록
- HA(home agent): mobile IP의 home agent 기능블록
- PCRF(policy and charging rules functions): WiBro 망에 적용되는 정책에 대한 관리 및 과금 관리 기능을 수행하는 기능블록

9.3.3 UMTS와 WiBro 망 연동 – 인터넷접속 서비스

UMTS와 WiBro 망은 모두 IP 기반으로 구성되기 때문에 연동이 용이하다. 이 책에서는 세 가지 방안을 고려하였고 향후 다른 방안도 가능할 수 있다. 먼저 그림 9.12는 UMTS와 WiBro가 외부 인터넷을 통하여 연동된 시나리오로 둘 사이의 데이터 교환은 외부 인터넷을 경유하여 이루어진다. UMTS와 WiBro가 서로 독립된 사업자로 구성되어 있는 경우로 두 통신망 사이에 특별한 연동기술을 필요로 하지 않는다.

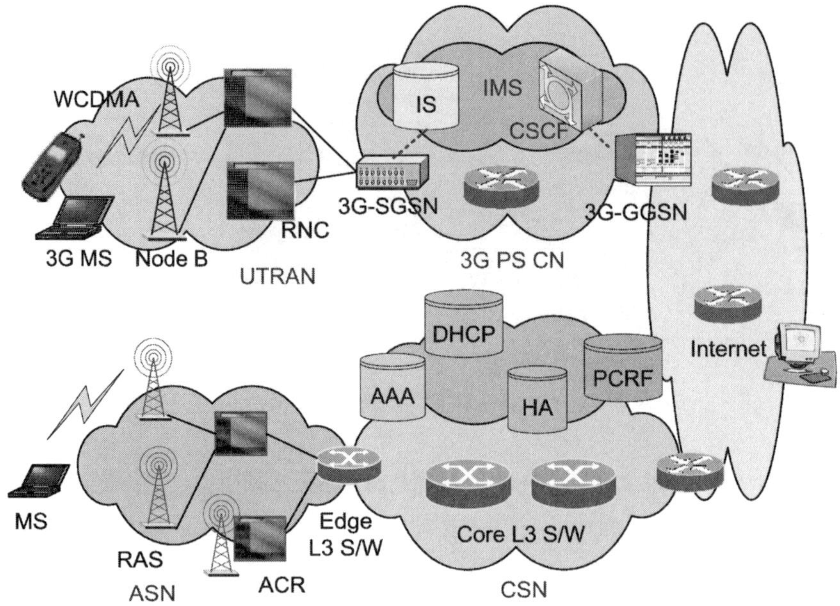

• 그림 9.12 • WiBro 망과 UMTS 망 데이터 서비스 연동 시나리오 1

이러한 통신망 구성에서 UMTS 단말과 WiBro 단말이 서로 데이터를 주고받는다면 이들 사이의 지연은 매우 클 것이다. 또한 제어 및 관리와 관련하여 각각 IMS와 CSN에서 중복 구성되어 있어 통신망 구축에 많은 비용을 필요로 한다. 이러한 단점을 해결하기 위하여 그림 9.13과 같이 하나의 코어 망에 두 개의 서로 다른 액세스 망이 연동되는 방안을 고려할 수 있다. 여기서 코어 망은 UMTS의 IMS 기반으로 구축된 경우를 나타태고 있다. UMTS의 IMS에는 멀티미디어 서비스를 지원할 수 있는 기능블록이 정의되어 있는 반면 WiBro의 CSN에는 현재 데이터 서비스만 지원할 수 있는 기능블록만 정의되어 있다. 따라서 두 망을 서로 연동한다면 UMTS의 IMS 기반의 코어 망을 선택하는 것이 바람직하고 현실적으로 선호하는 기술이다.

그림 9.13과 9.14를 비교하여 보면 코어 망 부분에는 큰 차이가 없지만 액세스 망을 연결하는 부분이 차이가 있음을 알 수 있다. 그림 9.14의 액세스 망을 보면 WiBro의 ASN이 UMTS의 RNC와 연동되어 있는 것을 볼 수 있다. 그림 9.13에서 WiBro의 ASN이 L3 스위치를 통하여 코어 망과 연동되어 있지만 그림 9.14에서는 WiBro의 ASN 부분의 RAS가 ACR 없이 UMTS의 RNC에 바로 연결되어 있다. 이렇게 연동되기 위해서는 RNC의 기능에 ACR 기능이 추가되어야 할 것이다. 이러한 구성이 이루어지면 코어 망은 기존 UMTS의 IMS를 그냥 적용할 수 있지만 RNC가 매우 복잡한 기능을 필요로 한다.

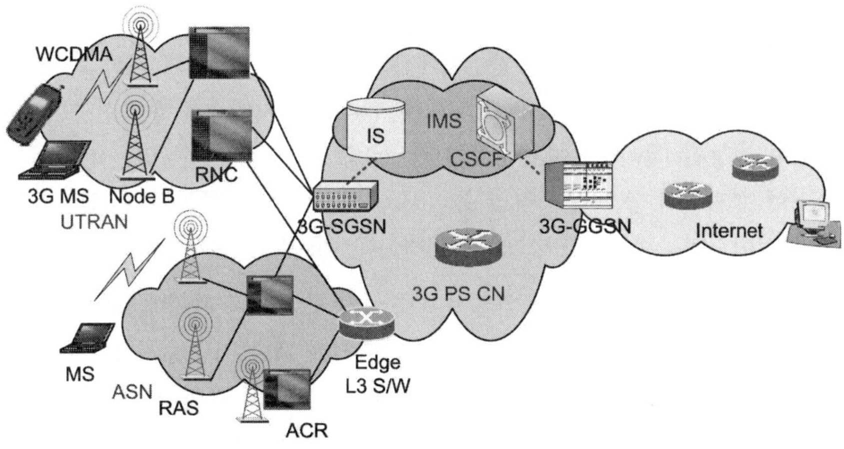

• 그림 9.13 • WiBro 망과 UMTS 망 데이터 서비스 연동 시나리오 2

UMTS와 WiBro 사이의 다양한 연동이 가능하며 연동 구성은 코어 망 부분과 액세스 망 부분의 구성에 따라 구분할 수 있다. 이들은 서로 인터넷 기반으로 구성되었기 때문에 간단히 연동될 수 있으며, 특히 제어 및 관리 관점으로 코어 망에서 IMS를 사용한다면 향후 유무선 통합망에도 유리할 수 있다.

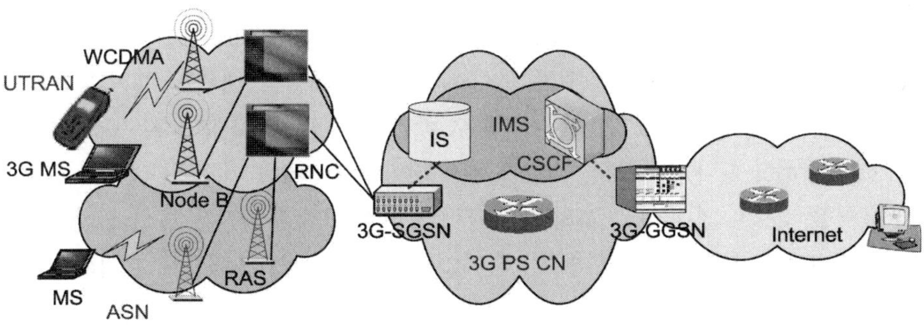

• 그림 9.14 • WiBro 망과 UMTS 망 데이터 서비스 연동 시나리오 3

9.3.4 VoIP 지원하는 WiBro 망과 PSTN 연동

WiMAX는 초기에 무선인터넷을 지원하기 위하여 정의되었지만 이동성 기능을 추가한 mobile WiMAX인 WiBro로 발전하였다. WiBro가 인터넷접속 서비스만 지원한다면 무선 LAN의 적은 무선 구간의 확장 수준으로 머무를 수밖에 없을 것이다. 그러나 WiBro에도 실시간 서비스를 지원할 수 있는 통신 인프라를 갖추고 있다면 굳이 인터넷접속 서비스만 국한할 필요는 없을 것이다.

WiBro는 독립적인 코어 망과 별도의 액세스 망을 갖추고 있어 실시간 서비스를 지원할 수 있는 통신 인프라를 갖추기에 충분하며 그림 9.11의 기본 WiBro 망에 VoIP를 지원하는 SIP 서버를 갖추고 인터넷 텔리포니 서비스를 한다면 그림 9.15와 같은 구성이 가능할 것이다. 여기에 실시간 서비스를 보장할 수 있는 QoS controller를 CSN에 설치하여 통신 인프라의 통신망 품질 관리가 이루어질 수 있다면 인터넷 텔리포니 서비스의 실시간 서비스를 지원하는데 어려움이 없을 것이다.

그리고 PSTN과의 연동을 위하여 WiBro 망과 PSTN 사이에 IM-MGW를 설치하여 호 신호 프로토콜에 대한 변환 및 음성 미디어에 대한 기능을 수행한다면 SIP 단말 기능을 갖춘 WiBro 단말과 PSTN의 전화 사용자 사이에 통화가 가능하다. 이에 대한 자세한 동작은 인터넷전화와 PSTN 연동과 동일하며 단지 유선 인터넷이 무선 환경의 WiBro로 대체될 뿐 나머지 절차는 동일하다.

9.4 NGcN, Home Networking, ITS, USN과 FMC

9.4.1 NGcN

IMS는 최초에 3세대 이동통신망에서 정의되었지만 NGcN에서 제어 기능을 수행하는 시스템 블록으로 채택되어 있다. NGcN은 유선전화망을 대체할 수 있는 미래통신망으로, 멀티미디어 서비스 제공을 기본으로 발전하고 있으며 우리나라는 BcN이라는 이름으로 개발하고 있다. NGcN은 IMS를 채택하여 향후 3세대 이동통신망과의 유무선통합이 용이할 것으로 기대된다. 그리고 유·무선통합과 함께 NGcN은 통신과 방송산업의 융합인 IPTV를 포함하고 있으며 IPTV 사업은 새로운 사업 영역으로 부각되고 있다.

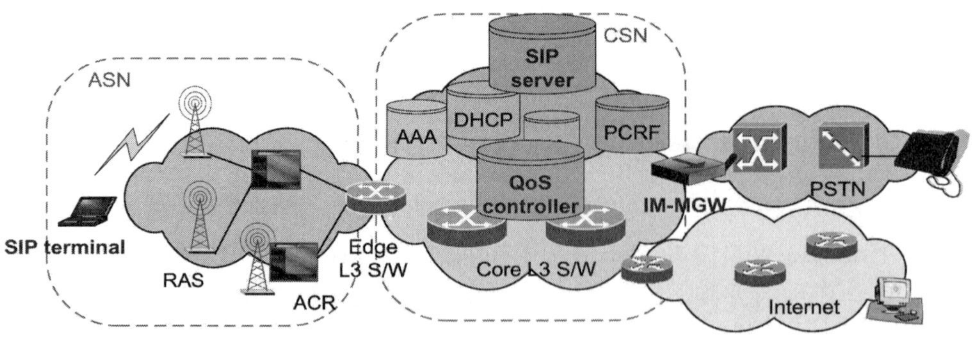

• 그림 9.15 • WiBro 망에서 인터넷 텔리포니 서비스 제공과 PSTN 연동

NGcN은 all IP 기반으로 멀티미디어를 지원할 수 있는 형태로 발전하고 있으며, 기존 PSTN 음성 서비스는 물론 새로운 서비스를 지원할 수 있도록 정의되었다. 그림 9.16은 NGcN의 계층별 구성을 보여주고 있으며 사용자 단말의 응용서비스 계층부터 통신망의 모든 계층까지 설명하면 다음과 같다.

- Home/terminal 계층: NGcN의 최종 노드에 해당하는 계층으로 사용자들이 사용할 수 있는 최종단으로 통신망 관점에서 댁내통신 환경도 최종단에 해당함. 이 계층은 다양한 서비스를 이용할 수 있는 단말의 모든 프로토콜 계층을 정의하고 있음.
- Access 계층: 이동통신망이 코어 망과 액세스 망으로 나눌 수 있듯이 NGcN을 나눈다면 이 계층은 액세스 망에 해당됨. 이동통신망의 액세스 망과는 달리 NGcN은 다양한 access 계층을 정의하고 있으며 NGcN 관점에서 다른 모든 통신망은 여기에 해당함. 즉, NGcN이 모든 통신망의 백본 망 또는 코어 망 역할을 수행할 것으로 기대하는 것임.
- Transport 계층: 데이터 전달망으로 이 계층은 제어 명령 및 주어진 조건에 따라 단말까지 데이터 전달을 목적으로 하며 IP 기반으로 구축됨. NGcN의 하부 백본망 역할로서 광통신 기반의 전송과 대용량 라우터로 구성되고 어떠한 서비스이던 충분한 용량을 제공하는 형태로 정의하고 있음.

이러한 계층들만 있다면 단순히 광대역 전송망과 access 망, 멀티미디어 단말들을 서로 연결한 형태이며 여기에 부가가치를 창출할 수 있도록 다음 두 계층이 정의되어 있다.

- Service control 계층: 멀티미디어 데이터에 대한 서로 다른 서비스 품질을 만족하기 위하여 각 서비스에 필요한 제어 관리가 필요하며 이를 지원하기 위해 해당하는 제어 관리를 실행하는 계층임.
- Service 계층: 서비스와 콘텐츠를 포함하는 계층으로 다양한 서비스 개발 환경이 개방되어 있어 인터넷 응용서비스 개발과 같이 일반사용자들이 개발한 서비스와 연동이 용이함.

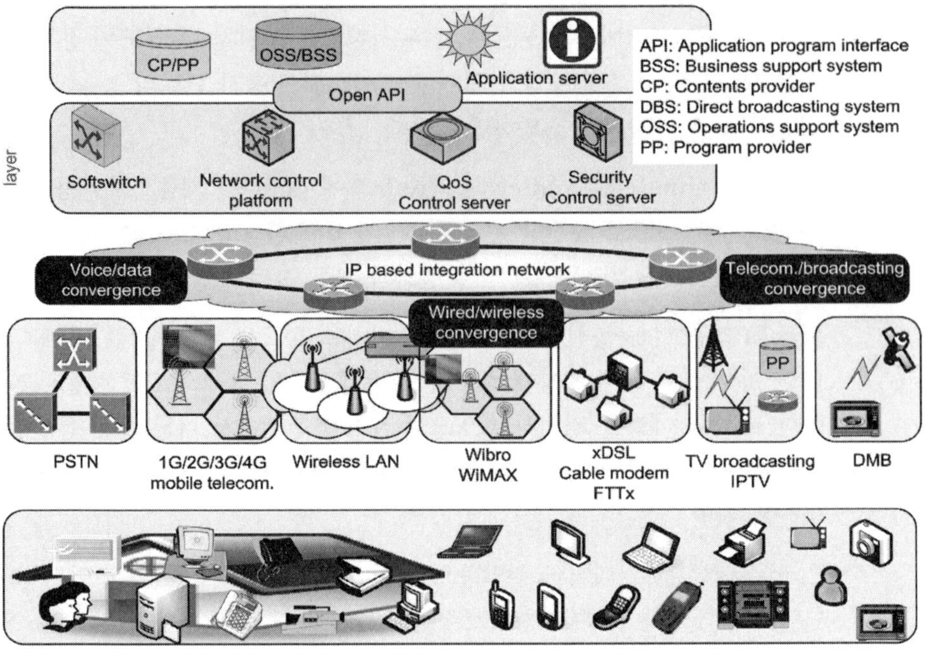

• 그림 9.16 • NGcN 계층별 구성

이와 같이 NGcN은 마치 새로운 통신망 프로토콜인 것처럼 정의되고 있지만 그 내부는 기존의 다양한 통신망들을 모두 포함하는 형태로 발전하고 있다. 즉, 기존의 PSTN/POTS, 데이터 서비스 중심의 인터넷 망, 방송 서비스 중심으로 발전하는 IPTV 그리고 단말 영역에 댁내 통신망 들을 모두 포함하고 있다. 이러한 통신망들은 음성, 영상, 데이터 등 멀티미디어 서비스를 제공하는 것은 물론 이동통신망의 코어망 역할을 주장하고 있다. 그림 9.16에서 보는 바와 같이 2세대/3세대 이동통신망과 WiMAX/WiBro 망을 access 망으로 포함하여 NGcN은 이동 서비스도 제공할 수 있도록 정의하고 있다.

NGcN이 서로 다른 기술이었던 PSTN, 인터넷, 방송기술 등을 하나의 통신망으로 효율적으로 수용하기 위해서는 하나의 플랫폼을 사용하는 것이 바람직하다. 하나의 플랫폼에서 각 서비스를 위하여 필요한 기능은 추가적으로 개발하는 것이 일반적이며 NGcN에서도 이러한 맥락으로 하나의 플랫폼을 선택하였다. 멀티미디어 서비스를 지원하기 위하여 가장 효율적인 기술로 IP를 선택하였으며 IP 위에 실시간 서비스를 지원하기 위한 VoIP 기술을 지원하여 음성, 영상/방송 서비스 등을 지원할 수 있도록 하였다.

POTS/PSTN에서 사용하는 SS 7과 호 변환을 위하여 VoIP의 SIP, megaco/H.248

등을 사용할 수 있지만 기존 POTS 교환기 접속을 위하여 SS 7와 megaco/H.248 변환을 선택하는 것이 바람직하다. 그리고 TDM 형태의 음성 슬롯도 VoIP의 RTP 패킷 형태로 변환이 이루어지도록 하였다. 이외에도 인터넷의 부족한 기능을 보완하기 위하여 QoS, security, mobility 기능들을 추가적으로 지원하고 있다.

3세대, 4세대 이동통신망은 AIPN 기반으로 되어 있어 NGcN과 연동에 문제가 없다. 이전 절에서 기술한 바와 같이 차세대 이동통신망들은 이미 IP 기반으로 망 설계가 이루어졌으며 IMS는 NGcN의 service control 계층과 동일한 역할을 담당하고 있다. 따라서 IMS의 CSCF 기능과 NGcN의 VoIP가 호환되는 데에는 아무런 문제가 없으며 차세대 이동통신망에서 오히려 기존의 PSTN과 방송망과의 연동에 코어 망 역할을 주장하고 있다. 이 경우 다양한 access 망들을 차세대 이동통신망의 IMS가 수용한다면 NGcN도 차세대 이동통신망에서 하나의 access 망으로 포함될 수 있을 것이다.

9.4.2 Home Networking

차세대 이동통신망과 NGcN에서 고려하는 최종 액세스 형태는 다양하다. 과거 집안의 통신단말은 전화 단말기가 유일했기 때문에 이동성을 지원할 필요가 없었지만 최근에는 이동단말, 멀티미디어단말 등 새로운 단말기는 물론 기존 가전기기들에 통신기능이 추가되는 추세가 있었다. 지난 1990년대 home automation 이라는 이름으로 원격으로 댁내의 보일러 및 조명 등을 제어하고 경보장치를 통한 외부에 침입 및 가스누출 등을 통보하는 기술이 보급되었다. 이후 기존 가전제품에도 통신 기능이 추가되어 정보가전으로 발전하면서 이들에 대한 댁내 망 구축이 필요하게 되었다.

Home networking은 초기 많은 컴퓨터와 하나의 프린터를 공유하면서 외부에 인터넷접속 기능과 같은 단순한 서비스부터 시작하였으며 정보가전들이 인터넷접속 기능이 추가되면서 댁내 망으로 발전하였다. Home networking 분야는 기존 정보통신, 건축, 게임 등의 융합 형태로 발전하였으며 조명, 커튼, 가스 제어 및 침입 감지, 감시 기능을 추가하면서 새로운 패러다임을 창출하고 있다. 이러한 구성을 댁내외로 나누어 구성하면 그림 9.17(a)와 같이 도식될 수 있으며 공동주택인 경우에는 이보다 공동주거 환경에 맞는 장치들, 예를 들어 공동현관, 주차장, 이웃집통화 관련 장치가 추가될 수 있을 것이다.

사용자 트래픽도 댁내 및 외부 트래픽으로 구분할 수 있다. 이들 사이에는 그림 9.17(b)와 같이 home gateway를 두어 보안 및 트래픽 필터링 기능을 수행할 수 있으며 외부 인터넷접속장치로 별도로 구성되거나 door lock 또는 set-top box 등과 일체형으로 제작될 수 있을 것이다. 여기서 home gateway는 기능적으로 댁내외 트래픽을 구분할 수 있는 장치를 의미하는 것으로 공동주택의 경우 우리 집과 이웃 집

댁내망의 트래픽을 필터링할 수 있어야 한다.

Home networking 기기들은 외부와의 접속을 위하여 다양한 액세스 망에 접속될 수 있다. 그리고 댁내의 트래픽은 기존 인터넷 서비스 트래픽과 정보가전 트래픽으로 구분할 수 있고 정보가전 트래픽은 저속과 광대역 서비스 트래픽으로 나눌 수 있다.

- 인터넷 트래픽: 기존 인터넷접속 단말들에 의해 발생하는 트래픽
- 정보가전 트래픽
  - 광대역 서비스 트래픽: IPTV, 게임 등과 같이 실시간으로 외부 서비스를 사용하기 위하여 발생되는 트래픽
  - 저속 트래픽: 감시, 감지를 포함하여 정보가전에 대한 제어, 상태정보 인식 등 저속 트래픽

댁내망 구축에 필요한 하부통신망 기술로는 유선과 무선기술로 나눌 수 있으며 다양한 기술들이 제공되고 있다.

- Ethernet
- Home PNA(phoneline network alliance): 전화선을 활용
- PLC(power line communication): 전력선을 활용
- Optical fiber network: plastic optic 케이블을 활용
- 무선 LAN

이외에도 wireless IEEE 1394, zigbee, bluetooth 등을 활용하는 방법 등이 있으며 이러한 기술들은 댁내 서비스들에 따라 각각 최적화되어 있어 필요하다면 용도에 맞는 복수 개의 하부통신망 기술을 사용하여야 한다. 그리고 하부링크 상위 프로토콜 구성은 uPnP, OSGi, Konnext, Echonet, IGRS, LonTalk, ITOP Home 등이 혼재하고 있어 상호연동에 어려움이 있으며 이들에 대한 통합 또는 호환을 위한 미들웨어가 필요하고 이 위에 다양한 서비스들이 운영될 필요가 있다.

Home networking에 필요한 요소기술들로는 실시간 서비스를 외부 통신망에서 이용하는 경우 이를 보장해 줄 수 있는 방안이 필요하며, 외부에서 사용하던 이동단말기를 내부의 무선 액세스를 통해 사용할 수 있는 MIH(media independent handoff), vertical handover 기술 등이 필요하다. 또한 장치들이 다양화되면서 단대단 서비스를 지원하는데 어려움이 없기 위해 IPv6와 같은 충분한 주소체계를 필요로 한다. 그리고 무엇보다도 보안 기술이 필요하다. 통신보안 중 댁내 장치들이 외부에 노출되거나 내부 장치를 외부인의 접근을 막기 위한 방안들이 필요로 한다.

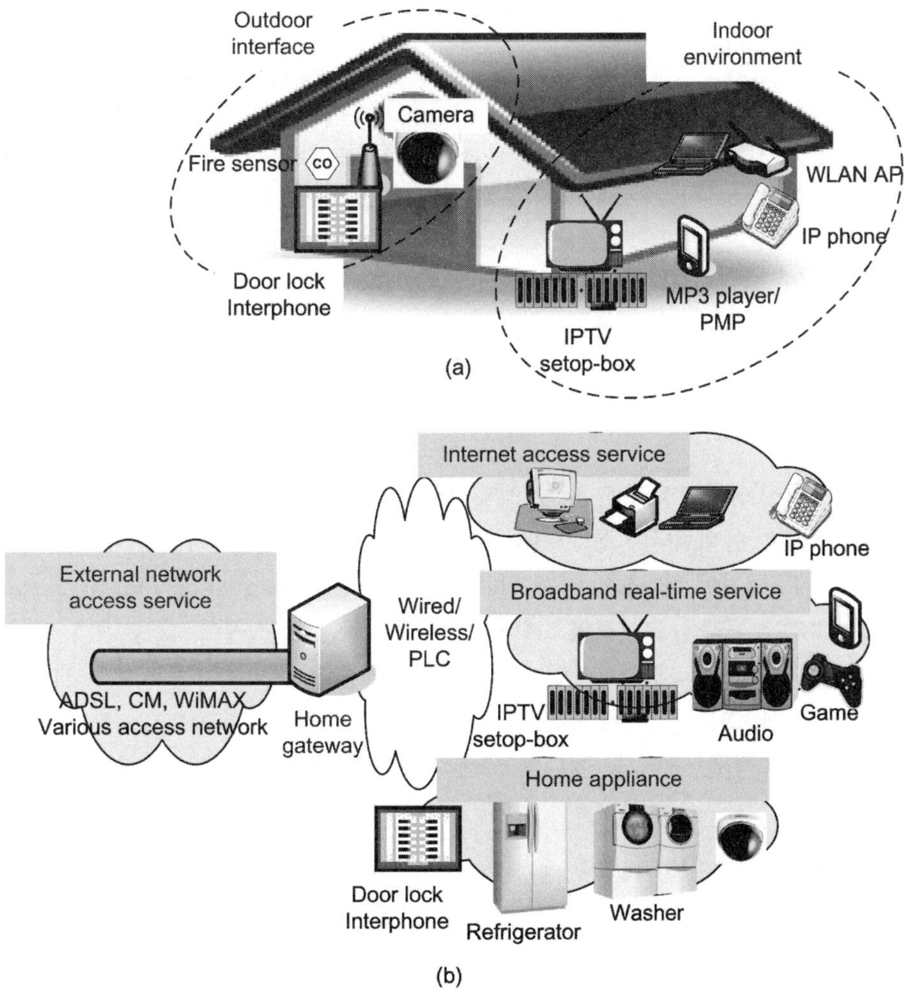

• 그림 9.17 • Home networking 환경 (a)실내외환경 (b) 다양한 서비스

그리고 차세대 이동통신망에서 액세스 망의 중계기를 통하여 연결되는 것처럼, 하나의 홈 네트워크는 home networking의 외부 액세스 망과 연결되고 하나의 초소형 기지국 형태로 자가망을 구축할 수도 있다. 차세대 이동통신망에서 pico cell 또는 femto cell에 대한 연구가 진행되고 있는데 기존 기지국의 최소형 형태의 서비스를 제공하는 것으로 실내 음영지역 및 광대역서비스 제공 등을 위하여 제안되고 있어 home networking 환경에 활용될 수 있을 것이다. 이동단말기의 멀티미디어 지원은 물론 하나의 주소로 여러 단말이 운영될 수도 있으며 내부 무선 환경을 끊임없이 지원할 수 있는 방안들이 도출되어야 할 것이다. 결국 home networking 환경이 별도로 구축되는 것 같지만 궁극적으로 차세대 이동통신망 액세스 망이 확장되어 연결되는 것과 같다.

> FMC는 홈 네트워크의 응용인가?
>
> FMC(fixed and mobile convergence)는 하나의 이동단말로 외부에서는 이동통신망 기지국을 통하여 접속되지만 무선 LAN이 설치되어 있는 댁내에서는 무선 LAN AP를 통하여 인터넷전화기술을 사용하는 것이다. FMC를 사용하면 기존 POTS 전화를 대체하는 효과가 있고 단말기 하나만 사용할 수 있는 장점이 있다. 따라서 FMC는 home networking에서 제공되는 하나의 서비스로 분류할 수 있다. 그리고 스마트폰 형태로 제공되어 인터넷접속 서비스도 제공하고 있다.

9.4.3 USN

4세대 이동통신망의 또 다른 액세스로 USN(ubiquitous sensor network)이 대두되고 있다. 유비쿼터스 통신망에 대한 요구사항을 만족하기 위하여 센서들 사이의 통신이 이루어져야 한다[34]. 이를 위하여 RFID(radio frequency identification) 기반으로 USN 구축을 고려하였으며 물류, 환경, 보안, 헬스케어, 국방 등 다양한 분야에서 응용 서비스를 제공하고 있다. USN에서 다양한 응용 분야에 필요한 센서의 개발을 필요로 하며 이들 사이에 mesh network 기술을 사용하기도 한다. 트래픽 양은 단순 감지, 상태정보, 제어 등 광대역 트래픽 보다는 저속의 실시간 서비스를 위한 트래픽이 전달된다.

그림 9.18과 같이 다양한 응용서비스를 제공하기 위하여 USN에는 하부 계층에 센서 노드와 이들을 서로 연결하는 싱크 노드(sink node)가 존재하며 중간 계층의 서비스 플랫폼으로 미들웨어가 존재한다. USN이 단독적으로 존재하는 경우 이들에서 수집, 제어되는 정보는 제한적이며 그림 9.19와 같이 인터넷과 연동될 때 원격 제어 및 감지가 가능할 것이다. 이를 위하여 최소한 싱크 노드는 IP 스택이 구현되어 IP가 아닌 USN과의 게이트웨이 기능을 수행하거나 모든 센서 노드가 IP 스택을 가질 수 있을 것이다. USN은 독자적으로 구축될 수도 있고 외부 인터넷과 연동될 수도 있을 것이며 이는 사용하는 서비스에 따라 결정될 것이다. 독자적인 USN 구축인 경우 보안 기술이 추가적으로 요구되고 외부 인터넷과 연동되는 경우 보안 수준은 더 높아져야 할 것이다.

34) '유비쿼터스' 단어는 통신망의 패러다임을 바꾸었으며 과거에는 e-Korea 라는 용어를 사용하였지만 유비쿼터스가 소개되면서 u-Korea 라는 용어로 변경되었음.

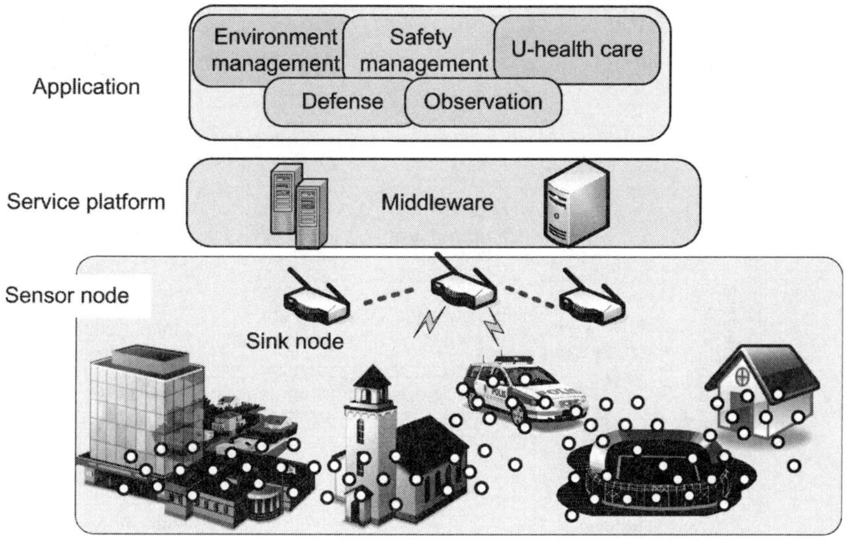

• 그림 9.18 • USN의 서비스, 플랫폼과 노드의 관계

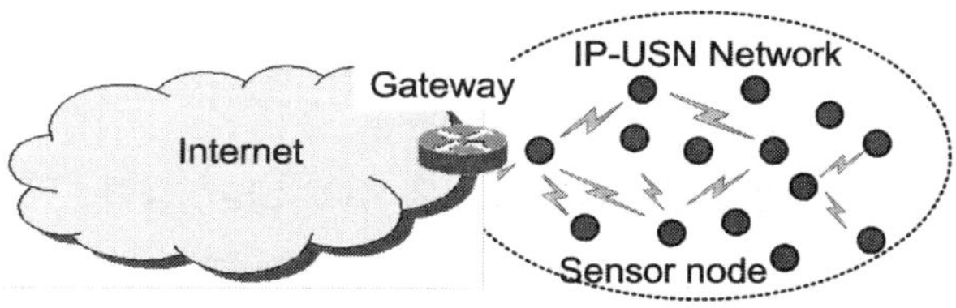

• 그림 9.19 • 인터넷과 USN의 연동

그림 9.18의 미들웨어를 자세하게 살펴보면 그림 9.20과 같다. 미들웨어 스택의 상하위 계층과의 인터페이스를 위하여 integration 계층과 abstraction 계층이 각각 응용 계층과 하부 인프라 계층을 인터페이스하고 있으며 중간에 미들웨어의 핵심 기능은 intelligence 계층이 담당한다.

유비쿼터스 환경에 맞는 통신망이 구축되기 위해서는 USN 자체 기술 발전을 필요로 하고 자가망을 구축할 수 있어야 하겠지만 기존 또는 신규 통신망과 연동이 이루어지지 않는다면 반쪽 성공으로 자리매김을 할 것이다. 이렇게 사물들이 통신망과 연동되어 통신이 이루어질 때 이를 IoT(Internet of Things)라고 하며 이들 사이에 M2M (machine-to-machine) 통신서비스가 제공될 것이다.

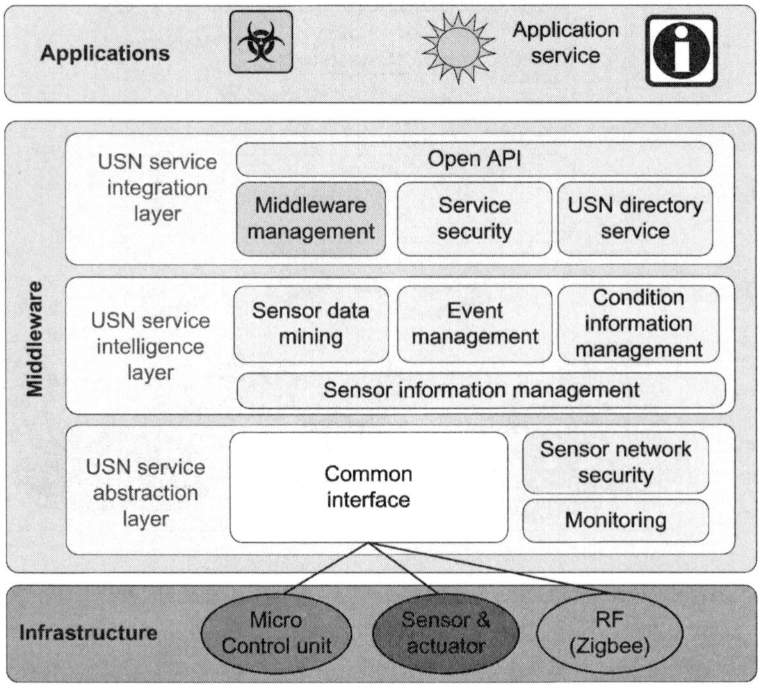

• 그림 9.20 • USN 프로토콜 구성

USN은 기존 통신망을 활용하기 보다는 현재 USN 자체 기술 중점으로 발전하고 있지만 인터넷과 연동 또는 차세대 이동통신망과 연동이 이루어질 때 진정한 유비쿼터스 환경 구축이 가능할 것이다. 차세대 이동통신망의 IMS는 바로 인터넷의 접근성 문제를 해소할 수 있는 대안으로 소개된 것이며 장소 제한을 극복할 수 있도록 설계된 기술이다. 따라서 USN이 성공하기 위해서는 차세대 이동통신망과의 연동을 고려하여야만 한다. 예를 들어 지역적으로 떨어져 있는 두 개의 USN 사이트의 연동을 필요로 하는 경우 별도의 망을 구축하기 보다는 차세대 이동통신망의 액세스로 접속되면 이들 사이의 통신을 쉽게 해결될 수 있다.

USN이 차세대 이동통신망에 활용된다면 다양한 장치들에 대한 관리가 용이할 수 있으며 사용자들에게 USN 기반의 서비스 제공이 가능할 것이다. 비록 USN에서 소개되는 서비스들이 일부 황당하게 보일 수 있지만 가까운 미래에 우리가 생활하면서 사용할 수 있는 서비스들이라고 인식하여야 할 것이다. 다음 소절에서 설명할 ITS는 과거 10여 년 전에는 실현가능성이 의심스러웠던 서비스였지만 현재에는 버스도착정보, 통합과금 등 매우 편리하게 사용되고 있다. 따라서 현재 USN은 초기단계로 서비스가 이루어지지만 향후 차세대 이동통신망과 연동될 때 큰 위력을 발휘할 것으로 기대하고 있다.

9.4.4 ITS

UMTS, NGcN, WiBro, USN, home networking에 대한 기술과 함께 ITS (intelligent transportation system)가 새로운 통신망으로 자리매김을 하고 있다. UMTS, NGcN와 WiBro 망 구축은 특정 통신사업자를 선정하여 이들이 통신망을 구축하고 일반사용자들에게 해당 서비스를 제공하는 반면 home networking은 개인이 자신의 집에 여러 기기들을 구축하는 형태이다. 이러한 통신망들과 함께 우리가 살고 있는 도심에는 교통 체계 관리의 주체인 경찰청의 협조 하에 지방자치단체가 ITS를 구축하고 있다. 비록 ITS의 출발은 교통체계 관리부터 시작되었지만 일반 교통정보를 일반인들이 접근할 수 있게 되면서 새로운 통신망들과 함께 ITS 망에 대한 관심이 높아지고 있다.

우리 주변의 신호등은 과거에 각각 독립적으로 동작하였지만 현재는 서로 연동되어 원활한 교통 흐름을 제공하고 있다. 과거에는 단순 교통신호 제어를 위하여 교통장비에 대한 단순 프로그램으로 가능하였지만, 현재는 도로에 교통량을 파악하여 막힌 방향의 진행신호를 길게 주는 방법과 같이 신호등을 제어하거나 우회도로 안내 정보를 제공하는 현재의 ITS 형태로 발전하였다.

또한 ITS가 구축된 지역에서 버스를 이용하는 경우 버스 도착 예정시간 안내를 실시간으로 제공하여 버스 이용고객에게 편리성을 제공하고 있으며, 버스의 과속, 개문발차 등 버스 이용객의 안전을 위한 정보가 실시간으로 버스중앙관리센터에서 관리되고 있다. 차량용 블랙박스가 소개되면서 차량 사고 및 각종 운행중 정보가 대중교통은 물론 자가용에도 부착되고 있으며 차량용 블랙박스에 저장된 정보가 단순히 해당 차량에 저장되는 것은 물론 UMTS, WiBro 또는 ITS통신망을 통하여 전달될 수도 있다.

USN이 발전하여 ITS와 융합됨으로써 새로운 서비스와 기술이 개발되어 UTS로 발전하였다. ITS는 다양한 형태로 구축될 수 있으며 그림 9.21과 같으며 ITS가 별도의 망으로 구축되기 보다는 인터넷에 연동되어 다양한 서비스를 제공한다. 차량통신은 크게 3가지로 나눌 수 있다.

- V2V(vehicle-to-vehicle) 통신: 다른 차량과의 통신으로 이동 및 정지 상태에서 통신으로 개인 프라이버시 정보를 제외한 일반적 정보 교환이 가능할 것임. 예를 들어 반대방향 차량으로부터 전방에 교통상황 정보를 불특정다수에게 전달할 수 있을 것임.
- V2I(vehicle-to-infrastructure) 통신: 도로를 따라 유무선 형태의 인프라 통신망을 구축하고 차량에게 무선으로 ITS 정보를 제공할 수 있음. 차량사이에 전달되는 정보에 비하여 안정적으로 대용량 정보 전달이 가능하고 위치관련서비스(location-based service: LBS) 제공이 가능함.

- IVN(In-vehicle network) 통신: home networking과 같이 차량 내의 통신서비스를 제공하는 것으로 차량 기기들 사이의 통신과 차 내에 들어온 사용자 기기들의 통신서비스를 제공할 수 있음.

ITS가 V2I를 통하여 코어 망 접속 서비스를 제공할 때 코어 망이 지방자치단체에서 제공하는 자체 망하고만 연동되어 있다면 사용자가 이용할 수 있는 서비스는 극히 제한적일 것이다. 그러나 그림 9.21과 같이 인터넷과 연동되고 ITS 서비스도 인터넷에 연결되어 있다면 사용자는 현재 인터넷에서 제공되는 모든 서비스를 사용할 수 있다. 물론 ITS 관련하여 보안이 필요한 정보는 적절한 보안 대책을 가지고 있어야 할 것이다. 특히 ITS의 교통관리의 주관단체인 지방자치단체 별로 보안 방안을 갖추어야 할 것이며 이에 대한 관리는 철저하게 이루어져야 할 것이다. 어느 영화에서 보았듯이 외부의 침입자가 사거리 모든 신호등을 녹색으로 켜놓으면 걷잡을 수 없는 교통사고가 날 수 있을 것이다.

ITS 통신망을 통하여 제공되는 서비스를 관리하는 센터는 버스관리, 주차관리, 교통제어, 비상제어 등 매우 다양할 수 있으며 이를 정리하면 그림 9.22와 같다. 또한 여기서 제공되는 서비스는 차량 외에 인도 보행자에게도 제공된다. 차량 또는 보행자가 ITS 서비스를 사용하기 위해서는 인증절차가 있어야 할 것이며 여러 그룹들이 서로 독립적으로 자신들의 목적에 맞게 사용할 수 있도록 인터페이스를 제공하여 주어야 한다. ITS 관리센터 역시 센터의 설치 목적에 따라 서비스가 독립적으로 운영될 것이다.

사용자 그룹과 각 관리센터들이 각각 독립적인 기능을 운영하고 하부 링크는 다양한 기술을 이용하더라도 네트워크 계층은 하나의 프로토콜을 사용하여야 하고 인터넷과의 연동을 고려한다면 ITS의 네트워크 계층의 IP 적용은 당연한 것이다. 또한 V2I 부분에 주로 ITS 특화된 무선 링크 기술을 적용하는 표준안이 대부분이지만 무선 LAN 및 셀 크기를 줄인 WiBro 기술 적용 방안도 고려할 수 있다. ITS 특성상 차량 이동방향이 분명하기 때문에 다음 셀로 핸드오프가 쉽게 이루어질 수 있으며 핸드오프 지연시간을 충분히 줄일 수 있다면 실시간 서비스도 제공할 수 있다.

ITS를 3세대, 4세대 이동통신망 관점에서 보면 휴대단말기와 같은 역할을 수행하여 home networking과 함께 통신망 최종단에서 실시간 데이터수집, 실시간 제어, 고속 핸드오프 등을 지원한다. Home networking이 고정 위치에서 광대역 서비스를 사용한다면 ITS의 경우 고속의 이동 환경에서 저속 또는 고속의 실시간 서비스를 사용하기 때문에 통신망 관점에서는 가장 까다로운 통신망 형태이지만 가장 유용한 정보를 제공할 수 있다.

ITS에서 하부 무선링크가 다양한 형태로 제공되는 경우 서로 다른 특성의 무선링크에 지속적으로 연동하여야 하는 vertical handoff를 고려하여야 한다. 또한 새로운 통신기술을 적용하는 경우 휴대 단말기와 달리 차량규모가 있어 장치의 공간적 제한을 받지 않으며 차량제작 단계 이후에도 장착하는데 큰 어려움이 없다. 차세대 이동통신망과의 연동에서 네트워크 계층의 IP와 연동되기 때문에 교통정보 제공 및 수집에 어려움이 없으며 고속 이동하는 환경에서 끊임없는 실시간 서비스 지원을 위해서도 기존 IMS로도 충분한 지원이 가능할 것으로 예상된다. 따라서 차세대 이동통신망의 액세스 망으로 ITS를 지원할 수 있을 것이다.

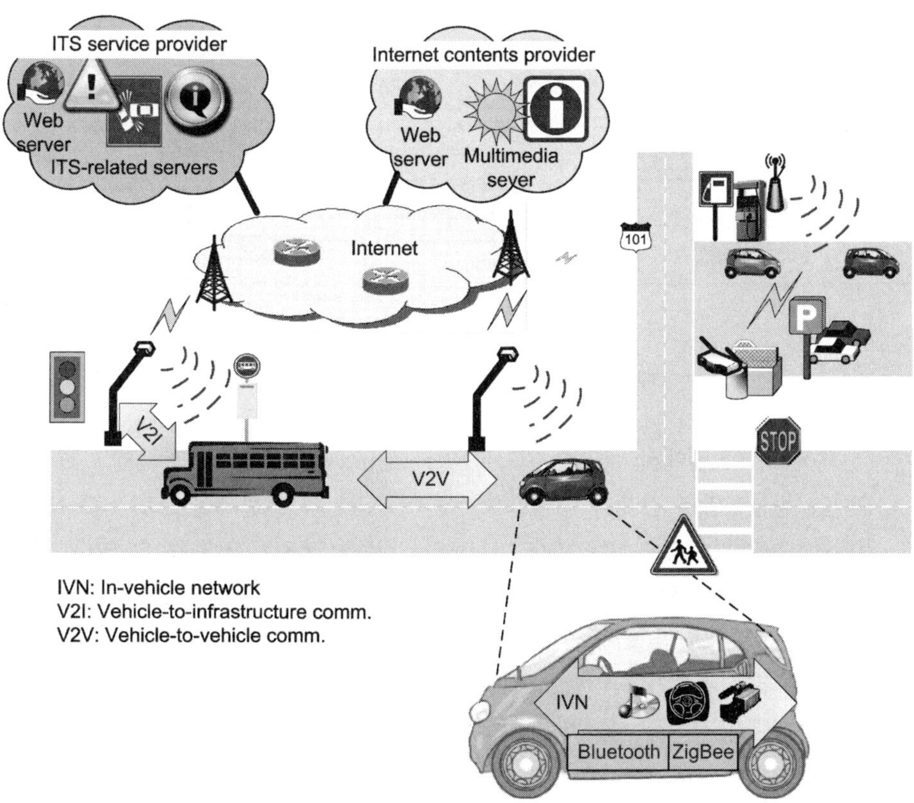

• 그림 9.21 • ITS 응용 예

9.4.5 차세대 이동통신망의 다양한 액세스 망 – 유무선통합망

차세대 이동통신망과 WiMAX/WiBro는 앞 절에서도 설명한 바와 같이 UMTS 코어 망의 액세스 망으로 기능을 수행하며 단순 인터넷접속에는 전혀 어려움이 없을 것이다. 이 뿐만 아니라 VoIP가 구현되고 음성 서비스 품질만 보장할 수 있다면 사용자 입장에서는 WCDMA를 통하여 접속되거나 WiMAX/WiBro를 기반으로 접속될 때 별반 차이를 느끼지 못할 것이다. 또한 무선 LAN 기반의 VoIP 사용자와 통화할 때에도 서비스 품질이 보장된다면 다양한 무선 액세스를 통하여 차세대 이동통신망을 사용하는 것이 가능하게 된다.

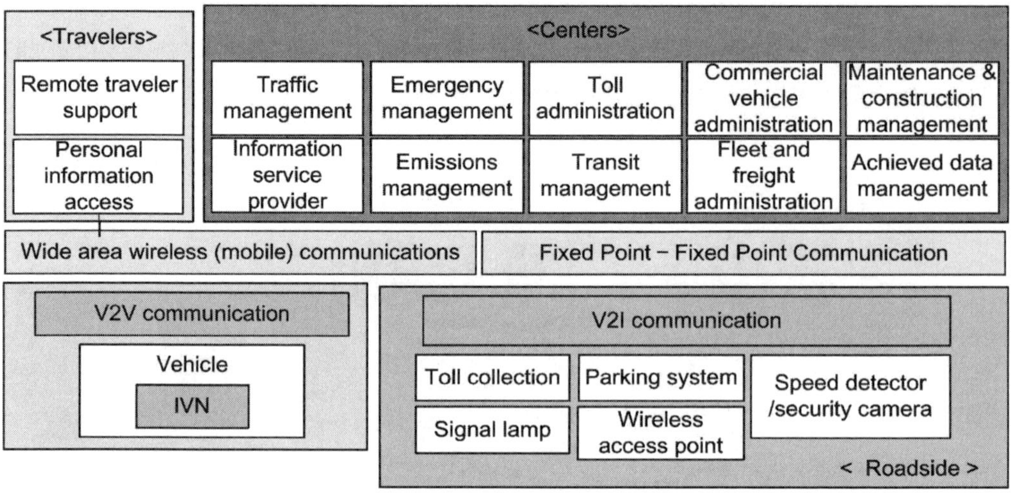

• 그림 9.22 • ITS에서 제공되는 기능과 서비스

그렇다면 이 절에서 설명한 NGcN, home networking, ITS 그리고 USN 등과 차세대 이동통신망의 관계는 어떠할까? 먼저 NGcN과의 관계를 보면 NGcN이 코어 망 역할을 수행하는 경우 UMTS가 NGcN의 액세스 망으로 연동될 수 있다. 또한 그 반대로 UMTS 코어 망이 유무선 통합망의 코어 망 역할을 담당하고 NGcN은 하나의 액세스 망 또는 별도의 코어 망처럼 연동될 수 있다. 유무선 통합망에 대한 논의는 지난 1990년대부터 논의가 되어왔으며 현재 어떠한 형태로 통신 시장에 나타난 것은 없다. 그러나 최근 유선전화 사업자와 이동통신 사업자들의 합병 등으로 사업자 통합이 이루어지고 있으며 이들 중심으로 유무선 통합이 진행되고 있다.

유무선 통합망의 다양한 형태를 기술적 관점에서 고찰하면 공통적인 사항은 통합망의 코어 망 부분에는 IP 기반으로 정의하고 있으며 광대역 링크를 기반으로 서비스 품질 보장 방안을 정의하고 있다는 것이다. 또한 멀티미디어 서비스에 가장 해결해야 하는 부분은 영상통신 보다는 방송서비스를 지원하기 위한 기술개발이 주가 되고 있다는 것이다. NGcN이던 UMTS의 코어 망의 형태이던 유무선 통합망의 코어 망은 이러한 기술적 관점에서 발전하여야 할 것이다.

차세대 이동통신망과 home networking, ITS 그리고 USN 등과의 관계는 그림 9.23과 같다. 이들은 대부분 UMTS 코어 망의 또 다른 액세스 망으로 연동될 것이며

IP 기반으로 구성된다. 먼저 home networking은 NGcN의 액세스 망이거나 차세대 이동통신망의 액세스 형태로 자리매김을 할 것이다. 다양한 제품 중 특히 스마트 폰의 경우 외부에서는 이동통신망의 기지국을 통하여 서비스를 받지만 댁내에서는 무선 LAN과 같은 무선 링크나 유선 접속을 통하여 서비스를 받을 수 있다. 이때 vertical handoff의 요구사항이 있으며 기술적으로 두 개 이상의 무선과 연동되어야 한다. 이를 위하여 IEEE 802.21 MIH 기술이 필요할 수도 있으며 사용자 입장에서는 하부 무선 링크의 변화를 모르면서 끊임없는 서비스 이용이 가능하게 될 것이다.

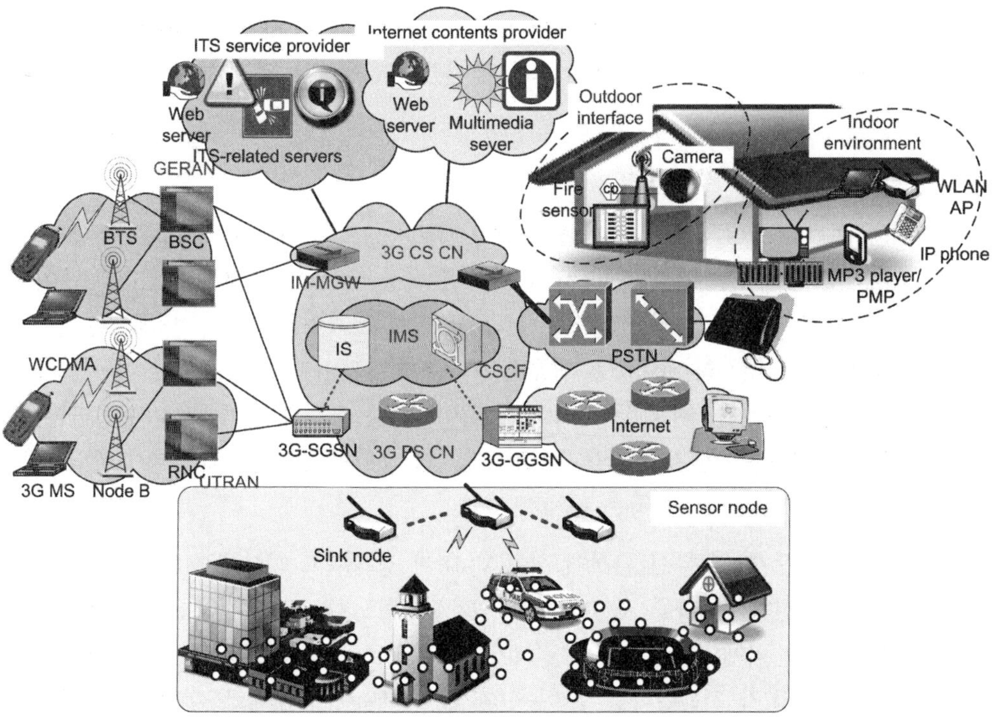

• 그림 9.23 • Home networking, USN과 ITS를 UMTS 코어 망으로 연동한 경우

ITS는 차량과 연계하여 차세대 이동통신망과 연동될 수 있다. ITS는 UMTS 코어 망의 콘텐츠 서버가 위치하면서 교통, 버스 및 사고 관련 정보 제공을 기존 이동통신 단말에 할 수도 있지만 차량 자체가 단말로 UMTS에 연동될 수 있다. 차량이 UMTS의 단말로 동작하는 경우 차량 내 이동단말은 기지국 역할을 하면서 중계기 역할을 할 수 있다. 마치 댁내의 무선 LAN AP가 차량에서 제공되는 것과 같으며 이러한 서비스를 지원하기 위하여 IETF에서는 NEMO(network mobility) 프로토콜을 정의하고 있다. 이 경우 차량 내에 이동단말은 차량 내의 기지국 서비스를 받으며 차량은 이동통신망의 기지국과 핸드오프하면서 지속적인 서비스를 중계한다.

USN의 사업 영역은 매우 넓다. 건축, 국방, 물류, 조선, 교통, 방송, 스포츠 등 산업융합에 모두 연관될 수 있으며 비교적 적은 양의 트래픽이 실시간적으로 전달된다. 센서 노드가 광범위한 영역에 흩어져 이들 사이에 mesh network 구성을 필요로 하며 전원공급의 문제가 해결되어야 할 것이다. 그리고 이들이 궁극적으로 NGcN이나 UMTS의 코어 망에 연동되고 센서 노드의 정보를 관리하는 서버가 연결되어 센서 노드의 가치를 실현시킬 수 있다.

이 외에도 UMTS 코어 망에 매우 성격이 다른 통신망이 접목될 수 있으며 이때 가장 중요한 것은 IP 기반으로 되어 있으면 용이하게 연동될 수 있지만 그렇지 않은 경우에는 IP로 변환하여 연동될 수도 있다는 것이다. 결국 유무선 통합망은 단순 유무선 전화망 통합부터 시작하였지만 모든 통신망을 연동하는 단계까지 발전하고 있다.

9.4.6 FMC에서 VoIP

유무선 통합망의 가장 간단한 구성인 FMC는 home networking의 무선 LAN AP와 외부 망에서는 UMTS 기지국을 이용한 음성서비스를 고려하고 있다. 즉 이동단말기에 무선 LAN 모듈과 UMTS 무선 모듈을 모두 가지고 있어 댁내에서는 무선 LAN을 통한 인터넷전화 서비스를 제공받고 외부에 나가면 UMTS를 통한 이동전화 서비스를 사용하게 된다. 현재 두 개의 모듈 사이에 핸드오프 기능이 없어 서로 다른 무선환경으로 이동하는 경우 하나의 무선링크를 끊고 새로운 무선링크에 다시 연결해야 하므로 통신이 단절되어야 하는 문제가 있다.

그러나 두 개의 무선 환경에 서로 VoIP가 장착되고 하부에 MIH가 지원된다면 이 문제는 해결될 수 있을 것이며 이와 연계된 비즈니스 모델은 새롭게 정의될 수 있을 것이다. 이 외에도 다른 무선 링크가 pico cell 또는 femto cell 형태로 지원되고 MIH와 VoIP가 지원된다면 무선통신환경은 매우 다른 형태로 발전할 수 있을 것으로 기대된다.

제10장 UMTS 평면과 기능블록구성

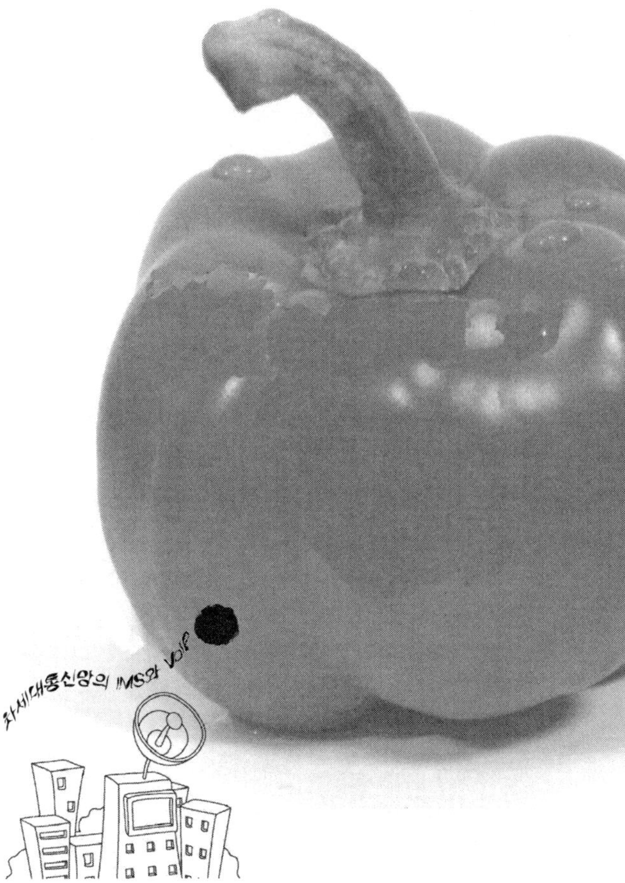

UMTS release 별로 기능블록이 정의되어 있지만 AIPN에서 제어기능블록까지 IP를 고려한 것은 release 5의 IMS가 처음이었으며 IMS를 이해하기 위해서는 VoIP, IP QoS, COPS 등 인터넷 고급 기술을 이해하고 있어야 한다. 또한 release 4까지 SS 7를 사용한 기능블록과 동작을 참고하여 IMS를 설계하였기 때문에 release 4까지의 기능블록과 제어방법 등을 이해하면 이 장에서 설명하는 기능블록들을 이해하는데 큰 도움이 된다.

UMTS는 계층별 프로토콜 표현방법보다는 평면(plane)에 속하는 기능블록 형태로 정의되었으며 각 기능블록은 필요한 요소기능에 따라 정의되었다. UMTS 평면은 사용자가 발생시키는 트래픽을 전달하는 사용자평면, 모든 평면의 기능블록을 제어하는 제어평면, 그리고 응용서비스를 정의하고 있는 응용서비스평면으로 나눌 수 있다. 사용자평면에 해당하는 것은 가입자 망과 PS CN 부분을 합쳐 IP CAN이라고 할 수 있으며 제어평명과 응용서비스평면을 합쳐 IMS라고 할 수 있다. 즉, UMTS는 사용자평면인 IP CAN과 제어평면과 응용서비스평면으로 구성된 IMS로 구성된다. 응용서비스평면에 정의된 기능블록은 AS가 있고 제어평면은 신호메시지를 처리하는 CSCF, 멀티미디어 제어하는 MRFC, 타 망과의 연동을 위한 MGCF, SGW, BGCF 등이 있으며 서비스품질과 보안과 관련하여 PDF, CGF, SEG 등의 기능블록을 정의하고 있다.

사용자평면에서 발생한 트래픽은 UMTS 사용자 사이의 통신, 타 망 사용자들와의 통신, 또는 응용서비스를 이용하기 위한 AS와의 통신 용도로 발생하게 되며 IP 기반의 멀티미디어 서비스를 제공한다. CS 기반의 타 망, 예를 들어 PSTN, 2세대 이동통신망, 등과 연동될 때 IP CAN과 이들 사이에서 MGW가 미디어 변환을 담당하게 된다.

IMS의 제어평면에서 가장 중요한 기능은 사용자들 사이의 세션이나 호를 연결하여 주는 것으로 SIP를 기반으로 설계된 CSCF가 세션 관리기능블록을 담당한다. CSCF는 이동단말과 항상 연결되는 P-CSCF와 사용자의 기본정보와 홈 서버의 역할을 하는 S-CSCF가 있으며 타 사업자 망과 연동하는 게이트웨이 역할을 하는 I-CSCF로 구성된다. CSCF는 VoIP의 SIP 메시지를 처리하며 이동성을 지원한다. 이동단말에서 요구 또는 이동단말로 전달되는 SIP 메시지 처리 경로는 기존 2세대 이동통신망의 MSC 사이에서 호를 처리하듯 CSCF 사이에서 설정된다. IMS는 또한 다른 망과의 연동과정도 정의하고 있다. 타 망과의 연동을 위하여 megaco/H.248을 사용하며 PSTN과 연동을 위해서는 sigtran 프로토콜도 사용한다.

응용서비스평면에서 고려되는 응용서비스는 IP 기반에서 새로 정의되거나 기존 서비스를 그대로 제공하게 될 것이다. 새롭게 정의되는 서비스는 SIP에 맞추어 인터페이스를 설계하겠지만 기존서비스들은 SS 7 인터페이스를 가지고 있어 이들 사이에 매핑만 유지하면 된다. IMS에서는 이러한 인터페이스를 제공하는 OSA SCS, IM-SSF를 정의하고 있다.

IP CAN과 IMS는 서로 다른 프로토콜 스택을 갖는다. 최하위 프로토콜 계층은 같이 사용하더라도 프로토콜 상위계층으로 올라갈수록 IP CAN과 IMS는 다른 프로토콜 스택을 가지며 IP CAN의 IP는 사용자 트래픽이 전달된다. 외부 인터넷 관점에서 이동단말은 마치 하나의 서브네트워크에 인터넷 단말처럼 간주된다. 즉, 외부 인터넷에서 UE 사이에 패킷전달이 이루어져야 한다. 그러나 IP CAN의 범위가 매우 넓고 많은 장치들이 존재하기 때문에 이들 사이에 인프라 네트워크를 필요로 한다.

외부 인터넷과 연결된 GGSN은 UE와 SGSN을 경유하여 논리적 연결과정이 이루어지며 IP CAN 내부는 광범위한 영역에 논리적 연결을 지원하기 위하여 하부 인프라의 자체 라우팅을 필요로 한다. 다시 말해, GGSN과 UE는 PPP 형태로 연결되면서 외부 인터넷과 접속을 위한 IP 계층을 갖고 있고, IP CAN 하부 인프라의 내부 라우팅을 위한 IP 계층을 갖는다. 하부 인프라 IP 계층은 IP CAN 내부의 라우팅을 목적으로 사용되는 내부 프로토콜로 외부 인터넷의 IP 계층과는 무관하다.

이 장에서는 UMTS의 각 기능블록의 역할과 기능을 설명하고 있다. 먼저 1절에서는 전체 release 별 구성과 함께 release 4와 5가 공존하는 환경의 복잡한 기능블록과 함께 전체 기능블록을 보여주었고 추가적인 설명을 하지 않았다. 2절부터 UMTS를 이해할 수 있는 평면관점으로 기능블록을 나누어 설명하였고 사용자평면, 제어평면, 응용서비스평면으로 각 기능블록을 분류하였다. 3절에서 5절까지는 각 평면을 비교적 자세하게 설명하였으므로 각 기능블록의 담당 기능을 이해하는데 도움이 될 것이다. 그리고 마지막 절에서는 IP CAN의 프로토콜 스택을 알아보았다.

본 장을 마치면

- IMS 각 기능들을 트래픽 또는 기능에 따라 분류하고 평면 관점의 기능블록을 이해할 수 있다.
- 사용자평면의 기능블록을 분류하고, IP CAN을 이해할 수 있으며 IMS와의 관계를 설명할 수 있다.
- 제어평면의 기능블록을 분류하고 각 기능블록의 역할을 설명할 수 있다. 특히, CSCF 사이의 신호메시지 전달 경로를 설명할 수 있다.
- 응용서비스평면의 기능블록을 분류하고 각 기능블록의 역할을 설명할 수 있다.
- UE-GGSN의 IP 스택과 GGSN-SGSN, SGSN-RNC의 IP 스택 역할을 이해하고 UE와 외부 인터넷 사이의 사용자 트래픽 전달을 설명할 수 있다.

10.1 UMTS 전체 기능블록

일반적으로 통신 표준을 만들 때 가장 먼저 기능요구사항(functional requirement)을 정의하고 이에 따라 기능블록(function block)과 참조점(reference point)을 정의하며 그 다음에 프로토콜 절차를 정의하는 순서로 이루어진다. 이러한 기능블록과 프로토콜 스택은 평면 형태에서 입체 형태로 도식화되어 매우 복잡하게 발전하였다. 1980년대의 TCP/IP는 계층(layer)별로 그린 반면 1990년대의 ATM은 사용자평면(user plane), 제어평면(control plane), 관리평면(management plane)을 갖도록 구성하였고 현재 UMTS 망은 기능에 따라 기능블록을 놓고 관련 기능블록끼리 연결하는 형태로 발전하여 왔다.

10.1.1 UMTS Release 4와 5가 서로 함께 존재한 경우

UMTS(universal mobile telecommunications system)가 단계적으로 발전하면서 release 3, 4, 5와 같이 구분되어 기능블록을 정의하고 있으며 IMS(IP multimedia subsystem)는 2002년 6월 release 5에서 정의되었다. Release 4에서는 코어 망(core network: CN) 부분에 IP를 적용한 것으로 기존 MSC(mobile switching center)가 MSC 서버로 대체되고 신호 프로토콜로 SS 7(signaling system no. 7)을 사용하지만 하부 계층의 전달 수단으로 IP를 사용되게 된다.

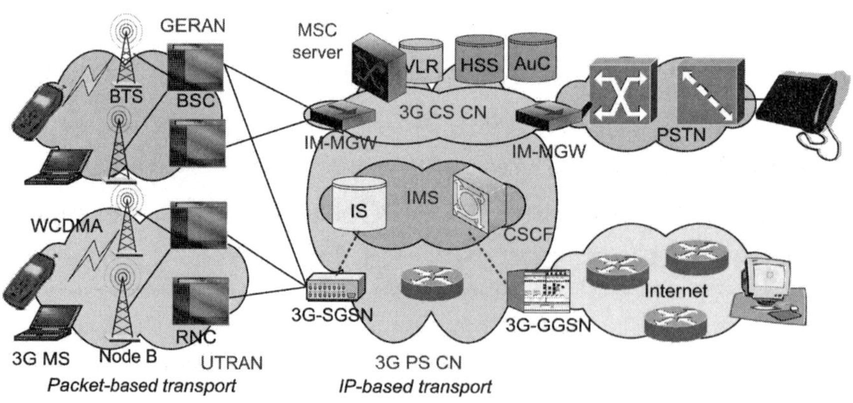

• 그림 10.1 • Release 4와 5가 공존하고 있는 UMTS 망 구성

그림 10.1은 release 4와 5가 공존하는 망 구성의 예로 액세스 망(access network: AN)과 코어 망으로 분리하여 도식하였다. 액세스 망은 GSM/GPRS/EDGE(global system for mobile communications/general packet radio service/enhanced date rates for GSM evolution)와 같은 TDMA(time division multiple access)를 수용하는 부분과 WCDMA(wideband code division multiple access)가 적용된 UTRAN(UMTS terrestrial radio access network) 부분으로 나누어 구성되어 있다. 즉 사용자들의 단말기가 2세대, 2.5세대 그리고 3세대 단말기가 동시에 지원되고 있는 것이다.

그러나 기존 코어 망 부분은 회선교환서비스와 패킷교환서비스를 위하여 분리된 각각의 교환기술을 사용하던 것이 release 4에서는 회선교환서비스 구간에도 IP 패킷기술을 적용하고 있다. 따라서 신호메시지는 IP 상에서 MSC서버에게 전달되고 음성과 같은 회선교환서비스의 사용자 트래픽은 IM-MGW(IP multimedia-media gateway)를 통하여 변환되며 기존 PSTN(public swtiched telephone network)과 정합되는 부분에서 다시 IM-MGW를 통하여 적절하게 미디어 변환이 이루질 필요가 있다[35]. 한편 기존 VLR(visiting location register), HLR(home location register), AuC(authentication center) 등은 SS 7 메시지를 처리하고 이들 사이에 전달되는 하부계층은 IP가 담당한다.

이러한 망 구성요소를 기능별로 도식하면 그림 10.2와 같이 다소 복잡하게 그릴 수 있으며 그림 10.1의 망 구성요소와 거의 같은 형태임을 알 수 있다. 그리고 기능블록 사이에는 참조점을 갖고 있고 이들 사이에 메시지를 주고받는 절차를 정의하게 된다. 또한 기능블록의 연결 구성은 사용자 트래픽, 제어 트래픽, 관리 트래픽과 같은 트래픽의 기능에 따라 평면적으로 나뉘며 이 중 제어 트래픽은 신호 전달, 서비스품질 제어, 보안 기능에 따라 세분화 될 수 있다. 본 소절에서의 그림 10.2의 복잡한 기능의 이해가 주 관심사가 아니므로 이에 대한 자세한 설명은 생략한다.

10.1.1 IMS 기능블록 구성도

이전 소절에서는 release 4와 5로 함께 운영되는 UMTS 망 구성을 알아보았지만 실제 환경은 2세대/2.5세대 그리고 3세대 이동통신망의 초기 망 구성 등이 공존하는 형태로 사업자마다 다른 환경일 것이다. Release 4에서 코어 망의 사용자 트래픽 부분에 기초 회선교환방식을 IP로 대체하였으며 제어 트래픽은 SS 7을 사용하고 있다.

Release 5에서 정의하고 있는 IMS는 진정한 AIPN(all IP network) 환경을 위하여 신호과정으로 SIP(session initiation protocol)를 채택하고 모든 환경의 사용자 트래픽, 제어 트래픽, 그리고 관리 트래픽은 물론 응용서비스까지 IP 요소기술을 적용

35) IM-MGW는 회선교환서비스를 위하여 존재하기 때문에 CS-MGW(circuit service media gateway)라고 지칭하기로 하고 단순히 MGW 또는 MG로만 표현하기도 함.

한 것으로 UMTS IMS 망 구성요소를 표현하면 그림 10.3과 같다. 무선 가입자구간은 그림 10.1과 같지만 코어 망 부분의 IMS는 기능블록을 자세하게 도식하고 있다. 그림 10.3의 중간부분이 바로 코어 망 부분으로 왼쪽으로는 무선가입자 망과 연결되어 있고 오른쪽 부분으로는 기존의 PSTN 및 인터넷과 정합되어 있다. 중간 부분에는 코어 망의 핵심인 IMS와 사용자 트래픽이 전달되는 부분이 존재하고 있다. 사용자 트래픽 전달 영역은 CS(circuit switched) CN과 PS(packet switched) CN으로 나뉘어져 있으며 이들이 분리된 것처럼 그려져 있지만 공통된 인프라를 가지며 하나의 IP 전달망 형태로 구성된다.

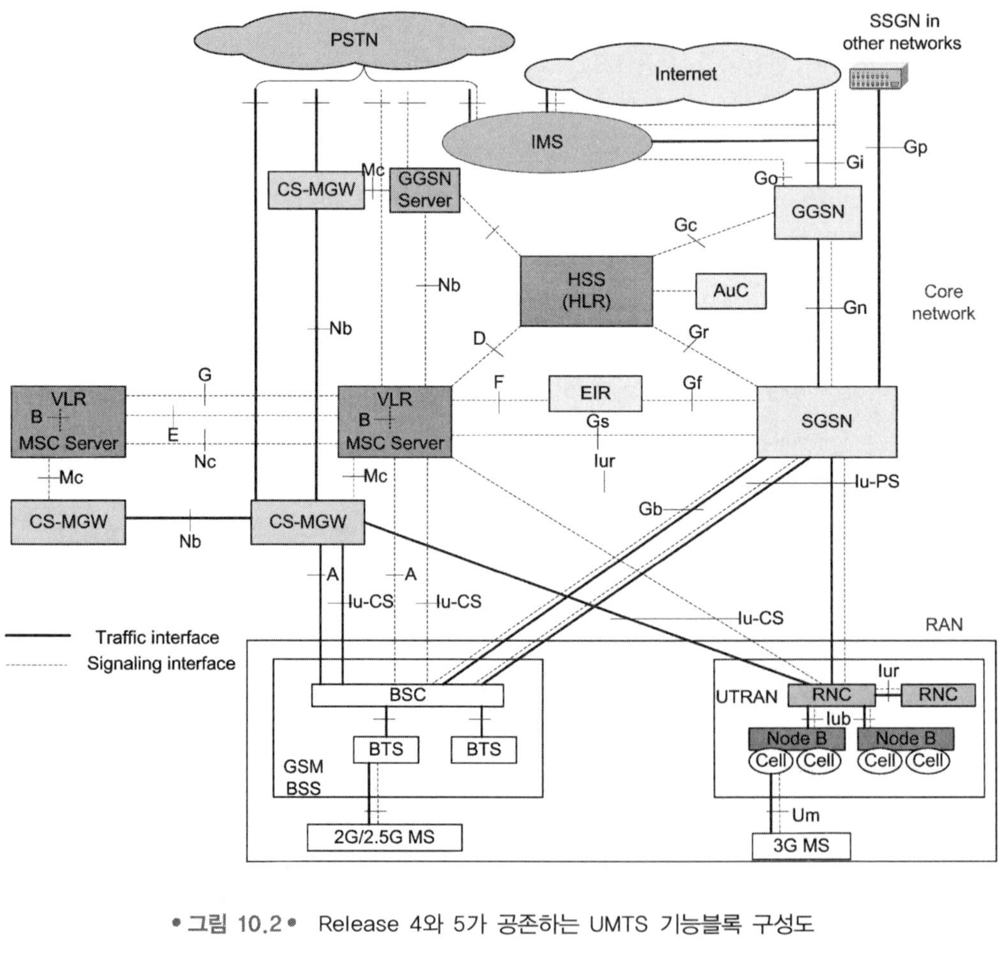

• 그림 10.2 • Release 4와 5가 공존하는 UMTS 기능블록 구성도

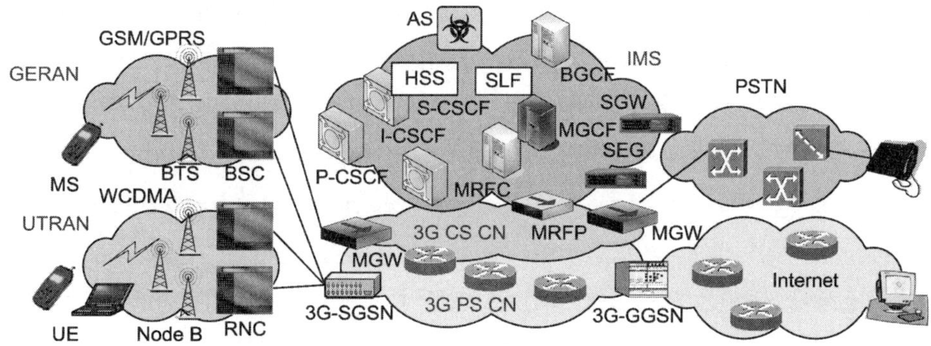

• 그림 10.3 • UMTS Release 5의 망 구성 및 외부 망 연동

그림 10.4는 그림 10.3의 UMTS release 5 망의 기능블록을 구분 없이 서로 연결하는 인터페이스 중심으로 나타낸 것으로 매우 복잡한 형태처럼 보이지만 이 장을 이해한 후에 각 기능별로 관계를 이해하고 나면 대략적인 기능블록 구성도를 이해할 수 있을 것이다.

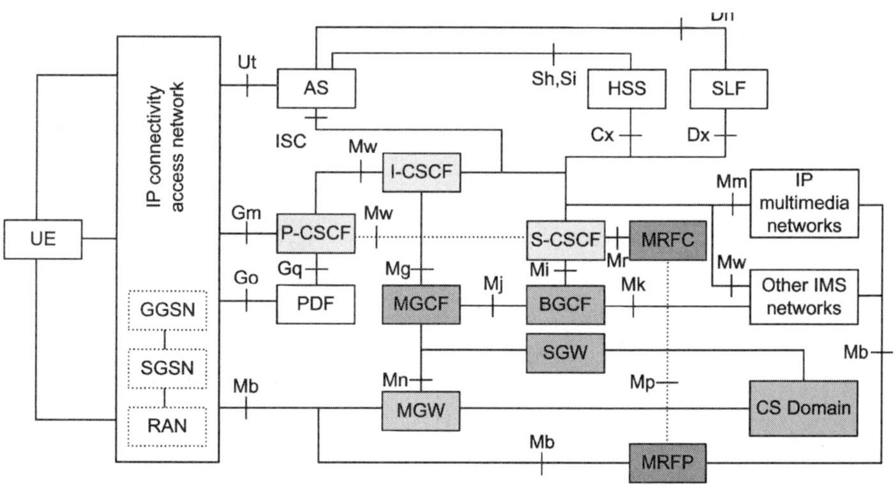

• 그림 10.4 • IMS 기능블록과 참조점

10.2 평면 관점의 기능블록 분류

IMS가 적용된 기능블록을 하나의 평면으로 도식하면 그림 10.4와 같지만 기능에

따라 그림 10.5와 같이 사용자평면, 제어평면, 응용서비스평면 관점으로 분류할 수 있다. 사용자평면은 사용자가 이용하는 트래픽을 전달하는 기능블록으로 구성되고 응용서비스평면은 다양한 응용서버들로 구성된다. 그리고 제어평면은 이들에 대한 트래픽 및 서비스에 대하여 전반적인 제어와 관리 기능블록으로 구성된다.

일반적으로 통신프로토콜은 사용자평면, 제어평면, 관리평면으로 분류된다. UMTS release 5의 사용자평면은 동일한 평면에 해당하고, UMTS release 5의 제어평면과 응용서비스평면은 일반적인 통신프로토콜의 제어평면과 관리평면에 해당하여 전반적으로 관련 기능을 수행한다고 볼 수 있다. 사용자평면은 SGSN(serving GPRS support node)-GGSN(gateway GPRS support node) 영역과 UTRAN 영역으로 구성되고 IP CAN(connectivity access network)에 해당하여 나머지 제어평면과 응용서비스평면은 IMS라고 할 수 있다. 따라서 그림 10.5의 각 평면을 IP CAN과 IMS로 나눠 구성하면 그림 10.6과 같이 도식할 수 있다.

이와 같이 IMS과 IP CAN를 별도로 고려한다면 IMS는 다양한 UMTS release 5 사용자 평면 외 다른 IP CAN의 제어평면과 응용서비스평면 역할을 수행할 수 있다. 즉, UTRAN 외에 무선 LAN(local area network) 또는 WiMAX(worldwide interoperability for microwave access)가 가입자 망으로 연동될 때 IMS로 제어가 가능하다는 의미이다. 이를 더 확장하면 IMS는 다양한 IP 액세스 망의 제어 목적으로 구현될 수 있으며 무선 인터넷망 외에 유선 인터넷 망을 가질 수도 있다.

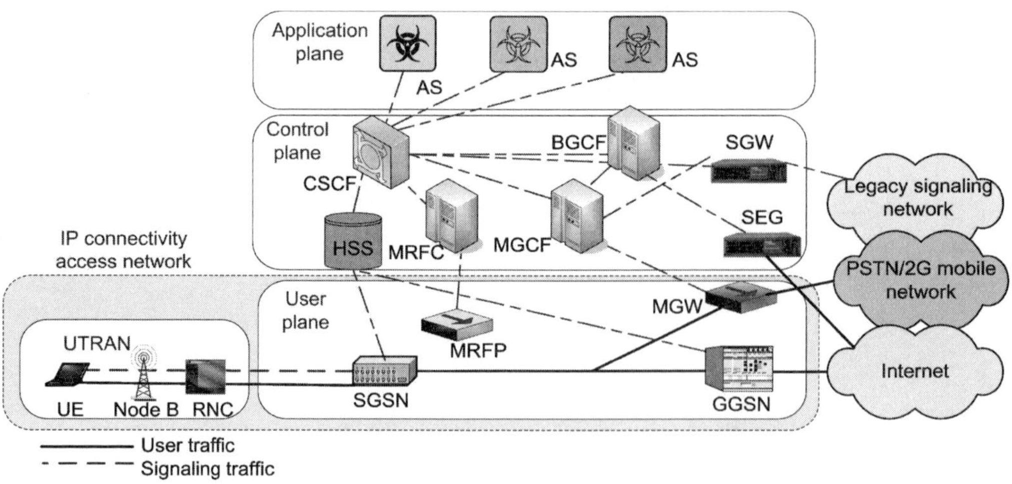

• 그림 10.5 • IMS 기능블록의 프로토콜 평면 관점의 분류

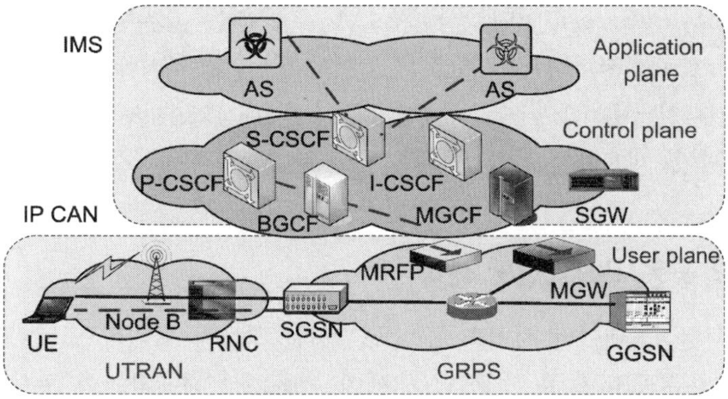

• 그림 10.6 • IP CAN과 IMS

10.2.1 사용자 트래픽 전달 담당 블록

그림 10.1의 CS CN은 기존 2세대 또는 2.5세대에서의 음성서비스 지원이 주 목적이었고 PSTN 연동의 경우 미디어와 신호 프로토콜이 같기 때문에 이들 사이에 변환이 필요 없었다. 그러나 IP 상의 음성데이터 지원이 release 4에서부터 정의되면서 CS CN과 PSTN 사이에서 MGW가 정의되었다. 또한 PS CN의 SGSN과 GGSN은 2.5세대 GPRS에서 소개되었지만 3세대 이동통신망에서 SGSN과 GGSN은 2.5세대에서 정의한 것보다는 더 많은 기능을 포함하게 된다. 따라서 AIPN에 전달되는 사용자 트래픽은 모두 IP를 이용하지만 트래픽 특성에 따라 PS와 CS로 나눌 수 있고 이들을 처리하는 기능블록이 다르거나 하나의 기능블록에서 특성에 따라 다르게 처리된다.

그림 10.5에서 보는 바와 같이 3세대 이동통신망의 사용자 트래픽은 UTRAN 사용자 외에 기존 인터넷과 PSTN 또는 2세대 이동통신 사용자들에게 전달된다. 사용자 트래픽 전달을 위하여 release 5에 포함되어 있는 기능블록을 소개하면 다음과 같다.

- GPRS에서 발전한 기능블록: SGSN과 GGSN
- PSTN 또는 2세대 이동통신망과 연동: MGW
- 멀티미디어 서비스 처리기능: MRFP(media resource function processor)

이러한 IMS 기능블록들 사이에 사용자 트래픽 전달을 위해서 PS CN은 일반 라우터를 이용하여 패킷 라우팅을 지원한다. PS CN이 인터넷 공중망 형태로 제공될 수도 있지만 IPv4 주소문제 및 보안상의 이유로 통신사업자의 사설망 형태로 구축될 가능성이 높다. Release 5에서 권고하는 것은 IPv6이지만 IPv4를 사용할 수도 있다. IPv4를 사용하는 경우 각 노드에 할당되는 IP 주소는 공인주소(public address)이거나 사설주소(private address)이며 사설주소를 사용하는 경우 GGSN은 NAT(network address translation) 기능을 갖고 있어야 한다. PS CN에 IPv6를 채택하여 사용하더라도 외부 인터넷이 IPv4를 사용하게 된다면 IPv4와 IPv6의 변환 및 천이과정등과 관련된 기술을 채택하여야 할 것이다.

10.2.2 응용서비스 담당 블록

음성, 영상, 데이터 서비스 등을 포함하는 사용자 트래픽으로는 UMTS 내부통신도 있지만 외부 인터넷 또는 PSTN/2세대 이동통신 사용자와의 통신도 존재할 것이다. 이러한 기본 통신서비스 외에도 700, 080과 같은 서버 또는 인터넷방송, VoD (video-on-demand) 서버와 접속하는 서비스 등이 존재할 수 있으며 이러한 서비스를 UMTS에서는 AS(application server)로 정의하고 있다.

IMS에서 응용서비스는 IMS 내부에 있거나 외부에 존재할 수 있다. 또한 IMS가 IP 기반으로 되어 있기 때문에 IP 기반의 순수한 IMS 서비스로 개발될 수도 있고, 기존 SS 7에 의한 서비스를 제공하기 위하여 SS 7 응용에 맞도록 변환 기능블록을 두어야 한다. IP 기반의 서비스는 SIP 또는 HTTP(hypertext transfer protocol) 형태로 지원될 것이며 이 프로토콜들은 현재 지원하는 서비스 외에 미래에 출현할 서비스도 지원할 수 있다.

10.2.3 제어 트래픽 전달 담당 블록

앞의 사용자 트래픽 전달과 응용서비스 담당 블록들이 유기적으로 잘 동작되기 위해서는 이들을 관리할 수 있는 제어 기능블록이 필요하다. 사용자평면과 응용서비스평면의 기능블록을 제어하는 IMS의 기능블록들을 역할에 따라 분류하면 다음과 같다.

- 신호메시지 전달 블록: CSCF(call session control function)
- 영상회의 제어 및 멀티미디어 미디어 전달 담당 블록: MRFC(media resource function controller)
- 타 망 연동 블록: MGCF(media gateway control function), SGW(signaling gateway), BGCF(breakout gateway control function)
- 서비스품질(QoS: quality of service), 과금 및 보안 기능 담당 블록: PDF(policy decision function), CGF(charging gateway function)와 SEG(security gateway)

All IP 환경으로 발전하기 위하여 제어 프로토콜로 SS 7을 더 이상 사용하지 않고

IP에서 호 처리 프로토콜에 해당하는 SIP를 사용하게 된다. 그러나 SIP는 유선 인터넷에서 정의된 것으로 이동통신망에서는 사용자 트래픽 전달을 위하여 기존 MSC에 이동성 관리 및 호 제어를 했던 기능이 추가된 SIP 서버를 정의하였다. UMTS release 4의 MSC 서버는 VoIP의 SIP 서버에 다른 기능을 추가하여 UMTS에서 독립된 장치를 정의하기 위한 CSCF를 채택하였다.

2세대 및 2.5세대 그리고 UMTS release 3과 4에서 CS 트래픽들이 IMS가 포함된 UMTS release 5 망과 상호 운용되기 위해서는 미디어 변환 및 신호메시지 변환을 필요로 한다. 미디어와 신호메시지로 나누어 고려할 때 MGW가 미디어 변환을 수행하는 반면 신호메시지 변환은 SGW가 담당하며 MGCF는 SGW와 MGW 사이에 필요한 절차를 순차적으로 처리하는 역할을 담당한다.

IMS와 타 망이 연동되는 경우 IMS에서 외부로 나가는 여러 게이트웨이 중 하나를 선택하여 알려주는 기능을 담당하는 것이 BGCF이다. 이외에도 QoS를 관리하기 위한 PDF와 PEP를 정의하고 있으며 타 사업자 또는 외부 망과 연동될 때 서비스 보안기능을 지원하기 위하여 SEG를 정의하고 있다.

지금까지 한 내용을 기초로 그림 10.3과 10.4를 다시 보면 비록 하나의 평면에 같이 도식되어 있지만 각 기능 블록들이 연관관계에 의해 연결되어 있다는 것을 알 수 있다. 예를 들어 MFRC가 MRFP와는 연결되지만 SGW와는 연결 관계가 없음을 확인할 수 있을 것이다. 즉, MRFC와 MRFP는 멀티미디어 및 회의시스템을 지원하기 위한 것이고 SGW는 타 망과의 신호메시지 변환에 대한 기능을 하고 있어 이들 사이에는 연결 관계가 존재하지 않는다.

10.3 사용자평면 구성 기능블록

UTRAN에 있는 UE(user equipment) 사용자 사이의 트래픽은 IMS 사용자 평면에 해당하는 GPRS 망을 코어 망으로 이용하여 전달된다. 이러한 IMS 내부 트래픽 외에 IMS 사용자 트래픽은 그림 10.7에서와 같이 기존 인터넷과 PSTN, 2세대 이동통신 사용자에게 전달되는 외부 트래픽 전달 경로를 갖고 있다. 이와 같이 외부 인터넷 접속을 할 수 있도록 지원해 주는 IP 망이 IP CAN이며 UTRAN과 GPRS 망이 함께 구성될 때 UE가 외부 인터넷에 접속될 수 있기 때문에 UTRAN과 GPRS 망을 합친 부분이 IP CAN에 해당한다.

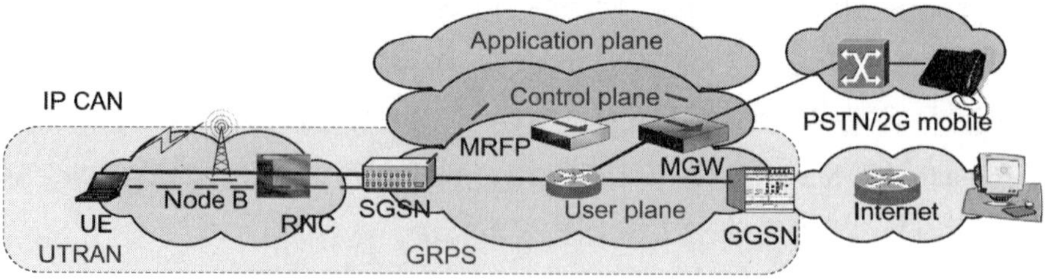

• 그림 10.7 • IP CAN의 사용자 트래픽 전달 담당 기능블록

그림 10.7의 기능블록에 대하여 소개하면 다음과 같다.

- SGSN: 패킷교환서비스를 위하여 가입자 망 구간과 코어 망 사이에 연결되어 UE의 위치관리 및 access link 관리 등을 수행하며 2.5G GPRS에서 소개한 기능보다는 고급기능을 가져 UMTS 서비스를 효율적으로 수행함.
- GGSN: 코어 망 부분과 인터넷을 연결하는 NAS(network access server) 역할을 담당하며 UE를 관리하는 SGSN과 터널링 프로토콜을 통하여 논리적으로 연결됨.
- MGW: 회선교환 방식의 액세스 망과 CS CN, 또는 PSTN과 CS CN 사이에 위치하여 사용자 트래픽 변환을 책임지며 관련 동작 제어 명령은 MGCF로부터 받음.
- MRFP: MRFP는 영상회의시스템과 같이 conference 서비스를 위하여 한 구성원이 보낸 트래픽을 여러 사람에게 중계하여 주는 기능을 담당하며 MRFC로부터 제어 명령을 받음.

SGSN과 GGSN은 2.5세대 GPRS에서 정의될 당시에는 AIPN 환경을 염두하여 설계되었지만 2세대 GSM과의 호환을 위하여 신호 프로토콜로 SS 7을 처리할 수 있는 기능을 포함하고 있었다. 즉, 사용자 트래픽은 인터넷 패킷을 처리하도록 하였지만 세션 관리 및 이동성 관리 등은 SS 7을 이해할 수 있도록 SGSN과 GGSN을 설계하였다. 그러나 Release 5의 IMS를 채택하면서 SGSN과 GGSN은 더 이상 SS 7를 처리하는 기능을 포함하지 않는다. IMS 환경에서 SGSN과 GGSN은 SIP를 라우팅해 주고 단순히 패킷 전달에 대한 기능만 처리하기 때문에 3G의 SGSN과 GGSN은 오히려 GPRS의 SGSN과 GGSN에 비하여 간단해졌다고 할 수도 있다.

MGW는 PSTN, 2세대 이동통신 외에 다른 통신망과의 연동하는 경우 미디어 변환에 대한 책임을 갖는다. 예를 들어 방송망과 연계되는 경우 방송망에서 사용하는 미디어를 IP CAN에서 이해하고 UE가 처리할 수 있는 패킷 형태로 변환을 MGW가 수행한다. MGW가 PSTN/2세대 이동통신망과 연동하는 기능을 담당하는 음성이 TDMA/PCM(pulse-code modulation)으로 전달되는 경우 IP 망에서의 RTP(real-time transport protocol)로 변환하는 기능을 담당한다.

MRFP는 멀티미디어 서비스 또는 다자간 회의시스템을 위한 미디어 전달 기능을 담당한다. 예를 들어 다자간 음성회의시스템을 IMS에서 제공하는 경우 각 UE가 점대점 연결을 다중으로 연결하는 방법, 각 UE가 MRFP와 연결하여 이들 사이에 점대점 연결을 통하여 마치 점대다중점인 것처럼 연결하는 방법 등으로 가능할 것이다.

10.4 제어평면 구성 기능블록

사용자 트래픽이 전달되기 전에 IMS는 제어평면에서 해당 사용자 트래픽이 전달될 수 있도록 경로설정 및 자원할당을 한다.

10.4.1 신호메시지 처리 기능블록

IMS는 신호 프로토콜로 SIP를 채택하고 있으며 SIP서버와는 달리 CSCF를 정의하고 있다. VoIP(voice over IP)의 SIP 서버는 인터넷 환경에 맞추어 단순히 단말들의 정보를 주는 기능을 포함하는 반면 CSCF에서는 기존 이동전화망에서의 MSC와 같이 엄격한 상태관리를 수행하는 기능을 포함하고 있다.

SIP 서버는 proxy 서버, redirect 서버 그리고 registrar 등으로 기능에 따라 나뉘는 반면 IMS에서 CSCF도 이동전화망 특성에 따라 그림 10.8에서 보는 바와 같이 다음 3가지로 나눌 수 있다.

- P-CSCF(proxy-CSCF): UE가 보내는 신호메시지를 처음 처리하는 부분으로 2세대 이동통신망에서의 MSC에 해당함. UE와 신호 프로토콜 관점에서 바로 연결되어 있는 P-CSCF는 IMS 사용자 등록, 신호메시지 파라메타에 따른 자원 할당 등의 기능을 수행하며 모든 UE는 반드시 하나 이상의 P-CSCF와 논리적 연결을 유지함.
- S-CSCF(serving-CSCF): SIP registrar와 같은 기능을 수행하며 HSS(home subscriber server)나 AS 등을 대신하여 신호메시지를 처리하는 기능을 수행함. 따라서 S-CSCF는 사용자가 온라인 상태에 있는 동안 사용자 위치와 사용자 프로파일(user profile) 등을 관리함.
- I-CSCF(interrogating-CSCF): SIP redirect 서버와 유사하게 P-CSCF의 질의에 대하여 해당 서비스를 지원하는 서버를 찾는 기능을 수행함. I-CSCF는 자체 데

이터베이스를 가지고 있거나 HSS(home subscriber server)나 SLF(service location function)등과 통신하면서 해당 CSCF에게 신호메시지를 중계하는 기능을 담당함.

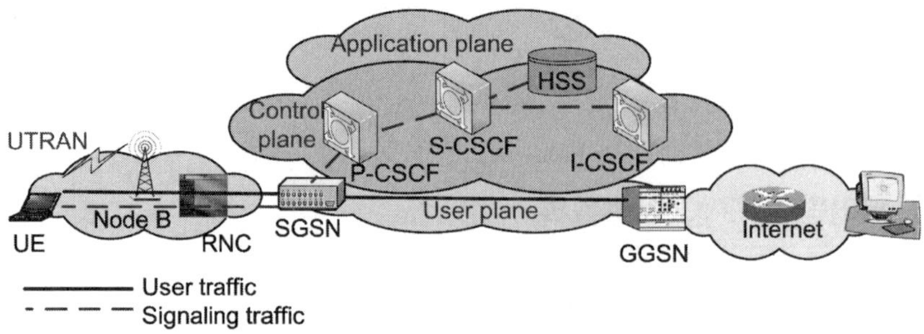

• 그림 10.8 • SIP 메시지 담당 기능블록: CSCF

S-CSCF는 HSS와 AAA(authentication, authority, and account)인 Diameter 프로토콜을 이용하여 사용자 인증, 사용자 프로파일 등을 통신하며, UE의 초기화 과정에서 사용자 프로파일의 요구하는 용량에 따라 결정된다. P-CSCF와 S-CSCF는 반드시 존재하여야 하는 반면 I-CSCF 존재는 선택적으로 구현될 수 있다.

I-CSCF는 THIG(topology hiding inter-network gateway)라고도 하는데 2세대 이동통신망의 GMSC와 비슷하다고 할 수 있다. 외부 IMS와 연동하여 외부에서 전달되는 신호메시지를 처음 받는 CSCF이며 이러한 I-CSCF는 외부 IMS에게 I-CSCF 이하 내부 IMS 구성을 보여주지 않는 기능을 담당한다.

10.4.2 신호메시지 전달과정

SIP를 채택한 IMS에서 세션 설정을 요청하는 메시지 이름은 INVITE 이다. 그림 10.9에서 보는 바와 같이 발신단말과 수신단말이 서로 다른 IMS에 존재하는 경우 여러 CSCF를 경유하는 것을 볼 수 있다. 먼저 세션 설정 이전에 발신과 수신단말은 모두 초기화 과정을 거쳐 각각 해당 S-CSCF에 정상적으로 사용자 프로파일을 저장하게 된다.

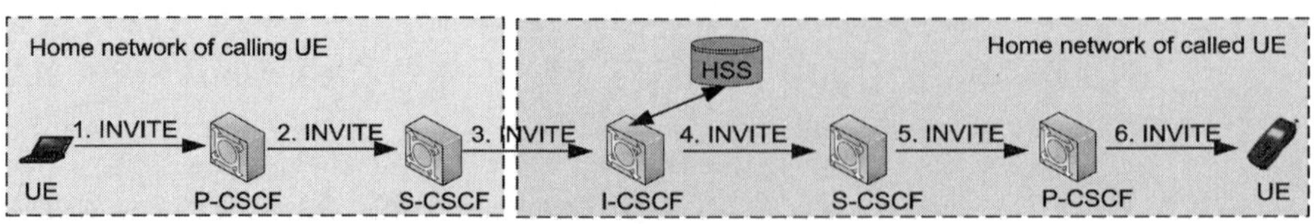

• 그림 10.9 • 세션 설정 메시지 처리 기능블록들

발신단말은 자신의 IMS 영역에서 P-CSCF를 거쳐 S-CSCF까지 전달되게 되며 발신 영역의 IMS에 존재하는 P-CSCF는 수신 영역의 I-CSCF에게 INVITE 메시지를 전달하게 된다. INVITE 메시지를 전달받은 I-CSCF는 수신단말의 HSS와 Diameter 프로토콜을 주고받으며 수신 UE의 위치정보와 이를 관리하는 S-CSCF 정보를 획득하게 되며 이 과정은 그림 10.9의 단계 4 이전까지 수행된 것이다. 이후 INVITE 메시지는 S-CSCF와 수신단말의 P-CSCF까지 전달되며 최종적으로 수신단말에게 INVITE 메시지가 전달되게 된다.

10.4.3 VoIP 망과 연동

인터넷전화가 활성화되어 외부 인터넷에서도 VoIP를 쉽게 사용할 수 있다면 그림 10.10과 같은 망 구성이 이루어질 것이다. 외부 인터넷에도 SIP 서버가 존재하여 IMS의 CSCF들과 SIP 메시지를 주고받을 수 있는 환경으로 발전하게 될 것이고 미디어는 GGSN을 경유하여 인터넷전화 단말기까지 전달되게 될 것이다. IMS 사용자와 VoIP 사용자는 SIP를 사용할 수 있는 동일한 인터넷 환경이어서 논리적으로 세션설정과 미디어 전달하는 과정에 전혀 어려움이 없다. 이들 사이에 세션 설정 가능성 여부는 IMS와 외부 인터넷 운영자 사이의 정책에 따라 결정될 것이다.

10.4.4 PSTN, 2세대 이동통신망과 연동: MGCF, BGCF와 SGW

AIPN 환경의 3세대 이동통신망에서는 IMS 기반의 SIP 메시지로 세션 관리가 이루어지고 미디어 전송은 기반의 RTP를 사용하는 반면, 회선교환방식의 PSTN, 2세대 이동통신망은 SS 7 메시지로 관리가 이루어지고 TDMA/PCM 형태로 미디어에 전달된다. 이들 사이에 연동은 그림 10.11과 같이 구성되고 중간 연동장치들이 변환 기능을 수행한다. RTP와 TDMA 사이의 연동은 MGW가 담당하며 미디어 전달 이전에 호처리는 SGW가 담당한다.

IMS 내에서 SGW와 함께 IMS의 BGCF와 MGCF도 호 변환 기능을 수행한다. IMS에서 PSTN, 2세대 이동통신망으로 전화연결이 시도되면 IMS의 CSCF는 SIP 메시지를 BGCF에게 전달한다. BGCF는 해당 SGW를 선택하여 해당 SIP 메시지를 보내면 SS 7 메시지로 변환되어 PSTN에 전달되게 된다. 또한 BGCF는 미디어 변환을 담당하는 MG를 제어할 수 있는 MGCF를 선택하여 MG 제어 관련 메시지를 MGCF에게 전달한다.

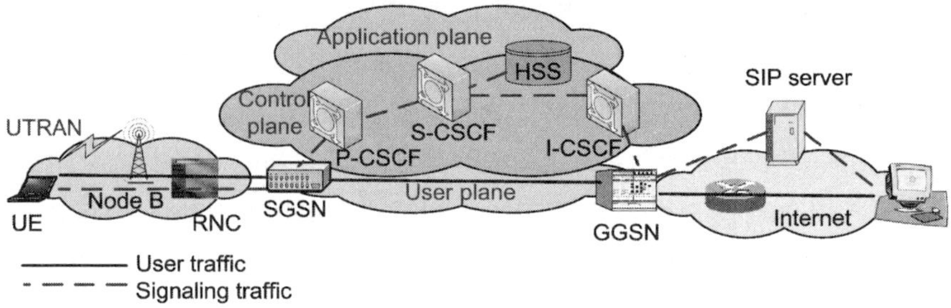

• 그림 10.10 • 외부 인터넷전화와 연동

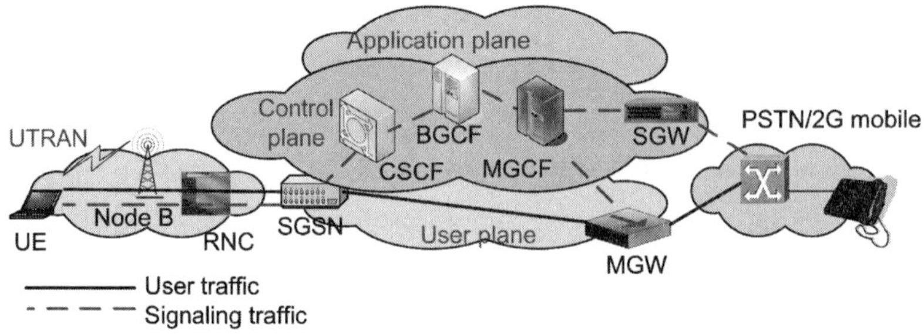

• 그림 10.11 • PSTN/2세대 이동통신망과 연동

이와 같이 MGCF와 SGW는 PSTN, 2세대 이동통신망과의 연동을 위해 신호메시지를 변환하는 기능을 담당하며 MGW는 미디어 변환 기능을 수행한다. 그림 10.12를 보면 각 기능블록사이의 프로토콜 스택을 알 수 있다. SGW는 MGCF와 SIP 또는 ISUP(ISDN user part)/IP 형태로 신호메시지를 교환하는 반면 PSTN의 교환기와는 ISUP/MTP 형태로 PSTN 교환기가 이해하는 SS 7을 사용한다. CSCF – BGCF – MGCF 사이에는 SIP 메시지를 사용하고 있으며 MGCF와 MGW 사이에는 megaco/H.248 프로토콜을 사용한다.

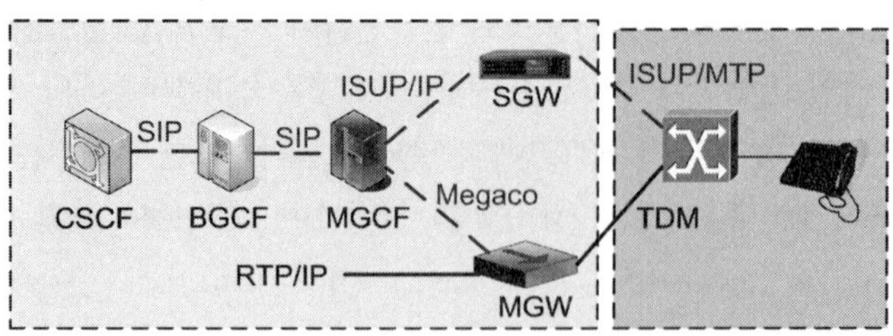

• 그림 10.12 • PSTN 연동때 기능블록사이 프로토콜

10.4.5 기타 제어평면 기능블록: MRFC, SEG, SLF와 CCF

Conference와 같은 동시통화 서비스 또는 멀티미디어 서비스를 전달하기 위하여 사용자평면 기능블록 중 MRFP가 정의되어 있다. MFRC는 MRFP에게 명령을 내리고 상태를 확인할 수 있는 controller 역할을 담당한다. MRFC는 CSCF와 SIP 메시지를 주고받으면서 사용자들의 동시접속 및 멀티미디어 관련 데이터 전달 기능을 수행할 수 있도록 MRFP에게 필요한 제어 명령을 내린다.

IMS의 사용자 트래픽은 물론 제어 관련 트래픽이 외부 인터넷에 전달될 때 암호화되어서 전송될 필요가 있다. 인터넷은 보안을 위하여 IP 계층, transport 계층 또는 상위 응용계층에서 암호화를 수행할 수 있는데 이러한 보안 기능을 수행하는 기능블록이 SEG이다. 보안기술은 쌍으로 동작하여야 하기 때문에 SEG의 상대 기능블록도 동일한 보안 기술을 적용하여야 한다.

IMS 내에는 많은 HSS가 존재할 수 있으며 I-CSCF나 S-CSCF는 원하는 HSS를 빨리 찾아야 한다. 이와 같이 원하는 HSS를 찾을 수 있도록 관리하는 기능블록이 SLF(subscription location function)이다. 이러한 기능 외에도 과금(billing)과 관련하여 과금 기본 정보를 모으는 CCF이 있다. CCF는 CSCF, MGCF 등과 연결되는 인터페이스를 가지며 SGSN, GGSN에서 실제 전달된 정보 수집도 동시에 수행한다.

10.5 응용서비스평면 구성 기능블록

사용자 트래픽은 다른 UE 사용자, 외부 인터넷 또는 PSTN, 2세대 이동통신 사용자들에게 전달되지만 필요에 따라 응용서비스 서버와 통신을 필요로 하는 경우가 있다. 일반 전화에서 700, 800, 1588/1688 등과 같이 부가서비스를 이용하는 경우에는 해당 서버와 접속이 먼저 이루어진다. 또한 IMS에서 방송 및 웹 서버 등 멀티미디어 형태의 서비스를 이용하고자 할 때 사용자는 해당 서버와 세션 설정을 원할 것이고 코어 망은 이를 지원할 수 있어야 한다.

IMS 사용자에게 멀티미디어 서비스를 제공하는 서버 또는 UE 사이의 효율적인 통화를 위해 중간에 위치하는 서버 등은 그림 10.13에서 보는 바와 같이 응용서비스평면에 존재하는 AS로 표현된다. 사용자와 서버 사이의 트래픽은 직접 전달될 수 있지만 사용자가 세션 설정을 요청한 것은 AS와 연결되어 있는 S-CSCF를 통하여 세션 설정 SIP 메시지를 전달한다. 이때 UE와 논리적으로 연결되어 있는 P-CSCF가 AS와 연결되어 있는 S-CSCF 위치정보를 알고 있다면 P-CSCF에서 S-CSCF로 바로 전달될 수 있지만, 그렇지 않다면 I-CSCF를 통하여 S-CSCF에게 SIP 메시지를 전달하게 된다.

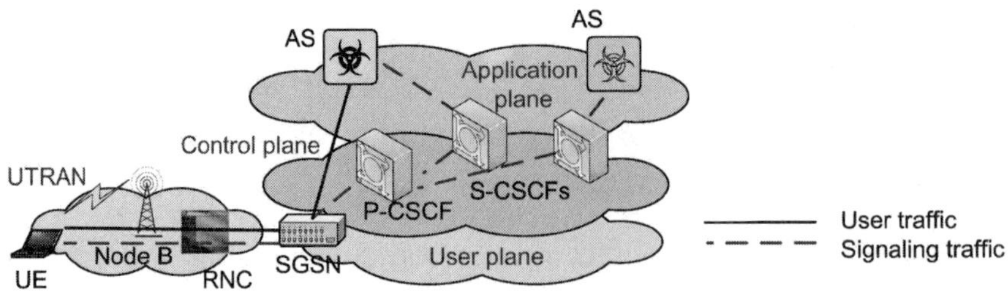

• 그림 10.13 • 응용서비스 평면 구성

AS를 IMS 내부에서만 제공한다면 IMS 사업자는 항상 새로운 서비스 제공하도록 지속적으로 개발하여야 한다. 그러나 외부 다른 응용서비스들과 연동할 수 있는 인터페이스를 제공하여 준다면 기존 서비스는 물론 제삼자가 서비스를 개발하여 연동할 수 있을 것이다. 그림 10.14에서는 SIP AS 외에도 외부에 두 개의 AS가 존재하는 것을 보여 주고 있다.

SIP AS는 응용서비스가 SIP 기반으로 개발된 AS로 신규로 개발될 것으로 기대된다. 이와 같이 SIP에서 개발되는 AS는 SIP를 바로 인식할 수 있지만 기존의 서비스들은 SIP 메시지를 이해할 수 있도록 중간에서 기존 메시지로 변환이 필요하다. 이러한 변환을 위하여 그림 10.14에서 보는 바와 같이 OSA(open service architecture) AS와 IM-SSF(IP multimedia service switching function) AS가 존재한다. OSA AS는 개방형 구조를 갖는 OSA 표준스택에 맞추어 개발된 서비스를 연동할 수 있도록 API(application program interface)를 제공한다. 그리고 기존의 CAMEL(customized application for mobile network enhanced logic)으로 개발되어 있는 응용서비스와의 연동을 위하여 IM-SSF AS를 두어 SIP로 요청한 서비스를 CAP(CAMEL application part)를 포함하는 SS 7으로 변환 기능을 수행한다.

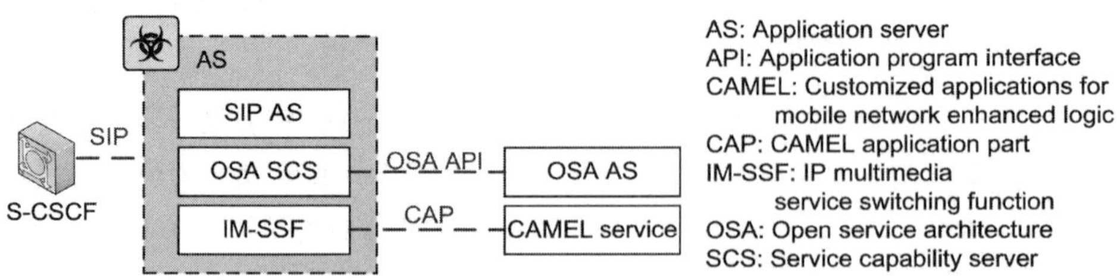

• 그림 10.14 • AS 구성과 외부 서비스와 연동

10.6 패킷 전달 프로토콜 구성

IMS에서 SIP 메시지와 이와 관련된 신호메시지들이 전달될 수 있도록 하는 기능블록은 IMS 내부 또는 외부에서 인터넷 naming을 갖거나 IP 주소를 할당받으며 naming에 해당하는 IP 주소는 DNS 과정을 통하여 찾을 수 있다. IMS 제어평면에 대한 프로토콜 스택 구성은 해당 장에서 설명하기로 하며 본 절에서는 사용자평면의 프로토콜 스택에 대해 설명한다.

사용자평면의 프로토콜 스택은 그림 10.15와 같이 구성된다. 얼핏 보면 매우 복잡한 형태인 것 같지만 하나하나 살펴보면 다음과 같다. 먼저 GGSN과 UE를 서로 보면 GGSN 상위와 UE 응용계층 아래에 IP 계층이 위치한 것을 알 수 있다. 또한 GGSN과 SGSN 중간계층 그리고 SGSN과 RNC 중간계층을 보면 여기에도 IP 계층이 존재하는 것을 볼 수 있다. GGSN의 경우 상위와 중간 계층에 IP가 각각 존재하고 있어 IP tunneling을 모르는 독자는 이해하기 어려울 수 있다.

10.6.1 IP 서브네트워크과 같은 UMTS

외부 인터넷에서 관점으로 UMTS는 중앙 본사와 전국 지사가 자체 기업망을 구축한 형태로 간주된다. 전국에 걸쳐 있는 지사들을 연결하기 위하여 동일한 특성의 하부망을 가질 수도 있지만 유선, 무선 그리고 이동성 지원 등을 고려하여 다양한 형태의 하부망을 가질 수도 있다. UMTS는 후자에 해당한다고 할 수 있다.

하부망 위에 IP 계층을 고려보면 그림 10.16과 같이 외부 인터넷 관점에서 UMTS는 IP 서브네트워크로 도식될 수 있으며 외부망과의 연동을 담당하는 게이트웨이 에 해당하는 장치가 GGSN이 된다. GGSN은 IP 서브네트워크 내에서 사용하는 IP 주소 할당과 내부 단말까지의 패킷 라우팅을 담당하게 된다. 여기서 UMTS가 사설 IP 주소, 192.168.0.0 영역을 사용한다고 가정하면 그림 10.16과 같이 192.168.10.0, 20.0, 30.0과 같이 작은 서브네트워크를 만들 수 있다. 또한 GGSN은 외부 인터넷으로 패킷을 전달하기 위하여 다른 한 쪽 인터페이스는 공인 IP 주소영역을 가지며 이들 사이의 주소변환을 통하여 패킷전달을 하게 된다. 만약 UMTS 영역에 공인 IP 주소 영역을 할당한다면 GGSN은 게이트웨이 라우터와 동일한 동작을 하게 된다.

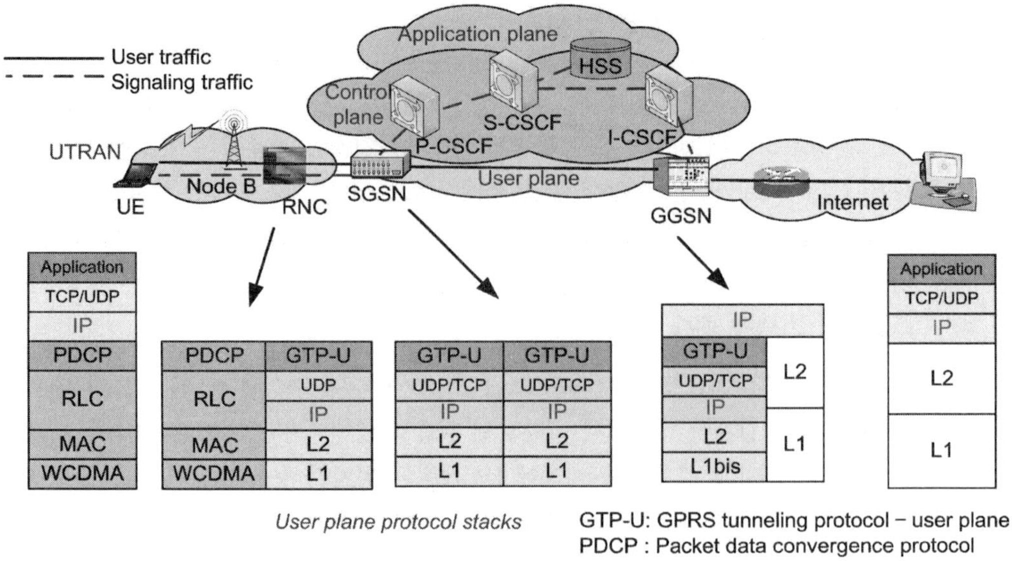

• 그림 10.15 • 사용자 트래픽 전달을 위한 프로토콜 스택 구성

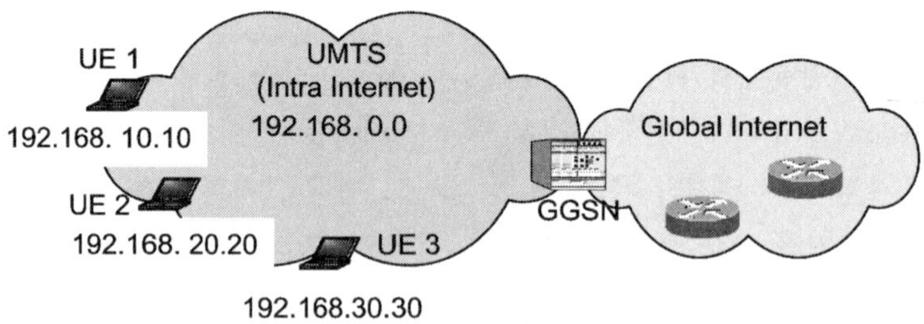

• 그림 10.16 • IP 단말 관점에서 UMTS 개념

UMTS CN에 GGSN과 SGSN만 일반적으로 하나씩 표시하지만 전국 망 규모이기 때문에 각 지역마다 여러 대의 SGSN이 설치되어 상당히 많은 SGSN이 설치되고 GGSN은 인터넷 게이트웨이 역할이기 때문에 여러 대의 SGSN과 연결되면서 전국 거점에 위치하게 된다. SGSN과 GGSN 사이에는 물리적 링크를 개설할 수도 있지만 유동적으로 다양한 구성을 할 수 있는 논리적 링크 설정하는 것이 일반적이다. 또한 SGSN과 GGSN 사이에는 하나의 서브네트워크보다는 지역적으로 멀리 떨어져 있기 때문에 라우팅을 필요로 하는 통신망을 구축하여야 한다. 내부 라우팅을 필요로 하는 통신망은 자체 프로토콜을 정의하거나 다른 프로토콜을 채택할 수 있을 것이며 UMTS에서는 내부 통신망으로 IP를 채택하였다.

그림 9.17(a)는 SGSN과 GGSN이 IP를 사용하는 경우 이들 사이에 IP주소 할당 예

를 보여주고 있다. GGSN 주소가 5.5.5.5이라고 하고 SGSN 주소가 1.1.1.1, 2.2.2.2와 할당되어 있는 경우 SGSN에서 온 패킷은 GGSN으로 전달되기 위하여 SGSN은 GGSN의 5.5.5.5를 착신 주소로 하여 전달하게 되고 GGSN은 SGSN게 패킷을 전달하기 위해서는 SGSN의 해당 주소를 착신주소로 하여 보내게 된다. 이들 사이의 라우터들은 이 주소에 대한 라우팅을 담당할 뿐 외부 인터넷과는 무관하다. SGSN과 GGSN 사이에 이러한 주소 관계를 GTP(GPRS tunneling protocol)를 이용하여 표현하면 그림 9.17(b)와 같이 나타낼 수 있으며 GGSN 입장에서 각 GTP는 GTP ID(identifier) 값으로 구분된다. 여기서 GTP-U를 사용하는데 사용자 트래픽이 전달되는 GTP라는 의미로 U가 붙었으며 제어 관리 트래픽이 전달되는 경우에는 C를 붙어 GTP-C라고 표현한다.

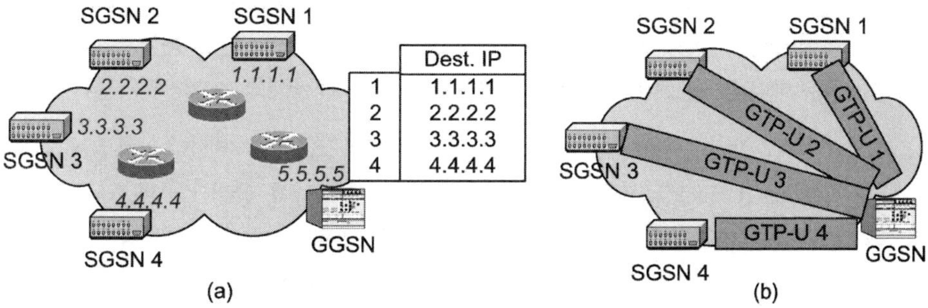

• 그림 10.17 • SGSN과 GGSN 연동 (a) 내부 인터넷 주소 예 (b) GTP 구성

10.6.2 Overlay Network 모델과 2개의 Logical Link

UMTS는 GPRS와 UTRAN 부분으로 나눌 수 있고 UTRAN은 다시 유선과 무선 구간으로 구분할 수 있다. 먼저 GPRS의 SGSN과 GGSN은 GTP라고 하는 논리적 링크(logical link)가 존재하게 된다. 마찬가지로 UTRAN에도 유선구간에 GTP가 존재한다. 하나의 SGSN이 여러 개의 RNC와 연동되었을 때 이들 사이에도 그림 9.17(b)의 장치 이름만 바뀔 뿐 동일한 형태로 존대하게 된다. 그리고 무선 구간에는 무선 링크가 RNC와 UE 사이에 설정되어 UE를 지속적으로 관리하게 된다.

그림 10.18은 이러한 논리적 링크를 개념적으로 보여주고 있다. UE와 SGSN 사이에는 PDCP(packet data convergence protocol)이라는 부분이 무선 링크를 연결하는 프로토콜이있고 GTP-U가 RNC와 SGSN 사이에 논리적 링크가 설정된다. 유무선 링크를 통하여 SGSN은 UE와 논리적 링크를 관리하면서 UTRAN 내의 이동성 관리를 하게 된다. 또한 SGSN과 GGSN 사이의 GTP-U를 통하여 논리적 링크가 설정된다.

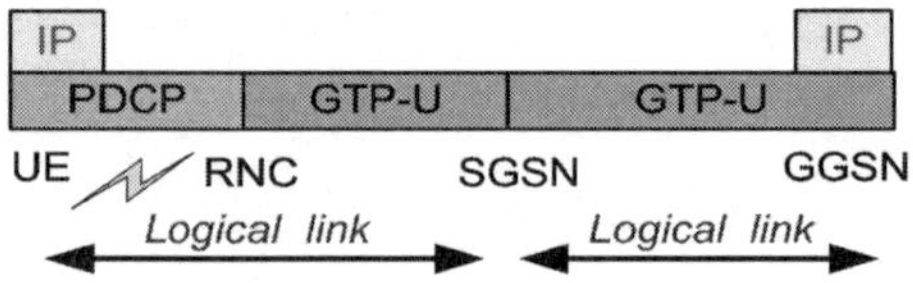

• 그림 10.18 • 두 개의 논리적 링크

GTP는 IP 계층을 가지고 있고 GGSN의 하위 IP 계층에 해당되며 GGSN과 UE 사이의 IP 계층은 GGSN의 상위 계층에 해당한다. IP 계층이 아래 위로 위치하여 overlay network 모델 형태이고 이들의 의미와 사용 용도가 다르다. GGSN과 UE 사이에 사용되는 상위 IP 계층은 상위 응용서비스를 지원하고 외부 인터넷과 통신하기 위하여 사용하는 프로토콜로 일반적인 계층 3에 해당한다. 반면 외부 인터넷의 상위 IP 계층에서 보면 GTP는 계층 2에 해당한다고 할 수 있다. 그러나 GTP의 목적은 내부 통신망에서 패킷 전달을 위한 라우팅이지만 외부 인터넷 사용을 위한 IP 계층 입장에서는 하나의 서브네트워크 내부의 패킷 전달 과정이라고 볼 수 있다.

IP 주소 할당은 상위와 하위의 IP 계층이 별도로 이루어진다. 외부 인터넷과 통신을 위하여 GGSN으로부터 할당받는 UE의 IP 주소, 즉 상위 IP 계층의 IP 주소는 UE가 초기화될 때 고정 또는 유동으로 받아 인터넷접속 서비스를 종료할 때까지 사용한다. 그러나 하위 IP 계층 프로토콜을 운영하는 GGSN과 SGSN, 또는 SGSN과 RNC 사이의 GTP에 할당하는 IP 주소는 망 구축할 때 내부적으로 설정된 주소로서 외부 인터넷과는 별개로 할당되고 IP 주소 의미는 UMTS 내부로 국한된다.

10.6.3 UE에서 GGSN까지 패킷 전달

UE에서 전송한 패킷이 GGSN까지 전달되기 위해서는 UTRAN과 GPRS 망 부분을 경유하여야 하는데 이들 사이의 패킷 전달 관리가 두 단계로 나뉘어 이루어진다. 첫 번째 단계는 UTRAN 내의 전달과정이다. UE와 SGSN사이에서 SGSN이 UE와의 링크를 지속적으로 관리한다. UE가 발생한 패킷은 UE와 RNC사이의 무선 링크인 PDCP를 이용하여 RNC에 전달된다. 이를 수신한 RNC는 GTP를 이용하여 SGSN까지 전달된다. 즉, SGSN은 RNC들과 내부 인터넷 망을 형성하고 논리적 링크가 설정되어 있다.

두 번째 단계는 SGSN에서 GGSN까지의 전달과정이다. SGSN과 GGSN 사이에는 하나의 내부 인터넷 서브네트워크가 독립적으로 구축되어 있고 이들 사이도 GTP를 통하여 인터넷 패킷이 전달된다. UTRAN은 기지국 중심으로 상대적으로 작은 지역을 담당하지만 UMTS CN은 전국 망 형태로 구성되기 때문에 이들 사이에 라우터를 두어 내부 인터넷 패킷이 해당하는 SGSN과 GGSN으로 전달될 수 있도록 한다.

이와 같이 UE에서 보낸 패킷이 SGSN까지 UTRAN 내부에서 전달되면, SGSN은 자신이 받은 패킷을 GGSN까지 GTP를 통하여 전달하게 된다. 이러한 패킷전달을 위한 논리적 링크 설정을 위해서는 UE와 GGSN 사이의 context 설정이 필요하다. Context 설정은 UE의 초기화 과정에서 이루어지며 context에는 UE의 단말 정보 외에 GGSN과 SGSN의 정보도 포함된다.

제11장 UMTS 사용자평면

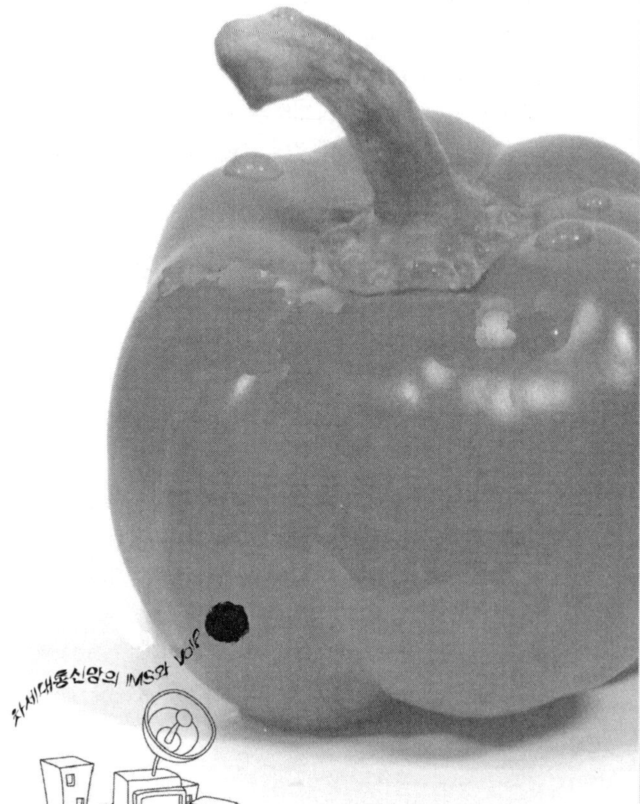

2세대 이동통신망까지는 CS 트래픽 위주로 설계되었지만 2.5세대 이동통신망부터는 PS 트래픽이 추가되었다. 3세대 이동통신망에서 release 3과 4에서는 CS와 PS 트래픽의 처리를 나누었지만 release 5에서는 하나의 CN에서 CS와 PS 트래픽 구분을 하지 않는다. UMTS release 5에서 IMS를 정의하면서 사용자 트래픽을 전달하는 사용자평면은 CS와 PS 트래픽을 모두 처리할 수 있도록 기능블록을 정의하였다. UMTS release 5의 사용자평면은 가입자 망인 UTRAN과 코어 망의 SGSN-GGSN 부분으로 구성되고 IP CAN에 해당된다. IP CAN은 UMTS 외에도 무선 LAN과 WiBro 망과 같이 IP를 통하여 사용자에게 서비스를 제공하는 통신망 형태를 지칭할 때 사용하는 용어이다.

IP CAN에 해당하는 UMTS 사용자평면은 IP CAN의 단말이 인터넷을 사용할 수 있도록 초기화 과정과 IMS 등록과정을 지원하여야 한다. UE 초기과정은 UE가 IP주소를 할당받고 IMS 등록에 필요한 정보를 획득하는데 목적이 있으며 일반적인 인터넷 단말 초기화와 비슷하다. UMTS에서는 이러한 과정을 PDP context activation이라고 하며 이 과정을 통하여 UE는 IMS 등록을 위한 P-CSCF 관련 정보를 얻게 된다.

IP 주소와 P-CSCF 정보를 얻은 UE는 IMS에 등록절차를 수행한다. SIP의 등록절차와 비슷하며 SIP의 registrar 대신 S-CSCF에게 REGISTER 메시지를 전달하고 HSS로부터 사용자 인증을 성공하여야 한다. 사용자 인증은 사전에 약속된 알고리즘을 UE와 HSS 사이에서 이루어지는데 replay attack을 방지하기 위하여 HSS가 challenge 값을 보내고 UE가 이 값을 기초로 결과를 보내면 HSS가 이 값을 자신이 보낸 값을 기초로 계산된 값을 비교하여 사용자 인증을 수행한다.

초기화와 등록과정에서 UE는 자신과 관련된 여러 ID와 서비스 프로파일을 사용하게 된다. Public user ID는 IMSI 형태의 tel URL 외에도 인터넷의 sip URI 값을 가지고 있으며 이 값들은 private user ID와 서비스 프로파일과 매칭된다. 또한 하나의 단말에 여러 번호 할당은 물론 여러 단말에 하나의 번호를 할당할 수도 있도록 기능을 추가하였다. 그리고 USIM은 ID 값 외에도 보안 정보 및 개인 신상정보 등을 포함하게 된다.

UMTS는 IP CAN과 IMS로 나눌 수 있다. 사용자평면인 IP CAN은 IMS의 제어를 받으며 UTRAN 형태 외에도 WiBro나 무선 LAN으로 구성된 액세스 망을 연동할 수 있다. 즉, 하나의 IMS가 액세스 망으로 다양한 IP CAN을 제어할 수 있으며 여기서 IP CAN은 UTRAN, WiBro, 무선 LAN 또는 새로운 형태의 IP CAN이 된다. UMTS와 타 망과의 연동을 IP CAN의 관점에서 보면 다양한 시나리오가 가능할 수 있다. IP CAN이 각각 IMS를 가지고 있을 수도 있고 다른 IMS로 기능을 bypass할 수도 있고 하나의 IMS를 공유할 수도 있다. 또한 IP CAN이라고 같은 이름을 사용하지만 하부 무선기술은 서로 다를 수도 있다.

특히 하나의 단말이 서로 다른 무선 모듈을 가지고 있어 각 무선 환경에서 우선적으로 접속할 수 있다면 사용자는 이동하면서도 자신이 이용하는 서비스가 끊어지지 않고 지속적으로 이용하기를 바란다. 또한 경제적으로 이득이 있는 무선을 접속하기를 원할 것이다. 예를 들어 차세대 이동통신망에서는 집에서 무선 LAN, 도심에서 WiBro, 그리고 앞에 무선 접속이 불가능할 때에는 UMTS에 접속할 수 있는 하나의 단말로 이동하면서 실시간 서비스를 제공하여야 할 것이다.

현재 통신망은 사용자평면에서 vertical handover를 제공하기 위하여 무선 구간의 MIH와 코어 망 부분의 연동 관련 요소기술 등을 개발하고 있다. 특히 코어 망의 제어 부분은 IMS를 기반으로 논의가 되고 있으며 서로 다른 특성의 IP CAN을 연동하기 위한 방안으로 코어 망과 IMS 구성 방법에 따라 loosely coupling과 tightly coupling 방식을 고려할 수 있다.

이 장에서는 UMTS 사용자평면의 초기화와 타 망과의 연동을 설명하고 있다. 1절에서는 UE의 초기화 과정에 대하여 설명하며 2절에서는 UE가 초기화 과정을 성공한 후 UMTS에 접속하기 위한 등록과정을 살펴보았다. UMTS에서 UE가 동작하기 위해서는 초기화 과정에서 IP 주소를 받거나 사전에 할당된 IP 주소를 현재 위치정보와 함께 등록하여야 한다. 3절에서는 기존의 SIM 카드를 확장한 USIM과 ISIM 등 사용자 정보를 UTMS에서 구분하는 값들과 이들의 ID 구성 관계를 알아보았다. 그리고 4절에서는 ID 값들을 포함하는 identity module에 대하여 소개하고 마지막 절에서는 사용자평면의 다양한 구성과 다른 IP CAN과의 구성의 예를 통하여 사용자 트래픽 전달의 경로 구성을 살펴보았다.

본 장을 마치면

- UE의 초기화 과정을 GPRS 단말 초기화와 비교하여 설명할 수 있고 UMTS에 등록 과정을 전반적으로 이해할 수 있다.
- UE에 포함되는 각 ID의 역할과 이 값들이 초기화와 등록 과정에서 동작 절차를 설명할 수 있다.
- 무선 LAN, Wibro와 같은 IP CAN을 이해하고 UMTS와의 연동 가능한 시나리오를 설명할 수 있다.
- 향후 seamless handover 요구사항을 정리하고 MIH, vertical handover의 필요성을 이해할 수 있다.

11.1 단말 등록 전까지 과정

앞 장에서 설명한 바와 같이 UMTS(universal mobile telecommunications system) 망의 사용자평면을 IMS(IP multimedia subsystem)와 분리하여 고려할 수 있고 IP CAN(connectivity access network)이라는 명칭을 사용자평면에 적용하여 도식하면 그림 11.1과 같다. UMTS망에서 IP CAN은 UTRAN(UMTS terrestrial radio access network)과 GPRS(general packet radio service) 망으로 구성되고 GPRS 망의 SGSN(serving GPRS support node)과 GGSN(gateway GPRS supporting node)은 사용자 트래픽 패킷이 다른 IP CAN과 접속할 수 있도록 하는 기능을 수행한다. 제어평면과 응용서비스평면의 기능은 IMS에 포함되어 있으며 기존 PSTN(public switched telephone network) 또는 인터넷과 정합은 각각 MGW(media gateway)와 GGSN이 담당하고 있다. 또한 MRFP(media resource function processor)는 회의시스템과 같이 사용자 트래픽을 동시에 전송하는 기능을 수행한다.

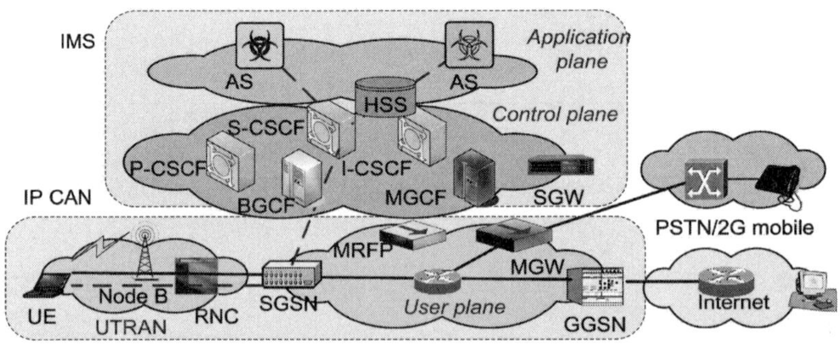

• 그림 11.1 • IP CAN과 IMS 관계

UE(user equipment)가 IP CAN에서 하나의 단말로 동작하기 위해서는 IMS에 등록되어야 하며 IMS에 등록하기 전에 초기화 단계를 거쳐야 한다. UE의 전원이 켜지면 가장 먼저 무선 링크 정보를 획득하여야 하고 필요에 따라서는 IP 주소를 할당받아야 한다. IP 주소는 고정 IP와 유동 IP를 사용하는 경우 IP 주소 할당 받는 방법이 조금 다를 수 있지만 기존 유선 인터넷과 유사하다. 이와 같이 초기화 과정을 성공하면 UE는 무선링크를 통하여 연결되고 IP주소를 할당받는다.

11.1.1 Link 설정

UE가 UTRAN에서 내부 단말 또는 외부 망의 다른 UE와 통신하기 위해서는 물리적으로 여러 링크를 경유하게 된다. UE가 외부 인터넷과 접속되기 위해서는 UTRAN의 논리적 링크와 GPRS 내부의 논리적 링크를 경유하여야 하고 UTRAN 내에서는 무선과 유선의 물리적 링크를 통하여 SGSN-GGSN 링크를 거쳐야 한다.

일반적으로 유선인터넷의 경우 로컬 라우터에 의한 유동 IP 주소 관리 여부에 따라 유선인터넷의 호스트는 하나의 IP 주소 할당을 요청하거나 고정 IP 주소를 설정하여 인터넷 응용서비스를 사용할 수 있도록 한다. 2세대 이동통신망에서는 사전에 약속된 전화번호와 단말의 정보를 기초로 단말의 전원이 켜지면 기지국에서 위치정보 및 인증 관련 정보를 받아 단말의 초기화를 진행하게 된다. 2.5세대 이동통신망인 GPRS도 그림 11.2와 같은 초기화 과정을 수행한다. 먼저 무선구간의 GPRS 타임슬롯 정보 사용 여부와 위치 정보를 획득하기 위하여 단계 1의 GPRS attach 과정을 수행하게 된다. 이 과정을 수행하게 되면 SGSN은 하부에 GPRS MS가 GPRS 서비스를 요청한 것을 판단하며 무선정보 외에 GPRS 내부의 정보를 GPRS MS에게 제공한다. 이때 SGSN은 HLR과 인증과정을 수행할 수 있다.

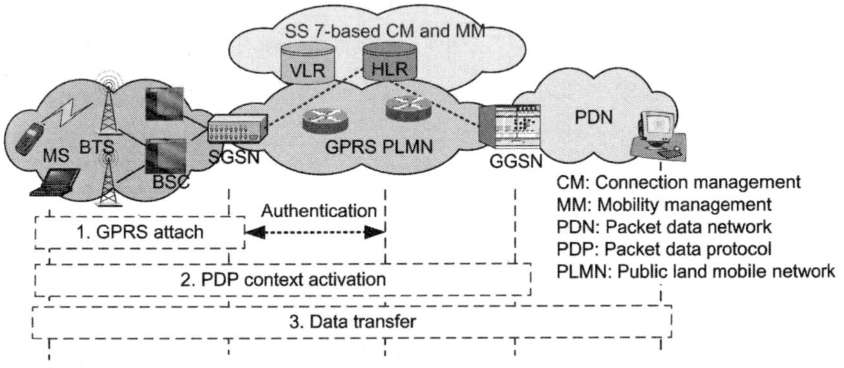

• 그림 11.2 • GPRS MS 초기화 과정

GPRS attach 과정 이후에는 단계 2의 PDP(packet data protocol) context activation 과정을 수행한다. GPRS MS(mobile station)가 고정 IP 주소를 사용하는 경우 GGSN에게 위치정보와 함께 링크 설정을 요청하는 반면 유동 IP 주소를 사용하는 경우에는 IP 주소 할당을 요청하며 GGSN은 IP 주소 할당과 함께 링크 설정을 수행한다. PDP context activation 과정이 성공하면 GGSN은 GPRS MS에 대한 IP 주소와 위치정보를 SGSN을 경유하여 관리하게 된다.

이후 GPRS MS는 외부 인터넷과 패킷을 주고받을 수 있는데 그림 11.2의 PDN은

X.25 또는 인터넷으로 구성될 수 있고 X.25의 경우 X.25 주소 할당 및 X.25 패킷 교환을 의미한다. 인터넷에서 데이터를 주고받기 위한 과정은 일반 인터넷 하부통신망의 구성 방법에 따라 링크기술에 종속될 수 있지만 GPRS의 경우 GGSN에서 SSGN까지 링크를 관리하고 다시 SSGN이 GPRS MS에 대한 링크를 관리하면서 이동성관리(MM: mobility management)가 이루어진다.

GPRS에서는 인터넷 트래픽 전송을 위하여 초기화 과정이 정의된 반면 UMTS에서는 인터넷 트래픽은 물론 멀티미디어 서비스를 지원하기 위한 초기화 과정이 정의되었다. 즉, 멀티미디어 서비스를 위하여서는 세션설정을 위한 IMS와의 초기화과정이 필요하다. 그림 11.3은 UMTS의 IP CAN 영역에서 UE를 사용할 수 있도록 초기화하는 과정을 보여주고 있다. 단계 1은 GPRS attach 과정으로 무선구간의 W-CDMA를 사용하는 것을 제외하고는 그림 11.2의 단계 1과 같다. 또한 단계 2와 3은 GPRS의 경우와 다른 것을 비교 확인할 수 있다.

두 번째 단계인 PDP context activation 과정에서 P-CSCF(proxy-call session control function) 정보를 UE에게 알려주는 기능이 수행된다. 이 단계는 2세대 이동통신망에서 MS이 초기화될 때 기지국으로부터 현재 위치정보를 받으면서, 기지국과 연결되어 있는 MSC(mobile switching center) 정보를 받는 과정에 해당된다. 이 단계를 거치면 2세대 이동통신망의 해당 MSC가 새롭게 attach된 MS의 위치관리를 시작하게 된다. 이와 비슷하게 3세대 이동통신망에서 UMTS UE와 이를 관리하는 P-CSCF의 논리적 연결이 PDP context activation 과정을 통하여 이루어지고 그 결과로 UE는 IP 주소를 할당받게 된다.

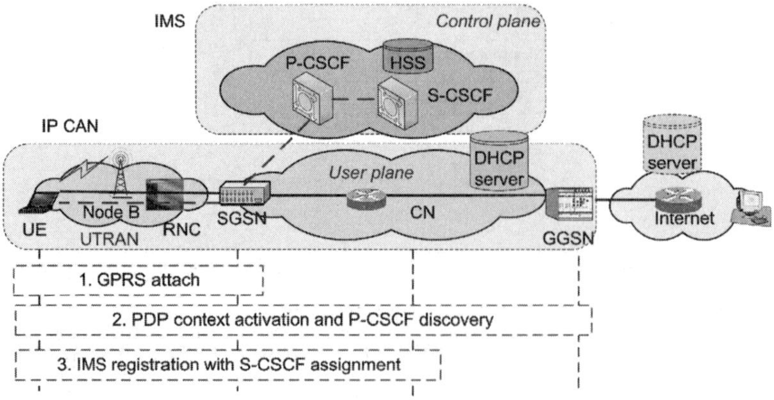

• 그림 11.3 • UE 초기화 과정

2.5세대 GPRS와는 달리 단계 3에서 IMS에 등록하는 과정을 수행한다. SIP에서

registrar에게 SIP 단말의 이동성관리 등을 위하여 변경된 위치를 registrar에게 알려주듯, UTRAN의 UE는 전원이 켜지면 IMS의 S-CSCF(serving-CSCF)/HSS(home subscriber server)에 자신의 위치 정보를 등록하게 된다. 만약 UE에 자신의 S-CSCF가 할당되어 있지 않다면 P-CSCF를 경유하여 HSS로부터 새로 할당된 S-CSCF 정보를 받게 되며, S-CSCF에게 자신의 활성화된 상태, 위치정보, 가입한 서비스 사용 등을 등록하게 된다.

11.1.2 UE의 IP 주소 할당

UE가 UMTS 망에서 동작하기 위해서는 IP 주소가 필요하다. UE의 IP 주소할당 방식은 UTRAN과 GPRS 망으로 구성된 IP CAN의 운영자가 사전에 결정하겠지만 유동 IP 주소와 고정 IP 주소를 사용하는 두 가지 경우가 대부분이다. IP 주소 정보에 대한 교환은 그림 11.3의 단계 2인 PDP context activation 과정에서 이루어진다.

가. 고정 IP 주소를 사용하는 경우

UE가 고정 IP 주소를 사용하는 경우에는 UMTS에 가입할 때 IP 주소를 부여하게 되며 이 정보는 UE 또는 USIM에 존재하게 된다. 이 경우에는 PDP context activation 과정에서 UE가 인터넷을 사용할 것이며 이때 사용하는 IP 주소는 가입할 때 부여받은 IP 주소라는 사실을 GGSN에게 통보하는 형태로 운영된다. UE가 GGSN에게 PDP context activation을 요청할 때에는 그림 11.4와 같이 SGSN을 경유하여 **Activate_PDP_context_request** 메시지와 **Create_PDP_context_request** 메시지를 사용하게 되며 이때 **PDP_type**으로 X.25 또는 IPv4/IPv6를 지정하게 된다. 또한 **PDP_address**로 가입할 때 부여된 인터넷 주소 값을 가지게 될 것이며 원하는 QoS를 요청한다.

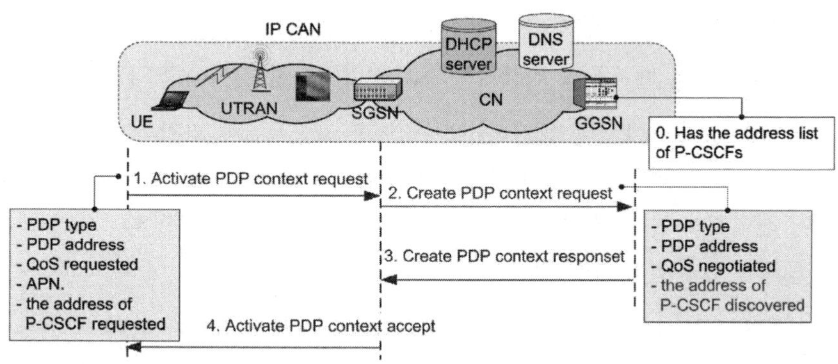

• 그림 11.4 • PDP Context 과정에서의 유동 IP 주소 할당 및 P-CSCF 정보 획득

GGSN은 SGSN이 보낸 **Create_PDP_context_request** 메시지가 적절하면 **Create_PDP_context_response** 메시지를 보내고 SGSN은 UE에게 **Activate_PDP_contest_accept** 메시지를 전송하여 요청한 PDP context activation이 성공하였음을 알려주게 된다. 만약 성공하지 못하는 경우에는 해당 사유를 실패 통보 메시지를 통해 알려주게 된다.

나. 유동 IP 주소를 사용하는 경우

UE가 유동 IP 주소를 사용하는 경우 UMTS는 PDP context activation 과정 때마다 자신이 할당할 수 있는 주소 풀(pool)에서 사용가능한 주소를 부여하고 타이머 시간을 관리하여 지속적으로 사용하고자 할 때 이를 갱신하여 연장한다. IP CAN에서 사용할 수 있는 주소 풀은 IP CAN 내부 또는 외부에 존재하거나 IP CAN 내부에 존재하는 경우 별도의 DHCP(dynamic host configuration protocol) 서버를 운영할 수 있으며, 요청이 있을 때마다 GGSN은 DHCP와 통신하여 사용가능한 IP 주소를 UE에게 그림 11.4의 과정을 거쳐 할당한다.

유동 IP 주소를 할당하는 경우에는 **Activate_PDP_context_request** 메시지의 **PDP_address** 영역에 0인 값이 포함될 것이며 **Create_PDP_context_response** 메시지와 **Activate_PDP_contest_accept** 메시지의 **PDP_address** 영역에 PDP context activation 동안 사용할 IP 주소 값이 포함되게 된다. 그리고 PDP context deactivation 된 이후 다시 activation되면 새로운 IP 주소가 부여될 것이다.

11.1.3 P-CSCF Discovery

UE가 등록되기 전에 UE의 신호메시지를 처리할 P-CSCF에 대한 정보를 UE가 알아야 한다. 2세대 이동통신망의 경우 단말의 물리적 위치에 따라 해당 지역을 담당하는 MSC가 있기 때문에 굳이 별도의 MSC를 찾는 과정을 필요로 하지 않았었다. 그러나 UMTS에서는 물리적 위치와 무관하게 논리적으로 UE와 P-CSCF가 존재하기 때문에 UE가 초기화될 때 UE의 신호메시지를 처리하기 위한 P-CSCF를 정하여야 한다.

그림 11.3의 단계 2에 해당하는 P-CSCF discovery 과정이 끝나면 단계 3의 IMS 등록과정을 수행하는데 이 과정에서 사용되는 **REGISTER** 메시지는 P-CSCF를 경유하여 전달되게 된다. 따라서 IMS 등록과정 전에 초기화된 UE와 신호메시지를 교환할 P-CSCF 선정을 하여야 한다.

P-CSCF discovery는 PDP context activation 과정과 함께 이루어지거나 이후에 이루어질 수 있다. 그림 11.4는 PDP context activation 과정에서 동시에 이루어

지는 것을 도식화 한 것이다. 예를 들어 유동 IP 주소 할당을 받는 UE의 경우 PDP context activation 과정이 종료되면 UE의 IP 주소와 UE가 신호메시지를 주고받을 P-CSCF 정보를 획득하게 된다. 만약 P-CSCF에 대한 정보가 p_csdf.kw.ac.kr처럼 network entity 이름으로 주어진다면 DNS(domain name service) 과정을 통하여 해당 IP 주소를 얻어야 할 것이다.

또 다른 P-CSCF discovery 방법은 그림 11.5와 같이 PDP context activation 이후에 이루어질 수 있다. PDP context activation 과정에서 UE를 초기화하는데 필요한 정보를 받은 이후 DHCP 과정을 통하여 추가적으로 초기화하는데 필요한 정보를 얻는 것이다. 즉, PDP context activation 과정에서 UE 자신의 IP 주소를 받고, DHCP 과정을 통하여 P-CSCF 주소를 받아 올 수 있다. 이를 위하여 DHCP 서버에는 서비스 별 가능한 P-CSCF 정보를 설정하고 있어야 한다. 그림 11.5의 DHCP query 메시지에는 P-CSCF 정보 요청이 포함될 것이며 DHCP response 메시지에는 P-CSCF의 network entity 이름 또는 IP 주소가 포함될 것이다.

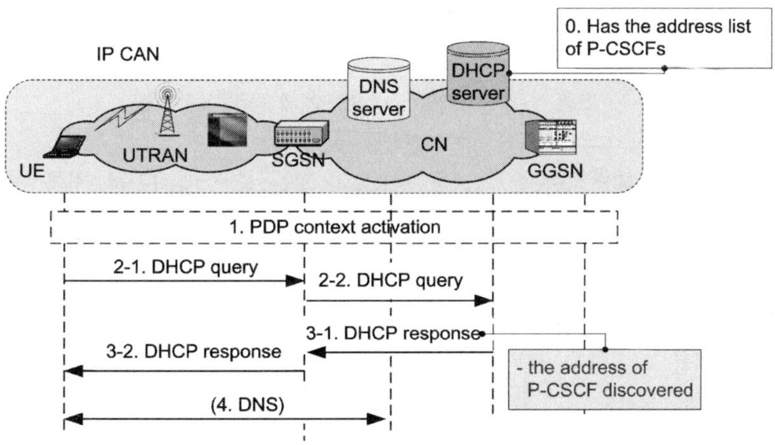

• 그림 11.5 • PDP Context 후 DHCP 과정을 통한 P-CSCF 정보 획득

11.2 단말 등록과정

초기화 과정의 마지막 단계로 UE는 S-CSCF에 성공적인 등록을 하여야 자신에게 오는 세션 설정 요청 메시지를 받을 수 있다. UE가 P-CSCF discovery 과정까지 마치면 P-CSCF를 경유하여 S-CSCF에 SIP의 REGISTER 메시지를 전송할 수 있다.

UE는 자신을 담당하는 S-CSCF/HSS 주소를 사전에 받은 후 항상 이에 대한 정보를 유지하여야 한다. 이때 HSS에 대한 정보는 사전에 할당되어 있지만 S-CSCF는 필요에 따라 할당될 수도 있다. 예를 들어 S-CSCF가 음성서비스 전용 또는 영상/방송서비스 전용 S-CSCF로 나뉘어져 있는 형태에서 UE에서 전원이 켜지면서 음성서비스만 요청하는 경우 음성서비스 S-CSCF에 등록하면 된다. 이와 같이 HSS는 UE의 서비스 프로파일을 사전에 가지고 있지만 UE가 요청하는 서비스에 따라 해당 S-CSCF를 선택하여 REGISTER 메시지를 전달하게 되며 이 과정은 그림 11.6과 같다.

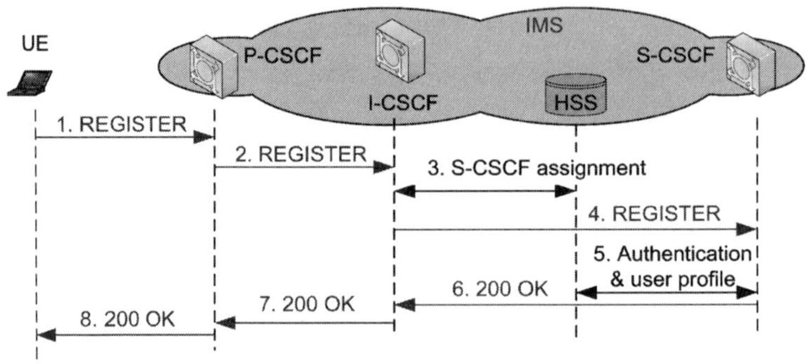

• 그림 11.6 • UE를 S-CSCF에게 등록하는 과정

SIP 서버에 해당하는 P-CSCF는 UE의 모든 SIP 메시지를 처음 처리하는 장치이자 가장 종단에서 처리하는 교환기에 해당하며 I-CSCF(interrogating CSCF)는 SIP 메시지를 어디로 보내야 하는지 결정하는 SIP 서버이다. 그리고 S-CSCF는 특정한 서비스를 처리하는 서버로 사용자들 정보를 관리하는 HSS 또는 특정 응용서비스의 세션 메시지를 처리하는 서버이다. UE의 **REGISTER** 메시지를 CSCF들이 처리하는 과정은 다음과 같다.

P-CSCF discovery 과정을 성공한 UE가 P-CSCF에게 **REGISTER** 메시지를 보내면 P-CSCF는 **REGISTER** 메시지에 포함되어 있는 HSS 정보를 기초로 직접 처리할 수도 있고 그림 11.6의 단계 2와 같이 I-CSCF에게 전달할 수도 있다. I-CSCF가 HSS에게 적절한 S-CSCF 선정을 요청하면 UE의 가입된 서비스 정보와 등록 정보를 기초로 S-CSCF 선정하여 I-CSCF에게 알려준다. I-CSCF는 S-CSCF에게 **REGISTER** 메시지를 전달하고 S-CSCF는 단계 5와 같이 HSS와 인증과 사용자 프로파일 정보를 받아 UE의 S-CSCF로 동작여부를 판단한다. S-CSCF가 UE의 등록 서버와 PDP context activation 과정을 성공한 후 **REGISTER** 메시지에 포함되어 있는 시간 동안 동작할 수 있으면 **'200 OK'** 메시지를 단계 6~8 과정을 통하여 UE에게 통보한다.

11.2.1 UE 인증과정

일반적으로 인증과정에서는 인증서버와 인증단말사이에는 같은 보안 알고리즘과 보안 키(security key)를 공유하여야 한다. 보안 알고리즘은 공개되어 있지만 보안 키를 복잡하게 구성하고 노출되지 않도록 관리함으로서 인증은 물론 통신보안 관련 여러 기능을 수행할 수 있다. 또한 보안 키 관리하는 방법에 따라 같은 값(symmetrical key)을 갖거나 다른 값(asymmetrical key)을 갖는 방식이 있다. 같은 값의 보안 키 방법은 암복호화가 빠른 장점을 갖는 반면 한번 노출되면 모든 정보의 보안이 이루어지지 않는 단점을 가지고 있다.

UE의 SIM(subscriber identifier module)에는 UMTS에 가입할 때 보안 키 값이 내장되며 이 값은 HSS에 사전에 저장되어 HSS와 UE는 서로 동일한 보안 키 값을 갖게 된다. 만약 통신하는 과정에서 보안 키 값을 주고받는다면 중간의 제삼자가 이 값을 도청한 후 다음에 악용할 수 있을 것이다. 따라서 통신하는 과정에서는 절대 보안 키 값을 주고받아서는 안 된다. 그림 11.7은 보안 키 값을 교환하지 않으면서 보안 키 값을 기초로 UE와 HSS가 서로 인증하는 과정을 보여주고 있다.

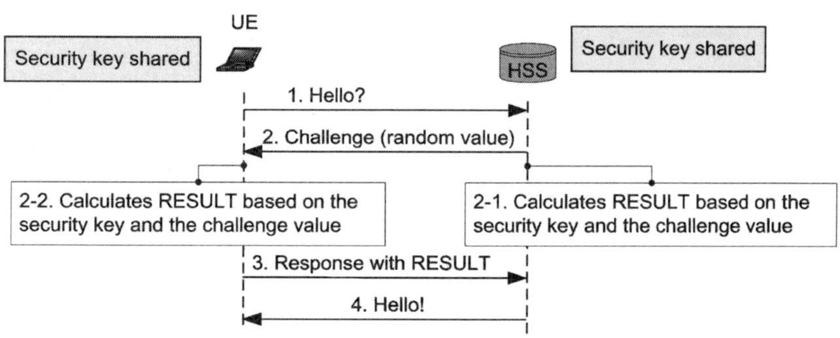

• 그림 11.7 • UE와 HSS의 보안키 공유와 인증과정

UE가 HSS에게 **REGISTER** 메시지 전송하는 단계에서 인증을 요청하게 되면 HSS는 임의 값을 만들어 challenge 값을 전달한다. HSS는 단계 2 이후에 내부에서 사전에 할당된 보안 키 값과 challenge 값을 기초로 보안 알고리즘을 수행하여 result 값을 계산한다. 동시에 UE는 HSS로부터 받은 challenge 값과 자신이 가지고 있는 보안 키 값을 기초로 result를 계산하여 단계 3과 같이 HSS에 전달하게 된다. HSS는 UE가 보낸 result 값과 자신이 계산한 result 값의 일치 여부를 확인하고 그 결과를 단계 4처럼 UE에게 알려준다.

예를 들어 보안 키 값, challenge 값, result 값이 모두 128 비트라고 가정한다면 인증을 성공한 이후 이 값들을 잘 조합하여 암복호화 보안 키 값으로 사용할 수도 있을 것이다. 하지만 challenge 값, result 값은 중간의 제삼자에게 노출될 가능성이 있기 때문에 이 값을 다음 과정의 보안 알고리즘에 직접 사용하는 것은 부적절하다.

11.2.2 UE 인증과정을 포함한 등록과정

UE의 인증과정을 포함하여 IMS의 CSCF들의 **REGISTER** 메시지 과정을 도식하면 그림 11.8과 같다. 인증과정을 포함하지 않았던 그림 11.6과 비교하여 보면 등록과정을 두 차례 수행하는 것을 볼 수 있다. 단계 1에서 5까지는 인증과정 여부에 따라 동일한 절차를 따르지만 단계 6 이후에는 S-CSCF가 **'401 Unauthorized'** 메시지를 전송하면서 challenge 값을 UE에게 전송한다.

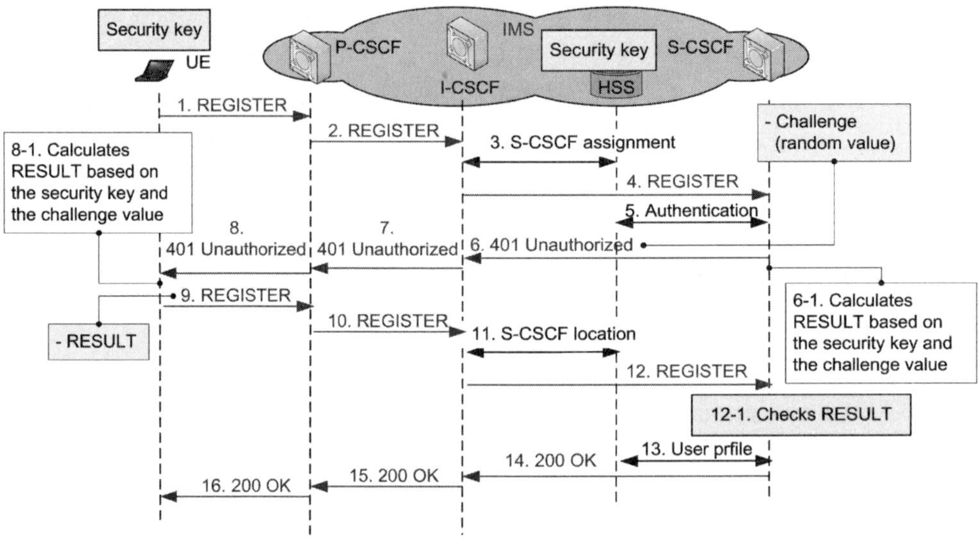

• 그림 11.8 • UE 인증과정과 S-CSCF 등록과정

단계 8에서 UE는 자신이 가지고 있는 보안 키 값과 **'401 Unauthorized'** 메시지에서 받은 challenge 값에 대해 사전에 약속된 보안 알고리즘을 수행하여 reuslt를 얻는다. 단계 9에서 단계 12까지의 **REGISTER** 메시지에는 result를 포함되고 S-CSCF가 UE가 보낸 result와 자신이 계산한 result를 비교하여 UE를 인증하게 된다. 여기서 단계 11의 I-CSCF는 이전에 이미 S-CSCF 선정이 이루어졌기 때문에 해당 위치 정보를 받게 된다. HSS 역시 UE와 마찬가지로 challenge 값과 자신의 보안 키 값을 기초로 result 값을 계산한다. HSS는 이 값과 UE가 **REGISTER** 메시지에서 보낸 값의 동일한 여부를 확인한 후 HSS로부터 S-CSCF는 단계 13에서 사용자 프로파일을 받게 된다. 이 과정이 정상적으로 끝나면 S-CSCF는 **'200 OK'** 메시지를 전달하게 된다.

11.3 사용자 ID와 서비스 프로파일

IMS 이전에는 사용자 구분을 위해 회선교환 기반의 MSISDN(mobile subscriber international ISDN number)을 사용하지만 IMS에서는 회선교환 서비스 외에도 SIP 기반의 인터넷 서비스를 제공하기 때문에 인터넷 응용서비스의 구분자가 필요하다. UMTS에서는 사용자에 대한 구분을 위하여 private user ID(identifier)와 public user ID를 두어 내부에서는 private user ID로 구분을 하고 외부에는 공식적인 public user ID로 구분한다. 또한 다양한 서비스 시나리오를 서비스 프로파일에 설정할 수 있다.

11.3.1 Public User ID

Public user ID는 global하게 유일한 값을 할당하여 통신하는 단말 및 서비스 구분자로 사용된다. 일반적으로 전화에서 사용하는 E.164, 인터넷에서의 IP 주소와 같이 하나의 단말 및 서비스를 지정할 수 있는 public user ID는 전화번호부, 웹사이트, 명함 등에 공식적으로 표기하여 다른 사람이 나와 통신하고자 할 때 사용할 수 있는 ID이다.

Public user ID는 sip URI(uniform resource identifier)와 tel URL(uniform resource locator) 형태로 표현하고 IMSI(international mobile subscriber identifier) 형태의 tel URL에 최소한 하나의 private user ID 값이 포함되어야 한다. IMS 세션 설정과 해제, 세션 설정 중간에 메시지 교환할 때 public user ID 값으로 상대방을 지정할 수 있고, 이 값은 IMS 망에서 SIP 메시지가 전달되도록 상대방 주소 및 라우팅 정보를 제공한다. Private user ID가 UE 등록과정에서 인증과정을 수행하는 반면 public user ID는 인증과정을 수행하지 않는다. Public user ID 예는 다음과 같다.

- tel URL: +82 2 940 5552
- sip URI: sip: min@kw.ac.kr

Public user ID인 tel URL은 PSTN과 2세대 이동통신망 등에서 사용하는 E.164의 IMSI와 동일한 형태로 15 디지트(digit: 0~9)이다. IMSI는 그림 11.9(a)와 같이 MCC(mobile country code), MNC(mobile network code)가 각각 3과 2~3 디지트를 갖고 나머지 9~10 디지트에는 MSIN(mobile station identification number)이 할당된다. MCC 값은 나라를 구분하는 미국은 MCC 310~316을 할당받았고 대한민국은 450

을 할당받았다. 그리고 MNC는 MCC 해당 국가내의 통신사업자 구분자로 미국은 3 디지트를 사용하는 반면 대한민국은 2 디지트를 사용한다. MNC는 그림 11.9(b)에서 보는 바와 같이 한국과 미국이 각각 2~3 디지트 크기에 따라 MSIN도 9~10 디지트를 갖는다.

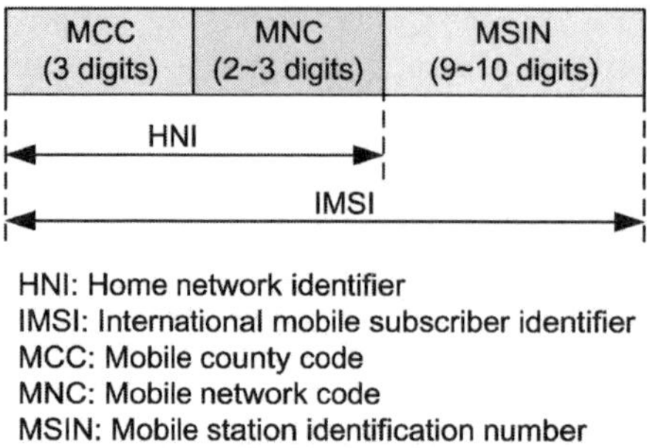

(a)

MCC 310	MNC 150	MSIN 123456789
US	T-Mobile	140-54-123456789

MCC 450	MNC 05	MSIN 10 1234 5678
Korea	SKT	450-05-10-1234-5678

MCC 450	MNC 00 or 04	MSIN 10 4567 1234
Korea	KT	450-00-10-4567-1234

(b)

• 그림 11.9 • IMSI 구성 (a) 각 필드 구성 (b) 한국과 미국 IMSI 예

11.3.2 Private User ID

Private user ID는 UMTS 사업자가 자신의 통신망에 가입한 UE를 구분하기 위하여 할당한 값으로 자신의 UMTS에서 유일한 값이다. 그러나 뒤 부분에 UMTS 사업자 구분자를 갖기 때문에 외부에서도 구분을 할 수는 있지만 그 값의 유효한 범위는 내부로 국한한다. Private user ID는 사용자 가입자 정보를 포함하게 되며 사용자 인증, 과금 그리고 관리용도로 사용된다. Private user ID 값은 ISIM(IMS identity module)에 포함되어 있고 NAI(network access identifier) 형태로 표현되며 등록과정에서 사용된다[36]. UE가 초기화과정과 등록과정에서 IMS에 이 값을 보내어 UE를 구분할 수 있도록 하고, S-CSCF가 HSS와 여러 사용자 정보를 동시에 교환할 때 private user ID 값을 사용하여 각 사용자를 구분할 수 있다.

그리고 Private user ID 값은 UE에 의하여 변경이 불가능하고 public user ID인 IMSI에서 얻을 수 있다. UE는 MCC, MNC 그리고 MSIN으로 구성되어 있는 IMSI 값과 사전에 약속된 realm을 첨가하여 user_id@realm인 NAI 형태를 만들어 private user ID 값을 자동으로 얻게 된다. 예를 들어 국내 KT에 가입되어 있는 010-1234-5678 전화번호를 사용하는 UE의 private user ID는 다음과 같이 표기될 수 있다.

36) NAI는 RFC2486에서 user_id@realm 형태로 정의하고 있음. 예를 들어 min@kw.ac.kr과 같은 형태이며 realm으로 kw.ac.kr 값임.

```
450001012345678@450.00.IMSI.3gppnetwork.org
```

여기서 그림 11.9(b)에서 보는 바와 같이 대한민국의 MCC는 450이고 KT의 MNC는 00이다. 이 값들과 IMSI, 3gppnetwork.org를 dot로 구분하며 이를 연결하여 @realm 부분을 구성하였다.

11.3.3 Temporary Public User ID

Temporary public user ID는 public user ID가 할당되기 전인 등록과정 실패 또는 어떠한 이유로 등록하지 못한 경우 IMS 응용서비스를 사용하고자 할 때 CSCF와 HSS 사이에서 사용한다. Temporary public user ID는 sip URI 형태로 표현되며 private user ID에 sip를 붙여서 사용한다.

```
sip:450041012345678@450.04.IMSI.3gppnetwork.org
```

11.3.4 여러 번호를 하나의 UE에 할당 ~ 서비스 프로파일

UMTS에서는 하나의 단말을 가지고 동시에 여러 번호를 할당받아 서로 다른 서비스를 받을 수 있다. 예를 들어 그림 11.10과 같이 UMTS 가입자는 4개의 public user ID를 하나의 UE에 할당하고 각 단말의 서비스를 달리 할 수 있다. 여기서 4개의 public user ID 중 tel URL 형태는 2개이며 나머지 sip URI는 각 tel URL과 매칭관계가 있는 것이다. 결국 UMTS에 2세대 이동통신의 전화번호와 같은 것은 2개가 할당되고 각각 서비스 프로파일(service profile)은 별도로 구성되어 있다.

첫 번째 sip URI와 tel URL은 광운대학교의 전화번호로 항상 전화를 받을 수 있도록 구성하고 두 번째 sip URI와 tel URL은 주중 오전과 오후에는 음성사서함으로 연결되도록 하고 주중 저녁과 주말에는 전화를 받을 수 있도록 시나리오를 설정할 수 있다. 이러한 시나리오의 경우 광운대학교의 전화번호 착신은 항상 통화가 가능하고 mtu.edu의 전화번호는 주중 저녁이나 주말에만 착신이 가능하도록 서비스 설정이 가능하다.

11.3.5 하나의 번호를 여러 UE에 할당

2세대 이동통신망에서 하나의 번호를 여러 개의 이동단말에 할당하지 못한다. 만약 고의적이던 아니던, 하나의 번호를 여러 개의 단말에 할당하는 경우 보안문제와 함께 통신망 내에서 관리하는데 어려움이 있다. UMTS release 5까지는 이에 대한 논의가 이루어지지 않았으나 release 6에서는 동시 요청(parallel forking)과 순차 요청(sequential forking) 기능을 추가하였다. 동시 요청은 동시에 여러 UE를 호출하는 것으로 수신자가 어느 한 UE를 받으면 나머지 UE들의 호출은 중지되고 수신한 UE와 세션을 설정한다. 순차 요청은 하나 UE 1를 호출하고 UE 1에 대한 응답이 없으면 UE 2를 호출하고 응답이 없으면 다시 UE 3, UE 4 순서대로 호출한다.

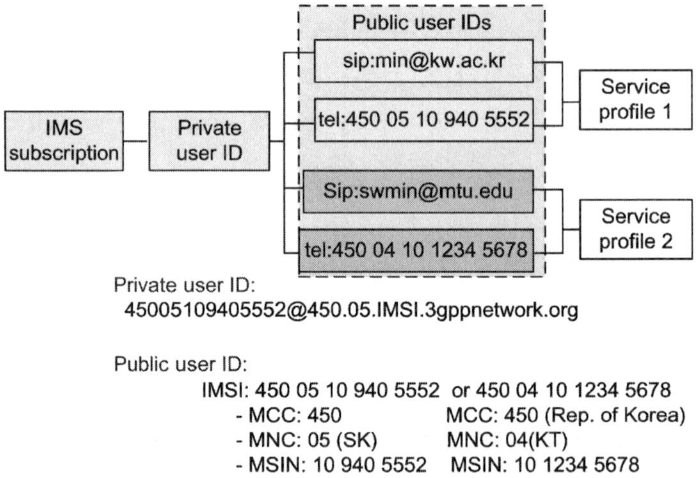

• 그림 11.10 • 가입자의 public user ID와 서비스 프로파일 관계

동시 요청과 순차 요청 외에 응용서비스 별로 서비스 가능한 UE를 호출할 수 있다. 이러한 서비스를 위하여 하나의 public user ID 값을 가지고 두 개의 UE을 지정할 수 있어야 한다. 예를 들어 사용자는 두 개의 UE를 가지고 있어 UE 2는 영상서비스를 사용할 수 있고 UE 1은 그 외에 서비스를 사용할 수 있는 경우 그림 11.11에서 보는 바와 같이 UE의 SCSF에 요청 media가 영상인 경우와 기타 응용서비스인 경우를 분리하여 각각의 IPv6 주소로 해당 UE를 지정하게 된다. UE 1과 UE 2의 private user ID는 서로 다른 값을 가지고 있는 반면 public user ID의 sip URI는 같은 값을 갖고 contact 헤더에 포함되어 있는 IPv6 주소는 서로 다른 것을 확인할 수 있다.

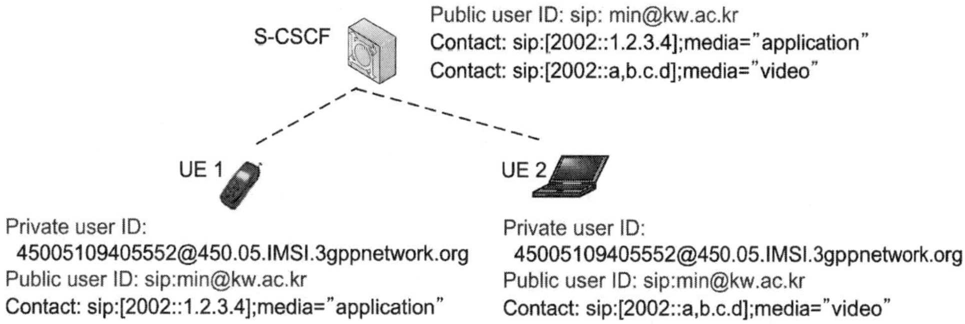

• 그림 11.11 • Public user ID를 두 개의 단말에 동시에 할당한 경우

11.3.6 Public Service ID

이전까지 user ID를 통하여 지정할 수 있는 범위를 사용자로만 국한하였지만 release 6에서 AS에서 제공하는 서비스, 메신저 리스트 서비스, 다자간회의 서비스 등 특정한 서비스를 지정, 구분할 수 있도록 public service ID를 정의하였다. Public user ID와 마찬가지로 public service ID는 sip URI 또는 tel URL 형태로 표현될 수 있다.

11.3.7 Network Entity ID

User ID와 service ID는 대부분 IMS의 단말에 해당하는 형태인 반면 IMS 내부에는 SIP 메시지를 전달 경로 중간에 각종 CSCF와 망 구성요소(network entity) 등이 존재하며 이들에 대한 ID를 부여하고 있다. 이들은 대부분 특정 IMS 사업자 내부에 존재함으로 realm 부분에는 IMS 사업자 정보가 들어가며 user_id 부분에는 해당 망 구성요소를 표현한다. 예를 들어 kwt라는 이동통신사업자의 영역을 kwt.co.kr라고 표기할 때 내부에 pcscf와 scscf 이름의 P-CSCF와 S-CSCF가 존재하는 경우 이들에 대한 network entity ID는 다음과 같이 표현될 수 있다.

```
sip:pcscf@kwt.co.kr        sip:scscf@kwt.co.kr
```

11.4 Identity Module

이전 절의 각종 user ID 값은 SIM에 포함된다. SIM 카드는 GSM(global standard for mobile communications)에 최초 적용되어 사용자 이동성(user mobility)을 지원한다. SIM카드는 단말기의 배터리 안쪽에 위치하고 있어 단말기 전원을 넣을 때 SIM 정보를 기초로 통신망과 초기화가 이루어진다. GSM의 주파수는 900MHz와 1.8GHz 영역을 사용하지만 각 나라마다 조금씩 다르기 때문에 국제적 로밍에 SIM이 사용된다. 예를 들어 친구의 전화단말기를 빌려서 자신의 SIM 카드를 넣어서 사용하면 과금이 나의 HLR(home location registrar)에 저장된다. 외국여행을 할 때 각 나라의 주파수 영역이 다른 경우 그 지역에서 통신단말기만 대여하여 자신의 SIM 카드를 장착하게 되면 과금 정보는 모두 자신의 HLR에 등록된다.

11.4.1 ISIM

2세대 GSM의 SIM은 UMTS에서 IMS와 통신할 수 있는 ISIM(IP multimedia service identity module)으로 발전하였다. ISIM은 UE에 탈부착될 수 있고 UICC(universal integrated circuit card)에 포함되어 있으며 그림 11.12와 같이 등록과정에서 사용하는 다양한 정보를 포함한다. UICC에는 ISIM 외에 다른 응용서비스를 포함할 수도 있다.

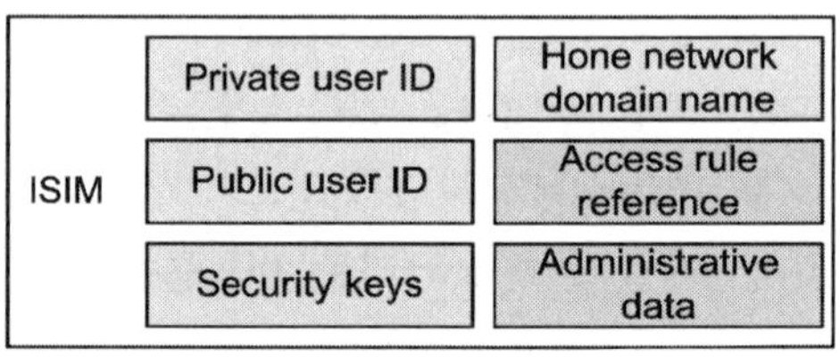

• 그림 11.12 • ISIM 내부의 각종 정보들

ISIM에는 private user ID와 public user ID 외에 등록과정에 필요한 정보를 포함하고 있다. Private user ID와 public user ID는 UE의 초기화 과정에서 필요한 값으로 사용자의 서비스 프로파일과 연계되어 있다. 보안 키(security key)는 사용자 인증 및 데이터 보안 등으로 사용된다. 데이터 보안을 위하여 integrity key와 ciphering key 등은 SIP 메시지 및 사용자 트래픽의 암복호화에 사용된다. Home network domain name은 UE 등록 과정에서 SIP의 **REGISTER** 메시지가 전달될 home network에 대한 정보를 가지며 administrative data는 IMS 가입자 또는 제조업자들에게 자기진단 기능을 위한 값들을 갖는다. 마지막으로 access rule reference는 특정 응용서비스를 사용할 때 검증하기 위한 정보를 포함한다.

11.4.2 USIM

USIM(universal subscriber identity module)은 특정 사용자를 구분하면서 응용서비스 가입과 관련된 정보들을 갖고 ISIM과 같이 UICC에 위치한다. USIM에 포함되는 정보는 다음과 같다.

- IMSI
- IP CAN인 GPRS 사용하기 위한 보안 파라메타
- 허용된 access point들의 리스트
- MMS(multimedia message service) 연관된 정보

11.5 UMTS와 다양한 IP CAN 연동

이 절에서는 IP CAN의 다양한 구성에 대하여 알아보고자 한다. 다른 프로토콜과 마찬가지로 UMTS를 사용자평면과 제어평면으로 구분하였으며, UMTS 사용자 평면은 UTRAN과 CN 부분으로 나누어 설명하였고 제어평면으로는 IMS를 설명하였다. 이 절에서는 먼저 UMTS 망에서 사용자 트래픽 경로 구성을 설명하며, UMTS 외 IP CAN에 대하여 소개하고 UMTS의 사용자 평면과 연동 방안을 설명한다. 그리고 무선 LAN, WiMAX(worldwide interoperability over microwave access)/WiBro 등 다른 IP CAN 들을 간단히 설명하고 UTMS 사용자 평면과의 연동 방안을 알아본다.

11.5.1 UMTS에서 IP CAN 구성

각 사업자가 구축하는 UMTS 망은 게이트웨이로 직접 연결, 전용선 또는 기존 인터넷을 경유하여 연결될 수 있다. 이 중 가장 성능이 떨어지는 연결방식은 기존 인터넷을 통하여 연결되는 경우가 될 수 있으며 이를 도식하면 그림 11.13과 같다. 여기서 UMTS 송수신자는 각각 서로 다른 IP CAN/IMS에 연동되어 있으며 이들 사이에는 외부 네트워크를 통하여 IP CAN과 IMS가 논리적으로 서로 연결되어 있다. 송신 UE 1에서 보내는 트래픽은 IP CAN 1의 UTRAN과 CN을 거쳐 외부 네트워크까지 전달될 것이다. 이 트래픽은 외부 네트워크를 경유하여 UE 2가 위치한 IP CAN 2의 UTRAN

과 CN을 거쳐 UE 2까지 전달될 수 있으며 반대 방향 트래픽 전달도 비슷하다. 이들 사이의 사용자 트래픽 전달을 제어하기 위한 IMS 1과 IMS 2의 제어 트래픽은 사용자 트래픽 전달 이전에 교환된다.

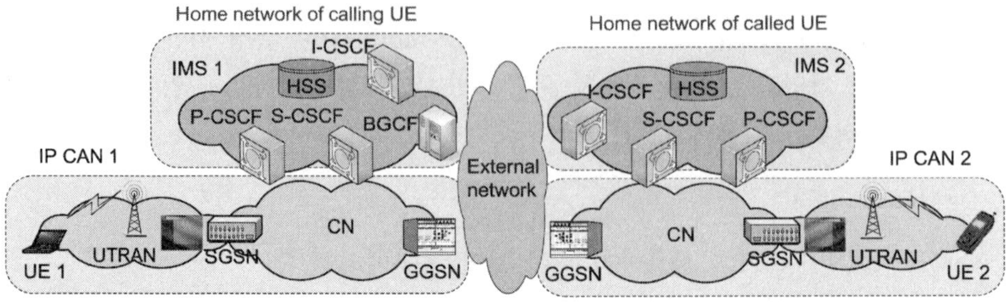

• 그림 11.13 • 송수신 UE가 서로 다른 IP CAN에 존재하는 경우 망 구성

IP CAN이 물리적으로 서로 분리되어 있는 경우 이들을 서로 연결할 수 있는 방안을 모색하여야 한다. 모든 UTRAN은 어느 한 UMTS CN에 직접 연결하는 것이 바람직하겠지만 어떠한 이유로든 물리적으로 직접 연결하지 못할 경우 이들을 논리적으로 연결할 수 있는 방안을 찾아야 한다. 예를 들어 UMTS 사업자가 초기에 전국 망을 구축하기 어려울 경우 구간별 또는 일부 구간에 대해서는 다른 사업자의 UTRAN을 공유 또는 임차할 수도 있을 것이다.

그리고 이러한 IP CAN 구성을 확대하면 송수신 UE가 서로 외부 네트워크를 통하여 연결되는 경우로 확대 해석할 수 있다. 그림 11.14는 송신 UE 1과 UE 2가 각각 IP CAN 1과 IP CAN 2에 위치하고 있지만 수신 UE 4가 위치하고 있는 IP CAN 4와는 외부 네트워크를 경유하여 연결된 경우를 보여주고 있다. UE 1의 경우 IMS 1과 IMS 3을 경유하여 수신 UE 4를 주관하고 있는 IMS 4와 제어 트래픽을 주고 받는다.

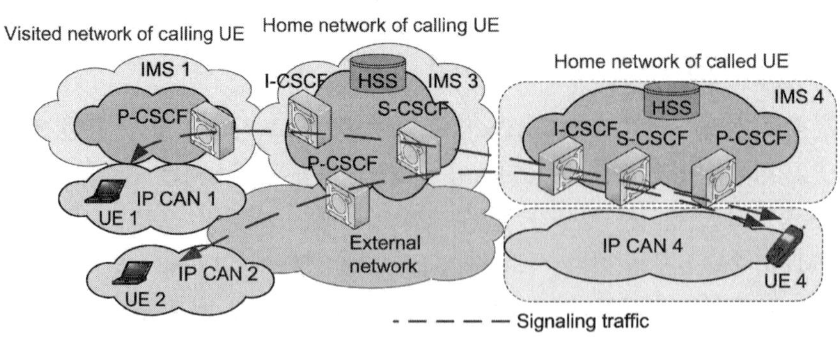

• 그림 11.14 • 여러 IMS를 경유한 세션 설정 예 1

반면 UE 2의 경우 UE 2를 제어하는 IMS 3와 직접 연결되어 있지 않아 제어 트래픽이 IMS 3까지 전달되기 위해서는 외부 네트워크를 통하여야 하며 이 구간에서 보안 기술이 적용되어야 할 것이다. IMS 3까지 전달된 제어 트래픽은 IMS 4까지 전달될 수 있을 것이다. IMS 3의 P-CSCF에서는 IP CAN 2 또는 UE 2 등과 터널링, IPSec 등 논리적으로 연결된 효과를 얻을 수 있는 기술적 방안이 고려되어야 한다.

제어 트래픽의 흐름과 달리 사용자 트래픽은 IP CAN 1 또는 IP CAN 2가 IP CAN 4와 외부 네트워크를 통해 연동되어 있어 외부 네트워크를 경유하게 된다. 제어 평면과 사용자 평면 관점에서 보면 IP CAN 1과 IP CAN 4는 각각 IMS 1과 IMS 4를 갖는 것이며 IP CAN 2를 직접 제어하는 IMS는 존재하지 않지만 논리적으로 제어하는 IMS는 IMS 3에 해당한다. 이런 맥락으로 IP CAN 2는 필요에 따라 다른 IMS와 연동될 수도 있다.

이러한 망 구성의 예는 다음과 같다. 일부 도서지역에 UMTS 서비스를 제공할 때 그 지역까지 UMTS CN 구축이 어려울 경우 UTRAN을 해당 지역에 구축한 후 UMTS CN과 UTRAN 사이에 기존 인터넷을 연결하면 그림 11.14와 같은 구성이 된다. 이때 UMTS CN은 도심에 위치하며 UTRAN과 연결되어 있는 일반 인터넷 구간에는 VPN(virtual private network)을 적용하게 된다.

송신 UE가 위치하는 방법과 같이 수신 UE가 어떠한 위치에 존재하느냐에 따라 그림 11.15와 같은 구성이 가능하다. 앞에서 설명한 바와 같이 송신 UE인 UE 1과 UE 2는 IP CAN 1과 IP CAN 2에 위치하며 이들을 제어하는 IMS는 IMS 1과 IMS 3에 해당한다. 그리고 수신 UE인 UE 6과 UE 7은 IP CAN 6과 IP CAN 7에 위치하고 있으며 IP CAN 6는 IMS 5에 직접 연결되어 있지만 IP CAN 7은 외부 네트워크를 경유하여 IMS 4와 논리적으로 연결되어 있다. 따라서 UE 1에서 UE 6로 세션 설정을 요청하면 IMS 1, IMS 3, IMS 4와 IMS 5를 거쳐 UE 6까지 제어 트래픽이 전달되는 반면 UE 1에서 UE 7으로 세션 설정을 요청하면 IMS 4에서 외부 네트워크를 경유하여 IP CAN 7의 UE 7까지 제어 트래픽이 전달된다.

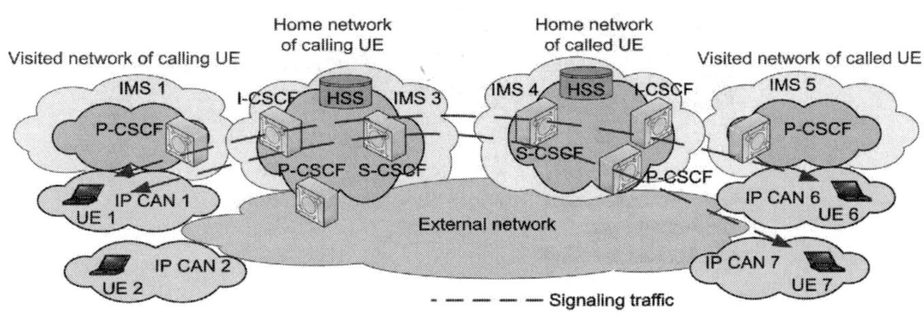

• 그림 11.15 • 여러 IMS를 경유한 세션 설정 예

11.5.2 IP CAN: 무선 LAN, WiMAX/WiBro

UMTS 외에 IP CAN은 다양하게 존재한다. UMTS의 특징은 AIPN(all IP network) 기반으로 인터넷접속 서비스는 물론 음성 외에 멀티미디어 서비스를 기본으로 지원한다는 것이다. 그러나 현재 출현한 IP CAN은 인터넷접속 서비스를 제공하면서 부가적으로 음성과 같은 실시간 서비스를 지원하기 위한 노력을 하고 있다. 무선 형태로 인터넷접속 서비스를 제공하는 무선 LAN과 WiMAX/WiBro와 같은 IP CAN은 링크 접속을 정의하고 있으며 상위 계층에 IP를 적용하여 무선 인터넷접속 서비스를 제공하고 있다. 여기에 mobile IP 기술을 적용하는 경우 한번 할당 받은 IP 주소를 핸드오버 이후에도 사용할 수 있다.

이들이 실시간 응용서비스를 제공하기 위해서 선행되어야 하는 것으로는 네트워크 계층의 IP QoS 보장 기술 제공과 멀티미디어 서비스를 지원할 수 있는 VoIP 기술이 제공되어야 한다. 또한 가입자에 대한 사용자 인증, 서비스 권한 그리고 과금 등과 관련하여 AAA(authentication, authorization and accounting) 기술을 필요로 한다. UMTS에서는 이러한 기술을 채택하고 있어 음성 및 멀티미디어 서비스가 가능한 것이며 여기서는 앞서 언급한 요소기술들이 적용되는 경우를 고려하여 통신망 구성을 제시하였다.

무선 LAN 기반의 IP CAN을 AAA, VoIP 서버를 고려하여 통신망을 구축하면 그림 11.16과 같다. 하나의 AP(access point)가 하나의 cell을 담당하거나 인접 cell과 일부 겹치도록 설계하여 음영지역이 발생하지 않도록 설계한다. 무선 LAN AT(access terminal)는 가장 가까운 AP와 IEEE 802.11 계열의 무선 기술 기반으로 무선 접속하여 인터넷접속이 이루어지도록 한다. 그리고 유선의 bridge를 통하여 LAN 영역을 확장하거나 라우터를 통하여 서로 다른 서브네트워크를 만들어 IP 패킷이 전달될 수 있도록 구성한다. 또는 무선 LAN bridge를 이용하여 무선 구간을 연장할 수도 있다.

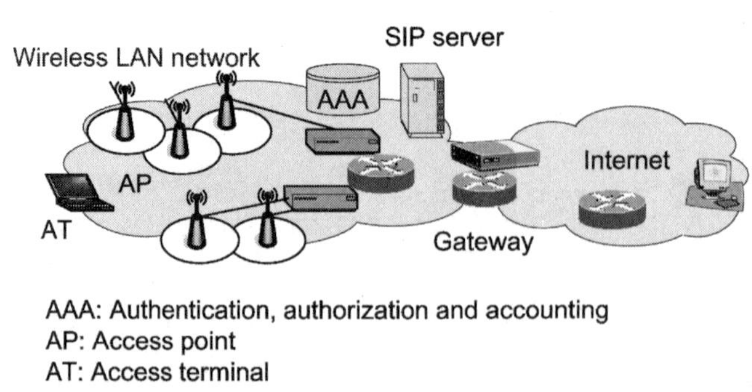

• 그림 11.16 • 무선 LAN 기반의 IP CAN

무선 LAN 단말은 IP 계층을 이용하여 인터넷접속 서비스를 이용하는 것이 일반적이며 IP 계층의 초기화 때 고정 IP 주소를 사용하거나 DHCP를 통하여 IP 주소를 유동적으로 할당할 수도 있다. 그리고 무선 LAN 단말의 이동성 서비스를 위하여 IP CAN에 mobile IP 기능을 지원하기 위하여 HA(home agent)와 FA(foreign agent)가 설치될 수 있다. 또한 무선 LAN의 유선망 구간에는 사용자 인증, 사용 권한, 과금 등을 관리하는 AAA 서버를 두었으며 VoIP 기능을 위하여 여기서는 SIP 서버를 포함하고 있다. 그리고 무선 LAN이 일반 인터넷과 연동되어 있어 유선 인터넷망과 동일한 인터넷접속 서비스를 제공하고 있다.

무선 LAN이 사용하는 ISM(industrial, scientific and medical) 대역은 허가를 받지 않고 사용할 수 있는 장점이 있지만 무선 송출파워가 적어 무선 cell 반경이 적은 단점이 있다. 이러한 문제를 해결하기 위하여 WiBro 기술이 IEEE 802.16e으로 표준화되었고 각국에서 사용하는 주파수는 다르지만 사업자를 정하고 특정 주파수를 할당하면서 송출파워가 무선 LAN보다 커서 하나의 RAS(radio access station) 또는 하나의 BS(base station)가 담당하는 cell 영역이 넓어지게 되었다. WiBro에서는 그림 11.17에서와 같이 RAS를 묶어서 무선 자원 관리를 담당하는 ACR(access control router)을 정의하고 있다. 또한 mobile IP의 HA와 FA는 물론 AAA와 DHCP도 기본 기능으로 선택하고 있다. 여기에 멀티미디어 서비스를 위한 SIP 서버를 구성할 수 있으며 인터넷과는 게이트웨이를 통하여 연동될 수 있다. 또 음성 서비스가 제공되는 경우 PSTN과 신호 프로토콜 및 미디어 변환에 필요한 게이트웨이가 추가될 수 있다.

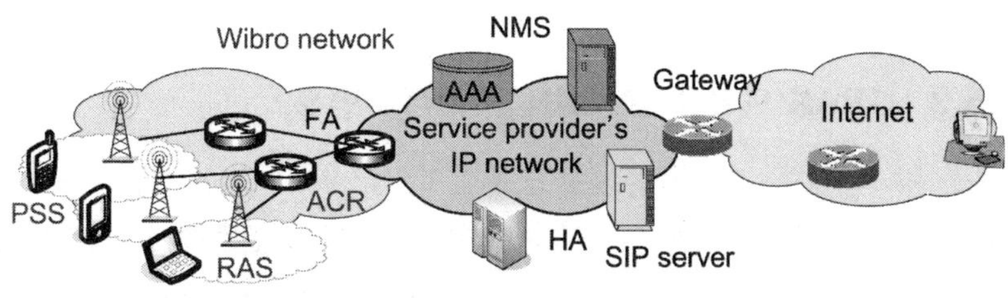

AAA: Authentication, authorization and accounting
ACR: Access control router
FA: Foreign agent
HA: Home agent
NMS: Network management station
PSS: Portable subscriber station
RAS: Radio access station

• 그림 11.17 • WiBro 기반의 IP CAN

WiBro 망에 비하여 WiMAX는 그림 11.18과 같이 UMTS 망 구성에 가깝게 통신망을 정의하고 있다. WiMAX는 UMTS와 같이 ASN(access service network)과 CSN(connectivity service network)으로 나누고 있다. WiMAX에서는 service flow를 정의하여 다양한 서비스를 지원할 수 있도록 QoS 사항을 초기부터 분명히 하였으며 관련 요소 기술은 SFA(service flow agent)와 SFM(service flow management)과 함께 표준화되어 있다. ASN에는 BS 기반의 무선 구간을 중심으로 설계하였으며 CSN에는 AAA를 정의하고 있고 인터넷과 연동을 위한 PDG(packet data gateway)를 두고 있다. 멀티미디어 서비스를 위한 SIP 서버를 두게 되는 경우 PSTN 연동 게이트웨이도 정의하여야 할 것이다.

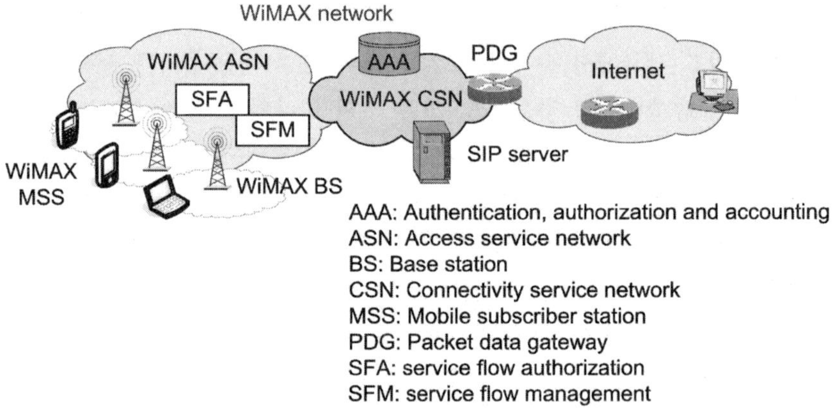

• 그림 11.18 • WiMAX 기반의 IP CAN

11.5.3 UTRAN 이외의 IP CAN과 UMTS 연동

무선 링크기술을 기반으로 발전한 무선 LAN, WiMAX/WiBro 외에도 유선 기반의 인터넷도 IP CAN에 해당한다. 이 소절에서는 UMTS 관점에서 다른 통신망과 연동을 UMTS 중심으로 IP CAN과의 연동을 고려한다. 그림 11.19와 같이 IP CAN은 일반 인터넷을 통하여 UMTS와 연동될 수 있다. 또는 특정 IP CAN과의 트래픽이 많다면 UMTS와 직접 연결될 수도 있을 것이다.

예를 들어 인터넷을 통하여 UMTS, 무선 LAN, WiMAX/WiBro가 연동된다면 그림 11.20과 같은 형태로 구성될 수 있다. 무선 LAN과 WiMAX/WiBro는 사용자평면과 제어평면을 구분하지 않고 도식되어 있는 반면 UMTS는 제어평면의 IMS와 함께 사용자평면으로 UTRAN과 UMTS CN이 하나의 IP CAN을 구성한다.

• 그림 11.19 • UMTS와 다양한 IP CAN 구성

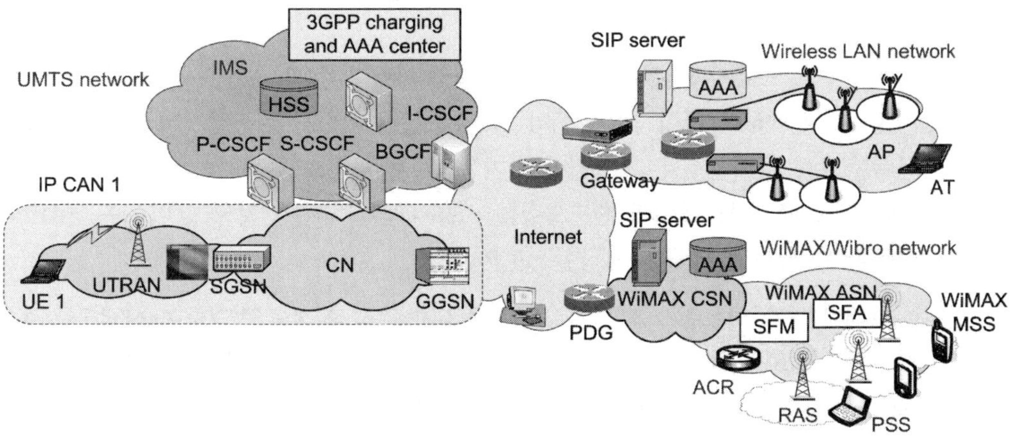

• 그림 11.20 • UMTS, 무선 LAN, WiMAX/WiBro 기반의 IP CAN 구성도

11.6 하나의 단말로 여러 IP CAN 이용

무선 접속기술 기반의 여러 종류의 IP CAN이 소개되면서 이동 단말도 다양화되고 있다. 아마 독자도 스마트 폰, PDA, 노트북 컴퓨터 등 인터넷을 접속할 수 있는 다양한 기기들을 가지고 있을 것이다. 저자가 사용하는 노트북에도 무선 LAN 모듈이 기본으로 장착되어 있고 외부 인터페이스로 WiBro 모듈을 연결하여 사용하고 있다. 또한 수도권을 벗어나는 경우에는 HSDPA(high-speed downlink packet access) 모듈을 연결하여 항상 인터넷접속이 가능하다. 이러한 사용을 도식하면 그림 11.21과 같이 주어진 환경에서 가장 최적의 무선 접속을 한 후 인터넷접속을 수행하게 된다.

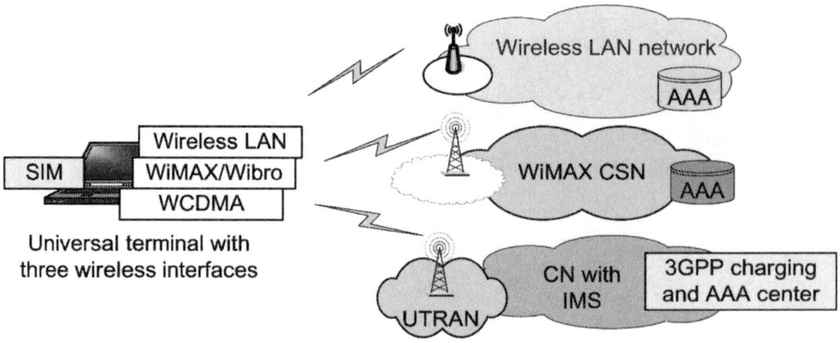

• 그림 11.21 • 서로 다른 무선 모듈을 가지고 있는 단말

어떤 기준으로 여러 무선 기술 중 최적을 선택할 수 있을까? 응용서비스와 비용을 기준으로 선택하는 것이 일반적이다. 광대역 응용서비스, 이동성서비스 등을 기준으로 선택할 수도 있지만 모든 무선접속이 가능하다면 사용요금에 따라 결정하는 것이 일반적이다. 또한 이들 사이의 핸드오버를 사용자가 인식하지 않고 서비스를 연속적으로 사용할 수 있다면 더욱 바람직할 것이다.

그러나 현재 네트워크 환경에서는 사용자가 무선 환경을 고려하여 선택하는 형태로 제공되고 있고 사용자 단말에는 접속 가능한 무선모듈을 포함하고 있어야 가능하다. 그림 11.21과 같은 예는 사용자 단말이 2.4GHz 무선 LAN 모듈, 2.3GHz WiBro 모듈, 그리고 2.0GHz의 HSDPA 모듈을 모두 갖고 있는 경우이다[37]. 사용자 단말이 각 통신망과 접속하기 위해서는 각 통신망에 가입되어 있거나 통신망에서 요구하는 인증 절차를 거쳐야 한다. 통신망 관점에서는 독립적인 무선통신망이 존재하고 마치 개별적인 사용자가 접속되는 것처럼 운영될 것이다.

11.6.1 Loosely Coupling 방법

효율적인 통신망 운영 관점에서는 하나의 통신망으로 다양한 무선접속을 제공하는 것이 바람직하다. 이러한 연동 방안으로 제어평면과 사용자평면의 구성방식에 따라 loosely coupling과 tightly coupling을 고려할 수 있다. 먼저 loosely coupling은 제어평면을 공통으로 운영하고 사용자 평면의 트래픽 전달경로는 별도로 구축하는 것으로 그림 11.22와 같다. 여기서 각 IP CAN을 CN과 AN으로 나누어 고려할 때 CN 부분에서 제어평면이 통합된 것을 볼 수 있다. 반면 사용자 평면의 트래픽 전달경로는 서로 독립되어 있다. UTRAN에서 발생한 사용자 트래픽은 UMTS CN의 SGSN과 GGSN을 통하여 인터넷에게 전달되고 무선 LAN과 WiBro에서 발생한 사용자 트래픽

37) 3개의 무선모듈을 가지고 있기 보다는 하나의 모듈로 해당 무선주파수를 선택적으로 맞추면서 사용하는 것이 바람직할 것이며 이러한 기술을 SDR(soft-defined radio)라고 함.

은 자체적인 CN이 존재할 때 이를 통하여 전달된다. 여기서는 무선 LAN과 WiBro의 자체 CN이 일반인터넷인 경우로서 PDG(packet data gateway)를 통하여 인터넷에 직접 사용자 트래픽을 전달하는 망 구성을 보여주고 있다.

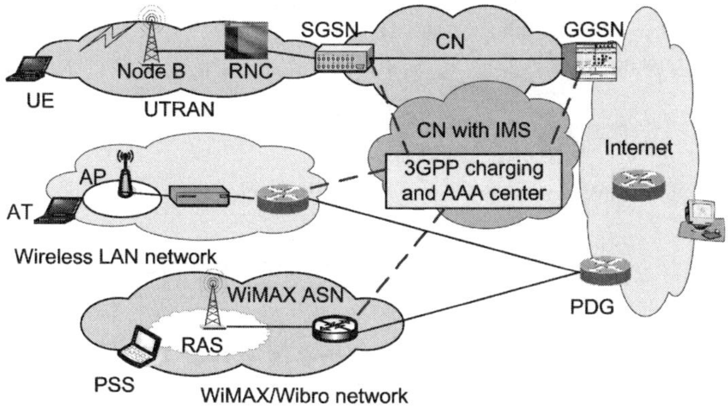

• 그림 11.22 • Loosely coupling 된 연동

서로 독립된 CN을 사용할 때와 달리 loosely coupling 연동이 이루어진 경우 사용자 인증은 한번으로 가능할 수 있다. 서로 독립된 망 구성을 하는 경우 그림 11.21과 같이 각 통신망 CN에 별도의 사용자 인증이 존재하고 있어 다른 망을 이동할 때마다 해당 통신망의 인증을 받아야 할 것이며 세션설정을 위한 제어 트래픽 전달이 별도로 이루어진다. 그러나 loosely coupling 방식으로 연동된 경우 그림 11.22와 같이 한번의 사용자 인증으로 서로 다른 IP CAN을 이동하면서 사용자트래픽을 전달할 수 있고 세션설정을 위한 제어 트래픽을 처리하는 IMS를 공통으로 사용할 수 있다.

11.6.2 Tightly Coupling 방법

사용자 관점에서 loosely coupling과 tightly coupling 방법은 동일하게 보이지만 통신망 운영 및 사업자 관점에서는 다르다. 그림 11.23은 tightly coupling 방법으로 구축된 통신망 구축 예로 looesly coupling과 차이가 나는 것은 무선 LAN과 WiBro의 CN 부분이 외부인터넷과 직접 연결되지 않고 UMTS CN을 통하여 연동되는 것이다. 이러한 구성을 위하여 UMTS의 SGSN이 UTRAN은 물론 무선 LAN AP 영역과 WiBro의 ASN을 관리한다. 세션 설정을 위한 제어 트래픽의 전달경로는 loosely coupling과 동일하지만 tightly coupling 방법의 경우 사용자 트래픽은 모두 UMTS CN을 경유하게 된다.

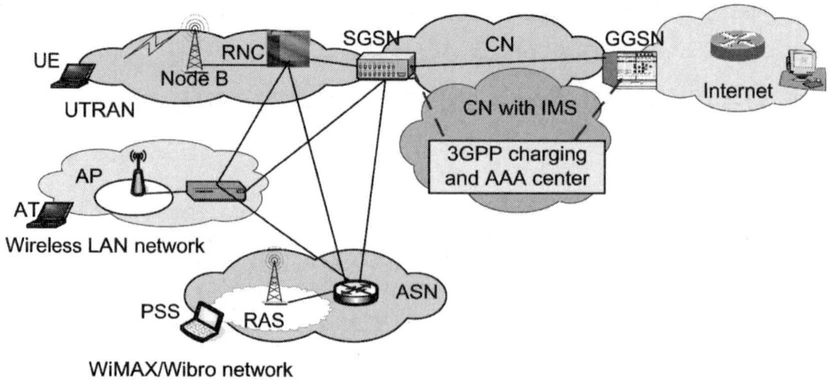

• 그림 11.23 • Tightly coupling된 연동

Loosely coupling과 tightly coupling 방법 중 어느 것이 더 좋다고 말하기는 어렵다. 트래픽 및 통신망 관리 관점에서는 모든 IP CAN이 자신의 CN을 경유하여 외부 인터넷에 연결되기 때문에 tightly coupling이 좋다고 할 수 있지만 SGSN이 고급 기능을 포함하고 있어야 하며 CN이 모든 IP CAN을 커버할 수 있을 정도로 확장되어야 하기 때문에 설치 비용이 많이 든다.

Loosely coupling은 tightly coupling의 장단점을 역으로 가지고 있다. 모든 IP CAN을 자신의 CN이 커버하지 않아도 되지만 사용자의 여러 트래픽이 외부 인터넷을 통하여 전달되기 때문에 철저한 관리 방안을 갖추어야 한다. 예를 들어 실시간 서비스 세션을 지원하는 경우 외부 인터넷을 경유하여 연동되기 때문에 이 구간에서의 서비스 품질 지원이 이루어지지 못할 가능성이 있으며 통신망 보안을 위하여 추가적 장비를 설치할 필요도 있다.

서로 다른 IP CAN들을 연동할 때에 통신망 환경 및 비용 등 여러 가지 사항을 고려하여 loosely coupling과 tightly coupling 방법 중에 적절한 방안을 찾아야 하겠지만 초기에 연동할 때와 사용자가 적은 지역을 연동할 때에는 loosely coupling 방법이 적절할 것이다. 우리나라 통신사업자 중에도 위 예의 3가지 IP CAN을 모두 가지고 있는 사업자들이 있고 점차 통합하는 과정 중에 있지만 3개 무선통신망 사용 가능하도록 통합한 서비스를 출시한 사업자는 아직 없다.

11.6.3 Seamless Handover

사용자 입장에서는 서로 다른 사업자 또는 서로 다른 특성의 통신망을 이동하더라도 이전 통신망에서 사용하고 있는 서비스가 끊어지지 않고 제공되기를 바란다. 이미 이동통신전화망을 통한 이동성 서비스를 경험한 우리는 인터넷, 영상 서비스 그리고 인터넷전화서비스 등과 같은 모든 통신서비스가 이동성을 지원하기를 기대하고 있다. 그렇다면 서로 다른 특성의 통신망을 이동하면서 기존 사용하는 서비스를 지속적으로 이용하기 위하여 해결하여야 하는 문제에는 어떠한 것이 있을까? 먼저 사업자들이 이러한 서비스를 제공하는데 동의하여야 할 것이다. 만약 한 사업자가 다양한 IP CAN에 대한 운영권을 가지고 이미 각각의 망을 구축하였다면 이 문제는 간단히 해결될 수 있을 것이다. 그리고 국내외 통신사업자들을 보면 한 사업자가 다양한 IP CAN을 운영하는 경우가 있어 비교적 쉽게 해결될 수도 있을 것으로 기대된다.

그 다음으로 고려되어야 할 사항은 하나의 단말이 IP CAN에 적합한 유무선 접속 모듈을 가지고 있어야 한다. 예를 들어, 하나의 단말로 모든 IP CAN에 접속하기를 원한다면 이 단말은 무선 LAN, WiBro, UMTS 무선모듈과 유선 LAN 모듈을 모두 가지고 있어야 하고 그림 11.24에서 보는 바와 같이 사용자 이동성 서비스가 가능할 것이다. 유선 LAN이나 무선 LAN이 있는 경우 이들 사이에 핸드오버는 이미 노트북컴퓨터를 통하여 잘 되고 있으며 WiBro 모듈이 있다면 WiBro와 접속하여 인터넷접속 서비스도 사용할 수 있다. 또한 HSDPA 모듈이 있다면 이 역시도 가능할 것이다.

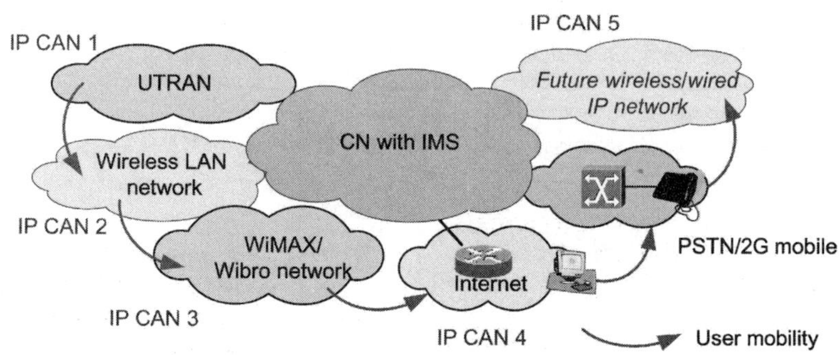

• 그림 11.24 • 서로 다른 IP CAN 사이의 사용자 이동성 서비스

인터넷 데이터 서비스를 사용한다면 다양한 IP CAN을 이동할 때 약간의 끊어짐이 있어도 불편 없이 이용자들이 사용할 수 있다. 그러나 IPTV 또는 음성전화를 사용하고 있다면 문제는 달라진다. 사용자는 끊어짐에 민감하게 반응할 것이며 사업자는 상용서비스로 끊어지는 서비스를 제공할 수 없을 것이다. 이러한 문제를 해결하기 위하여 기술적으로 L2 계층에서 MIH(media independent handover)가 지원되어야 할 것이다. MIH는 IEEE 802.21에서 정의하고 있지만 관련된 링크기술이 다양하여 해당 링크기술의 표준 권한 또는 기술개발 능력이 있는 제조업체의 협조가 절대적으로 필요하다. 즉, L3 계층의 핸드오버에 L2 계층 정보를 이용한 cross-layer design를 통하여 핸드오버 성능을 향상시킬 수 있다.

L2와 함께 L3의 핸드오버도 필요하며 이들의 관계를 기존 핸드오버와 비교하면 그림 11.25와 같이 나타낼 수 있다. 한 셀 또는 하나의 서브네트워크에서 homogeneous 특성을 갖는 다른 셀 또는 서브네트워크로 이동하는 경우 이를 horizontal handover 라고 표현하고 heterogeneous 특성을 갖는 셀 또는 서브네트워크에서 다른 셀 또는 서브네트워크로 이동하는 것을 vertical handover라고 부르고 있다. 현재 horizontal handover는 각 통신망에서 이루어지고 있고, 다른 특성의 셀 또는 서브네트워크로 이동할 때 seamless 서비스를 제공하기 위하여 vertical handover가 필요하다.

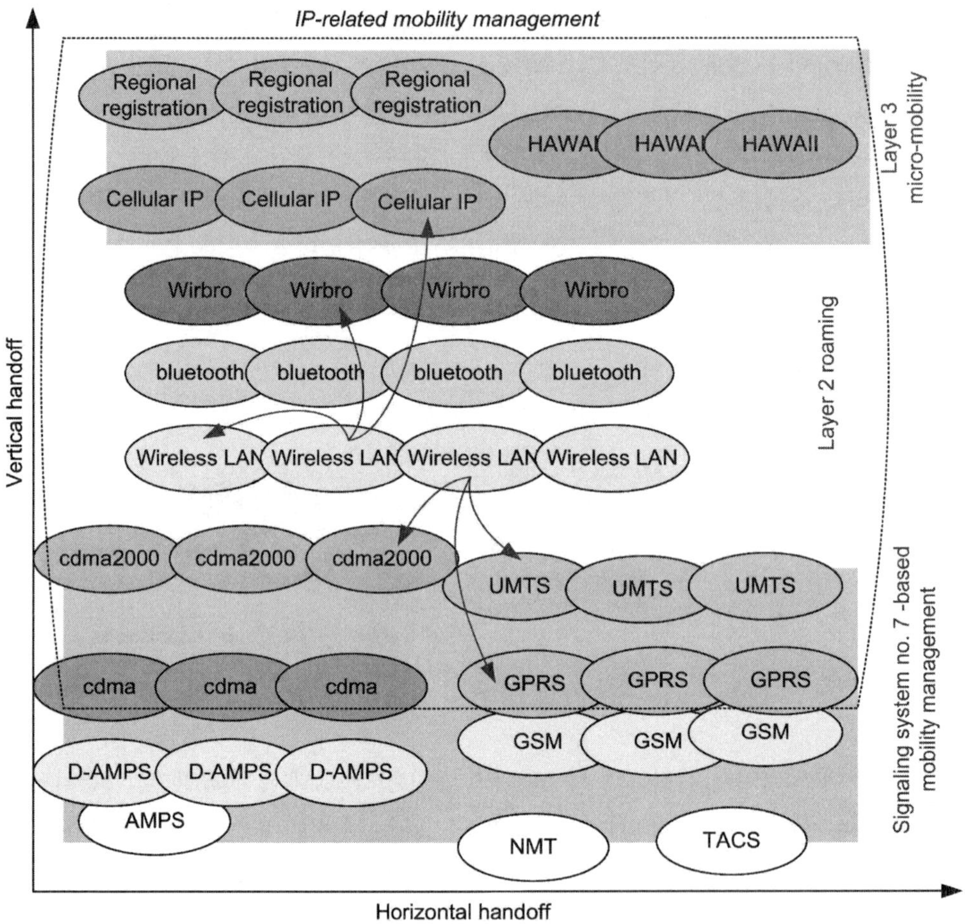

• 그림 11.25 • Horizontal 핸드오프와 vertical 핸드오프 관계

제12장 UMTS 제어평면과 응용서비스평면

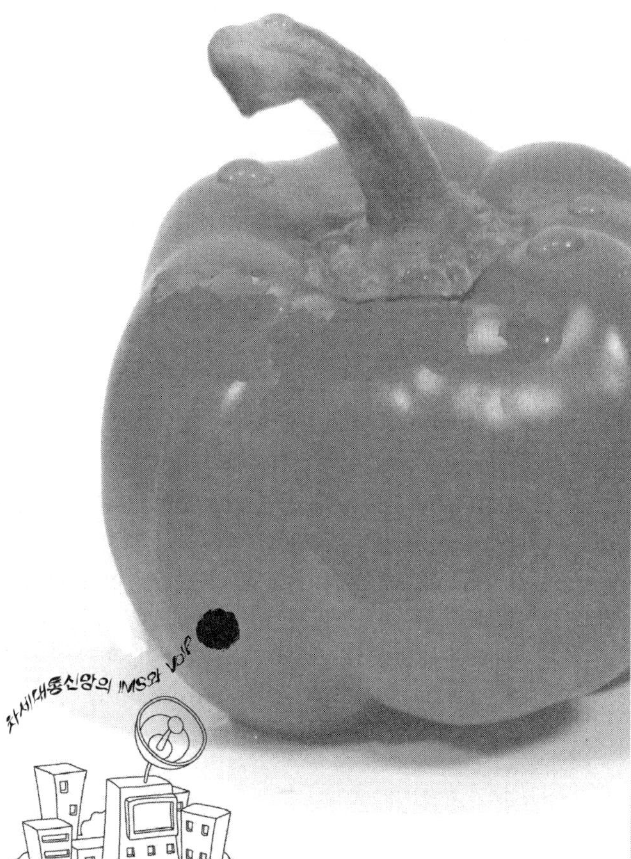

유선전화망과 이동통신망의 CS CN의 제어평면은 모두 SS 7 기반으로 구축되었다. 3세대 이동통신망인 UMTS에서 AIPN을 초기에 정의하였지만 제어 기능블록은 SS 7 메시지를 사용하고 있었다. UMTS release 5의 IMS는 SS 7을 배제한 것으로 VoIP의 SIP, megeco/H.248을 채택하였으며 이동교환망 특성에 맞추어 새로운 CSCF 기능블록을 정의하게 되었다. CSCF는 2세대 이동통신망의 MSC, UMTS release 4의 MSC 서버 역할을 수행하며 VoIP의 SIP 서버에 해당한다.

UMTS의 제어평면과 응용서비스평면을 위하여 정의된 IMS는 사용자평면과 논리적으로 구분될 수 있으며 세션 설정 및 해제, 자원관리, 보안통신 등과 관련된 일련의 제어관리 기능을 수행한다. CSCF는 신호메시지 처리 기능에 따라 P-CSCF, S-CSCF와 I-CSCF로 나눌 수 있으며 UE는 항상 P-CSCF와 S-CSCF와 논리적 연결되어 있어야 한다. HSS는 S-CSCF와 AAA를 이용하여 메시지 교환을 하는데 사용자의 정보를 가지고 있는 서버로 2세대 이동통신망의 HLR 기능을 확장한 것이다. 다른 망과의 연동을 위하여 BGCF와 MGCF가 IMS 내부의 SIP 메시지를 타망의 호 프로토콜로 변환하는 기능을 수행한다.

IMS에 포함되어 있는 응용서비스평면의 기능블록인 AS는 S-CSCF와 논리적으로 연결되어 사용자가 원하는 응용서비스를 제공한다. AS가 제공하는 서비스 중 신규로 개발하는 것은 SIP 인터페이스를 갖지만, 기존 서비스들은 과거의 인터페이스를 갖기 때문에 이에 맞도록 변환 기능을 수행하여야 한다.

IMS에서 SIP 메시지 동작을 이해하기 위해서는 먼저 인터넷 텔리포니에서 정의된 메시지 교환을 이해하여야 하고 PSTN과 연동 절차를 알아야 할 것이다. 왜냐하면, IMS는 CSCF들 사이의 SIP 교환 절차를 정의하는데 있어서 기존 PSTN이나 2세대 이동전화망과의 연동 절차를 기초로 하고 있기 때문이다. IMS의 CSCF가 VoIP의 SIP 서버와 차이나는 것은 이동통신망의 이동성으로 기존 2세대 이동통신망의 특성을 알고 있으면 CSCF의 이동성 지원 기능을 이해하는데 도움이 될 것이다.

UMTS IMS 내의 세션 설정을 정의하면서 다른 망과의 연동 절차도 고려되었다. 서로 다른 특성의 통신망이 연동될 때 중간 게이트웨이는 각 통신망 특성에 맞추어 변환을 하여 주듯이 PSTN과 인터넷 텔리포니 사이에도 각각 통신망에 맞추어 신호 메시지 교환 및 미디어 변환을 수행한다. 제어평면 관점에서 PSTN의 호는 SIP 메시지로 교환되며 미디어 변환 장치를 제어하기 위하여 MGCF가 설치된다. MGCF는 MGW를 제어하기 위한 장치이지만 이를 시작하기 위해서는 sigtran 프로토콜을 가지고 있어야 한다. 따라서 타 망과의 연동을 위하여 필요한 프로토콜은 SIP, megaco/H.248과 sigtran이며 이들이 서로 유기적으로 동작하여야 UMTS 사용자와 타 망의 사용자 사이에 세션이 설정될 수 있다.

이 장에서는 UMTS의 IMS를 기능블록과 세션 설정 과정으로 나누어 설명하고 있으며 응용서비스 기능블록도 간단히 설명하였다. 먼저 1절에서는 제어평면의 기능블록과 참조점(reference point)을 기능에 따라 구분하고 이들이 담당하는 기능을 소개하였다. 2절에서는 제어평면이 응용서비스평면과 사용자평면과 어떤 참조점으로 연동되는지와 관련된 메시지를 주고받는 내용을 설명하였다. 3절에서는 IMS에서 기능블록과 연계하여 SIP 메시지를 주고받는 과정을 소개하였고 독자의 이해들 돕기 위하여 먼저 전화망 또는 2세대이동통신망의 호 설정 및 해제 과정과 인터넷 텔리포니에서의 SIP 세션 관리 과정을 설명하였다. 그리고 4절에서는 타 망과의 연동을 위한 기능블록과 이들의 절차에 대하여 소개하였다. 역시 인터넷 텔리포니에서의 연동하는 과정을 먼저 설명하고 IMS에서 연동하는 메시지 교환 과정에 대하여 설명하고 있다.

본 장을 마치면

- IMS의 역할과 사용자평면, 제어평면, 응용서비스평면과의 관계와 IMS에 포함되어 있는 기능블록(HSS, CSCFs, MGCF, BGCF, SLF, SGW, SEG)을 이해하고 이들에 역할을 설명할 수 있다.
- 인터넷전화에서 세션설정과 PSTN의 호설정 과정을 이해하고 UMTS의 CSCF사이의 세션 설정과 해제과정을 설명할 수 있다.
- UMTS내의 다양한 UE와 CSCF 상황에서 SIP메시지 교환을 설명할 수 있다.
- UMTS와 PSTN과 연동될 때 CSCF, MGCF, BGCF 기능블록을 설명할 수 있고 SIP, megaco/H.248, sigtran, SS 7 등의 일련의 메시지 변환을 이해할 수 있다.

12.1 제어평면의 기능블록

UMTS(universal mobile telecommunications system) 사용자평면과 응용서비스평면의 멀티미디어 서비스를 지원하기 위하여 미디어를 전달하기 전에 세션 설정을 통한 자원할당을 수행하여야 한다. 제어평면의 가장 큰 기능은 신호 프로토콜 또는 세션 설정과 해제 프로토콜을 이용하여 미디어 전달 경로에 따른 자원할당 및 예약에 필요한 정보를 교환하는 것이다.

UMTS 이전의 통신망은 하나 또는 동질의 여러 개 서비스를 지원하는 형태여서 기능블록이 비교적 단순하였지만 UMTS에서 제공하는 서비스가 다양하고 타 망과의 연동 등을 지원하기 위하여 각 기능에 따라 기능블록을 두고 있어 매우 많은 기능블록을 정의하고 있다. 그러나 서비스 또는 주요한 기능에 따라 기능블록을 분류할 수 있고 이들 사이에 관계에 따라 참조점과 프로토콜을 정의할 수 있다.

12.1.1 IMS와 IP CAN의 전반적 구성

사용자 트래픽이 전달되는 사용자평면인 IP CAN(connectivity access network)과는 별도로, 제어평면과 응용서비스평면의 기능블록을 묶어서 IMS(IP multimedia subsystem)라고 하며 이들 사이의 관계를 도식하면 그림 12.1(a)와 같다. IMS는 사용자평면의 세션과 서비스를 제공하기 위하여 필요한 기능블록을 정의한다. 다른 통신망과 마찬가지로 UTMS는 기능블록 사이에 참조점과 프로토콜을 가지며 그림 12.1(b)와 같이 UMTS 기능블록들 사이의 참조점을 정의하였다.

IP CAN과 IMS에는 논리적으로 참조점 Ut, Gm, Go, Mb 등으로 연결되어 있으며 IMS와 외부 망은 참조점 Mm, Mw, Mk 등으로 물리적 구성이 이루어진다. IMS에서 정의한 기능블록 중 대표적인 것을 살펴보면 다음과 같다.

- AS(application server): 응용서비스평면에 속하는 기능블록으로 UMTS의 다양한 서비스를 제공함.
- P-CSCF(proxy-call session control function), I-CSCF(interrogating-CSCF)와 S-CSCF(serving-CSCF): 세션 설정과 해제 메시지를 처리하는 블록으로 2세대 이동통신망의 MSC(mobile switching center) 역할을 수행함.
- HSS(home subscriber server)와 SLF(subscription locator function): UMTS 내의 데이터베이스로 HSS는 사용자 및 가입서비스 정보를 가지고 있으며 SLF는 적절한 HSS를 찾는 역할을 수행함.

- MGCF(media gateway control function), BGCF(breakout gateway control function), SGW(signaling gateway): UMTS와 타 망을 연동할 때 UMTS 내외에 위치하는 다른 기능블록과 세션 관리 메시지를 주고받거나 미디어 변환 제어 기능을 담당함.
- MGW(media gateway): 외부 망으로 전달되는 미디어 변환 기능을 수행함.
- MRFC(media resource function controller)와 MRFP(media resource function processor): 멀티미디어, 회의서비스 등과 관련된 제어 기능을 수행함.
- SEG(security gateway): 외부 인터넷과 세션 관리 메시지를 교환할 때 이에 대한 보안기능을 수행함.

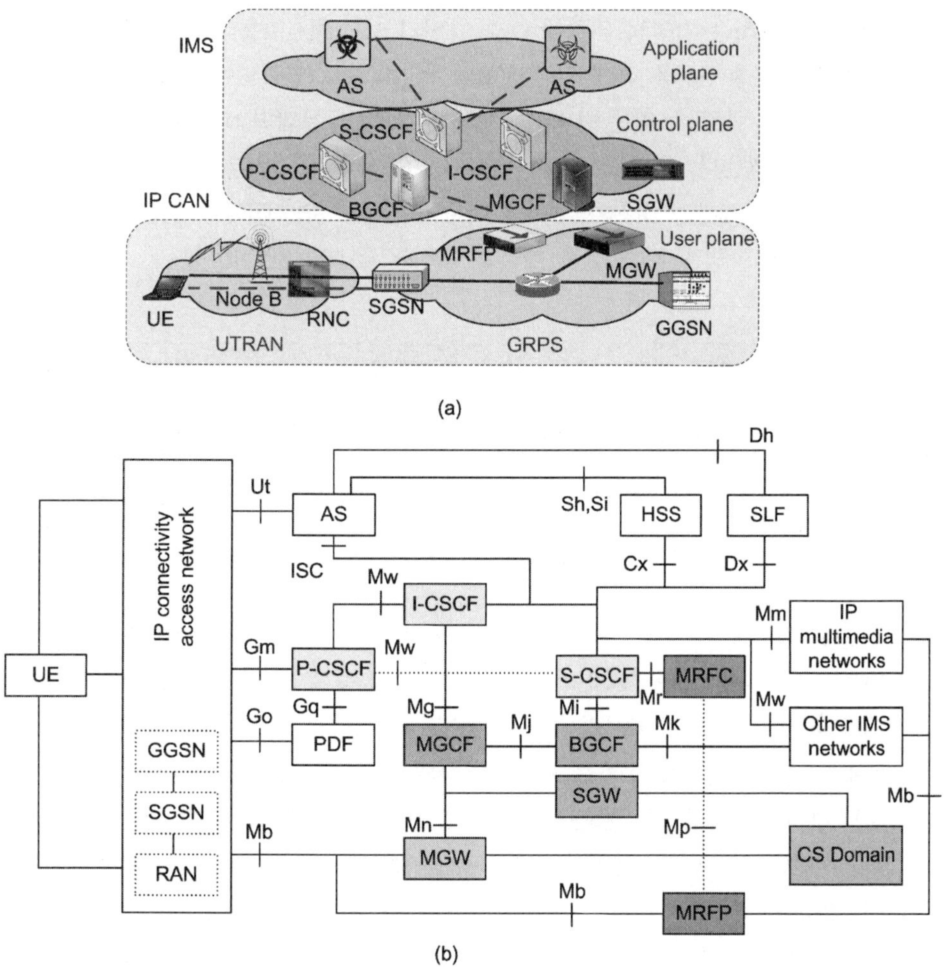

• 그림 12.1 • UMTS 기능블록 (a) 평면관점의 구성 (b) 기능블록과 참조점

IMS 제어평면의 가장 큰 기능은 UE(user equipment) 사이 또는 UE와 각종 서버와의 세션 설정이다. 제어평면에서 사용하는 프로토콜로는 PSTN(public switched telephone network)의 SS 7(signaling system no. 7)이 가장 대표적이지만 음성 서비스 위주로 정의되어 있어 멀티미디어 서비스 제공을 위해 IMS는 SIP(session initiation protocol)를 채택하고 있다. SIP는 유선 인터넷에서 SIP 서버와 함께 멀티미디어 세션 설정을 위하여 정의되어 3세대 이동통신망은 물론 NGcN(next-generation convergence network)에서도 SIP를 기본 제어 프로토콜로 채택하고 있어 향후 유무선 통신망을 통합하는데 큰 역할을 할 것으로 기대하고 있다.

IMS에서는 SIP 서버 대신 CSCF를 정의하였고 CSCF는 기존 이동통신망의 MSC 기능과 SIP 서버 기능을 같이 포함하도록 기능과 절차가 정의되어 있다. 송신 UE와 수신 UE 사이의 세션 설정을 요구하는 INVITE 메시지의 흐름은 그림 12.2와 같다. UE는 자신이 존재하는 지역적 위치에 따라 자신의 SIP 메시지를 처리하여 주는 P-CSCF와 논리적인 연결 구성을 하게 된다. UE와 논리적으로 연결되어 있는 P-CSCF는 지역적 위치에 따라 바뀔 수 있는 반면 S-CSCF는 한번 등록되면 UE의 등록을 해제하기 전까지 바뀌지 않는다. 즉 S-CSCF는 UE가 이동하더라도 외부 사용자들에게 UE가 고정된 위치에 존재하는 것처럼 보이게 하는 효과를 주며, UE의 지역적 위치가 바뀌어서 P-CSCF가 바뀌게 되는 경우 해당 P-CSCF 정보를 관리한다.

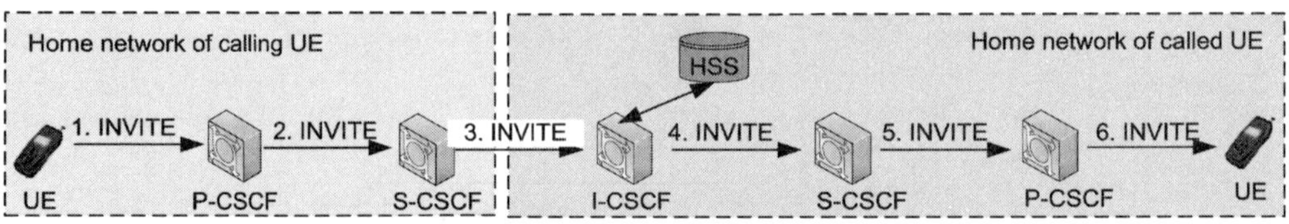

• 그림 12.2 • 발신과 착신 UE 사이의 CSCF 구성 예

송신 UE가 자신의 홈 영역에 존재하게 되면 그림 12.2의 단계 1과 2와 같이 INVITE 메시지는 P-CSCF와 S-CSCF를 경유하게 되며 수신 UE의 홈 영역으로 단계 3과 같이 INVTE 메시지를 I-CSCF로 넘겨준다. I-CSCF는 기존 이동통신망에서 GMSC(gateway MSC)와 같이 외부 망의 CSCF들과 연동할 때 외부에서 전달되는 SIP 메시지를 처음으로 받는 CSCF로 외부에서 도착한 INVITE 메시지가 전달되어야 하는 다음 S-CSCF를 정하게 된다. 이때 수신 UE의 S-CSCF에 대한 정보는 HSS에게 얻을 수 있는데 HSS는 초기에 수신 UE가 등록을 받았기 때문에 수신 UE의 위치를 지속적으로 관리하고 있다. HSS는 I-CSCF에게 특정 S-CSCF를 정보를 전달하고 만약 할당된 S-CSCF가 없으면 S-CSCF를 할당하는 기능도 수행한다. I-CSCF가 S-CSCF 정보를 얻게 되면 그림 12.2와 같이 수신 UE의 S-CSCF에게 단계 4와 같

이 INVITE 메시지를 전달한다. S-CSCF는 수신 UE의 지역적 위치에 따라 현재 위치의 수신 UE를 관리하는 P-CSCF에게 단계 5와 같이 메시지를 전달하고 이후 P-CSCF는 수신 UE에게 단계 6과 같이 INVITE 메시지를 전달한다.

12.1.2 CSCF와 HSS

CSCF는 IMS에서 SIP 메시지를 처리하는 기능블록으로써 사용자 트래픽이 전달될 수 있는 세션 설정, 해제, 상태관리 등의 업무를 수행하며 UE와 논리적 연결 사이에는 그림 12.3(a)와 같이 참조점 Gm을 가지며 CSCF들 사이에는 참조점 Mw를 정의하였다. UE의 등록 정보, 사용자 프로파일, 인증 및 과금 관련 등 전반적으로 사용자 정보를 관리하는 HSS는 그림 12.3(b)와 같이 참조점 Cx를 갖는다. 참조점 Gm과 Mw는 SIP를 채택하고 있으며 참조점 Cx는 AAA(authentication, authorization and account)의 Diameter 프로토콜을 사용하고 있다.

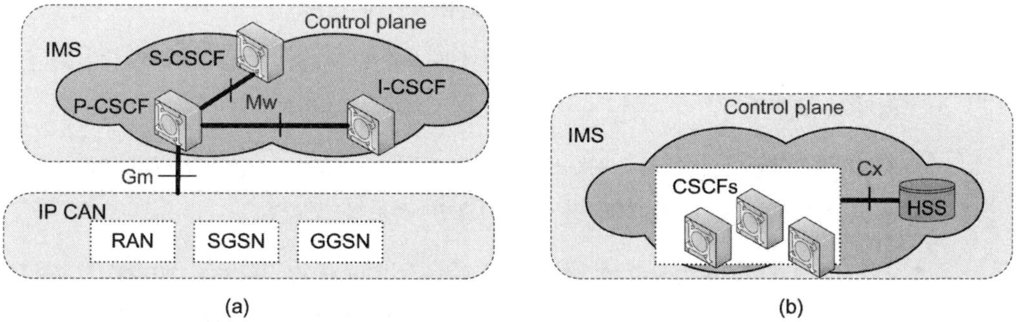

• 그림 12.3 • CSCF 참조점 (a) Gm과 Mw (b) Cx

CSCF 사이에서 주고받는 메시지는 CSCF와 IP CAN 사이의 참조점인 Gm과 Mw를 통하여 SIP 메시지 형태로 전달된다. CSCF는 인터넷 텔리포니의 SIP 서버와 비슷하지만 이동통신망의 MSC 기능을 포함하며 기능에 따라 P-CSCF, S-CSCF 그리고 I-CSCF로 구분된다. 여기서 P-CSCF와 S-CSCF는 IMS 내에 반드시 존재하여야 하지만 I-CSCF는 선택적으로 위치할 수 있다.

- P-CSCF: IMS에서 UE와 처음으로 SIP 메시지를 주고받는 CSCF로 UE는 항상 하나 이상의 P-CSCF와 논리적 연결을 가짐. UE와 주고받는 SIP 메시지 검증, SIP를 전달하여야 하는 다음 CSCF 또는 UE 선택 등 UE와 주고받는 신호 메시지의 교환 기능을 수행함.
- S-CSCF: IMS의 핵심 기능을 수행하며 홈 네트워크에 존재함. UE가 초기화될 때

위치정보를 등록하는 기능과 등록된 UE가 시작하거나 UE로 요청되는 모든 세션에 대한 관리 기능을 수행함. P-CSCF와 참조점 Mw로 연결되며 URI와 E.164 주소관리, UE 인증, 세션의 암호화 키 관리 등 주요한 기능을 포함하는 CSCF임.

- I-CSCF: 홈 네트워크에서 P-CSCF가 UE 관리 S-CSCF 또는 특정 서비스를 관리하는 S-CSCF를 모르는 경우 S-CSCF를 찾아주는 역할을 함. 또한 외부에서 전달된 SIP 메시지를 처리할 다음 CSCF를 찾아주는 기능을 수행하여 마치 2세대 이동통신망의 GMSC 역할을 수행하기 때문에 THIG(topology hiding inter-network gateway) 라고도 불림.

HSS는 사용자 정보 및 IMS 서비스를 모두 포함하는 데이터베이스로 사용자 ID(identifier), 인증, 등록정보, 가입한 서비스 등을 포함한다. HSS는 I-CSCF 및 S-CSCF와 그림 12.4와 같이 참조점 Cx를 가지며 이들 사이에는 AAA를 이용한다. 그리고 IMS 가입과 동시에 하나의 HSS를 할당하고 필요한 정보를 입력하여 다음과 같은 사용자 정보를 가입 해제할 때까지 유지하게 된다.

- 사용자 ID: 사용자의 private user ID와 public user ID를 가지며 URI와 E.164 형태로 표현됨.
- CS 영역에서 사용되는 HLR/AuC(home location registrar/authentication center): MSC와 GMSC와 연동에 필요한 정보를 포함함.
- PS 영역에서 요구되는 HLR/AuC: SGSN(serving GPRS support node)과 GGSN(gateway GPRS support node)과 연동에 필요한 정보를 포함함.
- IP multimedia 기능 수행에 필요한 데이터: IMS에서 새롭게 정의될 서비스와 연계된 데이터를 포함함.

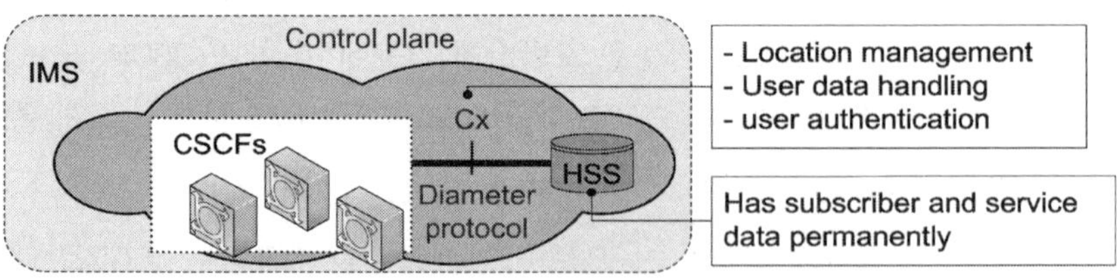

• 그림 12.4 • HSS 역할과 Cx 통한 기능

HSS와 CSCF 사이의 AAA 동작은 그림 12.5, 12.6 그리고 12.7과 같다. UE가 UMTS에서 동작하기 위하여 HSS에 등록되어야 하는데 이 절차는 그림 12.5와 같이 **REGISTER** 메시지가 CSCF들 사이에서 전달된다. 해당 UE의 등록과정을 처리하는

S-CSCF 정보를 P-CSCF가 안다면 직접 S-CSCF에게 **REGISTER** 메시지를 전달하지만 모르는 경우 I-CSCF에게 단계 2와 같이 **REGISTER** 메시지가 전달된다. **REGISTER** 메시지를 받은 I-CSCF는 단계 3과 같이 해당 HSS를 찾아서, HSS와 **SAR/SAA**(server assignment request/answer) 메시지를 주고받는다. **SAR/SAA** 메시지에는 S-CSCF 위치정보를 포함하게 되며 단계 4 과정에서 **REGISTER** 메시지가 S-CSCF로 전달되면 S-CSCF는 단계 5의 인증절차가 HSS와 **UAR/UAA**(user authentication request/answer) 메시지를 교환을 통하여 수행된다. 또한 I-CSCF가 특정 S-CSCF를 찾거나 capability 질의를 위하여 해당 HSS에게 정보를 요구하는 경우에는 그림 12.6과 같이 I-CSCF와 HSS 사이에서 **LIR/LIA**(location information request/answer) 메시지를 교환한다.

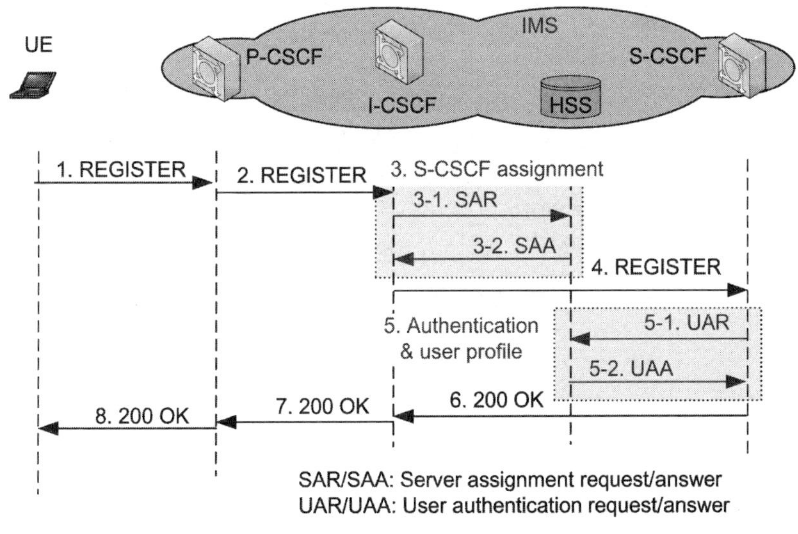

• 그림 12.5 • UE 등록과정에서의 UAR/UAA와 SAR/SAA

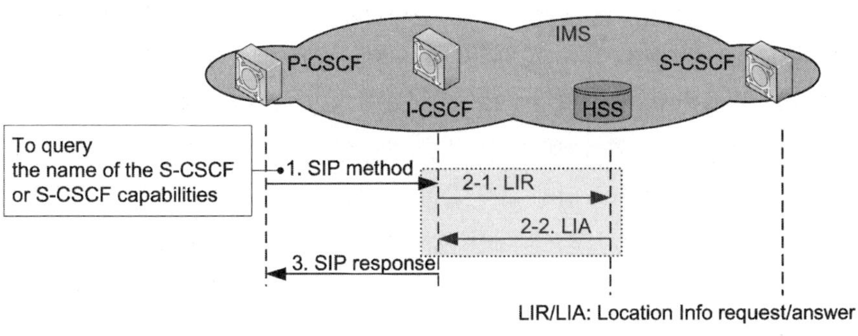

• 그림 12.6 • S-CSCF 이름 또는 capability 정보 파악을 위한 LIR/LIA

UE의 등록 해제는 사용자가 파워를 종료하는 경우와 네트워크에서 강제 해제를 하는 두 가지 경우가 존재한다. 먼저 UE가 정상적으로 파워를 종료하는 경우 P-CSCF가 S-CSCF에게 **REGISTER** 메시지를 보내게 되는데 이때 유효시간 값을 0으로 하여 전달한다. 네트워크에게 강제 해제하는 경우 어떠한 이유로 홈 영역에서 UE에게 등록 해제되었음을 알려주게 된다. S-CSCF가 관리 차원에서 UE의 등록을 해제하는 과정은 그림 12.7과 같이 HSS에게 **RTR/RTA**(registration termination request/answer) 메시지를 주고받은 다음 P-CSCF를 통하여 해당 UE에게 **NOTIFY** 메시지를 통하여 이 사실을 알려준다.

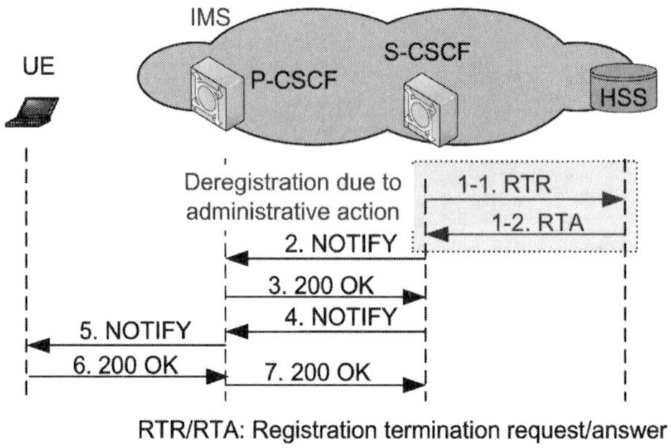

• 그림 12.7 • De-registration 과정의 RTR/RTA와 통보과정

12.1.3 SLF

HSS가 여러 개 존재하여 어느 HSS에게 SIP 메시지를 보내야 할 지 모르는 경우 CSCF는 이에 대한 메시지 경로전달을 SLF에게 물어본다. SLF는 HSS와 같이 데이터베이스이지만 HSS에 대한 정보를 관리한다. CSCF와 SLF 사이에 정의된 참조점은 그림 12.8과 같이 Dx이며 여기에서 교환하는 메시지는 AAA인 diameter 프로토콜을 사용한다. 예를 들어 그림 12.9와 같이 I-CSCF가 SIP 메시지를 받아 이를 전달할 S-CSCF를 못 찾으면서 해당 서비스를 제공할 수 있는 HSS도 모르는 경우 SIP 메시지 전달을 잠시 미루고 단계 2와 같이 SLF와 **LIR/LIA** 메시지를 주고받는다. 여기서 **LIA** 메시지에는 해당 HSS에 대한 정보가 포함되며 최종적으로 I-CSCF에게 전달된다. 이 메시지를 받은 I-CSCF는 지정된 HSS와 **LIR/LIA** 메시지와 교환을 통해 S-CSCF 정보를 받고 미루었던 SIP 메시지를 해당 S-CSCF에게 단계 4와 같이 전달한다.

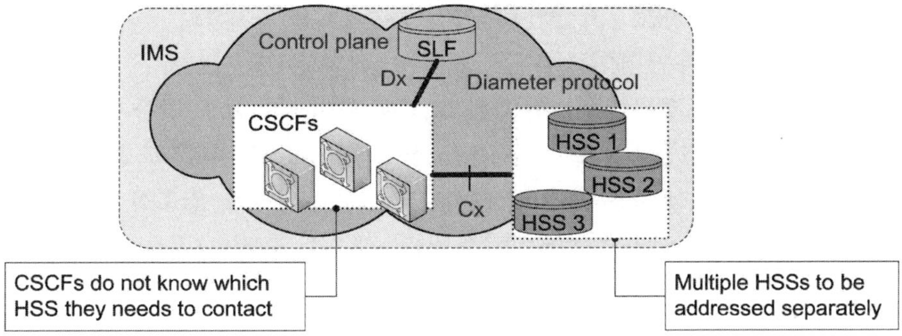

• 그림 12.8 • SLF와 참조점 Dx

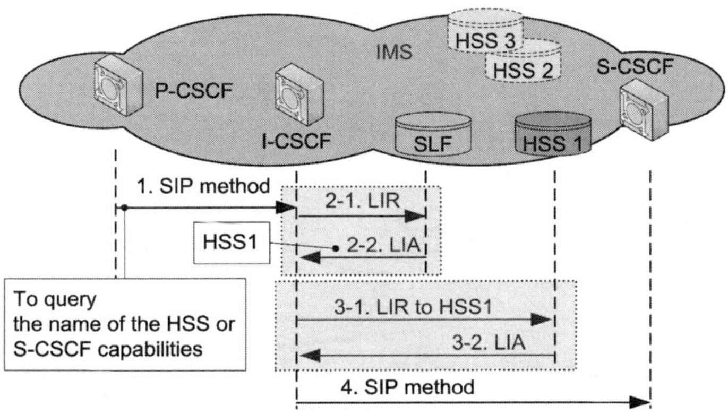

• 그림 12.9 • HSS 선택하는 SLF와의 LIR/LIA

12.1.4 MRFC

사용자평면의 MRFP는 다자간통화, 방송 등 기본 일대일 통신 외에 다양한 서비스를 제공하기 위한 기능을 갖추고 있으며 제어평면의 MRFC의 명령을 받는다. MRFC에게 제어 메시지를 전달하는 기능은 CSCF가 담당하며 CSCF와 MRFC 사이에는 그림 12.12와 같이 참조점 Mr이 정의되어 있다. CSCF와 MRFC 사이에는 SIP 메시지를 주고받으며 MRFC는 MRFP와 논리적 연결 외에도 과금 관련 서버인 CCF(charging collection function)와 OCS(online charging system)에게 과금 정보를 보내는 역할도 담당한다.

12.1.5 BGCF와 MGCF

하나의 IMS 내부에 발신과 착신 UE가 존재하는 경우 CSCF 사이에 SIP 메시지 교환이 이루어지겠지만, 상대방 통화자가 송신 UE가 위치하고 있는 동일한 IMS 영역 외에 존재하는 경우 게이트웨이를 경유하여 착발신 UE 사이에 세션 관리가 이루어져야 한다. 이러한 경우를 위하여 그림 12.11과 같이 다른 IMS 망과의 연동과 다른 멀티미디어 망과의 연동을 위하여 각각 참조점 Mw와 Mm을 정의하고 있다. 참조점 Mw를 통하여서 IMS에서 사용하는 SIP 메시지를 서로 교환하고, 참조점 Mm을 경유해서 연동된 멀티미디어 망의 특성에 맞추어 해당 메시지 교환이 이루어진다.

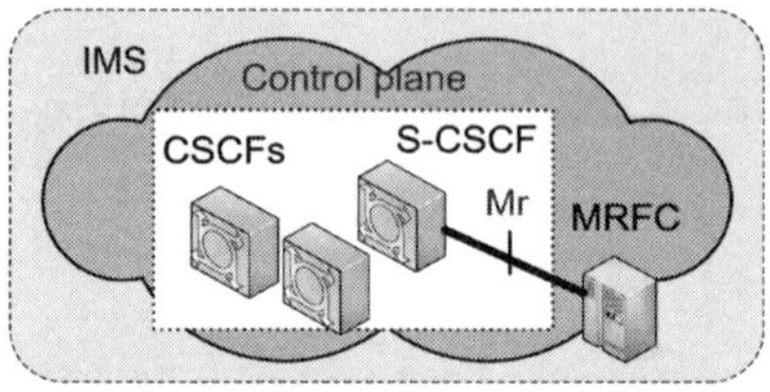

• 그림 12.10 • 참조점 Mr

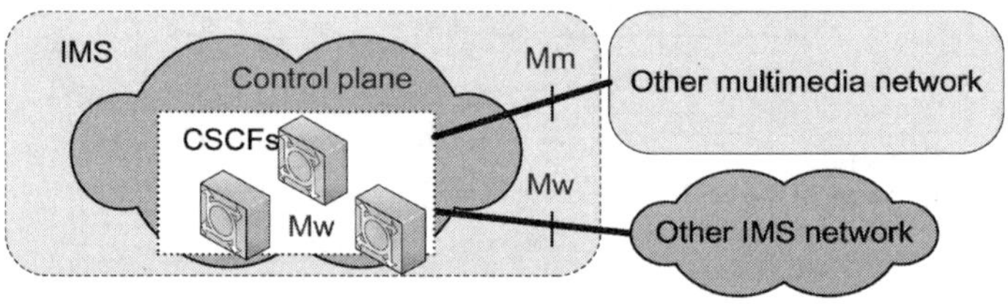

• 그림 12.11 • 참조점 Mw와 Mm

SIP와 다른 제어 프로토콜을 사용하는 외부 망과 연동하기 위하여 SIP 메시지를 변환이 필요하듯이 다른 미디어를 사용하는 외부 망과의 연동을 위하여 미디어 변환이 필요하다. 이를 위해 외부 망의 미디어 특성에 따라 MGCF와 BGCF를 정의하고 있다. MG는 외부망에 적합한 미디어 변환을 수행하고, 이러한 MG 기능을 제어하기 위하여 MGCF는 MG와 MGCF 사이에서 megaco/H.248 프로토콜을 사용한다. 이와 같이 MGCF는 IMS 경계 영역에서 다른 망과 연동을 위한 제어 프로토콜 기능을 수행하며, 여러 개의 MGCF가 지원되는 경우 가장 적절한 MGCF를 선택하는 기능을 BGCF가 제공한다. 즉, BGCF는 CS 영역의 외부 연결점을 선택하는 기능을 제공하는데 자신이 관리하는 외부 연결점인 경우에는 해당 MGCF에게 SIP 메시지를 전달하지만 그렇지 않은 경우에는 다른 BGCF에게 해당 메시지를 전달한다.

I-CSCF가 수신한 SIP 메시지 정보를 기초로 이 메시지를 전달해야하는 MGCF를 알고 있다면 그림 12.12의 참조점 Mg를 통하여 메시지를 전달한다. 그러나 이 메시지가 S-CSCF까지 전달되고 해당 MGCF를 모른다면 참조점 Mi를 통하여 BGCF에게

전달된다. 그리고 BGCF는 MGCF를 선택하고 참조점 Mj를 통하여 SIP 메시지를 전달하게 된다. BGCF가 다른 BGCF와 통신하는 경우에는 참조점 Mk를 통하여 메시지를 주고받는다.

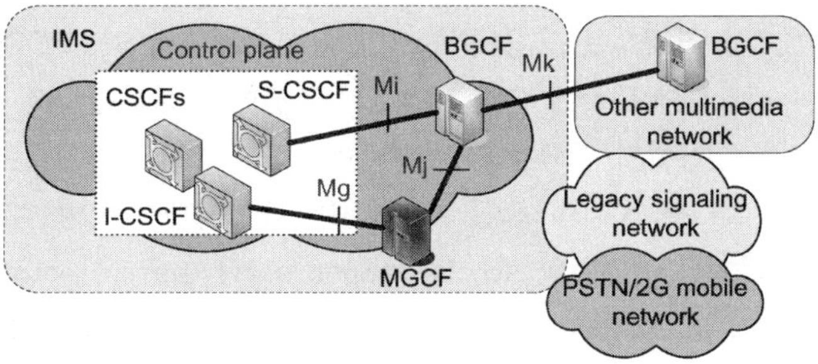

• 그림 12.12 • 참조점 Mi, Mg, Mj와 Mk

12.1.6 SGW와 SEG

IMS의 제어평면이 연동되는 망은 기존 SS 7 기반의 PSTN 또는 2세대 이동통신망과 SIP를 제공하는 유선 인터넷이 가장 대표적이다. SS 7의 제어평면과 IMS가 연동될 때에는 SIP 메시지를 SS 7 메시지로 변환하는 기능을 담당하는 SGW가 필요하다. SGW의 두 가지 인터페이스 중 하나는 'SIP over IP' 형태로 구성되고 다른 하나는 'SS 7 over MTP(message transfer part)'로 구성될 것이며 둘 사이에 적절한 메시지 변환이 이루어져야 한다.

SIP 기반의 인터넷과 연결될 때 CSCF에서 전달되는 메시지는 바로 인터넷 텔리포니의 SIP 서버에게 전달될 수 있을 것이다. 그러나 일반 인터넷을 경유하는 경우 신호 메시지의 보안 문제가 발생할 수 있으며 이러한 문제를 해결하기 위하여 신호 메시지를 암호화하는 기능을 SEG에 두었다. SEG는 다른 보안 장치처럼 쌍으로 설정되어야 하기 때문에 SIP 서버 또는 SIP 서버 이전 단과 암호 키 및 암호화방법에 대하여 사전에 설정되어야 한다.

12.2 응용서비스와 사용자평면과의 관계

앞 절에서는 제어평면의 기능블록과 참조점에 대하여 알아보았다. 세션 설정과 해제 등 전반적인 세션 관리를 위한 기능블록이 UE들 사이의 세션은 물론 UE와 응용서비스를 제공하는 서버와의 세션을 관리한다. 이 절에서는 사용자들이 이용하게 될 다양한 서비스를 제공하는 응용서비스평면의 기능블록에 대하여 설명한다.

12.2.1 응용서비스평면과의 관계

응용서비스를 제공하는 응용서비스평면은 제어평면의 S-CSCF와 참조점 ISC(IMS service control)를 통하여 그림 12.13(a)와 같이 논리적 물리적 연계가 이루어진다. 응용서비스를 이용하기 위해서 SIP 메시지는 해당 AS를 관리하는 S-CSCF까지 전달되며 참조점 ISC를 통하여 해당 AS와 SIP 메시지를 주고받는다. AS는 크게 그림 12.13(b)와 같이 SIP 기반의 AS, OSA(open service architecture) 형태의 AS 그리고 IM-SSF(IP multimedia service switching function) 형태의 AS로 구성된다. SIP AS는 SIP 기반으로 운영되지만 OSA AS와 연동되기 위해서는 OSA API (application program interface)를 통하여 해당 메시지를 변환하여 주는 OSA SCS를 이용하며 IM-SSF도 CAMEL(customized application for mobile network enhanced logic)와 CAP(CAMEL application part)을 이용하여 해당 메시지 변환 기능을 수행한다.

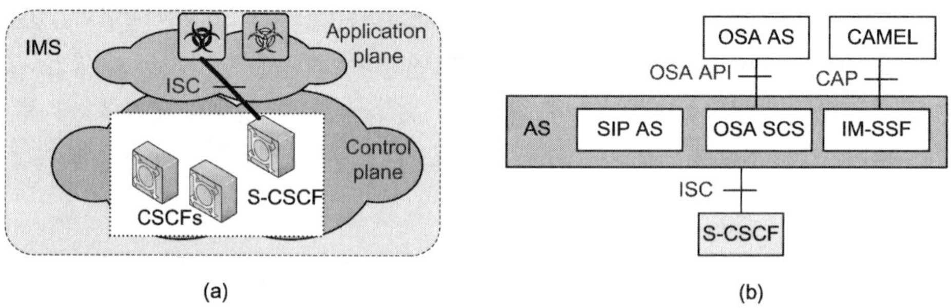

• 그림 12.13 • 참조점 ISC (a)S-CSCF와 AS 구성 (b) AS 내외부 기능블록구성도

AS는 논리적으로 UE와 응용계층 수준에서 연결되는데 응용계층 수준의 연동은 하부 SIP 세션 설정 이후 UE와 AS 사이의 메시지 교환으로 이루어지고 이들 사이에 그림 12.14와 같이 참조점 Ut를 정의하고 있다. 또한 AS의 응용서비스 사용 범위에 따라 사용자 인증, 사용여부 등을 필요로 하는 경우 AS와 HSS 사이에 참조점 Si를 통하여 인증 관련 메시지 교환을 수행한다.

그러나 여러 HSS 중 어떤 HSS와 SIP 메시지를 주고받을지 모르는 경우 그림 12.15와 같이 SLF의 도움을 받는다. 앞 절에서 SLF는 CSCF에게 여러 HSS 중 적절한 HSS를 선택할 수 있는 정보 제공기능에 대하여 설명하였는데 이 기능은 AS에 대하여서도 동일하게 성립되며 이를 위해 AS와 SLF 사이에 참조점 Dh가 정의되어 있다.

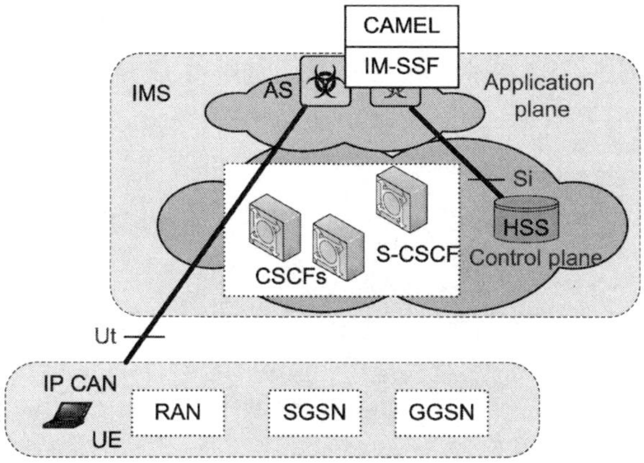

• 그림 12.14 • 참조점 Ut와 Si

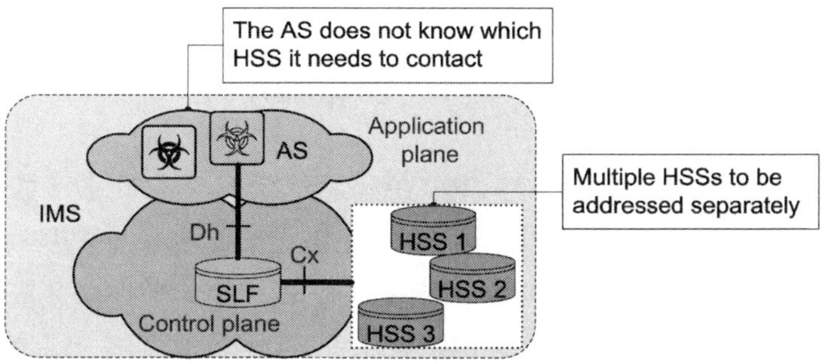

• 그림 12.15 • 참조점 Dh와 SLF의 기능

12.2.2 사용자평면과의 관계

UMTS 사용자평면을 정의할 때 SGSN과 GGSN 중심의 CN(core network) 부분과 UTRAN(UMTS terrestrial radio access network)의 IP CAN 외에 MRFP와 MGW를 포함한다. MFRP와 MGW는 미디어 전달에 대한 관점에서 사용자평면에 포함하지만 IMS가 정의되면서 추가되었기 때문에 이 절에서는 사용자평면이라고 표기하면서 IMS에 포함하여 설명할 것이다. 따라서 이 소절에서는 MRFP와 MGW를 IMS의 사용자평면이라는 관점으로 설명한 것으로 이해하여 주기 바란다.

이런 맥락으로 IP CAN과 IMS 기능블록 사이의 참조점을 정의하면 그림 12.16의 참조점 Mb가 있으며 이를 통해서는 IP CAN과 IMS의 MRFP 및 MGW 사이의 사용자 트래픽이 전달된다. 그리고 MGW는 외부 PSTN 또는 2세대 이동통신망 등 TDM(time division multiplexing) 기반의 기존 CS(circuit-switched) 망과 그림 12.16의 참조점 Nb를 통하여 연동된다. 참조점 Nb는 단순 전화기 또는 교환기의 트링크와 같이 회선 용량에 따라 차이가 있을 수 있다. 이러한 CS 연동 외에도 인터넷과 연동될 수 있는데 이 경우에는 GGSN을 통하여 IP 패킷을 전달한다.

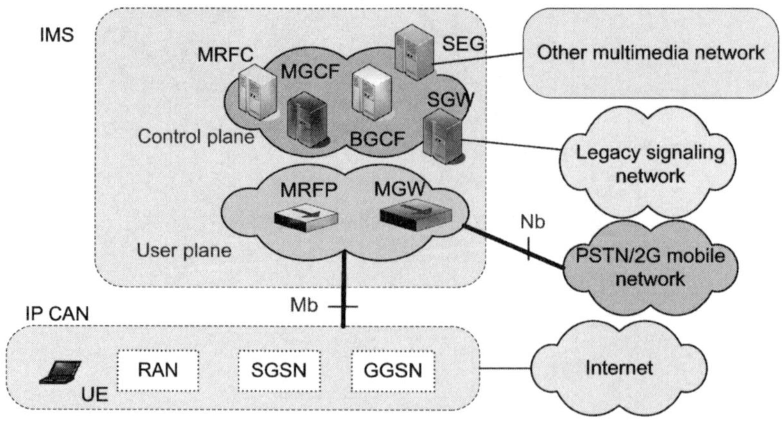

• 그림 12.16 • 참조점 Mb와 Nb

IMS 사용자평면과 제어평면 사이에는 그림 12.17과 같이 참조점 Mr과 Mp가 정의되어 있다. MRFC와 MRFP는 참조점 Mr를 통하여 사용자평면의 다자간통화, 방송 등 기본 일대일 통신 외에 다양한 서비스 제공을 위한 제어 명령을 주고받는다. 그리고 MGCF과 MGW는 참조점 Mp를 통하여 megaco/H.248 프로토콜을 주고받는다. 외부 CS 망과 연동되어 있을 때 SIP 메시지가 CSCF를 경유하여 MGCF까지 전달되면 사용자트래픽 변환 기능을 담당하는 MGW를 제어하기 위하여 MGCF가 MGW에게 H.248/megaco 메시지를 전달한다.

그림 12.17에는 이외에도 IMS와 IP CAN 사이의 참조점 Go를 정의하고 있다. 이 참조점을 통하여서 인터넷 텔리포티 트래픽이 효율적으로 전달되기 위한 IP 서비스품질(QoS: quality of service) 제어 관련 관리 기능을 수행한다. UMTS에서는 DiffServ(differentiated service)를 반드시 지원하고 IntServ(integrated service)는 선택적으로 지원하도록 표준화되어 있다. 그리고 여러 IP QoS 영역이 서로 다른 IP QoS 방식을 지원할 때 이들 사이의 COPS(common open policy service)를 권고하고 있으며 COPS는 PDP(policy decision point)와 PEP(policy enforcement point) 사이에서 IP QoS 정책에 대한 것을 주고받는 과정을 정의하고 있다. UMTS에서 PEP는 GGSN에 위치하며 PDP는 UMTS release 5에서 P-CSCF 내부에 정의되었다가 release 6에서 P-CSCF와 분리되어 PCF(policy coordination function)라는 명칭으로 정의되고 있다. 참조점 Go를 통하여 PCF와 PEP 사이의 연결을 정의하며 참조점 Gq를 통하여 P-CSCF와 PCF 사이의 연결을 정의하고 있다.

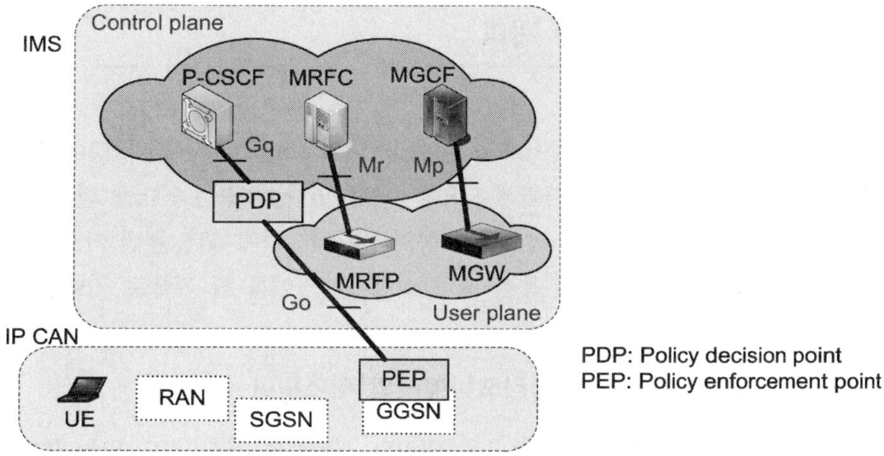

• 그림 12.17 • 참조점 Mr, Mp, Go와 Gq

UMTS 사용자평면이 외부 망과 연동될 때 외부망의 사용자평면과 미디어 변환을 담당하며, 제어평면은 연동하는 망의 제어평면과 호 변환 기능을 담당하게 되어 있다. IP CAN에서 전달되는 사용자 트래픽이 그림 12.18의 참조점 Mn을 경유하여 MGW에게 전달되면 MGW는 외부 CS 망과 미디어 변환을 수행한다. 제어평면의 MGCF는 MGW와 참조점 Mp를 통하여 관련 명령을 내리면서 SGW에게 외부 CS 망의 제어평면과 관련 메시지를 주고받는다. 예를 들어 트렁크 단위로 연동되면서 CS 망과 SS 7 메시지로 제어 메시지를 교환하는 경우 그림 12.18과 같이 SGW는 MGCF와 'ISUP (ISDN user part) over IP' 스택으로 구성되고 외부 CS 망과는 'ISUP over MTP' 스택을 갖는다.

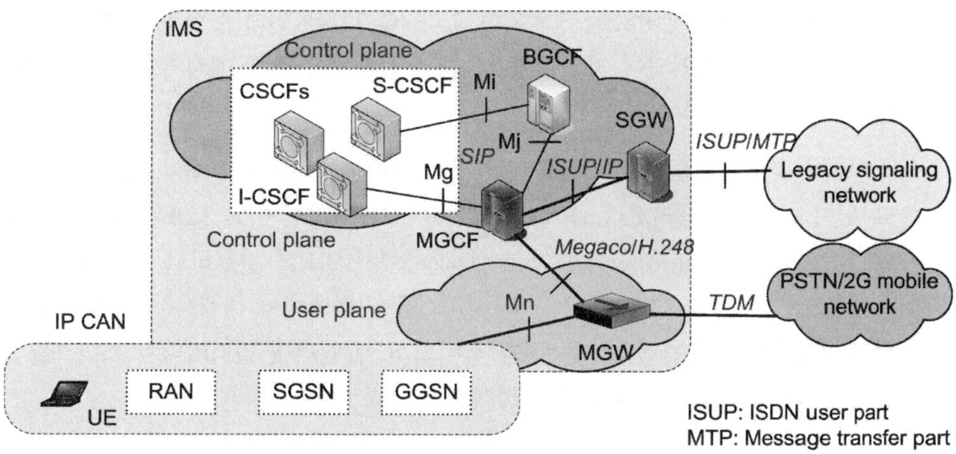

• 그림 12.18 • 외부 망 연동 때 각 참조점의 프로토콜 구성

12.3 UMTS에서 SIP 세션 관리

UMTS는 초기에 SS 7 기반으로 설계되었다가 release 5부터 멀티미디어 서비스를 효율적으로 지원하도록 하기위해 SIP를 채택하였다. SIP는 인터넷 환경에서 세션 설정을 위한 전반적인 절차와 메시지를 정의하고 있으며 UMTS 뿐만 아니라 NGcN에도 채택되어 있어 향후 유무선 통신 및 융합에 큰 기여를 할 것으로 기대된다.

12.3.1 PSTN과 인터넷 텔리포니에서의 제어평면

PSTN은 음성 서비스를 기본으로 데이터 서비스를 융합할 수 있는 형태로 발전한 반면 인터넷 텔리포니는 데이터 서비스를 기본으로 음성 서비스를 융합하는 형태이다. 이 외에도 영상 서비스, 메신저 서비스, 방송 서비스 등 다양한 멀티미디어 서비스를 지원하기 위해서는 제어평면에서 관련 절차 및 메시지를 정의할 필요가 있다.

먼저 PSTN의 제어평면 절차는 그림 12.19와 같다. PSTN의 교환기 사이는 SS 7을 사용하지만 가입자 구간이 아날로그로 구성되는 경우 PCM 코딩은 교환기 가입자 모듈 부분에서 수행되고 전화기와 교환기 사이에는 아날로그 형태로 전화번호 및 ring tone 등 해당 이벤트를 통보하게 된다. 가입자 구간이 디지털화가 이루어진 ISDN (integrated service digital network)은 단말기에서 PCM(pulse code modulation) 코딩이 이루어지면서 교환기에게 메시지 형태로 전달한다. 호 설정과 해제를 위한 과정은 아날로그 과정과 동일하지만 이때 교환기와 단말 사이에서 교환하는 메시지 형태는 그림 12.19와 같다. Setup 메시지를 비롯하여 모든 메시지가 파라메타를 포함하며 이 절차는 ITU-T(International Telecommunications Union-Telecommunication Standard Sector) Q.931에 정의되어 있다. Q.931은 인터넷 텔리포니의 여러 프로토콜 중 H.323에 반영되어 있고 2세대 이동통신망에서 같은 메시지 이름으로 제어평면에서 사용하고 있다.

인터넷 텔리포니의 표준기관은 필요성에 따라 여러 종류의 제어 프로토콜을 정의하고 있다. 인터넷 텔리포니 초기에 ITU-T에서 가장먼저 H.323을 정의하였고 이후 IETF(Internet Engineering Task Force)에서 SIP를 발표하고 지속적으로 기능을 추가하고 있다. H.323은 기존 전화 서비스를 인터넷에서 대체하는 절차와 메시지 정의가 대부분이었던 반면 SIP는 전화 서비스 외에 인터넷 멀티미디어 서비스를 소개하는 등 다양한 서비스를 수용하는 형태로 발전하였다.

기존 전화망 및 다른 서비스 망과의 연동을 수행하는 MGW를 제어하기 위한 프로토콜로 IETF가 MGCP를 소개하였고 이후 IETF와 ITU-T가 함께 megaco/H.248

프로토콜을 소개하였다. UTMS를 비롯하여 3세대 이동통신망에서는 SIP와 megaco/H.248을 권고하고 있으며 이 프로토콜은 향후 유무선통신망의 제어 프로토콜로 자리매김을 할 것으로 기대된다.

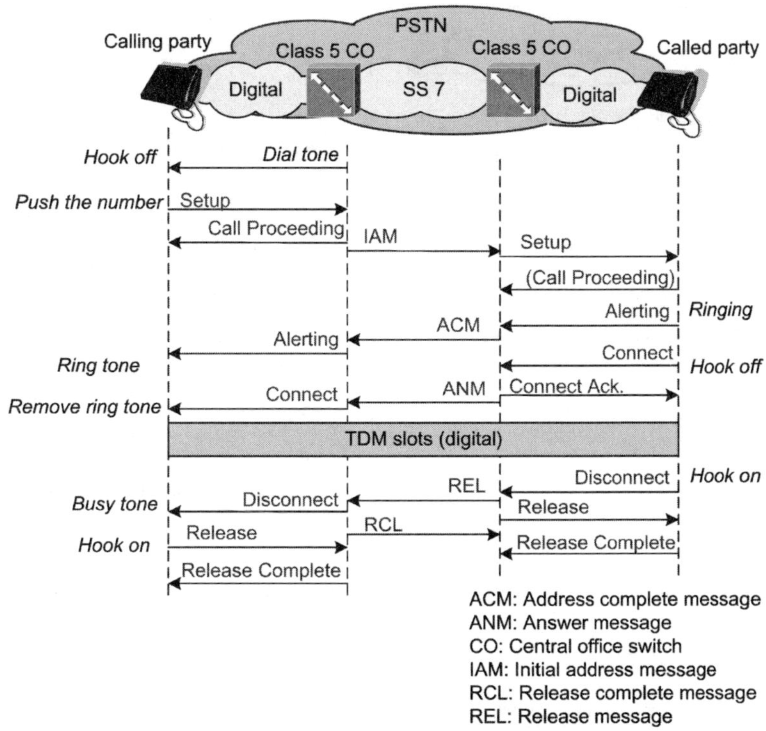

• 그림 12.19 • PSTN에서의 호 설정과정

SIP는 proxy 서버, redirect 서버 그리고 registrar 등의 SIP 서버와 함께 UA(user agent)를 정의하고 있다. UA는 전화를 거는 부분인 UAC(UA client)와 받는 부분인 UAS(UA server)로 구성되고 그림 12.20과 같이 구성 방식에 따라 UA가 서로 직접 연결을 하거나 SIP를 경유하는 방식으로 운영될 수 있다. 그림 12.20(a)의 경우 SIP가 서버와 무관하게 SIP 메시지를 교환하여 서로 미디어 전달에 필요한 기본 정보만 주고받는 과정을 보여주는 것으로 인터넷 내부의 자원 할당에 대한 사항은 수행하지 않는다. 일반적으로 VoIP에서는 응용 계층에 대한 사항만 정의되어 있어 인터넷 패킷을 전달하는 라우터의 자원 할당을 정의하지 않는다. 그러나 인터넷 텔리포니의 미디어들은 실시간 서비스 요구사항을 만족시키기 위한 자원 할당이 이루어져야 사업자 및 사용자들이 서비스를 이용할 수 있을 것이다. 이를 위하여 그림 12.20(b)와 같이 SIP 메시지 중 **PRACK**와 **UPDATE** 메시지를 이용한 자원할당 절차가 이루어진다. 이와 관련한 사항은 SIP 부분을 참고하기 바란다.

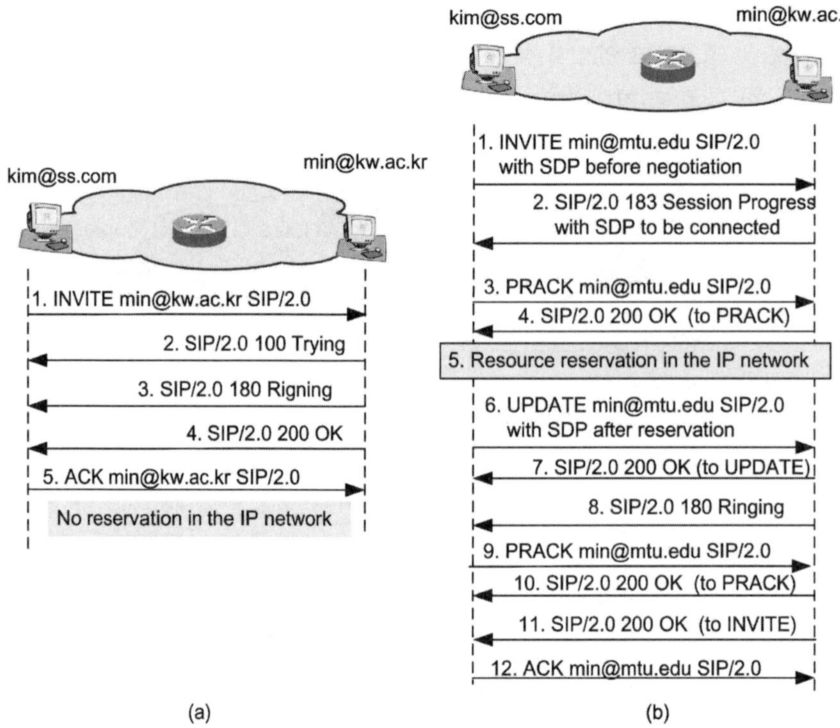

• 그림 12.20 • 인터넷 텔리포니 세션 관리 (a) 자원예약 무관 (b) 자원예약 포함

12.3.2 UMTS 내의 통화

UMTS를 비롯하여 일반적인 이동통신망에서는 발신 UE와 수신 UE가 자신의 홈 네트워크 영역에 존재하는 경우와 다른 네트워크로 이동한 경우의 조합으로 통화 시나리오를 구분할 수 있다. 그리고 발신자와 착신자가 UMTS 망 외부인 PSTN 또는 2세대 이동통신망에 존재하거나 인터넷에 존재하는 경우가 있을 수 있다. 이러한 착신과 발신의 조합은 일대일통신인 경우이며 다자간 통신을 하는 경우에는 좀더 복잡한 조합이 생길 수 있지만 몇 가지만 고려하면 전체적인 시나리오를 이해할 수 있을 것이다.

이 소절에서는 발신 UE가 홈 네트워크를 벗어나 외부 네트워크(visiting network)에 존재하고 착신 UE는 자신의 홈 네트워크에 존재하는 경우 신호 메시지 흐름이 어떻게 이루어지는 가를 그림 12.21을 통해 보여주고 있다. 발신 UE가 UE 1과 UE 2, 두 가지 경우로 도식되어 있다. 여기서 UE 1은 IP CAN 1에 있으면서 IP CAN 1을 관리하는 IMS 1이 별도로 존재하는 경우이고 UE 2는 IP CAN 2에 존재하지만 IP CAN 2를 관리하는 IMS가 별도로 존재하지 않아 인터넷을 통하여 자신의 홈 네트워크인 IMS 3를 거쳐 신호 메시지가 전달되는 경우이다. 즉 UE 1은 IMS 1의 P-CSCF를 통하여 자신의 홈 네트워크인 IMS 3의 I-CSCF와 S-CSCF에게 SIP 메시지를 전달하게 된다. 반면 UE 2는 IP CAN 2를 관리하는 IMS가 없고 사전에 협정되어 있는 외부망과 연동되므로 자신의 홈 네트워크인 IMS 3의 P-CSCF와 S-CSCF에게 SIP 메시지를 전달한다. 이후 수신 UE 4가 IP CAN 4에 존재하고 있으므로 UE 4의 홈 네트워크인 IMS 4의 I-CSCF, S-CSCF와 P-CSCF를 경유하여 UE 4에게 SIP 메시지가 전달된다.

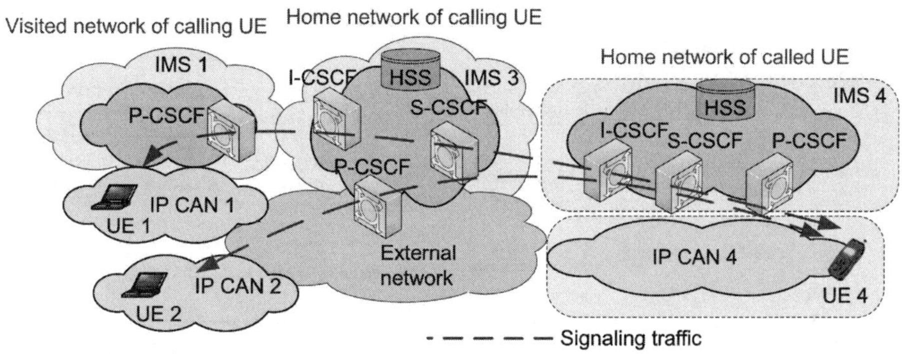

• 그림 12.21 • UMTS 내의 UE 전화 연결 예

UE 1이 IMS 1의 P-CSCF를 사용하기 위해서는 IMS 1과 IMS 3 사업자 사이에 로밍에 대한 사전 협의가 있어야 한다. UE 2의 경우 IMS 사업자가 없지만 IP CAN을 이용할 수 있고 일반 인터넷을 통하여 자신의 홈 네트워크에 연결되는 서비스가 제공되고 있다면 UE 2는 마치 자신의 홈 네트워크에 존재하는 것처럼 자신의 IMS를 사용할 수 있다. 예를 들어 IMS 사업자가 모든 영역을 커버할 수 없을 때 일반 인터넷과 ADSL을 통하여 IP CAN을 구축하였을 경우 UE 2에게 UMTS 서비스를 제공할 수 있을 것이다.

그림 12.21의 UE 1과 UE 4 사이의 SIP 메시지 절차는 그림 12.22와 같다. 이러한 메시지 교환 이전에 UE 1은 IMS 1으로 이동하면서 IMS 3에 자신의 위치를 등록하여야 하며 이러한 등록 과정은 이미 성공했다고 가정한다. 또한 IMS 3과 IMS 4 사이에 호 경로 선택에 대한 사전 설정도 이미 이루어져 있다고 가정하며 이외에도 IMS 제어 평면의 이동관리(mobility management) 기능이 지원되는 환경을 고려하였다.

그림 12.21의 UE 1과 UE 4 사이에서 자원 할당을 포함하는 SIP 메시지 교환 과정은 그림 12.20(b)의 메시지 교환절차를 기초로 CSCF 사이의 수행과정을 자세하게 도식하면 그림 12.22와 같다. UE 1에서 IMS 1을 거쳐 IMS 3를 경유하여 수신 UE 2가 속해 있는 IMS 4의 CSCF 까지의 구간에서는 필요 기능에 따라 여러 SIP 메시지가

전달된다. 먼저 **INVTE** 메시지는 선택된 경로에 있는 CSCF 사이에 전달되고 **INVITE** 메시지를 받은 CSCF는 **'100 Trying'** 메시지로 응답한다. UE 4까지 **INVITE** 메시지가 전달되면 이 메시지 수신과 몇 가지 추가절차 시행이 있음을 의미하는 **'183 Session progress'** 메시지를 UE 1에게 응답한다.

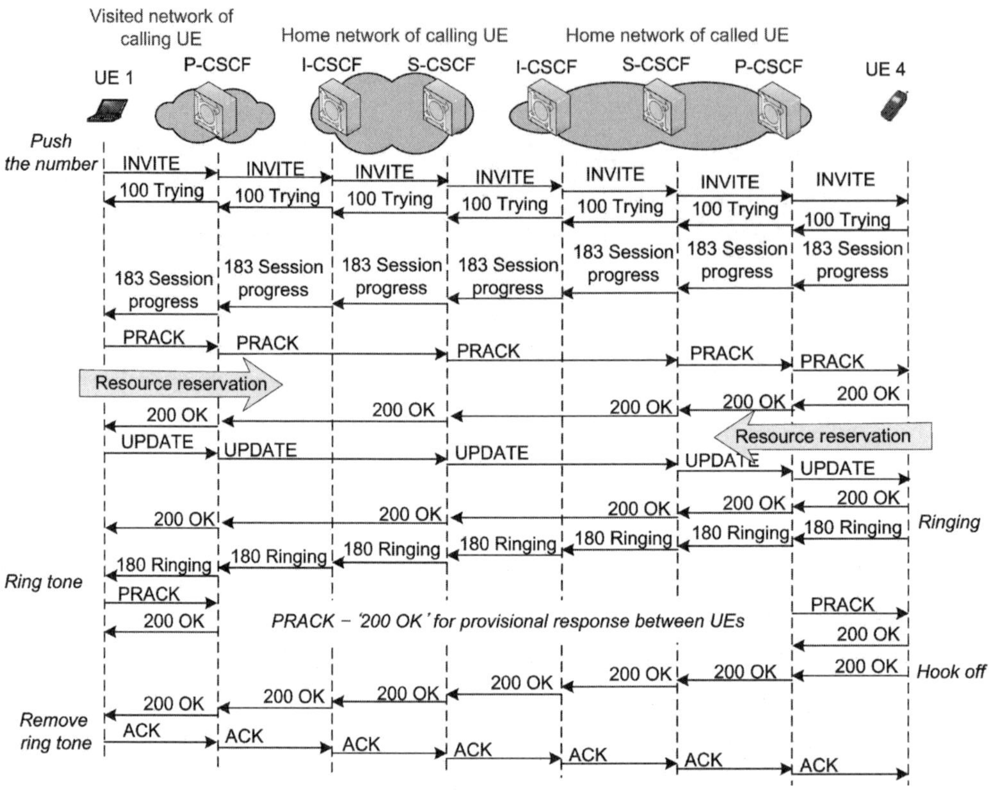

• 그림 12.22 • 세션 설정 SIP 메시지 교환과정

UE 1은 I-CSCF를 제외하고 UE 4와 나머지 SIP 메시지를 주고받는다. **PRACK** 메시지를 보내면서 UE 1에서 UE 4 방향으로 자원 할당을 하며 **'200 OK'** 메시지를 보내면서 UE 4에서 UE 1 방향으로 자원을 할당한다. 자원 할당이 성공적으로 이루어지면 **UPDATE** 메시지를 교환하여 중간 경로의 CSCF와 UE가 알 수 있도록 하고 **'180 Ringing'** 메시지를 통하여 UE 4에 ring이 울리고 있음을 UE 1에게 알려주며 UE 1은 ring tone 신호를 발생한다. 그리고 provisional response를 위한 **PRACK** 메시지와 **'200 OK'** 메시지를 주고받은 다음 UE 4에서 통화를 수락하게 되면 중간 **INVITE** 메시지가 전달되었던 모든 CSCF를 포함하여 **'200 OK'** 메시지가 UE 4에서 UE 1에서 전달되고 이에 대한 응답으로 UE 1에서 UE 4에게 **ACK** 메시지를 전달한다.

UE 4가 통화를 종료하면 **BYE** 메시지가 그림 12.23과 같이 해당 CSCF에게 전달되고 **'200 OK'** 메시지로 UE 1이 응답하게 된다.

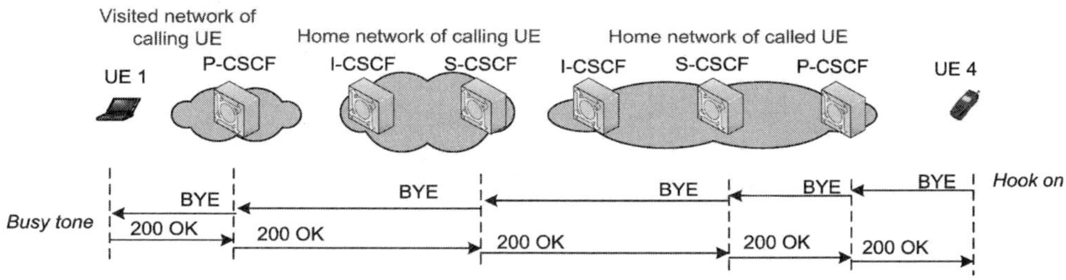

● 그림 12.23 ● 세션 해제 SIP 메시지 교환과정

12.3.3 응용서비스 사용

UE 사용자가 응용 서비스를 사용하고자 할 때에는 AS가 마치 수신 UE 처럼 SIP 메시지를 전달하게 되며 SIP 메시지 파라메타 부분이 응용 서비스에 맞는 사항들로 구성된다. 이와 같이 AS와 세션을 설정하는 과정은 그림 12.24(a)와 같고 이 경우에는 AS가 client-server 모델 중 서버 모델로 동작하게 된다. 여기에 해당하는 경우로는 음성 및 영상 응답 서버를 사용자가 이용하는 서비스가 포함된다.

다음으로 AS을 경유하고 조건에 따라 수신 UE에게 SIP 메시지가 전달되는 경우는 그림 12.24(b)와 같이 AS가 CSCF처럼 SIP 메시지를 전달하는 역할을 수행하고 필요에 따라 SIP 메시지를 변경 수정할 수 있다. 이 경우 AS는 서버와 클라이언트 기능을 함께 갖는다. 이와 같은 예로는 수신 UE가 근무시간인 월~금요일 오전 9시부터 오후 6시까지는 음성통화를 받지만 나머지 시간에는 문자 메시지로 받는 응용서비스를 사용하고자 할 때 이러한 시간대 별 서비스를 수신 UE가 받는 기능을 AS가 수행하게 된다. 송신 UE가 수신 UE와 음성통화를 위해 INVITE 메시지를 전달하게 되면 AS가 요일, 시간별 조건에 따라 음성통화 관련 세션을 전달하거나 문자 메시지 관련 세션 요청 메시지를 전달하게 된다.

응용 서비스를 포함하는 UMTS 통화는 향후 이동통신망에서 다양한 부가서비스를 창출하는 플랫폼 역할을 할 것이다. 현재 원치 않는 문자를 SMS(short message service)를 이용한 스팸(spam) 문자메시지 형태로 받고 있지만 향후에는 멀티미디어 스팸을 받을 것으로 예상된다. 이러한 멀티미디어 스팸은 통신망의 효율을 떨어뜨리기 때문에 전달 과정에서 차단시켜야 할 것이다. 또한 바이러스를 포함한 메시지를 검사하는 서비스도 필요할 것이다. 따라서 그림 12.24(b)와 같이 AS를 구축하고 조건에 따라 원치 않는 스팸 메시지를 차단하거나 바이러스 검사할 수 있는 방안이 제공될 것이다.

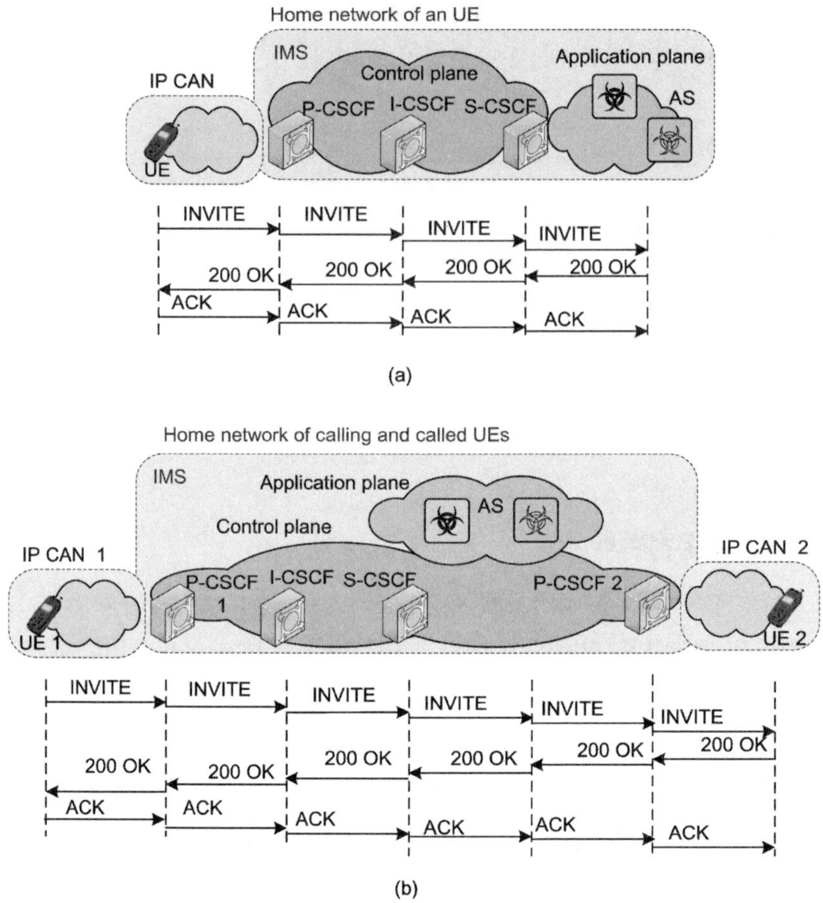

• 그림 12.24 • AS와 세션 설정 (a) AS 제공 서비스 사용 (b) AS 서비스 사용 후 UE 접속

12.4 타 망과 연동을 위한 세션 관리

UMTS 망이 다른 망과 연동되는 경우에는 기존 PSTN 또는 2세대 이동통신망과의 연동을 가장 기본적으로 고려하여야 한다. UMTS 망은 기본적으로 인터넷 텔리포니 기술을 채택하고 있기 때문에 기존 인터넷 텔리포니와 PSTN 연동 시나리오와 비슷하다. PSTN 또는 2세대 이동통신망에서 제어평면의 호 관리와 UMTS 제어평면의 세션 관리를 고려하여 연동 시나리오를 작성할 수 있다.

12.4.1 PSTN과 인터넷 텔리포니의 연동

인터넷 텔리포니가 발전하면서 인터넷 내의 단말 사이의 세션 관리 외에 외부 망과 연동을 고려하게 되었다. 외부 망의 가장 대표적인 통신망이 PSTN이며 전화 서비스가 PSTN과 연동되지 않는다면 인터넷 텔리포니 서비스는 활성화될 수 없었을 것이다. 인터넷 텔리포니와 PSTN을 연동할 때 게이트웨이 장치가 주요한 기능을 수행한다. 그림 12.25는 인터넷 텔리포니 단말인 SIP UA가 PSTN의 POTS 전화 단말을 호출하는 시나리오에서 메시지 교환 과정을 보여주고 있다. 게이트웨이는 인터넷 망에 대해서는 인터넷 텔리포니 단말 기능을 수행하고 PSTN에게는 POTS 전화기 역할 또는 PSTN 교환기 역할을 수행한다.

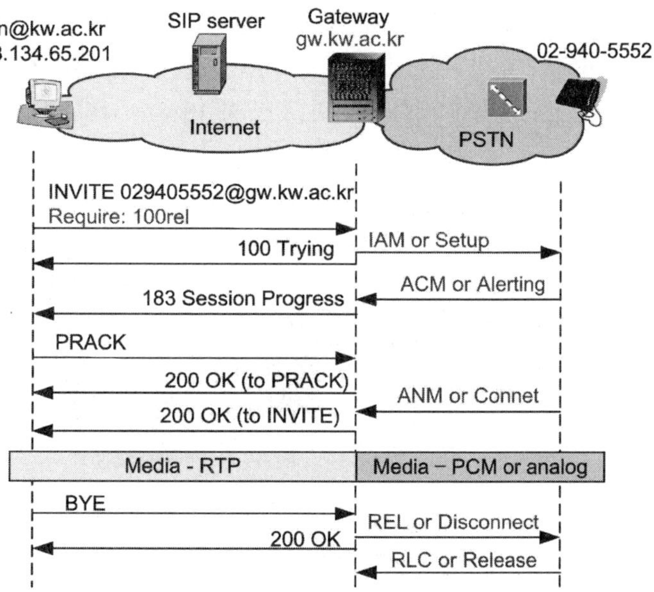

• 그림 12.25 • 인터넷 전화에서 PSTN으로 통화 시도하는 경우

SIP UA 단말에서는 PSTN 전화를 입력할 수 있기 때문에 전화번호를 지정하기에 용이하다. 이 예에서는 세션 설정을 요구하는 **INVITE** 메시지에 전화번호를 포함하는 수신주소가 전화번호@gw.kw.ac.kr과 같이 URI(uniform resource identifier) 형태로 표기되어 있다. SIP UA와 게이트웨이 사이의 SIP 메시지 교환 절차는 기존 SIP UA 사이의 절차와 동일하며 각 SIP 메시지가 요청하는 이벤트 별로 해당 SS 7 메시지가 전달된다. 그림 12.25의 PSTN 영역에는 두 가지 메시지가 표기되어 있는데 이는 게이트웨이가 PSTN 교환기 역할을 수행하는 경우에는 SS 7 메시지 형태로 전달되고 게이트웨이기 ISDN 전화기 역할을 수행하는 경우에는 Q.931 메시지가 전달된다.

그리고 제어평면 메시지 변환은 물론 미디어 변환 기능도 게이트웨이가 수행한다.

PSTN에서 인터넷 텔리포니로 세션 설정을 요청하는 경우는 인터넷 텔리포니에서 PSTN으로 전화하는 것보다 한 단계를 더 필요로 한다. PSTN의 POTS 전화기가 인터넷 텔리포니의 SIP UA를 호출하기 위해서는 SIP UA를 인식할 수 있는 번호체계를 필요로 한다. POTS 전화기는 0~9, *, # 만을 입력할 수 있어 SIP UA가 인식하는 IP 번호 또는 호스트 이름의 입력이 불가능하기 때문이다. 따라서 POTS 전화기에서 입력할 수 있는 번호와 SIP UA의 IP 번호 또는 호스트 이름에 대한 매핑 테이블을 관리하는 ENUM(E.164 numbering mapping)이 필요하다.

PSTN에서 070 국번으로 시작하는 전화는 게이트웨이로 호 설정 메시지를 보내도록 호 라우팅 테이블을 사전에 할당한다. 그리고 인터넷 텔리포니 서비스를 제공하는 망에서는 070-xxx-xxxx 번호를 SIP UA와 매핑할 수 있는 IP 번호 또는 호스트 이름을 관리하는 ENUM 데이터베이스를 구성하여야 한다. 이러한 초기 설정이 되고 난 후 POTS 전화기에서 인터넷 전화로 전화를 걸 때 메시지 교환 과정은 그림 12.26과 같다.

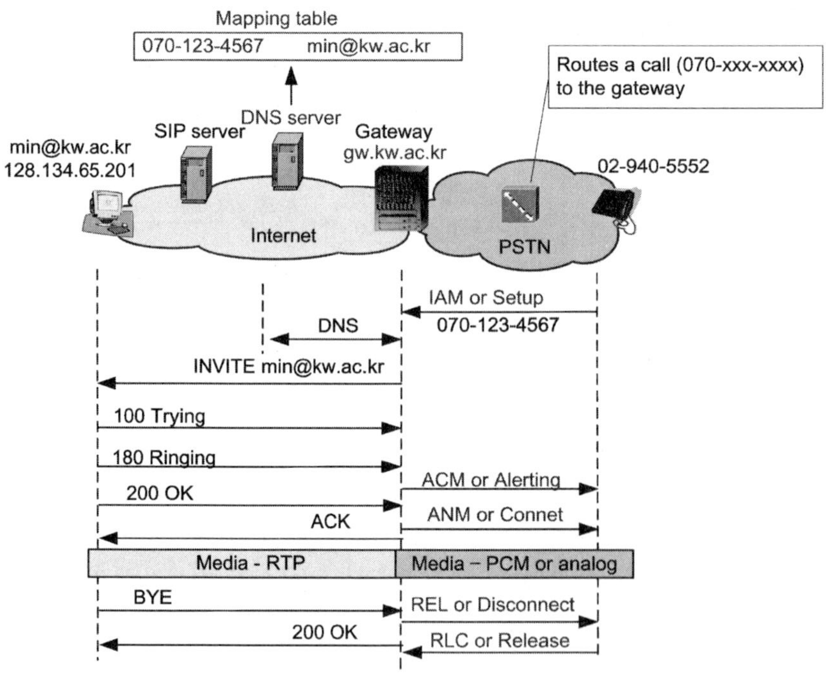

• 그림 12.26 • PSTN에서 인터넷 전화로 통화 시도하는 경우

12.4.2 UMTS 망과 기존 CS 망과 연동

UMTS 망이 타 망과 연동하기 위하여 제어평면에서 정의한 기능블록은 MGCF, BGCF와 SGW 등이 있으며 사용자평면에서 정의한 기능블록은 MGW가 있다. 제어평면에서 기능블록들의 관계는 그림 12.27과 같으며 MGCF와 SGW 사이에서 IP망을 통하여 SS 7 메시지를 주고받으면, SS 7 메시지의의 IP 부분을 제외하고 SGW는 외부 CS 망의 신호장치와 기존 MTP를 통하여 제어 동작을 수행한다.

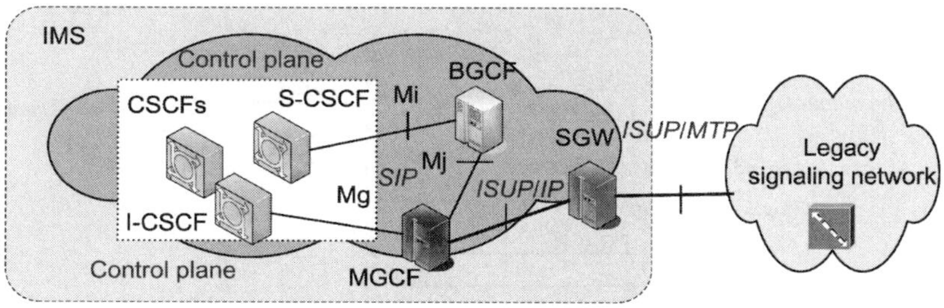

• 그림 12.27 • 외부 망 연동을 위한 MGCF, BGCF와 SGW 구성

UMTS 망과 외부 CS 망이 연동되어 있을 때 UMTS 망에서 발신하는 경우와 외부 CS 망으로부터 발신 요청이 UMTS 망으로 오는 경우 메시지 절차는 각각 그림 12.28, 12.29와 같다. 먼저 UMTS에서 외부 CS 망인 PSTN으로 전화 통화를 시도하는 경우 P-CSCF, S-CSCF까지 INVITE 메시지가 전달되게 된다. 수신 단말의 위치를 관리하는 외부 CS 망을 선택하고 해당 CS 망사이의 MGCF가 선택되며 바로 INVITE 메시지가 해당 MGCF에게 전달되게 된다. 그러나 여러 MGCF가 존재하여 하나의 MGCF를 선택해야 하거나 해당 MGCF를 알 수 없을 때 그림 12.28과 같이 BGCF로 INVITE 메시지를 전달한다. BGCF는 외부 CS와 연동하는 여러 MGCF 중에 적절한 MGCF를 선택하고 INVITE 메시지를 전달하게 된다. 각 CSCF, BGCF, MGCF는 INVITE 메시지에 대한 '100 Trying' 메시지로 응답하여 INVITE 메시지 수신 사실을 알려준다.

MGCF는 MGW의 제어를 위한 megaco/H.248 프로토콜외에 SGW와 통신을 위한 sigtran 프로토콜을 갖추고 있다. MGCF가 ISUP 메시지를 IP 패킷을 이용하여 SGW에게 전달하며, SGW는 외부 PSTN 교환기와 SS 7 기반의 MTP 상위의 ISUP 메시지인 IAM 메시지를 주고받게 된다. PSTN 교환기는 PSTN에 위치한 수신 단말에게 ring을 주면서 IMS에 위치한 SGW에게 ACM 메시지를 전달하게 된다. SGW는 ACM 메시지를 다시 sigtran 프로토콜의 ACM 메시지로 변환하여 MGCF에게 호 처리가 되고 있음을 알려주게 된다. 이 결과를 MGCF는 '183 Session progress' 메시지로 송신 영역의 P-CSCF에게 알려주고 이후 IMS 망 영역에서 PRACK 메시지와 UPDATE 메시지를 이용하여 자원 할당이 성공되면 '180 Ringing' 메시지를 전달하여 송신 UE가 ring tone을 들을 수 있게 된다. 그리고 수신 PSTN 단말이 전화기를 들면 **ANS** 메시지가 IMS 영역에서 **'200 OK'** 메시지로 전달되고 송신 UE는 **ACK** 메시지를 CSCF, BGCF와 MGCF에게 전달한다.

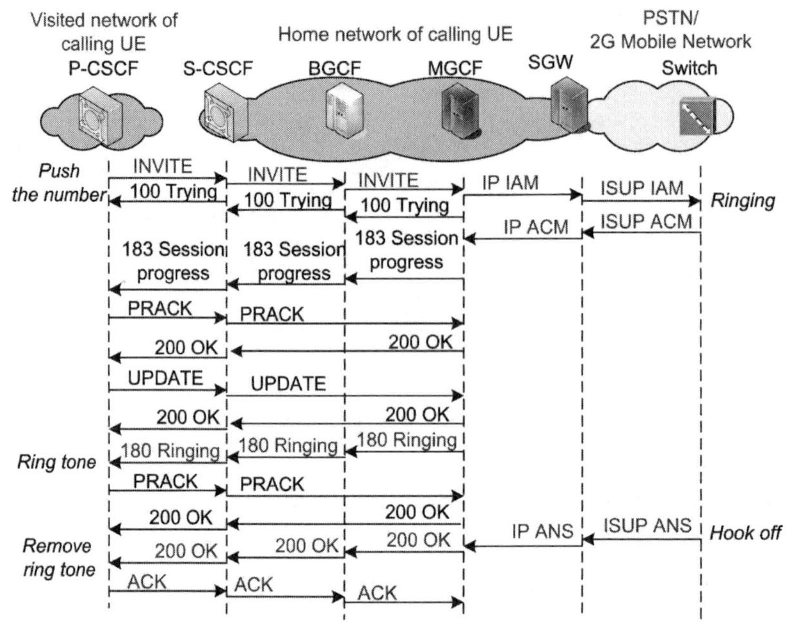

• 그림 12.28 • UMTS에서 PSTN으로 통화 시도하는 경우

PSTN에서 UMTS로 전화 통화를 시도하는 경우에는 그림 12.29와 같이 외부 PSTN 교환기에서 IAM 메시지가 SGW에게 전달된 후 이 메시지는 ISUP/IP인 sigtran 프로토콜을 이용하여 MGCF까지 전달된다. 이때 MGCF가 수신 UE의 S-CSCF를 알고 있다면 바로 **INVITE** 메시지를 전달한다. 그러나 본 예에서는 THIG 기능을 I-CSCF를 통하여 수행하는 경우로 MGCF가 S-CSCF를 모르기 때문에 I-CSCF를 경유하여 **INVITE** 메시지가 S-CSCF로 전달되게 된다.

S-CSCF에서 P-CSCF, 그리고 다시 수신 UE로 **INVITE** 메시지가 전달되게 되면 자원 할당을 위하여 **PRACK** 메시지와 **UPDATE** 메시지 교환이 MGCF와 이루어 진다. 이 과정을 성공하면 P-CSCF는 수신 UE에게 ring을 주고 **'180 Ringing'** 메시지를 MGCF에게 보내게 된다. MGCF는 ACM/IP를 SGW에게 보내고 SGW는 이를 MTP로 변환하여 PSTN으로 ACM을 보내면 송신 PSTN 단말은 ring tone을 들을 수 있게 된다. 그리고 수신 UE가 ring을 듣고 통화를 시도하게 되면 **'200 OK'** 메시지가 MGCF까지 전달되고 PSTN 영역으로 **ANS**/IP와 **ANS**/MTP 메시지가 전달되면서 수신 UE

에게는 ACK 메시지로 응답하게 된다.

UMTS와 외부 CS 망의 연동에서 SIP 메시지를 사용하는 CSCF, MGCF, BGCF 기능 블록들은 SIP 메시지를 처리할 수 있어야 하고 SGW와 외부 CS 망 교환기 사이에도 SS 7 스택을 알고 있어야 이들 사이의 메시지 변환이 가능하다. 그러나 MGCF와 SGW는 그림 12.28과 12.29와 같이 조금 다른 프로토콜 스택으로 구성된 것을 확인할 수 있었다. MGCF는 MGW를 제어하는 프로토콜 스택과 함께 SGW와 연동하기 위한 프로토콜 스택을 그림 12.30과 같이 구성한다. 일반적인 SS 7 프로토콜 구성과 비교하여 보면 sigtran이 인터넷에서 SS 7을 지원하기 위하여 정의되었다는 것을 알 수 있다. 즉, sigtran은 IETF에서 권고한 것으로 IP에 SS 7 메시지가 전달될 수 있도록 SS 7의 하부 MTP를 포함한 SS 7 하부 계층을 IP 관련 프로토콜로 대체에 대한 전반적 구성을 정의하고 있다.

앞의 예의 경우 선택되는 프로토콜 구성은 IP/SCTP/M3UA/ISUP이다. 여기서 SCTP(stream control transmission protocol)는 TCP와 UDP의 중간기능을 갖추어 각 L4의 장점만을 갖춘 프로토콜로 신호 메시지 전달을 위해 정의되었으며 M3UA(MTP3 user adaptation later)는 MTP 3 서비스를 제공함으로써 MTP 3 사용 프로토콜이 하부계층을 MTP 2인 것 처럼 여기도록 하는 효과를 얻는다. SGW와 MGCF 사이에는 PSTN 교환기와 어떤 프로토콜 구성 하느냐에 따라 그림 12.30의 여러 프로토콜 구성 중에 선택 운영 가능하다.

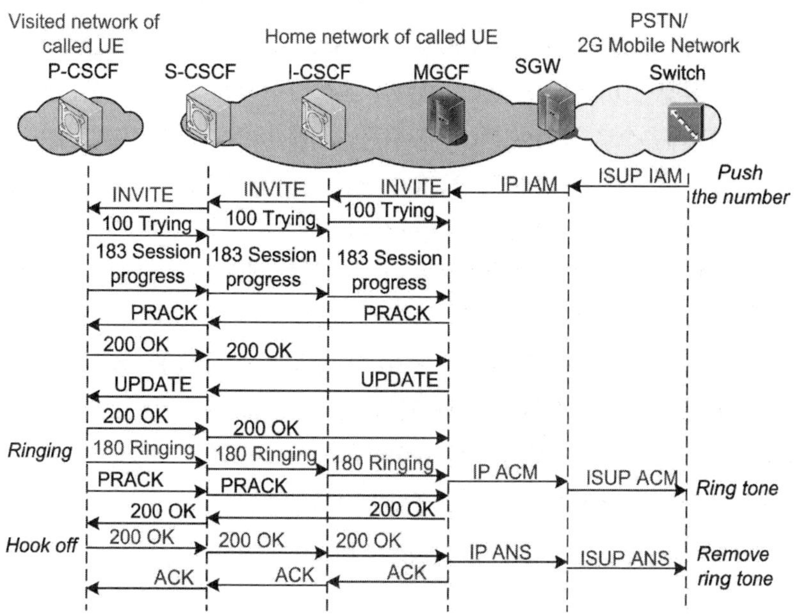

• 그림 12.29 • PSTN에서 UMTS로 통화 시도하는 경우

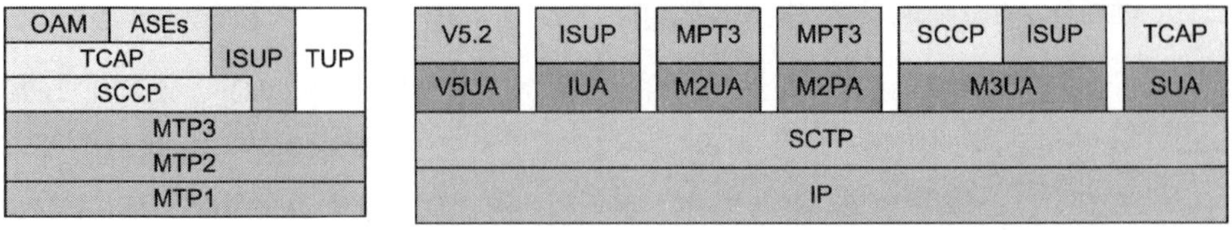

ASE: Application specific element
ISUP: ISDN user part
MTP: Message transfer part
OAM: Operation, Administration and maintenance
SCCP: Signaling connection control part
TCAP: Transaction capabilities application part
TUP: Telephone user part

IUA : ISDN Q921 user adaptation layer
M2PA : MTP2 peer-to-peer adaptation layer
M2UA : MTP2 user adaptation layer
M3UA : MTP3 user adaptation layer
SCTP: Stram control transmission protocol
SUA : SCCP user adaptation layer
V5UA : V5.2 user adaptation layer

• 그림 12.30 • SS 7과 sigtran 구성 비교

12.4.3 MGW 제어 프로토콜

IETF에서 MGW를 제어하기 위하여 정의한 megaco/H.248에서 사용하는 기능블록의 명칭은 MGC와 MG이다[38]. MGC와 MG 사이에서 메시지 교환의 시작은 MGC가 MG에게 시행할 명령을 수행하는 메시지를 받았을 때 이루어진다. 먼저 인터넷이 PSTN 망과 단말기 사이에 존재하는 경우를 살펴보면 그림 12.31과 같다. PSTN 단말이 PSTN 교환기 사이에 인터넷이 존재하며 PSTN 교환 부분은 신호 프로토콜 변환을 위한 SG(signaling gateway)와 미디어 변환을 위한 MG가 존재하지만 PSTN 단말 부분은 MG가 신호 변환과 미디어 변환을 동시에 수행하게 된다[39].

단계 0에서 MG는 MGC에게 ServiceChange 메시지를 전송함으로써 초기화를 성공한 후 호 설정 준비 상태에 있다. PSTN 교환에서 IAM 메시지가 SG를 경유하여 MTP 계층과 IP 계층으로 통하여 MGC에게 전달되게 되면, PSTN 단말 쪽에 존재하는 MG는 SETUP 메시지를 단말에게 보내야 한다. 이 과정은 단계 5에 해당하는데 이 단계 이전에 MG의 미디어 변환을 준비하기 위한 단계 3과 4가 먼저 수행된다. MGC는 PSTN의 MG와 단계 3의 Add와 Reply 메시지를 주고받고 단계 4의 Add 메시지를 전달하여 두 MG 사이에 필요한 IP, UDP, RTP 계층 및 코덱에 대한 정보를 교환하게 된다. 그리고 단계 5와 6과 같이 SETUP 메시지 및 ALERTING 메시지를 교환한다. MG는 MGC를 경유하여 단계 7과 8과 같이 ring tone을 주기 위해 MG를 제어한다. megaco/H.248 과정이 성공적으로 이루어지면 이 사실은 SG를 통하여 PSTN에게 단계 9와 10과 같이 ACM 메시지를 통해 전달된다.

수신 단말기의 ring을 듣고 사용자가 전화기를 들면 단계 11과 같이 CONNECT 메

38) 인터넷 텔리포니에서 MGC와 MG 기능블록은 UMTS에서 각각 MGCF와 MGW에 해당함.
39) PSTN 단말인 경우는 아날로그 신호가 전달될 것이며 여기서는 디지털 신호를 처리할 수 있는 ISDN 단말임.

시지가 MG에게 전달되고 단계 12부터 14에서 MGC와 MG는 **CONNECT** 메시지 처리를 위하여 ring tone을 보내지 않고 통화채널 개설에 필요한 과정을 수행하게 된다. MGC는 단계 13과 14의 **Modify** 메시지를 MG에게 전달하고, 이 과정을 성공적으로 수행하고 나면 **ANM** 메시지를 구성하여 SG에게 보낸다. 이러한 과정을 통하여 PSTN 교환부분과 가입자 단말 사이의 통화 채널이 MG를 경유하여 개설된다. 즉, PSTN과 가입자 망에서는 TDM 슬롯 형태로 음성 미디어가 전달되고 MG로 연결되어 있는 인터넷 영역에서는 RTP 형태로 음성이 전달된다.

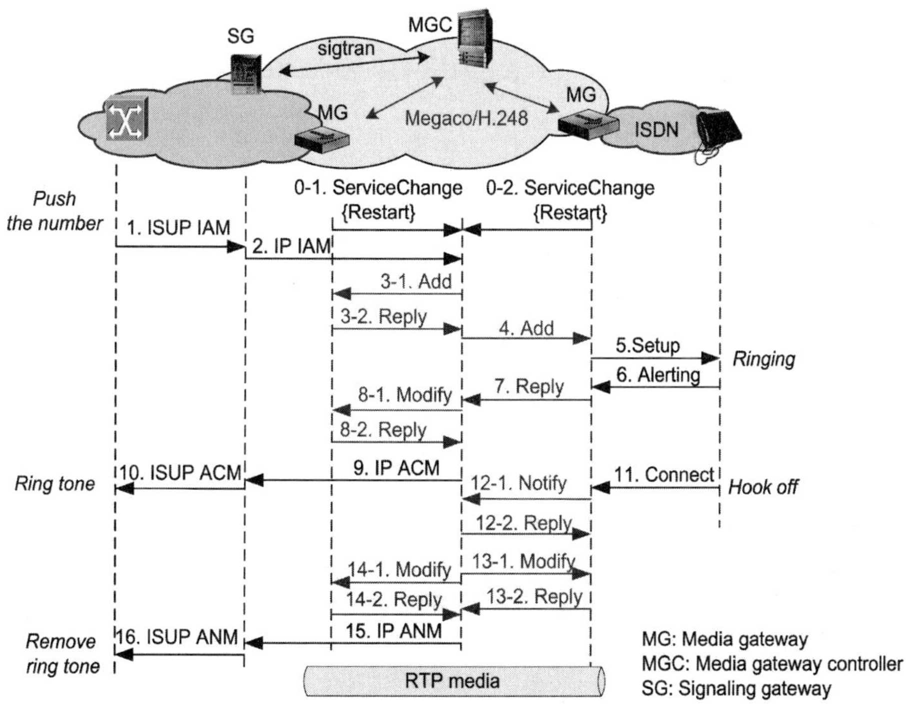

• 그림 12.31 • 가입자망이 MG로 연결된 경우 megaco/H.248의 동작

그림 12.31을 살펴보면 PSTN 영역에는 SG와 MG가 존재하며 가입자 영역에는 MG만 존재함을 알 수 있다. 즉 가입자 영역의 MG는 미디어 변환 외에 신호 변환에 대한 기능을 수행하지만 PSTN 영역에는 SG와 MG가 나뉘어 신호 변환은 SG이 담당하며 MG는 미디어 변환의 기능을 분리하여 담당하게 된다. 이와 같이 MG는 미디어 변환에 대한 책임과 함께 일부 신호 변환에 대한 기능도 포함할 수 있으며 이는 통신망의 규모에 따라 망 운영자가 결정하여야 할 것이다.

다음으로 그림 12.32와 같이 두 개의 PSTN 교환영역이 두 개의 MGC 영역으로 구성되어 있는 경우로 PSTN과 인터넷 영역은 SG와 MG로 각 기능을 나누고 있으며 각각의 MG는 서로 다른 MGC의 관리영역에 존재하는 예를 살펴보자. 여기서 MGC 사이에 신호 메시지를 전달하는 프로토콜에 대한 표준 권고안은 없지만 여기서는 SIP를 이용하여 해당 메시지를 교환한다고 가정하였다.

그림 왼쪽의 PSTN 영역에서 오른쪽 PSTN 영역으로 전화 연결을 시도하는 경우 **IAM** 메시지가 MTP를 이용하여 SG 1을 거쳐 MGC 1에게까지 단계 1과 2처럼 전달된다. 여기서 MGC 1은 MG 1과 **Add**와 **Reply** 메시지를 주고받고 단계 3과 같이 MGC 2에게 **INVITE** 메시지를 전달함으로써 전화 연결을 요청한다. MGC 2는 MG와 단계 3-1과 3-2와 같이 메시지를 주고받고 MGC 2는 SG 2를 통해 PSTN 영역의 수신자에게 단계 4와 5과 같이 **IAM** 메시지를 전달한다. 그리고 MGC2가 SIP 메시지의 SDP(session description protocol)를 이용하여 MG 1에게 MG 2의 필요한 정보를 전달할 수도 있다.

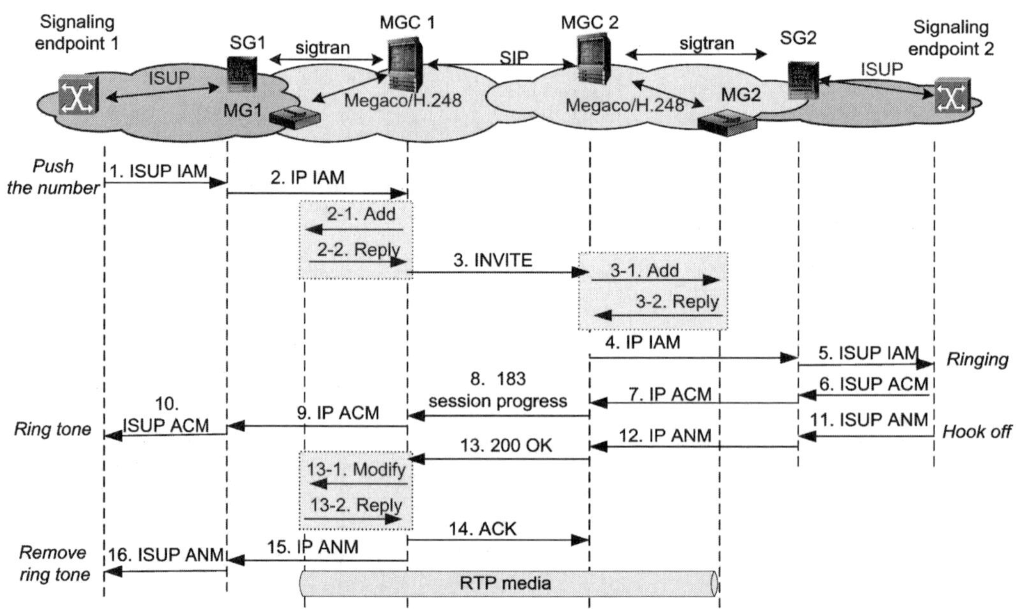

• **그림 12.32** • PSTN이 MG로 연동되어 있는 경우 megaco/H.248의 동작

오른쪽 PSTN 영역에서 전화 연결 요청을 받아들이면 단계 11과 12와 같이 **ANM** 메시지가 전달되고 이때 단계 13과 같이 MG 2의 정보를 MG 1에게 전달할 수 있다. 그리고 MGC 1은 MGC 2와 SIP를 주고받기 때문에 단계 14와 같이 **'200 OK'** 메시지에 대한 **ACK** 메시지를 전달하며 SG 및 PSTN 교환기와 **ANM** 메시지를 교환한다.

이 소절의 앞 부분은 UMTS가 배제된 상태에서 인터넷과 PSTN이 서로 연동될 때 MGC와 MG 사이에 필요한 megaco/H.248 절차를 알아보았다. MGC가 MG에게 필요한 명령의 시작은 SG으로부터 세션 설정의 요청으로 비롯되고 있다. 이러한 과정은 UMTS에서도 동일하며 그림 12.28과 12.29와 동일환 환경이다. UMTS에서는 MGCF, MGW와 SGW의 기능블록 이름만 차이가 날 뿐 동작은 그림 12.31과 12.32와 동일하다. UMTS와 PSTN이 연동되어 이들 사이에 신호메시지 전체 흐름을 도식하면 그림 12.33과 같다. 그림 12.28의 과정과 비교하여 보면 MGCF가 MGW를 제어하기 위한 **Add/Reply**와 **Modify/Reply** 메시지가 추가되어 있다. MGCF로부터 이 메시지를 받은 MGW는 RTP와 TDM 슬롯을 이용하여 음성 미디어에 대한 변환 기능을 수행한다.

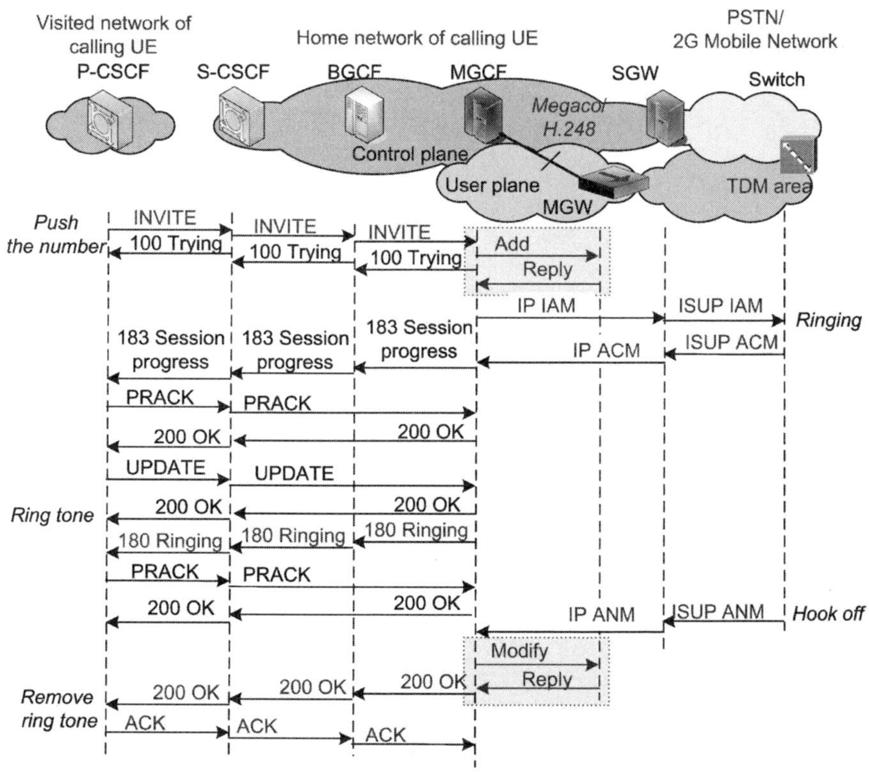

• 그림 12.33 • UMTS에서 MGCF와 MGW의 megaco/H.248 동작

부록1 Wireshark 사용법

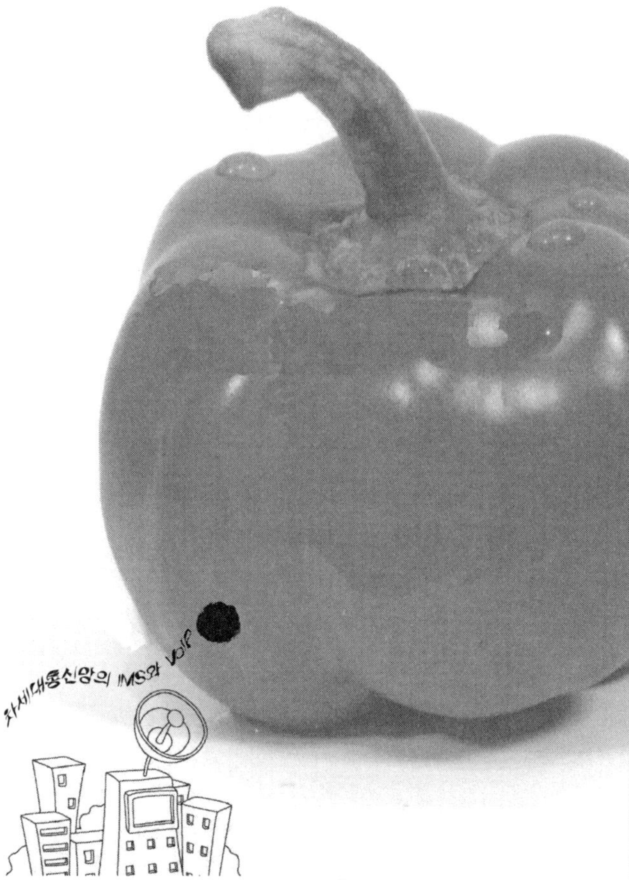

본 부록 장에서는 프로토콜 분석 프로그램인 wireshark[40]를 이용하여 패킷을 캡처하고 분석하는 방법에 대해 알아볼 것이다. 먼저, Wireshark의 시스템 요구사항과 패킷을 캡처하기 위한 기능을 전반적으로 설명하고, 캡처된 패킷을 분석하기 위한 주요 기능에 대해 설명한다. 그리고 시나리오를 기반으로 패킷캡처, 패킷 및 프로토콜 분석 예제를 통해 wireshark에서 제공하는 기능들이 어떻게 활용될 수 있는지를 단계적으로 설명한다.

> 이 장을 마치면
>
> - 지난 통신망에 대한 전반적 발전 과정을 설명하고 향후 통신망 발전 방향을 이해할 수 있다.
> - 미래 통신의 키워드인 융합과 유비쿼터스에 대한 다양한 통신기술 발전을 이해할 수 있다.
> - 음성통신, 데이터통신, 영상(방송)통신, 이동통신기술 관점에서 각 기술의 발전과 융합에 대한 동향 분석을 설명할 수 있다.

1. 프로토콜 분석 프로그램
2. Wireshark 설치
3. Wireshark 화면구성
4. Wireshark 메뉴
5. 프로토콜 분석에 유용한 기능들
6. 패킷캡처 및 분석 예제

40) Wireshark은 과거 ethereal이라는 이름으로 보급되었으며 wireshark은 지속적으로 version up되고 있으며 여기 포함되어 있는 것은 2010년 2월 기준으로 배포된 버전을 기초로 설명하였음.

1.1 프로토콜 분석 프로그램

프로토콜 분석 프로그램이란 현재 동작하는 네트워크 인터페이스 카드 (NIC: Network Interface Card)를 통해 지나다니는 패킷을 분석하여 네트워크를 좀 더 효율적으로 관리하고 문제점을 찾아내는 프로그램이다. 패킷 분석이란 프로토콜 분석이라고도 하며 네트워크에서 주고받는 실제 데이터를 수집하고 해석하는 과정을 말한다. 이러한 패킷 분석을 통해 네트워크의 특징을 파악하고, 누가 네트워크를 사용하고 있는지, 대역폭을 많이 차지하고 있는 구성요소는 무엇인지, 네트워크 데이터의 피크 타임 (peak time)이 언제인지, 해킹에 대한 가능성 여부 등을 찾는데 도움을 줄 수 있다. 이러한 프로토콜 분석 프로그램은 일반적으로 다음과 같은 목적들을 위해 사용된다.

- 네트워크 관리자들은 네트워크 문제들을 해결하기 위해서 사용
- 네트워크 보안 엔지니어들은 보안 문제들을 테스트하기 위해서 사용
- 네트워크 개발자들은 프로토콜 구현에 대한 디버깅을 위해서 사용
- 네트워크를 학습하고 있는 사람들은 프로토콜 내부 구조를 학습하기 위해서 사용

현재 Network Monitor, SmartSniff, Web Debugger, Etherpeek, Snipper pro 등 다양한 프로토콜 분석 프로그램이 개발되어 있지만, 본 문서에서는 오픈 소스 (Open Source)로 공식 웹페이지 (http://www.wireshark.org/)를 통해 누구나 쉽게 다운받아 사용이 가능하며, 중소형 네트워크 분석에 적합한 wireshark에 대해 설명한다. Wireshark는 현재 트러블슈팅 (troubleshooting), 프로토콜 분석, 개발, 교육을 위해 가장 널리 사용되는 네트워크 프로토콜 분석 프로그램 중 하나이다. 다양한 프로토콜과 플랫폼을 지원하면서 기본적으로 시스템의 NIC를 통해 지나다니는 패킷을 캡처하여 다양한 형태로 표현함으로써 세부적인 데이터를 분석할 수 있는 기능을 제공한다. 또한, GUI (Graphic User Interface)를 이용하여 쉽게 조작이 가능하며, 만약 GUI를 사용할 수 없는 환경이라면 CLI (Command Line Interface) 버전인 Tshark를 사용하여 동일한 기능을 수행할 수 있다.

1.1.1 시스템 요구사항

Wireshark는 대부분의 유닉스/리눅스 (UNIX/linux) 와 윈도우 (windows) 플랫폼을 지원하며, wireshark를 지원하는 플랫폼을 [표 1-1]에 정리하였다. Wireshark를 사용하기 위해서는 지원 가능한 플랫폼인지 확인하는 것 외에 시스템의 기본적인

요구사항을 확인해야 한다. 다량의 패킷을 캡처하는 기능은 많은 자원을 소모하기 때문에 플랫폼에 상관없이 최소한 128MB 메모리와 75MB 디스크 공간을 확보할 필요가 있다. 또한, 1280*1024 이상의 해상도에서 최적화되어 있지만, 최소한 800*600 이상의 해상도가 요구된다.

[표 1-1] Wireshark를 지원하는 플랫폼

UNIX/Linux		Windows
Apple Mac OS X	OpenPKG	XP Home
Debian GNU/Linux	Red Hat Fedora/Enterprise Linux	XP Pro
FreeBSD	rPath Linux	XP Tablet PC
Gentoo Linux	Sun Solaris/i386	XP Media Center
HP-UX	Sun Solaris/Sparc	Server 2003
Mandriva Linux	Canonical Ubuntu	Vista
NetBSD		2008 R2

[표 1-2]는 다양한 플랫폼에서 지원 가능한 네트워크 타입을 나타내며, 제한된 기능만을 제공하는 경우도 포함되어 있음에 주의하자.

[표 1-2] 플랫폼에 따른 지원 가능한 네트워크 타입

	Windows	Linux	FreeBSD	NetBSD	OpenBSD	Solaris
Physical Interfaces						
Ethernet	Yes	Yes	Yes	Yes	Yes	Yes
WLAN	Yes	Yes	Yes	Yes	Yes	–
ATM	–	Yes	–	–	–	Yes
Bluetooth	No	Yes	No	No	No	No
CiscoHDLC	–	Yes	Yes	Yes	Yes	–
FDDI	–	Yes	–	–	–	Yes
FrameRelay	No	Yes	–	–	–	No
IrDA	No	Yes	No	No	No	No
PPP	Yes	Yes	–	–	–	No
TokenRing	Yes	Yes	Yes	Yes	Yes	Yes
USB	No	Yes	No	No	No	No
Virtual Interfaces						
Loopback	N/A	Yes	Yes	Yes	Yes	No
VLAN Tags	Yes	Yes	Yes	Yes	Yes	Yes

– : unknown

Wireshark는 캡처 라이브러리로 libcap/WinPcap을 사용하지만, libcap/WinPcap은 모든 플랫폼의 모든 네트워크 타입에서의 패킷 캡처를 지원하지 못하기 때문에 wireshark도 동일한 제한사항을 갖는다. 예를 들어, WLAN의 경우 패킷 캡처가 가능하지만, NIC에 의해 이더넷 헤더가 변경되기도 하며, 경우에 따라서 컨트롤 메시지를 캡처하는 것이 불가능하다. 따라서 기본 설정을 변경하지 않고 캡처한 패킷은 WLAN을 통해 전송된 패킷의 일부이거나 또는 변경된 패킷을 캡처 결과로 보여주게 된다.

1.2 Wireshark 설치

1.2.1 윈도우 플랫폼

본 소절에서는 윈도우 XP 플랫폼에 wireshark를 설치하는 방법에 대해 설명한다. 먼저, 공식 웹페이지 (http://www.wireshark.org/)에 접속하여 시스템 플랫폼에 맞는 안정적인 버전의 설치파일을 다운로드하여 실행한다. 그림 1.1과 같이 설치를 위한 설정화면을 확인하고, 하단의 Next 버튼을 클릭하면 그림 1.2와 같이 설치를 시작한다.

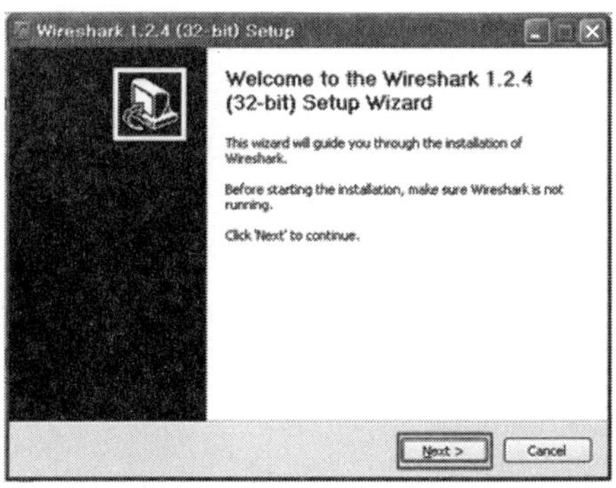

• 그림 1.1 • Wireshark 설치 설정화면

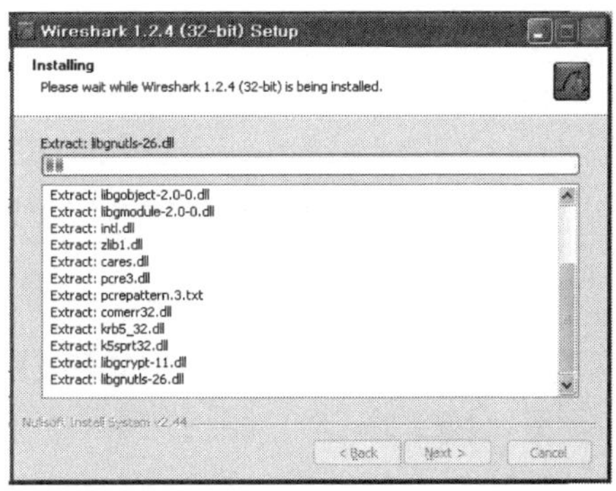

• 그림 1.2 • Wireshark 설치화면

Wireshark가 설치되는 중간에, WinPcap 설치 여부를 확인하기 위한 대화상자를 확인할 수 있다. WinPcap은 네트워크 트래픽 분석을 위한 라이브러리로 wireshark를 동작시키기 위한 필수 라이브러리이다. 그러므로 그림 1.3과 같이 체크하고 그림 1.4와 같이 WinPcap을 설치한다. 만약 wireshark만 설치하였다면, WinPcap 공식 웹페이지 (http://www.winpcap.org/)를 통해 수동으로 다운로드하여 설치한다. WinPcap 설치가 완료되면 이어서 wireshark 설치가 완료된다.

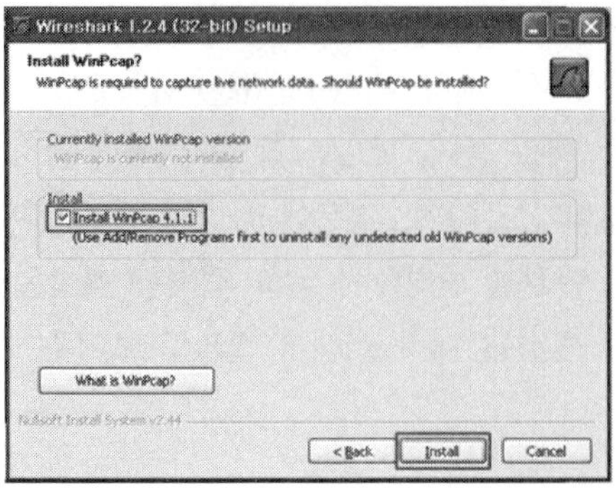

• 그림 1.3 • WinPcap 설치 확인화면

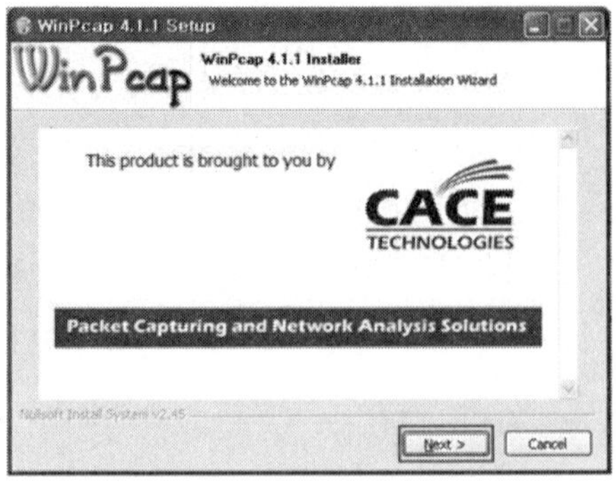

• 그림 1.4 • WinPcap 설치화면

1.2.2 리눅스 플랫폼

본 소절에서는 ubuntu 8.10 (kernel 2.6.27-7-generic) 플랫폼에 명령어 (apt-get)를 이용한 자동 설치와 설치 파일을 컴파일하여 수동 설치하는 과정을 설명한다.

가. 자동 설치

Ubuntu에서 wireshark를 간단하게 설치하기 위해서 커맨드 창에 다음과 같은 명령어를 입력하여 의존성 (dependency)이 요구되는 파일을 포함하여 wireshark를 설치한다.

```
sudo apt-get install wireshark
```

그림 1.5와 같은 설치 완료화면을 확인하면, 다음과 같은 명령어를 통해 wireshark를 실행한다.

```
sudo wireshark
```

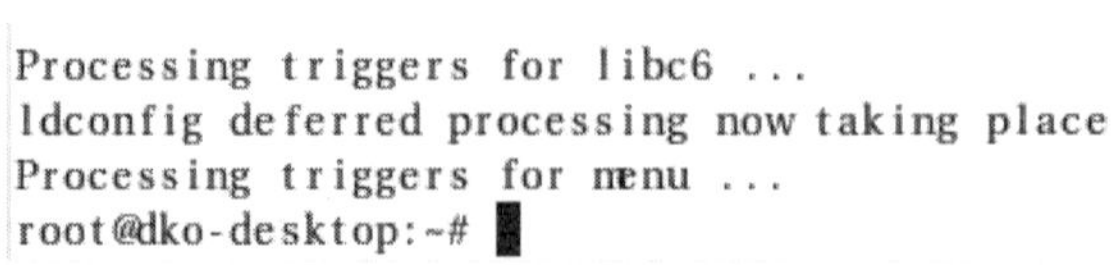

• 그림 1.5 • Wireshark 자동설치 완료

나. 수동 설치

Wireshark를 설치하기 이전에 관련 필수 라이브러리를 설치해야 한다. 이를 위해서 다음과 같은 명령어를 입력한다.

```
sudo aptitude41) install wireshark-dev libgtk2.0-dev bison flex
```

wireshark 소스 코드 (wireshark-1.0.3.tar.gz)를 웹 사이트 (http://www.wireshark.org/download/src/)에서 다운받고 설치하고자 하는 디렉토리에서 다음과 같은 명령어로 압축을 해제한다.

```
tar xvzf wireshark-1.0.3.tar.gz
```

압축이 해제된 해당 디렉토리에서 다음과 같은 명령어를 차례대로 실행한다.

```
./autogen.sh
```

```
./configure
```

```
make
```

그림 1.6과 같이 모든 설치과정이 완료되었으면, 해당 디렉토리에서 다음과 같은 명령어를 통해 wireshark를 실행한다.

```
./wireshark
```

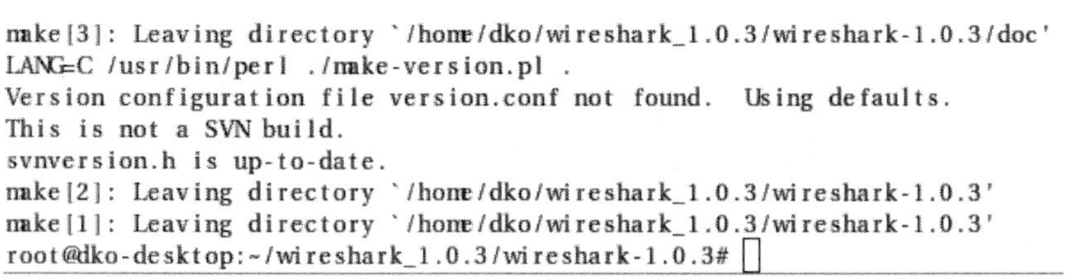

• 그림 1.6 • Wireshark 수동설치 완료

41) Ubuntu 플랫폼에서 프로그램 설치시 aptitute 명령어는 apt-get 명령어와 동일하게 "aptitute install application_name" 방식으로 의존성을 찾아서 application_name과 함께 설치하는 기능을 제공한다. 다만, 프로그램 제거시 aptitute 명령어는 application_name과 의존성을 함께 제거하지만, apt-get 명령어는 application_name만을 제거하는 차이점이 있다.

1.3 Wireshark 화면구성

1.3.1 기본화면 구성

Wireshark (버전: 1.2.4/플랫폼: windows XP)를 실행하여 패킷을 캡처하거나 또는 캡처된 파일을 로딩하는 경우, 그림 1.7의 GUI로 구성된 기본적인 요소들을 확인할 수 있다. 기본화면에는 wireshark를 제어하기 위한 '메뉴', '주 툴바', '필터툴바'와 캡처한 패킷을 확인하고 분석하기 위한 정보들이 표시되는 '패킷 목록 패널', '패킷 세부 패널', '패킷 바이트 패널', '상태 바'로 구성되어 있다.

'패킷 목록 패널'에서는 캡처된 모든 패킷이 표시되며, 출발지/목적지 MAC/IP 주소, TCP/UDP 포트 번호, 프로토콜, 패킷 내용 등의 정보를 제공한다. 각 라인들은 각각의 패킷에 대한 정보를 표시하고 있으며, 해당 패킷을 클릭하면 패킷의 세부정보가 '패킷 세부 패널'과 '패킷 바이트 패널'에 표시된다. '패킷 세부 패널'에서는 '패킷 목록 패널'에서 선택된 패킷의 프로토콜과 프로토콜 필드 등의 세부사항이 계층적 구조 (OSI 계층)로 표시되며, 세부 데이터는 트리 형태로 확장하거나 축소하여 확인할 수 있다. '패킷 바이트 패널'에서는 '패킷 세부 패널'의 내용이 16진수와 ASCII 형태로 표시된다. '상태 바'에는 캡처에 사용된 NIC, 캡처 동작의 진행 또는 정지 상태, 캡처된 정보의 저장위치, 캡처 사이즈, 캡처된 패킷 수 등 프로그램에 대한 부가 정보들이 표시된다.

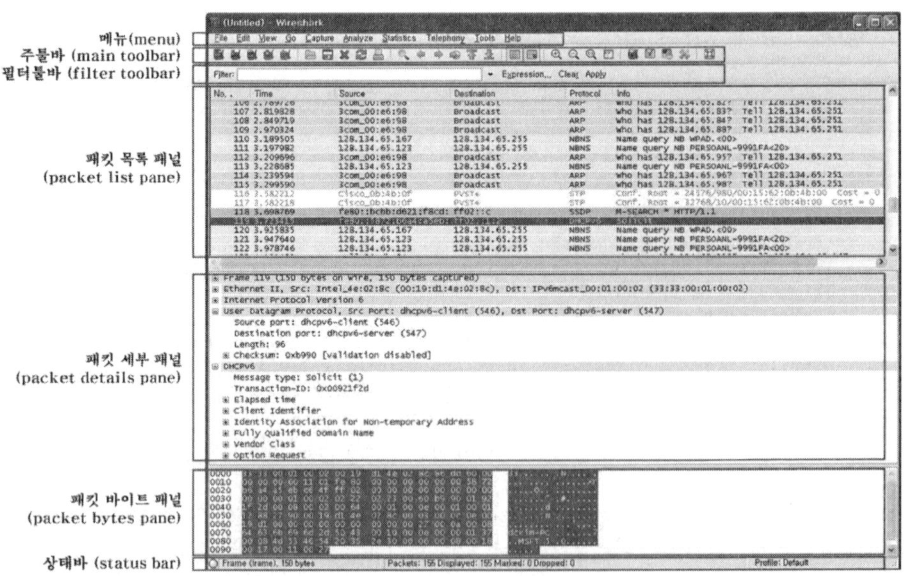

• 그림 1.7 • Wireshark 기본화면 구성요소

[표 1-3]에서는 wireshark의 기본화면 구성요소에 대해 간단하게 정리하였으며, 다음 절에서 유용한 기능들에 대해 자세히 설명하도록 한다.

[표 1-3] Wireshark 기본화면 구성요소에 대한 설명

항 목	설 명
'메뉴'	Wireshark의 모든 기능을 수행하기 위해 사용
'주 툴바'	'메뉴'에서 사용빈도가 높은 기능을 빠르게 실행하기 위한 단축 아이콘을 제공
'필터툴바'	현재 사용되는 디스플레이 필터를 직접 제어 또는 수정하기 위해 사용
'패킷 목록 패널'	시간에 따라 캡처된 패킷을 표시하며, 본 패널의 패킷을 클릭하여 '패킷 세부 패널', 그리고 '패킷 바이트 패널'을 통해 패킷의 정보를 확인
'패킷 세부 패널'	'패킷 목록 패널'에서 선택된 패킷에 대한 정보를 표시
'패킷 바이트 패널'	'패킷 목록 패널'에서 선택된 패킷에 대한 데이터를 표시
'상태 바'	프로그램의 상태와 캡처된 데이터에 대한 정보를 표시

1.3.2 패킷 분석을 위한 단축키

'패킷 세부 패널', 그리고 '패킷 바이트 패널'은 모든 기능을 단축키를 이용하여 키보드로 편리하게 조작이 가능하다. [표 1-4]에서는 '패킷 세부 패널'과 '패킷 바이트 패널'에서 사용되는 단축키를 정리하였다.

[표 1-4] 단축키 설명

단축키	설 명
Tab, Shift+Tab	화면 구성 요소 간 이동
Down/Up	다음/이전 패킷으로 이동
Ctrl+Down/UP, F8/F7	'패킷 목록 패널'이 선택되어 있지 않은 상황에서도 다음/이전 패킷으로 이동
Left/Right	'패킷 세부 패널'에서, 선택된 트리 아이템을 닫음/열음
Shift+Right	'패킷 세부 패널'에서, 선택된 트리 아이템과 모든 하위 트리를 열기
Ctrl+Right/Left	'패킷 세부 패널'에서, 모든 트리 아이템을 열거나 닫기
Backspace	'패킷 세부 패널'에서, 트리 아이템의 상위 아이템으로 점프
Return, Enter	'패킷 세부 패널'에서, 선택된 트리 아이템을 열거나 닫기

1.4 Wireshark 메뉴

Wireshark의 '메뉴'는 그림 1.8과 같이 File, Edit, View, Go, Capture, Analyze, Statistics, Telephony, Tools, Help 아이템들로 구성되어 있다. File 아이템은 캡처 파일들을 열고 합치는 기능, 캡처 파일들의 전체나 일부를 저장하거나 프린트, 익스포트(export), 그리고 프로그램 종료 기능 등을 포함한다. Edit 아이템은 특정 패킷을 검색하거나 선택 또는 마킹 (marking)하는 기능 등을 포함한다. View 아이템은 캡처된 패킷 데이터의 표시를 설정하고 툴바의 구성, 캡처한 패킷의 표시 등에 관한 설정을 수행하는 기능들을 포함한다. Go 아이템은 특정 패킷으로 이동하는 기능을 포함한다. Capture 아이템은 '메뉴'에서 사용 빈도가 가장 높은 아이템 중 하나로 패킷을 캡처하고 캡처필터를 설정할 수 있는 기능 등을 제공한다.

• 그림 1.8 • '메뉴'의 아이템

Analyze 아이템은 필터들을 설정하고, 캡처할 프로토콜을 선택하는 기능 등을 포함하고 있다. Statistics 아이템은 캡처된 패킷들의 분석 및 통계를 표시하는 기능과 캡처된 패킷의 프로토콜 계층에 대한 정보를 표시해주는 기능 등을 포함하고 있다. Telephony 아이템은 음성에 대한 패킷 및 프로토콜 분석 기능 등을 제공한다. 그리고 Tools 아이템에서는 다른 방화벽 (firewall) 제품에 대한 ACL (Access Control Line) rules를 생성할 수 있다. 마지막으로, Help 아이템은 매뉴얼 및 버전 정보를 온/오프라인으로 제공한다. '메뉴'의 아이템에 대한 주요 기능들을 요약하면 [표 1-5]와 같다.

[표 1-5] '메뉴' 아이템의 주요 기능 설명

아이템	설 명
File	캡처 파일을 열거나 저장, 그리고 프린트
Edit	패킷을 검색하거나 표시, 프로그램 전역적인 속성들을 설정
View	툴바 구성
Go	캡처된 데이터의 특정 위치로 이동
Capture	캡처 필터 옵션을 설정하고 캡처를 시작
Analyze	분석 옵션을 설정
Statistics	통계 데이터 분석

[표 1-5] '메뉴' 아이템의 주요 기능 설명(계속)

아이템	설 명
Telephony	음성 패킷 및 프로토콜 분석
Tools	방화벽에 대한 ACL rules 설정
Help	오프라인 또는 온라인 도움말 확인

다음 소절에서는 '메뉴'의 아이템 중 Capture 아이템을 구성하고 있는 각 필드들에 대해 설명하고, 그 외의 아이템들에 대해서는 프로토콜 분석에 유용한 기능을 중심으로 설명한다. 보다 자세한 정보가 필요한 경우, wireshark 사용자 매뉴얼(http://www.wireshark.org/docs/wsug_html_chunked)에서 확인하도록 한다.

1.4.1 File 아이템

File 아이템은 캡처 파일을 불러오거나 저장, 또는 프린트하기 위한 기능을 제공하며, 그림 1.9와 같이 Open, Open Recent, Merge, Close, Save, Save As..., File Set, Export, Print..., Quit 필드로 구성되어 있다. 각 필드에서 대해서 [표 1-6]에 정리하였다.

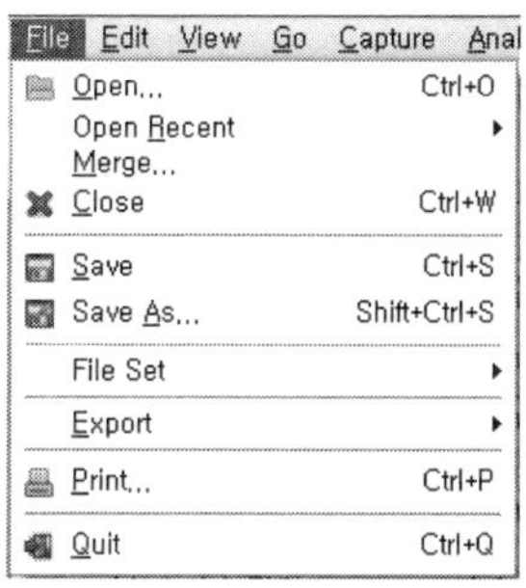

• 그림 1.9 • File 아이템의 필드

[표 1-6] File 아이템의 필드 기능

항 목	설 명
Open	선택된 캡처파일 열기
Open Recent	최근에 열린 캡처파일의 목록 표시
Merge	현재 열린 캡처파일에 다른 캡처파일을 통합
Close	현재 열린 캡처파일 닫기
Save	현재 열린 캡처파일 저장

[표 1-6] File 아이템의 필드 기능(계속)

항 목		설 명
Save As...		현재 열려있지만 이미 저장되었던 캡처파일을 다른 이름으로 저장
File Set	List Files	저장된 파일집합 (file set)들의 모든 리스트를 표시
	Next File	현재 열린 캡처파일이 파일집합의 일부인 경우, 다음 파일 열기
	Previous File	현재 열린 캡처파일이 파일집합의 일부인 경우, 이전 파일 열기
Export	file...	현재 열린 캡처파일의 일부 또는 모든 패킷을 plain text, postscript, CSV 등의 형태로 저장
	Selected Packet Bytes...	'패킷 바이트 패널'에 선택된 바이트를 2진수로 파일로 저장
	Objects	캡처된 HTTP object의 일부 또는 모두를 저장
Print		캡처파일의 일부 또는 모든 패킷을 프린트
Quit		프로그램 종료

1.4.2 Capture 아이템

Capture 아이템은 패킷캡처 기능을 제공하며, 그림 1.10과 같이 Interface, Options, Start, Stop, Restart, Capture Filters 필드로 구성되어 있다.

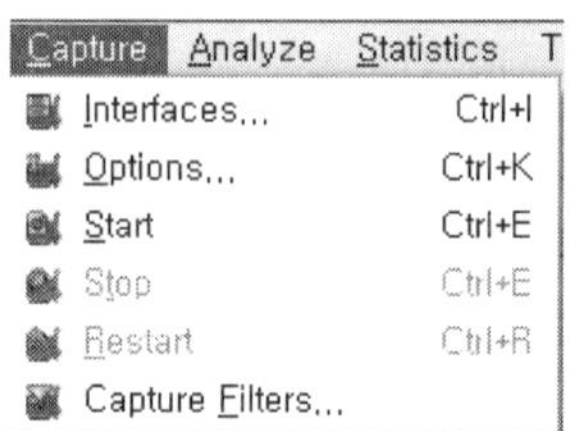

• 그림 1.10 • Capture 아이템의 필드

가. Interfaces 필드

Interfaces 필드는 현재 동작중인 네트워크 인터페이스 중 패킷캡처를 수행할 인터페이스를 선택하기 위해 사용된다. Interfaces 필드를 클릭하면 그림 1.11과 같이 wireshark가 시스템에 발견한 인터페이스의 목록과 관련 정보가 표시된 Capture Interfaces 대화상자를 확인할 수 있다. 이 대화상자에는 현재 동작하고 있는 네트워크 인터페이스, 해당 인터페이스의 IP 주소, 해당 인터페이스를 통해 송수신되는 패킷의 수, 그리고 초당 송수신되는 패킷의 수 정보가 포함되어 있다.

Capture Interfaces 대화상자에는 인터페이스마다 Start, Options, Details 3개의 버튼이 존재하는데, Start 버튼을 클릭하면 해당 인터페이스를 통해 송수신되는 패킷들을 캡처하기 시작한다. 이는 Capture 아이템의 Start 필드와 동일한 기능이다. Options 버튼을 클릭하면 패킷을 캡처하기 위한 설정을 지정할 수 있으며, Capture 아이템의 Options 필드와 동일한 기능을 수행한다. Details 버튼을 클릭하면 해당 인터페이스 특성 및 캡처된 패킷들의 통계적 수치 등의 인터페이스에 대한 자세한 정보를 확인할 수 있다.

• 그림 1.11 • Capture interfaces 대화상자

나. Options 필드

Options 필드를 선택하면 그림 1.12와 같은 Capture Options 대화상자를 통해 패킷을 캡처하기 위한 옵션을 설정할 수 있다. Capture Options 대화상자는 Capture, Capture File(s), Stop Capture, Display Options, Name Resolution 프레임으로 구성되어 있으며, 기본값으로 설정하고 캡처를 수행하는 것이 일반적이다.

Capture 프레임은 Interface 항목을 통해 패킷 캡처를 수행하고자 하는 인터페이스를 선택할 수 있으며, Capture Filter 항목을 통해 IP 패킷, 브로드캐스트 또는 멀티캐스트 패킷 등을 선택적으로 필터링하여 분석하고자 하는 패킷만을 캡처하는 것이 가능하다. Capture 필터는 텍스트상자에 직접 입력하거나 Capture Filter 버튼을 클릭하여 대화상자를 통해 설정할 수 있다. 또한 사용자가 새롭게 필터를 만들고 저장할 수도 있다. Display Option 프레임은 캡처된 파일을 실시간으로 보여줄지 아니면 캡처가 끝난 다음 보여줄지를 선택할 수 있는 항목으로 원하는 항목에 체크를 하면 된다. Name Resolution 프레임은 패킷을 분석하기 전에 MAC name resolution (MAC 주소 → DNS 이름), network name resolution (IP 주소 → DNS 이름), transport name resolution (포트 번호 → DNS 이름)에 대해서 이해하기 쉽도록 주소를 변환을 해주는 기능을 설정한다. 마지막으로 Start 버튼을 클릭하여 선택된 설정을 적용하여 캡처를 시작한다. [표 1-7 ~ 11]에서는 Capture Options 대화상자의 5가지 프레임들에 대한 각각의 기능들을 정리하였다.

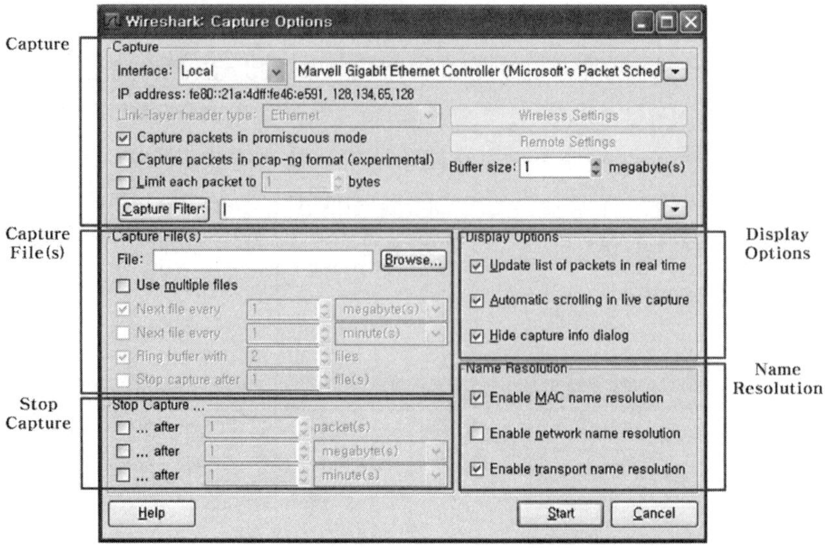

• 그림 1.12 • Capture options 대화상자

[표 1-7] Capture options 대화상자의 Capture 프레임의 기능

항 목	설 명
Interface	패킷을 캡처하고자 하는 인터페이스 설정
IP address	선택된 인터페이스의 IP 주소 표기 (IPv6 모듈이 활성화된 경우, IPv4와 IPv6 주소가 모두 표기)
Link-layer header type	일반적인 경우, 본 항목은 항상 디폴트로 설정
Remote setting	로컬 인터페이스가 아닌 리모트 인터페이스의 패킷을 캡처하기 위한 설정 (윈도우만 지원)
Buffer size	패킷 캡처시 사용되는 커널의 버퍼 크기 설정 (윈도우만 지원)
Capture packets in promiscuous mode	패킷 캡처시 무작위 (promiscuous) 모드[42]의 사용 여부를 설정
Capture packets in pcap-ng format	Wireshark가 캡처된 패킷을 pcap-ng 포맷으로 저장
Limit each packet to n bytes	패킷의 용량에 따라 패킷 캡처를 제한
Capture Filter	캡처 필터를 설정

42) 무작위 모드란 MAC 어드레스가 어떤 번호로 되어 있을지라도 구별하지 않고 NIC가 패킷을 모두 수신하는 모드로써, 만약 이를 설정하지 않는 경우, NIC는 사용자의 컴퓨터를 출발지/목적지로 하는 패킷만을 수신하며, 그 외의 패킷들은 모두 폐기함.

[표 1-8] Capture options 대화상자의 Capture File(s) 프레임의 기능

항 목	설 명
Files	캡처한 파일의 이름 설정
Use multiple files	아래에 설명되는 조건에 따라 다수의 파일로 자동 저장
Next file every n megabyte(s)	다수의 파일로 저장하는 경우, 설정된 바이트 이후, 다음 파일로 전환
Next file every n minute(s)	다수의 파일로 저장하는 경우, 설정된 시간 이후, 다음 파일로 전환
Ring buffer with n files	다수의 파일로 저장하는 경우, 설정된 수의 파일로 링 버퍼 형성
Stop capture after n file(s)	다수의 파일로 저장하는 경우, 설정된 수의 파일을 저장한 캡처 종료

[표 1-9] Capture options 대화상자의 Stop Capture 프레임의 기능

항 목	설 명
... after n packet(s)	설정된 수만큼 패킷을 캡처한 후 캡처 중지
... after n megabytes(s)	설정된 용량만큼 패킷을 캡처한 후 캡처 중지
... after n minute(s)	설정된 시간만큼 패킷을 캡처한 후 캡처 중지

[표 1-10] Capture options 대화상자의 Display Options 프레임의 기능

항 목	설 명
Update list of packets in real time	'패킷 목록 패널'에 실시간으로 캡처된 패킷을 표시 (이 항목을 체크하지 않는 경우, 캡처를 종료해야 패킷을 표시)
Automatic scrolling in live capture	'패킷 목록 패널'에 스크롤을 이용하여 최신 패킷을 표시 (이 항목을 체크하지 않는 경우, 스크롤 없이 단순히 마지막 줄에 패킷 표시)
Hide capture info dialog	"While a Capture is running ..." 표시 숨김

[표 1-11] Capture options 대화상자의 Name Resolution 프레임의 기능

항 목	설 명
Enable MAC name resolution	MAC address를 name으로 변환
Enable network name resolution	Network address를 name으로 변환
Enable transport name resolution	Transport address를 protocol로 변환

다. Start, Stop, Restart 필드

Start와 Stop 필드는 options 필드에서 선택한 설정 값으로 캡처를 시작하거나 수행중인 캡처를 정지하는 메뉴이다. 만약 캡처하고자 하는 인터페이스가 설정되어 있다면, Interfaces 필드의 Start 버튼을 클릭하거나 Options 필드의 Start 필드를 클릭하여 캡처를 시작할 수 있다. 그리고 Restart 필드는 캡처가 Stop 필드에 의해 정지된 경우에 활성화되며, 중지했던 패킷캡처를 다시 수행하도록 한다.

라. Capture Filter 필드

Capture Filter 필드는 패킷을 캡처하기 전에 특정 패킷을 필터링하기 위한 기능을 제공하며, Options 필드의 Capture Filter 항목을 클릭할 때와 동일한 기능을 수행한다. Wireshark를 이용하여 짧은 시간동안 패킷 캡처를 수행하더라도 상당히 많은 양의 패킷들이 모두 캡처되는 것을 확인할 수 있을 것이다. 이는 네트워크 프로토콜 분석에 도움이 되지 못한다. 만약 필터링을 이용하여 선택적으로 캡처 결과를 확인할 수 있다면, 네트워크 프로토콜을 분석하는 데 있어 보다 간결함과 편의성을 제공할 수 있을 것이다. 그러므로 필터링은 wireshark에서 상당히 중요한 기능이며, 이를 목적에 따라 자유롭게 활용할 수 있어야 할 것이다.

다음 소절에서는 wireshark에서 제공하는 두 가지 필터링에 대해 설명하도록 한다.

1.4.3 필터링

별다른 설정 없이 기본값으로 패킷 캡처를 수행하였을 때, 가장 문제가 될 수 있는 것은 패널에 불필요한 패킷들을 포함한 모든 패킷들에 대한 정보들이 표시되어 원하는 프로토콜을 분석하는데 복잡성을 야기한다는 것이다. 필터링은 방대한 캡처파일 중에서 분석을 하고자하는 패킷을 선별함으로써 사용자에게 프로토콜 분석에 대한 간결함과 편의성을 제공한다.

필터링은 크게 Capture 필터와 Display 필터로 나눌 수 있다. Capture 필터는 캡처가 시작되기 이전에 필터를 정의함으로써 패킷을 캡처하는 경우, 필요한 패킷만을 선택적으로 캡처하여 캡처파일의 사이즈가 불필요하게 커지는 것을 막기 위해 사용된다. Display 필터는 캡처가 진행 또는 완료된 경우, 캡처된 데이터에서 설정된 필터를 통해 분석하고자하는 패킷을 분류하여 표시함으로써 원하는 데이터를 정확하게 검색하기 위해 사용된다.

가. Capture 필터

Capture 필터는 어떤 패킷을 캡처할 것인지 또는 어떤 패킷을 캡처하지 않을 것인지를 필터링하는 기능을 제공하며, Capture 아이템 → Capture Filters 필드 또는 Capture 아이템 → Options 필드 → Capture Options 대화상자 → Capture Filter 버튼을 클릭하여 그림 1.13과 같은 Capture Filter 대화상자에서 설정 가능하다.

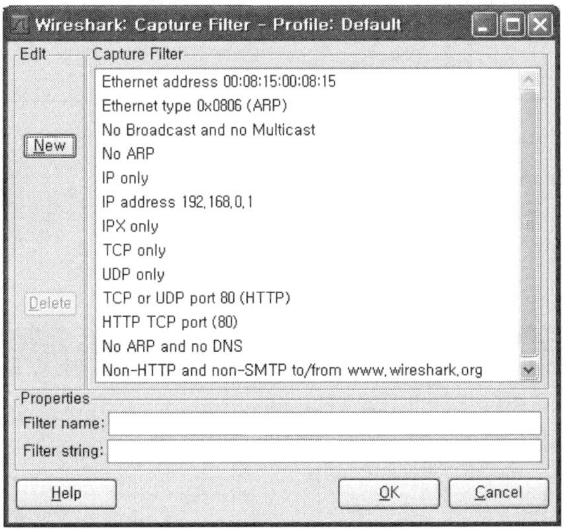

• 그림 1.13 • Capture Filter 대화상자

Capture Filter 대화상자의 Capture Filter 리스트에서 원하는 필터를 선택하여 간단하게 설정할 수 있다. 만약 Capture 필터를 직접 설정하는 경우에는 Protocol, Direction, Host(s), Value, Logical Operations, 다른 표현식 순으로 작성해야 한다. 필터를 설정하기 위한 필터 표현식 작성 방법은 [표 1-12]에서 설명하였으며, 간단한 필터 표현식 예제는 다음과 같다.

- ICMP 패킷을 제외한 모든 패킷을 필터링

```
not icmp
```

- 출발지 포트가 2000에서 2500 사이인 패킷을 필터링

```
src portrange 2000-2500
```

- 출발지 IP 주소가 128.134.65.128이면서, 목적지 IP 네트워크가 10.10.0.0/16이 아닌 패킷을 필터링

```
src host 128.134.65.128 and not dst net 10.10.0.0/16
```

- 출발지 IP 주소가 128.134.65.128이거나, 출발지 네트워크가 10.10.0.0/16인 패킷 중에서 목적지 TCP 포트가 200에서 10000 사이이고, 목적지 IP 네트워크가 10.0.0.0/8인 패킷을 필터링

```
(src host 128.134.65.128 or src net 10.10.0.0/16) and tcp dst
portrange 200-10000 and dst net 10.0.0.0/8
```

[표 1-12] Capture 필터 표현식과 예제

항 목	사용 가능한 값	비 고
Protocol	ether, fddi, ip, arp, rarp, decnet, lat, sca, moprc, mopdl, tcp and udp	프로토콜을 지정하지 않으면 모든 프로토콜을 사용
Direction	src, dst, src and dst, src or dst	출발지나 목적지를 지정하지 않으면 "src or dst" 키워드가 사용
Host(s)	net, port, host, portrange	호스트를 지정하지 않으면 "host" 키워드가 사용
Logical Operations	not, and, or	부정 연산 (not)이 가장 높은 우선순위를, 논리합 (or)과 논리곱 (and)은 같은 우선순위를 가지며, 왼쪽에서 오른쪽으로 처리

나. Display 필터

Display 필터는 캡처된 패킷을 설정한 필터링에 의해 원하는 패킷들만 선택적으로 표시할 수 있게 한다. Display 필터는 Capture 필터와 유사하게 '메뉴'의 Analyze 아이템 → Display filters... 필드를 클릭함으로써 그림 1.14의 Display Filter 대화상자를 통해 설정할 수 있다. 또는, 그림 1.15의 '필터툴바'에 직접 입력하거나 '필터툴바'의 Expression 버튼을 클릭하여 생성된 Filter Expression 대화상자를 통해 설정하는 것도 가능하다. Display 필터는 필터링된 패킷만을 캡처하는 Capture 필터와는 다르게 모든 패킷을 캡처하되 단지 '패킷 리스트 패널'에 표시하지 않는 것이다. '필터툴바'에서 clear 버튼을 통해 적용된 필터를 해제하여 모든 패킷들을 '패킷 리스트 패널'에 다시 표기할 수도 있다. 따라서 전체 캡처파일에서 필요에 따라 필터를 자주 변

경하게 되는 경우에는 캡처를 다시 실행하지 않고 필터만 새로 설정할 수 있는 Display 필터가 Capture 필터보다 자주 사용이 된다.

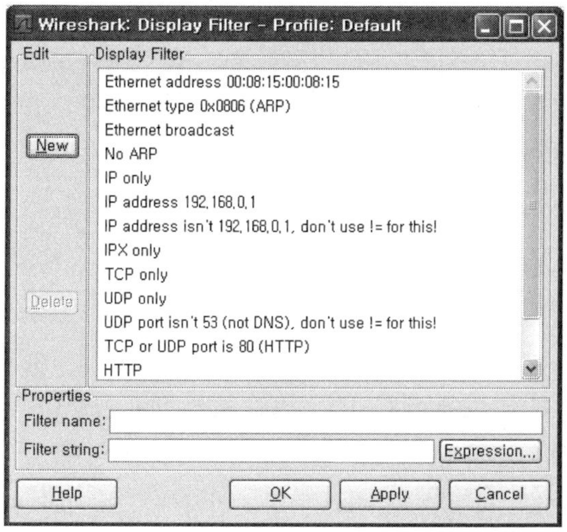

• 그림 1.14 • Display filter 대화상자

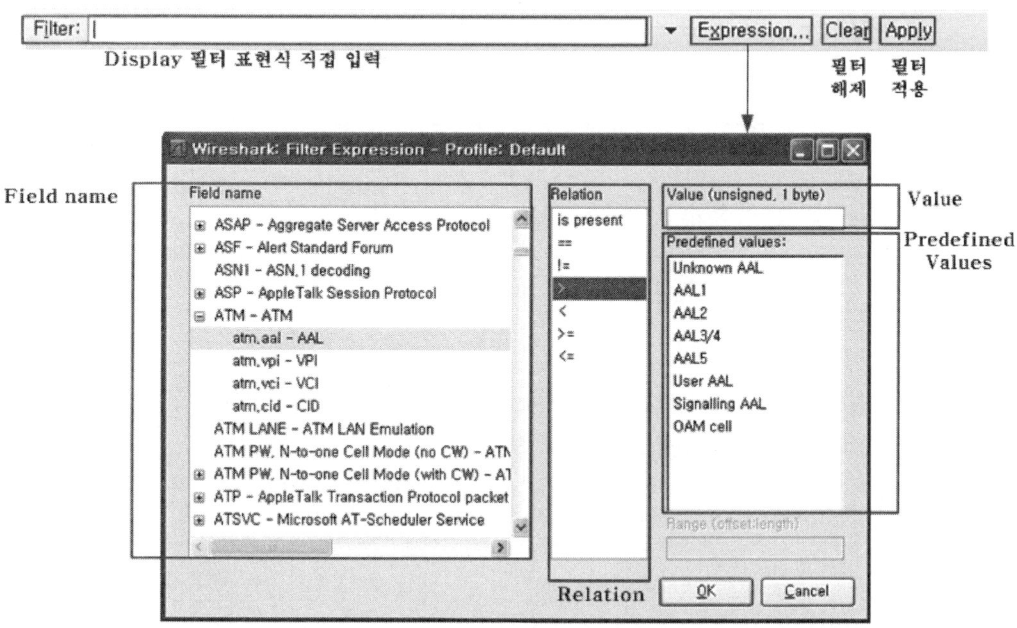

• 그림 1.15 • 필터툴바 및 Filter Expression 대화상자

그림 1.15의 Filter Expression 대화상자를 이용하여 필터 표현식을 만드는 방법은 다음과 같다. 먼저, Filter Expression 창의 Field name 프레임에 표기된 지원 가능한 프로토콜 목록에서 (+)를 클릭하여 세부 기준필드를 선택한다. 그리고 선택한 필드에 대해 Relation 프레임에서 연산자를 선택한다. 선택한 필드와 관계있는 구체적인 값을 Value 프레임에 직접 입력하거나 또는 Predefined Values 프레임에서 선택하여 필터 표현식을 완성한 후, OK 버튼을 클릭하면 필터툴바에 필터 표현식이 만들어진 것을 확인할 수 있다.

또한 필터툴바에 직접 필터 표현식을 입력할 수도 있다. 필터 표현식은 Protocol, String 1, String 2, Comparison operator, Value, Logical Operations, Other expression 순으로 작성할 수 있으며, Protocol은 Filter Expression 대화상자의 Field name 프레임에서 선택한 프로토콜과 String 1, String 2는 (+)를 클릭하여 선택한 세부 기준필드와 동일하다. 필터 표현식에서는 비교 연산자와 논리 연산자가 사용되며 [표 1-13]과 같이 영문표기와 C언어표기 방식 모두 사용이 가능하다. 참고로, 필터 표현식을 작성할 때 필터툴바의 바탕색이 녹색인 경우에는, 작성한 표현식에 문법상 오류가 없음을 의미하고, 바탕색이 붉은색인 경우에는, 필터 표현식에 문법상 오류가 있음을 의미한다. 간단한 필터 표현식 예제는 다음과 같다.

• SNMP 또는 DNS 또는 ICMP의 트래픽을 보여줌

```
snmp || dns || icmp
```

• 출발지 또는 목적지 IP 주소가 10.1.1.1인 패킷을 보여줌

```
ip.addr == 10.1.1.1
```

• 출발지 IP 주소가 128.134.65.128이 아니면서, 동시에 목적지 IP 주소가 10.10.10.10인 패킷을 제외하고 보여줌

```
ip.src != 128.134.65.128 and ip.dst != 10.10.10.10
```

• 목적지 TCP 포트가 80이거나 또는 출발지 TCP 포트가 1025인 (두 가지 모두인 경우는 제외) 패킷을 보여줌

```
tcp.dstport 80 xor tcp.dstport 1025
```

[표 1-13] 필터 표현식에서 사용되는 연산자

비교 연산자			논리 연산자		
영문표기	C언어표기	설 명	영문표기	C언어표기	설 명
eq	==	같음	and	&&	논리곱
ne	!=	같지 않음	or	||	논리합
gt	>	큼	xor	^^	배타적 논리합
lt	<	작음	not	!	부정
ge	>=	크거나 같음			
le	<=	작거나 같음			

1.5 프로토콜 분석에 유용한 기능들

1.5.1 Follow TCP Stream

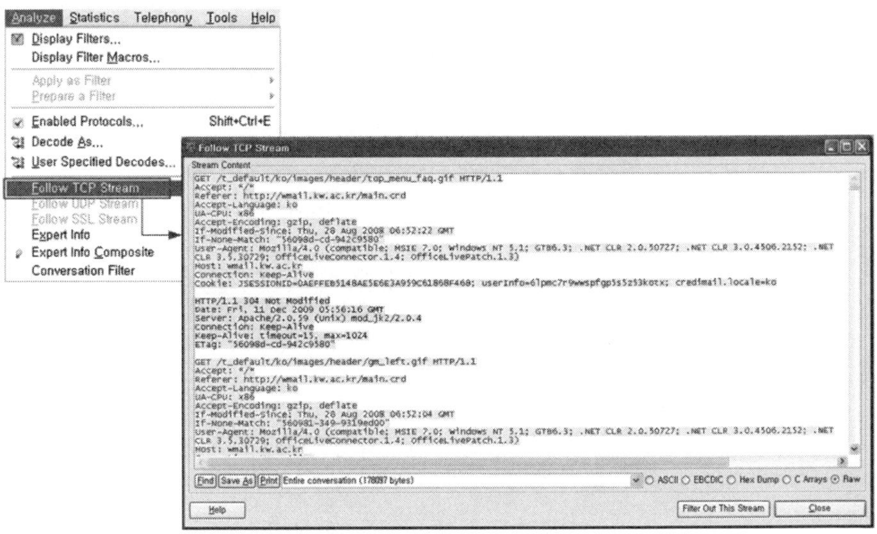

• 그림 1.16 • Follow TCP stream 대화상자

Follow TCP Stream은 캡처된 많은 양의 패킷 중 부분적으로 존재하는 패킷의 TCP 스트림을 애플리케이션 계층 수준에서 보여준다. 이 기능은 분석하고자 하는 TCP 스트림의 데이터를 순차적으로 정렬하여 사용자가 애플리케이션의 흐름을 분석

하는데 유용하게 사용될 수 있다. '패킷 목록 패널'의 TCP 패킷을 선택한 상태에서 '메뉴'의 Analyze 아이템에서 Follow TCP Stream 필드를 선택하거나, 또는 마우스 오른쪽 버튼을 클릭한 후, Follow TCP Stream 필드를 선택함으로써 그림 1.16과 같이 TCP 스트림의 데이터를 확인할 수 있다.

1.5.1 Summary

Summary는 캡처파일, 캡처시간, Display 필터, 그리고 캡처된 패킷와 관련된 정보를 요약하여 보여준다. '메뉴'의 Statistics 아이템 → Summary 필드를 선택함으로써 그림 1.17과 같이 Summary 대화상자를 실행시킬 수 있다. 그림 1.17의 File 프레임은 파일의 이름, 파일의 크기, 포맷, 최대 패킷 길이 등의 정보를 보여주며, Time 프레임은 패킷 캡처 작업을 수행한 시간으로 첫 패킷을 캡처한 시간, 마지막 패킷을 캡처한 시간과 캡처 시간에 대한 정보를 보여준다. Capture 프레임은 패킷 캡처를 수행한 인터페이스와 선택한 캡처 필터에 대한 정보를 보여주고, Display 프레임은 패킷 캡처 결과를 출력하는데 사용한 Display 필터를 나타낸다. 그리고 하단의 Traffic 프레임은 캡처된 패킷들의 수량, 평균 전송률 등의 통계 정보를 제공한다.

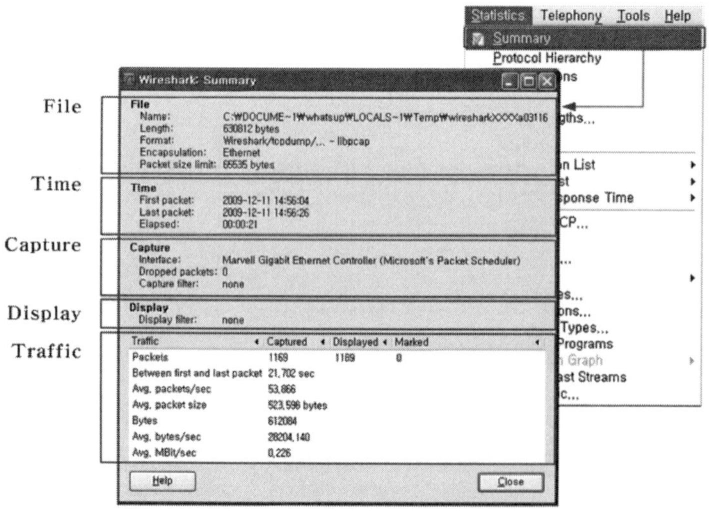

• 그림 1.17 • Summary 대화상자

1.5.2 Conversation

특정 호스트들 사이에 발생하는 트래픽을 확인하기 위한 기능으로 Conversation이 있다. 그림 1.18의 Conversation 대화상자는 '메뉴'의 Statistic 아이템 → Conversations 필드를 선택함으로써 실행시킬 수 있으며, 호스트간의 송수신 데이터에 대한 통계 정보를 표시해준다. Conversations 대화상자에서 탭을 이동하여 Ethernet, IPv4, IPX, TCP, UDP 등의 통계 정보를 확인할 수 있으며, 탭 옆의 숫자(예를 들어, "Ethernet: 24")는 conversation의 수를 나타낸다.

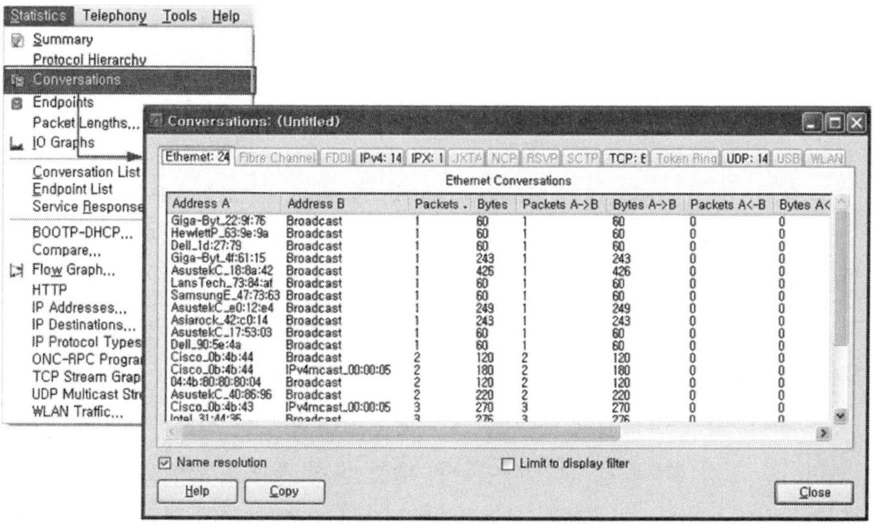

• 그림 1.18 • Conversations 대화상자

1.5.3 Protocol Hierarchy Statistic

Protocol Hierarchy Static은 캡처된 데이터에서 사용되고 있는 프로토콜과 각 프로토콜이 차지하는 비율을 나타내며, 각 OSI 계층별로 세부적인 정보를 확인할 수 있다. 그러므로 이 기능은 특정 프로토콜의 트래픽의 양이 증가한 경우, 그 원인을 알아내는데 유용하게 사용될 수 있다. 그림 1.19의 Protocol Hierarchy Statistics 대화상자는 '메뉴'의 Statistics 아이템의 Protocol Hierarchy 필드를 선택함으로써 실행시킬 수 있다.

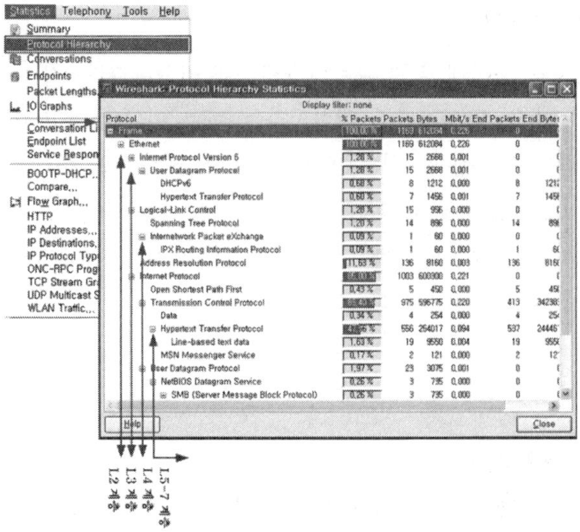

• 그림 1.19 • Protocol Hierarchy Statistics 대화상자

1.5.4 Endpoints

웜 바이러스에 감염된 PC나 다른 이유로 인해 많은 트래픽을 발생시키는 PC를 찾아낼 때 많이 사용하는 기능으로 Endpoints가 있다. 그림 1.20의 Endpoints 대화상자는 '메뉴'의 Statistics 아이템 → Endpoints 필드를 선택함으로써 실행시킬 수 있으며, 주소/장치별로 송수신 데이터에 대한 통계 정보를 확인할 수 있다. Endpoints 대화상자에서 탭을 이동하여 Ethernet, IPv4, IPX, TCP, UDP 등의 endpoints에 대한 통계 정보를 확인할 수 있으며, 탭 옆의 숫자 (예를 들어, "Ethernet: 27")는 endpoint의 수를 나타낸다.

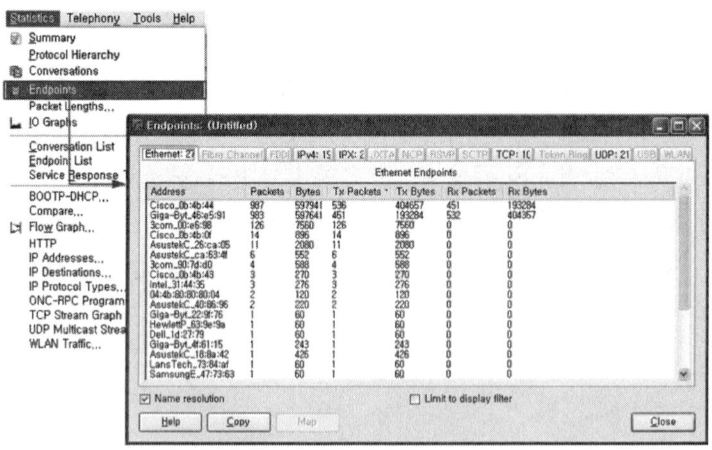

• 그림 1.20 • Endpoints 대화상자

1.5.5 IO Graphs

IO graphs는 시간에 따른 트래픽의 양을 시각적으로 보여줌으로써 네트워크 상태 및 프로토콜 분석에 활용될 수 있다. 그림 1.21의 IO graphs 대화상자는 '메뉴'의 Statistic 아이템의 IO Graphs 필드를 선택함으로써 실행시킬 수 있다. Graphs 프레임에서는 다수의 그래프에 대한 필터와 그래프선의 표시형태, 그리고 x, y축의 표시 단위의 설정이 가능하다.

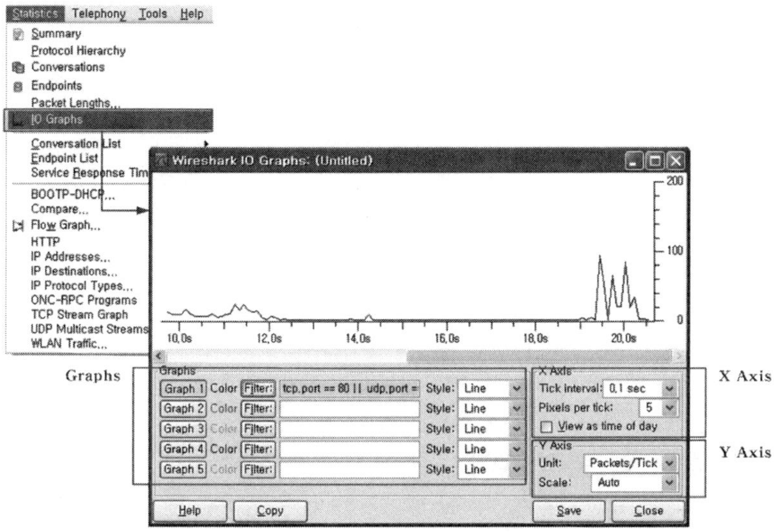

• 그림 1.21 • IO Graphs 대화상자

1.5.6 Graph Analysis

Graph Analysis는 세션 연결의 연속적인 분석 정보를 제공하며, 호스트간의 데이터의 흐름 및 프로토콜 절차를 분석할 때 유용하게 사용될 수 있다. 그림 1.22의 Graph Analysis 대화상자는 '메뉴'의 Statistic 아이템 → Flow Graph... 필드를 선택하고 Flow Graph 대화상자에서 그래프에 대한 기본적인 사항을 설정하여 실행시킬 수 있다.

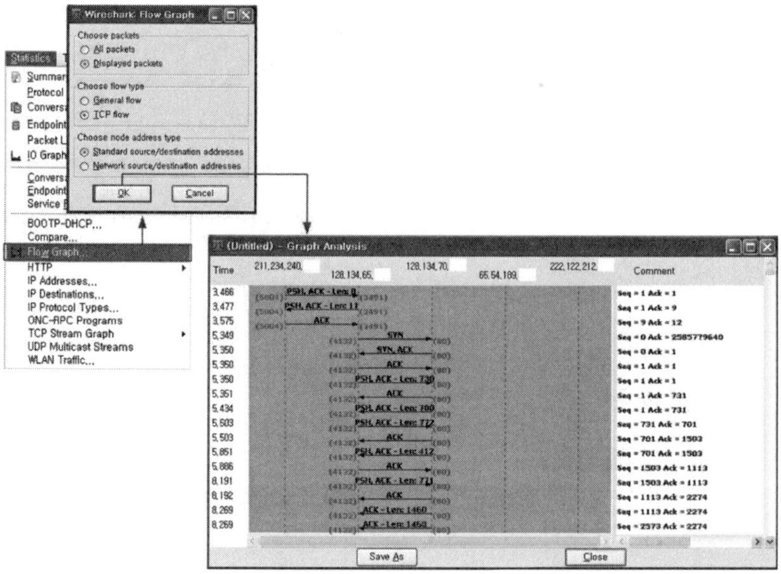

• 그림 1.22 • Graph Analysis 대화상자

1.6 패킷캡처 및 분석 예제

지금까지 패킷캡처와 분석을 위한 wireshark의 기본적인 기능들에 대해 알아보았다. 본 절에서는 웹 페이지에 접속하여 파일을 다운로드하는 시나리오를 wireshark를 이용하여 캡처하고 캡처 결과를 이용하여 패킷과 프로토콜을 분석하는 방법에 대해 설명한다. 다음 소절에서는 시나리오에 따른 프로토콜의 기본적인 동작절차를 설명하고, wireshark를 이용하여 패킷 분석, 프로토콜 분석 등을 수행하는 과정을 설명한다.

1.6.1 시나리오

본 소절에서 예제로 제시하는 시나리오에서는 호스트가 도메인 네임 ("http://cpe.kw.ac.kr")과 연결된 웹사이트에 접속하여 파일을 다운로드한다. 그림 1.23은 시나리오에 사용된 토폴로지 및 파라미터를 나타내며, 해당 웹사이트에 접속하기 위한 기본적인 절차를 나타낸다.

호스트가 도메인 네임으로 웹사이트에 접속하기 위해서는 해당 웹서버의 IP 주소를 획득하는 것이 우선이다. 그러므로 호스트는 시스템에 등록된 DNS 서버로 DNS query를 전송하며, 그에 대한 응답으로 DNS response를 수신한다. 호스트는 DNS response에 파라미터로 포함된 웹서버의 IP 주소를 이용하여, 웹서버와 TCP 3-way handshake 방식으로 커넥션을 맺는다. 이후에, 호스트는 HTTP request를 통해 웹서버에 웹 페이지를 요청하며, 이에 대한 응답으로 웹서버는 HTTP response에 웹사이트의 정보를 포함하여 전송함으로써 호스트의 브라우저에 웹사이트가 표시되게 된다.

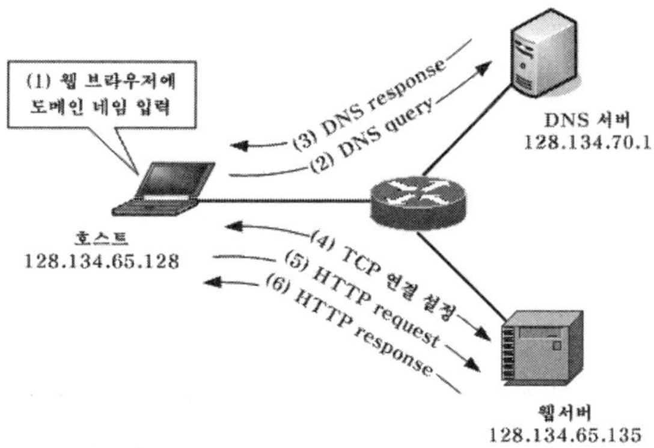

• 그림 1.23 • 시나리오 토폴로지 및 접속절차

1.6.2 Wireshark를 이용한 패킷 캡처 및 분석

가. 패킷 캡처

시나리오를 수행하기 이전에 먼저 패킷 캡처를 시작해야 한다. Wireshark의 '메뉴'의 Capture 아이템 → Interfaces 필드를 클릭한다. 그림 1.24와 같이 Capture Interface 대화상자가 열리면 wireshark가 인식할 수 있는 시스템의 인터페이스 목록이 표시되며, 그 중에 현재 패킷을 송수신하고 있는 인터페이스의 start 버튼을 클릭하여 패킷 캡처를 시작한다. 패킷이 정상적으로 캡처되고 있다면 '패킷 목록 패널'에 실시간으로 캡처되는 패킷들을 확인할 수 있다.

• 그림 1.24 • 패킷 캡처 수행

이제, 시나리오대로 웹브라우저의 주소창에 "http://cpe.kw.ac.kr"을 입력하여 웹페이지에 접속한 후, study 메뉴에서 technical report 게시판에 있는 문서파일 중 하나를 다운받는다. 시나리오에 대한 모든 과정을 수행하였다면, 더 이상 패킷을 캡처할 필요가 없기 때문에 그림 1.25와 같이 '주툴바'의 아이콘을 클릭하여 캡처를 중지한다. '메뉴'의 File 아이템 → save 필드를 클릭하여 캡처된 패킷들을 캡처파일로 저장한다.

• 그림 1.25 • 패킷 캡처 종료

나. 패킷 분석

Wireshark에서 캡처된 패킷 중 호스트가 DNS 서버와 송·수신하는 DNS 메시지구조를 분석해보자. 먼저, DNS 메시지의 구조를 설명하고, 실제 캡처된 DNS 메시지 구조와 비교·분석하도록 한다. DNS 메시지는 도메인 네임에 대한 IP 주소를 요청하기 위해 호스트가 DNS 서버로 전송하는 DNS query 메시지와 query에 대한 응답으로 DNS 서버가 요청된 도메인 네임에 할당된 IP 주소를 포함하여 호스트로 전송하는 DNS response가 있다.

DNS query 메시지의 구조는 그림 1.26과 같으며, header와 question section으로 구성된다. Header는 Identification, Flags, # of question records, # of answer records, # of authoritative records, # of additional records 필드로 구성되어 있다. Identification 필드는 메시지의 식별자로 query와 그에 대한 response를 확인하기 위해 사용된다. Flags 필드는 그림 1.27과 같이 16비트로 구성되어 있으며 QR 비트는 query와 response를 구분하기 위한 비트로써 0이면 query, 1이면 response를 의미한다. 그리고 RD 비트가 1인 경우, query에 대한 응답을 요청함을 의미한다. # of question records 필드는 question section에 포함된 query의 수를 표시하며, 나머지 필드도 동일한 의미로 적용된다. DNS query 메시지는 answer, authoritative, 그리고 additional section이 없기 때문에 해당 필드는 모두 0으로 채워진다.

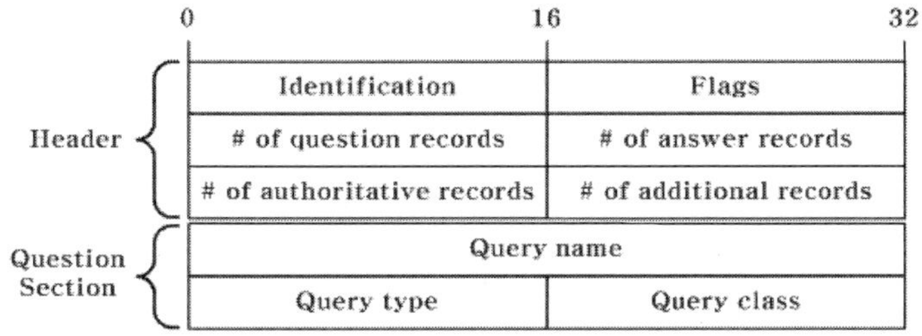

• 그림 1.26 • DNS query 메시지 구조

• 그림 1.27 • Flags 필드 구조

Question section은 호스트가 서버로부터 정보를 얻기 위해 사용되며, query name, query type, query class 필드로 구성되어 있다. Query name 필드에는 요청하는 도메인 네임이 그림 1.28과 같은 형태로 저장된다. ASCII 형식에서 숫자는 "." 을 나오기까지 이어지는 ASCII의 문자수를 의미하며, 숫자가 0이 되면 도메인 네임의 끝을 의미한다. 그림 1.28은 예제의 "cpe.kw.ac.kr"의 ASCII 값과 16진수 값을 query name 필드에 저장되는 형태로 나타낸 것이다. Query type 필드는 요청에 대한 종류를 나타낸 필드로, 1인 경우 도메인 네임에 대하여 32 비트 IPv4 주소의 요청 (A라고 표기)을 의미하고 28인 경우 128 비트 IPv6 주소의 요청 (AAAA라고 표기)을 의미한다. Query class 필드는 1인 경우 DNS가 위치한 네트워크가 인터넷 (IN이라고 표기)임을 의미한다.

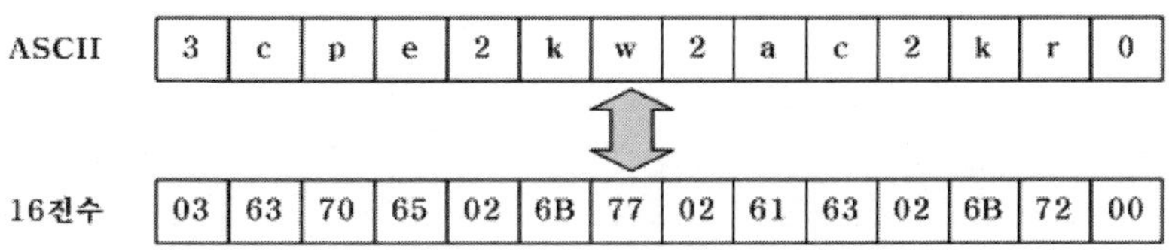

• 그림 1.28 • 예제의 query name 필드 값

DNS response 메시지의 구조는 그림 1.29와 같으며, query 메시지와 동일하게 header와 question section이 존재하며, 그 외에 answer section, authoritative section, additional section이 추가된다. Answer section의 domain name, domain type, domain class 필드는 question section의 query name, query type, query class 필드의 데이터를 그대로 복사한 값이다. Time to live 필드는 요

청에 대한 응답이 유효한 시간을 의미한다. resource data length 필드는 반환된 IP 주소가 포함된 resource data의 길이를 나타낸다.

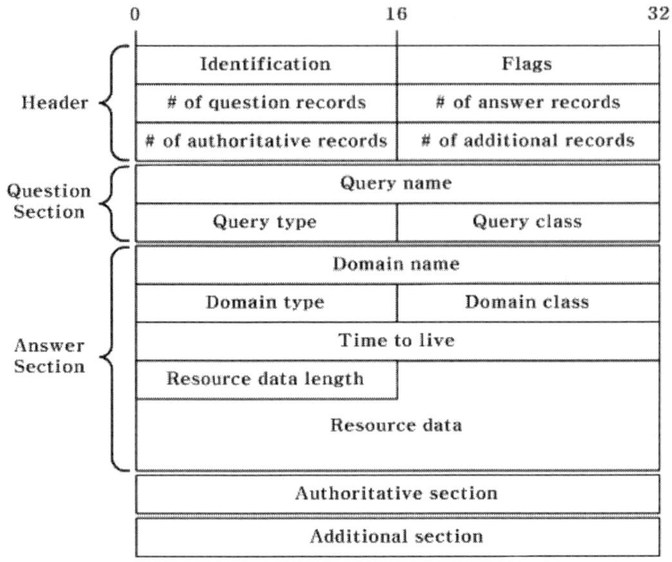

• 그림 1.29 • DNS response 메시지 구조

이제, 캡처된 DNS 메시지를 확인하기 위해 필터툴바에 “dns"라고 입력한 후, Apply 버튼을 클릭하여 display 필터를 적용한다. 그림 1.30은 필터가 적용되어 ‘패킷 목록 패널’에 DNS 메시지만 표기되며, 상위 두 메시지 (166, 167번 패킷)는 IPv6에 대한 DNS 메시지이며, 하위 두 메시지 (168, 169번 패킷)는 IPv4에 대한 DNS 메시지이다.

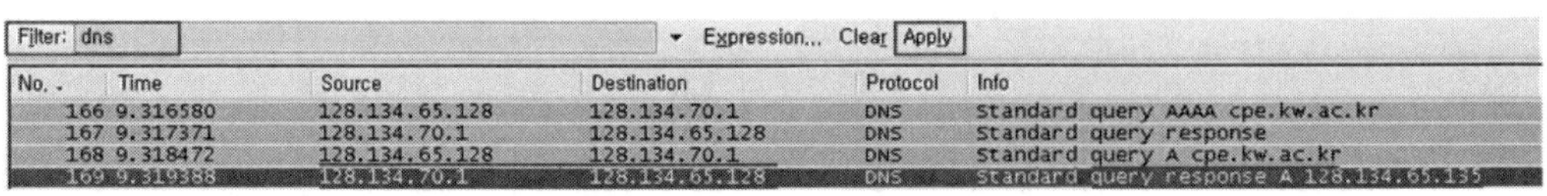

• 그림 1.30 • 캡처된 DNS 메시지

그림 1.31은 ‘패킷 목록 패널’에서 168번 DNS query 메시지를 선택한 경우, ‘패킷 세부 패널’에 표시되는 내용이다. 그림 1.26에서 설명한 바와 같은 구조로 되어 있음을 확인할 수 있으며, header의 flag 필드의 첫 비트가 0이므로 해당 DNS 메시지는 query 메시지임을 확인할 수 있다. Question section의 query name 필드는 도메인 네임을 의미하며, 이를 선택하여 ‘패킷 바이트 패널’의 정보를 확인하면 그림 1.28에서

변환한 16진수값과 실제 query name 필드에 저장되는 16진수값이 동일함을 확인할 수 있다.

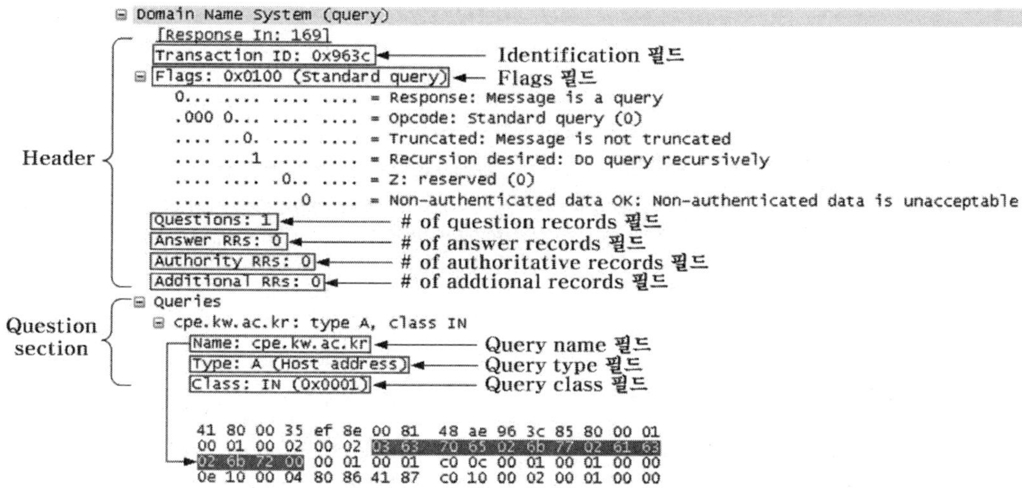

• 그림 1.31 • DNS query 메시지 구조

그림 1.32는 169번 DNS response 메시지의 answer section의 내용이다. Resource data 필드에 도메인 네임에 대한 IP 주소가 포함되어 있음을 확인할 수 있다. 따라서 호스트는 DNS response 메시지를 수신하면, 메시지에 포함된 IP 주소로 데이터를 송수신하기 위한 TCP 연결 절차를 수행할 수 있게 된다.

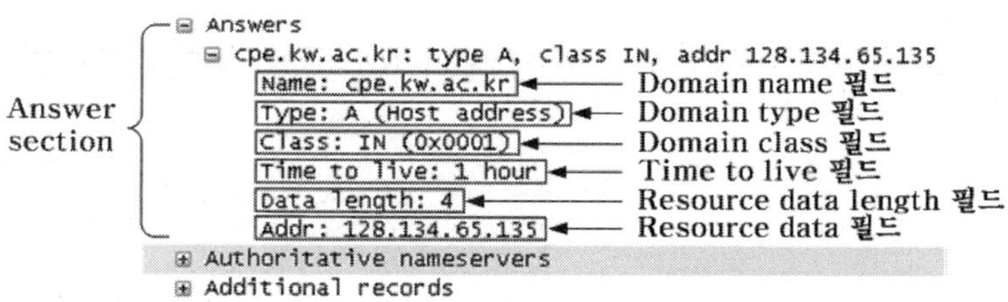

• 그림 1.32 • DNS response 메시지의 Answer section 구조

다. 프로토콜 분석

이제 호스트는 웹서버의 IP 주소를 알고 있기 때문에 웹 서버에 웹 페이지를 요청하기 위해 TCP 세션을 설정해야 한다. TCP 프로토콜은 3 way-handshake 방식(SYN → SYN/ACK → ACK)으로 양방향 세션을 설정하게 된다. 이 과정을 확인하기 위해 캡처된 패킷 중 TCP 연결 설정 패킷들을 쉽게 확인할 수 있도록 필터를 설정할

것이다. '필터툴바'에 다음과 같이 입력하고 설정한 필터를 적용하며, 그림 1.33과 같이 '패킷 목록 패널'에 필터 표현식에 부합하는 패킷들만 표기되어 TCP 연결설정 과정을 확인할 수 있다.

```
tcp && ip.src == 128.134.65.128 && ip.src == 128.134.65.135
```

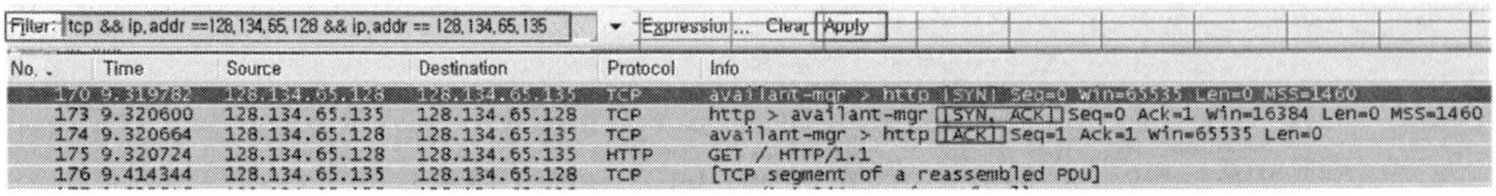

• 그림 1.33 • 설정한 필터를 적용시킨 결과

또한, 프로토콜의 시그날링 과정을 시각적으로 보여주는 Graph Analysis 대화상자를 사용할 수 있다. 그림 1.34는 Graph Analysis 대화상자의 결과값 중 일부를 나타낸 것으로, TCP 연결설정을 위해 호스트와 웹서버가 TCP 3-way handshake 과정을 수행하는 것을 확인할 수 있다.

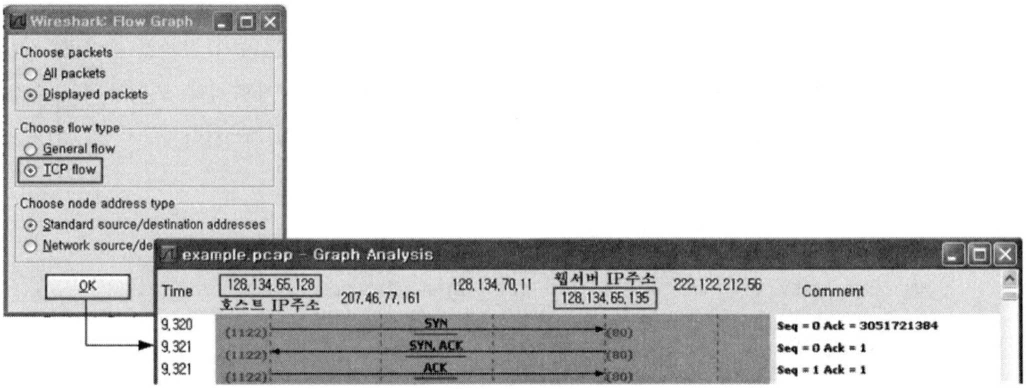

• 그림 1.34 • Graph Analysis 대화상자에서의 TCP 연결설정 과정

라. HTTP 메시지 및 파일 다운로드 분석

TCP 연결설정이 완료되고 나면, 호스트는 웹서버에게 HTTP의 method들을 이용하여 웹페이지를 요청하거나 웹서버로부터 웹페이지를 수신하여 웹브라우저에 표시하게 된다. 이러한 HTTP 메시지들을 메시지 내용과 함께 보기 쉽게 정렬하기 위한 방법 중 하나는 그림 1.35와 같이 Follow TCP Stream 대화상자를 실행하는 것이다. 호스

트는 GET method를 통해 웹페이지를 요청하고, 웹서버는 200 OK를 통해 응답함으로써 HTML 형태의 웹페이지를 전송받는 것을 확인할 수 있다. 그 외에 문자 코딩과 같은 유용한 정보도 함께 확인하는 것이 가능하며, 이러한 정보들은 '패킷 세부 패널'에서도 확인이 가능하다.

• 그림 1.35 • Follow TCP Stream 대화상자에 표기된 HTTP 메시지

마지막으로, 웹페이지에 접속하여 파일을 다운로드 하였다면 다운로드 시간대에 트래픽의 양이 증가하였을 것이다. 이는 IO Graphs 대화상자에서 확인 가능하다. 즉, 그림 1.36과 같이 파일을 다운로드하는 특정구간에서 순간적으로 트래픽의 양이 증가한 것을 확인할 수 있다.

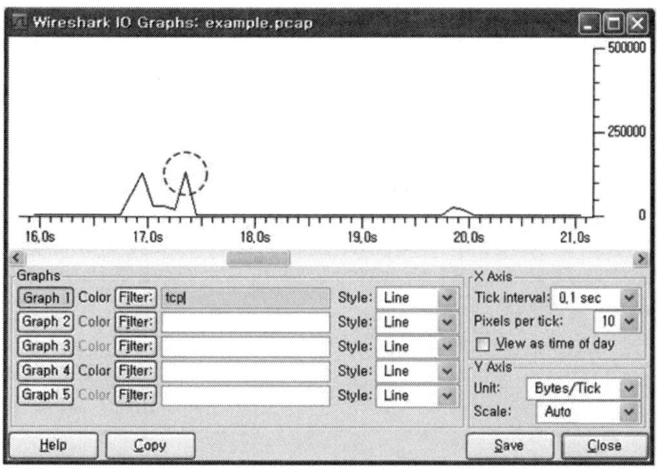

• 그림 1.36 • 파일 다운로드에 따른 IO Graphs 대화상자

부록2 VoIP 음성패킷 분석

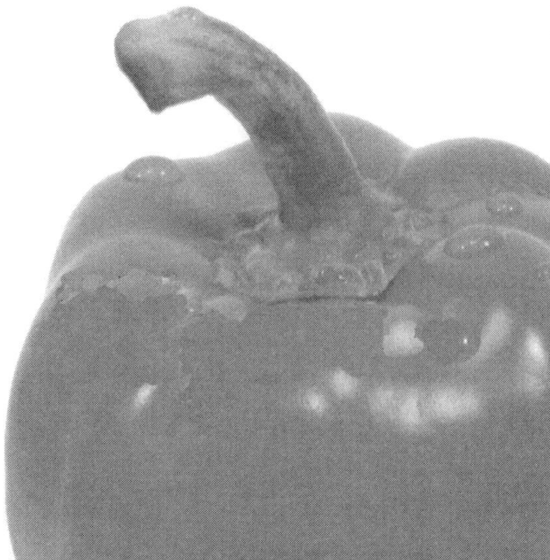

본 부록 장에서는 SIP 서버와 VoIP 클라이언트[43]로 구성된 VoIP 테스트망을 구축하고, 부록 1에서 설명한 wireshark를 이용하여 SIP/RTP 패킷을 캡처 및 분석하는 방법에 대해 알아볼 것이다. 먼저, VoIP 테스트망의 구성도와 소프트웨어 설치 및 음성통신을 위한 설정사항을 단계적으로 설명한다. 그리고 wireshark에서 캡처된 패킷을 분석하기 위한 주요 기능들에 대해 설명한다.

43) SIP 서버로 Brekeke에서 trial version으로 제공하는 것을 사용하였으며, VoIP 클라이언트로는 X-lite사에서 무료 version으로 제공하는 것을 사용하였음. 이들은 과거에 비하여 많은 기능을 추가하면서 version up 되었으며 여기서 사용한 것은 2010년 2월 기준으로 발표된 소프트웨어를 사용하였음.

2.1 VoIP 테스트망

본 부록에서는 간단한 VoIP 테스트망을 구축하고 해당 패킷들을 wireshark로 캡처하여 분석하는 방법에 대해 설명한다. VoIP 테스트망을 구축하기 위해서는 다음과 같은 준비가 필요하다.

- 네트워크 구성을 위한 랜 스위치 또는 허브
- SIP 서버 (Brekeke SIP server)를 설치할 PC 1대
- VoIP 클라이언트 (X-lite)를 설치할 PC 2대
- 패킷 분석 프로그램 (wireshark)을 설치할 PC 1대
- 음성통화를 위한 헤드셋

테스트망은 그림 2.1과 같은 기본적인 구조로 이루어진다. SIP 서버는 SIP 서버 소프트웨어가 설치된 PC로써 VoIP 클라이언트를 등록하고 통화를 위한 세션 설정 및 관리를 수행하는 register 서버와 proxy 서버로 동작한다. VoIP 클라이언트는 소프트폰이 설치된 PC로써 SIP 서버에 클라이언트를 등록하고 상호간에 통화를 요청하거나 상대 클라이언트와 통화한다. 스니퍼 PC는 패킷 분석 소프트웨어가 설치된 PC로써 네트워크를 구성하는 스위치와 더미허브[44]로 연결되어 VoIP 통신을 위해 송수신되는 모든 SIP/RTP 패킷들을 캡처한다. [표 2-1]에서는 테스트망을 구성하는 각 구성요소에 대하여 정리하였다.

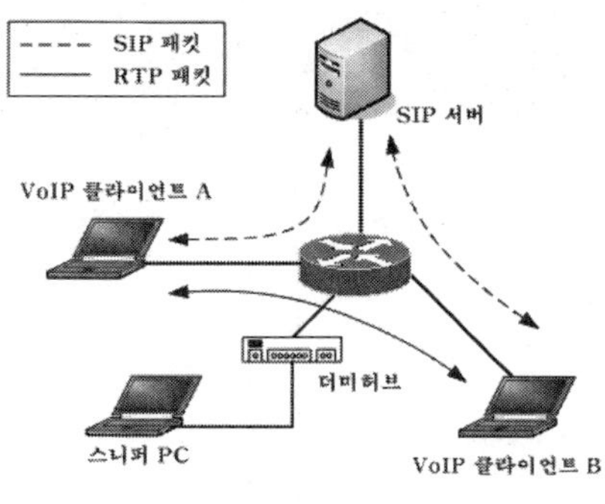

• 그림 2.1 • VoIP 테스트망 구조도

44) 허브는 네트워크 케이블로 연결된 각각의 데이터 신호를 연결하는 장치로, 더미허브는 수신 패킷을 단순히 나머지 모든 포트로 전달하는 허브를 의미함. 스니퍼 PC를 스위치와 더미허브로 연결하여 패킷을 캡처하는 이유는 SIP와 RTP 패킷을 모두 캡처하기 위함임. 세션 설정을 위한 SIP 패킷은 SIP 서버를 통해 VoIP 클라이언트 간에 송수신되며, 실질적인 음성데이터인 RTP 패킷은 SIP 서버를 거치지 않고 VoIP 클라이언트 간에 직접적으로 송수신됨.

[표 2-1] VoIP 테스트망 구성요소

	SIP 서버	VoIP 클라이언트 A	VoIP 클라이언트 B	스니퍼 PC
플랫폼 (OS)	Windows XP	Windows XP	Ubuntu 8.04	Windows XP
S/W	Brekeke SIP server 2.3.8.4 Evaluation	X-lite 3.0	X-lite 2.0	Wireshark 1.2.4
IP 주소 /서브넷주소	128.134.65.128 /255.255.255.0	128.134.65.132 /255.255.255.0	128.134.65.228 /255.255.255.0	–
SIP ID	your-sip-url	whatsup	minji	–

2.2 VoIP 음성통화

2.2.1 SIP 서버 설치

본 소절에서는 VoIP 테스트망 구축에서 SIP 서버로 사용되는 Brekeke SIP 서버를 윈도우 XP 플랫폼에 설치하는 방법에 대해 설명한다. Brekeke 서버를 설치하기 이전에, 설치 과정에서 java virtual machine이 설치된 경로를 요구하므로 sun microsystems 웹사이트 (http://java.com/en/download/manual.jsp)에서 java 설치파일을 다운받아 그림 2.2와 같이 미리 설치하도록 한다. 만약, 이미 java가 설치되어 있다면 버전이 1.5 이상인지 확인하여 업그레이드한다.

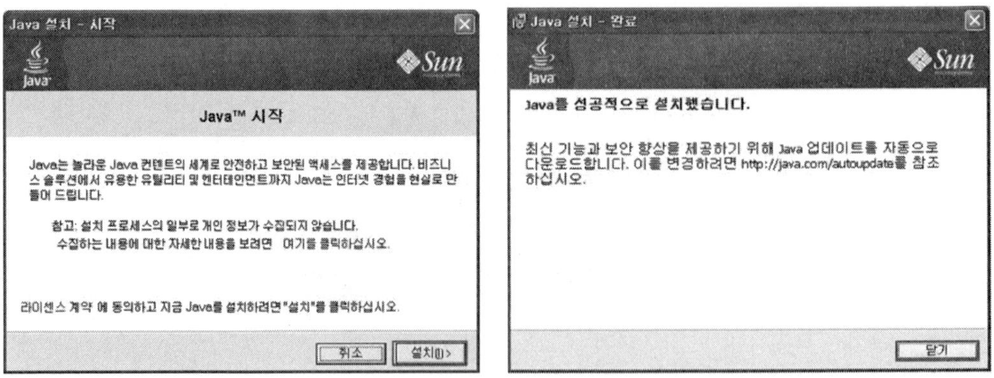

(a) (b)

• 그림 2.2 • Java 설치과정 (a) Java 설치 초기화면 (b) Java 설치 완료화면

Brekeke SIP 서버는 윈도우, 리눅스, Mac, 솔라리스 등의 다양한 플랫폼을 지원하며 웹사이트 (http://www.Brekeke.com/)에서 각각의 플랫폼에 따른 설치파일을

다운로드하여 설치할 수 있다. Brekeke사는 free 60-day evaluation, advanced, standard, academic 4가지 edition의 SIP 서버를 제공한다. advanced와 standard edition은 다양한 기능을 제공하는 반면 유료이고, evaluation과 academic edition은 일부 기능의 제한은 있지만 무료이다. 따라서 상업적인 목적인 아닌 테스트용으로 사용하는 경우, evaluation 또는 academic edition을 설치하는 것을 추천한다. 본 소절에서는 60일 동안 무료로 사용 가능한 evaluation edition을 설치하는 과정을 설명한다. 다운받은 셋업파일을 실행시켜 지시사항에 따라 그림 2.2와 같은 과정을 수행한다. 설치과정에서 요구하는 설정 값은 기본 값으로 해도 무관하며, java virtual machine의 경로에는 그림 2.2에서 설치한 java의 경로를 찾아서 설정해야 한다. 만약 SIP 설치가 정상적으로 완료되고 실행옵션을 체크했다면, SIP 서버가 자동으로 실행되며 그림 2.4와 같은 command 창을 확인할 수 있다.

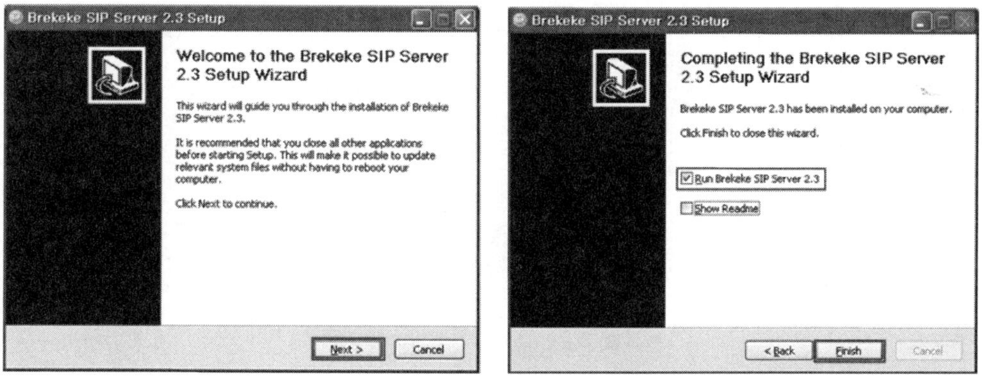

(a) (b)

• 그림 2.3 • SIP 서버 설치과정 (a) 셋업 초기화면 (b) 셋업 완료화면

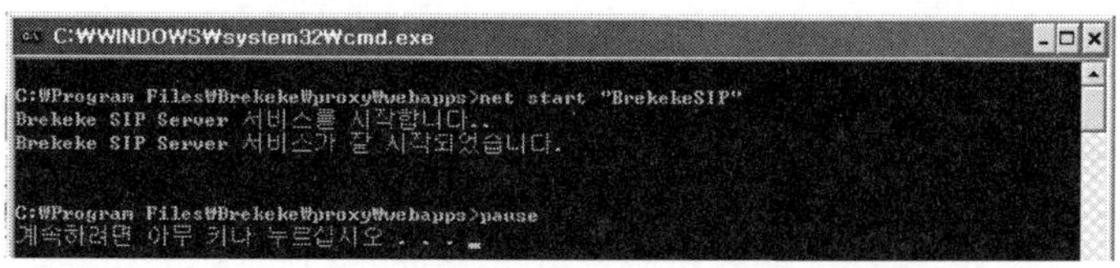

• 그림 2.4 • SIP 서버 실행

Brekeke SIP 서버는 정상적으로 설치되었다 하더라도 license를 등록해야만 사용 가능하다. 따라서 license를 요청하고 획득하는 과정을 수행해야 하며, SIP 서버를 실행하면 그림 2.5와 같이 웹브라우저 하단에 license를 요청하고 등록하는 I agree 버튼을 확인할 수 있다. "Need a Product ID?"의 하이퍼링크를 클릭하여 생성된 그림

2.6의 license를 요청하기 위한 양식을 기입한다. 이때 요청한 license는 양식에 기입한 이메일 주소로 통보되므로 반드시 수신 가능한 이메일 주소를 기입해야 함에 주의한다. 참고로, evaluation edition의 license에 대한 이메일은 요청한 즉시 바로 수신할 수 있는 반면, academic edition의 license에 대한 이메일 응답은 최대 하루정도가 소요된다.

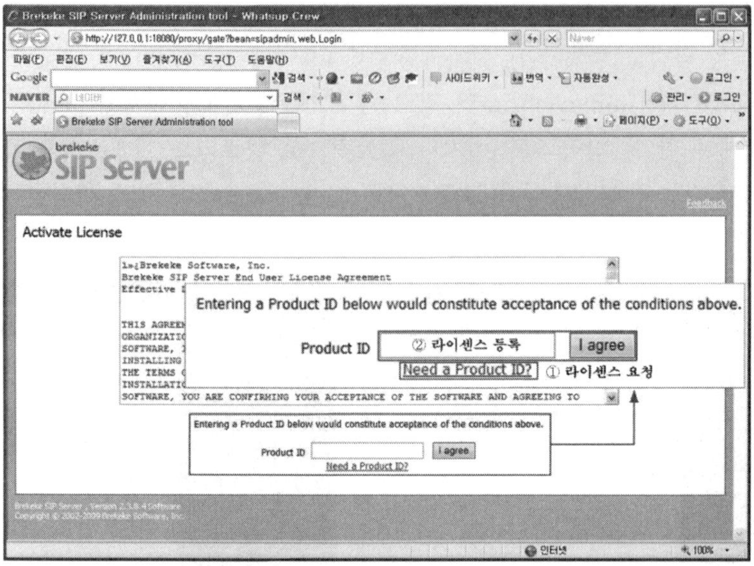

• 그림 2.5 • SIP 서버 license 등록

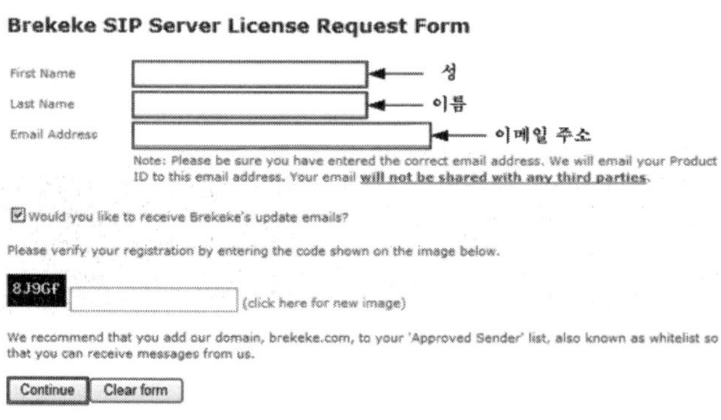

• 그림 2.6 • SIP 서버 license 요청

license를 등록했다면 로그인하여 SIP 서버를 활성화해야 한다. 현재 인터넷 연결되어 경우라면 ID와 비밀번호를 입력하고 그림 2.7의 Active 버튼은 클릭하여 로그인

한다. 초기 ID와 비밀번호는 license를 수신한 메일에 함께 포함되어 있으며, ID/비밀번호는 "sa/sa"이다. 인터넷이 연결되어 있지 않은 경우라면 Get Signature 버튼을 클릭하여 license 서명파일을 다운받아 작성 후 웹사이트에 별도로 등록해야 한다.

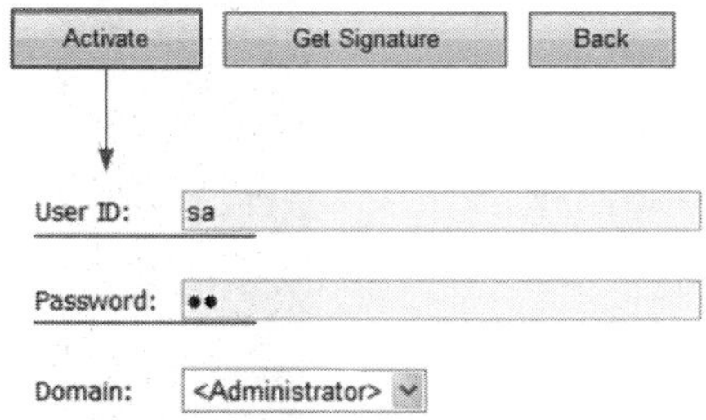

• 그림 2.7 • SIP 서버 로그인

로그인을 하면 그림 2.8과 같이 SIP 서버의 현재 상태가 비활성화 상태임을 확인할 수 있으며 Start 버튼을 클릭하면 SIP 서버가 성공적으로 시작되었다는 팝업창과 함께 활성화 상태로 변경된다. 이로써 SIP 서버를 사용하기 위한 기본적인 절차가 모두 완료되었다. 만약 Brekeke SIP 서버가 동작을 하지 않는 경우에는 다른 응용서비스가 SIP 서버의 listen-port (5060)를 사용하고 있는지 확인하고 재부팅을 하도록 한다.

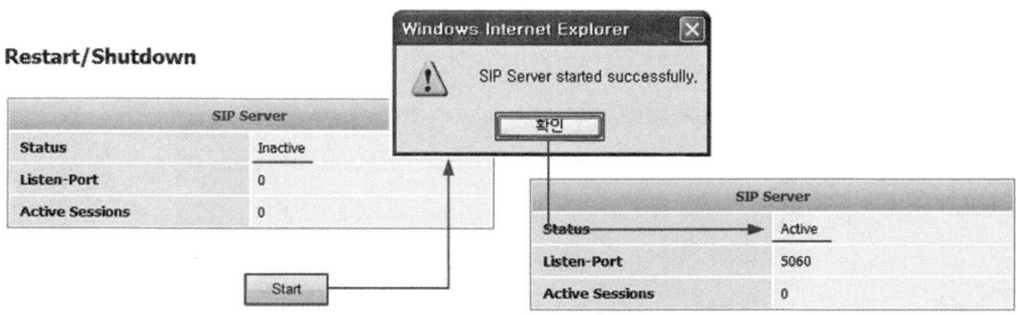

• 그림 2.8 • SIP 서버 활성화 및 실행

2.2.2 소프트폰 설치

가. 윈도우 플랫폼

본 소절에서는 VoIP 클라이언트로 사용되는 소프트폰 X-lite 3.0을 윈도우 XP 플랫폼에 설치하는 방법에 대해 설명한다. X-lite는 윈도우, 리눅스, Mac 플랫폼을 지원하며, 웹사이트 (http://www.counterpath.com/)에서 각각의 플랫폼에 따른 설치파일을 다운로드할 수 있다. 윈도우 버전의 X-lite 설치파일을 다운로드하여 실행하면 그림 2.9와 같은 과정을 통해 간단하게 설치가 완료된다.

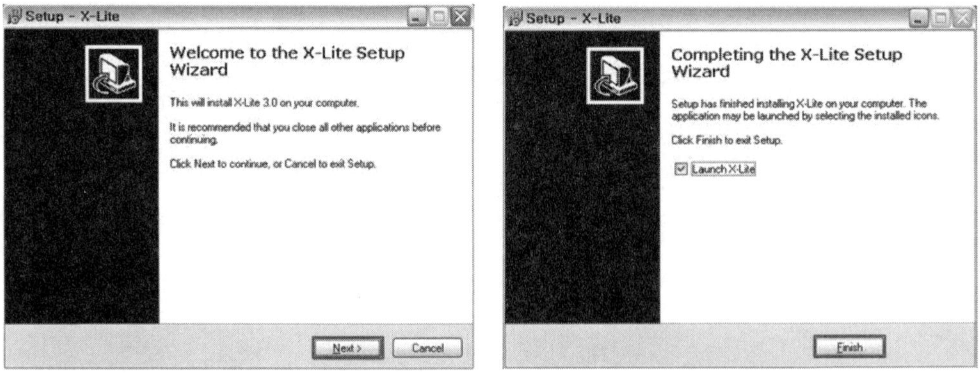

(a) (b)

• 그림 2.9 • X-lite 설치과정 (a) 셋업 초기화면 (b) 셋업 완료화면

설치가 완료되고 X-lite를 실행하면 통화품질과 관련된 팝업창이 뜰 것이다. 이는 couterpath사에서 음성통화에 대한 품질향상을 위해 단순히 통화에 대한 품질정보를 수집하기 위함일 뿐, 개인정보를 포함되지 않으므로 동의하고 다음 단계로 넘어간다. 이제 그림 2.10과 같은 SIP accounts 대화상자를 확인했다면 X-lite가 정상적으로 설치된 것이다.

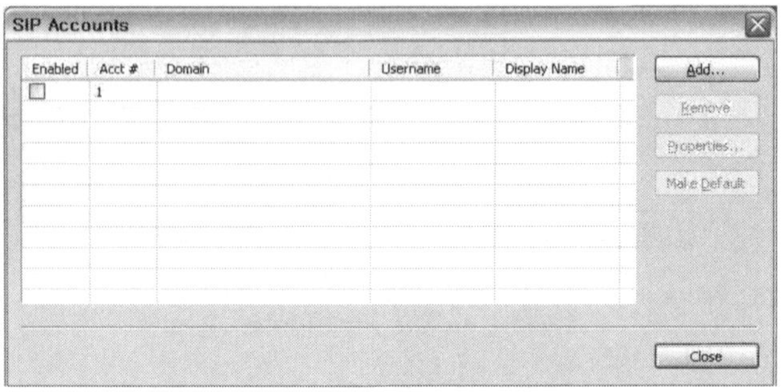

• 그림 2.10 • SIP accounts 대화상자

나. 리눅스 플랫폼

본 소절에서는 VoIP 클라이언트로 사용되는 소프트폰 X-lite 2.0[45]을 ubuntu 플

45) 윈도우 플랫폼은 X-lite 3.0 버전을 지원하는 반면, 리눅스 플랫폼에서는 2.0 버전만 지원함.

랫폼에 설치하는 방법을 순차적으로 설명한다. 웹사이트를 통해 설치파일 "X-Lite_Install.tar.gz"을 다운받고, 다음과 같은 명령어로 압축을 해제한다. 압축이 해제되면 REAME 파일과 xtensoftphone 실행파일이 생성된다.

```
tar zxvf X-Lite_Install.tar.gz
```

압축을 해제하였다면 해당 폴더에서 다음과 같은 명령어로 X-lite를 실행시킨다. 만약 설치시 그림 2.11과 같은 에러 메시지가 뜨는 경우, 해당 라이브러리가 없는 경우로 이를 설치해주면 된다.

```
./xtensoftphone
```

```
root@cpe-desktop:/xten-xlite# ./xtensoftphone
./xtensoftphone: error while loading shared libraries: libstdc++.so.5: cannot op
en shared object file: No such file or directory
root@cpe-desktop:/xten-xlite# aptitude install libstdc++5
꾸러미 목록을 읽는 중입니다... 완료
의존성 트리를 만드는 중입니다
```

• 그림 2.11 • libstdc++ 라이브러리 설치

X-lite를 실행하면 초기에 오디오 설정을 위한 대화상자를 확인할 수 있다. 대화상자의 지시사항에 따라 스피커 음량, 마이크 음량, 마이크 교정 (calibration), 인터넷 연결의 순서로 음성통화를 위한 기본 사항들을 설정한다. 이 설정들은 이후에 마우스 커서를 X-lite에 두고 오른쪽 버튼을 클릭하여 펼쳐진 메뉴에서 다시 설정할 수 있다. 이제 X-lite 설치가 완료되었다면 VoIP 음성통신을 위한 기본적인 준비사항이 모두 완료된 것이다. 다음 소절에서는 SIP 서버를 이용하여 X-lite 간의 음성통화를 테스트하는 과정을 설명한다.

2.2.3 음성통화 테스트

가. 사용자 인증을 위한 SIP 서버 설정

Brekeke SIP 서버는 기본적으로 SIP REGISTER, INVITE 메시지에 대한 사용자 인증 (user authentication)을 수행하도록 설정되어 있다. 따라서 SIP 서버에 등록하여 음성통신을 하고자 하는 사용자 정보를 SIP 서버의 User Authentication → New User 탭에서 그림 2.12와 같이 사용자 인증 양식에 맞추어 기입하고 add 버튼을 클릭하여 등록하는 과정이 필요하다. [표 2-2]는 사용자 인증 양식의 각 항목들에 대한 설명이다.

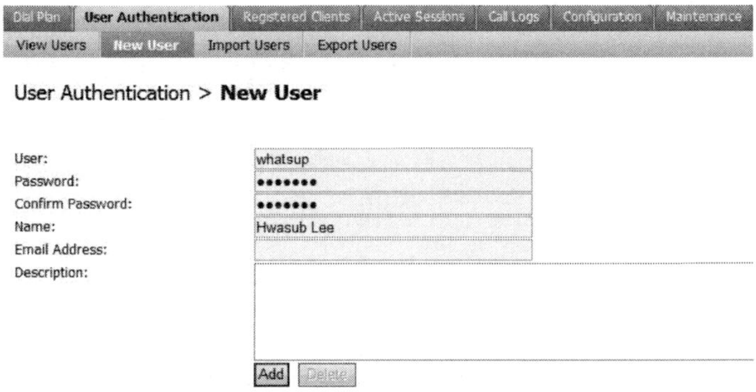

• 그림 2.12 • 사용자 인증 양식

[표 2-2] 사용자 인증 등록 항목

항 목	설 명
User	VoIP 폰에 등록된 SIP 사용자 ID
Password	비밀번호
Confirm Password	비밀번호 확인
Name	사용자를 구분하기 위한 사용자 이름
Email Address	이메일 주소
Description	사용자에 대한 설명

사용자 인증이 완료되면 User Authentication → View Users 탭에서 등록된 사용자의 목록을 확인할 수 있으며, 그림 2.13과 같이 다수의 사용자를 등록할 수 있다.

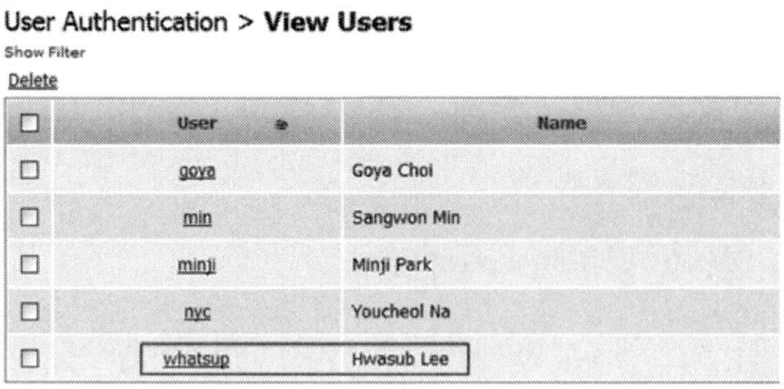

• 그림 2.13 • 사용자 인증등록 결과

만약 사용자 인증 기능을 해제하고자 하는 경우, 그림 2.14와 같이 Configuration → SIP 탭에서 REGISTER와 INVITE 항목을 각각 on에서 off로 설정하고, save 버튼을 클릭하여 변경된 설정을 저장한다. 변경된 설정 값을 적용하기 위해 SIP 서버를 재시작해야 함에 주의한다.

• 그림 2.14 • 사용자 인증 설정 해제

나. VoIP 클라이언트 등록을 위한 X-lite 설정

VoIP 클라이언트를 SIP 서버에 등록하기 위해서는 소프트폰의 SIP account를 설정해야 한다. 하지만 윈도우 플랫폼을 지원하는 X-lite 버전은 3.0인 반면에 리눅스 플랫폼을 지원하는 X-lite 버전은 2.0이기 때문에 SIP account 설정 방법이 약간 상이하다. 그러므로 본 소절에서는 두 가지 방법을 모두 설명한다.

- 윈도우 플랫폼

  윈도우 플랫폼에서 X-lite를 실행시키면 SIP account가 등록되어 있지 않기 때문에 디스플레이창에 "No SIP account are enabled"라고 표시되며, 자동으로 SIP account 설정을 위한 대화상자를 확인할 수 있다. SIP account 대화상자는 그림 2.15에 표시된 ▼ 버튼을 클릭하여 다시 불러올 수 있다.

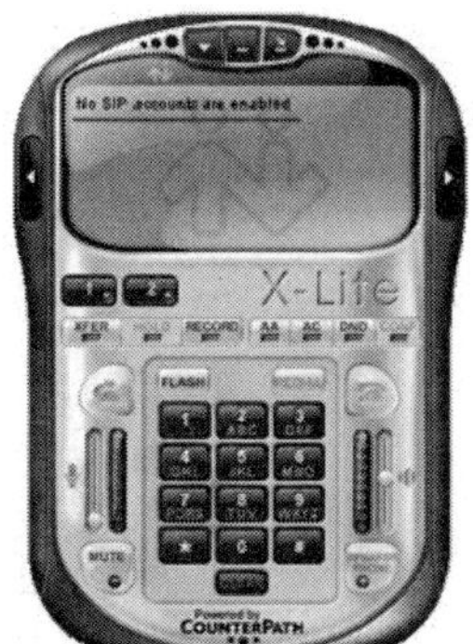

• 그림 2.15 • X-lite 버전 3.0

초기에는 설정된 SIP account가 없으므로 account 테이블이 비어 있을 것이다. 새로운 account를 추가하기 위하여 Add 버튼을 클릭한다. Add 버튼을 클릭하면 그림 2.16의 Properties of Account 대화상자가 생성되며, 생성된 Properties of Account 대화상자의 Account 탭은 User Details 프레임과 Domain Proxy 프레임으로 구성되어 있다. User Details 프레임에 [표 2-3]을 참조하여 각 항목을 기입한다. 여기서, Display Name은 X-lite의 디스플레이창에 표시되는 사용자의 이름으로 임의로 설정 가능하다. User name은 SIP 서버에 등록되는 사용자 ID로 SIP 서버의 사용자 인증 설정 시 등록된 사용자 ID와 동일해야 하고, Password는 사용자의 비밀번호를 의미하며 SIP 서버의 사용자 인증 설정 시 등록된 비밀번호와 동일해야 한다. Authorization user name은 사용자 ID로 SIP 서버의 사용자 인증 설정 시 등록된 사용자 ID와 동일해야 한다. 그리고 Domain 항목은 SIP 서버의 IP 주소를 의미한다. 그리고 Domain Proxy 프레임에서는 "Register with domain and receive incoming calls"을 체크하고, "Send outbound via:" 에서는 "domain"을 체크하여 클라이언트 간의 오고가는 트래픽이 User Details 프레임의 Domain에 기입된 SIP 서버를 거쳐 전송되어지도록 설정한다.

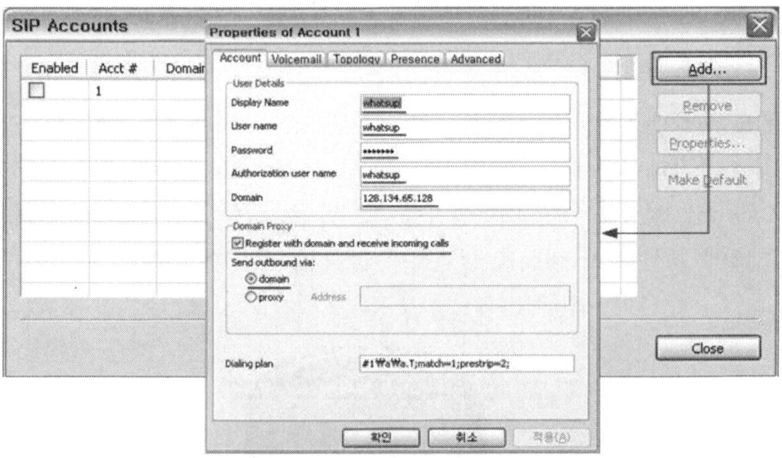

• 그림 2.16 • SIP account 설정

[표 2-3] SIP account 등록 항목

항 목	설 명	비 고
Display name	디스플레이창에 표시될 사용자 이름	사용자 임의로 지정
User name	사용자 ID	SIP 서버의 사용자 인증에 등록된 사용자 ID (user 항목)
Password	사용자 비밀번호	SIP 서버의 사용자 인증에 등록된 비밀번호 (password 항목)
Authentication user name	사용자 ID	SIP 서버의 사용자 인증에 등록된 사용자 ID (user 항목)
Domain	도메인의 IP 주소	SIP 서버의 IP 주소

모든 항목을 입력한 후, 확인 버튼을 클릭하면 비어있던 SIP accounts 테이블에 새롭게 생성한 account가 등록된 것을 확인할 수 있다. Account 설정이 완료된 이후에 SIP Accounts 대화상자를 닫으면 X-Lite는 자동으로 SIP 서버에 등록을 요청하게 된다. X-Lite의 디스플레이창에 "Ready Your username is: 사용자 이름"이 출력되면 정상적으로 account가 SIP 서버에 등록이 된 것이다.

- 리눅스 플랫폼

리눅스 플랫폼에서 X-lite를 실행시키고 그림 2.17에 표시된 책 모양의 아이콘을 클릭하면 그림 2.18과 같은 메뉴창을 확인할 수 있다. 설정 메뉴창에서 phonebook 메뉴에서 하단의 BACK 버튼을 클릭하여 Main menu로 이동한 후 System Settings → SIP proxy → [Default] 메뉴의 각 항목을 [표 2-4]를 참조하여 설정한다.

• 그림 2.17 • X-lite 버전 2.0

(a) (b)

• 그림 2.18 • SIP account 설정 (리눅스 플랫폼) (a) 초기화면 (b) 설정화면

[표 2-4] SIP account 등록 항목

항 목	설 명	비 고
Display Name	디스플레이창에 표시될 사용자 이름	사용자 임의로 지정
Username	사용자 ID	SIP 서버의 사용자 인증에 등록된 사용자 ID (user 항목)
Authorization User	사용자 ID	SIP 서버의 사용자 인증에 등록된 사용자 ID (user 항목)
Password	사용자 비밀번호	SIP 서버의 사용자 인증에 등록된 비밀번호 (password 항목)
Domain/Realm	도메인의 IP 주소	SIP 서버의 IP 주소
Out Bound Proxy	Proxy 서버의 IP 주소	SIP 서버의 IP 주소

설정이 완료되고 확인을 누르면 윈도우 플랫폼과 마찬가지로 자동으로 등록절차가 수행된다. 정상적으로 등록되었다면 X-lite 디스플레이창에는 "Logged in - Enter Phone Number" 메시지를 확인할 수 있고, SIP 서버에서는 그림 2.19와 같이 Registered Clients 탭에서 등록된 VoIP 클라이언트를 확인할 수 있다.

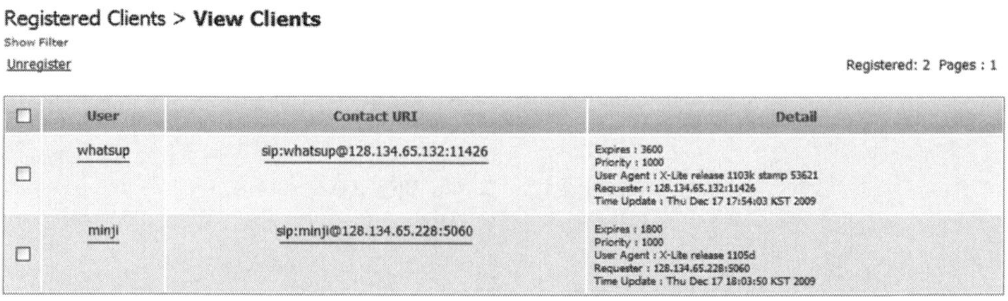

• 그림 2.19 • SIP 서버에 등록된 VoIP 클라이언트 확인

X-lite의 디스플레이창에 "Registration error: 408 - Request Timeout" 에러가 표시되며 등록에 실패한 경우, VoIP 클라이언트가 SIP 서버로 전송한 SIP REGISTER Request 메시지에 대한 응답을 받지 못한 경우이다. 이를 해결하기 위해서는 사용자 인증 설정이 올바르게 되었는지 확인하고, 시스템의 방화벽에서 SIP 메시지를 차단하지 않는지 확인하여 해제해야 한다.

다. 통화연결

VoIP 클라이언트 B의 사용자 ID인 "minji"를 입력하고 통화버튼을 클릭하면, 클라이언트 A는 디스플레이창에 "Ringing.." 메시지를 표시하며 통화를 요청한다. 클라이언트 B가 통화를 허용하면 "Call Established" 메시지가 표시되면 통화가 연결된다. SIP 서버는 현재 설립된 세션에 대한 정보를 제공하며 그림 2.20과 같이 Active Sessions 탭에서 송신자와 수신자의 SIP ID와 세션에 대한 상태 등을 확인할 수 있다.

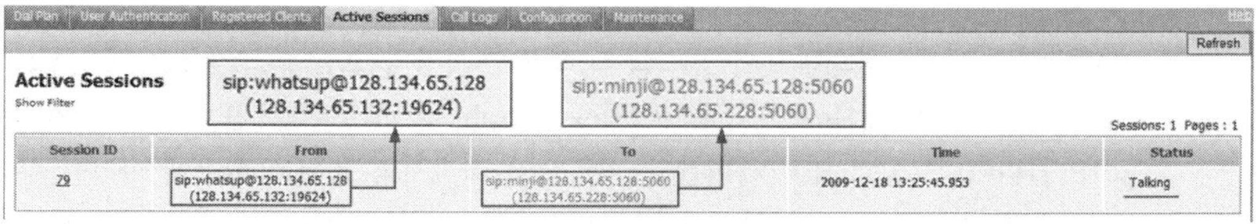

• 그림 2.20 • 통화 상태 표시

2.3 VoIP 패킷캡처

본 절에서는 VoIP 패킷을 캡처하기 위해 스니퍼 PC의 wireshark를 활용한다. VoIP 클라이언트가 SIP 서버에 등록하는 과정부터 상대방과 통화를 요청하여 통화하고 종료하는 과정을 모두 캡처하였으며, VoIP 분석을 위해 wireshark에서 제공하는 기능들을 소개한다.

2.3.1 SIP 캡처 및 분석

Wireshark의 "패킷 목록 패널"에는 선택한 인터페이스에서 캡처한 모든 패킷들을 표시한다. 따라서 SIP 프로토콜을 분석하기 위해서는 Display 필터를 적용하여 캡처한 패킷 중 SIP 서버와 VoIP 클라이언트 간의 SIP 메시지만을 표시해야 한다. 예제에서 다음과 같은 Display 필터를 적용하면 그림 2.21과 같이 "패킷 목록 패널"에 SIP 메시지만 표시된다. Display 필터에서 각 IP 주소와 포트번호는 각각 VoIP 클라이언트 A와 B, 그리고 SIP 서버의 IP 주소와 포트번호이므로 실습에서는 사용자가 설정한 IP 주소와 사용되는 포트번호를 기입해야함에 주의한다.

```
(ip.addr == 128.134.65.132 or ip.addr == 128.134.65.228 or ip.addr
== 128.134.65.128) and (udp.port == 19624 or udp.port == 5060)
```

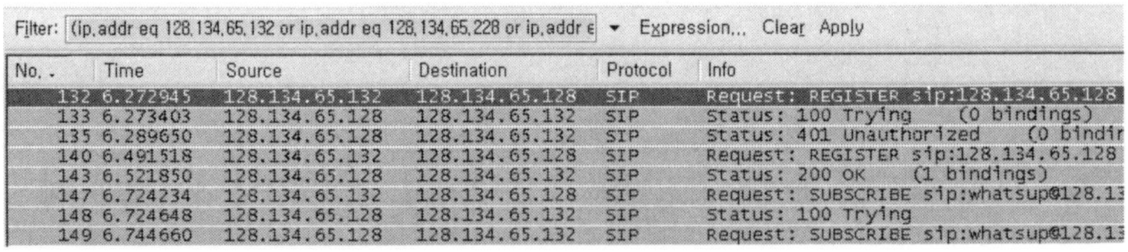

• 그림 2.21 • SIP 메시지를 필터링하기 위해 Display 필터 적용

이번에는 VoIP 시스템의 구성요소 간 SIP 메시지의 흐름을 그래프로 확인해보자. Wireshark의 Statistics 아이템 → Flow Graph 필드를 선택하면 그림 2.22와 같이 VoIP 클라이언트들과 SIP 서버간의 모든 SIP 메시지의 흐름을 한눈에 파악할 수 있다. VoIP 클라이언트 A가 클라이언트 B와 세션 설정을 위한 SIP 메시지를 송수신하는 것을 확인할 수 있다. 이때 SIP 서버는 registrar 서버로써 REGISTER 메시지를 이용하여 클라이언트의 위치정보를 등록하기 위한 SIP 패킷과, proxy 서버로써 INVITE 메시지를 이용하여 세션 설정을 위한 SIP 패킷을 처리하는 과정을 확인할 수 있다.

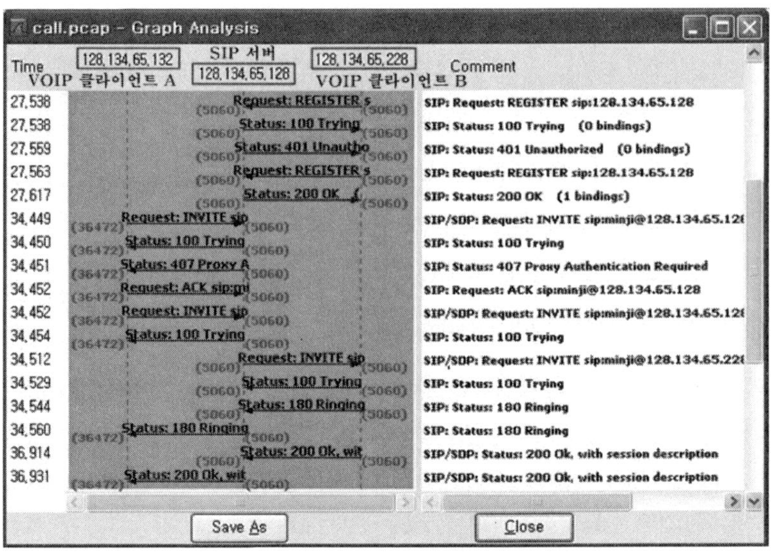

• 그림 2.22 • SIP 메시지 흐름도

이번에는 캡처된 SIP 메시지의 통계치를 확인하도록 한다. 이를 위해 wireshark의 Telephony 아이템 → SIP 필드를 선택하면 그림 2.23과 같이 SIP 요청 메시지와 응답 메시지에 대하여 정리된 통계값을 확인할 수 있다.

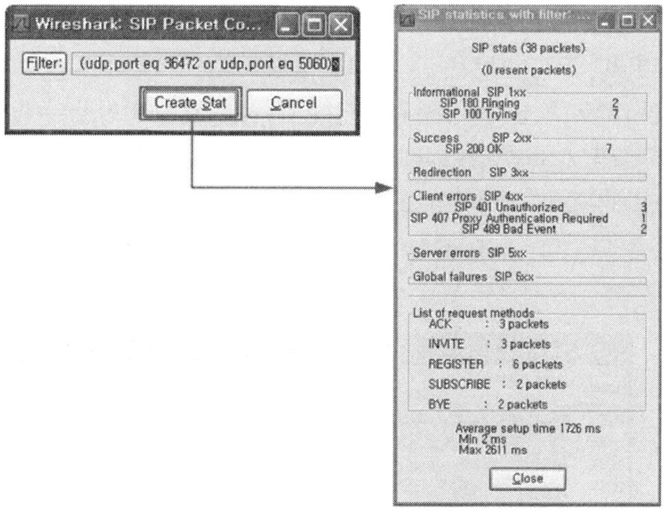

• 그림 2.23 • SIP 메시지 통계

2.3.2 RTP 캡처 및 음성 청취

Wireshark는 VoIP 패킷에 대한 효과적인 분석기능을 제공하는데 Teplephony 아이템 → VoIP Calls 필드가 바로 그것이다. VoIP Calls 필드를 선택하여 생성된 VoIP Calls 대화상자는 캡처된 패킷에서 VoIP와 관련된 패킷만을 검색하여 세션별로 표시하여 준다. 그림 2.24는 본 예제에서 "whatsup"과 "minji"간의 VoIP 세션이 검색된 것을 나타낸다.

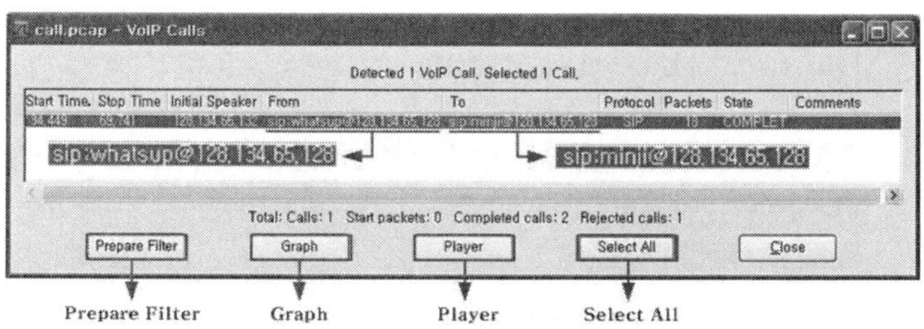

• 그림 2.24 • VoIP calls 대화상자

VoIP Calls 대화상자에는 Prepare Filter, Graph, Player, Select All 버튼이 있으며, 각 버튼들은 VoIP 세션 목록에서 하나 이상의 세션이 선택되면 활성화된다. Prepare Filter 버튼은 선택된 VoIP 세션과 관련된 SIP 패킷들을 "패킷 목록 패널"에 표시하도록 Display 필터를 자동으로 생성하는 기능을 제공한다. Graph 버튼을 클릭하면 그림 2.25와 같이 Graph Analysis 대화상자에 선택된 VoIP 세션과 관련된

SIP/RTP 패킷의 흐름을 보여준다. 앞서 설명한 바와 같이 SIP 패킷들은 SIP 서버를 통해 처리되며 RTP 패킷들은 g711u 음성코덱을 사용하는 음성데이터로 SIP서버를 거치지 않고 VoIP 클라이언트간 직접 전달되는 것을 확인할 수 있다. Player 버튼을 클릭하면 그림 2.26과 같이 RTP Player 대화상자를 확인할 수 있으며, VoIP 세션의 RTP 음성패킷을 디코딩하여 플레이할 수 있는 기능을 제공한다. 마지막으로 Select All 버튼은 다수의 VoIP 세션이 있을 경우 모든 세션을 선택하는 기능을 제공한다.

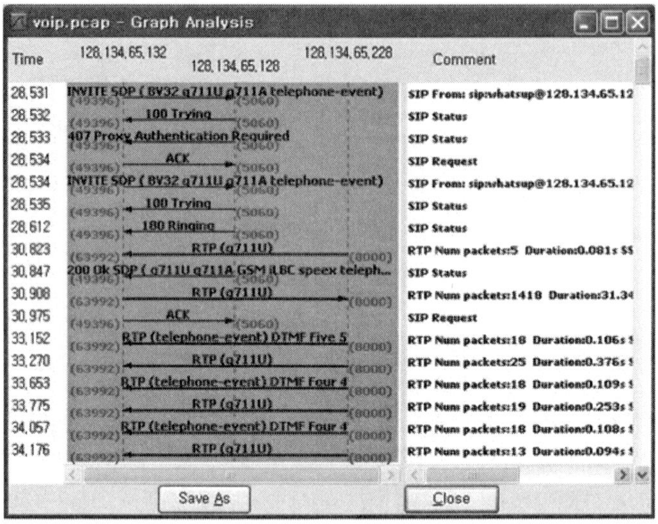

• 그림 2.25 • VoIP 세션에 대한 Graph Analysis 대화상자

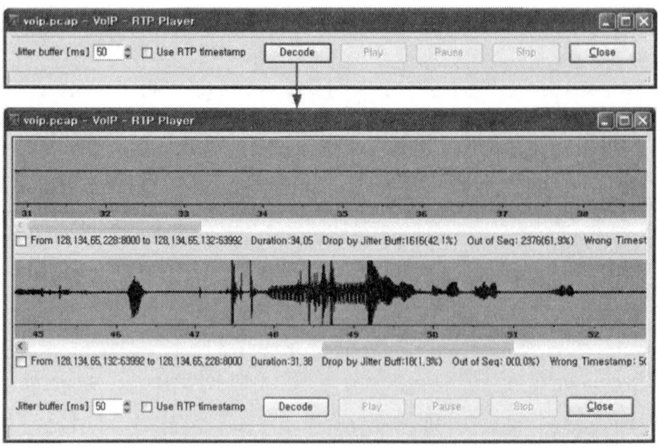

• 그림 2.26 • VoIP 세션에 대한 RTP 플레이어

찾아보기

| E |

| F |

| G |

| H |

| I |

| V |

| W |

| ㄱ |

| ㄴ |

| ㅅ |

| ㅇ |

| ㅈ |

| ㅊ |

| ㅍ |

| 저자 소개 |

민상원

광운대학교 전자통신공학과 교수

민상원 교수는 현재 광운대학교 전자통신공학과에 재직 중이며 통신프로로토콜공학연구실에 석박사 과정 5~10명을 매년 지도하고 있다. 1988년 광운대학교 전자통신공학과를 졸업하고 1990년, 1996년에 KAIST 전기 및 전자공학과에서 각각 석, 박사를 취득한 후 LG정보통신(현재, LG-Ericsson)에서 1999년까지 연구원 생활을 하였으며 광운대학교에는 1999년에 부임하였다. 광운대학교에서 1995년 9월부터 1년간 Michican Tech. 교환교수로 있었고 현재 광운대 전자통신공학과의 후진양성에 힘쓰고 있다.

연구분야는 유선통신의 IP, PSTN, ATM, 무선통신의 근거리통신기술와 이동통신망분야 등 다양한 통신프로토콜 전반을 아우르며, 최근에는 보안과 IMS 등 유무선융합에 관심을 가지고 연구 중에 있고 체계적인 공학교육방법에 대한 연구도 하고 있다. 대외적으로는 IEEE, IEICE, 한국통신학회와 한국 ITS학회에서 활동 중이며 공학교육 관련해서는 ABEEK에서 위원 활동을 하고 있다. 이외에도 정보통신관련 유관단체에서 여러 위원회의 위원장 및 위원 활동을 하였고 학술진흥재단(현재, 한국연구재단)에서 PM 활동을 하였다.

산학협력 및 연구는 KETI, ETRI, KISA, NIA, 한국연구재단, 삼성전자, 모다정보통신, (주)코이트, 오피콤, (주)콘텔라 등과 하였으며 국내외 논문 및 특허를 다수 게재하였고 다수의 정보지에 원고를 투고, 게재하였다. 외부강의는 삼성전자, 서울통신기술에서 주로 하였으며 중소기업은 물론 교육전담기관에서도 진행한 바가 있다. 또한 북측 IT 인력교육과 EBS 방송강의도 하였다. 저서로는 학부생들과 함께 종합설계에 대한 KWIX 시리즈를 4권, 전기전자기초실험 관련하여 2권을 출판하였다.

정가 28,000원

차세대통신망의 IMS와 VoIP

2011년 5월 27일 초판 인쇄
2011년 6월 7일 초판 발행
저 자 : 민 상 원
발행자 : 우 명 찬 · 송 준
발행처 : 홍릉과학출판사
주 소 : ㉾142-885 서울시 강북구 인수동 455-60
등 록 : 1976년 10월 21일 제5-66호
전 화 : (02)999-2274~5, 996-8341, 903-7037
팩 스 : (02)905-6729
I S B N : 978-89-7283-965-1
e-mail: hongpub@hongpub.co.kr
http://www.hongpub.co.kr

저자와의 협의하에 인지생략